U0930003

中 国 科 学 院 年 鉴

（2011）

中国科学院办公厅　编

科 学 出 版 社
北 京

内　容　简　介

《中国科学院年鉴（2011）》全面、系统反映了中国科学院2010年各方面工作，分综合情况、学部与院士工作和院直属单位情况三部分。

综合情况主要记录中国科学院领导、机构变更、规划与战略、基地建设与科研管理、重大科技成果、队伍建设与人才培养、基础设施与支撑条件、科技成果转移转化与院地合作、国际合作与港澳台工作、基本设施建设、科学传播与科学普及、2010年大事记等内容；学部与院士工作主要记录学部领导机构、院士名单、咨询评议工作、科学道德建设、学术工作、资深院士联谊会工作、陈嘉庚科学奖基金会工作等内容；院直属单位情况全面介绍分院机构、科研机构、学校及公共支撑单位、新闻出版单位、其他机构以及院直接投资的控股企业情况等。

本年鉴各种资料的截止时间为2010年12月31日。

图书在版编目(CIP)数据

中国科学院年鉴．2011／中国科学院办公厅编．—北京：科学出版社，2011

ISBN 978-7-03-032044-5

Ⅰ．中…　Ⅱ．中…　Ⅲ．中国科学院－2011－年鉴　Ⅳ．G322．21-54

中国版本图书馆CIP数据核字（2011）第161059号

责任编辑：李　锋　王　静　王海光／责任校对：林青梅
责任印制：钱玉芬／封面设计：陈　敬

科学出版社 出版
北京东黄城根北街16号
邮政编码：100717
http://www.sciencep.com

中国科学院印刷厂 印刷
科学出版社发行　各地新华书店经销

＊

2011年8月第　一　版　开本：787×1092　1/16
2011年8月第一次印刷　印张：23 1/4
印数：1—2 000　　　　字数：580 000

定价：98.00元

（如有印装质量问题，我社负责调换）

中国科学院年鉴（2011）编辑委员会

目　　录

综 合 情 况

学部与院士工作

院直属单位情况

综 合 情 况

中国科学院主要领导

（2010 年）

院　　长　路甬祥

副 院 长　白春礼　江绵恒　施尔畏　李家洋　李静海
　　詹文龙　丁仲礼　阴和俊

党组书记　路甬祥

党组副书记　白春礼　方　新

中纪委驻院纪检组组长　李志刚

党组成员　江绵恒　施尔畏　李家洋　李静海　詹文龙
　　阴和俊　李志刚　何　岩　邓麦村[①]

秘 书 长　李志刚[②]　邓麦村[③]

副秘书长　何　岩　曹效业　谭铁牛　潘教峰[④]　邓　勇[⑤]

---

① 邓麦村 2010 年 5 月任职

② 李志刚 2010 年 1 月免职

③ 邓麦村 2010 年 1 月任职

④ 潘教峰 2010 年 1 月任职

⑤ 邓勇 2010 年 1 月任职

中国科学院院部机关机构

办公厅（党组办）

主　任　邓麦村[①]　李　婷[②]

副主任　汪洪岩　廖方宇

处　室：综合处（院总值班室）、秘书处、文书档案处、信息宣传处、安全保卫处、保密处、财务处、信息化工作处（ARP 项目办公室）、机关事务管理处

院士工作局

局　长　马　扬[③]　周德进[④]

副局长　刘峰松

处　室：综合处（陈嘉庚科学奖办公室）、咨询工作处、学术活动处、数理化学办公室、生命地学办公室、技术信息办公室、科学文化处

基础科学局

局　长　李　定[⑤]　刘鸣华[⑥]

副局长　黄　敏[⑦]

处　室：综合规划处、数学物理科学处、化学与交叉科学处、天文力学空间科学处、大科学工程与核科学处

下　设：香山会议办公室

生命科学与生物技术局

局　长　张知彬

---

① 邓麦村 2010 年 2 月免职
② 李婷 2010 年 2 月任职
③ 马扬 2010 年 3 月免职
④ 周德进 2010 年 3 月任职
⑤ 李定 2010 年 3 月免职
⑥ 刘鸣华 2010 年 3 月任职
⑦ 黄敏 2010 年 5 月任职

副局长 苏荣辉

处 室：综合规划处、生物医学处、工业生物技术处、农业基地办公室（院农业项目办公室）、整合生物学处

下 设：人与生物圈秘书处

资源环境科学与技术局

局 长 范蔚茗

副局长 冯仁国 常 旭

处 室：综合规划处、固体地球科学处、大气海洋科学处、国土与遥感处、生态与环境处

高技术研究与发展局

局 长 田 静

副局长 董永初 刘桂菊 孟 丹

处 室：综合规划处、综合技术处、信息技术处、光电空间处、材料化工处、能源处

院地合作局

局 长 戚 强

副局长 孙殿义

处 室：综合规划处、东北京津合作处、东部合作处、中南部合作处、西部合作处、科技副职工作办公室

规划战略局

局 长 潘教峰

副局长 田 洺① 张 凤②

处 室：综合处、规划处、评估处、战略情报处、政策研究室

计划财务局

局 长 孔 力

① 田洺2010年5月免职

② 张凤2010年5月任职

副局长　张丽萍[1]　潘　锋　曹　凝[2]

处　室：综合规划处、财务制度处、预算管理处、资产财务处、项目管理处、科研基地处、科技条件处、知识产权管理处

人事教育局

局　长　李和风

副局长　苗　鸿　李　婷[3]　陈晓峰[4]

处　室：综合处、人力资源规划处、领导干部处、干部监督处、人才处、机构与岗位管理处、薪酬与社会保障处、教育与培训处、机关人事处（机关党委办公室）

基本建设局

局　长　孔繁文

副局长　邢淑英

处　室：财务综合处、投资处、规划与房地产处、计划与工程管理处

国际合作局

局　长　吕永龙

副局长　曹京华　邱华盛

处　室：综合处、国际合作规划处、国际组织处、亚非合作处、美大合作处、欧洲合作处、港澳台办公室

京区党委

书　记　何　岩（兼）

常务副书记　项国英[5]　马　扬[6]

副书记　杨建国　隋红建

处　室：见北京分院（筹）内设机构

---

① 张丽萍 2010 年 5 月免职

② 曹凝 2010 年 5 月任职

③ 李婷 2010 年 2 月免职

④ 陈晓峰 2010 年 5 月任职

⑤ 项国英 2010 年 3 月免职

⑥ 马扬 2010 年 3 月任职

离退休干部工作局

局　长　孙建国

副局长　沈宏根　穆中红

处　室：综合处、组织调研处、宣传教育处

中央纪律检查委员会驻院纪检组

组　长　李志刚

副组长　沈　颖[①]　李　定[②]

监察审计局

局　长　沈　颖[③]　李　定[④]

副局长　刘冬红　郭建军

处　室：综合办公室、纪检监察一室、纪检监察二室、党风建设室、审计监察室

京区纪委

书　记　项国英[⑤]　杨建国[⑥]

副书记　隋红建

---

① 沈颖 2010 年 1 月免职

② 李定 2010 年 1 月任职

③ 沈颖 2010 年 1 月免职

④ 李定 2010 年 1 月任职

⑤ 项国英 2010 年 3 月免职

⑥ 杨建国 2010 年 3 月任职

中国科学院院属机构变更

截至2010年12月31日，中国科学院直属事业单位117个，包括：科学研究机构97个（含3个植物园）；学校及公共支撑机构5个（其中学校2个、技术支撑机构1个、文献情报机构1个、新闻出版机构1个）；院与分院管理机构12个；其他机构3个。中国科学院直属事业单位的下属法人单位26个。中国科学院直接投资的控股企业22家。

综　述

2010年，中国科学院深入学习贯彻党中央、国务院关于中国科技创新的战略部署精神和对中国科学院新时期改革创新发展的新要求，科学谋划，系统评估，扎实推进，在高质量完成知识创新工程三期目标任务的同时，《知识创新工程2020：科技创新跨越发展方案》（简称"创新2020"）启动实施等各项事业取得重大进展。

一、"创新2020"启动实施

（一）完善"创新2020"规划

中国科学院深入学习领会中央领导同志在中国科学院建院60周年时的贺信和讲话精神，将中央的要求落实到"创新2020"规划中。进一步明晰中国科学院战略定位的内涵。进一步凝练发展目标，从战略领域、学科发展、研究所、人才队伍、联合合作与成果转化、思想库和国际合作七个方面，提出既具跨越性又可实现的具体目标。进一步深化对国家战略需求和科技创新规律的认识，努力丰富和完善"创新2020"的重大改革举措和政策保障措施。吸纳各有关部门意见建议，使"创新2020"规划更好地反映国家发展的战略需求，更好地与国家各类规划有机衔接。

（二）开展知识创新工程评估

对照知识创新工程的目标任务，实事求是，严肃认真，全方位、系统性、多角度开展评估工作。100个院属单位参加自评与交流，201位院所主要领导对85个研究所进行网上评议；科技创新基地开展自评和片内交流，院科技创新基地咨询评议委员会对创新基地整体进展进行综合评议；院机关各部门系统总结各方面工作的进展。在此基础上形成《知识创新工程（1998—2010年）评估报告》，上报国务院，并报送有关部委。通过评估，达到了总结经验、找准不足、深化认识、科学定位的目的。

（三）制定"创新2020"组织实施方案

通过召开全院视频会议，深入基层宣讲，举行"解放思想、深化改革"大讨论等多种形式，组织院所级领导干部、广大科技和管理骨干，深入学习领会国务院第105次常务会议精神，加深对实施"创新2020"的战略意义、战略任务和发展目标的认识；结合知识创新工程评估，找准改革创新的主攻方向和突破口。在发扬民主、集思广益的基础上，顶层设计，统筹安排，将"创新2020"的规划转化为可操作、可实现、可检查的各阶段目标任务。

（四）编制“十二五”发展规划

将“创新2020”在“十二五”期间的目标任务具体化，加强与国家规划的有机衔接，加强规划目标研究测算，加强院所两级规划的交流互动，制定“十二五”规划重点领域科技发展路线图，集全院智慧，编制了《中国科学院“十二五”发展规划纲要》和科技创新基地、人才、学部、科教基础设施等15个重点与专门规划。积极组织专家参加国家各类规划的研究编制，将中国科学院战略研究成果转化为国家相关科技任务。

（五）试点启动“创新2020”

战略性先导科技专项、“三类中心”建设取得实质性进展，建立了策划、论证、立项、管理、评估验收的完整程序和规范。B类先导专项“国家数学与交叉科学中心”正式成立，“未来先进核裂变能”、“空间科学”、“干细胞与再生医学研究”、“应对气候变化的碳收支认证及相关问题”等4个A类先导专项正式立项。“面向感知中国的新一代信息技术研究”、“低阶煤清洁高效梯级利用关键技术与示范”、“深部资源探测核心技术研发与应用示范”3个A类先导专项预启动。

区域创新集群建设态势良好。“3+5”区域创新集群组织相关地区研究所开展规划研究工作，明晰集群建设的内涵，理清集群建设的思路和重点。北京创新与转化集群初步完成北京综合研究中心选址和规划工作，组织一批中试研发和产业化项目进入北京怀柔、天津滨海等科研转化基地，加快推进研究生院怀柔校区建设。上海创新与转化集群加快建设上海浦东科技园，扎实推进上海高等研究院、宁波工业技术研究院和海西研究院的筹建工作。广东华南创新与转化集群扎实推进重大合作项目，与广州市共建科技创新园，建设“深圳－东莞－广州－佛山”珠三角科技创新走廊，建设覆盖广东的科技创新网络。5个特色区域创新集群建设取得新进展。

择优支持研究所启动实施“创新2020”准备工作全面完成。制定了择优支持研究所启动实施“创新2020”工作方案，以建立研究所合作发展、竞争向上的动力机制为出发点，明确了择优支持的原则、工作思路、主要环节、资源组合配置和配套政策。

二、科研工作

（一）基础科学领域重要进展

拓扑绝缘体研究获重要进展，为低能量耗散的新型电子器件设计指出一个新的发展方向；成功实现16公里的世界上最远距离量子隐形传态，比之前的世界纪录提高20多倍；北京正负电子对撞机（BEPCII）对撞亮度达改造前52倍；发现一种可提高肿瘤细胞对化疗的敏感性的纳米颗粒，对肿瘤有效治疗提供了全新的解决方案；郭守敬望远镜（LAMOST）开光初期就发现了一批新天体；“东方超环（EAST）”获多项重大突破；在铜片表面上合成大面积的碳的新同素异形体石墨炔薄膜；基于重离子径迹的纳米材料研究获重要进展；利用熵力观点，成功导出描述宇宙学演化的 Friedamnn 方程；首次揭示动态润湿和动态电润湿过程中前驱膜的行为；嫦娥二号卫星准实时“甚长基线干涉测量（VLBI）”系统获得多项关键技术突破和重要应用成果；上海光源通过国家验收，开放运行达国际先进水平；相对论重离子对撞机上发现首个反超核粒子超氚核；BPL 长波授时系统经现代化技术改造可靠、稳定运行；算子代数领域获开创性成果；碳纳米管纤维研究获新进展；实现单个钙离子的激光冷却和稳定囚禁；在氧基簇合物合成与性能研究领域提出一系列合成策略；揭示纳腔等离激元可以作为一种近场相干光源，在光电耦合与转化过程中起至关重要的调控与放大作用；嫦娥二号卫星伽马射线谱仪能量分辨、灵敏度大幅提高，奔月期间获取精确完备的伽马射线背景数据。

（二）生命科学与生物技术领域重要进展

揭示凋亡细胞清除过程中吞噬受体的调控机制；发现果蝇幼虫中央脑的两对神经元足以调节该虫对不同光强条件的偏好行为，首次将偏好行为的神经回路研究延伸到第三级神经元；证明一个内源信号机制直接参与干细胞不对称分裂，将为干细胞研究和信号传导研究提供理论指导；水稻理想株型研究获突破性进展，为塑造水稻理想株型、培育超级水稻品种奠定基础；对水稻地方品种重要农艺性状相关基因进行全基因组关联分析，为水稻遗传学研究和水稻育种提供重要基础数据；揭示形成诱导多能干细胞的重编程过程的起始机制，首次仅利用一个因子使成纤维细胞重编程到多能干细胞；发现 HER2 抗体抗肿瘤效应的最新免疫机制；解析膜转运蛋白 CaiT 三维晶体结构，进一步揭示具有双向运输功能的膜转运蛋白的作用机制；解析 2009 甲型 H1N1 流感病毒神经氨酸酶（NA）和血凝素（HA）蛋白结构；首次获得一对存活的带有绿色荧光蛋白表达的转基因猴；首次从生物学角度部分验证喜马拉雅和东南亚地区一次重要地质事件的假说；首次明确回答中国人心理健康状况、不同年龄段人群心理健康水平、心理健康内涵、影响心理健康主要因素等问题；选育猕猴桃新品种达 12 个，在国内外大面积栽培；春小麦新品种“高原 412”通过国家审定；院军合作开展生态高值农业技术集成示范，展现东北现代农业发展雏形；与河南联合实施“高产高效现代农业示范工程”，初步形成技术集成与转化区域；突破氨基酸生产菌株代谢工程技术，显著提升赖氨酸产业技术水平；对红霉素工业用生产菌种进行遗传改造，获得消除无效组分、总效价提高达 50% 的第三代红霉素生产菌株；固定化酶法生产 D-对羟基苯甘氨酸技术、聚合级乳酸技术产业化获重要突破。

（三）资源环境科学与技术领域重要进展

提出“地震多次波偏移成像”概念，提高海底地貌复杂、构造形态复杂以及高速屏蔽层下覆构造的成像精度；系统揭示二叠纪末期生物大灭绝的背景和过程；首次发现恐龙羽毛颜色证据，揭示早期羽毛发育现象；青藏高原大陆碰撞动力学机制及深部物质流动多样性研究获重要进展；证明春季孟加拉湾涡旋形成及其对亚洲夏季风爆发的激发作用；解决钢结构、钢筋混凝土结构在海洋浪花飞溅区的严重腐蚀难题；创建鱼类多价疫苗与应用策略和对虾白斑症病毒（WSSV）病毒防制新途径；三亚湾及其邻近海区生态环境与生物资源研究获系列成果；完成玉树、舟曲灾后恢复重建资源环境承载能力评价报告；水稻新品种“东稻4号”通过吉林省审定；建立相关理论、指标和技术体系，对三峡工程、三北防护林工程、海河流域综合治理工程的生态环境效应进行初步评估；形成具有自主知识产权的重金属污染土壤植物萃取技术和修复模式，建设全球最大污染土壤植物修复工程；发展重大生态工程生态成效综合评估技术体系，完成三江源生态系统本底综合评估和生态建设工程的生态成效中期评估；自主研发大型仿生式水面蓝藻清除设备，在化解2010年巢湖水源地饮水危机中发挥重要作用；自主研制机载GNSS-R海洋微波遥感一体化机，通过海上飞行验证试验；提出“十二五”规划及到2020年深入推进西部大开发总体思路，为国家政策制定提供重要科技支撑；建立饮用水源高效除砷系列新工艺，完成全球最大规模水体砷污染治理工程；揭示我国农田生态系统持续生产力保持机理，提出增粮对策；揭示杉木人工林土壤质量衰退机理，构建土壤质量调控技术体系；揭示水稻籽粒发育过程中砷转运过程，为进一步探索相关调控机制提供细胞学实验数据。

（四）高技术领域重要进展

嫦娥二号卫星发射并成功获取月球虹湾局部影像图；“低成本医疗”行动计划、“千家万户的服务机器人”行动计划获重要进展，成果均在第十二届中国国际高新技术成果交易会上集中展示；“电动车用复合材料”行动计划带动一批核心技术，首台碳纤维复合材料电动车完成组装调试；集成全院优势科技力量，多项创新成果服务于2010年上海世界博览会；超级计算研究和应用获重大突破，提出并系统实践一种高效、低成本的多尺度超级计算模式，“曙光6000A”高效能计算机系统在第35届世界超级计算机TOP500排行榜上排名第二；核心电子元器件研发和应用获新突破，研制“龙芯3A/3B”多核高性能通用处理器、高性能DSP处理器等；“蛟龙号”载人潜水器海上试验创造我国载人深潜纪录；遥感应急监测与灾害评估在玉树抗震救灾中发挥作用；神华包头甲醇制烯烃工业装置投料试车一次成功；建成大容量钠硫电池储能电站并实现并网，在上海世博会期间完成全程安全示范运行；突破碳化硅晶体生长系列关键技术，全面贯通晶体“生长—加工—清洗—检验”工艺路线；开发二氧化碳经尿素合成碳酸二甲酯新技术中试示范装置；万吨级钴基合成油固定床技术获突破性进展；建成煤层气液化单元现场试验装置，能耗达国际先进水平；次高温次高压生物质循环流化床直燃发电锅炉进入商业运行；研制太阳能聚焦供热成套设备，太阳炉热功率世界排名第三。

（五）大科学装置建设重要进展

我国迄今最大的国家重大科技基础设施、性能指标达到世界一流的中能第三代同步辐射光源上海光源（SSRF），于2010年1月19日通过国家验收，同年已有多项重要研究成果产出，有些发表在*Science*、*Nature*等国际顶级刊物上。合肥同步辐射装置在能源材料、纳米及功能材料、生物医学研究领域取得多项重要成果。神光II装置运行稳定高效，高水平地完成了大量物理实验任务。郭守敬望远镜（LAMOST）对科学目标进行了200余次测试观测，发现了一批新天体。超导托卡马克核聚变实验装置（EAST）发展和改进了一系列前沿技术，为未来超导托卡马克高效、安全运行奠定了基础。改造后的北京正负电子对撞机稳定运行，北京谱仪合作组已获得首批物理成果，引起国际高能物理界广泛关注。依托兰州重离子研究装置进行的105号超重元素Db的化学性质研究取得重要进展。国家授时中心BPL、BPM长短波授时系统时间基准继续保持国际先进水平。中国遥感卫星地面站在灾情监测与评估方面发挥积极作用。两架遥感飞机2010年完成多项重要环境监测、灾情报告以及灾后重建工作的遥感监测任务。

（六）获2010年度国家科学技术奖励情况

师昌绪院士获得2010年度国家最高科学技术奖。中国科学院作为第一完成人或完成单位获2010年度国家科学技术奖22项，其中自然科学奖10项（占全国颁奖总数的三分之一）、国家技术发明奖2项、科技进步奖10项。

三、人力资源管理

（一）加强战略研究与管理创新

2010年，中国科学院召开全院人才工作会议，落实国家人才、教育、干部等规划纲要和全国人才工作会议精神，对全院人才工作进行全面总结和部署。研究制定《中国科学院“创新2020”人才发展战略》、《中国科学院“十二五”人才队伍建设规划》和《中国科学院教育发展战略与路线图（2010—2050）》。

研究制订《关于贯彻落实〈2010—2020年深化干部人事制度改革规划纲要〉的实施意见》和《中国科学院研究所中层干部选拔聘用和管理指导意见》。积极推进竞争性选拔干部工作。着力推动《党政领导干部选拔任用工作责任追究办法（试行）》等四项监督制度的落实。完善编制配置和机构管理办法，提出“十二五”规划期间中国科学院编制和岗位管理的新思路，研究确定分类配置编制的工作方案。

（二）深入推进实施人才系统工程

通过“千人计划”引进海外学者32人，启动实施“千人计划”短期项目和

“青年千人计划”。招聘“百人计划”入选者216人，其中“引进国外杰出人才”入选者160人；择优支持“百人计划”入选者189位。通过“西部之光”人才培养计划支持扎根西部的青年科技团组76个，资助新聘博士89人。全年资助公派各类留学和访问人员254人，另获国家资助公派留学178人。64人获国家自然科学基金委员会“国家杰出青年科学基金”支持，占全国总数的32.3%；10个群体获“创新研究群体科学基金”支持，占全国总数的34.5%。

对2009年组建的22个创新团队进行试运行评估。创新团队在试运行期间共凝聚院内外优秀青年科技骨干153人，吸引海外优秀学者143人，其中73人入选中国科学院“海外知名学者”。加强支撑与转移转化人才队伍建设，遴选“现有关键技术人才”12人、“引进杰出技术人才”10人、具有特殊技能和专长的“技术能手”10人。

98个院属单位的155个博士后流动站共有在站博士后2936人。18个科研流动站被评为“全国优秀博士后科研流动站”，7名博士后管理人员获“全国优秀博士后管理工作者”荣誉称号，分别占获表彰总数的12.2%和11.7%。

研究生教育稳步发展。继续实施科教结合教育创新项目，积极推进科教结合工作。提升“科技英才班”等教育创新项目的实施效果。进一步加强继续教育与培训工作，逐步完善兼顾组织发展和个人职业发展需要的培训体系。

四、对外交流与合作

（一）与地方合作取得重要进展

充分发挥研究所的主体作用，发挥分院的区域统筹协调作用，院地合作工作取得显著成绩。

2010年，中国科学院科技成果转移转化使地方企业新增销售收入2049亿元，同比增长46%；利税337亿元，同比增长55%；院属单位获院地合作省部级奖110项，获省政府部门及地市级人民政府奖91项。

积极筹建中国科学院上海高等技术研究院、苏州生物医学工程技术研究所、天津工业生物技术研究所，启动中国科学院海西研究院筹建工作。2010年3月至4月，与18个省（市、区）主要领导举行科技合作座谈会，签署13项专项合作协议。

在充分调研的基础上，制定《中国科学院“十二五”院地合作发展规划（2011—2015年）》。响应国务院《关于加快培育和发展战略性新兴产业的决定》精神，研究制定《中国科学院支撑服务国家战略性新兴产业科技行动计划》及《组织实施方案》。

（二）深入开展国际合作

努力开展全方位、多层次、高水平的双边与多边国际科技交流。围绕“创新

2020”启动、战略性先导科技专项策划和重大科技基础设施筹划，组织系列国际战略调研，在能源、海洋、空间、农业、环境等领域与国际著名科研机构、大学和企业进行高层交流。全年共安排高层战略调研和交流活动130余次，组织20个高层国际研讨会。全年出访11 972人次，来访18 814人次，举办多边和双边国际学术会议393个，新签、续签21个院级国际合作协议，审批通过19个重点对外合作项目。在国际科技组织发挥更重要的作用。

加强与科技发达国家实质合作。与荷兰、挪威、英国、澳大利亚等国科研机构加强项目合作。与英国研究理事会、澳大利亚联邦科工组织、美国能源部联合支持27个项目。深化与发展中及周边国家交流合作。组织代表团访问非洲、南美、东南亚、中东等地区和印度等发展中国家，古巴、越南、柬埔寨等国政要和高层政府官员访问中国科学院，促进生物多样性、矿产资源、基因组研究等方面科技合作。相关重点项目得到相关国家和机构的积极响应。

国际人才计划深入推进。三位外国科学家获得2010年度“中国科学院国际科技合作奖”，中国科学院推荐的三位外国科学家获2010年度中华人民共和国“友谊奖”和“国际科技合作奖”。2010年邀请20位“爱因斯坦讲席教授”来中国科学院进行学术交流与短期工作访问，聘用201位优秀高级外籍科学家为“中国科学院外国专家特聘研究员”，85位来自不同国家的青年博士获得“外籍青年科学家计划”资助，与世界科技发达国家著名科学家之间的实质性合作越来越紧密。

推动与港澳台地区的交流与合作。加强与香港主要大学和裘槎基金的合作，积极吸引香港科学家参与中国科学院大科学工程，推动长期、互利、实质性合作。与台湾地区建立高层互访机制，开拓通畅联络渠道。

（三）院所投资企业社会化改革进入“收官”阶段

截至2010年底，研究所投资企业股权社会化整体完成459家，完成率80%；2004—2010年，已有10家研究所投资企业成功上市。2010年，全院纳入统计范围的443家院所投资企业营业收入2232.52亿元，同比增长28.5%；利润总额100.04亿元，同比增长54.4%；净资产469.31亿元，同比增长33.69%；院经营性国有资产权益为167.90亿元，同比增长24.9%；营业收入超过1亿元的企业有64家。

五、学部工作

2010年6月7日—10日，中国科学院第十五次院士大会、中国工程院第十次院士大会在北京召开。胡锦涛总书记在大会开幕会上发表重要讲话，号召两院院士和全国广大科技工作者为加快转变经济发展方式勇挑重担、建功立业。刘延东国务委员出席会议并作专题报告。会议围绕学部“十二五”规划讨论、部署学部工作，召开了“2011—2020年我国学科发展战略研究”院士咨询会议，颁发了2010年度陈嘉庚科学奖。

在深入调查研究和广泛征求全体院士意见建议的基础上，编制了《中国科学院学部“十二五”工作规划纲要》，明确学部“十二五”规划战略目标为：以服务社会主义现代化建设为目标，以发挥中国科技发展“火车头”作用为己任，发挥好决策咨询作用、学术引领作用、明德楷模作用，将中国科学院学部建设成为服务国家决策、科学引导公众的最高科技咨询机构，成为创新思想活跃、学术作风严谨的我国科学技术最高学术机构，成为高举科学旗帜、弘扬先进文化的科学殿堂，成为在国内外有重要影响的国家科学思想库。

结合中国科学院学部成立55周年，策划组织相关宣传活动；举办“纪念竺可桢先生诞辰120周年”座谈会和学术报告会、“钱学森科学和教育思想研讨座谈会”。组织出版院士传记、科研诚信教育等系列书籍，部署“科学文化建设工程”有关工作。

六、科教基础设施建设

实验室建设获新进展。国家已在中国科学院部署4个国家实验室，建设75个国家重点实验室（包括与教育部联合实验室等），一批实验室入选2010年10月发布的新建国家重点实验室指南方向。2010年批准17个中国科学院重点实验室。

推进文献情报系统建设。重点组织开展“重要国家和国际组织关注的科技与发展重要问题”、“国际科技竞争力研究”、“国家创新体系其他单元发展态势分析”、“世界主要国家创新集群建设的实践”研究，出版《国际科学技术前沿报告2010》。进一步完善科技文献资源的全院联合建设机制，强化建设全院公共文献信息服务平台，科技文献保障达国际先进水平。组织召开第八次开放获取柏林会议。

科技期刊试点工作成效显现，科技期刊学术水平显著提升。创办《亚洲两栖爬行动物研究》（英文）、《地球环境学报》、《科研信息化技术与应用》、《整合动物学》（英文）等4种科技期刊。2种刊物进入SCI扩展版。初步建成并发布中国科学院科技期刊开放获取平台，集中展示、宣传全院100余种开放获取期刊。

制订《中国科学院“十二五”野外台站发展规划》，进一步确立野外台站建设目标。开展中国科学院中国生态系统研究网络（CERN）、特殊环境与灾害监测研究网络、日地空间环境观测研究网络等3大野外网络系统野外观测研究台站创新三期维修/建设。

中国科学院植物园2010年新引种8600种次，不断提高园区物种保育技术、改善保育条件。生物标本馆（博物馆）加速生物标本资源的收集与鉴定，2010年新增国内外标本42万份（件），开展各种形式的科普宣传活动。中国西南野生生物种质资源库2010年新增野生植物采集样2073种、22 740份/株，与英国千年种子库合作联手打造上海世博会英国馆“种子圣殿”。

科研信息化基础环境支撑作用突显，形成兼顾不同学科领域和区域需求的三层架构超级计算网格环境。在科研信息化应用方面开展积极探索，使其逐步渗透到各学科领域。部分科研信息化应用示范项目示范效果突出。形成有中国科学院特色的管理信息化系统，有力服务管理创新。教育信息化建设进展显著，服务总人数达10万人。加强网络信息安全技术保障，提升信息网络安全保障能力。

继续做好基础设施建设工作，制定《中国科学院“十二五”科教基础设施建设规划实施方案》。

规划与战略

2010年3月31日，国务院第105次常务会议审议通过了中国科学院“创新2020”规划，着力突破带动技术革命，促进产业结构调整和战略性新兴产业发展的前沿科学问题和关键核心技术；着力突破提高人民健康水平，保障改善民生以及生态和环境保护等重大公益性科技问题；着力突破增强国际竞争力，维护国家和公共安全的战略高技术问题，决定继续深入实施知识创新工程，这标志着中国科学院进入以整体跨越为奋斗目标的崭新发展阶段。过去的一年，全院深入学习贯彻国务院常务会议精神，科学谋划，系统评估，扎实推进，高质量完成创新三期目标任务，启动实施“创新2020”取得重大进展。

一、完善“创新2020”规划

中国科学院深入学习领会中央领导同志在中国科学院建院60周年时的贺信和讲话精神，将中央的要求落实到“创新2020”规划中。进一步明晰中国科学院战略定位的内涵，将“三个着力突破”作为实现“基础性、战略性、前瞻性”定位的战略任务。进一步凝练发展目标，从战略领域、学科发展、研究所、人才队伍、联合合作与成果转化、思想库和国际合作七个方面，提出既具跨越性、又可实现的具体目标。进一步深化对国家战略需求和科技创新规律的认识，丰富和完善“创新2020”的重大改革举措和政策保障措施。与国家有关部门多次沟通，落实了支持中国科学院“创新2020”实施的政策支持和保障。认真吸纳各有关部门的意见和建议，使“创新2020”规划更好地反映国家发展的战略需求，更好地与国家各类规划有机衔接。

二、开展知识创新工程评估

对照知识创新工程的目标任务，实事求是，严肃认真，全方位、系统性、多角度开展评估工作。100个院属单位参加了自评与交流，201位院所主要领导对85个研究所进行了网上评议；科技创新基地开展了自评和片内交流，院科技创新基地咨询评议委员会对创新基地整体进展进行了综合评议；院机关各部门系统总结了各方面工作的进展。在此基础上形成《知识创新工程（1998—2010年）评估报告》，上报国务院，并报送有关部委。

知识创新工程评估达到了总结经验、找准不足、深化认识、科学定位的目的。实践充分证明，党中央国务院实施知识创新工程试点、建设国家创新体系的重大战略决策是完全正确的，意义重大，影响深远。通过评估，我们更加准确地认清了中国科学院核心竞争力和发展态势，深入总结了行之有效、需要长期坚持的做法和经验。通过评估，我们也更加清醒地认识到，在创新能力、创新活动组织、体制机制、人才队伍、成果转移转化和文化环境等方面仍存在着一些制约发展的深层次问题，系统理清了解决问题的方向和思路。通过评估，我们进一步加深了对科技创新规律的认识，进一步明确了在中国特色国家创新体系中的定位，坚定了走中国特色自主创新道路的信心，增强了改革创新跨越发展的勇气。

三、制定“创新2020”组织实施方案

“创新2020”是一项复杂的系统工程，制定组织实施方案，既是国务院常务会议的要求，也是实施好“创新2020”的必然要求。院党组高度重视，路甬祥院长亲自指导组织实施方案的研究制定工作。通过召开全院视频会议、深入基层宣讲、“解放思想、深化改革”大讨论等多种形式，组织院所级领导干部、广大科技和管理骨干，深入学习领会国务院常务会议精神，加深对实施“创新2020”战略意义、战略任务和发展目标的认识；结合知识创新工程评估，找准改革创新的主攻方向和突破口。

在发扬民主、集思广益的基础上，顶层设计，统筹安排。牢牢把握“创新2020”发展目标，按照试点启动、重点跨越、整体跨越三个阶段，将“创新2020”规划转化为可操作、可实现、可检查的各阶段目标任务。按照创造一流科技成果、实现一流科学管理、建设一流创新队伍、创造一流社会效益和政策支持与保障等五个方面，确定了60项工作任务，明确分工，落实责任。着眼“创新2020”整体实施，将组织实施战略性先导科技专项、建设三类中心、建设区域创新集群、择优支持研究所启动实施“创新2020”作为试点启动的重点，先行先试，重点突破。经过4个月的努力，形成了“创新2020”组织实施方案，2010年夏季党组扩大会议审议通过，并决定正式启动实施“创新2020”。

四、编制“十二五”规划

将“创新2020”在“十二五”期间的目标任务具体化，加强与国家规划的有机衔接，加强规划目标研究测算，加强院所两级规划的交流互动，制定“十二五”规划重点领域科技发展路线图，集全院智慧，编制了《中国科学院“十二五”发展规划纲要》和科技创新基地、人才、学部、科教基础设施等15个重点与专门规划，2010年冬季党组扩大会议审议并原则通过，将陆续发布实施。积极组织专家参加国家各类规划的研究编制，将中国科学院战略研究成果转化为国家相关科技任务。

院属各单位结合“创新2020”落实和本单位实际，通过组织所内骨干广泛深入研讨、召开战略研讨会、积极参与院和国家各级各类规划研究制定等多种形式，积极谋划本所“创新2020”和“十二五”规划发展，制定本单位“十二五”规划。

五、试点启动“创新 2020”

围绕试点启动阶段目标任务，统筹安排，重点突破，试点工作进展顺利，开局良好。

战略性先导科技专项、三类中心建设取得实质性进展。建立了先导专项和三类中心策划、论证、立项、管理、评估验收的完整程序和规范。组织数百名科技与管理专家多次深入研讨，首批推进的 8 个先导专项科技目标和技术路线更加清晰，与国家科技计划更相衔接，组织管理体制机制更加明确。组织咨询评议和论证，广泛听取国家有关部门领导、院内外战略科技专家和管理专家意见，国家有关部门和专家们充分肯定了实施战略性先导科技专项的重大意义，一致认为首批推进的 8 个先导专项都具有战略性、基础性、前瞻性和先导性，中国科学院完全有基础、有能力、有条件组织实施好战略性先导科技专项。B 类先导专项国家数学与交叉科学中心正式成立，未来先进核裂变能、空间科学、干细胞与再生医学研究、应对气候变化的碳收支认证及相关问题等 4 个 A 类先导专项正式立项。面向感知中国的新一代信息技术研究、低阶煤清洁高效梯级利用关键技术与示范、深部资源探测核心技术研发与应用示范 3 个 A 类先导专项预启动。

区域创新集群建设态势良好。“3 + 5” 区域创新集群组织相关地区研究所开展规划研究工作，明晰集群建设的内涵，理清集群建设的思路和重点。北京创新与转化集群初步完成北京综合研究中心选址和规划工作，组织一批中试研发和产业化项目进入北京怀柔、天津滨海等科研转化基地，加快推进研究生院怀柔校区建设。上海创新与转化集群加快建设上海浦东科技园，扎实推进上海高等研究院、宁波工业技术研究院和海西研究院的筹建工作，探索建立集项目、市场、人才与资本为一体的新型转移转化平台，提升中国科学院在长三角区域的科技创新和转移转化优势。广东华南创新与转化集群扎实推进重大合作项目，加快构建“一园一廊一网络”，与广州市共建科技创新园，建设“深圳 - 东莞 - 广州 - 佛山”珠三角科技创新走廊，建设覆盖广东的科技创新网络。5 个特色区域创新集群建设取得新进展，积极落实各类合作协议，认真组织实施合作项目，与地方和企业共建了一批研发中心和转移转化中心，促进产学研用结合和科技成果转化，密切了与区域创新体系的联系。

择优支持研究所启动实施“创新 2020”准备工作全面完成。通过研究所自评与交流，对研究所的发展绩效、发展状态、发展规划进行了综合质量评估。研究所完成“十二五”规划制定工作，明确了定位、目标和改革发展举措，为择优支持工作奠定了良好的基础。院制定了择优支持研究所启动实施“创新 2020”工作方案，以建立研究所合作发展、竞争向上的动力机制为出发点，明确了择优支持的原则、工作思路、主要环节、资源组合配置和配套政策。

基地建设与科研管理

一、扎实推进科技创新基地建设

（一）加强战略研究与规划，提升战略谋划能力

2010年，科技创新基地进一步完善持续开展战略研究的机制，完成了基础研究片、战略高技术片、重大公益性科技创新片生物组和资环组等的科技创新基地“十二五”规划，制定了“十二五”的15个重点领域科技路线图。组织开展相关领域战略研究，围绕关系国家全局和长远发展的重大科技问题和可能引发重大突破的重要基础前沿方向，凝练了一批目标导向明确，具有先导性、战略性、创造性、全局性的战略性先导科技专项。

通过战略研究形成对未来发展方向的前瞻认识和判断，及时部署预研项目，积极向国家提出建议，有的被采纳后列入国家重大科技任务。充分发挥国家科学思想库的作用，通过系统研究分析影响和制约我国经济社会发展的重大科技问题，形成了大量的战略咨询报告和政策建议，很多被国家采纳。在国家战略性新兴产业培育和发展规划中，已采纳了中国科学院提出“生物制造”、“先进核能”、“新一代信息技术”等重点任务建议。

（二）部署和承担科技任务，重大成果不断涌现

急国家所急、急人民所需，在关键时刻发挥重要作用。玉树地震发生后，中国科学院遥感飞机第一时间赶往震区，当天下午3点半就开始获取灾区首批航空遥感数据，晚上10点传回第一幅航空遥感影像，次日凌晨提交了第一批高分辨率航空遥感影像专报，并实时监测灾情，为国家和各部门及时了解灾情、科学制定救援方案提供了重要依据。在玉树地震、舟曲泥石流、南方洪涝等重大自然灾害中，及时组织开展了灾情监测、提供抗震救灾急需的技术和设备，在灾后重建中组织开展了资源环境承载能力评价、疾病防控和心理咨询等，为抗震救灾提供了重要科技支撑。

集成全院优势力量，为上海世博会和广州亚运会提供有力的科技支撑。及时部署研发了一批关键核心技术，如三层立体防入侵传感网系统、水下安保系统、炸药探测仪、智能交通车流量检测雷达系统、人流疏导虚拟现实模拟系统等；综合集成了一批关键技术，如人脸识别门禁系统、宽带无线通信技术、激光显示产品、大气环境监测技术、绿色环保技术等，一大批科技创新成果在上海世博会和广州亚运会的规划建设、安全保障、信息交通和技术展示等方面广泛应用。

高质量完成国家重大科技任务。发扬“两弹一星”和载人航天精神，全院13个单位500余名科技人员参加了“嫦娥二号”工程，出色完成地面应用系统、全部

有效载荷研制和 VLBI 测轨等工程任务，应用 CCD 立体相机成功进行了月球虹湾地区高精度探测，获得分辨率约为 1.3 米的局部影像图，为“嫦娥二号”任务圆满完成作出了突出贡献，受到党中央国务院的表彰，得到有关部门和社会各界的高度评价。在承担的一大批国家科技重大专项、重大科学研究计划、国防科技创新重大项目、国家高技术研究发展计划（“863”计划）、国家重点基础研究发展计划（“973”计划）、国家自然科学基金等重大科技任务和地方、企业委托的科技项目中，全院各单位团结协作，奋勇攻关，取得了一批关键核心技术重大突破和原创成果。

积极建议和承担重要科技任务。组织和动员全院科技力量，建议和承担了一批国家重大科技任务和地方、企业委托的科技项目。承担了 16 个重大专项的一批科技任务；作为第一承担单位或第一依托部门，承担国家重大科学研究计划项目、“973”计划项目分别占全国总数的 48%、32%，承担“863”计划课题 18 项。承担一批国家自然科学基金项目，其中重点项目占全国的 26.4%。

（三）推动科技布局调整，加强人才队伍和平台建设

建设跨学科研究单元。各创新基地根据院对相关领域的整体布局，加强对新建所规划、领域方向的指导，参与对新建所规划的评议。完成上海高等研究院、天津工业生物技术研究所、苏州生物医学工程技术研究所的规划评议工作。通过人才引进，帮助新建所组建创新团队，开辟新的方向。整合院优势力量，布局新建若干非法人研究单元，形成多学科综合研究优势，支撑重大创新活动。

建设国家重大科技基础设施。结合国家重大科技基础设施中长期规划制定，统筹部署大科学装置“5+1”综合研究基地布局。上海光源以最快的建设速度和优异的性能，高质量完成建设任务，通过国家验收，成为国际上性能指标领先的第三代同步辐射光源之一。强磁场、散裂中子源、500m 口径球面射电望远镜、海洋科学考察船等工程建设取得重要进展。积极向国家建议并启动若干大科学工程的规划设计工作。北京同步辐射装置、上海光源、合肥同步辐射装置、超导托卡马克、兰州重离子加速器等大科学装置高效运行，开展了多学科交叉研究，并向科研机构、大学、企业提供，开放共享的技术服务，取得了一批重要研究成果。

建设与完善创新平台。结合现有科研基础设施，构建具有专业和区域特色的重大科研支撑平台。建设大型仪器区域中心，整合区域内各研究单位的科研装备资源，形成集群优势。择优支持 15 个所级公共技术服务中心，进一步完善全院“大型仪器共享管理系统”。完善资源环境五大台站网络及其数据共享系统，许多台站或网络达到国际先进水平，成为实施国家重大科技任务的重要平台，成为承担国家任务和国际合作交流的重要窗口和平台。积极参与院技术转移转化和产业化平台的建设，推动科技成果转移转化。

以任务凝聚培养人才。坚持按需引进，坚持质量标准，坚持以事业吸引为主、以科研项目经费支持为主，通过“千人计划”吸引海外高层次人才。与重大项目、重要方向项目部署紧密结合，继续实施“项目百人计划”，引进和培养优秀人才。实施“创新团队国际合作伙伴计划”，依托国家或院重点实验室，组建和支持凝聚国内外优秀科学家的创新团队。加强年青人才培养，明确要求各单位在承担重要方向性项目和领域前沿项目中，须配备青年人才作为项目负责人；设立“青年人才领域前沿项目专项”，支持35岁以下优秀青年人才；增设“青年科研骨干留学专项”，加大对优秀青年科技人才的国际化培养。

（四）创新管理体制与机制，有效发挥综合优势

改革组织管理体制。着力提升重大科技创新活动的战略谋划和组织实施能力。进一步深化重要领域科技路线图战略研究，建立了以重要领域科技发展路线图为依据，按战略性科技问题、创新跨越的重要方向、前沿领域先导研究三个层次组织重大科技创新活动的体制机制。积极探索项目群簇（Cluster）等不同类型项目部署方式。积极探索建立适应发展要求的经济资源和人力资源配置体系，实行人财物资源组合配置，着力加强院所两级的宏观调控能力。按照创新绩效、发展态势、发展需求，将科技创新活动组织、科技布局调整、人才引进与培养、科研条件建设有机结合，分类、择优配置经济资源和人力资源，以增量改革带动存量改革。

加强交流合作。通过所长联席会议制度，促进所际交流合作，加强与院外单位的沟通协作，加强与地方、企业的交流，收到了良好效果。加强与大学的联合合作，通过共建实验室，共建青年科学家伙伴小组，共同开展重大研发项目、人才交流和培养等形式，共同促进，共同发展。加强与部门研究机构联合合作，根据国家规划布局，通过共同承担国家科技任务、建立联合实验室等方式，重点加强行业共性技术、国防科技、社会公益等研究。加强与企业的联合合作，在高技术研发、中试、生产工艺创制等环节，与企业共建研发组织、共同承担国家科技任务、共同开展研发活动。

开展科技创新基地综合评议。通过创新基地自评和片内交流，从战略规划和策划能力、建议承担和组织实施重大科技创新活动、体制机制和管理创新、凝聚造就领军人才和骨干人才、科技创新平台建设等五个方面，全面系统检查创新三期基地建设目标完成情况，总结交流经验，诊断分析问题，提出下一步考虑。科技创新基地咨询评议委员会对科技创新基地进展情况进行了综合评议，对创新基地取得的成果和经验给予了充分肯定，并就战略研究、项目部署、人才队伍、创新平台、体制机制等方面提出了许多中肯的意见和建议。

二、争取和承担国家重大科技任务

（一）国家重点基础研究发展计划（“973”计划）项目

2010年，国家批准立项农业、能源、信息、资源环境、人口与健康、材料、综

合交叉、重要科学前沿、制造与工程科学九个领域113个“973”计划项目。其中，中国科学院作为第一承担单位或第一依托部门的项目36项，占全国项目的31.86%（表1）。

表1　中国科学院2010年承担“973”计划新立项目

序　号	项目名称	首席科学家	第一承担单位	依托部门
1	表面等离子体超分辨成像光刻基础研究	罗先刚	光电技术研究所	中国科学院
2	二叠纪地幔柱构造与地表系统演变	徐义刚	广州地球化学研究所	中国科学院
3	中国近海水母暴发的关键过程、机理及生态环境效应	孙　松	海洋研究所	中国科学院、山东省科学技术厅
4	黄河上游沙漠宽谷段风沙水沙过程与调控机理	拓万全	寒区旱区环境与工程研究所	中国科学院
5	宽光谱高效薄膜太阳电池的基础研究	戴松元	合肥物质科学研究院	中国科学院
6	微纳光机电系统的仿生设计与制造方法	梅　涛	合肥物质科学研究院	中国科学院
7	超高性能与低成本聚丙烯腈碳纤维的科学基础及共性问题研究	徐　坚	化学研究所	中国科学院
8	分子电子学的基础与应用探索研究	姚建年	化学研究所	中国科学院
9	不饱和烃高效转化中的前沿科学问题	史一安	化学研究所	中国科学院
10	高通量计算系统的构建原理、支撑技术及云服务应用	李国杰	计算技术研究所	中国科学院
11	基于集成计算的材料设计基础科学问题	杨　锐	金属研究所	中国科学院
12	核电关键材料及焊接部位在微纳米尺度下的环境行为与失效机理	韩恩厚	金属研究所	中国科学院
13	时速500公里条件下高速列车基础力学问题研究	杨国伟	力学研究所	铁道部、中国科学院
14	（微）重力影响细胞生命活动的力学－生物学耦合规律研究	龙　勉	力学研究所	中国科学院
15	南海海气相互作用与海洋环流和涡旋演变规律	王东晓	南海海洋研究所	中国科学院、国家海洋局
16	粮食主产区农田地力提升机理与定向培育对策	张佳宝	南京土壤研究所	中国科学院、农业部
17	褐煤洁净高效转化的催化与化学工程基础	王建国	山西煤炭化学研究所	中国科学院
18	极端强场超快科学重要前沿与应用开拓	李儒新	上海光学精密机械研究所	中国科学院
19	神经环路的形成、功能与可塑性	蒲慕明	上海生命科学研究院	中国科学院

续表

序　号	项目名称	首席科学家	第一承担单位	依托部门
20	表观遗传变异在肺癌发生发展中的作用和机制	孔祥银	上海生命科学研究院	中国科学院、上海市科学技术委员会
21	植物免疫机制与作物抗病分子设计的重大基础理论	何祖华	上海生命科学研究院	中国科学院、农业部
22	MEMS 规模制造技术基础研究	王跃林	上海微系统与信息技术研究所	中国科学院、上海市科学技术委员会
23	新概念、高效率 X 射线自由电子激光（FEL）物理与关键技术研究	赵振堂	上海应用物理研究所	中国科学院
24	天然森林和草地土壤固碳功能与固碳潜力研究	韩士杰	沈阳应用生态研究所	中国科学院
25	数学机械化方法及其在数字化设计制造中的应用	高小山	数学与系统科学研究院	中国科学院
26	信息及相关领域若干重大需求的应用数学研究	马志明	数学与系统科学研究院	中国科学院
27	适应于千万亿次科学计算的新型计算模式	陈志明	数学与系统科学研究院	中国科学院
28	中国西部特大山洪泥石流灾害形成机理与风险分析	崔　鹏	水利部成都山地灾害与环境研究所	中国科学院
29	重要病毒跨种间感染与传播致病的分子机制研究	高　福	微生物研究所	中国科学院
30	高温超导材料与物理研究	闻海虎	物理研究所	中国科学院
31	水稻高产、优质等重要性状的分子机制和设计育种研究	薛勇彪	遗传与发育生物学研究所	中国科学院
32	作物养分高效利用的信号转导和分子调控网络	凌宏清	遗传与发育生物学研究所	中国科学院
33	Ⅱ族氧化物半导体光电子器件的基础研究	申德振	长春光学精密机械与物理研究所	中国科学院
34	日地空间天气预报的物理基础与模式研究	甘为群	紫金山天文台	中国科学院
35	多模态分子影像关键科学问题研究	田　捷	自动化研究所	中国科学院
36	基于影像的脑网络研究及其临床应用	蒋田仔	自动化研究所	中国科学院

（二）国家重大科学研究计划

国家批准立项蛋白质、量子调控、纳米技术、发育与生殖、全球变化、干细胞六个领域 64 个国家重大科学研究计划项目。其中，中国科学院作为第一承担单位或第一依托部门的项目 30 项，占全国项目的 46.88%（表 2）。

表2　中国科学院2010年承担国家重大科学研究计划新立项目情况

	蛋白质研究	量子调控研究	纳米研究	发育与生殖研究	全球变化研究	干细胞研究
全国	13	12	19	10	1	9
中国科学院	6	6	10	4	0	4

（三）“973”计划重大科学问题导向项目

2010年12月，科学技术部围绕新型高温超导材料和物理研究、量子芯片和全量子网络、人类智力和创造力的神经基础、突破22纳米特征尺寸的集成电路新原理与新技术、替代贵金属的纳米催化材料、高效低成本新型光伏材料与器件、人工合成生物体系、诱导多功能干细胞（iPS）猪与小型猪疾病模型和非编码RNA与干细胞命运调控等9个重大科学问题，试点启动11个“973”计划重大科学问题导向项目。其中，中国科学院作为第一承担单位的项目7个，占全国项目的63.64%（表3）。

表3　中国科学院2010年承担“973”计划重大科学问题导向项目

序　号	项目名称	首席科学家	第一承担单位	依托部门
1	高温超导材料与物理研究	闻海虎	物理研究所	中国科学院
2	固态量子芯片研究	邹旭波	中国科学技术大学	中国科学院
3	人类智力的神经基础	蒲慕明	上海生命科学研究院	中国科学院
4	贵金属高效利用与替代的纳米催化材料	洪茂椿	福建物质结构研究所	中国科学院
5	高效低成本新型薄膜光伏材料与器件的基础研究	戴松元	合肥物质科学研究院	中国科学院
6	人工合成细胞工厂	马延和	微生物研究所	中国科学院
7	光合作用与“人工叶片”	常文瑞	生物物理研究所	中国科学院

（四）国家高技术研究发展计划（“863”计划）项目

2010年，中国科学院承担“863”计划课题18个，获国拨经费1.02亿元。

（五）国家自然科学基金、国家杰出青年科学基金、创新研究群体基金项目

国家自然科学基金项目。2010年，中国科学院共获得面上项目、青年科学基金项目、重点项目和海外及港澳学者合作研究基金项目2748项，共计10.56亿元，占总资助项目的12.55%、总经费的14.77%。

国家杰出青年基金项目。2010年，中国科学院共有64人获得国家杰出青年科学基金，占全部杰出青年科学基金获得者的32.32%。

创新研究群体基金项目。2010年，国家自然科学基金委员会批准立项29个创新研究群体。中国科学院共10个群体获准立项，占总数的34.48%。截至2010年底，国家自然科学基金委员会共支持创新研究群体254个，其中中国科学院112个，占44.09%。

（六）国家高技术产业化项目

2010年，中国科学院牵头组织8个国家高技术产业化项目（表4），分别属于卫星

应用、中国下一代互联网（CNGI）、信息安全等专项，获国家补助资金 2.58 亿元，带动投资共计 7.5 亿元。

2010 年，中国科学院牵头组织的 8 个国家高技术产业化项目通过验收（表 5）。

表 4　中国科学院 2010 年牵头组织的国家高技术产业化项目

序　号	项目名称	承担单位	专　项
1	建设面向区域遥感综合应用的虚拟卫星服务运营平台	国遥万维	卫星应用
		遥感所	
2	国产遥感卫星生态环境监测信息通用产品生产与产业化	地理所	
3	基于下一代互联网的科研信息基础设施建设和应用示范工程	网络中心	CNGI
4	互联网电子身份证及其产业化应用	聚宝网络等	信息安全
5	所专用网络信息系统安全可控性仿真与验证专	计算所	
6	互联网域名容灾托管及监测咨询专业化服务项目	北龙中网等	
7	基于云计算的安全专业化服务项目	曙光天演	
		计算所	
8	可信计算密码应用标准体系及其验证环境建设项目	软件所	

表 5　中国科学院 2010 年通过验收的国家高技术产业化项目

序　号	项目名称	验收日期
1	北京科诺伟业科技有限公司兆瓦级变速恒频风电机组控制系统及变流器系列产品高技术产业化示范工程	2010 年 3 月 26 日
2	上海日环科技投资有限公司辐射加工用新型电子加速器高技术产业化示范工程	2010 年 6 月 24 日
3	上海世龙科技有限公司辐射改性功能型高分子新材料高技术产业化示范工程	2010 年 6 月 24 日
4	中国石化集团清江石油化工有限责任公司微生物发酵生产长链二元酸高技术产业化示范工程	2010 年 7 月 22 日
5	西昌明日风园艺有限责任公司四川凉山彝族自治州出口玫瑰油高技术产业化示范工程	2010 年 7 月 22 日
6	北京中科膜技术有限公司大型超滤组件和设备产业化示范工程	2010 年 7 月 23 日
7	四川绵阳高新区中科生物工程有限公司诊断试剂用原料酶工程高技术产业化示范工程	2010 年 8 月 19 日
8	杭州泰达实业有限公司 1000 毫米幅宽连续双向拉伸聚酰亚胺薄膜生产线高技术产业化示范工程	2010 年 8 月 19 日

三、中国科学院知识创新工程项目管理

2010 年，中国科学院各科技创新基地共部署重要方向项目 325 项（表 6）。

表 6　中国科学院各科技创新基地 2010 年部署重要方向项目情况

分　片	创新基地	项目数
基础研究	具有明确目标导向的交叉和重大前沿	28
	依托大科学装置的综合研究基地	18
战略高技术	纳米、先进制造与新材料基地	5 + 14
	信息科技创新基地	52
	空间科技创新基地	7
	先进能源科技创新基地	15
经济社会可持续发展相关研究	人口健康与医药创新基地	16
	先进工业生物技术创新基地	16
	现代农业科技创新基地	13
	生态与环境科技创新基地	74
	资源与海洋科技创新基地	67
合　计		325

重大科技成果

一、2010 年度国家科学技术奖

（一）国家最高科学技术奖获得者

师昌绪 男，1920 年 11 月出生于河北省徐水县。1945 年毕业于国立西北工学院。1952 年，在美国欧丹特大学获冶金学博士学位。在麻省理工学院工作 3 年，同时积极参与争取回国斗争，1955 年回国后，在沈阳中国科学院金属研究所工作。曾任金属研究所所长、中国科学院技术科学部主任、国家自然科学基金委员会副主任、中国工程院副院长等职，现为国家自然科学基金委员会特邀顾问、中国科学院金属研究所名誉所长。他是我国著名的材料科学家。1980 年当选中国科学院院士，1994 年当选中国工程院院士。

多年来，师昌绪院士一直致力于材料科学研究与工程应用工作，在国内率先开展了高温合金及新型合金钢等材料的研究与开发。高温合金是航空发动机的核心材料，20 世纪 60 年代，我国战机发动机急需高性能的高温合金叶片，他率队研制的铸造九孔高温合金涡轮叶片，解决了一系列技术难题，使我国航空发动机涡轮叶片由锻造到铸造、由实心到空心迈上两个新台阶，成为继美国之后第二个自主开发该关键材料技术的国家，迄今为止已大量应用于我国战机发动机，于 1985 年获国家科技进步奖一等奖。他在金属凝固理论方面发展了低偏析合金技术，通过有效控制微量元素以降低合金凝固偏析。在此基础上，中国科学院金属研究所科研人员在他的指导下，正研发应用于各类飞机发动机和大型燃气轮机定向、单晶等系列高温合金和复杂型腔的铸造技术。他还根据我国资源情况开发出多种节约镍铬的合金钢，解决了当时我国工业所需。

师昌绪院士组建了中国科学院金属腐蚀与防护研究所，领导建立了全国自然环境腐蚀站网，为我国材料研究与工程应用提供了大量基础性数据。他大力提倡传统材料与新材料研究、基础研究与应用研究并重，促进了我国材料研究的可持续发展；他推动了我国材料疲劳与断裂、非晶纳米晶等学科的发展；他提出我国应大力发展镁合金，倡导并参与我国高强碳纤维的研发与应用。

师昌绪院士对国家科技政策的制定及科技机构的设置和发展作出了重要贡献。他倡导并参与了中国工程院的建立；多次主持制定全国材料领域发展规划；开创了中国科学院技术科学部主动咨询模式；建言大飞机等国家重大科技工程的立项实施。他还十分重视学会和出版工作，创建了“中国材料研究学会”和“中国生物材料委员会”，创办或主编了《材料科学技术学报》（英文）、《自然科学进展》（中、英文）、《金属学报》（中、英文）等 5 个高水平刊物。

师昌绪院士在国际材料科学领域享有很高声誉，多次担任国际材料领域学术会议主席或顾问。曾获得国家科学技术奖 7 项，1998 年获得国际材料研究联合会颁发的“实用材料创新奖”。由于他在高温合金的成就和材料界的领导地位，美国矿物、冶金与材料学会（TMS）授予他荣誉会员。

师昌绪院士非常重视人才培养，在他领导的研究团队中，多人已成为材料领域的学术带头人。

（二）国家自然科学奖二等奖（10 项）

舒伯特簇的乘法法则

主要完成单位：中国科学院数学与系统科学研究院

主要完成人员：段海豹

澄清舒伯特簇演算是希尔伯特第 15 问题“舒伯特计数演算的严格基础”的内容，也是20 世纪代数几何学的重要主题。其中的“舒伯特演算”，即旗流形相交环中的舒伯特簇的乘法运算。决定它的演算法则是“舒伯特演算的根本性课题”，也是第 15 问题中长期悬而未解的核心难题。美国科学院院士 Fulton 称“一般旗流形中舒伯特簇的精确乘法，还没有乘法法则”。《数学百科全书》（*Encyclopedia Dictionary of Mathmatics*）称“对于绝大多数旗流形，舒伯特簇的乘法仍属未知”。Lenart 称乘法问题是“代数组合理论的一个重要公开问题”。段海豹在文章《舒伯特簇的乘法法则》中，解决了这个历史悠久的基础性问题。

美国《数学评论》（*Mathematical Reviews*）评价：段解决了“相交理论的一个根本性问题”；是对“相交理论的重要贡献”；“具有明确的几何重要性”。德国《数学评论》评价：段对“相交理论作出了重要贡献”，“得到了漂亮的精确公式”。

美国科学院院士 Stanley 在 2009 年的文章中专门讨论了段的公式，在该公式基础上，Petrov 等开发了 MAPLE 软件包。Chaput 和 Perrin（2009）总结道：根据 Borel（法国科学院院士，美国科学院院士）1953 年、Bernstein（美国科学院院士）和 Gelfand（Wolf 奖获得者，美国科学院院士）1973 年以及段海豹 2005 年的工作，对“舒伯特演算已经理解得十分透彻”。

非晶合金形成机理研究及新型稀土基块体非晶合金研制

主要完成单位：中国科学院物理研究所

主要完成人员：汪卫华、潘明祥、赵德乾、白海洋

该项目属物理科学中的非晶态物理学领域，该项研究获得如下三项主要发现：①通过调控非晶材料弹性模量来控制非晶合金性能和形成的弹性模量判据。提出：非晶的形成、形变、弛豫都可用流动来描述，其流动的势垒由弹性模量决定，弹性模量是控制非晶形成和性能的关键参量的学术思想。②兼有金属和塑料重要特性的非晶合金材料——金属塑料的发现。提出了“金属塑料”这一新概念，引发更多的探索，将聚合物塑料和金属这两类广泛使用的材料特性有机结合，研制出更多把塑料和金属的特点集成在一起的新材料。③根据弹性模量判据探索新型稀土非晶材料。结合微量掺杂方法，研制出十多种有自主知识产权、具有功能特性的以稀土元素为基的大块非晶新材料，并对其性能进行了研究。

该项目研究成果不仅加深了对非晶态材料的形成机理的认识，且在非晶合金形成规律及材料探索、特别是具有潜在应用前景的稀土基块体非晶合金研制方面作出了重要贡献。研制出具有自主知识产权的新材料 15 种，获授权专利 15 项，发表文章 80 多篇，文章被广泛引用 3000 多次；8 篇代表性文章被他人引用 720 多次。多个著名科学期刊如 *Nature*、*Phys. Rev. Focus*、*Nature Mater.* 等发表专题评论评价该项工作。金属塑料的研制工作被评为 2005 年中国基础研究十大进展。

BES-II $D\bar{D}$阈上粒子 ψ（3770）非 $D\bar{D}$衰变的发现和 D 物理研究

主要完成单位：中国科学院高能物理研究所

主要完成人员：荣刚、张达华、陈江川、马海龙

2003 年前，粒子物理学家深信 $D\bar{D}$阈（$D\bar{D}$对产生阈能）上粒子几乎 100% 地衰变到 $D\bar{D}$末态。这导致在该能区国际粲偶素物理研究出现了 26 年无任何重要发现的“干枯期”，延滞了该领域物理研究的进展。

BES-II（北京谱仪）“ψ（3770）和 D 物理研究”项目组突破了多年限制该能区物理研究进展的瓶颈，取得了一系列国际领先的重要成果，其中包括：①发现首例 $D\bar{D}$阈上粒子 ψ（3770）衰变到非 $D\bar{D}$末态，即 ψ（3770）$\rightarrow J/\psi\pi^+\pi^-$。这一发现揭示了 $D\bar{D}$阈上粒子通过强作用可以衰变到 $J/\psi\pi^+\pi^-$ 的物理规律。这对发展描述低能强作用的 QCD 有效理论等都起到了重要的作用。此发现立即在国际上引起了强烈反响，它改变了国际实验物理学家对 $D\bar{D}$阈上粒子衰变规律的传统认识，使得他们随即以 $J/\psi\pi^+\pi^-$ 为探针去寻找其他粒子的非 $D\bar{D}$衰变，导致发现 X（3872）等 8 个新粒子。②发现近 15% 的 ψ（3770）衰变到非 $D\bar{D}$末态，这表明 ψ（3770）可能不是纯粲偶素粒子，或在 3.773 GeV 附近能区有新结构或新物理。③首次判定在 D 介子遍举半轻子衰变中同位旋守恒，解决了存在近 30 年的“在 D 介子遍举半轻子衰变中同位旋不守恒”之国际公认疑难；首次绝对测定 $D^0\rightarrow K^-(\pi^-)e^+v$ 衰变中强子流的形状因子 $f^+_{K(\pi)}(0)$。

这些实验结果对发展 QCD 有效理论、检验 LQCD 理论以及检验 D 介子的弱衰变机制等都有重要的意义，从而有力地推动了国际粲偶素物理、强子物理及低能 QCD 理论研究的进展。

新型稀土杂化及纳米复合光电功能材料的基础研究及应用探索

主要完成单位：中国科学院长春应用化学研究所

主要完成人员：张洪杰、武志坚、张思远、苏锵

项目组将稀土配合物通过 Si—C 共价键嫁接到有机/无机杂化和中孔材料的骨架上，制备出国内外未见报道的稳定性好、发光性能优异的互穿网络杂化材料；以原位法制备了稀土（Nd、Er、Yb）干凝胶近红外杂化发光材料，实验和 Judd-Ofelt 理论计算结果表明，其在光波导放大方面具有潜在应用前景。合成了五氟和七氟取代的稀土铕配合物，并制备了电致发光器件，最大亮度达到 1000cd/m^2，电流效率分别为 4.14Cd/A 和 5.41cd/A，流明效率分别为 2.28lm/W 和 3.11lm/W，达到或超过国际上报道的同类型器件的性能。

一维碲化锑纳米热电材料的合成取得了重大突破，得到了世界上首例单晶碲化锑纳米带，为稀土取代锑或碲获得高效热电材料奠定了基础。计算模拟为新材料的制备提供了理论指导，合成了一系列稀土复合氧化物，研究了稀土离子的相互作用机理与光电性能，研制出光存储、高能射线探测、航天和医疗用的固体辐射剂量材料。

上述工作在 *J. Am. Chem. Soc.*、*Adv. Funct. Mater.*、*Chem. Mater.* 等国内外期刊上共发表 SCI 收录论文 198 篇，其中影响因子超过 3 的论文 48 篇。他人正面引用 3391 次。特别是 *Chem. Rev.*、*J. Am. Chem. Soc.*、*Angew. Chem. Int. Ed.*、*Adv. Mater.* 等期刊较大篇幅地引用该项研究工作，受到了广泛好评。参加国际会议作大会报告及被邀请报告 25 次；获全国优秀博士论文 1 项；获中国科学院优秀博士论文 1 项；获授权专利 16 项；获吉林省科技进步奖一等奖 1 项。

离子液体的构效关系及其化学工程基础研究

主要完成单位：中国科学院过程工程研究所、河南师范大学

主要完成人员：张锁江、王键吉、张香平、吕兴梅、董坤

离子液体是由正负离子构成的、在室温或室温附近范围内呈液态的一类新型介质，兼具催化剂和溶剂功能，且不挥发、不易燃，有望替代传统的重污染介质并广泛改变传统的化学工艺，具有广阔的应用前景。本项目在长期相关研究的基础上，针对形成了系列创新性成果。率先建立了离子液体物性数据库，获得了其物性随结构的变化规律；揭示了系列常规或功能化离子液体中存在的氢键网络结构，发现并阐明了氢键对离子液体团簇形成的影响机制，获得了对离子液体微观相互作用科学本质的新认识；建立了多个功能化离子液体的分子力场，设计合成了多个系列新型离子液体催化/分离介质，并实现了规模制备；建立了离子液体体系的传递－转化研究新装置及系统集成方法，研究了反应－分离耦合规律，为离子液体规模制备、乙二醇合成等清洁工艺的研究开发提供了科学基础。上述基础研究成果受到国内外同行的重视和引用，发表了系列研究论文，编写了相关著作，多次受邀在重要国际学术会议作大会报告或专题报告，担任多个国际学术会议主席，主持或创办了多个会议，如第一届亚太离子液体国际会议。本研究对促进离子液体在化工领域的应用与发展具有重要意义。

具有重要生理活性的复杂糖缀合物的化学合成

主要完成单位：中国科学院上海有机化学研究所

主要完成人员：俞飚、惠永正、王来曦、邓绍江、卢寿福

糖是除核酸和蛋白质之外另一类重要的生命物质，特别涉及多细胞生命的全部时间和空间过程，如受精、分化、发育、免疫、感染和癌变等。但由于其结构的复杂性和微观不均一性，难以通过分离获取足够的量来进行深入的研究。化学合成则是解决这一瓶颈的途径，并且也是进行后续结构改造以阐明构效关系和作用机理、开发糖药物的必由之路。该项目经过十多年的努力，做出了系统的、有特色的工作，达到了国际先进水平。主要成果如下：①首次全合成了一系列具有重要生理活性的复杂天然糖缀合物。领先于国际一流实验室完成了具有抑制植物生长活性的结构独特的树脂糖苷 Tricolorin A

的全合成；领先于多个研究小组完成了具有超强抗肿瘤活性的皂甙 OSW1 的全合成等。完成了对固氮信号因子四糖酯 NodRm-1 的第二例全合成，仅次于合成大师 Nicolaou 小组。②开拓性地研究了对植物（特别是中草药）中的皂甙和黄酮苷类化合物的合成。是国际上开展较早、也是迄今最系统的相关研究。③发展了对糖缀合物的合成方法学。尤其是发展了数个高效的糖苷化方法，已被国内外多个课题组成功应用 40 次以上。

该项目共发表论文 107 篇，综述性论文 14 篇（章），专利 9 项。论文他引数 1104 次；单篇最高他引 57 次。项目所取得的结果对于后续的理论和应用研究都具有重要意义，使我国在该领域跻身国际先进水平。

复杂形态和结构的无机功能材料的构筑、自组装原理及性能研究

主要完成单位：中国科学技术大学

主要完成人员：俞书宏、杨剑、刘标、郭晓辉、崔先进

该项目围绕如何运用源于自然的矿化和仿生原理来合理设计材料或实现新颖材料合成这一核心问题，系统开展运用仿生及自然的自组装原理探索合理设计和制备复杂结构材料的研究，提出和设计了一系列精巧的分子体系并以其为模板模拟生物的矿化过程，获得了一系列形貌复杂、结构有特点的功能材料；围绕若干特殊结构材料的形成过程，深入研究和揭示了分子模板在生物矿化过程中晶体的成核、晶化、生长以及取向调控规律，在聚合物控制晶化、复杂形态和结构的功能纳米材料的可控制备和构筑新方法研究两个领域有创造性的贡献。

该项目在当前国际前沿的纳米科技、仿生科学等相关领域作出了重要的成果，对进一步探索自然界中各种精美结构的形成机理和实现模拟生物矿化合成具有类似自然材料而性能优异的材料具有重要的科学意义和指导作用。该项目在 *Nature Materials*、*Angew. Chem. Int. Ed.*、*J. Am. Chem. Soc.*、*Adv. Mater.* 等期刊共发表 SCI 论文 61 篇，其中影响因子大于 4 的论文 51 篇（平均影响因子 5.97），受邀在国际期刊发表综述 4 篇和在四部英文专著中各撰写一章。被 SCI 他人引用达 1906 次，其中 8 篇代表作被 SCI 他人引用 596 次。受邀在国际重要学术会议上作报告 16 次。

中国的乐平统及二叠纪末生物大灭绝研究

主要完成单位：中国科学院南京地质古生物研究所

主要完成人员：金玉玕、沈树忠、王向东、王玥、曹长群

生物进化是自然科学研究领域的重要主题，生物灭绝是生物适应性发展和进化的一个重要部分。二叠纪末生物大灭绝是地质历史上最为重要的一次灭绝事件，探求这次灭绝事件以及生态系统全面革新的机制是当今地球科学领域关注的重要科学问题之一。

该项研究根据中国特有的地质和古生物材料，开展二叠纪末地层和古生物的综合研究，获得了一系列原创性和突破性的研究成果：识别出了二叠纪末生物的突发性灭绝的模式，首次提出二叠纪最末期的生物大灭绝是一次快速的环境急剧恶化条件下的灾难性事件；二叠纪末的灭绝分为两幕，第一幕发生在乐平世底界，第二幕发生在乐平世顶界，相隔近 800 万年；建立了新的国际二叠纪年代地层划分方案，使得中国的乐平统、

吴家坪阶和长兴阶被列入了国际年代地层表，并在中国确立了二叠纪吴家坪阶和长兴阶全球界线层型剖面（金钉子）；运用多种新方法综合开展二叠纪末生物大灭绝的环境背景研究等。

变质同位素年代学及华北－华南陆块碰撞过程

主要完成单位：中国科学技术大学

主要完成人员：李曙光、刘贻灿、肖益林、孙卫东、李秋立

大别－苏鲁造山带及其中的超高压变质岩是华北与华南陆块碰撞的结果。研究这两大陆块的碰撞时代与过程不仅为发展和完善板块构造学说，而且对认识中国东部大陆岩石圈的演化有重要意义。

近 20 年来，该项目对该造山带的超高压变质岩及其他与碰撞过程有关的岩石开展了系统的同位素年代学和地球化学研究，取得了如下在国际上产生重要影响的成果。①首次发现榴辉岩中多硅白云母存在过剩氩；发现了高压变质矿物与退变质矿物存在 Sr、Nd 同位素不平衡；在国际上首次实现了榴辉岩金红石的精确 U-Pb 定年；这些工作发展了变质同位素年代学理论，为准确进行超高压变质岩定年作出了决定性贡献。②最早用同位素年代学方法测定并证明了华北与华南陆块的碰撞发生在三叠纪早期，结束了该重要地质问题的长期争议；此外该研究还完整揭示了华北与华南陆块碰撞全过程的时间序列。③首次测定出大别山超高压岩石具有二次快速冷却的温度－时间曲线；最早发现大别山不同超高压岩片具有不同的 Pb 同位素组成和变质时代，据此提出了俯冲陆壳多层拆分和多岩片、多阶段差异折返模型，修正了国际上流行的单岩板整体折返模型。④揭示了陆壳俯冲过程中的流体演化规律，并首次发现了该流体活动可导致 Nb/Ta 分异的证据，为揭示壳幔分异过程的 Nb/Ta 之谜提供了重要依据；通过 Pb 同位素示踪证明了大陆深俯冲是陆壳物质再循环进入地幔的重要途径。

该项目 51 篇论文被 SCI 他引 1420 次，其中 3 篇论文单篇他引超过 130 次。

胶质细胞新功能的研究

主要完成单位：中国科学院上海生命科学研究院

主要完成人员：段树民、戈鹉平、张景明、杨云雷、王慧昆

胶质细胞在脑内所占比例随着生物进化程度的升高而增高，但长期以来，胶质细胞被认为仅对神经元起被动的支持、营养作用。这一观点受到了一些新发现的挑战，课题组在这一新领域作出了如下重要工作。①星形胶质细胞对神经元活动的异突触调制。突触是神经元间信息传递的关键部位，研究发现，突触旁星形胶质细胞释放的 ATP 及其分解产物腺苷对该突触及其邻近突触（异突触）活动产生反馈抑制作用。研究者提出经胶质细胞的介导，神经元之间即使没有直接突触联系也可发生相互作用、神经元环路的概念和意义更为广泛和复杂的学术观点。②星形胶质细胞对神经元突触可塑性的贡献。神经元之间的突触传递效率在一定刺激下可发生改变，称为突触可塑性，被认为是学习记忆的基础。研究发现神经元产生长时程可塑性（LTP）依赖于胶质细胞释放 D-丝氨酸，对理解胶质细胞如何参与脑高级功能活动具重要意义。③神经元－胶质细胞间信

息传递的可塑性。发现神经元与 NG2 胶质细胞之间突触也可产生 LTP，但和神经元突触产生 LTP 的机制不同。这是首次在神经元突触之外找到 LTP 样可塑性证据。由于脑内有大量 NG2 胶质细胞，该发现对人们从不同角度认识脑工作原理具重要意义。

这些系统的原创性工作完全在国内完成，在 *Science*、*Neuron*、*PNAS* 等重要国际杂志发表后，在同行的论文中被广泛引用，并在 *Nature Reviews Neuroscience* 等多篇重要综述文章中被详细介绍及高度评价，改变了人们对胶质细胞的一些认识，在神经科学领域产生了重要影响，促进了该领域的发展。有评论指出：这一发现“向人们提出了一些有意义的问题，促使人们对神经系统整合功能提出新的令人振奋的假说……，为人们认识突触抑制提供了新机理……，点亮了新的曙光。”（*Neuron*，2003，40：873）。这些工作分别入选了 2003 年“中国医药科技十大新闻”及 2006 年“中国基础研究十大新闻”。研究者所指导学生的论文分别被评为 2005 年和 2008 年“全国百篇优秀博士论文奖”。

（三）国家技术发明奖二等奖（2 项）

小动物多模态光学分子影像成像方法与系统

主要完成单位：中国科学院自动化研究所、清华大学

主要完成人员：田捷、白净、杨鑫、张永红、秦承虎、杨祥

该项目涉及一套小动物多模态光学分子影像成像方法和系统。通过小动物多模态成像系统，利用非匀质成像方法以及分割、配准、可视化等后处理技术，实现了光源的精确重建，能够在体反映细胞分子水平的生理病理变化。

项目组针对成像质量问题和组织非匀质特性，提出了系列光源重建方法。在 *IEEE TITB*、*IEEE TBE*、*Optics Express* 等国际期刊发表 SCI 论文 60 余篇，授权或申请发明专利 40 余项。相关成果获得了 2008 年度北京市首届发明专利奖二等奖、2009 年度中国专利优秀奖。

针对理论算法的仿真研究，项目组研发了光学分子影像仿真平台 MOSE、集成化算法研发平台 MITK 和可扩展集成平台 3D Med，向教育和研究机构免费提供，累计下载量近 20 000 人次。针对理论算法的验证，构建了多模态光学分子影像成像系统，进行了技术转移和产业化，并荣获 2009 年度第 18 届全国发明展览会金奖和 WIPO 国际最佳发明奖（1700 多个获奖项目中唯一一个最佳发明奖），为此获得了 2009 年度中国科学院院地合作奖。同时与中国科学院生物物理所、广州医药工业研究院等单位合作进行了系列在体生理病理和药效评价实验，达到了预期实验效果。

该研究成果不仅为肿瘤研究提供有效的方法和手段，同时也可促进药物研发，并能为药物监管部门提供真实可靠的定性、定位、定量数据，使审批过程更加科学、规范和严谨。

冻土路基地温调控及冻融灾害防治新技术

主要完成单位：中国科学院寒区旱区环境与工程研究所

主要完成人员：俞祁浩、赖远明、张明义、屈建军、喻文兵、何乃武

该项目以青藏铁路、青藏公路和东北林区公路等重大工程为依托，对其涉及的重要

科学问题进行了深入的研究，对关键工程技术进行了有效研发，在冻土路基地温调控及冻融灾害防治新技术研发方面取得了重要的创新性成果。

1. 提出有空气对流换热条件下块碎石路基温度场和速度场的计算方法，研发了U形块碎石路基结构，解决铁路部门非常关心的气候变暖2.6℃对青藏铁路的影响问题。

2. 建立管道通风路基流－固耦合传热模型，研发通风管－块碎石复合通风路基结构，在气温升高2.6℃条件下仍能有效保证宽幅冻土公路路基的热稳定。

3. 研发冻土路基阴阳坡问题的空心块护坡温度调控新技术，强化护坡措施的降温效果，解决冻土道路纵向裂缝这一长期困扰冻土工程界的难题。

4. 研发强化路堤对流放热的宽幅通风技术，可有效保证多年冻土区宽幅高等级公路的热稳定。

5. 研发涎流冰的防治技术，消除涎流冰对寒区道路的危害。

该成果已获国家授权发明专利10项，发表SCI、EI论文42篇，获全国优秀博士学位论文奖2项。该成果具有很高的学术价值和创新性，极大地推动了冻土工程科学技术的发展。这些成果已成功应用于青藏铁路建设中和青藏公路以及东北林区公路的改建工程中，解决了冻土道路冻融灾害防治的关键技术难题，大幅提高了道路工程的稳定性。为国家重大寒区道路工程的修建和安全运营提供了重要技术保障。在保证国防交通安全、促进边疆安定团结，保护冻土脆弱生态环境等方面发挥了重要作用，社会效益显著。

（四）国家科技进步奖一等奖（1项）

地球空间双星探测计划

主要完成单位：中国科学院空间科学与应用研究中心、航天东方红卫星有限公司

主要完成人员：刘振兴、张永维、吴季、蔡金荣、朱光武、孙辉先、边凤梅、廖方宇、孟新、袁仕耿、濮祖荫、李绪志、陶志刚、史建魁、刘元默

地球空间双星探测计划（简称“双星计划”）是由我国科学家提出的、国内第一个由科学目标牵引的空间科学卫星计划。主要科学目标是研究当前地球空间最具挑战性的科学问题——磁层空间暴驱动和触发机制的全球多时空尺度物理过程。

双星计划由两颗小卫星构成，其大椭圆轨道使两颗卫星对需要探测的空间区域覆盖率达到最优，并与欧洲太空局Cluster计划相互配合联合探测，推动了国际上对地球磁层开展多点联合探测的热潮，是21世纪初国际上重要的空间探测计划。两颗卫星的设计寿命分别为18个月和12个月，实际在轨运行了46个月和48个月。双星计划得出了大量科学发现，如：在辐射带发现了波－粒相互作用效应，在磁层顶前发现了大尺度的等离子体空洞。

双星计划在联合优化的多点探测体系、高精度电磁波与粒子探测有效载荷技术、高电磁洁净度与高可靠卫星技术、远程自动科学运行和应用支持技术方面都有重大创新和技术突破。这些技术已经在其他卫星型号中采用并正在发挥重要作用，有力地推动了中国航天技术的发展，并为中国空间设施安全的环境保障策略提供了重要的科学依据。

截至2009年2月，利用双星计划的探测数据发表的研究论文共106篇，其中SCI

收录的论文 104 篇；在该领域两个顶级国际核心期刊 *Annales Geophysicae* 和 *J. Geophysical Research* 各出版成果专刊一期。促进我国空间科学研究跨越式的发展。双星计划获得 12 项发明专利、8 项实用新型专利，计算机软件著作权登记 46 项。双星计划在 2005 年被两院院士评选为“2004 年中国十大科学进展新闻”。双星计划与欧空局 Cluster 计划联合团队获得“国际宇航科学院 2010 年度的杰出团队成就奖”（Laurels Team Achievement Awards）。

（五）国家科技进步奖二等奖（9 项，专用项目略）

仔猪肠道健康调控关键技术及其在饲料产业化中的应用

主要完成单位：中国科学院亚热带农业生态研究所、北京伟嘉饲料集团、武汉工业学院、广东省农业科学院畜牧研究所、双胞胎（集团）股份有限公司、武汉新华扬生物股份有限公司、广东温氏食品集团有限公司

主要完成人员：印遇龙、侯永清、林映才、李铁军、黄瑞林、廖峰、邓近平、孔祥峰、卢向阳、谭支良

我国每年因仔猪肠道健康问题造成的经济损失达 300 亿元，成为制约养猪业健康发展的“瓶颈”。该项目通过理论与方法创新，研发出调控仔猪肠道健康关键技术及相应产品，并实现了产业化，为养猪业提供了有力的技术支撑。

该项目探明了影响仔猪肠道健康的重要分子生物学机理，发现 N-乙酰谷氨酸合成酶表达下降导致肠内源性精氨酸合成不足，是造成肠黏膜萎缩的主要原因；断奶应激显著改变肠道代谢功能关键基因和蛋白的表达。揭示了仔猪肠道健康调控关键作用机制，发现精氨酸家族类物质通过影响 Arg-NO-HSP70、mTOR、肠血管内皮生长因子等信号途径调控肠道抗氧化和黏膜免疫功能，促进肠黏膜蛋白合成和血管生长，缓解肠道损伤。建立了仔猪肠道健康调控关键技术，形成了新型饲料添加剂和系列乳仔猪饲料产品，并实现了产业化。产品已在全国 16 省市 49 家企业直接应用，并推广到 30 多个省市及 13 个国家和地区；近 3 年，累计新增利润 24.28 亿元，新增税收 8.01 亿元，产生社会效益 367.61 亿元。

项目已授权发明专利 8 项、实用新型专利 2 项；在 Genbank 注册基因序列 13 个；主编或参编专著 5 部，发表论文 181 篇，其中 SCI 论文 40 篇，ISTP 收录 10 篇。

数学小丛书

主要完成单位：中国科学院数学与系统科学研究院

出版单位：科学出版社有限责任公司

主要完成人员：华罗庚、段学复、吴文俊、姜伯驹、冯克勤、吕虹、毕颖

1956 年，为向青少年传播数学知识，科学出版社配合我国首次举办的高中数学竞赛，出版了老一辈数学家华罗庚教授的《从杨辉三角谈起》和段学复教授的《对称》。20 世纪 60 年代初，这两本书同其他一些著名数学家撰写的科普著作，被北京市数学会编成小丛书，相继由不同出版社出版，并多次重印。2002 年 5 月，科学出版社在将这批图书重新整合补充的基础上，出版并发行了该套丛书。该套丛书共 18 册，是我国数

学普及读物中的精品，曾激发一代青少年学习数学的兴趣。书中蕴涵的深刻而富有启发性的思想，促进了无数中学生在求学的道路上健康成长。当年这套小丛书的许多读者，现在已经成为学有所成的科学技术工作者，国家建设的栋梁之才。四十多年来，这套数学小丛书仍然是别具特色的瑰宝，已成为传世之作，值得中学生、高中生阅读。

《数学小丛书》目录：《从杨辉三角谈起》（华罗庚），《对称》（段学复），《从祖冲之的圆周率谈起》（华罗庚），《力学在几何中的一些应用》（吴文俊），《平均》（史济怀），《格点和面积》（闵嗣鹤），《一笔画和邮递线路问题》（姜伯驹），《从刘徽割圆谈起》（龚昇），《几种类型的极值问题》（范会国），《从孙子的“神奇妙算”谈起》（华罗庚），《等周问题》（蔡宗熹），《多面形的欧拉定理和闭曲面的拓扑分类》（江泽涵），《复数与几何》（常庚哲、伍润生），《单位分数》（柯召、孙琦），《数学归纳法》（华罗庚），《谈谈与蜂房结构有关的数学问题》（华罗庚），《祖冲之算之谜》（虞言林、虞琪），《费马猜想》（冯克勤）。

环境与灾害监测预报小卫星超光谱成像仪

主要完成单位：中国科学院西安光学精密机械研究所

主要完成人员：相里斌、王忠厚、刘学斌、袁艳、李自田、吕建成、白加光、胡炳樑、黄旻、朱军

该仪器采用空间调制干涉光谱成像原理，能够获取目标的二维空间和一维光谱信息，可同时实现影像识别、属性探测及定量化反演，为实现卫星“多谱段、高谱段分辨率、大视场和快速重复探测能力”提供重要信息支持。该光谱仪为我国环境与灾害监测提供了全新手段，标志着我国在星载光谱成像技术的领域又取得了重大突破，已跻身国际先进行列。

超光谱成像仪光谱分辨率高、波段多、数据质量稳定，其获取的数据在广州地区的土地分类，西藏、辽宁、广西等地的干旱监测评估，逊克县森林火灾恢复监测，安徽、河南等地小麦收割情况监测，黑龙江省海林市附近地区农作物长势监测，青岛沿海绿潮灾害评估，湖北枣阳地区的小麦病虫害监测等方面得到成功应用；在大气污染的监测、水体环境叶绿素 a 浓度反演、地表覆盖精细分类、水华灾害监测、地表参数反演等诸多定量化应用中相对多光谱具有明显优势，可以为环境和灾害监测及评估等方面提供重要数据资源，填补了我国国产卫星超光谱成像技术应用的空白，具有显著的经济和社会效益。

岩体爆破振动效应定量评价理论与精细化控制技术及工程应用

主要完成单位：中国科学院武汉岩土力学研究所、武汉大学、西南交通大学、中国矿业大学（北京）、北京工业大学、中广核工程有限公司、中国长江三峡集团公司

主要完成人员：李海波、卢文波、张继春、单仁亮、高文学、舒大强、夏祥、刘亚群、朱红兵、王晓炜

近年来，我国岩体爆破规模快速增长。核电、水电、交通和矿山等行业的岩体基

础、边坡和洞室年爆破开挖总量居世界首位。爆破开挖过程中，伴随岩石爆破破碎过程，爆破振动在岩体介质中传播，所造成的基础岩体和洞室围岩损伤、边坡失稳是危及工程安全的重要隐患。因此，准确描述爆破振动传播规律、定量评价岩体爆破振动影响、精细控制岩体爆破损伤与动力稳定性是多行业工程建设中迫切需要解决的核心工程难题。

中国科学院武汉岩土力学研究所针对工程岩体爆破振动效应评价和控制中的关键科技难题，开展了爆破振动传播规律、工程岩体爆破振动影响评价方法和理论、工程岩体爆破损伤和动力稳定性控制技术三个方面的研究工作，形成了岩体爆破振动效应定量评价理论与精细化控制技术的系统研究成果。该研究成果被纳入《公路施工安全审查手册》、《煤矿爆破实用手册》等行业指导性文件和全国工程爆破作业人员培训教材，还成为核电行业大型企业的技术规程，为我国多行业工程岩体爆破振动效应评价和控制提供了范例和指导，促进了我国岩石力学和工程爆破等学科的发展，推动了我国工程岩体爆破技术的进步。此外，该研究成果还在广东岭澳核电站、三峡水电站、渝怀铁路、都汶公路、山西西山煤矿等数十个核电、水电、交通和矿山工程中得到推广应用。目前在广西防城港核电站、山东海阳核电站、小湾水电站以及京承高速公路等数十个重大工程中被继续推广应用。

重度苏打盐碱地顶级植被快速恢复核心关键技术的创新与应用

主要完成单位：中国科学院东北地理与农业生态研究所、黑龙江省科学院自然与生态研究所、黑龙江省畜牧研究所、长春宏日生态治理有限责任公司、吉林省碱地生态经济工程实验室、白城市林业科学研究院、大安碱地生态试验站

主要完成人员：梁正伟、王志春、周道玮、倪红伟、罗新义、洪浩、杨福、贾广和、张建秋、阎日青

重度苏打盐碱地是世界上最难治理的一种盐碱地类型。该项目以北方优质牧草——羊草顶级植被恢复为最终目标，提出了人工生态设计和自然修复相结合是促进顶级植被定向演替的快速途径和有效对策。阐明了羊草实生苗最大耐盐碱阈值为 pH 9.1，而根茎大苗则高达 pH 10.5；发明了羊草移栽克隆恢复技术，通过抗盐碱移栽解决了传统直播技术无法将羊草种源成功导入重度盐碱地的技术难题，使重度盐碱地植被盖度由0—20%提高到80%以上，草地生产力由0—0.5t/hm^2 提高到2—3t/hm^2；发明了3种变温组合促进发芽新技术，使羊草种子发芽率由10%—20%提高到80%以上；创建了羊草实生苗和根茎苗培植技术，彻底解决了移栽苗源紧缺的问题；建立了以提高羊草成活率和生物产量为核心的高效调控技术体系，实现了3—5年快速恢复重度苏打盐碱地羊草顶级植被的目标，而仅靠自然恢复需要10—20年。

该项目申请专利25项，培育新品种4个，获得自主知识产权20项，出版专著10部，发表论文266篇。技术成果在黑龙江省和吉林省等地累计推广面积939万亩①，按

① 1亩≈666.7m^2，后同。

草地生态系统服务功能价值估算达55亿元，生态效益显著。培养了大批专业人才，推动了生态治理和恢复生态学的科技进步，对利用盐碱地资源培育新的经济增长点、遏制土地荒漠化具有重大意义。

中国陆地碳收支评估的生态系统碳通量联网观测与模型模拟系统

主要完成单位：中国科学院地理科学与资源研究所、中国气象科学研究院、中国科学院大气物理研究所、中国科学院西北高原生物研究所、中国科学院沈阳应用生态研究所、中国科学院华南植物园、中国科学院西双版纳热带植物园

主要完成人员：于贵瑞、周广胜、黄耀、陈泮勤、孙晓敏、赵新全、韩士杰、周国逸、何洪林、温学发

该项目针对气候变化的陆地碳收支评估科学问题，系统解决了陆地生态系统碳通量观测技术和碳收支评估的系列关键技术难题。重点创建了中国陆地生态系统碳通量观测研究网络（ChinaFLUX）；建立了生态系统碳－水－氮通量及其循环过程的协同观测技术体系（ChinaFLUX-EMI）；发展了生态系统定位观测－样带生态调查－区域遥感观测技术整合的碳通量/储量观测技术体系（ChinaFLUX-FTR）；构建了中国陆地碳循环模拟与碳收支评估的数据－模型融合系统（ChinaFLUX-MDFS）；定量评估了我国26个典型陆地生态系统的碳收支季节和年际变化、1980—2000年中国陆地生态系统的碳收支以及2000—2050年中国陆地生态系统固碳潜力以及碳收支的可能变化。

实现了我国生态系统碳通量联网观测研究的从无到有，由国内走向国际的重大跨越；ChinaFLUX已成为全球通量网络重要组成部分，填补了亚洲季风区长期观测研究的空白，推动了AsiaFlux的重组和演变；引领了中国区域碳通量观测、模型模拟和区域碳收支评估研究事业发展，推动了我国生态系统观测研究网络的科技进步；为我国陆地碳循环与气候变化科学研究提供了观测研究平台、模型模拟平台和科学数据资源，为国家陆地碳收支评估和碳管理提供了科技支撑。研究者提供的3份咨询报告得到国家领导人批示，研究成果被《气候变化国家报告》、国家林业局碳汇办公室等采用。

岩石力学智能反馈分析方法及其工程应用

主要完成单位：中国科学院武汉岩土力学研究所、东北大学、中国长江三峡集团公司、湖北清江水布垭工程建设公司、龙滩水电开发有限公司、福建省宁德市福宁高速公路有限公司

主要完成人员：冯夏庭、周辉、樊启祥、李邵军、刘建、盛谦、江权、胡颖、潘罗生、蔡建辉

为适应我国经济的快速发展，一大批复杂地质条件下的大型岩体工程已经或即将开工建设。这些工程规模巨大，远远超出现行设计规范、工程经验和理论范畴，开挖所诱发的工程灾害频发，人员伤亡和经济损失巨大。

针对大规模开挖诱发岩体工程灾害防治研究中灾害机理不清、力学参数给不准、灾害预测不准和控制不利等关键难题，中国科学院武汉岩土力学研究所开展了与工程灾害

的孕育演化机制和特征相适应的岩体力学参数反演、安全性分析预测和调控方法研究。提出了涉及开挖损伤弱化的岩体力学参数智能反演方法、涉及大规模多步开挖所引起的岩体损伤弱化累积的动态智能反馈分析与预测方法、大规模开挖岩体损伤弱化过程的分区自适应调控方法；建立了大规模开挖岩体损伤演化过程分析预测与灾害调控的综合集成智能系统。该研究成果丰富和发展了岩石力学与工程领域的一个新的研究方向——智能岩石力学，受到了国内外同行的广泛认可和推崇。该项研究的创新成果被成功地应用于三峡工程永久船闸高边坡、龙滩水电站坝址高边坡、八尺门大型滑坡群、拉西瓦和水布垭水电站大型地下厂房等开挖全过程的稳定性动态反馈分析与分区自适应调控，有效避免了开挖过程中工程灾害的发生，取得了显著的经济和社会效益。

煤矿千米深部岩巷稳定控制关键技术及应用

主要完成单位：中国科学院武汉岩土力学研究所、淮南矿业（集团）有限责任公司、平顶山天安煤业股份有限公司、中国矿业大学、山东科技大学、武汉大学、河北同成矿业科技有限公司

主要完成人员：刘泉声、薛俊华、高玮、方良才、刘小燕、靖洪文、卫修君、陈卫忠、宋彦波、郑西贵

随着我国中东部主要煤矿矿区相继进入千米深部开拓延伸阶段，巷道稳定控制面临的难题更为突出。中国科学院武汉岩土力学研究所针对千米深部岩巷围岩变形破坏的机理不清，缺乏系统有效的稳定性分析控制理论和关键控制技术的现状，着眼深部岩巷稳定控制中对底臌控制技术、锚杆高预紧力施加技术、膨胀岩巷道稳定控制技术等重点需求，开展了一系列研究工作。提出了针对深部岩巷围岩“三高一软弱”特点的稳定性分析方法与“分步联合控制理论”，创新发展和系统集成千米深部岩巷稳定性分步联合控制成套技术、揭示了深部岩巷底臌破坏机理，创新发展了千米深部岩巷底臌控制技术，成功研制了高效的底板支护施工设备、发明了锚杆高预紧力施加技术及大扭矩气动锚杆预紧安装机、揭示了深部巷道膨胀性围岩大变形破坏失稳的机理，创新发展了深部膨胀岩巷道稳定控制技术。

研究成果在淮南、平顶山、徐州、淮北、新集等矿区约 50 万 m 深部岩巷中得到推广应用，其巷道稳定周期延长了 50 倍以上；断面收缩率降低到原来的 1/50 以下；掘进月进尺提高 1 倍以上；支护维修综合成本降低 30% 以上，吨煤生产成本降低 5—20 元。巷道的长期稳定保证了矿井的通风安全，避免了频繁的翻修作业，降低了工人的劳动强度，改善了生产条件，促进了深部资源开采的快速发展。

多平台多波段对地观测信息处理技术与应用系统

主要完成单位：中国科学院遥感应用研究所，中国科学院对地观测与数字地球科学中心

主要完成人员：郭华东、邵芸、范湘涛、廖静娟、王长林、王为民、李震、薛勇、马建文、杨崇俊

该项目围绕国家对地观测与应用领域重大需求，历时 10 余年，承担多个国家及部

委等项目，开展了多平台（遥感卫星、航天飞机、神舟飞船、遥感飞机、地面平台）、多波段（可见光、红外、微波）对地观测信息处理技术攻关，开拓并突破了雷达遥感信息处理与地物识别技术；建成了位居国际前列的中国第一个数字地球原型系统；推出了三大空间信息应用系统。

研究者发表SCI论文54篇、EI论文125篇、CSCD论文115篇，出版著作8部；获国家发明专利2项、实用新型专利1项，软件著作权登记4项。

该项目成果为我国第一颗雷达卫星参数选择及立项作出了重要贡献，为党的“十六大”、“十七大”和国庆六十周年庆典的信息保障和指挥提供了特殊支持，为北京奥组委信息平台提供了动态环境数据，并广泛应用于国土资源调查、生态环境监测、汶川地震灾害评估、数字考古等领域。为总部设在我国的“国际数字地球学会”的创建、为《国际数字地球学报》（*International Journal of Digital Earth*）（英文SCI期刊）的创刊、为分别在7个国家主办的国际数字地球会议和国际数字地球峰会这两个系列的国际品牌会议提供了支撑，引领和推动了全球性数字地球的发展；为在我国建立联合国教科文组织“国际文化与自然遗产空间技术研究中心”和国际科学联合会（ICSU）灾害综合研究计划国际项目办公室（IRDR/IPO）提供了支撑。

（六）国际科学技术合作奖

艾伯特·博尔纳（Albert Boerner） 1941年4月出生，德国籍，国际知名天体物理学家，推动中德双方天体物理学合作的先行者。由中国科学院推荐。

1979年以来，伯纳教授通过举办讲座、系列中德双边研讨会和接纳中国学者到马普天体物理所做研究工作等，有力推动了中国现代天文学发展，为中国培养了许多优秀人才。他创造性地建议在中国科学院建立马普青年伙伴小组，目前已建立了20余个伙伴小组，学科遍及数学、物理、化学、天文、生物等主要基础研究领域，该项目的实施为中国科学院引进了杰出人才和新的学科生长点。作为德方负责人，他成功地在上海天文台建立了青年伙伴小组，该团队已成为国际上有重要影响的团队，研究结果曾获得国家自然科学奖二等奖。

罗格·邦尼特（Roger Bonnet） 1937年12月出生，法国籍，国际著名空间物理学家，现任国际空间科学研究所（ISSI）所长，曾先后担任欧洲空间局副局长和国际空间研究委员会主席。由中国科学院推荐。

1990年以来，博奈教授积极支持中国科学家参加欧洲空间局的星簇计划，并在中欧合作的“地球空间双星计划”的立项与实施过程中发挥了核心作用。在担任国际空间研究委员会主席期间，他力促中国空间科学家走向世界舞台，为中国空间科学的发展作出了突出贡献。

二、2010年度重大科技成果

2010年，中国科学院在基础科学、生命科学与生物技术、资源环境科学与技术、高技术等领域取得了一系列重要科技创新成果。

（一）基础科学领域

拓扑绝缘体研究 物理研究所方忠、戴希研究组发现，在拓扑绝缘体材料（Bi_2Se_3、Bi_2Te_3 和 Sb_2Te_3）薄膜中，通过掺杂过渡金属元素可以实现量子化的反常霍尔效应，为低能量耗散的新型电子器件设计指出了一个新的发展方向。论文在 *Science* 发表。同时，该所马旭村研究组与清华大学薛其坤研究组合作，利用分子束外延技术，成功制备出原子级平整、低缺陷密度的高质量三维拓扑绝缘体薄膜，并实现了薄膜厚度的逐层控制，为拓扑绝缘体的研究提供了良好的物理体系，并为应用打下了良好基础。研究结果在 *Advance Material*、*Nature Physics* 发表，并被 *Nature China* 报道。

16 公里自由空间量子隐形传态的实现 中国科学技术大学潘建伟研究组与清华大学组成的联合小组成功实现 16km 的世界上最远距离量子隐形传态，比之前的世界纪录提高 20 多倍。该实验证实了穿越大气层、实现基于卫星的空基量子通信实验的可行性，为从地面基站到卫星、或者一个卫星作为中继站连接两个地面基站的量子通信网络模式提供了极其宝贵的经验和重要的技术积累，向全球化量子通信网络的最终实现迈出了重要一步。该成果以封面论文形式在 *Nature Photonics* 发表。

北京正负电子对撞机（BEPCII）对撞亮度达改造前 52 倍 2010 年，BEPCII 首次成功地在半整数工作点实现北京谱仪取数运行。12 月 25 日，BEPCII 在北京谱仪 Ψ（3770）能区的取数运行中，对撞亮度达到 $5.21 \times 10^{32}\ cm^{-2}s^{-1}$，为改造前的 52 倍。北京同步辐射装置日积分亮度也创造了 21.7 pb^{-1}的纪录，在正式对撞的第二周数据获取的积分亮度达到 106.6 pb^{-1}，为 BEPCII 运行以来的最好状态。国际高能加速器界高度评价 BEPCII 的这一重大成果，认为其储存环稳定运行在半整数工作点附近，达到世界加速器运行的先进水平，显示了 BEPCII 良好的总体性能。

高效低毒肿瘤纳米药物研究取得重要进展 耐药性问题是肿瘤化疗的最大瓶颈之一，科学家们一直致力于提高化疗敏感度，克服肿瘤细胞的耐药性。国家纳米中心、高能物理研究所共建的中国科学院纳米生物效应与安全性重点实验室研究发现，具有高效低毒抑制肿瘤生长的$Gd@C_{82}(OH)_{22}$纳米颗粒，可以促进对顺铂耐药细胞的内吞功能，从而有效增加肿瘤细胞内的顺铂药物浓度，通过阻断 DNA 遗传物质的复制进一步抑制耐药肿瘤细胞的繁殖，提高肿瘤细胞对化疗的敏感性。此研究对肿瘤有效治疗提供了全新的解决方案。相关结果在 *PNAS* 发表，并应邀为美国化学学会 *Accounts of Chemical Research* 等撰写相关综述论文。

郭守敬望远镜（LAMOST）开光初期取得系列成果 郭守敬望远镜通过国家验收后，对 14 个天区进行了测试观测，获得了超过 30 万条天体光谱，发现了一批新天体：在银河系中发现了 17 颗新的贫金属星候选体，其中一颗为研究星系和宇宙早期化学演化的珍贵标本极端贫金属星；在河外星系仙女座大星云（M31）中发现 36 个被证实有行星状星云特性的天体，有助于进一步了解 M31 的动力学性质；发现了 22 个新的类星体。开光初期即取得系列成果，展示了该大科学装置巨大的科学功能和潜力。

“东方超环（EAST）”获多项重大突破 世界首个全超导托卡马克东方超环在 2010 年的物理实验中，分别实现了大于 60 多倍能量约束时间高约束模式（H 模）等离子体放电，100s 1500万千瓦时偏滤器长脉冲等离子体放电，最高等离子体平均电流达1MA，大大推进了实现其总体科学目标的进程。实验获得的稳定的100s放电是目前时间最长的托卡马克高温偏滤器等离子体放电，处于国际领先水平。实验中成功开展的利用微波和射频实现高约束模式运行、高参数先进偏滤器位型的精确控制、长脉冲稳态等离子体的获得等研究，对未来国际热核聚变实验堆（ITER）的物理实验有重要借鉴意义。

合成碳家族新成员石墨炔 化学研究所有机固体院重点实验室李玉良课题组通过化学方法，率先在铜片表面上成功合成大面积（$3.61cm^2$）碳的新同素异形体石墨炔薄膜，薄膜的电导率为10^{-3}—10^{-4}S/m。这种新的碳同素异形体是继富勒烯、石墨烯两个诺贝尔奖成果和碳纳米管之后，碳材料“家族”的又一个新成员。该发现是我国科学家对碳材料领域研究的重大贡献，受到国际科学界高度重视。石墨炔特殊的电子结构在超导、电子、能源以及光电等领域具有重要应用前景，有望成为下一代电子和光电器件的关键材料。

基于重离子径迹的纳米材料研究获重要进展 近代物理研究所科研人员通过与德国亥姆霍兹重离子研究中心合作，在重离子径迹模板中可控合成了金纳米线，成功制备银、铜、钯、钴、硫化镉、聚吡咯等金属、半导体和聚合物纳米线，并研究了其电学、磁学、光学和力学性质。在实验上验证了理论预测的多晶纳米金和铜的新奇力学性质，并实现了金属纳米线晶体学特征的调控。这些发现表明重离子径迹结合电化学沉积技术是一种可控制备金属纳米线的高度灵活的方法。并可实现对结构的调控。论文多次在*Nanotechnology*发表。被引用达50多次。

引力：基本力还是熵力？ 牛顿的引力理论统治着宏观尺度，在微观尺度上非常微弱，通常被认为难以与量子力学理论整合起来。2010年，Verlinde指出引力是熵力，即由熵的变化产生的力。理论物理研究所蔡荣根课题组利用熵力观点成功地导出了描述宇宙学演化的Friedamnn方程，论文在*Phys. Rev. D*发表。该所李淼课题组通过研究还发现，熵力概念可以用来理解暗能量，除解释引力的全息屏外，必须引入另一个整体全息屏。论文在*Phys. Lett. B*发表。

润湿、电润湿和电弹性毛细现象中前驱膜的作用 力学研究所通过分子动力学和分子运动学理论相结合的方法，研究了液滴润湿、电润湿和电弹性毛细现象中前驱膜的作用。项目组首次揭示了动态润湿和动态电润湿过程中前驱膜的行为，为动态润湿方面的研究作出了重要贡献；首次应用分子动力学模拟实现了项目组提出的“电弹性毛细”现象，显示了前驱膜在电润湿过程中的重要作用，也展示了其在微纳药物输运方面潜在的应用前景。论文以封面论文形式在*Physical Review Letters*发表。

嫦娥二号卫星准实时“甚长基线干涉测量（VLBI）”测轨工作 VLBI测轨分系统作为测控系统的重要组成部分，针对嫦娥二号卫星任务“快、近、精、多”的特点，对关键技术问题进行科研攻关，获得了多项关键技术突破和重要应用成果，提高了系统的安全性、可靠性。顺利完成了为期一个月的嫦娥二号准实时VLBI测轨工作，测量精度超过任务指标要求，特别是在第一次轨道修正、近月制动和100×15km弧段的测定轨工作中发挥了重要作用，为建设我国深空目标精密测定轨系统积累了经验。

上海光源通过国家验收，开放运行达国际先进水平 由上海应用物理研究所承建的我国迄今最大的国家重大科学工程上海光源于2010年1月19日通过国家验收。上海光源以世界同类装置最少的投资和最快的建设速度实现了优异性能，成为国际上性能指标领先的第三代同步辐射光源之一，为我国重大科技基础设施的建设与管理树立了典范。截至2010年12月31日，首批7条光束线站累计提供用户机时42 296h，涉及162家单位，实验人员达4733人次（2136人）。用户的科研成果已发表论文116篇，其中SCI 1区22篇，包括*Science*、*Nature*、*Cell*等。

相对论重离子对撞机上发现首个反超核粒子反超氚核 上海应用物理研究所科研人员与国外科学家利用美国布鲁克海文实验室的相对论重离子对撞机探寻宇宙起源的早期物质状态，实验中探测到第一个反超核粒子——反超氚核。反超氚核是由一个反Λ超子和一个反质子、一个反中子聚合形成的束缚态，是迄今为止科学家发现的最重的反物质原子核，也是第一个含有反奇异夸克的反物质原子核，可能大量存在于宇宙的婴儿期。论文在*Science*发表。

BPL长波授时系统改造自主授时发播技术 国家授时中心科研人员在原有BPL长波授时系统基础上，对其进行现代化技术改造：增加了数据调制发播、时码等全时间信息发播内容以及用户接收机全自动定时（自主定时）功能；研制了新的全固态发射机系统；更新了发播控制系统、天线辐射体以及发播机房；实现了系统全天24小时连续发播，授时发播系统可靠性和运行效率得到大幅度提高。同时在信号发播格式、内容方面同我国“长河二号”导航系统完全兼容，进一步增加了用户的可选择性和保障能力。项目已通过竣工验收，系统运行可靠、稳定。

算子代数领域获开创性成果 数学与系统科学研究院葛力明研究员和袁巍博士研究了一类结构丰富的算子代数，首次揭示了连续几何与古典几何之间的某种深刻联系。著名数学家Kadison、Singer等对该项工作给予高度评价，认为其开辟了一个全新的研究领域，对该领域的进一步研究必将极大丰富和发展算子代数理论，进而带来对不变子空间等古老数学问题研究的重大突破。*PNAS*罕见地以两篇长文刊登该项工作的部分内容。

碳纳米管纤维研究获新进展 苏州纳米技术与纳米仿生研究所李清文研究组对碳纳米管纤维纺丝技术和增强机理进行了深入研究，实现了碳纳米管纤维的稳定制备，纤维直径可调控（3—20μm）且比强度达2.8N/tex，力学性能超越传统碳纤维，具有更好的柔韧性和表面修饰性。将碳纳米管纤维通过电镀等表面改性，导电率可与铜丝相媲美，可用于制备高性能复合材料和电控智能透明转变复合薄膜材料。相关成果已申请5项专利，在*ACS Nano*、*Small*上发表论文，并应邀为Pan Stanford Publishing出版的专著《碳纳米管及其应用》撰稿。

囚禁冷却单离子光频标研制 离子的激光冷却与囚禁的实现，在过去的15年中已获得了三次诺贝尔物理学奖。武汉物理与数学研究所是国内较早从事囚禁离子物理研究的单位之一，在相关的理论与实验研究方面做了大量基础性工作，高克林研究组完善和发展了各种囚禁单元实验“瓶颈”技术，实现了单个钙离子的激光冷却和稳定囚禁（囚禁时间达8天）。目前该所的钙离子光频测量的不确定度已达日本Paul阱中冷离子10^{-14}量级和奥地利线型阱中超冷离子10^{-15}量级水平，为开展新一代光频标和量子态控制打下了坚实基础。

氧基簇合物的设计合成及性能研究 福建物质结构研究所杨国昱课题组在氧基簇合物合成与性能研究领域不仅将缺位取代反应由“水溶液合成”拓展到“水热合成”体系，而且在不同属性氧基簇的合成领域提出了“配体诱导”、“导向组装设计合成”、“空间位阻调控”、“自聚合与诱导聚集”等一系列合成策略。这些策略在催化、磁性、吸附及非线性光学材料的设计合成等领域具有重要指导意义，部分成果达到国际领先水平，在*Angew. Chem. Int. Ed.* 等国内外重要刊物发表SCI论文183篇，应邀在2部专著中各撰写1篇专章，主编《氧基簇合物化学》专著一部。

禁阻之光：源于纳腔等离激元共振的新奇电光效应 中国科学技术大学董振超、杨金龙、侯建国研究团队发现，当STM纳米探针非常接近另一金属表面而形成一个纳米腔时，可以利用局域等离激元共振模式的调控来对腔内分子的发光特性进行有效控制，在光频区实现新奇的分子电光效应：电致热荧光、上转换发光和“彩色”频谱调控。该工作揭示了纳腔等离激元可以作为一种近场相干光源，在光电耦合与转化过程中起至关重要的调控与放大作用，为纳米光电集成提供了新的思路。论文在*Nature Photonics*发表，国内外百余家媒体给予报道。

嫦娥二号卫星伽马射线谱仪 紫金山天文台研制的伽马射线谱仪是嫦娥二号卫星主要有效载荷。其性能指标比嫦娥一号伽马射线谱仪有了很大提高，首次在国际上采用新型闪烁探测器技术进行深空探测，能量分辨比嫦娥一号普通闪烁探测器提高近3倍，探测器灵敏度提高2倍以上。该谱仪随嫦娥二号卫星发射升空，经初步分析其所获得数据质量明显优于嫦娥一号卫星伽马射线谱仪，奔月期间获取的伽马射线背景数据精确完备，环月初期24h全月面累计探测结果已有K、Th、Mg、Si、Al、O、Ti、Ca 8种元素。

（二）生命科学与生物技术领域

凋亡细胞清除过程中吞噬受体CED-1的调控机制 遗传与发育生物学研究所杨崇林研究组以秀丽线虫为模式，揭示了凋亡细胞清除过程中吞噬受体的调控机制。研究发现，吞噬受体从吞噬小体上的释放需要一个在细胞内部负责蛋白质逆向运输的复合体retromer的参与。当retromer的各个亚基发生突变后，线虫体内凋亡细胞的数量显著增加。retromer复合体主要通过吞噬受体CED-1发挥作用。当retromer发生功能缺失性突变时，CED-1将与吞噬小体一起被运送到溶酶体而被降解，造成吞噬细胞上的受体缺乏并引起凋亡细胞的清除障碍。该研究首次揭示了凋亡细胞清除过程中吞噬受体的调控机制，并揭示了retromer复合体参与凋亡细胞清除这一新功能。论文在*Science*发表。

决定偏好行为的神经基础 生物物理研究所刘力研究员等研究发现，果蝇幼虫中央脑的两对神经元足以调节该虫对不同光强条件的偏好行为。这两对所谓的NP394神经元，直接和控制果蝇节律行为的腹侧神经元形成突触并从那里接受输入，而后者则从幼虫的视觉器官接受输入。敲除腹侧神经元以后，NP394对视觉刺激的反应更加强烈，这一方面表明NP394确实和腹侧神经元之间存在功能上的联系，另一方面表明腹侧神经元对NP394起着抑制作用，而且并非视觉信息进入NP394的唯一通道。这项工作在偏好行为的神经回路研究中第一次延伸到第三级神经元，为揭示果蝇幼虫光偏好乃至其他偏好行为的神经元机制奠定了重要基础。论文在*Science*发表。

干细胞不对称分裂机制 动物研究所陈大华研究员和孟安明院士研究证明，CB 细胞中存在一个内源的拮抗 BMP 信号机制直接参与了干细胞的不对称分裂。科研人员通过生化方法，进一步鉴定出 Smurf/Fused 复合体是 CB 细胞中拮抗 BMP 信号的内源因子。Smurf 与 Fused 都可以和 BMP 的类型 I 受体 Tkv 发生物理上的相互作用，并促进 Tkv 蛋白泛素化和进一步的 Tkv 蛋白降解。研究发现，Smurf/Fused 复合体在斑马鱼胚胎发育过程中和人的细胞中调控 TGF/BMP 的类型 I 受体的泛素化和蛋白降解，从而证明了这一调控机制在进化上的保守性。这些结果将为干细胞研究和信号传导研究提供理论指导。论文在 *Cell* 发表。

水稻理想株型研究获突破性进展 遗传与发育生物学研究所李家洋研究组及其合作团队利用分子遗传学方法，克隆了决定水稻理想株型的关键因子 IPA1。IPA1 基因的突变，导致分蘖数减少、茎秆粗壮、穗粒数和千粒重显著增加。功能研究发现 IPA1 mRNA 的稳定性与翻译同时受到 microRNA156 的精细调控，从而揭示了调控理想株型形成的一个重要分子机制。通过回交转育方法将突变 IPA1 基因导入水稻品种“秀水 11”中，含突变 IPA1 基因的株系具有理想株型的典型特征，在田间小区试验中产量增加了 10% 以上。该成果为塑造水稻理想株型、培育超级水稻品种奠定了坚实基础，并将为突破水稻产量瓶颈提供全新思路，对解决我国粮食安全具有重要战略意义。论文在 *Nature Genetics* 发表。

水稻地方品种重要农艺性状相关基因的全基因组关联分析 上海生命科学研究院植物生理生态研究所韩斌研究组及其合作者结合第二代测序技术和自主开发的基因型分析方法，对 517 份中国水稻地方品种材料进行测序，构建了高密度的水稻单体型图谱，并对籼稻品种的 14 个重要农艺性状进行全基因组关联分析，确定了水稻株型、产量、籽粒品质和生理特征等农艺性状相关的候选基因位点。通过连锁分析鉴定的位点，可解释约 36% 的表型变异。本研究为水稻遗传学研究和水稻育种提供了重要的基础数据，并且证实了结合第二代高通量基因组测序和全基因组连锁分析的研究方法，是对传统的通过双亲杂交来分析复杂性状的方法的强有力的互为补充的研究策略。论文在 *Nature Genetics* 发表。

诱导多能性干细胞（iPS）机制和技术研究取得突破 广州生物医药与健康研究院裴端卿、赖良学等揭示了形成诱导多能干细胞的重编程过程的起始机制，发现四个重编程因子协同作用，在抑制维系成纤维细胞特征的关键转录因子 Snail 和 Tgfb 信号传导的同时激活表皮细胞特征基因表达，启动间充质－表皮细胞转换过程（MET），从而打开了通向多能干细胞的道路，启动体细胞重编程为多能干细胞的过程。在证明 MET 的基础上，经过对不同因子的检测发现，利用 Klf4 能够开启 MET 转化，而且该功能还能被 BMP 替代。首次证明了单一因子 Oct4 便足够使小鼠成纤维细胞重编程到多能干细胞状态，并能通过囊胚注射产生嵌合体小鼠，这是国际上首个仅利用一个因子使成纤维细胞重编程到多能干细胞的研究成果。论文在 *Cell Stem Cell* 发表。

HER2 抗体抗肿瘤效应的最新免疫机制 生物物理研究所傅阳心教授、王盛典研究员合作研究发现了 HER2 抗体抗肿瘤效应的最新免疫机制。该研究以源于 HER2 转基因小鼠的 TUBO 乳腺肿瘤细胞为模型，利用可以阻止 TUBO 上 HER2 信号的 HER2 抗体，真实模拟了临床上HER2抗体的肿瘤治疗作用。HER2抗体可以消除野生型小鼠肿瘤，而对免疫缺陷小鼠则几乎丧失抗肿瘤作用，直接证明HER2抗体所介导的抗瘤效应依赖于适应性免疫反应。还发现化疗药物和HER2抗体联合应用时，治疗顺序不同会导致相反的记忆性抗肿瘤反应，为临床优化HER2抗体的联合应用提供了重要理论依据。论文在*Cancer Cell*发表。

肉碱膜转运蛋白CaiT的三维结构研究 生物物理研究所江涛研究组解析了膜转运蛋白CaiT与其底物L-肉碱复合物3.15埃分辨率的晶体结构。该结构中，CaiT以三聚体形式存在，每个单体表现为介于inward-facing和outward-facing构象中间态的一种构象。每个CaiT分子结合了4个L-肉碱分子。这4个肉碱分子在CaiT的中心部位沿跨膜方向依次分布，勾勒出一条底物的转运通道。对关键氨基酸残基进行的突变体转运实验提示，CaiT中心位置的主要结合位点和胞内通道底部的次要结合位点在转运过程中起重要作用。该研究使人们更深入地认识到具有双向运输功能的膜转运蛋白的作用机制。论文在*Nature Structural & Molecular Biology*发表。

甲型H1N1流感病毒囊膜蛋白HA和NA结构解析 微生物研究所高福研究组成功解析了2009甲型H1N1流感病毒神经氨酸酶（NA）和血凝素（HA）蛋白结构。发现09H1N1 NA蛋白与传统的N1相比其催化位点中无N1特征的“150-洞”，针对传统N1型“150-洞”设计的药物对09H1N1流感病毒的抑制效率可能减弱甚至丧失，研制新型抗09甲型H1N1流感病毒NA药物需避免针对“150-洞”的设计。通过对09 H1N1流感病毒HA和NA的结构与功能进行较深入研究，在分子水平上部分阐明了病毒的致病与传播机制，为预防和控制新型流感暴发打下了坚实的理论基础。论文在*Nature Structure & Molecular Biology*和*Protein & Cell*发表。

转基因猕猴 昆明动物研究所季维智研究员与动物研究所合作，利用猴免疫缺损病毒将绿色荧光蛋白植入胚胎，替代国际上老鼠的或其他的病毒作载体的技术体系，大大提高了猴转基因效率，获得了目前国际上唯一存活的一对带有绿色荧光蛋白表达的转基因猴子。这标志着我国在灵长类动物模型制备方面已经跨越到高效转基因阶段，为发育生物学研究、再生医学研究和应用打下了坚实基础，引起国际同行的高度关注。论文在*PNAS*发表。

棘蛙族类群揭示喜马拉雅和东南亚地区重要地质历史事件 昆明动物研究所张亚平研究组及其合作者结合棘蛙族的分子进化历史、分子钟估算以及生物地理分析，第一次从分子生物学的角度支持了这一地质学假说：由于印度板块和亚洲板块的撞击，青藏高原和喜马拉雅不同地区先后发生隆起事件，其中在渐新世和中新世转型期间，一次隆起事件和马来半岛的侧向逃逸事件几乎同时发生。该研究第一次从生物学角度验证了上述部分地质理论。论文在*PNAS*发表。

中国人心理健康现状及规律研究 心理研究所张侃、张建新等通过研究，第一次明确回答了中国人心理健康状况、不同年龄段人群心理健康水平、心理健康内涵、影响心理健康的主要因素等问题，为国家政策制订提供了支持。项目组自主研制了符合我国国情、符合心理测量学要求并适合不同年龄段使用的《中国心理健康量表》，并在全国范围内进行数据采集，较为全面地评估我国城市人口的心理健康状况及影响因素。首次开发出用于预测社会心理、行为规律特别是我国民众心理和谐状况的测量工具《中国心理和谐量表》，并在全国范围内进行了常态环境和自然灾害、突发社会事件等非常态环境下的抽样调查和对比分析。

猕猴桃新品种大面积栽培 武汉植物园黄宏文和钟彩红研究组在猕猴桃属植物资源收集继续巩固全球第一的基础上，成功获批国家猕猴桃种质资源圃，这是中国科学院首个国家级种质资源圃。选育的猕猴桃新品种达到12个，筛选出20多个优良株系，成为国际两大猕猴桃种质创新中心之一；稳步推进新品种全球转让，猕猴桃新品种“金桃”国外栽培面积已达1.5万亩，占全球新增种植面积的9.4%。新品种金艳在国内的推广面积已经超过1万亩。

国审春小麦新品种“高原412” 西北高原生物研究所陈志国研究组及其合作者培育的春小麦新品种“高原412”通过国家农作物品种审定委员会审定。2007年参加西北春麦旱地组品种区域试验，平均亩产184.6kg，比对照定西35号增产14.0%；2008年续试，平均亩产271.5kg，比对照定西35号增产6.23%。2008年生产试验，平均亩产222.5kg，比对照定西35号增产10.1%。国家农作物品种审定委员会审定认为：该品种符合国家小麦品种审定标准，适宜在青海互助、大通、湟中，甘肃定西、通渭、会宁、榆中、永靖，宁夏西海固的春麦区旱地种植。

院军合作生态高值农业技术集成示范 在现代农业创新基地和绿色农业中心组织下，7个研究所相关科研人员参与东北院军现代农业示范建设。2009年8月—2010年10月，以沈阳军区高度机械化的农业集体所有生产模式为基础，开展了生态高值农业技术集成和“大马力+科学种田”的精准农业研发示范。2010年，沈阳军区所属4个农副业基地万亩以上示范田单产提高8.8%，平均效益增长8.3%，展现出东北现代农业发展的雏形，并对邻近县域产生了积极影响。10月19日，中国科学院与沈阳军区签署《现代农业示范工程科技合作框架协议》，为进一步扩大示范奠定了坚实基础。

中低产田改造与高标准农田建设技术集成示范 中国科学院与河南省人民政府开展联合实施“高产高效现代农业示范工程”的合作，在封丘开展大面积科技增粮的核心示范县建设，并选择禹州、西平、潢川和方城4个扩展县开展县域规模示范。河南省于2010年8月在封丘召开中低产田改造和高标准农田建设现场会，将封丘经验向全省推广；2010年追加建设资金1亿多元，重点支持封丘核心示范县建设。封丘示范的第一个任务年完成改造中低产田2.3万亩、高标准农田建设1万亩，并在6个乡镇实现吨粮田技术推广，中低产田改造直接实现了粮食亩产由300kg到505kg的跨越式发展。中国科学院已集中23个研究所的绿色生态农业技术，在河南省初步形成技术集成与转化区域。

新型赖氨酸生产菌株构建 上海生命科学研究院植物生理生态研究所科研人员与大成集团合作，突破氨基酸生产菌株的代谢工程技术，构建新型赖氨酸菌种，显著提升赖氨酸产业技术水平，申请美国专利。新菌种已用于大成集团5万t饲用赖氨酸生产线，年产值可达5亿元。

红霉素工业用生产菌种的遗传改造 上海有机化学研究所研究人员为抗生素企业改造红霉素生产菌株取得成功，以组分优化为切入点，提高了有效组分的比例和产量，获得了消除无效组分、总效价提高达50%的第三代红霉素生产菌株，预计将使湖北宜都东阳光生化制药有限公司等企业新增产值10亿元以上，增强了国有大型抗生素生产企业的竞争力。

固定化酶法生产D-对羟基苯甘氨酸 湖州工业生物技术中心探索建立新的工业生物技术成果转移转化机制，形成了以湖州中心为代表的区域创新中心，一系列高价值精细化学品的生物制造技术实施转化。中心研究人员研发的固定化酶法生产D-对羟基苯甘氨酸的技术成功转化，吸引浙江中科鸿安生物工程有限公司落户湖州，投资2亿元建设年产4000t D-对羟基苯甘氨酸的生产线，相关示范工程已获国家高技术产业化项目支持。

聚合级乳酸技术产业化获重要突破 微生物研究所的研究人员解决了聚合级乳酸生产成本高、光学纯度低两个阻碍产业化的关键问题，中试规模L-乳酸生产水平达到240g/L，D-乳酸生产水平达到206g/L，是有机酸发酵水平超过200g/L的第一例。技术已转让江苏盐城森达生物技术公司，建立了年产1万t光学纯L-乳酸生产线，“十二五”期间将扩增为3万t/年，高光学纯L-乳酸产品三年累计新增产值2.2亿元，产品已在10余家企业推广应用。

（三）资源环境科学与技术领域

地震多次波成像方法 地震多次波偏移成像方法是石油地震勘探研究领域多次波偏移理论的制高点，地质与地球物理研究所常旭研究组提出新的地震偏移成像概念“地震多次波偏移成像”，解释了多次波成像的物理意义、给出了多次波成像的数学证明。提高了海底地貌复杂、构造形态复杂以及高速屏蔽层下覆构造的成像精度。该方法用于国际通用Sigsbee盐丘模型的成像对比，有力地证明了多次波偏移成像的优势，获得了高精度复杂盐丘结构和盐丘下覆地层的优质成像效果。该理论方法受到地震勘探学术界和工业界的高度评价。

中国乐平统及二叠纪末生物大灭绝 利用中国独特的自然条件优势，南京地质古生物研究所沈树忠研究组立足于全新的国际二叠纪年代地层格架和中国乐平统的综合研究，对二叠纪末生物大灭绝的规模、时间、速度和环境背景开展多学科、高分辨率的综合交叉研究，提出两幕式灭绝模式，论证了二叠纪最末期的生物大灭绝是一次快速的灾难性生物事件，系统揭示了大灭绝的背景和过程，全面提升了对二叠纪末大灭绝的理论认识。该成果获得2010年国家自然科学奖二等奖。

首次发现恐龙羽毛颜色证据，并揭示早期羽毛发育现象 古脊椎动物与古人类研究所张福成研究组，在中国热河生物群的鸟类和带毛恐龙化石中发现了两种黑色素体。该所徐星研究组对发现于我国辽西的恐龙化石上保存的多种羽毛形态的分析研究结果显示，羽毛在演化早期阶段发育更具灵活性、发育机制更具多样性，首次揭示了早期羽毛的发育现象。论文先后在*Nature*发表。

青藏高原大陆碰撞的动力学机制及深部物质流动的多样性研究 青藏高原的壳幔结构及深部动力学机制是当今地学热点与前沿，但众多壳幔形变模式尚缺乏实际观测的地球物理资料约束。地质与地球物理研究所、青藏高原研究所研究组通过对壳－幔边界、岩石圈－软流圈边界的深部地震界面观测，厘定印度板块和亚洲板块的俯冲碰撞边界与动力学过程，确定印度板块和亚洲板块在青藏高原之下的碰撞边界为沿塔里木盆地西缘到喜马拉雅东构造结一线；建立藏东缘深部结构与浅表响应相互作用的龙门山隆升机制新模型，提出青藏高原逃逸流与四川盆地相互作用的两阶段变形模式；论证了青藏高原下部两条地壳物质流的存在。论文在 *PANS*、*Geoscience* 发表。

春季孟加拉湾涡旋形成及其对亚洲夏季风暴发的激发作用 大气物理研究所吴国雄、刘屹岷、毛江玉等证明，北印度洋和亚洲热带区域春季强烈的海－陆－气相互作用是激发孟加拉湾季风暴发涡旋及亚洲夏季风的一个根本原因。春季南亚陆面对大气的强烈感热加热，形成了陆表显著的气旋性环流及阿拉伯海和孟加拉湾北部的反气旋环流，利于洋面升温。索马里跨赤道气流在沿赤道惯性振荡的过程中，与位于北部阿拉伯海上空的反气旋同相叠加，形成了孟加拉湾季风暴发涡旋，该涡旋向北部暖海水区移动的过程中不断发展，亚洲夏季风于是在孟加拉湾东部和中南半岛西部暴发。

海洋工程结构浪花飞溅区腐蚀防护 海洋研究所侯保荣院士研究组和金属研究所联合攻关，解决了钢结构、钢筋混凝土结构在海洋浪花飞溅区的严重腐蚀难题。开发了拥有自主知识产权的浪花飞溅区复层包覆防腐蚀技术，用于海洋钢结构的冷喷涂和纳米涂料复合表面防护技术，海洋工程钢筋混凝土表面涂层防护和修复技术。技术成果在青岛港液体化工码头、日照港煤码头等我国大型海洋工程中完成 19 项示范工程，示范面积达 6 万 m^2。获发明专利授权 10 项，研制国家和企业标准 11 项，取得显著的社会经济效益。

海水重要养殖动物病害发生机理和免疫防治的新途径 海洋研究所相建海及其“973”计划项目团队，围绕病害发生及流行机制、宿主免疫体系结构与特征和防控病害途径等展开研究，已基本探明对虾白斑症病毒（WSSV）病毒、鱼类虹彩病毒和弧菌的致病机理及流行规律，揭示了鱼虾抗感染的免疫机理，创建了鱼类多价疫苗与应用策略和对虾 WSSV 病毒防制新途径。研究为水产病害防治和持续发展提供了理论基础和方法学指导，支撑了我国连年增加的对虾和鱼类产量，成果达国际先进水平，引领了国内外研究的发展前沿；获国家科技发明奖二等奖 2 项，省部委科技进步奖一、二等奖各 2 项，获国家发明专利授权 25 项。

三亚湾及其邻近海区生态环境与生物资源研究 南海海洋研究所开展的“三亚湾及其邻近海区生态环境与生物资源研究”历经 20 多年，对三亚湾及邻近海区的珊瑚礁、红树林、海草床等生态系统中海洋生物物种多样性、生物群落时空格局与地理分布、生物资源变动特点和生态系统食物链中碳、氮生产过程与环境调控机制等进行深入系统研究，已出版专著 7 本，申请发明专利 22 项，发表论文 162 篇。成果丰富了热带海湾生态系统与生物多样性研究内涵，为保护我国沿岸海湾及近海生态环境、维护海洋生物资源的可持续利用和海南社会经济的可持续发展提供了重要依据。

玉树、舟曲灾后恢复重建资源环境承载能力评价 在国务院的直接部署下，中国科学院牵头，联合国土资源部、环境保护部、住房和城乡建设部、水利部、中国地震局、中国气象局等研究完成了《玉树地震灾后恢复重建资源环境承载能力评价报告》，联合甘肃省、国土资源部、水利部、住房和城乡建设部、中国地震局、国家林业局、中国气象局、国家测绘局、环境保护部等研究完成了《舟曲灾后重建资源环境承载能力评价报告》。评价报告得到国家领导人的高度肯定，为灾后恢复重建规划编制及灾区长远可持续发展提供了重要的依据和指导。

耐盐碱水稻新品种“东稻4号”　东北地理与农业生态研究所梁正伟研究组选育的水稻新品种“东稻4号”于2010年1月通过吉林省农作物品种审定委员会审定。该品种具有耐肥、抗倒伏、耐盐碱、抗稻瘟病、抗冷、早生快发、活秆成熟等特点，是综合性状优良的超高产水稻抗逆新品种，尤其适合在吉林省西部等松嫩平原地区盐碱地种植。“东稻4号”在2010年吉林省水稻新品种高产竞赛中，经专家实收测产亩产达849.37kg，超过吉林省目前大面积推广的超级稻品种“吉粳88”位列第一，创吉林省水稻超高产品种纪录。成果对突破当前吉林省西部盐碱地水稻品种紧缺困境、实现吉林省百亿斤粮食增产目标具有重要推广价值和应用前景。

重大工程的生态环境效应监测与评估　遥感应用研究所、沈阳应用生态研究所和南京地理与湖泊研究所等通过对三峡工程、三北防护林工程、海河流域综合治理工程的生态环境效应进行系统研究，建立和发展了重大工程生态环境效应遥感监测与评估的基础理论、指标体系和技术方法，对三大工程的生态环境正负效应进行了初步评估，部分成果已为工程主管部门指导工程后期建设作出有益贡献。主持编制了《三峡工程生态与环境监测分析报告（蓝皮书）》，发展的遥感蒸散发研究的理念、技术和方法，正由世界银行研究所在世界范围内推广应用。

重金属污染土壤的植物修复技术与产业化示范　地理科学与资源研究所陈同斌研究团队发现了国际上第一种砷超富集植物蜈蚣草具有富集和去除土壤中砷、铅等重金属的特性，形成了具有自主知识产权的重金属污染土壤植物萃取技术和4种超富集植物与经济作物（甘蔗、桑树、苎麻）间作的修复模式，实现污染农田的快速修复，避免土壤重金属进入食物链和污染环境。目前已获发明专利10项，成果先后在广西、北京、云南和湖南等地应用。2010年在云南个旧和广西环江成立了两个国家级污染土壤修复技术产业化示范工程。截至2010年底，修复污染土地近2000亩，成为全球最大的污染土壤植物修复工程。

三江源区生态系统综合监测与评估关键技术研发及应用　地理科学与资源研究所刘纪远研究组提出区域生态系统综合监测与评估指标体系，研发了基于遥感－模型模拟－地面观测的区域生态系统变化监测关键技术，发展了基于生态系统动态过程本底的重大生态工程生态成效综合评估技术体系，构建了三江源生态系统监测与评估综合数据库系统，开发了区域生态系统监测与评估运行系统，完成了三江源生态系统本底综合评估和生态建设工程的生态成效中期评估。提出的结论和政策建议引起青海省委省政府及相关部门的高度重视并被采纳，出版了《玉树地震区域生态环境图集》，获得2010年度环境保护部环境保护科学技术奖二等奖。

大型仿生式水面蓝藻清除设备研制　南京地理与湖泊研究所李文朝研究组仿效鲢鱼滤食浮游生物原理，自主研制开发了以浅箱式浮动平台搭载宽幅分离铲、鳃式过滤器、叠层式摇振筛等组建成的大型仿生式水面蓝藻清除设备，可用于各类水源水体、景观水体及其他重要水体的蓝藻灾害防御。该设备吃水深度0.3m，作业幅宽10m，作业航速

0—5km/h，汲取流量 1000m^3/h，滤膜孔径 3μm，动力为 50kW 发电机组，具有高效、节能、环保的显著优势，与类似设备相比，除藻能力提高数十倍，单位能耗降低一个数量级，没有任何污染。该设备已通过中国科学院组织的技术性能测试，应用于化解 2010 年巢湖水源地饮水危机并发挥了重要作用，具有广阔的应用前景。

机载 GNSS-R 海洋微波遥感一体化机研制 遥感应用研究所李紫薇研究组自主研制的机载 GNSS-R 海洋微波遥感一体化机，已通过海上飞行验证试验，进行了成果的性能指标测试。该设备由 82 通道 GNSS-R 微波遥感器、任务监控系统、数据处理与应用系统、仿真分析系统四部分组成，具有 GPS、“北斗二代”导航卫星直射和海面回波信号同步接收、多普勒时延相关功率信号实时处理、海洋环境多要素反演、全流程仿真分析功能，将作为海洋、气象等部门海洋航空遥感新型装备，提高我国海洋环境遥感信息采集与应用的时效性，拓展“北斗二代”等 GNSS 卫星的应用领域。

西部大开发“十二五”规划及到 2020 年中长期发展思路研究 地理科学与资源研究所刘卫东研究组等对我国西部地区的发展态势进行了客观评价，提出了“十二五”及到 2020 年深入推进西部大开发的总体思路，制定了西部地区主要政策类型区划分方案，确定了今后十年深入推进西部大开发的重点任务和重点区域。其中，研究提出的“六大集中连片贫困地区”、“五大生态综合治理区”、“重点经济区”以及有关“交通运输综合网络”等重点任务和政策建议，被《中共中央、国务院关于深入实施西部大开发战略的若干意见》采纳，为国家制定西部大开发相关政策提供了重要的科技支撑。

氧化-吸附同步去除三价砷和五价砷复合氧化物技术及其工程应用 生态环境研究中心曲久辉研究组针对全球性饮用水源砷污染控制与治理的技术难题，提出三价砷和五价砷一步法去除的新原理，以安全廉价的金属氧化物为基础，通过复配与组成配比优化，充分发挥不同氧化物的功能特性，形成了兼具氧化与吸附性能、能同时去除地下水中三价砷和五价砷的新型材料，建立了高效除砷的系列新工艺。该成果完成了全球规模最大的水体砷污染治理工程，建成了我国第一座大型除砷水厂，承担了我国规模最大的城市水厂强化除砷改造工程，形成了饮用水除砷和水体砷污染治理的系统化解决方案，开创了多项工程化应用先例，获得 2010 年度国际水协会全球创新项目奖。

我国农田生态系统持续生产力保持机理与增粮对策 南京土壤研究所等系统研究发现：长期施肥下土壤微生物群落结构具有稳定性和适应性，相同 pH 下施肥等现代措施不会引起微生物多样性功能缺失，养分投入促进作物产量与土壤有机碳氮协同增进；施用有机肥和秸秆还田是提升地力的关键措施，因温度影响生物转化程度对南方农田更加重要，但稻田土壤有机质的高低与产量没有明显关系；农田基础地力对生产力和水肥利用率有协同效应，化肥能维持北方农田高生产力，但对基础地力提升贡献不大。成果修正了国际上长期以来认为施用化肥不能持续、片面强调施用有机物料效果的观念，提出培育农田基础地力是我国增粮的战略途径。

杉木人工林土壤质量退化过程、机理及调控技术 沈阳应用生态研究所围绕杉木人工林持续经营土壤质量衰退、严重制约了我国人工林业可持续发展的问题，通过连续 48 年的定位试验和调查研究，分析了整个分布区不同土壤类型杉木人工林的生产力变化规律，系统揭示了杉木人工林土壤质量衰退的营养机理、自毒机理和生物学机理，构建了以土壤有机质为核心的杉木人工林土壤质量演变理论体系和土壤质量调控技术体系；共发表论文225篇（SCI论文30篇），出版专著4部，咨询报告《在我国亚热带、热带地区建立优质高效人工用材林的建议》得到中央领导批示。成果已在湖南、广西等地大面积推广，创造了巨大的经济和社会效益。

同步辐射技术解析水稻籽粒砷的转运过程 城市环境研究所通过同步辐射技术结合电感耦合等离子体质谱，揭示了水稻籽粒发育过程中砷的转运过程，发现籽粒中二甲基砷（DMA）向籽粒的转运发生在水稻灌浆之前，而无机砷向籽粒的转运发生在籽粒灌浆过程中；利用同步辐射技术直观地扫描水稻叶片、秸秆、节等组织中砷信号的分布，认为水稻节在水稻砷的空间分布和转运中发挥着重要的分流作用；还揭示了籽粒发育过程中砷的原位分布变化。研究弥补了水稻砷污染研究中对不同砷形态从土壤向籽粒运输动力学和空间分布动态研究的不足，为进一步探索相关调控机制提供了细胞学实验数据。

（四）高技术领域

嫦娥二号卫星发射并成功获取月球虹湾局部影像图 2010年10月1日18时59分57秒，嫦娥二号卫星在西昌卫星发射中心成功发射。中国科学院在嫦娥二号任务中继续承担地面应用系统、有效载荷及VLBI测轨任务，发挥了重要作用。10月下旬，在100km×15km轨道，CCD立体相机获取了分辨率优于1.5m的月球虹湾图像数据。11月8日，嫦娥二号获取的月面虹湾局部影像图揭幕仪式在北京举行。温家宝总理出席仪式并为影像图揭幕，标志着嫦娥二号任务取得圆满成功。12月20日，中共中央、国务院、中央军委在人民大会堂隆重召开“庆祝探月工程嫦娥二号任务圆满成功大会”，胡锦涛总书记发表重要讲话，中国科学院5个单位、40名科研人员获得表彰。

“低成本医疗”行动计划取得重要进展 该计划面向人民群众健康医疗需要，开展低成本先进医疗技术、装备与系统研究，整合深圳先进技术研究院、苏州生物医学工程技术研究所、上海高等研究院等10余家单位力量，取得79项研究成果，形成了涵盖社区与农村医疗、低成本诊断治疗、应急医疗救护、家庭与康复领域的解决方案。其中，多功能便携式出诊包、体检床已在多家乡村卫生室进行了示范应用，研制出干式化学分析系统及相关试剂等基层医疗机构用设备、基于人体传感器网络的低成本运动健康系统等关键装备，完成了应急医疗救护系统的总体方案设计。成果在第十二届中国国际高新技术成果交易会集中展示。

“千家万户的服务机器人”行动计划获系列成果 在深圳先进技术研究院、沈阳自动化研究所、自动化研究所、上海微系统与信息技术研究所、合肥物质科学研究院等共同努力下，73个项目取得突出进展：在家庭服务领域，研制出管家机器人、家庭监控机器人等；在医疗手术领域，研制出虚拟骨科手术模拟和训练系统、磁共振成像引导下微创治疗系统等；在环境监测领域，研制出应急环境监测机器人、港口水质监控机器人海豚，并在面向机器人应用的传感器与网络技术等服务机器人共性技术上取得重要进展。成果在第十二届中国国际高新技术成果交易会上集中展示。

电动车研发带动一批核心技术 中国科学院集成深圳先进技术研究院、宁波材料技术与工程研究所、上海有机化学研究所等8个研究所相关领域研发优势启动的“电动车用复合材料”行动计划，已制备出使用碳纤维复合材料的发动机盖板、车顶盖、车门板、翼子板等36个部件，比同类钢制件减重60.3kg；实现了碳纤维复合材料的全回收利用；研制的碳纳米管复合材料方向盘，机械强度、抗冲击韧性比原聚氨酯方向盘分别提高35%、20%以上；稀土镁合金轮毂重5.4kg，比铝合金轮毂减重29%，阻尼系数提高14倍，达到良好的减振性能。2010年，首台碳纤维复合材料电动车完成组装调试，并在中国国际工业博览会、中国国际高新技术成果交易会展示。

多项创新成果服务于“科技世博” 集成全院优势科技力量，积极落实国家上海世博会“世博科技行动计划”。上海微系统与信息技术研究所等开展了“带状传感器网络关键技术攻关及世博防入侵应用示范”项目，建成了三层立体防入侵传感网系统并纳入世博安保方案；声学研究所等承担的世博水下安保系统，解决了黄浦江特定水域通航条件下水下安保的特殊难题；院电动汽车中心研发提供的25辆纯电动警务车，是世博会期间作为园内保障用车持续运行的唯一一款纯电动轿车；自动化研究所研发的世博会人脸图像采集与比对系统，确保出入口及园区内重要场所的“人证合一”；光电研究院联合多家单位研制的世博会车载系留气球监测系统任务应用系统，为世博园区综合节能、环境监控和生态建设提供了重要监测和评估手段。联想集团承担的世博会信息系统总集成、计算技术研究所承担的园区人流疏导预案、上海微系统与信息技术研究所承担的智能交通车流量检测雷达系统等，为世博会通信、交通提供技术支持；光电研究院牵头完成的激光投影显示系统、电工研究所研制的新型盲文打印系统、半导体研究所研制的半导体照明和通信演示系统在世博场馆集成展示。上海微系统与信息技术研究所、声学研究所、计算技术研究所、半导体研究所、光电研究院、电工研究所、联想控股有限公司、中国科学技术大学共8家单位获“世博科技先进集体”称号。

超级计算研究和应用获重大突破 过程工程研究所承担财政部专项“高效能低成本多尺度离散模拟超级计算应用系统”，以新的理念，围绕化工过程模拟等重大应用，提出并系统实践了一种高效、低成本的多尺度超级计算模式，使用CPU与GPU结合及非均匀的内部数据交换方式，在已建成国内首套单精度千万亿次高效能超级计算系统的基础上，升级达到双精度千万亿次峰值速度，并在全院11个研究所构建了聚合计算能力接近单精度5000万亿次的分布式GPU超级计算系统。目前已为中石化、GE、Alstom等多家大型企业提供了服务，还支持了大型油气田及煤层开发等国家重大项目研究。计算技术研究所和曙光信息产业有限公司、深圳先进技术研究院等联合研制的“曙光6000A”高效能计算机系统，在第35届世界超级计算机TOP500排行榜上以1.27P Flops的Linpack实测值排名第二，为截至当时我国高性能计算机系统在该排行榜上的最好成绩；其实测性能4.8亿次/W，GREEN500排名第4，被誉为国内最绿色的超级计算机，功耗仅为该届排名第一的美国“美洲豹”系统的1/3，成本仅为其1/4。该系统将被安装在国家超级计算（深圳）中心，用于构建中国国家网格南方主节点，该中心也将跃升为世界上计算能力最强的通用高性能计算中心之一。

核心电子元器件研发和应用获新突破 计算技术研究所研制了“龙芯3A/3B”多核高性能通用处理器。其中“龙芯3B”采用65nm工艺设计，集成8个可配置向量核，主频达到1GHz，峰值性能达到每秒1280亿次双精度浮点运算，性能功耗比达到3.2G Flops/W，与国际主流处理器的领先水平相当，标志我国多核高性能处理器设计技术达到世界先进水平。自动化研究所成功研制的基于0.13μm工艺的高性能DSP处理器最高可达1.8T Flops，综合性能国内领先，已进入应用验证阶段。电子学研究所100万门级FPGA芯片流片成功并交付用户试用，为后续应用打下了基础。

载人潜水器海上试验创造我国载人深潜记录 我国第一台自行设计和研制的“蛟龙号”载人潜水器在南海完成3000m海上试验任务，先后下潜到2067.85m、3039.40m、3757.31m和3759.39m，连续刷新我国载人深潜记录。沈阳自动化研究所承担了载人潜水器控制系统的研发与实验工作，包括航行控制子系统、导航定位子系统及综合信息显控子系统。声学研究所负责声学系统相关设备研制和集成，研制了水声通信机、高分辨率测深侧扫声呐系统、避碰声呐和声呐主控器等设备，为试验正常进行提供了有力保障。尤其是水声通信机实现了多种信息传输，性能达国际先进水平。

遥感应急监测与灾害评估在玉树抗震救灾中发挥作用 青海玉树地震发生后，中国科学院紧急启动遥感应急响应机制，快速组织构建天、空、地一体地震灾害监测网络。地震当天15时30分，遥感飞机抵达灾区开始获取航空遥感数据，次日凌晨将首批高分辨率航空遥感影像呈报国务院。救灾期间共向国家地震局、国家测绘局、民政部、国家减灾委、科技部、总参测绘局、国土资源部、水利部、教育部、中国疾病预防控制中心等16个部委28家单位提供数据共享，完成灾情专报14期。对地观测与数字地球科学中心被中共中央、国务院、中央军委授予“全国抗震救灾英雄集体”称号。

神华包头甲醇制烯烃工业装置投料试车一次成功 采用大连化学物理研究所自主开发的甲醇制烯烃（DMTO）技术的神华包头60万吨/年甲醇制烯烃工业装置投料试车一次成功，甲醇转化率为99.87%，乙烯和丙烯总选择性超过79%，标志我国煤制烯烃新兴产业取得里程碑式的进展。由该所开发的新一代甲醇制烯烃工业化技术（DMTO-II）也通过了中国石油和化学工业联合会组织的现场考核。该技术烯烃收率更高，大幅降低了生产的原料成本。成果奠定了我国在世界煤基烯烃工业化产业中的国际领先地位，开创了煤基能源化工产业新途径，对保障国家能源安全有重要意义。

大容量钠硫储能电池应用示范 上海硅酸盐研究所在研制成功电解质陶瓷管和迄今国际上最大容量单体电池的基础上，研制成功具有数据采集、传输、控制一体化设计的5kW级电池模块，组合建成100kW/800kW·h钠硫电池储能电站并实现并网，在2010年上海世博会举行期间完成了全程安全示范运行并向公众展示。目前正积极与装备制造企业密切合作推进产业化。

半绝缘碳化硅材料及器件 上海硅酸盐研究所开发出具有自主知识产权的碳化硅晶体生长炉，突破了晶体生长的系列关键技术，稳定生长出2—3英寸①导电、半绝缘的6H-SiC及4H-SiC晶体；采用独创的多级化学机械抛光方法，突破了碳化硅晶体高硬度、化学惰性等不易加工的特点，获得了翘曲度小于25μm、弯曲度小于25μm、

① 1英寸=2.54cm，后同。

表面粗糙度小于0.3nm、无亚表面损伤层的碳化硅晶体衬底材料。现已全面贯通碳化硅晶体“生长—加工—清洗—检验”工艺路线，具备年产2万片碳化硅衬底片的能力。

二氧化碳经尿素合成碳酸二甲酯 山西煤炭化学研究所完成了二氧化碳经尿素合成碳酸二甲酯新技术从催化剂小试到中试示范装置的开发。实现了在不加入任何有机溶剂的条件下，尿素转化率接近100%，氨基甲酸酯和碳酸二甲酯选择性大于98%，其中碳酸二甲酯选择性大于50%。同时，对合成碳酸二甲酯的工艺过程进行了模拟研究，完成了万吨级示范装置建设，并实现了一次投料开车成功和平稳运行。

万吨级钴基合成油固定床技术获突破性进展 山西煤炭化学研究所开发的钴基合成油固定床技术取得突破性进展。采用该技术的潞安集团万吨级钴基合成油工业侧线试验装置获得成功，实现了2000h的稳定运转，CO转化率85%，C_5^+收率在85%以上，侧线装置运行正常。该技术形成了完整的技术体系，达到国际先进水平，为单套5万—10万吨/年的工业示范奠定了基础。

煤层气液化单元现场试验装置建成 理化技术研究所在采用深冷混合工质制冷技术和新型液化分离流程开发1500Nm^3/d撬装式煤层气/天然气液化分离装置的基础上，在淮南矿业集团瓦斯实验基地与其他部分组成完整的现场试验装置并试车成功。该装置可连续稳定地生产液态甲烷，在能耗最高的夏季实现了稳定液化能力大于1000Nm^3/d（最大达到约1200Nm^3/d）、针对甲烷含量为大于90%的煤层气液化分离实测液化功耗小于1.0kW·h/m^3甲烷，能耗达到国际先进水平。

次高温次高压生物质循环流化床直燃发电锅炉进入商业运行 工程热物理研究所开发了可实现高蒸汽参数和多种生物质混烧的循环流化床生物质锅炉炉型。以此炉型开发出的次高温次高压蒸汽参数75t/h（15MW）生物质循环流化床发电锅炉，在浙江省长兴县长广生物质电厂通过满负荷测试，进入商业运行。该型号锅炉蒸发量达到75 175kg/h，额定负荷下热效率达90.75%，SO_2排放为44.43mg/Nm^3，NO_x排放为140.86mg/Nm^3，总体性能指标均达到设计要求。

太阳能聚焦供热成套设备研制成功 电工研究所研制的应用于太阳能制氢领域的大功率太阳炉聚光器在宁夏惠安堡镇竣工，并与制氢反应器接口，成功产出氢气。该系统由3座120m^2的正方形定日镜、跟踪控制系统、300m^2大型高精度聚光器、太阳炉和制氢系统组成，跟踪精度优于1mRad，峰值能流密度设计值高达10MW/m^2，是我国自主研发的第一台大功率太阳炉聚光器，太阳炉的热功率世界排名第三。

三、科技论文与著作

（一）科技论文、专利与成果情况

科技论文数量和质量不断提升。利用国际三大检索工具，于2010年对2009年度科技论文进行检索，中国科学院科技人员作为第一作者被国际三大检索系统收录的论文26 104篇，比2008年减少465篇。其中，被SCI（扩展版）收录论文14 202篇，比

2008 年增加 441 篇；被 EI 收录论文 9267 篇，比 2008 年增加 279 篇；被 ISTP 收录论文 2635 篇，比 2008 年减少 31.0%。

SCI（光盘版）被引论文 24 995 篇，比 2008 年增加 1711 篇，被引次数达 96 405 次（2004—2008 年 SCI 收录中国科学院论文在 2009 年被引用情况），比 2008 年增长 22.7%。中国科学院被引用论文平均被引证 3.86 次。

中国科学院科技人员被 1946 种国内科技期刊收录论文 13 395 篇，比 2008 年减少 278 篇。

专利申请量持续增长。2010 年度，中国科学院专利申请 7527 件（含国外专利申请 330 件），专利申请总量比上年增长 20.97%。其中，国内发明专利申请 6608 件（比上年增长 20.56%），实用新型专利申请 568 件，外观设计专利申请 21 件。

专利授权 3406 件（含国外专利授权 58 件），总量比上年增长 7.55%。其中，国内发明专利授权 2731 件，实用新型专利授权 604 件，外观设计专利授权 13 件。

（二）专著情况

2010 年，中国科学院科研机构出版科技专著 288 种，达 14 248 万字，其中译成外文 35 种，达 810 万字。出版大专院校教科书 3 种，达 155 万字。出版科普著作 20 种，达 419 万字。

队伍建设与人才培养

2010 年，中国科学院深入贯彻落实国家人才、教育和干部规划纲要以及中国科学院“创新 2020”发展战略，研究制定“创新 2020”人才发展战略和“十二五”人才队伍建设规划，进一步解放思想，创新工作思路，全面加强人才培养和引进，完善体制机制，加强教育培训，支撑科技事业，服务研究所发展，人力资源管理工作取得良好进展。

一、人才战略及规划

（一）贯彻落实国家相关人才战略

深入贯彻落实《国家中长期人才发展规划纲要（2010—2020 年）》、《国家中长期教育改革和发展规划纲要（2010—2020 年）》、《2010—2020 年深化干部人事制度改革规划纲要》，研究制定中国科学院《关于贯彻落实〈国家中长期人才发展规划纲要（2010—2020 年）〉的意见》及任务分工落实方案、《关于贯彻落实〈国家中长期教育改革和发展规划纲要（2010—2020 年）〉的意见》、《关于贯彻落实〈2010—2020 年深化干部人事制度改革规划纲要〉的实施意见》，明确任务牵头和主要负责单位，建立统分结合、上下联动的工作机制，确保相关举措落到实处。

（二）研究制定院人才战略及规划

按照“创新 2020”的总体部署，研究制定《中国科学院“创新 2020”人才发展战略》，提出“创新 2020”人才发展的指导思想、战略目标，从改革创新管理体制和机制、大力实施人才系统工程、加强领导干部队伍建设、促进中国科学院教育事业大发展等四个方面提出 20 项重大举措。进一步明确未来十年中国科学院人才队伍建设的发展方向。研究制定《中国科学院“十二五”人才队伍建设规划》，在总结成绩、分析形势的基础上，提出“十二五”期间中国科学院人才发展的总体思路，即以科技事业需求为导向、以造就领军人才为牵引、以培养青年人才为重点、以队伍协调发展为着力点、以完善体制机制为基础，造就一流的科技创新创业队伍；明确中国科学院人才队伍建设的发展目标和主要任务，提出完善机制体制和深入实施人才培养引进系统工程的重要举措。

与以往相比，“创新 2020”人才战略和“十二五”人才队伍建设规划有三个创新点，一是更加突出面向国际人才竞争和国家战略需求，二是把人才队伍发展与中国科学院整体科技布局、重点领域发展需求紧密结合起来，三是针对中国科学院人才队伍发展的突出问题提出一系列改革创新举措。此外，中国科学院还研究制定了《面向 2020 年领导班子和干部队伍建设规划纲要》，积极推进干部人事制度改革，切实加强领导干部队伍建设。出台《关于制定“十二五”研究所人力资源规划的指导意见》，对研究所人力资源规划的编制工作进行全面部署，指导研究所人力资源规划的制定。注重院、所两级人才规划编制工作的衔接和互动，构建中国科学院较为完整的人才规划体系。

二、领导班子与干部队伍建设

认真贯彻执行中央《党政领导干部选拔任用工作条例》以及中国科学院制定的《研究所领导干部选拔任用工作实施办法》，坚持德才兼备、以德为先、群众公认、注重实绩等干部选任原则，严格按照干部选任条件和工作程序，加强流程管理，做好院属单位领导班子的考核工作。2010 年完成 21 个单位换届考核和 34 个单位届中考核，完成 29 个单位党委换届工作，完成 23 个单位和 6 个院机关内设部门的干部个别调整，组建 6 个新建研究所理事会。新提任干部 73 人，交流干部 20 人，免职干部 28 人。按照中组部的要求，选派 6 位博士服务团成员。通过领导班子的考核与调整，进一步优化班子结构，提高班子整体执行力。

按照中组部关于贯彻落实《2010—2020 年深化干部人事制度改革规划纲要》的总体要求，制定贯彻落实的实施意见，明确深化干部人事制度改革的总体要求，提出推进改革的 14 项具体措施。研究制订《中国科学院面向 2020 年领导班子和干部队伍建设规划纲要》；规范干部选拔任用提名程序，加大竞争性选拔干部工作力度；坚持和完善从基层一线选拔干部制度；实行干部工作信息公开制度。研究出台《中国科学院研究所中层干部选拔聘用和管理指导意见》，对研究所中层干部的岗位职责、任职条件、选拔聘用程序和日常管理提出明确要求。

加强干部培训工作，围绕实施“创新 2020”的总体需求，完善与干部成长规律和需求相符合、与干部选拔任用和管理要求相衔接的干部培训体系。坚持把理想信念教育放在培训的首位，组织举办各类培训班，选调学员参加中央党校及延安、井冈山、浦东 3 个干部学院的培训项目，所（局）级干部参加中组部、院组织的各类培训共计 259 人次。

坚持和进一步完善党委（党组）中心组学习制度；规范和严格执行民主生活会制度，加强对分院民主生活会的参与和指导。加强干部监督工作，依法依规严格对干部的日常管理；学习宣传、贯彻执行“四项监督制度”，印发《关于进一步加强干部监督工作有关问题的通知》；完善干部监督程序，实行提任干部廉洁自律意见鉴定制度，试行干部选拔任用全程纪实制度；坚持领导班子巡视制度，全年完成 30 个院属单位领导班子的巡视工作，注重对巡视结果的分析应用。

三、岗位与机构管理

进一步规范事业单位机构管理工作，在充分调研的基础上，出台《中国科学院事业单位机构管理办法》和《中国科学院非法人单元机构管理办法（试行）》。围绕“创新 2020”总体布局，研究制定“十二五”期间事业编制配置原则及试点启动阶段编制核定方案。就新时期分院职能进行调研，形成研究报告，提出相关政策建议。开展技术支撑队伍建设方面调研，通过比较分析梳理存在问题，提出技术支撑人才队伍的建设目标、相关配套政策建议等。

四、科技创新人才培养与引进

2010年，中国科学院全面启动并实施“人才培养引进系统工程”。全面推进“高层次人才培养引进计划”、“优秀青年人才培育计划”、“支撑与管理人才培养计划”和“海外智力引进与人才国际交流培养计划”的实施，进一步推动科技人才的培养与引进工作。

（一）高层次人才培养引进

“千人计划”

2010年，中国科学院引进“千人计划”32人。截至2010年底，中国科学院共有“千人计划”入选者101人，占全国创新人才入选总人数的10.8%。其中15人作为国家科技重大专项负责人承担重要研究任务。

“百人计划”

2010年，中国科学院共有216人入选“百人计划”，其中“引进国外杰出人才”入选者160人，国内“百人计划”入选者5人，项目“百人计划”入选者51人。189位入选者通过择优支持评审。对80位计划执行完毕的入选者进行了终期评估，其中优秀21人，优秀率为26%；对21位“国家杰出青年科学基金”获得者给予“百人计划”经费支持；成功组织第八届“百人计划”入选者国情、院情学习研讨班，共有237位入选者参加研讨班的学习。

截至2010年底，中国科学院共有2079人入选“百人计划”，其中“引进国外杰出人才”入选者1448人，国内“百人计划”入选者255人，项目“百人计划”入选者129人，并有247位“国家杰出青年科学基金”获得者获“百人计划”经费支持。

（二）支撑与管理人才培养

自2009年启动实施“支撑与管理人才培养计划”以来，截至2010年底，依托院所两级公共技术平台、大科学装置和工程建设，择优支持“引进杰出技术人才”17人，遴选“现有关键技术人才”31人，遴选和奖励“中国科学院技术能手”20人。

杰出技术人才

2010年度，48个院属单位推荐52位“现有关键技术人才”候选人，19个院属单位推荐24位“引进杰出技术人才”候选人。经专家评审，遴选出“现有关键技术人才”12人，“引进杰出技术人才”10人。

“中国科学院技术能手”

2010年度，62个院属单位推荐66位“中国科学院技术能手”候选人。经专家评审，遴选出“中国科学院技术能手”10人，其中大型设备运维3人、光学精密加工4人、公共实验室材料制备3人。

（三）“创新团队国际合作伙伴计划”

按照“依托基地，先行启动，择优支持”的原则，截至2010年底，共组建92个创新团队，凝聚国内中青年学术技术带头人694人；吸引海外优秀学者638人，其中424人被聘为中国科学院“海外知名学者”。

2009年度启动的22个团队已通过试运行评估正式启动，并遴选出中国科学院“海外知名学者”71人。

（四）“西部之光”人才培养计划

2010年，“西部之光”人才培养计划通过各协调小组初审，经院人才工作领导小组会议审定，资助西部地区各类人才176人，其中联合学者11人、重点和一般项目65人、新引进博士毕业生89人、在职博士研究生11人。

对2006年度入选“西部之光”人才培养计划的47位青年学者进行终期评估，其中10位学者被评为优秀并获后续支持。接收西部有关省（自治区）青年访问学者41人。

（五）留学与海外人才工作

2010年，中国科学院公派出国留学选派299人，其中高级研究学者94人、普通访问学者172人、成组配套项目8组共计33人。以“青年科研骨干留学专项”支持178人，占支持总人数的59.1%。

2010年资助召开9个“中国科学院学术研讨会”，共计540余位学者参加会议，其中海外学者90余人。

2010年中国科学院获得王宽诚教育基金会资助共计232人次，其中出席国际会议35人次、访问学者30人次、获科研奖金47人次、获人才工作奖励基金120人次。

五、研究生教育和博士后队伍建设

2010年中国科学院共录取研究生16 882人，比上年增加6.2%。其中博士研究生6092人、硕士研究生10 790人。截至2010年底，全院共有116个单位招收研究生，在学研究生达48 061人，其中博士研究生20 919人、硕士研究生27 142人。

在2010年博士后综合评估工作中，中国科学院有18个科研流动站被评为“全国优秀博士后科研流动站”，7名博士后管理人员获得“全国优秀博士后管理工作者”荣誉称号，分别占获表彰总数的12.2%和11.7%。截至2010年底，在站博士后2868人，其中外籍博士后59人。

在教育部、国务院学位委员会组织的2010年度全国优秀博士学位论文评选中，中国科学院共有15篇论文入选，占全国入选总数的15%。

为提高博士研究生的培养质量，树立中国科学院研究生教育的品牌，2010年共评选出50篇中国科学院优秀博士学位论文和50位中国科学院优秀研究生指导教师。评选出中国科学院院长特别奖20名、院长优秀奖200名，中国科学院优秀导师奖20名。朱李月华优秀博士生奖、宝洁优秀研究生奖学金、地奥奖学金、大恒光学奖学金和宝钢优秀学生奖共477名，评选出中国科学院朱李月华优秀教师奖、宝洁优秀导师奖和宝钢优秀教师奖共117名。

2010年，中国科学院继续实施“中欧联合培养博士研究生计划”，向德国、法国共派出博士研究生78人。

2010年，中国科学院科教结合工作指导委员会召开全体会议，审议批准院资助科教结合教育创新项目10项，其中科技英才班项目4项、联合共建项目6项，年度资助经费648.3万元。

2010年，中国科学院组织专家研究制定《中国科学院教育发展战略与路线图(2010—2050年)》，提出“科教融合，协同发展，突出特色，引领示范”的教育发展方针，明确了“面向国家战略需求和世界科技前沿，通过持续的教育创新，培养德才兼备的科技领军人才、尖子人才和具有高科技素质的各类创新创业人才”的目标。

六、继续教育与培训

2010年，中国科学院充分发挥专业、技术和人才优势，调动各单位的积极性，推进科研及技术技能、管理理论知识等各类继续教育与培训。全院累计参加各类继续教育与培训194 327人次。

组织开展所（局）级领导干部上岗培训班、境外培训班、国情考察班、党校特训班、党委书记研讨班、成果转移转化高级研讨班等培训项目，不断优化课程设计，完善课程内容，注重将解决实际问题与学习培训相结合。全年所（局）级干部参加国家及院的培训项目共计259人次。

组织开展“培训培训者”专题培训项目，提高院属各单位培训主管的业务水平，加强职业化培训干部队伍建设。

继续教育与培训网络平台系统正式上线运行。

基础设施与支撑条件

一、实验室建设与管理

（一）国家重点实验室

1. 国家重点实验室建设

2006 年、2007 年科学技术部批准中国科学院建设 12 个国家重点实验室，2010 年建设任务圆满完成。其中 10 个于 2009 年通过了科学技术部验收，2 个（表 1）于 2010 年 1 月通过科技部验收。

表 1　中国科学院 2010 年完成建设任务的国家重点实验室

序　号	实验室名称	所属单位	验收时间
1	机器人学国家重点实验室	沈阳自动化研究所	2010. 1. 20
2	稀土资源利用国家重点实验室	长春应用化学研究所	2010. 1. 29

2010 年 10 月，科学技术部在 45 个研究方向上发布新建国家重点实验室指南，其中中国科学院发起的方向 14 个。2010 年 12 月，中国科学院申报的 14 个国家重点实验室通过科学技术部组织的资格审查、初审，分别是：高温气体动力学国家重点实验室（力学研究所），核探测技术与核电子学国家重点实验室（高能物理研究所、中国科学技术大学），理论物理前沿国家重点实验室（理论物理研究所），细胞生物学国家重点实验室（上海生命科学研究院），分子发育生物学国家重点实验室（遗传与发育生物学研究所），真菌学国家重点实验室（微生物研究所），同位素地球化学国家重点实验室（广州地球化学研究所），荒漠与绿洲生态系统国家重点实验室（新疆生态与地理研究所），大地测量与地球动力学国家重点实验室（测量与地球物理研究所），森林与土壤生态国家重点实验室（沈阳应用生态研究所），热带海洋环境国家重点实验室（南海海洋研究所），计算机体系结构（计算技术研究所），复杂系统智能控制与管理国家重点实验室（自动化研究所），发光学及应用国家重点实验室（长春光学精密机械与物理研究所）。

2. 国家重点实验室评估

2010 年 9 月 28 日，科学技术部公布了 2010 年数理、地学 2 个领域国家重点实验室评估结果。中国科学院参加评估的实验室全部获得优秀、良好。

在数理领域，全国参评实验室共 11 个，其中 3 个实验室被评为优秀，7 个被评为良好，1 个实验室的评估结果待定。中国科学院 5 个实验室参加评估，其中非线性力学国家重点实验室（力学研究所）被评为优秀，其余 4 个为良好。另外，中国科学院强场激光物理国家重点实验室此前连续 2 次评估优秀，此次申请免评，按照评估规则直接被评为良好。

在地学领域，全国参评实验室共 37 个，其中 10 个实验室被评为优秀，25 个被评为良好，2 个实验室的评估结果待定。中国科学院 20 个实验室参加评估，其中 7 个国家重点实验室被评为优秀，其余 13 个为良好。7 个优秀实验室是：大气科学和地球流体力学数值模拟国家重点实验室（大气物理研究所），冻土工程国家重点实验室（寒区旱区环境与工程研究所），环境化学与生态毒理学国家重点实验室（生态环境研究中心），黄土与第四纪地质国家重点实验室（地球环境研究所），现代古生物学和地层学国家重点实验室（南京地质古生物研究所），岩石圈演化国家重点实验室（地质与地球物理研究所），资源与环境信息系统国家重点实验室（地理科学与资源研究所）。

（二）中国科学院重点实验室

1. 新建中国科学院重点实验室

2010 年 12 月 30 日，中国科学院发布了成立了 17 个院重点实验室的通知，分别是：中国科学院清洁能源前沿研究重点实验室（物理研究所），中国科学院煤制乙二醇及相关技术重点实验室（福建物质结构研究所），中国科学院暗物质与空间天文重点实验室（紫金山天文台），中国科学院吴文俊数学重点实验室（中国科学技术大学），中国科学院农业与环境微生物学重点实验室（武汉病毒研究所），中国科学院分子病毒与分子免疫重点实验室（上海巴斯德研究所），中国科学院环境与应用微生物重点实验室（成都生物研究所），中国科学院系统微生物工程重点实验室（天津工业生物技术研究所），中国科学院矿物学与成矿学重点实验室（广州地球化学研究所），中国科学院计算地球动力学重点实验室（中国科学院研究生院），中国科学院寒旱区陆面过程与气候变化重点实验室（寒区旱区环境与工程研究所），中国科学院海岸带环境过程重点实验室（烟台海岸带研究所），中国科学院高功率激光物理重点实验室（上海光学精密机械研究所），中国科学院轻型动力重点实验室（工程热物理研究所），中国科学院航空光学成像与测量重点实验室（长春光学精密机械与物理研究所），中国科学院语言声学与内容理解重点实验室（声学研究所），中国科学院太赫兹固态技术重点实验室（上海微系统与信息技术研究所）。

2. 中国科学院重点实验室评估

2010 年是中国科学院生命领域院重点实验室的评估年，24 个中国科学院重点实验室参加评估，评出 A 类实验室 8 个，B 类实验室 12 个，C 类实验室 4 个（表 2）。

表 2　中国科学院 2010 年生命领域院重点实验室评估结果

序　号	实验室	依托单位	评估结果
1	分子细胞生物学	上海生命科学研究院	A
2	分子发育生物学	遗传与发育生物学研究所	A
3	真菌、地衣系统学	微生物研究所	A
4	动物进化与系统学	动物研究所	A
5	植物资源保护与可持续利用	华南植物园	A
6	心理健康	心理研究所	A

续表

序　号	实验室	依托单位	评估结果
7	生物多样性与生物地理学	昆明植物研究所	A
8	营养与代谢	上海生命科学研究院	A
9	实验海洋生物学	海洋研究所	B
10	动物生态与保护生物学	动物研究所	B
11	再生生物学	广州生物医药与健康研究院	B
12	光合作用与环境分子生理学	植物研究所	B
13	海洋生物资源可持续利用	南海海洋研究所	B
14	干细胞生物学	上海生命科学研究院	B
15	退化生态系统植被恢复与管理	华南植物园	B
16	光生物学	植物研究所	B
17	农业水资源	遗传与发育生物学研究所	B
18	病原微生物与免疫学	微生物研究所	B
19	感染与免疫	生物物理研究所	B
20	水生植物与流域生态	武汉植物园	B
21	高原生物适应与进化	西北高原生物研究所	C
22	系统生物学	上海生命科学研究院	C
23	离子束生物工程学	合肥物质科学研究院	C
24	基因组科学与信息	北京基因组研究所	C

二、大科学工程建设与管理

2010 年，中国科学院重大科技基础设施的运行、建设和管理工作取得可喜进展，得到社会广泛赞誉和高度评价。“我国迄今最大的国家重大科学工程‘上海光源’通过验收”位列《科技日报》社组织的“2010‘福田汽车杯’国内十大科技新闻”榜首。2010 年 1 月 16 日下午，中共中央总书记、国家主席、中央军委主席胡锦涛视察上海光源，并指出：“一方面要用好我们已建成的设施，不断提高科学实验的水平，更好地为科学技术发展服务；另外一方面，也还要在科学论证的基础上，继续搞好后续工程的建设，为我们国家的光源事业作出新的更大的贡献。”北京谱仪研究成果“BES-II $D\bar{D}$阈上粒子 ψ（3770）非 $D\bar{D}$衰变的发现和 D 物理研究”获 2010 年度国家自然科学奖二等奖。上海世博会期间，中国西南野生生物种质资源库与英国联手打造“种子圣殿”，为英国馆“种子圣殿”提供了 894 种 26 万粒种子/果实。

（一）重大科技基础设施基本情况

截至 2010 年底，中国科学院运行的重大科技基础设施 12 个，在建设施 9 个，将建设施 2 个。

表 3 中国科学院 2010 年底重大科技基础设施状态表

运　行	在　建	将　建
北京正负电子对撞机	东半球空间环境地基综合监测子午链（子午工程）	散裂中子源
兰州重离子研究装置	500m 口径球面射电望远镜	软 X 射线自由电子激光试验装置
郭守敬望远镜（LAMOST）	稳态强磁场实验装置（部分运行）	
合肥同步辐射装置	陆地观测卫星数据全国接收站网	
HT-7、EAST 超导托卡马克核聚变实验装置	海洋科学综合考察船	
遥感飞机	武汉生物安全实验室	
中国遥感卫星地面站	航空遥感系统	
长短波授时系统	国家蛋白质科学研究（上海）设施	
神光高功率激光实验装置	EAST 辅助加热系统	
中国西南野生生物种质资源库		
上海光源		
“实验 1”考察船		

（二）上海光源通过国家验收

我国迄今最大的国家重大科技基础设施上海光源（SSRF）于 2010 年 1 月 19 日通过国家验收。这个性能指标达到世界一流的中能第三代同步辐射光源，历经 10 年立项和 52 个月紧张建设，全面、优质、按期完成工程建设任务，标志着我国在建设重大科技基础设施方面，具备了高水平的自主创新和技术集成能力，进入了世界先进行列。

（三）运行设施获丰硕成果

合肥同步辐射装置在能源材料、纳米及功能材料、生物医学研究领域取得多项重要成果，尤其是在 X 射线相位衬度成像领域及纳米 SiC 复合发光材料研究领域获得重大突破。

上海光源 2010 年已有多项重要研究成果产出，有些发表在 *Science*、*Nature* 等国际顶级刊物上。

神光 II 装置运行稳定高效，高水平地完成了大量物理实验任务，开展的天体物理光离化过程及磁重联物理实验在模拟太阳耀斑著名观测现象环顶 X 射线源和重联喷流中取得重大进展。

郭守敬望远镜（LAMOST）对科学目标进行了 200 余次测试观测，发现了一批新天体，包括银河系中的贫金属星候选体、仙女星系中的行星状星云，以及在“红移沙漠”中发现的一颗明亮类星体。

超导托卡马克核聚变实验装置（EAST）针对为托卡马克放电提供基本的超高真空

环境和良好的器壁条件，发展和改进了一系列离子回旋壁处理前沿性技术，为未来超导托卡马克高效、安全运行奠定了基础。

改造后的北京正负电子对撞机稳定运行，北京谱仪合作组已获得首批物理成果，引起国际高能物理界广泛关注，三篇文章分别发表在本领域一流期刊 *Chinese Physics C*、*Physical Review Letters* 和 *Physical Review D* 上。北京正负电子对撞机的兼用设备北京同步辐射装置（BSRF）在谱学研究领域取得重大成果，利用 BSRF 的 1W1B 实验站的 X 射线吸收谱学（XAS）技术，在分子水平上揭示了砒霜治疗白血病的机理。

依托兰州重离子研究装置进行的 105 号超重元素 Db 的化学性质研究取得重要进展，首次给出与相对论量子化学预言一致的结果，表明 Db（Z = 105）的化学性质存在相对论效应。

国家授时中心 BPL、BPM 长短波授时系统时间基准继续保持国际先进水平。BPL 长波授时系统现代化改造项目竣工验收，其自主授时技术方面达到国际先进水平。

中国遥感卫星地面站积极应对 2010 年 6 月份中国南方暴雨洪涝灾害、8 月初的甘肃省甘南藏族自治州舟曲县泥石流等突发自然灾害，在灾情监测与评估方面发挥积极作用，第一时间为国家相关部门的决策提供强有力的技术支持。

两架遥感飞机 2010 年完成多项重要环境监测、灾情报告以及灾后重建工作的遥感监测任务。4 月 14 日，遥感飞机紧急执行玉树地震应急监测任务，第一时间获取大量遥感数据，有力支援了国家和地区的救灾和灾后重建规划工作。8 月 19 日，在青海玉树全国抗震救灾总结表彰大会上，对地观测与数字地球科学中心荣获“全国抗震救灾英雄集体”称号。

（四）在建及将建设施进展顺利

东半球空间环境地基综合监测子午链（子午工程）高质量地完成了研究与预报系统和数据与通信系统的建设任务，三大系统于 2010 年 7 月 1 日开始按计划开展试运行。

500 米口径球面射电望远镜（FAST）工程用地申请于 2010 年 5 月 5 日正式得到国土资源部批复同意，工程开工前的准备工作按计划进行。

稳态强磁场实验装置于 2010 年 10 月 28 日举行试运行典礼，按计划实现了“边建设，边运行”的阶段目标。

陆地观测卫星数据全国接收站网三亚站正式投入运行，使我国陆地观测卫星数据直接接收范围覆盖到我国南海以及南部邻国等区域。

海洋科学综合考察船的开工报告 2010 年 4 月 19 日得到中国科学院和教育部联合批复。10 月 28 日，举行了开工仪式。

航空遥感系统立项进展顺利，2010 年 1 月 28 日在北京举行开工典礼。多项系统完成详细设计评审，飞机改装进入初步设计阶段。12 月 8 日举行遥感综合楼工程奠基仪式。

国家蛋白质科学研究（上海）设施可行性研究报告于 2010 年 7 月 1 日得到国家发展改革委批复，12 月 26 日举行开工仪式。

EAST 辅助加热系统可行性研究报告于 2010 年 7 月 12 日得到国家发改委批复，10

月 25 日中科院评审了《EAST 辅助加热系统初步设计》，已报国家发改委。

散裂中子源召开了两次国际评审会，分别针对加速器和靶站谱仪初步设计方案进行论证；2010 年 4 月 23 日，国家环境保护部批复《散裂中子源环境影响报告书》；5 月 24 日，国土资源部批复《关于中国散裂中子源项目用地预审的请示》。

（五）管理工作再上新台阶

为提高在建重大科技基础设施的管理水平，做到不超预算、保质保量按时完成工程建设，中国科学院 2010 年 4 月 22 日召开重大科技基础设施建设年会，加强各设施间交流，检查工程进展，进一步推动重大科技基础设施工程的建设进程。

6 月 12 日，组织专家对“实验 1”科学考察船进行运行经费实地审核。9 月 6 日—8 日召开中国科学院重大科技基础设施运行年会，检查各设施的年度运行情况，评选出 8 项较为突出的科研成果、审议下年度的运行计划，并就如何加强设施宣传工作进行讨论。

结合“创新 2020”规划，努力使中国科学院未来重大科技基础设施发展规划与“3 + 5”区域发展战略相结合，通过路线图方法，科学制定中国科学院重大科技基础设施近期、中期和远期的发展规划。4 月 6—7 日召开中国科学院高层战略研讨会，研讨中国科学院重大科技基础设施发展规划。6 月底，中国科学院向国家发改委申报 41 项重大科技基础设施项目，其中“十二五”项目 20 项、中长期项目 21 项。

为检验重大科技基础设施维修改造项目取得的成效，规范管理，逐步开展维修改造项目的验收工作。10—11 月，分别对长短波授时系统、合肥同步辐射装置进行了试点验收工作。12 月 28 日召开维修改造项目验收工作准备会，明确了验收程序及工艺、档案、财务验收的具体要求，并对下一步项目验收工作安排进行部署。

加强中国科学院大科学装置网站建设。网页内容丰富，信息更新及时。举办了中国科学院“大科学工程管理讲习班”等培训，邀请国外专家介绍先进管理经验；编印中、英文版《中国科学院大科学装置 2009 年度报告》；编写《中国科学院大科学装置成果汇编（2008—2009）》，科普读物《世界上最大的单口径射电望远镜 FAST》；编译《大科学装置研究文集 5》，主要介绍美国国家科学基金会（NSF）的大装置管理。进一步补充完善“大科学装置建设手册”，及“运行经费管理实施细则”。

三、科技基础设施

（一）信息化基础设施

2010 年是中国科学院“十一五”信息化工作的收官年，也是“十二五”信息化规划编制年。总体上，2010 年中科院信息化基础设施边建设、边应用，应用服务能力得到全面提升，成效显著。

信息化基础设施支撑能力显著增强。兼顾不同学科领域和区域需求的全院三层架构超级计算网格环境形成，网格聚合 CPU 计算能力达 218 万亿次，网格聚合 GPU 计算能力近6000万亿次，已广泛应用于石油化工、流体力学、天文、地球物理等多个领域，并开始面向全国提供网格化服务；科学数据资源得到进一步整合，建成总存储容量达6PB的科学数据资源中心，实现数据应用环境的开放共享和知识服务。科学数据支撑重大科技创新活动的效益日益明显，仅在中国科学院就为130多个重要项目提供科学数据支持和应用服务；覆盖全国众多科研机构的高性能IPv6/IPv4科研数据网络环境进一步优化，实现中国科学院53项大科学装置/野外台站的联网，服务科研能力显著提升。申请“基于下一代互联网的科研信息基础设施建设和应用示范工程”并获得国家发展改革委批复。

初步形成中科院特色的管理信息化系统。ARP（Academia Resources Planning）已建成十大应用系统以及公共事务处理和信息资源管理与服务两大平台，在提高管理工作效率、促进管理方式变革等方面发挥重要作用，服务总人数达5.5万人。中国科学院网站群2009年、2010年连续获得中国政府网站优秀奖。网络化科学传播平台在网络科普、普及科学知识方面作用明显，中国科普博览门户日均访问量超过5万人次。

教育信息化基本部署完成并应用实施，覆盖研究生教育和继续教育全过程，建立相应支撑保障体系和用户服务体系，服务总人数达11万人。

推进中科院信息化水平整体提升。以全院信息化评估为抓手，通过“抓两头，带中间”，加强分类指导，推进院属单位信息化工作。发布《中国科学院2010年信息化工作要点》，对全院各单位信息化工作进行统一指导和管理。在全院范围内组织信息化评估工作，研究所整体得分比2009年有所提升，部分研究所针对2009年信息化评估结果进行了整改。

域名治理专项行动成果显著。配合国家主管部门有关域名治理的部署，积极采取各种必要措施并建立长效机制。截至2010年12月底，域名治理取得阶段性成果，实名率从年初的18%上升到97.2%，CN域名的不良应用呈现显著的下降趋势，得到中央领导多次肯定。

网络信息安全保障能力再上台阶。按照“既便于开展各项工作、又严守国家秘密”的要求，积极推进中国科学院网络信息安全保障各项工作。建立全院网络与信息安全情况通报机制，自2010年9月起每月向全院发布《中国科学院网络与信息安全情况通报》。加强全院网络信息安全技术保障，进一步提升信息网络安全保障能力。初步建成覆盖中国科技网全网的安全监控系统，强化对重点计算机的监测分析。

初步形成以“一网多刊”为主的院信息化工作宣传格局。组织力量发挥建言献策作用，积极推进政务信息报送工作，有力推动了相关工作。院信息化网站（www.ecas.cn）正式上线服务并进行改版，逐步成为方便、快捷了解中科院信息化工作的窗口。策划编制《中国科学院信息化资源报告》、《中国科学院科研信息化实践与探索》、《中国科学院信息化发展报告2011》、《2010中国科学院信息化评估报告》等，为信息化工作营造良好氛围。参加由工信部牵头组织的《转型与调整——中国信息化发展报告2010》撰写工作，使科研领域信息化有关内容纳入国家层面的信息化权威系列报告，提升社会各界对科研信息化的认识。

信息化培训体系日趋完善。持续开展全院信息化队伍培训工作，完善面向“所局级领导、信息化管理主管部门、信息化建设人员及用户”的分类别、多渠道、多形式、重实效的信息化培训体系。首次举办所局级领导信息化研讨班，院党校局级领导干部特训班增设信息化专题培训内容。举办第二次院信息化处级主管干部培训班。

积极拓展国内外交流与合作。持续加强与国际、国内相关机构的合作，通过联合项目、人员交流、论坛研讨等活动，有效推动信息化理论与战略、信息化工作经验与成果等方面的交流。组织参与上海世博会主题论坛之一的第八届全球城市信息化论坛并做主题发言。出席第四届中美双边科技数据合作交流圆桌会议，与 IBM 公司、美国国家科学基金会、伊利诺伊大学美国国家超级计算应用中心等进行交流。

（二）野外台站网络

2010 年，制定《中国科学院“十二五”野外台站发展规划》，进一步确立“立足 CERN、特殊环境与灾害、区域大气本底网络，提升区域大气本底站的大气环境研究功能，在重点区域和生态敏感区适当建设新站，进行仪器设备更新、加强基础设施建设，提高监测数据采集、传输和共享服务支撑能力；建成覆盖全国、关注重点区域、野外台站 - 陆地样带 - 关键区域结合的，高精度和智能化的陆地生态与环境天地空立体观测网络”的建设目标。

开展中国科学院中国生态系统研究网络（CERN）、特殊环境与灾害监测研究网络和日地空间环境观测研究网络等三大野外网络系统野外观测研究台站创新三期维修/建设，涉及野外台站 31 个，投入维修建设费 2500 万元。

根据学科发展、国家及任务需求，对内蒙草原站、阜康站、长白山站、禹城站和安塞站等生态站开展先期建设；为补充和完善网络的区域类型，在生态脆弱与敏感区域开展湖泊生态站（鄱阳湖站、洞庭湖站）、湿地生态站（兴凯湖站、三江源站）和喀斯特类型生态站（普定站）的类型补充建设。

（三）植物园、标本馆

中国科学院植物园以保存地域性植物为主，以经济植物、特有植物和珍稀濒危植物为重点，结合国家和地方生态环境建设的需要，开展国内外重要植物种质资源的保藏，2010 年新引种 8600 余种次（表 4）。加强现有园区物种管理，不断提高保育技术和改善保育条件，有效保育约 140 万株乔木，21 000 余种物种。优化专类园 49 个，新建专类园 46 个。进园参观人员近 618 万人次/年，数字植物园访问量近 263 万人次/年。发表论文 496 篇，完成专著 25 部（册），授权专利 45 项，审定或登录新品种 36 个。

生物标本馆（博物馆）加速生物标本资源的收集与鉴定，为分类学、系统学等基础研究提供支撑，2010 年新增国内外标本 42 万多份（件），其中新增各类模式标本 1661 份（件），新鉴定标本约 14 万份（件）（表 5）。进一步推进数字化标本馆建设，加大信息共享力度，新录入标本信息 46 万份（件），2010 年数据库访问量近 1270 万人次，初步实现标本资源的实物共享和信息共享。开展各种形式的科普宣传活动，提高公众对生物多样性的认知，科普参观人数达 38 万多人次。

表 4　中国科学院植物园（树木园）基本情况表

序　号	名　称	所在地区和单位	2010 年引进物种数
1	武汉植物园	湖北　中国科学院	426
2	华南植物园（鼎湖山树木园）	广东　中国科学院	1800
3	西双版纳热带植物园	云南　中国科学院	300
4	北京植物园（华西亚高山植物园）	北京　中国科学院植物研究所	2456
5	昆明植物园	云南　中国科学院昆明植物研究所	627
6	吐鲁番沙漠植物园	新疆　中国科学院新疆生态与地理研究所	413
7	沈阳树木园	辽宁　中国科学院沈阳应用生态研究所	45
8	秦岭国家植物园	陕西　陕西省人民政府，中国科学院	21
9	深圳仙湖植物园	广东　深圳市人民政府，中国科学院	800
10	庐山植物园	江西　江西省人民政府，中国科学院	280
11	南京中山植物园	江苏　江苏省人民政府，中国科学院	339
12	桂林植物园	广西　广西壮族自治区人民政府，中国科学院	500
13	上海辰山植物园	上海　上海市人民政府，中国科学院	600

表 5　中国科学院生物标本馆（博物馆）基本情况表

序　号	名　称	所在地区和单位	2010 年新增标本数/份（件）	2010 年新鉴定标本数/份（件）
1	动物所国家动物博物馆	北京　中国科学院动物研究所	210 000	45 000
2	植物所植物标本馆	北京　中国科学院植物研究所	45 000	8694
3	昆明植物所标本馆	云南　中国科学院昆明植物研究所	3459	4380
4	上海昆虫博物馆	上海　中国科学院上海生命科学研究院植物生理生态研究所	37 000	6000
5	华南植物园标本馆	广东　中国科学院华南植物园	31 640	5000
6	海洋所海洋生物标本馆	山东　中国科学院海洋研究所	6657	5955
7	昆明动物所标本馆	云南　中国科学院昆明动物研究所	8215	16 043
8	沈阳应用生态研究所东北生物标本馆	辽宁　中国科学院沈阳应用生态研究所	9460	6800
9	微生物所菌物标本馆	北京　中国科学院微生物研究所	11 532	11 532
10	西高所青藏高原生物标本馆	青海　中国科学院西北高原生物研究所	8500	1700
11	水生所水生生物博物馆	湖北　中国科学院水生生物研究所	20 000	15 000
12	成都生物所两栖爬行动物、植物标本馆	四川　中国科学院成都生物研究所	9600	6175
13	武汉植物园标本馆	湖北　中国科学院武汉植物园	2010	1220
14	古脊椎所标本馆	北京　中国科学院古脊椎动物与古人类研究所	4429	652
15	南海所南海海洋生物标本馆	广东　中国科学院南海海洋研究所	4860	1930
16	西双版纳热带植物园热带植物标本馆	云南　中国科学院西双版纳热带植物园	6739	—
17	新疆生地所标本馆	新疆　中国科学院新疆生态与地理研究所	1200	450
18	南古所南京古生物博物馆	江苏　中国科学院南京地质古生物研究所	—	—

（四）文献情报与出版

1. 文献情报

重点组织开展了《重要国家和国际组织关注的科技与发展重要问题》、《国际科技竞争力研究》、《国家创新体系其他单元发展态势分析》、《世界主要国家创新集群建设的实践》研究；完成《国际科学技术前沿报告 2010》并正式出版；编发跟踪报道领域重大动态和重要战略计划的《科学研究动态监测快报》（半月刊，13 个专辑）312 期，其他动态快报 13 种，共计 160 期，完成专题研究分析报告 107 份，完成《国际重要科技信息专报》73 期，报送院、局领导参阅，若干重要特刊专门呈报国家和有关部门，为中国科学院“创新 2020”战略的实施和宏观战略决策提供基于深度分析的支撑服务。多个情报研究成果获得奖项，“我国能源领域科技创新若干重大问题研究”获国家能源局二等奖。

进一步完善科技文献资源的全院联合建设机制，强化建设全院的公共文献信息服务平台，科技文献保障达到国际先进水平。国家科学图书馆特色分馆建设取得了预期效果，初步树立了研究所新型个性化知识化服务模式的范例。2010 年新增数据库 9 种，新增外文电子全文期刊 1517 种，外文电子会议录约 4000 卷/册，外文电子图书、工具书 3800 卷（册）。全院可获取外文电子期刊 12 870 种，外文会议录约 27 000 卷（册），外文图书、工具书约 30 000 卷（册），中文电子期刊 10 434 种，中文电子图书总量达 32.2 万种。全文下载量达到 3169 万篇，原文传递服务达 7 万余篇，满足率达 95%。

中国科学院成功组织召开了第八次开放获取柏林会议。决定对文献情报领域引进人才于润升（高能物理研究所）、陈恒（上海生命科学研究院）予以择优支持。

2. 科技期刊与图书出版

2010 年，中国科学院科技期刊试点工作成效显现，科技期刊学术水平显著提升。《细胞研究》SCI 最新影响因子已达 8.151，在 JCR 国际同学科 161 种期刊中排名 21 位，首次进入了国际同学科期刊的前 13%。《中国科学》杂志社建立了新型学术管理体系，各辑期刊的稿源质量逐步提高，学术水平和国际影响力逐步增强，发表的论文在 Springer Link 网络发布平台的下载总数连续三年保持快速增长态势。《中国科学：物理学》最新影响因子已达 0.973（2006 年为 0.350）。

2010 年，中国科学院创办了《亚洲两栖爬行动物研究》（英文版）、《地球环境学报》、《科研信息化技术与应用》、《整合动物学》（英文版）等 4 种科技期刊。有 2 种刊物进入 SCI 扩展版，使中国科学院进入 SCI 扩展版的期刊总数达 65 种，占我国的 49.6%。

初步建成并发布了院科技期刊开放获取平台，集中展示、宣传中国科学院 100 余种开放获取期刊。

中国科学院出版单位深化文化体制改革不断深入，成立了北京中科期刊出版发展有限责任公司，并有序推进了大恒电子音像出版社、龙门音像出版社、《科学世界》杂志社的转制工作。

中国科学院决定对期刊出版领域引进人才任胜利（《中国科学》杂志社）、赵云鲜（动物研究所）予以择优支持。

四、科研装备与技术监督

（一）科研装备建设工作

1. 组织编制“十二五”规划

“十二五”期间，中国科学院科研装备等建设工作纳入财政部修缮购置专项资金进行支持。中国科学院根据修缮购置专项资金的要求，结合“创新2020”的总体部署，编制《中国科学院2011—2015年修缮购置工作规划》并上报财政部，为“十二五”期间修缮购置专项的申报工作奠定了基础。并根据中国科学院党组2009年夏季扩大会审议通过的科技支撑系统建设思路，与修购专项规划紧密结合，编制了《中国科学院“十二五”科技支撑系统建设规划》。

中国科学院在《修购专项规划》指导下，经院所两级共同努力，精心组织完成了2011年修缮购置专项资金的申报及争取工作，财政部下达修购专项12亿元。其中，仪器购置和仪器改造经费9.0亿元。大型仪器区域中心共申报6.2亿元，获得支持4.6亿元，占支持总额51%。

2. 深入推进技术支撑系统建设

继续推进所级公共技术服务中心建设工作。2010年，按照成熟一批启动一批的原则，组织专家对33个所级中心进行现场评估，择优支持15个所级公共技术服务中心，全院所级中心的数量达44个。

组织策划2个工艺服务型区域中心的建设工作，为中国科学院仪器设备研制、功能开发、技术改造提供支撑。组织理化技术研究所、物理研究所、高能物理研究所、电子学研究所建设北京机加工服务平台。利用北京中科科仪技术发展有限责任公司在仪器研制方面的技术积累，组建面向全院的仪器研制服务平台。

推进全院大型仪器共享网建设，与研究所管理紧密结合，进一步完善和发展共享服务网络，推进共享网与ARP系统之间的衔接，在试点基础上完成智能卡系统改进，为进一步推广奠定基础。结合院所两级中心建设，加强培训，及时总结开放情况，推动上网仪器的开放共享工作，建成国内最大实验室仪器设备管理和服务系统。

根据《中国科学院技术支撑系统建设实施方案》有关要求，为推动仪器设备新功能、新方法的研究，提高中国科学院大型仪器区域中心和所级公共技术服务中心技术人员的水平，2010年支持院仪器设备功能开发技术创新项目81个，院资助经费2395万元。

3. 推进重大科研装备自主研制

积极组织策划，争取财政部重大科研装备研制项目。2010年，组织完成“大型低温制冷设备”和“9.4T磁共振代谢成像系统”实施方案编制及立项评审等工作，并获得财政部专项经费全额支持，总经费3.43亿元。“十一五”期间总计争取财政部重大科研装备 15 项，财政专项经费 12.5 亿元，已落实经费 10.3 亿元。加强国家重大研制项目过程管理，促进成果产出，会同财政部组织完成“高效能低成本离散模拟超级计算应用系统”研制项目验收工作。

加强院级研制项目的组织工作。继续推进生命科学领域、资源环境科学领域的科研装备研制工作。继续鼓励合作研制。2010 年，全院共受理院级研制项目 241 个，项目总经费约 10.2 亿元，申请院资助约 6.7 亿元；批准 45 个项目，涉及 45 个院属单位，项目总经费 15 718 万元，院资助经费 9808 万元。“十一五”期间，全院总计支持院级研制项目 245 项，院资助专项 4.5 亿元，平均强度 184 万元/项。

（二）技术监督工作

召开中国科学院知识产权管理委员会 2010 年第一次会议。为使中国科学院标准化工作更好地适应建设创新型国家的要求，2010 年上半年在院属有关单位开展关于标准化工作的问卷调查，分析制约中国科学院标准化工作发展的问题，形成“关于促进中国科学院标准化工作发展的方案和建议”。

中国科学院承担的国际、全国专业技术标准化技术委员会（ISO/TC202，微束、声学、超导、纳米、空间、遥感、光电测量）秘书处，根据国家标准化管理委员会的工作部署，继续开展相关领域标准化工作。

“国家计量认证中国科学院评审组”依据国家认证认可监督管理委员会的年度计划，2010 年对中国科学院 1 个检测实验室进行“首次评审”，对 5 个检测实验室进行“持证期内监督评审”。目前，中国科学院共有 21 个检测实验室获得“中国实验室国家认可委员会认可证书”，有 45 个检测实验室获得国家认证认可监督管理委员会颁发的“资质认定计量认证证书”。

“中国质量协会科学技术分会”秘书处在 2010 年期间共举办培训班 16 期，参加人数 939 人次。现有单位会员 60 个（院属单位 46 个，高校 9 个，院内企业 5 个），个人会员 201 名。

科技成果转移转化与院地合作

一、院地合作与科技成果转移转化

2010 年，中国科学院院地合作工作继续以“合作企业满意、地方政府满意、老百姓满意”为标准，充分发挥研究所的主体作用，发挥分院的区域统筹协调作用，扎实推进共建研究所、共建技术转移转化平台建设，创新创业人才培育以及科技副职工作，全院共同努力，院地合作工作取得显著成绩。

（一）院地合作成效显著

2010 年，中国科学院科技成果转移转化使社会企业新增销售收入 2049 亿元，比上年同期增长 46%；新增利税 337 亿元，比上年同期增长 55%（图 1）。

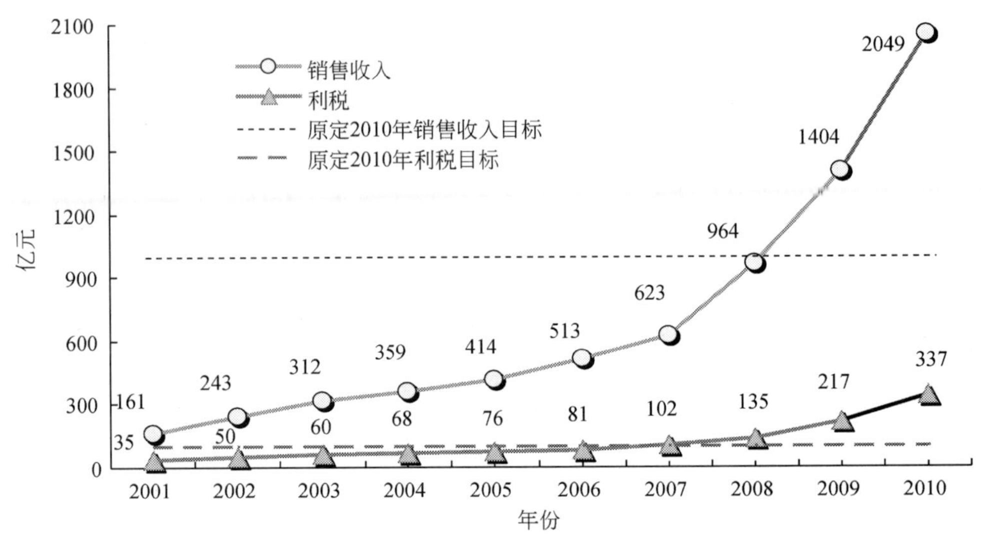

图 1　中国科学院 2001—2010 年科技成果转移转化使社会企业增加销售收入

4 个省 13 个重点城市分别在其 2010 年政府工作报告中肯定了院地合作有关工作。8 个省区来信感谢中国科学院给予的支持和帮助。院属单位 2010 年获院地合作省部级奖 110 项，获省政府部门及地市级人民政府奖 91 项。

（二）编制“十二五”院地合作发展规划

根据“创新 2020”总体部署，结合区域经济与产业发展的实际科技需求，坚持“巩固合作‘阵地’、夯实工作基础、优化体制机制、提升整体效益”的原则，研究编制《中国科学院院地合作发展规划（2011—2015 年）》。规划按照“135”战略布局，即实施“支撑服务国家战略性新兴产业科技行动计划”，巩固夯实环渤海、长三角、珠三角3大重点区域合作与转化网络体系，拓展形成东北、中部、西北、西南、青藏5个区域特色产业技术服务与转化体系。

为贯彻落实《国务院关于加快培育和发展战略性新兴产业的决定》，加快推进科技成果转移转化与规模产业化，促进区域经济社会发展，研究制定了《中国科学院支撑服务国家战略性新兴产业科技行动计划》及《组织实施方案》。

（三）院地高层领导高度重视并大力推动院地合作工作

2010年3月至4月，中国科学院与18个省（市、区）的主要领导举行科技合作座谈会。院地主要领导共同检查2009年院地合作工作进展情况，部署2010年58项重点工作，签署13项专项合作协议。截至2010年底，58项重点工作基本上已完成或正顺利推进。

（四）扎实推进与地方共建研究院所

在积极筹建中国科学院上海高等技术研究院、苏州生物医学工程技术研究所、天津工业生物技术研究所的基础上，2010年正式启动中国科学院海西研究院筹建工作。截至2010年底，4个研究所各项筹建工作取得重大进展，人员总数达635人，已建基础设施24万m^2，争取各类经费近4亿元，申请专利48项，发表论文95篇。

7个已验收共建研究所各项工作取得新成绩。人员规模达4045人，已有中国科学院、中国工程院院士4人，国家杰出青年科学基金获得者7人，“百人计划”90人，“千人计划”10人，申请专利445项，发表论文1060篇，与企业共建研发中心48个，孵化企业29家。经过几年艰苦创业，新建所已经成为当地提升创新能力，转变经济发展方式的重要力量，得到中央和地方政府高度评价。宁波材料技术与工程研究所等5个共建研究所启动并实施二期建设工作。

2010年，胡锦涛、吴邦国、温家宝、贾庆林、习近平、刘延东、薄熙来、王刚等党和国家领导人分别视察了相关新建所，对新建所取得的成绩给予了充分肯定，同时提出了更高要求。

（五）扎实推进科技成果转移转化平台建设

中国科学院在扎实推动现有产业技术创新与育成中心建设的基础上，2010年启动新建了3个产业技术创新与育成中心（表1）。2010年，中国科学院与地方共建的28个育成中心有人员4611人，转移转化项目773项，孵化企业90家。

表1　中国科学院2010年与地方政府共同新建的产业技术创新与育成中心

序　号	中心名称	地　址
1	湖北产业技术创新与育成中心	湖北省武汉市洪山区珞珈山路19号
2	中国物联网研究发展中心（筹）	江苏省无锡市无锡新区菱湖大道200号
3	哈尔滨产业技术创新与育成中心	黑龙江省哈尔滨市松北区松北大道62号

截至2010年底，中国科学院所属研究所与地方政府、企业共建科技成果转移转化组织741个，其中与地方政府共建转移转化平台349个，与企业共建转移转化机构392个。

（六）大力推动科技成果转移转化和院地合作工作

搭建交流平台，有效组织科技成果转移转化。2010年共组织召开各类科技成果展会、对接会和洽谈会68个，转移科技成果838项，合同金额45亿元。共组织、接待地方政府、企业到院属研究所考察、调研和项目洽谈260次，促成合作项目300项 。

与重点地区院地合作各具特色。按照“东、中、西”院地合作战略，在重点地区大力开展各种形式院地合作工作，取得实效。

组织建立院地合作产业化项目储备库，启动实施一批产业化项目。以产业需求牵引为原则组织建立院地合作产业化项目储备库存。截至2010年底储备项目达1000余个，2011年将启动实施300余个。

（七）不断推进人员交流与培养工作

2010年，中国科学院在任科技副职126人，新任科技副职40人，离任科技副职47人。科技副职组织开展了431次院地合作对接活动，为地方引进中国科学院科技成果项目646项，牵头开展科技支农活动148次，科技扶贫活动88次，科普宣传活动213次，因工作突出获地方表彰26人次。

2010年，向地方派遣科技特派员466人。科技特派员采取灵活的工作方式、弹性的工作时间开展对接活动，推动院地合作产生积极成效。

（八）探索“创新2020”院地合作新模式

根据“创新2020”组织实施方案，提出以研究所为源头，以育成中心、分所（研发中心）和各类所级转移转化组织为平台，以“产业需求牵引”为原则，通过组织实施院地共建重大项目、院地合作专项工程、产业化项目、人员交流等方式，着力在重点合作区域构建转化集群。

探索院地合作工作部门与专业部门紧密合作，协力推动院地合作工作、促进科技成果转移转化的工作模式。谨慎外延布局，探索“研究所本部+研发中心”发展模式，不断推动科技服务区域经济社会发展的相关工作。

探索促进区域院地合作工作的机制。结合实际工作情况，探索评价中国科学院开展区域合作的评价方法，并将评价结果与院地合作资源配置相结合，进一步完善院地合作工作价值化的经费预算动态分配与调整机制。

组织院地合作相关力量，选择特点突出的产业集中开展研究所、企业、行业、地方需求的全面调研，了解该产业现状和技术瓶颈，集成中国科学院在该产业各环节的科技成果，并举办专题推荐会推广相关科研成果，为提升我国该产业水平进行了有效探索。

二、经营性国有资产管理及成效

2010 年，中国科学院纳入统计范围的 443 家院所投资企业营业收入 2232.52 亿元，同比增长 28.5%；利润总额 100.04 亿元，同比增长 54.4%；净资产 469.31 亿元，同比增长 33.69%；全院经营性国有资产权益为 167.90 亿元，同比增长 24.9%；营业收入超过 1 亿元的企业有 64 家。院直接投资企业实现营业收入 2004.46 亿元，利润总额 75.45 亿元，净资产达到 193.39 亿元，院属权益 98.92 亿元。截至 2010 年底，院所投资企业中共有 18 家上市公司。

2010 年，国科控股各持股企业（不含联想控股有限公司）申报国家和地方科技项目获批 91 项，项目总经费为 2.77 亿元，其中国家和地方配套资金为 9700 万元。

作为中国科学院“十二五”规划和“创新 2020”的重要内容，国科控股制定完成了五年（2011—2015 年）发展规划纲要；全面实施控股企业动态监管，首批试点单位均已进入战略实施阶段，第二批 7 家动态监管单位基本完成战略规划制定及支撑体系设计；推进实施控股企业“分类管理”，陆续启动 6 家持股企业股改和上市筹备工作，实施 4 家企业整合与重组；积极促进科技成果转移转化和规模产业化，探索资本运营、部署基金投资，截至 2010 年底，国科控股参与投资的基金共 9 支，基金总规模达 155.5 亿元，其中为配合院地合作整体布局，国科控股作为主要发起人在江苏、上海、广东三个院地合作重点区域设立了 3 支创业投资基金；采取多项措施，全力推动研究所加快清理不良企业和推进企业社会化改革，截至 2010 年底，全院清理不良企业工作完成 70%，企业社会化改革完成 80%；完成 8 家上市公司规范行使股东权利专项巡查；完成院所投资的国有及国有控股企业“小金库”专项治理工作；解决转制企业离退休待遇差和京外 8 家转制企业住房补贴等一系列历史遗留问题，确保了控股企业尤其是研究所转制企业的稳定，为企业改革发展解除了后顾之忧。

2010 年中国科学院联想学院培训规模迅速扩大，以联想之星班为带动，衔接实训班、研修班、高级班、公司治理班等共举办培训班 11 期，培训学员 546 人；举办联想之星创业大讲堂 2 次，培训人数 3000 人。探索出人才、项目、资本、市场“四位一体”和培育人才、考察项目、投资孵化“三结合”的创新办学模式；联想之星班一期学员徐科荣获 2010 年科协求是杰出青年成果转化奖，二期共有 31 名学员结业，有 8 个学员项目（包括 5 个中国科学院直属单位项目）获得联想之星天使投资，总金额 6520 万元。联想学院为中国科学院和社会培养了一批高技术创新和创业人才，产生了积极的社会影响，初步树立了良好的品牌形象。

国际合作与港澳台工作

2010 年，中国科学院继续深化国际科技合作，努力开展全方位、多层次、高水平的双边与多边国际科技交流，通过深化国际合作规划与战略研究谋划未来持续发展，通过国际人才引进与交流构建合作创新队伍，通过策划国际合作重大项目促进战略性先导科技专项开展，通过完善协调协作机制提升综合管理水平，全院国际合作工作成效显著。

一、巩固国际合作战略伙伴关系

全年出访 11 972 人次，来访 18 814 人次，举办多边和双边国际学术会议 393 个，新签、续签院级国际合作协议 21 个（表 1），审批通过重点对外合作项目 19 个。

表 1　中国科学院 2010 年新签、续签国际合作协议

序　号	协议名称	签署时间	签署地点
1	中国科学院与沙特阿卜杜拉·阿齐兹国王科技城关于共建基因组联合研究中心的谅解备忘录	2010. 1. 17	利雅得
2	中国科学院与沙特阿卜杜拉·阿齐兹国王科技城谅解备忘录	2010. 1. 17	利雅得
3	中国科学院与英国兰卡斯特大学合作谅解备忘录	2010. 1. 19	兰卡斯特
4	中国科学院与英国诺丁汉大学合作谅解备忘录	2010. 1. 20	诺丁汉
5	中国科学院与日本新能源与产业开发机构所签订的意向书	2010. 2. 24	川崎
6	中国科学院与日本东京大学续签谅解备忘录（续签）	2010. 4. 16	东京
7	中国科学院与韩国科学技术研究院续签谅解备忘录（续签）	2010. 4. 26	首尔
8	中国科学院与瑞典卡若琳斯卡医学院执行协议	2010. 4. 17	斯德哥尔摩
9	中国科学院与南非科学院谅解备忘录	2010. 5. 24	比勒陀利亚
10	国家外国专家局中国科学院关于引进国外智力为大科学工程服务的合作框架协议	2010. 6. 30	北京
11	中国科学院与澳大利亚联邦科工组织战略合作备忘录	2010. 8. 10	北京
12	中华人民共和国科技部和美国能源部关于中美化石能议定书的附件六先进煤基能源系统研发与模拟合作	2010. 8. 25	旧金山
13	中国科学院与联合国环境规划署谅解备忘录	2010. 8. 25	肯尼亚内罗比
14	中国科学院与马普学会关于上海计算生物学伙伴研究所的合作协议	2010. 9. 13	慕尼黑
15	中国科学院与挪威科技大学合作谅解备忘录	2010. 9. 15	特隆赫姆
16	中国科学院与瑞士科学院、瑞士工程院谅解备忘录	2010. 9. 17	函签
17	中国科学院与比利时核研究中心谅解备忘录	2010. 10. 6	布鲁塞尔
18	中国科学院与奥地利科学院合作谅解备忘录	2010. 10	函签
19	中国科学院与美国商务部国家标准技术研究院合作议定书	2010. 11. 10	马里兰州盖瑟斯堡
20	中国科学院与悉尼大学谅解备忘录	2010. 11. 16	悉尼
21	中国科学院与瑞士洛桑高工合作谅解备忘录	2010. 11. 17	洛桑

二、高层国际战略调研和重大国际交流活动频繁

围绕“创新2020”启动、战略性先导科技专项策划和重大科技基础设施筹划，组织系列国际战略调研，在能源、海洋、空间、农业、环境等领域与美国、欧洲、俄罗斯、日本、澳大利亚等国著名科研机构、大学和企业进行高层交流，汲取国外先进科学思想和先进管理理念，推进全方位实质性合作。全年共安排高层战略调研和交流活动130余次，组织高层国际研讨会20个，为“十二五”期间科技创新的开展进行良好铺垫。

三、国际合作交流人才计划深入推进

三位外国科学家获得2010年度中国科学院国际科技合作奖，中国科学院推荐的三位外国科学家获2010年度中华人民共和国友谊奖和国际科技合作奖。2010年邀请20位爱因斯坦讲席教授来中国科学院进行学术交流与短期工作访问，聘用201位优秀高级外籍科学家为中国科学院外国专家特聘研究员，85位来自不同国家的青年博士获得“外籍青年科学家计划”资助，与世界科技发达国家著名科学家之间的实质性合作越来越紧密。刘延东国务委员在会见中国科学院外国科学家代表时发表重要讲话，希望“不断总结经验，完善机制，扎实推进，使之成为具有示范意义和国际影响的科技合作与交流计划”。与德国马普学会、法国科研中心等欧洲研究机构联合培养研究生78人。

四、与科技发达国家实质合作进一步加强

与荷兰、挪威、英国、澳大利亚等国家科研机构加强项目合作。与英国研究理事会联合支持5个合作项目，与澳大利亚联邦科工组织联合支持3个重点合作项目。与美国能源部达成能源领域合作意向。按照前瞻性、交叉性、战略性及平台作用等原则，全年新支持19项对外科技合作重点项目（表2）。与科学技术部共同支持一批重大合作项目。与国家外专局签署《关于引进国外智力为大科学装置服务合作框架协议书》。与国家自然科学基金委员会“外籍青年学者研究基金”计划形成良好衔接。

表2 中国科学院2010年重点资助的对外科技合作项目

序 号	项目名称	承担单位	合作单位
1	帕米尔－天山构造结抬升过程及其环境构造意义	青藏高原所	塔吉克斯坦科学院地质研究所
2	中非荒漠化防止技术合作研究与示范	新疆生地所	利比亚国家沙漠治理委员会
3	埃及农业环境遥感监测系统	遥感所	埃及国家遥感与空间科学局
4	利用羊八井中日合作实验观测100Tev能区X射线	高能所	日本东京大学宇宙线研究所
5	果蝇视觉神经环路信息处理与储存的遗传调控机制	生物物理所	昆士兰大学脑研究所

续表

序　号	项目名称	承担单位	合作单位
6	东北亚草原植被适应性研究	植物所	蒙古科学院植物研究所
7	高温超导器件研制	物理所	乌克兰科学院无线电物理和电子学研究所
8	黄河与莱茵河三角洲海水入侵的检测与模拟研究：海平面及水文情势变化对生态和农业影响	地理所	荷兰代尔夫特理工大学
9	大型浅水富营养化湖泊太湖浮游植物、细菌、浮游动物间碳、氮流的研究	南京地湖所	荷兰乌特列支大学 荷兰皇家科学院生态研究所
10	渭河流域水环境问题综合治理对策研究	水保所	荷兰瓦赫宁根大学
11	与水共处的治水方略：全球气候变化和海平面上升条件下珠江三角洲地区土地利用与水系统适应性管理研究	地理所	荷兰瓦赫宁根大学与研究中心
12	蒙古高原动物物种多样性研究	动物所	蒙古植物保护研究所
13	合成气经二甲醚制汽柴油关键技术研发	青岛能源所	澳大利亚西澳大学
14	新型铌镁钛酸铅（PMNT）铁电光学陶瓷及其电控光学器件研究	上海硅酸盐所	俄罗斯科学院约飞物理技术所
15	中国参与建设国际三十米光学－红外望远镜计划预研	国家天文台	加州大学、加州理工学院、加拿大大学联合体
16	马普 Khaitovich 青年科学家小组	中国科学院－马普学会计算生物学伙伴研究所	马普进化人类学研究所
17	马普 Grater 青年科学家小组		马普生物物理化学研究所
18	马普朱新广青年科学家小组		马普分子植物生理学研究所
19	马普严军青年科学家小组		马普生物物理化学研究所

五、在重要国际科技组织发挥更重要作用

亚洲地区首个国科联大型国际计划办公室“灾害风险综合研究计划国际项目办公室”在中国科学院对地观测与数字地球科学中心揭牌。中国科学院发起的“第三极环境国际计划”被联合国教科文组织（UNESCO）和国际环境问题科学委员会（SCOPE）共同列为旗舰科学计划。中国科学院发起的“西北太平洋海洋环流与气候试验”经气候变化与可预报性国际科学组织批准成为国际合作计划。

举办了“第三世界妇女科学组织第四届全体大会”，中共中央政治局常委、中央书记处书记、国家副主席习近平出席大会开幕式并发表重要讲话。方新、郭华东、吴季同志分别当选第三世界妇女科学组织主席、国际科技数据委员会主席和国际空间研究委员会副主席。2010 年国科联相关委员会改选，中方新当选 4 人，其中中国科学院推荐的科学家当选 3 人。中国科学院在亚洲科学院协会发布的首份跨学科战略咨询报告《迈向可持续的亚洲：绿色转型与创新》形成中发挥重要作用。中国科学院成功举办首届“国际组织任职及后备人员高级培训班”。在发展中国家科学院（原第三世界科学院，

TWAS）第二十一届院士大会上，18 名中国大陆及香港、台湾地区学者当选发展中国家科学院院士，其中包括六位中国科学院科学家。

六、与发展中国家、周边国家交流合作逐步深入

中国科学院高级代表团访问非洲、南美、东南亚、中东等地区和印度等发展中国家，古巴、越南、柬埔寨等国政要和高层政府官员访问中国科学院，促进了生物多样性、矿产资源、基因组研究等方面科技合作。10 名中亚国家青年学者纳入“新疆地区周边科技人才引进计划”。“首届上海合作组织国家科学院青年科学家暑期培训班”成功举办。“中国科学院－发展中国家奖学金计划”深入实施，47 名发展中国家青年学者到中国科学院学习、工作和访问。与发展中国家合作的重点项目得到相关国家和机构的积极响应。

七、国际合作战略政策研究等获显著进展

完成知识创新工程国际科技合作专项评估与总结，制定《中国科学院“十二五”国际合作发展规划》。首次发布《2010 年度中国科学院国际科技合作述评》，印发《关于加强生物与资环领域国际科技合作管理工作的指导意见》。

与外国科研机构和国际组织建立联合战略研究机制，应对国际热点问题，开展国别、区域和领域战略研究，撰写一批重要报告，为高层领导参与重要国际活动以及国家有关部门提供决策支持。

境外宣传工作和国际合作信息化工作有效推进，形成系列配套对外宣传刊物和材料，加强对英文网站建设的指导与培训。ARP 国际合作系统和国际会议服务平台在全院范围上线使用，国际合作信息化工作取得重要进展。

八、一批长期合作科学家获中科院和国家国际科技合作奖

经中国科学院推荐，2009 年度“中国科学院国际科技合作奖”获得者德国马普天体物理研究所格哈德·伯纳教授、美国密苏里植物园园长彼得·雷文博士、国际空间科学研究所所长罗格·博奈教授，获得 2010 年度中华人民共和国“友谊奖”；其中，格哈德·伯纳教授和罗格·博奈教授还获得 2010 年度中华人民共和国“国际科技合作奖”。岩本爱吉、斯蒂芬·波特、逯高清三位外国科学家获得 2010 年度“中国科学院国际合作奖”。

岩本爱吉是日本东京大学医科学研究所教授，一直在内科感染症和微生物学的领域从事基础研究和临床研究，取得了一系列以 HIV 感染症为主的研究成果。斯蒂芬·波特是美国华盛顿大学第四纪研究中心教授，第四纪科学国际知名专家，曾任国际第四纪联合会主席、副主席及《第四纪研究》杂志主编，2007 年中国科学院“爱因斯坦讲席教授”获得者。逯高清教授是澳大利亚昆士兰大学副校长、纳米技术首席教授，纳米多

孔材料吸附与催化领域国际知名学者，澳大利亚工程院史上最年轻院士，现任该院董事会董事。

九、与港澳台地区科技合作与交流不断加强

推动与港澳台地区的交流与合作。加强与香港主要大学和裘槎基金的合作，联合支持 2 个重大合作项目。积极吸引香港科学家参与中国科学院大科学工程的合作，不断完善联合实验室、院士交流、专题讲座、学术研讨等合作机制，推动长期、互利、实质性合作。与台湾地区建立高层互访机制，开拓通畅联络渠道，以学术会议为平台，扩大两岸交流，特别是青年学者的交流。

基本设施建设

一、基本建设立项审批

2010 年，中国科学院批复项目建议书 12 项，总建筑面积 25.81 万 m^2，总投资 10.25 亿元，投资均由研究所多渠道筹措资金。

2010 年，中国科学院批复建设项目可行性研究报告 34 项，总建筑面积 34.95 万 m^2，其中新建面积 32.99 万 m^2、改造面积 1.96 万 m^2；总投资 16.53 亿元，其中国家及院投资 0.81 亿元、研究所多渠道筹措资金 15.72 亿元。

2010 年，中国科学院批复建设项目初步设计及概算 31 项，总建筑面积 15.4 万 m^2，其中新建面积 10.4 万 m^2、改造面积 5 万 m^2；总投资 6.8 亿元，其中国家及院投资 3.9 亿元、研究所多渠道筹措资金 2.9 亿元。中国科学院“十一五”需报国家审批的 72 个项目（186 个子项目），初步设计及概算全部通过国家审批。

二、“十二五”建设规划制定及财政部修改专项

2010 年，中国科学院编制完成“十二五”基建规划实施方案，分别向具体负责部门进行了汇报和征求意见。

2010 年，中国科学院编制完成 5 年修购专项规划工作并上报财政部，其中上报的 2011 年 65 个项目中，52 项得到财政修购专项支持，财政部安排预算经费额度为 30 078 万元。

三、基本建设投资计划

2010 年，中国科学院编制年度基本建设投资计划 6 批，涉及建设单位 91 个，建设项目 156 项。共计安排资金 26.61 亿元，其中 2010 年预算 20.83 亿元、往年结转预算 0.12 亿元、院投资 1.09 亿元、自筹 4.57 亿元。

四、基本建设投资完成

2010 年，中国科学院基本建设完成投资 45.67 亿元，其中国家拨款资金 29.21 亿元、院投资 2.22 亿元、自筹资金 14.24 亿元。

完成的国家拨款资金中，包括科教基础设施改造建设项目投资 16.36 亿元、大科学工程专项投资 5.59 亿元、引进人才项目投资 0.39 亿元、其他专项（含产业化等）投资 6.87 亿元。

完成的院投资中，包括科教基础设施改造建设项目投资 0.93 亿元、标本馆专项投

资0.04亿元，其他专项（含产业化等）投资1.25亿元。

五、工程建设及完成情况

2010年，中国科学院新开工项目21项，总建筑面积37.41万 m^2，其中新建面积37.03万 m^2、改造面积0.38万 m^2，总投资15.68亿元，其中国家投资6.46亿元、院所自筹9.22亿元。

2010年，中国科学院新竣工项目40项，总建筑面积52.21万 m^2，其中新建面积44.08万 m^2、改造面积8.13万 m^2。总投资20.14亿元，其中国家投资12.02亿元、院所自筹8.12亿元。

六、工程验收情况

2010年，中国科学院组织完成北京、上海、沈阳、成都、西安等6个地区14个建设单位21个基本建设项目验收工作。其中国家发展改革委专项1项，创新二期项目4项，创新一期项目1项，院投资项目4项，地震灾后重建专项和产业化等其他项目11项。

科学传播与科学普及

2010 年，“科学与中国”院士专家巡讲团活动创立“科学讲坛”的新形式，并以科学发展观为主题到国家行政学院开展巡讲，注重与地方和部门需求结合，丰富巡讲活动内涵，进一步扩大了影响。中国科学院积极参加全国科技活动周，成功组织“中国科学院第六届公众科学日”和全国科普日北京主场活动，与相关部委联合组织“院士专家科技老区行”活动；与科学技术部、中国科学技术协会和北京市等一起，开展科普工作的合作和协作；积极开展青少年科学教育活动，受益面广、效果好。

一、组织“科学与中国”院士专家巡讲团活动

2010 年“科学与中国”院士专家巡讲团活动注重与地方和部门需求结合，创立新的活动形式，丰富巡讲活动内涵，进一步扩大了影响。截至 2010 年 12 月底，“科学与中国”院士专家巡讲团共组织巡讲报告会 73 场，院士专家作报告 81 人次，巡讲团足迹遍及北京、上海、辽宁、山东、安徽、江苏、浙江、福建、云南、广东、广西、内蒙古等 12 个省（区、市），会场直接听众约 2.6 万人，编发工作简报 40 期。

（一）创立“科学讲坛”，探索巡讲新形式

为进一步弘扬科学精神，在全社会营造良好科学氛围，打造科普宣传阵地和扩大社会影响，按照陈祖煜、杨卫等院士的倡议，中国科学院学部科普和出版工作委员会与中国科学技术馆合作创办“科学讲坛”，定期举办系列科普讲座。

“科学讲坛”依托“科学与中国”院士专家巡讲团，由中国科学院院士工作局、中国科学技术协会学术学会部、中国科学技术馆、中国科协科学技术普及部等四家单位共同承办，以弘扬科学精神、宣传科学文化、提高科学素质、打造科普品牌作为活动宗旨，充分利用院士、专家、学者知识传播者与国家级知名科普教育设施相结合形成优质的科普资源，吸引社会各方面听众，广泛传播科学知识。

2010 年 6 月 20 日，“科学与中国”院士专家巡讲团“科学讲坛”活动启动仪式暨首场讲座在中国科学技术馆隆重举行，随后举办了“科学讲坛”首场报告会。天体化学家和地球化学家欧阳自远院士向 400 余名听众作了题为“月球探测的形势与中国的嫦娥工程”的报告。“科学讲坛”承办单位还利用国际合作渠道，邀请包括诺贝尔奖获得者在内的外国科学家作科普演讲，扩大了社会影响。

截至 2010 年底，“科学讲坛”活动共举办讲座 26 期，院士、专家作报告 29 人次，现场听众共计 5000 余人。“科学讲坛”发挥了优质科普资源相结合的要求，每周一次的讲座广泛吸引了社会公众，进一步扩大了社会影响和品牌效应，呈现了良好的发展态势。

（二）以科学发展观为主题，在国家行政学院开展巡讲活动

领导干部的科学素质水平不仅直接影响到决策的科学化、民主化和科学执政、科学

管理，对全民提高科学素质也有着示范效应。2010年，“科学与中国”院士专家巡讲团在国家行政学院举办报告会，陈懋章、欧阳自远、徐建中院士为来自中央国家机关以及各省市党政机关的厅局级和县处级领导干部作了题为“中国的大飞机一定能飞上蓝天”、“空间探测与中国的嫦娥工程”和“发展低碳技术，占领能源科技制高点”的报告。报告以科技发展趋势及前沿、新技术和科技新进展为主要内容，对促进各级领导干部的创新意识、提高其科学素质起到积极作用。

（三）宣传正确健康理念，在公众中树立科学养生观

养生是社会公众普遍关心的问题。如何正确看待养生热潮？如何引导公众进行科学的养生医疗保健？这是科学家关注的问题。2010年8月10日，无机化学家王夔院士受邀在中国科学院国家科学图书馆作题为“食物成分与化学防癌”的报告，来自中科院院机关、京区各院所以及中国原子能科学研究院的老年离退休干部、中关村周边社区的居民等300余人聆听报告。由院士宣讲医病知识，引导公众树立科学养生观，深受社会欢迎。

（四）面向各地需求，积极组织点面结合的巡讲活动

2010年，“科学与中国”院士专家巡讲团面向各地需求，积极组织巡讲报告会30场，31位院士、专家作报告。

巡讲团心系少数民族，赴云南边远地区作报告。陈运泰院士在云南省勐腊县勐仑中学以图文并茂的精彩报告普及地震及相关防震减灾知识，让边疆少数民族地区的中学生领略了科学家的风采，在当地产生了重要影响。为深入学习贯彻科学发展观，促进节能减排方针的实施，巡讲团组织何祚庥、张杰等院士于4月下旬到顺德开展“院士行”活动，为广东省顺德市的新能源和环保产业发展建言献策。巡讲团结合国内重要活动积极开展活动，组织“相约名人堂——与院士一起看世博”院士报告会；为提升学术氛围，促进学术交流，举办第七届沈阳科学学术年会“科学与中国”院士系列报告会和鞍山市第三届学术年会院士报告会；荟萃科普产品，烘托科普氛围，结合第四届中国（芜湖）科普产品博览会，举办“科学与中国”（芜湖）院士报告会；充分发挥院士资源，各学部积极组织开展科普活动；同时巡讲团还积极组织两院资深院士与中学生“面对面”对话活动。这些巡讲活动，都受到听众热烈欢迎。

二、重大活动

2010年5月15—22日，中国科学院科研院所响应科技部、中宣部、中国科协关于举办2010年全国科技活动周的号召，积极参加全国科技周活动，配合地方政府开展公益性科普活动。

5月15—16日，以“科技创新促进经济发展方式转变”为主题的“中国科学院第六届公众科学日”活动在中国科学院分布于全国各地的90余个研究所展开。本届科学日围绕“携手建设创新型国家”的主题，重点突出自主创新、科技促进经济发展方式转变，注

重科技惠及群众，力在争取提高公众创新意识，深入实践中国科学院“科技创新为民”理念。通过举办科普讲座报告会、参观实验室、动手实验、科普展览、科普影视、科学考察、科普互动游戏、科学家与公众面对面互动等活动，吸引公众特别是青少年参加。包括32位院士在内的970余名科学家、1000多名科普工作者、2500名科普志愿者参加这次大规模科学普及活动，共举办211场科普报告，接待公众30余万人次，取得良好社会效果。

5月15—22日，举办了“中国科学院植物园日”和“中国科学院博物馆日”，丰富多样的科普活动免费对中小学生开放。

9月18—24日，全国科普日北京主场活动在中国科学院奥运村科技园举行。全国科普日活动由中国科学院、中国科协和北京市人民政府联合举办，以“节约能源资源，保护生态环境，保障安全健康”为主线。中国科学院承担了主题为“坚持科学发展，走近低碳生活”北京主场活动。活动期间，中国科学院微生物研究所、动物研究所、地理科学与资源研究所、国家天文台、遥感应用研究所、遗传与发育生物学研究所、生物物理研究所、心理研究所对公众开放，接待社会各界人士5万余人次。中国科学院还重点负责“科学探索”区的规划布置和活动安排，期间共开放6个国家重点实验室、6个科普展厅，国家动物博物馆在科普日6天时间里免费向公众开放。9月18日上午，习近平、王兆国、刘云山、刘延东、李源潮、韩启德等党和国家领导同志先后参加活动，分别视察和参加了在微生物研究所、遥感应用研究所组织的活动。

1月17—22日，中国科学院与中宣部、科技部联合组织“院士专家科技老区行”活动。宣讲团赴浙江省磐安县革命老区，结合当地社会经济发展需求，开展科技宣讲和科技支持经济发展的送科技活动，并考察了当地的高新技术产业和医药产业、农林花卉及生态建设等；通过举办科技讲座、科技咨询会、高新技术企业现场考察咨询、科技合作等，为地方经济社会发展出谋划策，提供支持。此次活动后，院士专家还陆续为当地提供了丰产水稻、花卉新品种和电子、医药新技术等。

三、与部委和地方合作

中国科学院承担科技部《国家“十二五”科普发展规划》研究起草工作以及《国家科技计划科普化模式研究》项目；承担中国科协《国家重大科技项目的科普现状和管理对策研究》项目；继续与北京市科委合作开展《中国科学院京区高端科技资源科普化能力建设》项目，北京市投入资金400万元，在中国科学院北京奥运村科技园和中关村打造科学教育平台；主动与北京市科协合作，组建中科院老专家咨询团，积极引导老同志为北京市发展建言献策，目前团员总数109人，涵盖资源、环境、生态和信息等11个学科专业，上报专家建议102份。

四、开展青少年科学教育

中国科学院老科学家科普演讲团活动开展多年，取得很好的社会影响。2010年中国科学院老科学家科普演讲团、科普论坛等6个报告团开展科普报告1537场，听众52万余人次，包括大、中、小学生，教师，各级领导干部和公务员等。科普活动遍及北京、黑龙江、新疆等22个省、区、市。组建了以中国科学院老专家为基础，大学、部队院校的优秀老教授为补充的武汉科学家科普演讲团，通过老科学家科普演讲团的认真指导，在“武汉市百万市民学科学——院士专家进校园”活动中受到听众高度评价。

中国科学院与北京市青少年科技俱乐部共同举办青少年科技实践活动。举办“科研实践进所活动”相关活动3场，涉及师生近300人；参加“科研实践”活动评议会的学生35人，涉及31个项目，12个学科；科学名家讲座11场，3000余名青少年参加；外出科学考察活动和国际交流活动共6场，涉及师生84人；校园科普活动3场，涉及师生近300人，27所基地学校；组织科技文化沙龙活动3场，200余名基地校师生参与；举办生物教师培训3场，参与教师100余人；2010年时值华罗庚先生诞辰100周年，俱乐部应邀组织基地学校爱好应用数学的近40名师生参加纪念大会；“科学家进校园活动”全年组织100余场次，涉及科学家20余位，受益师生近30 000人，涉及10个区县约90余所中小学校，等等。

为体现党和国家对西部地区青少年科学教育的重视和关心，使我国西部地区青少年有机会接触科学和科学研究，培养青少年对科学的了解和热爱，中国科学院与中国科协2010年1月和7月共同举办首届“中国西部青少年科学营”活动，组织四川、甘肃省贫困地区品学兼优的高中生来中国科学院北京、成都和兰州有关研究所，参加为期各两周的科学实践活动。参加活动的学生大多是第一次走进科研院所，接触科学研究，学习科学，感触很深；很多学生表示，今后要努力学习，考上大学并从事自然科学的学习和研究。活动结束后，带领学生学习的导师继续和学生保持着联系和指导。导师反映，这些学生的学习和理解能力较强，有培养前途，乐于为这些优秀学生的成长起到促进作用。

参与北京市教委青少年“雏鹰计划”和“翱翔计划”，利用中国科学院实验平台为北京市青少年提供科学教育和学习平台。中国科学院京区20多个研究所和50多位科研人员参加。在科研导师和学校的共同培养下，受益学校50多个，参加学生6000余人。

中国科学院2010年大事记

一　月

1.4—8　在京召开中国科学院党组2009年冬季扩大会议。会议认真学习了十七届四中全会、中央经济工作会议精神和中央领导同志在中国科学院建院60周年之际的重要指示精神，深入研究了2010年的重大创新工作安排，研究了进一步加强党建与领导班子建设的思路和举措。

1.11　国家科学技术奖励大会在京举行。中国科学院院士谷超豪和孙家栋获2009年度国家最高科学技术奖。作为第一完成人或完成单位，中国科学院获2009年国家科技奖29项，中国科学院植物研究所、华南植物园和昆明植物研究所等单位完成的“《中国植物志》的编研”获全国唯一自然科学一等奖。中国科学院推荐的美国光学和凝聚态物理专家沈元壤（Yuen-Ron Shen）、日本专家有马朗人（Arima Akito）、法国化工专家石·米歇尔（Michel Che）获2009年国家科技合作奖。

1.13　第十一届中国青年科技奖在京揭晓，中国科学院南海海洋研究所研究员王晓东等20位青年专家获奖。

1.15　中共中央政治局常委、全国人大常委会委员长吴邦国在江苏省委书记、省人大常委会主任梁保华，江苏省委常委、苏州市委书记蒋宏坤等陪同下视察中国科学院苏州纳米技术与纳米仿生研究所。

1.15　国际科学院组织（IAP）全体大会在伦敦召开，中国科学院高票当选执委会成员。

1.16　中共中央总书记、国家主席胡锦涛视察上海光源工程，详细了解这一科学工程的建设、运行和为科学实验提供服务的情况。中共中央政治局委员、上海市委书记俞正声，中共中央政治局委员、国务院副总理王岐山，中共中央书记处书记、中央办公厅主任令计划，中共中央书记处书记、中央政策研究室主任王沪宁等陪同视察。

1.19　我国迄今最大的国家重大科学工程——上海光源顺利通过国家验收，标志着这个性能指标达世界一流的中能第三代同步辐射光源，历经10年立项和52个月紧张建设，已全面、优质、按期完成工程建设任务，可正式对国内外各学科领域科研用户开放。

1.21　第六届中国科学院学部主席团第六次会议在京举行。全国人大常委会副委员长、中国科学院院长、学部主席团执行主席路甬祥主持会议。会议审议了关于《2009年中国科学院院士增选和外籍院士选举工作总结和有关建议》的报告；审议了关于《中国科学院第十五次院士大会筹备工作总体方案》的报告；审议通过了关于第六届中国科学院学部主席团执行委员会秘书长人选调整的建议。

1. 25—27　在京召开中国科学院2010年度工作会议。会议主题是：以邓小平理论和“三个代表”重要思想为指导，认真贯彻落实科学发展观，认真学习贯彻十七大、十七届四中全会、中央经济工作会议精神，学习中央领导同志在建国60周年和建院60周年时的重要讲话和指示，贯彻落实院党组冬季扩大会议精神。总结2009年工作，部署2010年工作，重点部署“十二五”规划工作和试点启动“创新2020”工作。会议期间颁发了2009年“中国科学院杰出科技成就奖”和“中国科学院国际科技合作奖”。

1. 25　人力资源和社会保障部公布2009年“新世纪百千万人才工程”国家级人选名单，中国科学院共129位青年专家入选，占全国入选人数16%。

1. 28—2. 1　中共中央政治局常委、全国人大常委会委员长吴邦国在中共中央政治局委员、上海市委书记俞正声等陪同下在上海调研，调研期间视察了中国科学院上海硅酸盐研究所、上海光源和上海微系统与信息技术研究所，中国科学院副院长江绵恒陪同视察。

二　月

2. 11　向国务院呈送《中国科学院关于呈送〈我国工业节能现状调研和对策〉的报告》（科发学部字〔2010〕8号）

2. 19　中国科学院资深院士、中国共产党优秀党员、中国民主同盟盟员、著名地质学家、原长春地质学院院长、北京大学地球与空间科学学院教授董申保因病在京逝世，享年93岁。

2. 24　中国科学院资深院士、著名昆虫学家、中国科学院动物所研究员张广学因病在京逝世，享年89岁。

2. 25　全国政协委员、中国科学院研究生院教授杨佳获全国妇联授予“全国三八红旗手标兵”荣誉称号。

三　月

3. 5　《科学》（*Science*）杂志第327卷第5970期发表中国科学院遗传与发育生物学研究所杨崇林研究组关于凋亡细胞清除过程中吞噬受体的调控机制最新成果。

3.7　中国科学院副院长施尔畏与天津市委常委、市委教育工委书记苟利军签署共建“中国科学院天津工业生物技术研究所”补充协议。中共中央政治局委员、天津市委书记张高丽，全国人大常委会副委员长、中国科学院院长路甬祥出席签字仪式。

3.8　在京召开中国科学院与内蒙古自治区全面科技合作座谈会，双方签署新一轮全面科技合作协议。全国人大常委会副委员长、中国科学院院长路甬祥，内蒙古自治区党委书记胡春华等领导出席签字仪式并为中国科学院内蒙古草业研究中心揭牌。

3.9　中组部公布2009年度第二批“千人计划”入选者名单，中国科学院共26人入选。

3.12　中国科学院、铁道部就高速列车和重载机车研制中的重大科技需求和资源调配举行会谈，中国科学院常务副院长白春礼、副院长詹文龙、铁道部副总工程师张曙光等出席会议。这是中国科学院参与高速铁路自主创新工作以来，与铁路行业最高层次、最宽领域的交流与对接。

3.15　印发《中共中国科学院党组关于加强党的基层组织建设的指导意见》（科发党字〔2010〕5号）。

3.26　中国科学院联合中国气象局、国家自然科学基金委员会、中国科学技术协会、浙江大学、上海科技教育出版社等单位在京举行纪念竺可桢先生诞辰120周年座谈会，全国人大常委会副委员长、中国科学院院长路甬祥，中国气象局局长郑国光，国家自然科学基金委员会主任陈宜瑜等出席并作报告。

3.26　由中国科学院主办的“中国科学院生物产业科技创新联盟大会”在苏州召开，中国科学院副院长李家洋出席开幕式并致辞。27个企业签约加盟中国科学院生物产业科技创新联盟。

3.26　全国政协副主席、科技部部长万钢视察上海光源，上海市科委主任寿子琪，中国科学院上海分院党组书记、常务副院长华仁长，中国科学院上海应用物理研究所所长、党委书记赵振堂等陪同视察。

3.30　欧洲大型强子对撞机（LHC）实施总能量达7万亿电子伏特的质子束流对撞成功，中国科学院高能物理研究所参与了所有四个探测器的建造和实验。

3.31　国务院总理温家宝主持召开国务院第105次常务会议，听取了中国科学院关于实施知识创新工程进展情况的汇报，充分肯定了知识创新工程实施13年来取得的进展和成绩，决定2011年至2020年继续深入实施知识创新工程，以解决关系国家全局和长远发展的基础性、战略性、前瞻性的重大科技问题为着力点，重点突破带动技术革命、促进产业振兴的前沿科学问题，突破提高人民群众健康水平、保障改善民生以及生态和环境保护等重大公益性科技问题，突破增强国际竞争力、维护国家安全的战略高技术问题。

3.31　中国科学院党组召开专题会议，传达学习国务院第105次常务会议精神，研究部署“创新2020”组织实施工作。

四　月

4.1　中共中央政治局委员、广东省委书记汪洋视察中国科学院华南植物园，广东省委常委、秘书长徐少华，省政府副秘书长、广州分院院长、广东省科学院院长陈勇等陪同视察。

4.1　中关村示范区北部聚集区重大产业化项目集中开工仪式暨中关村发展集团成立大会召开，中共中央政治局委员、北京市委书记刘淇，全国人大常委会副委员长、中国科学院院长路甬祥等领导出席大会，并为北部聚集区重大产业化项目奠基，刘淇、路甬祥等领导为中关村发展集团揭牌。

4.1　中国科学院与中国国电集团在京签署全面战略合作协议，中国科学院院长、党组书记路甬祥，副院长李静海、丁仲礼，中国国电集团总经理、党组副书记朱永芃，中国国电集团党组书记、副总经理乔保平，中国国电集团副总经理高嵩、张成杰出席签字仪式。李静海副院长、朱永芃总经理分别代表双方在协议上签字。根据协议，双方将本着“面向未来、务实合作、平等互利、优势互补、共同发展”的原则，重点在新能源开发、传统火电厂节能减排、新一代煤炭低碳排放高效综合利用、储能技术等四大专业领域合作开展相关理论、实用性技术和前瞻性领域研究。

4.6　中国科学院资深院士、著名物理学家、中国民主同盟盟员、南京大学物理学院教授魏荣爵因病在南京逝世，享年94岁。

4.12　在温家宝总理和丹麦首相拉尔斯·拉斯穆森的共同见证下，中国科学院常务副院长兼研究生院院长白春礼与丹麦科技创新部部长Charlotte Sahl-Madsen、丹麦高校联盟主席Jens Oddershede在人民大会堂签署《中国科学院研究生院中国－丹麦科研教育中心合作伙伴协议》和《中国科学院研究生院雁栖湖园区中国－丹麦科研教育中心建设、维护和运行协议》。

4.13　中共中央政治局常委、全国人大常委会委员长吴邦国视察中国科学院长春光学精密机械与物理研究所。

4.14　青海省玉树县发生7.1级地震。中国科学院紧急部署，当日成立以党组副书记方新为组长的科技救灾工作领导小组，启动科技救灾工作。

4.17　中共中央政治局委员、国务委员刘延东考察中国科学院国家天文台河北兴隆观测站和密云观测基地，科技部党组书记、副部长李学勇，河北省省长陈全国，国家发改委副主任张晓强，教育部副部长李卫红，国务院研究室副主任江晓涓，中国科学院副院长詹文龙、党组副书记方新、副秘书长潘教峰，以及国务院办公厅、国务院研究室有关领导陪同考察。

4.21 召开全院视频会议传达和深入学习国务院第105次常务会议精神。中国科学院院长、党组书记路甬祥主持会议并就学习贯彻国务院常务会议精神、实施“创新2020”提出要求；常务副院长、党组副书记白春礼传达了第105次国务院常务会议精神和“创新2020”方案的主要内容。

4.24 中国科学院高效能分布式GPU超级计算系统启用仪式在京举行，中国科学院院长路甬祥、副院长李静海、秘书长邓麦村、副秘书长谭铁牛，国家财政部教科文司司长赵路出席启用仪式。该系统以低廉的成本和现成的网络设施实现高效超级计算，探索形成了一条应用导向、效率优先的有中国特色的超级计算模式。

4.26 中共中央政治局委员、国务委员刘延东在中国科学院生物物理研究所会见中国科学院首批159名外国专家特聘研究员和55名外籍青年科学家代表。全国人大常委会副委员长、中国科学院院长路甬祥参加会见。

4.27 2010年全国劳动模范和先进工作者表彰大会在京举行，汉王科技股份有限公司董事长刘迎建获全国劳动模范称号，中国科学院沈阳计算技术研究所所长林浒等9位同志获先进工作者称号。

4.27 中国科学院古脊椎动物与古人类研究所所长周忠和当选美国国家科学院外籍院士。

4.29 《自然》（*Nature*）杂志第464卷第7293期发表中国科学院古脊椎动物与古人类研究所有关羽毛起源和早期演化的重要成果，该成果代表了在羽毛起源和早期演化这一重要方向研究所取得的最新进展。

五　月

5.1 上海世博会开园，中国科学院近20个研究所的数十项创新成果，在世博园区的规划建设、安全保障、信息交通和技术展示等方面得以应用。

5.4 由中国科学院研究生院和高等教育出版社共同主办的“中国科学与人文论坛”在京举办第100场演讲庆典。论坛两位发起人中国科学院院长路甬祥，中国科学与人文论坛理事长郑必坚分别致辞。

5.14 中共中央政治局委员、国务院副总理、国务院抗震救灾总指挥部总指挥回良玉在京主持召开国务院抗震救灾总指挥部第15次会议，审议由中国科学院地理科学与资源研究所牵头完成的《玉树地震灾后恢复重建资源环境承载能力评价报告》。

5.14　召开全院视频会议，部署中国科学院知识创新工程评估工作。中国科学院党组副书记方新、秘书长邓麦村、副秘书长潘教峰，院属101个单位和院机关各部门的领导和负责人共200余人参加了会议。

5.14　中共中央政治局常委、国务院总理温家宝视察曙光计算机产业有限公司，中共中央政治局委员、天津市委书记张高丽陪同考察。

5.14　中共中央政治局委员、书记处书记、中组部部长李源潮视察上海光源，中组部副部长王尔乘，上海市委副书记殷一璀，中国科学院上海分院党组书记、常务副院长华仁长，上海市委常委沈红光、丁薛祥等陪同视察。

5.15　中国科学院资深院士、著名药物化学家嵇汝运因病在上海逝世，享年92岁。

5.17　向国务院抗震救灾总指挥部呈送《关于报送〈玉树地震灾后恢复重建资源环境承载能力评价报告〉的报告》（科发资字〔2010〕46号）。

5.23　《自然·遗传学》（*Nature Genetics*）杂志第42卷第11期在线发表中国科学院遗传与发育生物学研究所李家洋研究组及其合作团队利用分子遗传学方法克隆决定水稻理想株型的关键因子IPA1的研究成果。该成果发现，IPA1基因的突变，导致分蘖数减少、茎秆粗壮、穗粒数和千粒重显著增加。功能研究发现IPA1 mRNA的稳定性与翻译同时受到microRNA156的精细调控，从而揭示了调控理想株型形成的一个重要分子机制。该成果为塑造水稻理想株型、培育超级水稻品种奠定了坚实基础，并将为突破水稻产量瓶颈提供全新思路，对解决我国粮食安全具有重要战略意义。

5.25—26　“重大新药创制”科技重大专项技术总师、全国人大常委会副委员长桑国卫一行对“重大新药创制”科技重大专项综合性大平台等课题开展检查评估工作，并视察了中国科学院上海药物研究所技术平台建设项目。“重大新药创制”科技重大专项检查评估专家组成员、卫生部科教司司长何维，中国药科大学副校长王广基，广东省科技厅副厅长钟小平等陪同调研。

5.25　中国科学院南海海洋研究所“实验3号”科学考察船完成国家自然科学基金委2010年度南海多学科综合航次，返回广州新洲码头。

5.29　我国第一艘小水线面双体科学考察船“实验1号”航行7900海里，经48天海上调查，圆满完成2010年4月中国科学院南海海洋研究所首次印度洋综合科学考察任务，返回广州新洲码头。

5.30　全国人大常委会副委员长、九三学社中央主席韩启德率九三学社中央考察团一行考察中国科学院大连化学物理研究所参股的大连融科储能技术发展有限公司和新源动力股份有限公司两家高科技企业。大连化学物理研究所所长张涛，中共大连市委常委、市委统战部长董长海，大连市副市长朱程清等陪同考察。

六　月

6.1　中国科学院青年联合会换届暨三届一次会议在北京举行，会上发布了第十届中国科学院杰出青年评选结果。

6.2　中国科学院人才工作会议在京召开，全国人大常委会副委员长、中国科学院院长路甬祥，常务副院长白春礼，副院长施尔畏、李家洋、李静海、詹文龙、阴和俊，党组副书记方新，中纪委驻院纪检组组长李志刚，秘书长邓麦村，副秘书长何岩、谭铁牛、潘教峰、邓勇等出席了会议。中央人才工作协调小组副组长、中共中央组织部副部长李智勇，中央机构编制委员会办公室副主任黄文平，人力资源与社会保障部副部长王晓初，科技部副部长曹健林，教育部部长助理林蕙青，自然科学基金委员会副主任何鸣鸿，外国专家局副局长陆明等相关部委领导出席了会议。会上颁发了“中国科学院卢嘉锡青年人才奖”、“中国科学院王宽城西部学者突出贡献奖”、“中国科学院技术能手”荣誉称号，以及中国科学院人才工作先进个人、先进集体等奖项。

6.3　国家重大科学基础设施项目——东半球空间环境地基综合监测子午链（简称“子午工程”）首枚气象火箭凌晨4时整在海南探空火箭发射场成功发射，首次采用GPS技术获得了我国低纬度地区20—60km高度的高精度临近空间大气温度、压力和风场的探测参数。“子午工程”经国家发改委批准建设，总投资1.67亿元，于2008年开工，建设期3年，由中国科学院牵头，教育部、工业和信息化部、中国地震局、国家海洋局、中国气象局等7个部委所属的12个单位参加建设。

6.7—10　中国科学院第十五次院士大会、中国工程院第十次院士大会在北京隆重举行。中共中央总书记、国家主席胡锦涛出席开幕式并发表重要讲话。全国人大常委会副委员长、中国科学院院长、中国科学院学部主席团执行主席路甬祥在闭幕式上作了题为《迎接人类知识文明新时代》的报告。

6.7　在京召开学习胡锦涛总书记讲话精神暨庆祝中国科学院学部成立55周年座谈会。全国人大常委会副委员长、中国科学院院长、中国科学院学部主席团执行主席路甬祥出席会议并讲话。中国科学院常务副院长白春礼主持座谈会。中国科学院院士就学习胡锦涛总书记重要讲话精神、发挥科技在加快转变经济发展方式中的重要作用、加强和改进科技工作等方面提出了意见和建议。

6.9　2010 年度"陈嘉庚科学奖"在京颁奖，中共中央政治局委员、国务委员刘延东出席，并就"弘扬科学精神、依靠科技推动经济发展方式转变"为中国科学院第十五次、中国工程院第十次院士大会作专题报告。

6.16—18　在京召开中国科学院"创新 2020"——解放思想深化改革研讨会。会议的主要任务是：深入学习国务院第 105 次常务会议精神和胡锦涛总书记 6 月 7 日在两院院士大会上的重要讲话精神，全面正确地认识面临的形势与挑战，牢牢把握党和国家赋予中国科学院的战略定位，深刻认知当代科技创新特点、规律和我国国情，增强责任感、使命感和危机意识。认真总结知识创新工程经验，对照中国科学院战略定位，找出问题与差距，进一步解放思想、发扬民主、集思广益，在改革的方向、目标、原则上达成共识，为"创新 2020"的启动和实施提供充分的思想准备。

6.16　全国政协副主席、科技部部长万钢视察中国科学院苏州纳米技术与纳米仿生研究所，江苏省副省长何权，江苏省科技厅厅长朱克江，苏州市委常委、副市长周伟强等陪同视察。

6.18　中国科学院与福建省政府、福州市政府共建中国科学院海西研究院签约、授牌及奠基仪式在福州举行，福建省委副书记于广洲、中国科学院副院长施尔畏共同为海西研究院授牌。

6.18　*Cell Stem Cell* 第 6 卷第 1 期和第 7 卷第 1 期发表中国科学院广州生物医药与健康研究院裴端卿研究组在诱导多能干细胞机理研究方面取得的重要突破。该研究揭示了形成诱导多能干细胞的重编程过程的启始机制，是诱导多能干细胞机理研究突破性里程碑，也为继续改进诱导多能干细胞技术提供了理论依据。

6.19　全国人大常委会副委员长、民进中央主席严隽琪视察中科院合肥物质科学研究院先进制造技术研究所，江苏省人大常委会副主任李全林等陪同视察。

6.25　在布鲁塞尔召开的第 38 届互联网名称与编号分配机构（ICANN）年会上，ICANN 理事会表决通过".中国"域名申请，意味着".中国"作为中文顶级域名，正式纳入全球互联网根域名体系。

6.26　中共中央政治局常委李长春视察中国科学院光电技术研究所，中共四川省委书记、省人大常委会主任刘奇葆，中共四川省委常委、成都市委书记李春城等陪同视察。

6.27　第三世界妇女科学组织第四届大会在人民大会堂举行，国家副主席习近平出席开幕式并致辞。第三世界妇女科学组织第四届大会是由中国科学院、第三世界妇女科学组织、发展中国家科学院共同主办；全国妇女联合会、科学技术部、中国工程院、中国科学技术协会、国家自然科学基金委员会和北京市人民政府协办。

6.28 中国科学院党组副书记方新高票当选第三世界妇女科学组织第四届全体大会新一届主席。

6.30 向国务院呈送《中国科学院关于呈送〈加强科普场馆在科普工作中的作用〉的报告》（科发学部字〔2010〕69号）。

七　月

7.2 向国务院呈送《中国科学院关于呈送〈关于筹建青海大规模光伏发电与水电结合的国家综合能源基地的建议〉的报告》（科发学部字〔2010〕70号）。

7.2 《科学》（*Science*）第329卷第5987期发表中国科学院物理研究所方忠、戴希研究组在霍尔效应研究中取得的新进展，这一发现为低能量耗散的新型电子器件设计指出新的发展方向。

7.10 中央军委委员、国务委员兼国防部长梁光烈视察中国科学院苏州纳米技术与纳米仿生研究所，江苏省委副书记、省长罗志军，南京军区司令员赵克石，政治委员陈国令等陪同视察。

7.11 中共中央政治局常委、全国政协主席贾庆林在广州调研期间视察了中国科学院广州生物医药与健康研究院，中共中央政治局委员、广东省委书记汪洋陪同视察。

7.16 中国科学院研究生院举行2010年学位授予仪式，包括10位港澳台学生和14位外国留学生在内共8716名学子，分别获得中国科学院研究生院的硕士、博士学位，其中硕士3949人、博士4767人。中国科学院常务副院长兼研究生院院长白春礼、副秘书长兼研究生院党委书记邓勇出席。

7.17 中共中央政治局委员、国务委员刘延东在宁波考察期间视察中国科学院宁波材料技术与工程研究所。科技部党组书记、副部长李学勇，中国科学院副院长施尔畏，浙江省委常委、宁波市委书记巴音朝鲁等陪同考察。

7.17 中国科学院资深院士，中国民主促进会会员，我国杰出的地质学家、地质教育家，中国地质大学教授王鸿祯因病在北京逝世，享年94岁。

7.18 中国科学院院士，著名化学家、化学教育家，中国电化学的开拓者之一，复旦大学化学系教授吴浩青在上海逝世，享年97岁。

7.22 中国地震局与中国科学院重大地震灾害应急遥感合作协议签署仪式在京举行，中国科学院副院长阴和俊、中国地震局局长陈建民出席并讲话。

7.26—29　在京召开中国科学院2010年夏季党组扩大会议第二阶段会议。这次会议是中国科学院全面贯彻落实国务院第105次常务会议精神，站在新的历史起点上，面向未来10年，谋划实施“创新2020”规划的一次极为重要的会议。全体院领导，院机关各厅局、国科控股主要负责人参加会议。中国科学院院长、党组书记路甬祥主持会议。会议审议通过了《“创新2020”组织实施方案》，确定了总体安排、任务分工方案和试点启动阶段实施方案，决定本次会议之后即正式启动实施“创新2020”。会议还审议了基础研究片，战略高技术片，重大公益性科技创新片战略性先导科技专项和三类中心建设方案。

7.30　中国科学院资深院士、著名科学家、上海大学校长钱伟长在上海逝世，享年98岁。

八　月

8.2　国际天文学联合会批准了由中国科学家利用绕月探测工程全月面影像数据首次申报的月球地理实体命名，将月面三个撞击坑分别命名为蔡伦、毕昇和张钰哲，实现了我国月球探测工程科学应用成果在月球地理实体命名上零的突破。

8.7　由中国科学院和西藏自治区政府共同主办，中国科学院院地合作局、成都分院、西藏自治区科技厅等单位联合承办的“2010年西藏科技发展战略讲坛”在拉萨开幕。中国科学院副院长李家洋、詹文龙、丁仲礼，西藏自治区人大常委会副主任阿登，自治区政协副主席刘庆慧等领导出席了开幕式。西藏自治区副主席孟德利主持大会。

8.7　中共中央政治局常委、国务院总理温家宝看望中国科学院院士何泽慧、吴文俊、朱光亚、王大珩，中国科学院常务副院长白春礼陪同看望。

8.8　以中国科学院大连化学物理研究所甲醇制烯烃技术为核心的神华包头工业化装置（年产60万吨烯烃）投料试车一次成功，标志着我国煤制烯烃新兴产业取得了里程碑式进展。

8.13　中共中央政治局委员、国务委员刘延东视察中国科学院烟台海岸带研究所。科技部党组书记、副部长李学勇，山东省委副书记、省长姜大明，中国科学院副院长施尔畏等陪同视察。

8.24　中华全国青年联合会第十一届委员会全体会议在京举行，中国科学院19位同志当选为全国青联委员，其中，上海微系统与信息技术研究所所长王曦当选为全国青联副主席。

8.26　向国务院呈送《中国科学院关于呈送〈大力推进新疆大规模综合能

源基地的发展〉的报告》(科发学部字〔2010〕87号)。

8.26 科学技术部与国家海洋局联合宣布，国家高技术研究发展计划（“863”计划）重大专项——我国第一台自行设计、自主集成研制的“蛟龙号”载人潜水器3000米级海上试验取得成功，最大下潜深度达到3759米，并创造了水下和海底作业9小时零3分的纪录。这标志着我国继美、法、俄、日之后成为第五个掌握3500米以上大深度载人深潜技术的国家。中国科学院沈阳自动化研究所承担了载人潜水器控制系统的研发与实验工作，包括航行控制子系统、导航定位子系统及综合信息显控子系统。中国科学院声学研究所负责声学系统相关设备研制和集成，研制了水声通信机、高分辨率测深侧扫声纳系统、避碰声纳和声纳主控器等设备，为试验正常进行提供了有力保障。尤其是水声通信机实现了多种信息传输，性能达国际先进水平。

8.29 中国科学院资深院士、著名林学家、森林生态学家阳含熙因病在北京逝世，享年92岁。

8.31 印发《中国科学院“创新2020”组织实施方案》（科发规字〔2010〕92号），按照试点启动、重点跨越、整体跨越三个阶段，将“创新2020”规划转化为可操作、可实现、可检查的各阶段目标任务；确定了五个方面60项工作任务，明确分工，落实责任；确定试点启动阶段工作重点，先行先试，重点突破。

九月

9.3 向国务院办公厅呈送《中国科学院关于呈送〈发展我国战略性新兴产业调查报告〉的报告》(科发学部字〔2010〕97号)。

9.5 中共中央总书记、国家主席胡锦涛在深圳考察期间视察中国科学院深圳先进技术研究院，中共中央政治局委员、广东省委书记汪洋陪同视察。

9.6 向国务院呈送《中国科学院关于呈送〈我国围填海工程中的若干科学问题及对策建议〉的报告》(科发学部字〔2010〕99号）和《中国科学院关于呈送〈关于加强我国重大工程信息数字化标准化和物联网建设工作的建议〉的报告》(科发学部字〔2010〕100号)。

9.5—12 冰岛总统格里姆松在华访问期间，先后参观访问了中国科学院青藏高原研究所、寒区旱区环境与工程研究所玉龙雪山冰川与环境观测研究站、昆明植物研究所中国西南野生生物种质资源库和青藏高原研究所昆明部。

9.6 中共中央政治局常委、中央书记处书记、国家副主席习近平视察中国科学院城市环境研究所，福建省委书记孙春兰、厦门市委书记于伟国等陪同视察。

9.12 中共中央政治局常委、国务院总理温家宝在天津滨海新区考察期间视察了中国科学院天津工业生物技术研究所。中国科学院副院长施尔畏陪同视察。

9.17 中共中央政治局委员、国务委员刘延东在吉林考察期间视察了中国科学院长春光学精密机械与物理研究所，吉林省委书记孙政才、省长王儒林等陪同视察。

9.17 华罗庚先生诞辰100周年纪念大会在京举行，中共中央政治局委员、国务委员刘延东为纪念大会发来贺信，中国科学院院长路甬祥专门为纪念华罗庚先生诞辰100周年题词，常务副院长白春礼出席大会并讲话。中国科学院副院长詹文龙，中国科学技术大学党委书记许武，以及丁夏畦、刘源张、石钟慈、崔俊芝、林群、陆汝钤、李邦河、严加安、龙以明、张伟平、吴岳良等多名两院院士出席大会。

9.18 中共中央政治局常委、中央书记处书记、国家副主席习近平和王兆国、刘云山、刘延东、李源潮、韩启德等中央领导同志在中国科学院常务副院长白春礼陪同下，来到中国科学院奥运村科技园参加全国科普日活动，并参观中国科学院向公众开放的国家重点实验室和科普展厅。

9.21 向国务院呈送《关于报送〈舟曲灾后重建资源环境承载能力评价报告〉的报告》（科发资字〔2010〕102号）。

9.25 在京召开战略性先导科技专项咨询评议会，对正在组织策划的八个战略性先导科技专项进行咨询评议，标志着国务院决定由中国科学院组织实施战略性先导科技专项的实质性启动实施。

9.28 向国务院呈送《中国科学院关于呈送〈关于避免我国交通建设过度超前的建议〉的报告》（科发学部字〔2010〕109号）。

9.29—10.5 应台湾“中央研究院”邀请，中国科学院副院长李静海、副秘书长潘教峰一行赴台出席双方联合举办的“两岸学术交流座谈会”。访问推动了我院与台湾科技界建立起有效的沟通渠道，为今后共同开展多种形式的学术交流与合作奠定了良好基础。

十月

10.1 “嫦娥二号”卫星在西昌卫星发射中心成功发射。中国科学院在嫦娥二号任务中承担了地面应用系统、有效载荷分系统和VLBI测轨分系统的研制任务。其中，在嫦娥二号卫星上搭载了中国科学院研制的7种科学探测仪器和1套有效载荷数管系统。

10.6　在国务院总理温家宝和比利时首相莱特姆的共同见证下，中国科学院副院长詹文龙代表中国科学院与比利时核能研究中心（SCK·CEN）董事会主席 Frank Deconinck 教授和总经理 Eric van Walle 教授共同签署合作谅解备忘录，推进双方在先进核能方面的合作。

10.9　中共中央政治局委员、国务委员刘延东视察中国科学院昆明植物研究所，科技部党组书记、副部长李学勇，云南省委副书记、省长秦光荣，云南省委常委、昆明市委书记仇和以及云南省副省长和段琪等陪同视察。

10.19　发展中国家科学院第二十一届院士大会在印度海得拉巴市举行。本次大会共增选发展中国家科学院院士 58 名，其中包括 18 名中国大陆及香港、台湾地区学者。他们分别是：中国科学院院士、上海交通大学教授贺林，中国科学院院士、中国科学院化学研究所研究员万立骏，中国科学院院士、复旦大学教授赵东元，中国科学院院士、北京理工大学校长胡海岩，中国科学院院士、兰州大学副校长郑晓静，中国科学院院士、中国科学院国家天文台南京天文光学技术研究所研究员崔向群，中国科学院院士、中国科学院地球环境研究所副所长、研究员周卫健，中国科学院院士、清华大学教授范守善，中国科学院院士、中国科学院微生物研究所研究员庄文颖，中国科学院院士、中国科学院水生生物研究所副所长、研究员赵进东，中国科学院教授、中国科学院党组副书记方新，中国科学院院士、香港城市大学副校长、教授唐叔贤，中国科学院院士、香港大学讲座教授叶嘉安等。

10.19　中国科学院副院长李家洋和宋才文分别代表中国科学院和沈阳军区在京签署《现代农业示范工程合作框架协议》，中国科学院院长路甬祥、原副院长李振声、副秘书长潘教峰，沈阳军区司令员张又侠、解放军总后勤部军需物资油料部部长周林和，沈阳军区联勤部部长王爱国等出席仪式。中国科学院党组成员、秘书长邓麦村主持会议。根据协议，双方将重点在创建现代农业示范基地、探索现代农业发展新模式、创建农作物分子设计育种工程技术实验室、研发新品种、集成推广绿色生态农业新技术、合作创建精准农业技术体系和引进研发现代农业新装备等领域开展合作，共创适合东北地区的农业可持续发展典范，为国家现代农业体系建设提供样板和战略性建议。

10.20　何梁何利基金 2010 年度颁奖大会在京举行，中共中央政治局委员、国务委员刘延东出席并为获奖者颁奖。中国科学院赵刚、洪茂椿、穆穆、周琪、林鸿宣、成会明、高濂、陈曦等 9 名科技工作者获本年度何梁何利基金的“科学与技术进步奖”。

10.22　《科学》（*Science*）杂志第 330 卷第 6003 期发表中国科学院生物物理研究所龚哲峰副研究员等人研究成果，发现果蝇幼虫中央脑的两对神经元足以调节果蝇幼虫对于不同光强条件的偏好行为。

10.24 《自然·遗传学》（*Nature Genetics*）杂志第42卷发表中国科学院上海生命科学研究院植物生理生态研究所韩斌研究组及其合作者的研究成果。该研究对517份水稻地方品种材料进行测序，构建了高密度的水稻单体型图谱，并对籼稻品种的14个重要农艺性状进行全基因组关联分析，为水稻遗传学研究和水稻育种提供了重要基础数据。

10.26 向国务院呈报《中国科学院关于报送〈知识创新工程（1998—2010年）评估报告〉的报告》（科发规字〔2010〕116号）。

10.26 中国科学院和德国马普学会共同举办的“第八届开放获取柏林国际会议”在国家科学图书馆成功举行，来自16个国家的50余家大学研究机构、学术机构、科研资助机构、国际学术组织和非政府组织等100余名国际专家，以及来自国内百余家研究、教育机构和图书馆界的180名代表参加了会议。中国科学院副院长李静海、副秘书长潘教峰，国家自然科学基金委员会副秘书长高瑞平出席开幕式。

10.27 由中国科学院西安光学精密机械研究所研制的CCD立体相机开始对“嫦娥三号”月球备选着陆区进行高分辨率成像，获取了分辨率优于1.5米的月球虹湾图像数据。

10.28 中共中央政治局常委、国务院副总理李克强在陕西考察期间视察中国科学院西安光学精密机械研究所投资企业西安炬光科技公司，西安光学精密机械研究所所长赵卫、西安炬光科技有限公司董事长刘兴胜陪同视察。

10.28 国家“十一五”大科学工程稳态强磁场实验装置部分在合肥物质科学研究院科学岛建成并投入试运行。

10.30 中共中央政治局委员、全国政协副主席王刚率全国政协考察团视察中国科学院苏州纳米技术与纳米仿生研究所，江苏省省委书记、省人大常委会主任梁保华，省委副书记、省长罗志军，省委副书记王国生，省委常委、苏州市委书记蒋宏坤，省政协副主席张九汉，苏州市委副书记、市长阎立等陪同考察。

10.30 钱学森科学与教育思想研讨座谈会在京举行，中国科学院常务副院长白春礼，中国科学院院士郑哲敏、吴承康、伍小平，中国工程院院士姜景山，钱学森之子钱永刚等参会，中国科学院副秘书长曹效业主持座谈会。

10.31 中国科学院资深院士、国际著名古植物学和地质学家、中国科学院南京地质古生物研究所研究员李星学因病在南京逝世，享年94岁。

十一月

11.2 《中国科学》、《科学通报》（以下简称为“两刊”）创刊60周年纪念大会在北京举行，中国科学院院长、“两刊”理事会理事长路甬祥，中国科学院常务副院长白春礼，国家新闻出版总署副署长邬书林，国家自然科学基金委员会副主任王杰，中国科学院副秘书长曹效业，中国科学院信息技术科学部主任李衍达，“两刊”总主编朱作言，中国科学技术大学校长侯建国，“两刊”理事会理事、资深院士师昌绪等出席纪念会，纪念会由中国科学院副院长李静海主持。

11.3 联合国教育、科学及文化组织（UNESCO）宣布，将“为纳米科学与技术发展作出突出贡献”的奖章授予俄罗斯科学院院士 Zhores Ivanovich Alferov 和中国科学院院士白春礼。

11.3 教育部和国务院学位委员会公布2010年度全国优秀博士学位论文评选结果，中国科学院15篇论文入选。

11.8 中共中央政治局常委、国务院总理温家宝为《嫦娥二号虹湾局部影像图》揭幕，标志着嫦娥二号任务取得了圆满成功。中科院在嫦娥二号任务中承担了地面应用系统、有效载荷分系统和VLBI测轨分系统的研制任务。其中，在嫦娥二号卫星上搭载了中国科学院研制的7种科学探测仪器和1套有效载荷数管系统。

11.8 由中国科学院、中国工程院、美国科学院、美国工程院联合开展的《中美合作大规模可再生能源发电》咨询项目成果发布会在京举行，中国科学院副院长李静海、中国工程院原副院长杜祥琬参加会议并致辞，中美两国四院咨询项目组20余位院士专家、中国科学院和中国工程院有关领导出席会议。该报告对两国可再生能源资源禀赋、技术能力以及政策、经济性和市场规模等进行了详细的调研分析，同时对未来能源经济转型的必要性和意义，以及中美两国在这个领域合作的作用、模式和经验等进行了充分探讨。

11.8 国家重大科研装备研制项目“高效能低成本多尺度离散模拟超级计算应用系统”通过验收，该系统采用中国科学院独特的多尺度计算模式，通过算法、软件和硬件结构密切结合，实践了富有特色的超级计算模式，建成集成计算能力达到浮点单精度峰值5000万亿次/秒的分布式超级计算环境，成功应用于化学、化工、物理、能源、生物和材料等领域的过程模拟与优化设计，为国内外大型企业提供计算服务，显著提高了超级计算系统的实际应用效能，降低了其制造和运行成本。

11.8 中国科学院资深院士、著名空气动力学家庄逢甘因病在京逝世，享年85岁。

11.8 中国科学院资深院士、著名自动控制学家冯纯伯因病在江苏逝世，享年82岁。

11.12 中共中央政治局常委、国务院总理温家宝在出席广州亚运会开幕式之际并视察澳门特区之后，在中共中央政治局委员、广东省委书记汪洋等陪同下视察了中国科学院广州生物医药与健康研究院。

11.12　纪念华罗庚同志诞辰100周年座谈会在北京人民大会堂举行，中共中央政治局常委、全国政协主席贾庆林出席，座谈会由全国人大常委会副委员长、中国科学院院长路甬祥主持。全国人大常委会副委员长、民盟中央主席蒋树声，全国政协副主席、民盟中央第一副主席张梅颖出席座谈会。中国科学院党组副书记方新、民盟中央副主席李重庵、清华大学党委书记胡和平、中共江苏省委副书记王国生分别发言。

11.12　中共中央政治局常委李长春在云南调研期间视察了中国科学院西双版纳热带植物园，中宣部副部长、广电总局局长王太华，中宣部副部长、文化部部长蔡武，中宣部副部长申维辰，中央外宣办副主任钱小芊，财政部副部长张少春，新闻出版总署副署长蒋建国，光明日报社总编辑胡占凡，经济日报社社长徐如俊陪同调研。

11.15　中共中央政治局常委、中央纪委书记贺国强在安徽调研期间视察中国科学院合肥物质科学研究院。

11.17　由中国科学院、发展中国家科学院和世界气象组织共同发起和主办的气候论坛第9届国际研讨会“气候与环境变化：发展中国家面临的挑战”在京召开，中国科学院常务副院长、发展中国家科学院副院长白春礼出席会议并讲话。

11.18　中国科学院院士、武汉大学生命科学学院博导杨弘远教授因病在武汉逝世，享年77岁。

11.21　中国科学院资深院士、煤地质学家、地质教育家，中国地质大学教授杨起因病在北京逝世，享年91岁。

11.27　中国科学院资深院士、著名细胞生物学家、植物遗传学家、教育家、东北师范大学原校长郝水教授因病在长春逝世，享年84岁。

十二月

12.2　中国科学院国家数学与交叉科学中心举行成立仪式，中共中央政治局委员、国务委员刘延东出席并考察了中国科学院数学与系统科学研究院，看望了吴文俊等优秀数学家代表，全国人大常委会副委员长、中国科学院院长路甬祥陪同考察并出席仪式，常务副院长白春礼主持成立仪式，国务院副秘书长项兆伦，科技部党组书记、副部长李学勇，教育部副部长李卫红，工信部副部长奚国华，国务院研究室副主任江小涓，中国工程院副院长旭日干，中国科协书记处书记冯长根，农业部、国家自然科学基金委员会的领导，部分高校和合作单位的领导和专家，以及中国科学院副院长詹文龙、秘书长邓麦村、副秘书长潘教峰，中国科学技术大学校长侯建国等出席成立仪式。作为中国科学院实施“创新2020”试点启动阶段第一个启动的战略性先导科技专项（B类），中国科学院国家数学与交叉中心的定位与目标是：从国家层面搭建数学与其他学科交叉合作的高水平研究平台；通过体制机制创新，凝聚数学及相关学科力量，协同攻关；促进数学及交叉应用发展，成为国际一流研究基地；针对科学、工程与经济重大需求，提炼科学问题，开辟学科新方向；瞄准瓶颈性难题，为我国战略性新兴产业发展和经济增长方式转变，做出基础性、战略性、前瞻性贡献。

12.3 向国务院呈送《关于呈送〈关于黄河黑山峡段开发问题的建议〉的报告》（科发学部字〔2010〕142号）。

12.8 中国科学院电工研究所研制的应用于太阳能制氢领域的大功率太阳炉聚光器在宁夏惠安堡镇竣工，并与制氢反应器接口，成功产出氢气。该系统由3座120m^2的正方形定日镜、跟踪控制系统、300m^2大型高精度聚光器、太阳炉和制氢系统组成，跟踪精度优于1mRad，峰值能流密度设计值达10MW/m^2，是我国自主研发的第一台大功率太阳炉聚光器，太阳炉的热功率世界排名第三。

12.10 《细胞》（*Cell*）杂志第143卷第6期发表中国科学院动物研究所陈大华研究组的研究成果，揭示了Fused蛋白所介导的这一调控机制在进化上的保守性，及其在干细胞命运调控和动物发育过程中细胞命运决定的重要作用。

12.13 中国科学院院士、中国科学技术大学工程科学学院原院长崔尔杰在北京逝世，享年75岁。

12.14 中国科学院资深院士，中国共产党党员，著名细胞生物学家，全国政协第五、第六届委员，中国科学院前北京生物学实验中心创始人，中国科学院上海生命科学研究院生物化学与细胞生物学研究所研究员施履吉因病在上海逝世，享年94岁。

12.15 中国科学技术协会宣布了十佳“全国优秀科技工作者”的评选结果，中国科学院西双版纳热带植物园主任、研究员陈进获此称号。

12.20 中共中央、国务院、中央军委在北京人民大会堂举行庆祝探月工程“嫦娥二号”任务圆满成功大会。中共中央总书记、国家主席、中央军委主席胡锦涛发表重要讲话。中共中央政治局常委、全国人大常委会委员长吴邦国主持庆祝大会。中共中央政治局常委、国务院总理温家宝，中共中央政治局常委、全国政协主席贾庆林，中共中央政治局常委李长春，中共中央政治局常委、中央书记处书记、国家副主席、中央军委副主席习近平，中共中央政治局常委、国务院副总理李克强，中共中央政治局常委、中央纪委书记贺国强，中共中央政治局常委、中央政法委书记周永康出席大会。中国科学院5

家单位、40 位科技工作者分获“探月工程嫦娥二号任务突出贡献单位”和“探月工程嫦娥二号任务突出贡献者”荣誉称号。中国科学院西安光学精密机械研究所研究员、CCD 立体相机主任设计师赵葆常做了大会发言。

12. 26 中国科学院上海高等研究院入驻浦东科技园仪式在上海市浦东新区张江高科技园区举行，标志着中国科学院、上海市政府共同建设的中国科学院上海浦东科技园建设取得重大进展。同日，投资 7 亿元人民币的国家重大科技基础设施——蛋白质科学研究（上海）设施项目在浦东科技园开工建设。

12. 27 向国务院呈送《中国科学院关于呈送〈关于中国放射化学的现状、问题和对策的建议〉的报告》（科发学部字〔2010〕162 号）。

12. 30 中国科学院 2010 年度优秀博士学位论文、“院长奖学金”、冠名奖学金及优秀导师奖颁奖，共评选出优秀博士学位论文 50 篇，“院长奖学金特别奖”20 名、“院长奖学金优秀奖”200 名、“朱李月华优秀博士生奖学金”300 名、“宝洁优秀研究生奖学金”50 名、“地奥奖学金”90 名、“大恒集团光学奖学金”19 名和“宝钢优秀学生奖学金”18 名，还评选出“朱李月华优秀教师奖”100 名，“宝洁优秀研究生导师奖”20 名，“宝钢优秀教师奖”2 名。中国科学院常务副院长白春礼、副秘书长邓勇、国务院学位委员会办公室副主任梁国雄等领导出席会议并为获奖师生代表颁奖。

学部与院士工作

中国科学院学部领导机构

第六届中国科学院学部主席团

名誉主席　周光召

执行主席　路甬祥

成　　员　（按姓氏笔画排列）

王志珍（女）		叶恒强	白以龙	白春礼	朱作言
朱道本	刘盛纲	孙　枢	杨　卫	杨国桢	李衍达
李家洋	李静海	佟振合	沈文庆	张礼和	陈宜瑜
林其谁	周兴铭	秦大河	顾秉林	徐冠华	路甬祥

第六届中国科学院学部主席团执行委员会

执行主席　路甬祥

成　　员　（按姓氏笔画排列）

白春礼	朱作言	朱道本	杨　卫	李衍达	李静海
沈文庆	陈宜瑜	林其谁	秦大河	路甬祥	

秘 书 长　王恩哥①　曹效业②

第六届中国科学院学部主席团顾问

万　钢	朱之鑫	李安东	张玉台	陈求发	陈宜瑜
陈奎元	赵沁平	徐匡迪	韩启德	谢伏瞻	廖晓军

中国科学院学部第四届咨询评议工作委员会

主　　任　朱道本

副 主 任　马志明　　陈　颙

委　　员　（按姓氏笔画排列）

马志明	王占国	方荣祥	方精云	朱道本	刘嘉麒
安芷生	杨玉良	李家春	吴培亨	吴硕贤	沈　岩
陈　颙	欧阳钟灿	周兴铭	周孝信	祝世宁	费维扬

中国科学院学部第四届科学道德建设委员会

主　　任　陈宜瑜

副 主 任　苏肇冰　　周　远

---

① 王恩哥任职至 2010 年 1 月 28 日

② 曹效业 2010 年 1 月 28 日起任职

委　　员　（按姓氏笔画排列）

方荣祥　孙义燧　苏肇冰　李德仁　吴宏鑫　陈宜瑜
林惠民　周　远　周其凤　郑　度　程津培　薛其坤

中国科学院学部第二届科普和出版工作委员会

主　　任　朱作言

副 主 任　白以龙　吴国雄

委　　员　（按姓氏笔画排列）

王志珍（女）　王鼎盛　叶恒强　白以龙　冯守华
戎嘉余　朱作言　李　未　吴国雄　吴常信　陈运泰
陈祖煜　林国强　郑厚植　洪茂椿　夏建白　顾逸东
郭光灿

中国科学院数学物理学部第十四届常务委员会

主　　任　沈文庆

副 主 任　马志明　孙义燧　郑厚植　崔尔杰

委　　员　（按姓氏笔画排列）

马志明　孙义燧　杨　乐　李家春　沈文庆　张　杰
陈木法　陈建生　欧阳钟灿　郑厚植　姜伯驹　洪家兴
徐至展　崔尔杰　彭实戈　葛墨林　詹文龙

中国科学院化学部第十四届常务委员会

主　　任　白春礼

副 主 任　何鸣元　洪茂椿　杨玉良　周其凤

委　　员　（按姓氏笔画排列）

万惠霖　白春礼　冯守华　杨玉良　李　灿　何鸣元
张玉奎　陈凯先　林国强　周其凤　郑兰荪　赵玉芬（女）
侯建国　洪茂椿　费维扬　高　松　程津培

中国科学院生命科学和医学学部第十四届常务委员会

主　　任　林其谁

副 主 任　方荣祥　王志珍（女）　曾益新　张亚平

委　　员　（按姓氏笔画排列）

王志珍（女）　方荣祥　方精云　邓子新　叶玉如（女）
朱作言　许智宏　李家洋　沈　岩　张亚平　张启发
陈　竺　陈晓亚　林其谁　施蕴渝（女）　郭爱克
曾益新

中国科学院地学部第十四届常务委员会

主　　任　秦大河

副 主 任　安芷生　戎嘉余　李德仁　陈运泰　黄荣辉

委　　员　（按姓氏笔画排列）

丁仲礼　王　水　石耀霖　戎嘉余　朱日祥　刘嘉麒
安芷生　李德仁　李曙光　张国伟　陆大道　陈　颙
陈运泰　姚檀栋　秦大河　涂传诒　黄荣辉　符淙斌
程国栋

中国科学院信息技术科学部第十四届常务委员会

主　　任　李衍达

副 主 任　王占国　林惠民　吴培亨　郭光灿

委　　员　（按姓氏笔画排列）

王占国　王家骐　包为民　李　未　李启虎　李衍达
吴培亨　何积丰　林惠民　林尊琪　夏建白　郭光灿
郭　雷　黄民强　褚君浩

中国科学院技术科学部第十四届常务委员会

主　　任　杨　卫

副 主 任　叶恒强　薛其坤　叶培建　周孝信　吴硕贤

委　　员　（按姓氏笔画排列）

叶恒强　叶培建　杨　卫　李　天　李济生　吴硕贤
陈祖煜　范守善　周　远　周孝信　胡海岩　祝世宁
顾秉林　顾逸东　徐建中　薛其坤

2010 年中国科学院院士名单

（2010 年 12 月 31 日统计，694 人；分学部按姓氏汉语拼音音序排序）

数学物理学部（133 人）

艾国祥　白以龙　陈　彪　陈和生　陈佳洱　陈建生　陈木法
陈难先　陈式刚　程开甲　崔向群(女)　戴元本　丁伟岳
丁夏畦　范海福　方　成　方守贤　冯　端　甘子钊　葛墨林
龚昌德　谷超豪　郭柏灵　郭尚平　郝柏林　何泽慧(女)
何祚庥　贺贤土　洪朝生　洪家兴　胡和生(女)　胡仁宇
黄润乾　黄祖洽　霍裕平　姜伯驹　经福谦　邝宇平　李安民
李邦河　李大潜　李德平　李方华(女)　李家春　李家明
李惕碚　李荫远　李正武　林　群　刘应明　龙以明　陆启铿
陆　埮　罗　俊　吕　敏　马大猷　马志明　闵乃本　欧阳钟灿
彭实戈　曲钦岳　沈文庆　沈学础　石钟慈　苏定强　苏肇冰
孙昌璞　孙义燧　汤定元　唐孝威　陶瑞宝　田　刚　童秉纲
万哲先　汪承灏　王鼎盛　王恩哥　王乃彦　王诗宬　王世绩
王绶琯　王　迅　王业宁(女)　王　元　王梓坤　魏宝文
文　兰　吴文俊　吴岳良　席南华　夏道行　冼鼎昌　谢家麟
解思深　邢定钰　熊大闰　徐叙瑢　徐至展　严加安　杨福家
杨国桢　杨　乐　杨应昌　叶朝辉　叶叔华(女)　应崇福
于　渌　于　敏　俞昌旋　詹文龙　张殿琳　张恭庆　张涵信
张焕乔　张家铝　张　杰　张仁和　张淑仪(女)　张伟平
张裕恒　张宗烨(女)　章　综　赵光达　赵忠贤　郑厚植
郑晓静(女)　周光召　周　恒　周又元　周毓麟　朱邦芬
朱光亚　邹广田

化学部（121 人）

白春礼　包信和　蔡启瑞　曹　镛　柴之芳　陈洪渊　陈家镛
陈俊武　陈凯先　陈庆云　陈茹玉(女)　陈小明　陈新滋
陈　懿　程津培　程镕时　戴立信　段　雪　费维扬　冯守华
高　鸿　高　松　郭景坤　郭慕孙　何国钟　何鸣元　洪茂椿
侯建国　胡宏纹　胡　英　黄本立　黄春辉(女)
黄　量(女)　黄乃正　黄维垣　黄志镗　计亮年　江桂斌
江　雷　江　龙　江　明　江元生　蒋锡夔　黎乐民　李　灿

李洪钟 李静海 梁敬魁 林国强 林励吾 刘若庄 刘有成
刘元方 卢佩章 陆婉珍(女) 陆熙炎 麻生明 麦松威
闵恩泽 倪嘉缵 彭少逸 钱逸泰 任詠华(女) 沙国河
申泮文 沈家骢 沈天慧(女) 沈之荃(女) 宋礼成
苏 锵 孙家钟 唐本忠 唐有祺 田昭武 田中群 佟振合
涂永强 万惠霖 万立骏 汪尔康 王方定 王佛松 王 夔
吴 奇 吴新涛 吴养洁 吴云东 谢毓元 徐光宪 徐如人
徐 僖 徐晓白(女) 严东生 颜德岳 杨玉良 姚建年
姚守拙 游效曾 余国琮 俞汝勤 袁承业 袁 权 查全性
张存浩 张礼和 张 滂 张乾二 张 希 张玉奎 赵东元
赵玉芬(女) 郑兰荪 支志明 周其凤 周其林 周同惠
周维善 朱道本 朱起鹤 朱清时 卓仁禧

生命科学和医学学部（120 人）

曹文宣 常文瑞 陈可冀 陈 霖 陈润生 陈文新(女)
陈晓亚 陈宜瑜 陈宜张 陈 竺 陈子元 邓子新 段树民
方精云 方荣祥 龚岳亭 郭爱克 韩济生 韩启德 贺福初
贺 林 洪德元 洪国藩 洪孟民 侯凡凡(女) 蒋有绪
金国章 鞠 躬 孔祥复 匡廷云(女) 李朝义 李季伦
李家洋 李振声 梁栋材 梁智仁 林鸿宣 林其谁 刘建康
刘瑞玉 刘新垣 刘以训 刘允怡 卢永根 陆士新 毛江森
孟安明 裴 钢 戚正武 强伯勤 饶子和 尚永丰 沈善炯
沈 岩 沈允钢 沈自尹 施教耐 施蕴渝(女) 石元春
苏国辉 隋森芳 孙大业 孙汉董 孙曼霁 孙儒泳
唐崇惕(女) 唐守正 田 波 童坦君 汪忠镐 王大成
王恩多(女) 王世真 王文采 王正敏 王志新
王志珍(女) 魏江春 魏于全 吴常信 吴建屏 吴阶平
吴孟超 吴 旻 吴征镒 吴祖泽 武维华 谢华安 谢联辉
许智宏 薛社普 杨福愉 杨焕明 杨雄里 姚开泰
叶玉如(女) 尹文英(女) 印象初 曾益新 曾 毅
翟中和 张春霆 张启发 张树政(女) 张新时 张亚平
张永莲(女) 张友尚 赵尔宓 赵国屏 赵进东 郑光美
郑国锠 郑儒永(女) 郑守仪(女) 周 俊 朱兆良
朱作言 庄巧生 庄文颖(女)

地学部（112 人）

安芷生 常印佛 巢纪平 陈俊勇 陈梦熊 陈 旭 陈 颙

陈运泰　程国栋　丑纪范　戴金星　邓起东　丁国瑜　丁仲礼
冯士筰　符淙斌　傅家谟　高　俊　顾知微　郭令智　侯仁之
胡敦欣　黄荣辉　贾承造　金振民　李崇银　李德仁　李德生
李吉均　李曙光　李廷栋　李小文　林学钰(女)　刘宝珺
刘昌明　刘光鼎　刘嘉麒　刘振兴　陆大道　吕达仁
马　瑾(女)　马在田　马宗晋　莫宣学　穆　穆　欧阳自远
秦大河　秦蕴珊　邱占祥　任纪舜　戎嘉余　沈其韩　施雅风
石耀霖　苏纪兰　孙鸿烈　孙　枢　陶诗言　陶　澍　滕吉文
田在艺　童庆禧　涂传诒　汪集旸　汪品先　王德滋　王　水
王铁冠　王　颖(女)　魏奉思　文圣常　吴国雄　吴新智
伍荣生　肖序常　谢学锦　徐冠华　徐世浙　许厚泽
许志琴(女)　薛禹群　杨文采　杨元喜　姚檀栋　姚振兴
叶大年　叶笃正　叶嘉安　殷鸿福　於崇文　袁道先　曾庆存
曾融生　翟明国　翟裕生　张本仁　张国伟　张　经
张弥曼(女)　张彭熹　张宗祜　赵柏林　赵鹏大　赵其国
郑　度　郑永飞　钟大赉　周卫健(女)　周秀骥　周志炎
朱日祥　朱显谟

信息技术科学部（82 人）

包为民　保　铮　陈定昌　陈桂林　陈国良　陈翰馥　陈俊亮
陈星弼　陈星旦　褚君浩　戴汝为　董韫美　干福熹　高庆狮
郭光灿　郭　雷　何积丰　侯朝焕　侯　洵　怀进鹏　黄宏嘉
黄　琳　黄民强　黄纬禄　简水生　匡定波　雷啸霖　李启虎
李　未　李衍达　李志坚　梁思礼　林惠民　林为干　林尊琪
刘国治　刘盛纲　刘颂豪　刘永坦　陆汝钤　陆元九　罗沛霖
母国光　彭堃墀　秦国刚　阙端麟　沈绪榜　宋　健　孙钟秀
王大珩　王家骐　王启明　王守觉　王守武　王　圩　王阳元
王育竹　王　越　王占国　王之江　吴德馨(女)　吴宏鑫
吴培亨　吴一戎　夏建白　夏培肃(女)　许宁生　薛永祺
杨芙清(女)　姚建铨　叶培大　张　钹　张景中　张嗣瀛
张效祥　张　煦　郑耀宗　郑有炓　周炳琨　周巢尘　周兴铭
朱中梁

技术科学部（126 人）

蔡其巩　蔡睿贤　曹楚南　曹春晓　陈创天　陈　达　陈能宽
陈学俊　陈祖煜　程耿东　程时杰　都有为　范守善　高镇同

葛昌纯　顾秉林　顾诵芬　顾逸东　过增元　韩祯祥　胡海昌
胡海岩　胡文瑞　胡聿贤　黄克智　姜中宏　蒋民华　金展鹏
柯　俊　李济生　李敏华(女)　李述汤　李　天
李依依(女)　林秉南　林　皋　刘宝镛　刘广均　刘竹生
柳百新　卢　柯　卢　强　路甬祥　闵桂荣　欧阳予　潘际銮
潘家铮　彭一刚　齐　康　邱大洪　任露泉　任新民　邵象华
申长雨　沈志云　师昌绪　宋家树　宋玉泉　宋振骐　孙家栋
孙　钧　唐叔贤　陶文铨　屠守锷　汪　耕　王补宣　王崇愚
王大中　王淀佐　王光谦　王克明　王立鼎　王希季　王锡凡
王　曦　王自强　魏寿昆　温诗铸　闻邦椿　吴承康　吴良镛
吴硕贤　伍小平(女)　肖纪美　谢光选　邢球痕　熊有伦
徐采栋　徐建中　徐性初　徐祖耀　许学彦　薛其坤　严陆光
颜鸣皋　杨叔子　杨　卫　杨　槱　姚　熹　叶恒强　叶培建
于起峰　余梦伦　俞鸿儒　张楚汉　张光斗　张兴钤　张佑启
张　泽　赵淳生　郑时龄　郑哲敏　钟万勰　钟香崇　周干峙
周国治　周锡元　周孝信　周尧和　周　远　朱　静(女)
朱森元　朱位秋　祝世宁　庄逢辰　邹世昌

2010 年中国科学院外籍院士名单

（2010 年 12 月 31 日统计，共 56 人；按英文姓氏音序排序）

中文姓名	英文姓名	国籍	当选年份
若列斯·阿尔费罗夫	Zhores. I. Alferov	俄罗斯	2006
伯奇费尔	Burrell Clark Burchfiel	美　国	1998
张永山	Y. Austin Chang	美　国	2000
钱煦	Shu Chien	美　国	2006
卓以和	Alfred Y. Cho	美　国	1996
朱经武	Paul Ching-Wu Chu	美　国	1996
朱棣文	Steven Chu	美　国	1998
蔡南海	Nam-Hai Chua	新加坡	2006
菲立普·希阿雷	Philippe G. Ciarlet	法　国	2009
万森·库尔提欧	Vincent Courtillot	法　国	2007
盖伊·德泰	Guy Blaudin de Thé	法　国	2004
罗伯特·迪金森	Robert E. Dickinson	美　国	2006
法捷耶夫	Ludwig D. Faddeev	俄罗斯	2007
傅睿思（女）	Else Marie Friis	丹　麦	2002
冯元桢	Yuan-Cheng Fung	美　国	1994
萨姆韦尔·格里戈良	Samvel S. Grigorian	俄罗斯	2006
艾伦·黑格	Alan J. Heeger	美　国	2007
何毓琦	Yu-Chi Ho	美　国	2000
霍克弗尔特	Tomas H? kfelt	瑞　典	2000
霍西金斯	Brian John Hoskins	英　国	2002
胡正明	Chenming Calvin Hu	美　国	2007
黄煦涛	Thomas S. Huang	美　国	2002
井口洋夫	Hiroo Inokuchi	日　本	2000
简悦威	Yuet Wai Kan	美　国	1996
高锟	Charles K. Kao	美　国	1996
库什	Gurdev S. Khush	印　度	2002
克劳斯·冯·克利钦	Klaus Von Klitzing	德　国	2006
葛守仁	Ernest Shiu-Jen Kuh	美　国	1998
李政道	Tsung-Dao Lee	美　国	1994
杰马里·莱恩	Jean-Marie Lehn	法　国	2004
黎念之	Norman N. Li	美　国	1998

中文姓名	英文姓名	国籍	当选年份
林家翘	Chia-Chiao Lin	美　国	1994
马佐平	Tso-Ping Ma	美　国	2009
毛河光	Ho-kwang（David ）Mao	美　国	1996
马库斯	Rudolph A. Marcus	美　国	1998
米歇尔	Hartmut Michiel	德　国	2000
莫里茨	Helmut Moritz	奥地利	1998
弗里德・穆拉德	Ferid Murad	美　国	2007
雷文	Peter H. Raven	美　国	1994
萨支唐	Chih-Tang Sah	美　国	2000
沈元壤	Yuen-Ron Shen	澳大利亚	1996
肖荫堂	Yum-Tong Siu	美　国	2004
彼得・史・唐	Peter J. Stang	美　国	2006
郎尼・汤姆森	Lonnie Thompson	美　国	2009
丁肇中	Samuel C. C. Ting	美　国	1994
崔琦	Daniel Chee Tsui	美　国	2000
徐立之	Lap-Chee Tsui	加拿大	2009
王中林	Zhong Lin Wang	美　国	2009
托斯登・威塞尔	Torsten N. Wiesel	美　国	2004
吴耀祖	Theodore Yao-Tsu WU	美　国	2002
彼得・威利	Peter J. Wyllie	英　国	1996
杨振宁	Chen Ning Yang	美　国	1994
姚期智	Andrew Chi-Chih Yao	美　国	2004
丘成桐	Shing-Tung Yau	美　国	1994
理查德・杰尔	Richard N. Zare	美　国	2004
哈迈德・泽维尔	Ahmed H. Zewail	美　国	2009

2010 年逝世的中国科学院院士名单

（2010 年 12 月 31 日统计，共 20 人）

姓　名	所属学部	逝世时间
董申保	地学部	2010-2-19
张广学	生命科学和医学学部	2010-2-24
黄　宪	化学部	2010-3-6
魏荣爵	数学物理学部	2010-4-6
嵇汝运	化学部	2010-5-15
王鸿祯	地学部	2010-7-17
吴浩青	化学部	2010-7-18
赵仁恺	技术科学部	2010-7-29
钱伟长	数学物理学部	2010-7-30
阳含熙	生命科学和医学学部	2010-8-29
李星学	地学部	2010-10-31
庄逢甘	数学物理学部	2010-11-8
冯纯伯	信息技术学部	2010-11-10
杨弘远	生命科学和医学学部	2010-11-18
杨　起	地学部	2010-11-21
郝　水	生命科学和医学学部	2010-11-27
崔尔杰	数学物理学部	2010-12-13
施履吉	生命科学和医学学部	2010-12-14
邱式邦	生命科学和医学学部	2010-12-29
陈冠荣	化学部	2010-12-31

中国科学院第十五次院士大会

中国科学院第十五次院士大会 2010 年 6 月 7—10 日在北京举行。大会的主题是“高举中国特色社会主义伟大旗帜，继续深入贯彻落实科学发展观，积极推进自主创新，加快培养国际一流科学家和科技领军人才，切实发挥好国家科技思想库作用，为国家宏观决策提供高质量的咨询建议和科学依据，研究制订‘十二五’及 2020 年发展规划，为建设创新型国家作出新的贡献”。

6 月 7 日上午，中国科学院、中国工程院两院院士大会在人民大会堂隆重开幕。中共中央总书记、国家主席、中央军委主席胡锦涛出席会议并发表重要讲话。他强调，建设创新型国家，加快转变经济发展方式，赢得发展先机和主动权，最根本的是要靠科技的力量，最关键的是要大幅提高自主创新能力。在加快转变经济发展方式的进程中，我国科技界肩负着重大使命。我们必须把握机遇，审时度势，科学谋划，顺势而为，全力建设创新型国家，为加快转变经济发展方式提供强大科技支撑。

中共中央政治局常委、全国人大常委会委员长吴邦国，中共中央政治局常委、国务院总理温家宝，中共中央政治局常委、全国政协主席贾庆林，中共中央政治局常委李长春，中共中央政治局常委、中央书记处书记、国家副主席习近平，中共中央政治局常委、国务院副总理李克强，中共中央政治局常委、中央政法委书记周永康出席会议。

胡锦涛在讲话中首先代表党中央、国务院向大会的召开表示热烈的祝贺，向两院院士和全国广大科技工作者致以诚挚的问候。

胡锦涛指出，世界范围内生产力、生产方式、生活方式、经济社会发展格局正在发生深刻变革。培育新的经济增长点、抢占国际经济科技制高点已经成为世界发展大趋势，科技竞争在综合国力竞争中的地位更加突出。科学技术迅猛发展，深刻改变着经济发展方式，创新成为解决人类面临的能源资源、生态环境、自然灾害、人口健康等全球性问题的重要途径，成为经济社会发展的主要驱动力。知识是发展永恒的重要资源，知识创新成为国家竞争力的核心要素。科学技术迅猛发展正在引发社会生产方式的深刻变革。科技创新推动创造更多社会财富，为促进社会和谐充实物质基础。实践充分证明，科学技术是经济社会发展中最活跃、最具革命性的因素。当今世界，科学技术作为第一生产力的作用日益突出，科学技术作为人类文明进步的基石和原动力的作用日益凸显，科学技术比历史上任何时期都更加深刻地决定着经济发展、社会进步、人民幸福。

胡锦涛强调，一个国家的科技竞争力决定了其在国际竞争中的地位和前途。对世界经济、科技发展的新形势、新趋势，我们必须准确判断并牢牢把握，紧密结合我国国情，切实推动以人为本，全面协调可持续的科学发展，坚定不移走生产发展、生活富裕、生态良好的文明发展道路。我们必须坚定不移走中国特色自主创新道路，切实把科学技术摆在优先发展的战略地位，坚持自主创新、重点跨越、支撑发展、引领未来的方针，把增强自主创新能力作为战略基点，构建完整的创新体系，牢牢把握发展主动权。我们必须把科技进步与国家发展战略、经济社会发展目标、人民日益增长的物质文化需要紧密结合起来，站到科技和产业发展前沿，下大气力解决影响我国未来发展的重大科学和关键技术问题，抢占未来发展先机。我们必须坚持以人为本，大力发展与民生相关的科学技术，把科技进步和创新与提高人民生活水平和质量、提高人民科学文化素质和健康素质紧密结合起来，不断强化公共服务、改善民生环境、保障民生安全。

胡锦涛就当前要重点推动的科技发展工作提出8点意见。一是大力发展能源资源开发利用科学技术，坚持系统谋划、节能优先、创新替代、循环利用、绿色低碳、安全持续，形成可持续的能源资源体系，切实保障我国能源资源有效供给和高效利用。二是大力发展新材料和先进制造科学技术，加快推进材料产业结构调整，促进我国制造业结构升级和战略调整，发展先进装备制造业。三是大力发展信息网络科学技术，抓住新一代信息网络技术发展的机遇，创新信息产业技术，以信息化带动工业化，发展和普及互联网技术，推进国民经济和社会信息化。四是大力发展现代农业科学技术，发展高产、优质、高效、生态、安全农业和相关生物产业，保障粮食和主要农产品安全，实现农产品优质化、营养化、功能化。五是大力发展健康科学技术，建设世界先进水平的生物安全、食品安全、健康营养生活方式的科技保障系统，提高健康科学和健康服务水平。六是大力加强生态环境保护科学技术，提升生态环境监测、保护、修复能力和应对气候变化能力，构建人与自然和谐相处的生态环境保育发展体系。七是大力发展空间和海洋科学技术，保证我国有效和平利用空间，使我国海洋科技水平进入世界前列。八是大力发展国家安全和公共安全科学技术，提高对传统和非传统国家安全和公共安全的监测、预警、应对、管理能力，加强安全生产技术研究和推广。

胡锦涛强调，各级党委和政府要高度重视对科技工作的领导和支持，坚持把推动科技进步和创新作为加快转变经济发展方式的重要途径，加强科技投入，认真听取科技专家意见，把握科技发展趋势，制定和采取有效措施，推动解决经济社会发展涉及的重大科技问题。要深入实施人才强国战略，确立人才优先发展战略布局，创新人才培养体系，大力培养造就具有世界科研前沿水平的高级专家、高层次科技领军人才，注重培养一线创新人才和青年科技人才。要建立健全国家科技决策机制和宏观协调机制，加快构建以企业为主体、市场为导向、产学研相结合的技术创新体系，促进全社会科技资源高效配置和综合集成，促进科研布局和结构调整。

胡锦涛强调，科学精神是科学技术的灵魂。贯彻落实科学发展观，建设创新型国家，加快转变经济发展方式，必须大力弘扬求真务实、勇于创新的科学精神，在全社会形成讲科学、爱科学、学科学、用科学的良好风尚。希望两院院士自觉弘扬科学精神，以科教兴国为己任，坚持科技为经济社会发展服务、为人民服务，把为加快转变经济发展方式提供科技支持作为重要目标，勇于探索，敢为人先，努力攀登世界科技高峰，悉心培养和提携优秀青年人才，为建设创新型国家、推动经济社会又好又快发展作出新的更大的贡献。

出席大会的中央领导同志还有：王兆国、回良玉、刘云山、刘延东、李源潮、张德江、徐才厚、郭伯雄、令计划、王沪宁、韩启德、李建国、陈昌智、桑国卫、马凯、戴秉国、杜青林、陈奎元、李金华、万钢、林文漪、王志珍和宋健，以及中央军委委员陈炳德、李继耐、廖锡龙、常万全。

大会由全国人大常委会副委员长、中国科学院院长路甬祥主持。中国工程院院长徐匡迪致开幕词。

1400多位两院院士、11位中国科学院外籍院士，中央和国家机关有关部门负责人出席大会。

6月9日上午举行院士大会报告。国务委员刘延东应邀就科技工作形势和任务向出席两院院士大会的院士们作了专题报告。

6月7日下午举行的第一次全体院士会议上，全国人大常委会副委员长、中国科学院院长、学部主席团执行主席路甬祥代表第六届学部主席团向大会作了“引领我国科技跨越发展，开创学部工作新局面”的工作报告。他强调，凝聚起全体院士的智慧和力量，努力发挥好国家科学思想库作用。路甬祥说，当前中国科技发展的基本矛盾，是科技创新能力提升与经济社会需求快速增长不相适应的矛盾。具体到中科院学部工作，就是我们对社会的影响力和贡献与社会公众对科学的崇敬和期望还不够适应的矛盾。这就要求我们进一步增强历史使命感和社会责任感，努力发挥好国家科学思想库作用，提出服务国家决策的科学建议，提出引领经济社会和科技发展的真知灼见，弘扬科学精神、倡导科学方法、普及科学知识。他提出，新时期中科院学部发展的战略目标为：以服务社会主义现代化建设为目标，以发挥中国科技发展“火车头”作用为己任，着力发挥好决策咨询作用、学术引领作用、明德楷模作用，将中国科学院学部建设成为服务国家决策、科学引导公众的最高科技咨询机构，成为科学思想前瞻、学术作风严谨的我国科学技术最高学术机构，成为高举科学旗帜、弘扬先进文化的科学殿堂，成为在国内外有重要影响的国家科学思想库。路甬祥表示，中科院学部要以调整产业结构、转变发展方式、发展战略性新型产业、保障人口健康、保护生态环境、应对气候变化等重大问题为重点，积极开展主动咨询，不断提出重大科学建议和解决思路；要加强学科发展战略研究的系统布局，建立持续机制和组织，提出前瞻性的学科发展战略建议，切实发挥学术引领作用；要高举科学旗帜，弘扬科学文化；要加强学部工作支撑体系建设，加强学部国际交流合作。

大会期间，朱道本代表学部咨询评议工作委员会、陈宜瑜代表学部科学道德建设委员会、朱作言代表学部科普和出版工作委员会分别作了工作报告。各学部常委会主任也向本学部院士报告了两年来的工作情况。院士们结合学习讨论中央领导同志的讲话精神，对工作报告进行了认真审议，并就学部当前工作和长远发展提出了意见和建议。讨论了“2011—2020年我国学科发展战略研究”等学部工作；向库尔提欧教授、马佐平教授和王中林教授颁发了新当选外籍院士证书；举行了2010年中国科学院学部学术年会，共54位院士作学术报告；召开了庆祝学部成立55周年座谈会、2009年新当选院士座谈会；举行了2010年度陈嘉庚科学奖颁奖仪式。

6月10日，路甬祥院长在大会闭幕式上发表了题为《迎接知识文明新时代》的闭幕词。

咨询评议工作

2010 年，中国科学院学部共组织开展50余项咨询研究，新设29项咨询项目，其中重大咨询项目10项；完成并上报国务院咨询报告10份，其中9份咨询报告很快得到中央领导同志重要批示；报送院士建议12份，得到国务院和相关部门高度重视。

一、开展系统深入的战略和咨询研究

围绕能源、资源、环境等关系国计民生和可持续发展的重大问题，组织完成《我国围填海工程中的若干科学问题及对策建议》、《关于黄河黑山峡段开发问题的建议》、《关于筹建青海大规模光伏发电与水电结合的国家综合能源基地的建议》、《大力推进新疆大规模综合能源基地的发展》、《我国工业节能现状调研和对策》等咨询报告；安排部署《海水淡化与综合利用技术》、《大力加强低碳经济关键技术的研究和创新》、《东南沿海经济发达地区环境质量状况与对策》、《我国土壤重金属污染问题与治理对策》、《气候变化对青藏高原环境与生态安全屏障功能影响及适应对策》、《中国海洋与海岸工程生态安全中的若干科学问题及对策建议》、《稀土和钍的战略资源保护和合理利用》、《盐湖战略锂资源的保护与高值化开发》、《我国钢铁发展中的资源能源问题》等一批咨询项目。

针对国家发展战略性新兴产业的迫切需求，受国务院办公厅委托，对全体院士开展问卷调查并多次举办研讨会，完成《发展我国战略性新兴产业调查报告》报送国务院及相关部门，为国家制定相关政策提供重要参考。同时，设立《可集成性的量子计算技术发展预测和对策研究》、《生物信息及产业化技术发展预测和对策研究》等12个战略性新兴产业咨询研究课题，开展相关研究。

结合国家和社会关注的重大问题，开展持续研究。在2009年《关于2009哥本哈根气候谈判的若干建议》之后，继续深入系统地研究气候变化问题，向国务院提交《中国科学院学部关于参与对IPCC报告的独立评审情况的报告》、《关于全球变暖的认识及应对策略建议》两份专报信息，为国家宏观决策提供科学依据。对加强国民生活、人口与健康、城市化等领域突出的现实问题和长远发展问题进行咨询研究，完成《关于避免我国交通建设过度超前的建议》咨询报告，组织开展《国民心理健康状况、影响因素及对策》、《我国中长期人口发展趋势、人口政策调整及其影响研究》、《城乡统筹方针下我国城镇化合理进程研究》、《关于加强国家药品应急信息化建设的建议》等咨询研究。学部还十分关注生产安全问题，设立了《能源开发与输运过程中安全生产科学问题的研究》咨询项目。

二、结合地方需求组织咨询活动

继续开展新疆“天山南北院士行”活动。2010年组织百余位院士专家分赴乌鲁木齐市、昌吉回族自治州、喀什地区等地实地考察调研，为地方经济社会发展出谋划策。新疆维吾尔自治区张春贤书记对院士专家们的工作充分肯定并寄予厚望。在5年良好合作的基础上，中国科学院院士工作局与新疆科协签署新一轮5年合作协议，继续开展“天山南北院士行”活动，进一步拓展和深化学部服务新疆地方经济社会发展内涵。

应新疆喀什霍尔果斯经济开发区的要求，组织院士专家赴疆考察调研，完成经济开发区的战略规划研究，相关研究成果以专报的形式上报国务院，并提交新疆相关部门，既为经济开发区的发展提供有价值的规划意见，也有力地支持开发区建设。

三、认真报送《中国科学院院士建议》

《中国科学院院士建议》是院士自主为国家建言献策的重要途径。广大院士针对战略性新兴产业、资源以及科技体制等问题，撰写了《一个即将在广大农村、小城镇崛起的战略性新兴产业》、《为培育与发展电气工程战略性新兴产业而奋斗》、《关于当前政府如何补贴纯电动车的建议》、《关于MPP计算机发展对策的建议》、《关于建立“国家技术科学研究基金”资助制度的建议》等院士建议，以《中国科学院院士建议》方式报送国务院和有关部门，受到有关领导和单位的高度重视。

四、积极加强与国内外有关机构的交流与合作

组织完成并发布中国科学院、中国工程院、美国科学院、美国工程院两国四院《中美合作大规模可再生能源发电》咨询报告，并以中、英文形式公开出版。同时，启动中美两国四院智能电网方面咨询。

在与国家自然科学基金委员会联合开展“2011—2020年我国学科发展战略研究”取得重要成果的基础上，中国科学院学部开展了学科发展战略总报告的研究起草工作。与此同时，依靠各学部常委会，自主安排和启动15个学科的发展战略研究。

中国科学院有关部门和国家文物局合作，共同组织院士专家开展文物保护科技创新调研，在此基础上设立相关咨询项目，将调研成果进一步推向深入。

科学道德建设

科学道德建设是中国科学院院士队伍建设的重要内容，是学部发展的内在要求，事关学部和院士群体的声誉，我国科技事业的健康发展，以及我国社会的文明、和谐与进步。2010 年，中国科学院学部科学道德建设工作在重点强调院士自律，加强院士队伍自身建设的同时，进一步加大工作力度，弘扬和宣传院士优良科学道德和学风典范，开展科研诚信的研究，积极发挥学部和院士群体在科学道德方面的示范和引领作用，推动和促进我国和谐学术环境建设。

一、弘扬科学精神

结合中国科学院学部成立 55 周年纪念活动，通过《光明日报》、《科学时报》等媒体，积极宣传中国科学院院士严谨治学、无私奉献、淡泊名利的崇高品德，以及追求科学真理、献身祖国科学事业的高尚情操。

组织“钱学森科学和教育思想研讨座谈会”、“纪念竺可桢诞辰 120 周年座谈会”等活动，弘扬老一辈科学家科学精神，继承老一辈科学家学术思想。

二、强化院士道德自律

中国科学院院士作为科技工作者中的优秀分子，应恪守学部关于科学道德和学风方面的自律规定和行为准则，模范遵守科技工作者和社会公民的道德准则。为此，中国科学院学部道德委员会整理了学部科学道德和学风建设的相关规定，同时收录了国家及相关部委的部分规章制度，汇编成《中国科学院院士自律文件汇编》，印发全体院士。

三、科研诚信培训和教育

中国科学院学部组织编撰有关如何开展负责任的科学研究的规范读本，并联合有关部委，着手组织翻译出版国外有关科研诚信教育方面书籍，旨在全面阐述负责任的科学研究行为所应具有的基本规则，为科研人员提供贴近科研实践的、系统化和细致化的指导。

四、借鉴国际先进经验

中国科学院学部组织参加了第二届世界科研诚信大会，参与科研诚信的研讨交流，并与其他有关参会国家代表加强沟通，以汲取先进理念和经验，推进中国科学院学部的科学道德建设工作。

学术工作

2010 年，中国科学院学部继续推进《中国科学》和《科学通报》的改革和发展，在中国科学院第十五次院士大会期间成功组织学部学术年会，6 个学部常委会共部署开展了 15 个学科领域的学科发展战略研究。

一、推进《中国科学》和《科学通报》改革和发展

2010 年，《中国科学》和《科学通报》（以下简称“两刊”）按照理事会确定的总体定位和目标，依托中国科学院学部平台，采取一系列有效措施，努力提升学术水平和学术影响力。2010 年 1 月，《中国科学》与《自然科学进展》整合之后的《中国科学》新刊正式面世，在学术质量、可读性、编委和编辑力量等方面均有不同程度的加强。

2010 年 11 月 3 日上午，“两刊”理事会第三次会议在北京召开。理事会认真总结了“两刊”一年来工作，讨论“两刊”下一阶段工作，审议“两刊”“十二五”发展规划草案，就扩大“两刊”稿源、进一步国际化、加强编辑队伍建设等方面提出了详细的意见和建议。11 月 3 日下午，“两刊”创刊 60 周年纪念大会在北京举行。

二、组织 2010 年中国科学院学部学术年会

2010 年中国科学院学部学术年会是第十五次院士大会的重要内容之一。学术年会包括综合性主题报告会和专题性报告会两个部分。综合性报告会是结合社会广泛关注的国家经济社会发展中的重大问题，由院士从科学角度分别分析论述相关问题。专题报告会以学术专题为主，发表重要成果，阐述新兴学科、交叉学科、学术前沿的重要发展，并结合学部开展的咨询项目进行研讨，凸显学部学术活动的特色。

2010 年的学部学术年会，举办综合性报告会 1 场、专题学术报告会 9 场，共 54 位院士作学术报告。在综合性报告会上，王志珍、方精云、詹文龙、陈晓亚 4 位院士分别作了题为“关于我国科技体制与政策问题的几点思考与建议”、“全球气候变化与碳减排”、“核裂变能的可持续发展”、“转基因技术的研究与应用”的学术报告，参加中国科学院第十五次院士大会的院士，以及中国科学院京区各研究所研究人员、北京部分高校师生，社会科学领域学者等近 900 人出席报告会。

本届学术年会首次有计划地将学部学术年会与学部重大咨询项目结合，系统整合中国科学院学部的两项重大工作，有效促进了工作进展。

三、开展学科发展战略研究

为贯彻 2010 年两院院士大会新提出的学部战略目标，落实建设创新思想活跃、学术作风严谨的我国自然科学最高学术机构等战略任务，中国科学院学部主席团提出依托国内

有条件的研究机构，持续、系统地组织开展学科发展战略研究的部署，成立了以中国科学院自然科学史研究所为支撑机构的学部学科发展战略研究中心。学部的学科发展战略研究工作旨在依托院内外研究机构、大学和企业集团等单位，以引领我国科技发展、服务社会主义现代化建设为目标，以进一步增强我国理论原始创新和核心技术自主创新能力为方针，以梳理历史、探索规律、提炼问题、把握方向、创新思路、分析政策等为研究内容。为此，6 个学部常委会共部署了 15 个学科领域的学科发展战略研究，主要涵盖了物理学、力学、高能物理学、高分子化学、环境化学、化学工程、生物学、地震学、海洋科学、微电子、太赫兹、量子通信、材料学、工程力学、航天运输等学科领域。

四、组织“技术科学论坛”学术报告会

根据信息技术科学部、技术科学部常委会的决议和地方、部门需求，“技术科学论坛”2010 年组织 5 场学术报告会，邀请 11 位中国科学院院士、3 位中国工程院院士、1 位中国科学院外籍院士和 29 位有关领域科研一线专家作报告。

表 1　2010 年“技术科学论坛”学术报告会

时　间	地　点	主　题
3 月	杭州	光学前沿
5 月	上海	未来城市
9 月	南京	航空航天
10 月	泉州	半导体与新能源
11 月	北京	信息科学发展

资深院士联谊会工作

按照中国科学院、中国工程院资深院士联谊会制定的工作计划，组织联谊会理事会会议、“三农”问题研讨会、“教育改革”问题研讨会、科学诚信研讨会、院士与中学生面对面对话等活动，参加活动的院士百余人次。

资深院士联谊会经过一年多内几次研讨，形成了“向中央决策层提出解决‘三农’问题的三点建议”的院士建议，15 位院士围绕“三农”问题的研究撰写相关文章。建议书由 30 位资深院士签名后呈送国家有关领导。

资深院士联谊会经过酝酿，确立开展教育改革问题的咨询项目。2010 年 10 月 14 日，联谊会召开“我国创新型人才培养的问题与对策研究项目”启动会。会上，教育部袁贵仁部长作了题为“《国家中长期教育改革和发展规划纲要（2010—2020 年）》有关情况”的报告。杨福家、朱清时、韦钰院士分别作了题为“大学的根本在于育人”、“南方科技大学培养创新人才的教改实验”、“科学研究为早期儿童发展的决策提供支持”的报告。会议围绕咨询项目开展研究的有关问题进行了讨论。

资深院士联谊会关注院士队伍建设，研讨科学道德行为规范。为加强科学道德建设，中国工程院对有关文件进行了修订。联谊会组织资深院士对《中国工程院科学道德建设委员会的职能及工作制度》、《中国工程院院士科学道德行为准则》、《中国工程院院士科学道德行为准则若干自律规定》、《中国工程院关于涉及院士科学道德问题投诉件的处理规定》等 4 个文件进行了讨论。院士们认为，院士队伍的科学道德建设是一项长期工作，根据现实情况适时修订有关规章制度是加强制度建设的需要，中国科学院和中国工程院应有统一的相关制度。

2010 年，资深院士联谊会有关活动如下。

1. 理事会会议。2010 年 3 月 30 日、12 月 8 日，分别在北京市和厦门市召开了 2 次理事会会议。为加强联谊会的工作，根据师昌绪会长的提议，增补杨福愉、金国藩院士为两院资深院士联谊会的副理事长。

2. 院士与中学生面对面对话。2010 年 7 月，师昌绪、杨福愉、金国藩等共 15 位院士与专家与满洲里市四所中学 200 余名学生和教师欢聚一堂，展开对话。院士们或用自己的亲身经历，或引寓言讲故事，向同学们传授学习经验，也向同学们强调了做人的重要性。院士们纷纷表达了能够与中学生交流的愉悦心情。

3. 参观和考察活动。2010 年 9 月 25 日，“两院资深院士参观中国科技馆与国家动物博物馆”活动在北京举行。12 月在厦门举行的联谊会理事会扩大会议期间，资深院士们赴泉州参观考察了有关民营企业和闽台缘博物馆等。

陈嘉庚科学奖基金会工作

在陈嘉庚科学奖基金会理事会的领导下，基金会办公室认真组织完成 2010 年度陈嘉庚科学奖的评审与颁奖工作；新设立陈嘉庚青年科学奖并修订相关规章制度；完成陈嘉庚科学奖英文门户网站以及网上推荐、评审与管理系统的建设；继续组织陈嘉庚科学奖报告会，扩大陈嘉庚科学奖影响。

一、陈嘉庚科学奖基金会理事会会议

2010 年 2 月 23 日，陈嘉庚科学奖基金会第二届理事会第三次会议在北京召开。会议听取并审议了 2010 年度陈嘉庚科学奖评奖工作情况的报告，投票产生 2010 年度陈嘉庚科学奖获奖项目；审议通过了《2010 年度陈嘉庚科学奖颁奖仪式方案》；审议陈嘉庚科学奖基金会资金管理和财务收支报告，并就上一年度公益支出不足 8% 的问题进行讨论；审议修订《陈嘉庚科学奖基金会理事会组成及换届办法》，投票增补基金会理事并选举基金会新任秘书长；审议优化和完善评奖工作的建议，讨论设立陈嘉庚青年科学奖相关事宜。

11 月 26 日，陈嘉庚科学奖基金会第二届理事会第四次会议在北京召开。会议听取了关于设立陈嘉庚青年科学奖的报告，审议通过设立陈嘉庚青年科学奖及《陈嘉庚青年科学奖奖励条例》；审议通过陈嘉庚科学奖第四届评奖委员会组成人员名单，为评奖委员会主任颁发聘书；审议陈嘉庚科学奖基金会基金管理与财务情况，并就二届三次理事会会议以来工作情况汇报与 2011 年工作计划进行讨论。

二、2010 年度陈嘉庚科学奖获奖项目与颁奖宣传情况

2010 年 1—4 月，中国科学院各学部常委会分别召开评审会议，对陈嘉庚科学奖 6 个正式候选项目进行审议，产生 5 个建议获奖项目提交理事会。4 月 21 日，陈嘉庚科学奖基金会第二届理事会第三次会议对建议获奖项目进行审议，经充分讨论后投票选出 5 个获奖项目，如表 1 所示。

表 1　2010 年陈嘉庚科学奖获奖项目

奖　项	获奖项目	获奖人
数理科学奖	固体的变形局部化、损伤与灾变	白以龙
化学科学奖	态 - 态化学反应动力学研究	杨学明
生命科学奖	Beta-arrestin 信号调节机制及生理病理研究	裴　钢
地球科学奖	中国含油气盆地构造学	李德生
技术科学奖	人居环境科学	吴良镛

6月9日，2010年度陈嘉庚科学奖颁奖仪式在中国科学院第十五次院士大会和中国工程院第十次院士大会全体院士大会上举行。中共中央政治局委员、国务委员刘延东出席颁奖仪式，并与全国人大常委会副委员长、中国科学院路甬祥院长和中国工程院徐匡迪院长一起为获奖科学家颁发奖章和证书。

有关电视、网络、报刊等媒体都对颁奖仪式及获奖人进行了全方位的报道，在科技界产生了广泛的影响，对促进我国科学技术的创新与发展起到了很好的激励与推动作用。

三、设立陈嘉庚青年科学奖

2010年11月26日，陈嘉庚科学奖基金会第二届理事会第四次会议审议通过设立陈嘉庚青年科学奖，并讨论通过《陈嘉庚青年科学奖奖励条例》。陈嘉庚青年科学奖以奖励获得原创性成果，主要研究工作在中国境内完成，年龄在40周岁以下的青年科技人才。陈嘉庚青年科学奖设立6个奖项：数理科学奖、化学科学奖、生命科学奖、地球科学奖、信息技术科学奖和技术科学奖，每两年评选一次，奖金20万元人民币，在全体院士大会上颁奖。

四、陈嘉庚科学奖报告会

2010年4月16日，陈嘉庚科学奖第三场报告会在北京主办。2006年度陈嘉庚数理科学奖获得者、中国科学院院士范海福研究员做了题为《漫漫路上——我的科研经历和体会》的报告。12月7日，陈嘉庚科学奖第四场报告会在深圳举行，2008年度陈嘉庚数理科学奖获得者、中国科学院院士彭实戈和2010年度陈嘉庚化学科学奖获得者、中国科学院大连化学物理研究所研究员杨学明分别做了题为《积分、非线性期望与金融风险的定量计算》与《化学反应的量子特性》的报告。

五、网站建设

为进一步加强宣传和国际交流，陈嘉庚科学奖基金会在2009年5月开通中文门户网站的基础上，又于2010年6月开通英文门户网站（www. tsaf. ac. cn）。为规范管理、提高工作效率和水平，陈嘉庚科学奖基金会网上推荐、评审与管理系统于2010年9月投入使用。

六、日常管理

陈嘉庚科学奖基金会接受民政部2009年度年检，结果为“基本合格”。基金会于2010年10月接受民间组织服务中心组织的民政部基金会评估专家组的现场考察和评估，评估结果为2A，其严格、规范的评奖工作、档案工作和网站建设工作得到专家组高度评价。

基金会理财工作取得很大进展。中国银行积极支持基金会工作，为基金会设立对公结构性理财专属产品，以弥补本金。基金会积极采取措施，2010 年度公益事业支出已超过上年度基金余额的 8%，为 2010 年度年检工作奠定了良好基础。

院直属单位情况

分 院 机 构

北京分院（筹）

院　　长：丁仲礼（兼）
地　　址：北京市海淀区中关村南四街18号紫金数码园1号楼
邮政编码：100190
电　　话：010－62661266
传　　真：010－62661245
电子信箱：bjb@cashq.ac.cn
网　　址：http://www.bjb.cas.cn

中国科学院北京分院筹建于2005年3月1日，与中国科学院京区党委采用“同一机构、两块牌子”的形式合署办公。

北京分院是中国科学院机关派出机构，负责联络和协调中国科学院在北京、天津和山西地区的41个研究机构、1个教育机构、2个公共支撑单位和1个新闻单位。

截至2010年底，北京分院系统共有在职职工19 522人。其中科技人员14 572人，包括中国科学院院士158人、中国工程院院士22人。京区党委所属基层党组织59个，党员总数33 861人。

一、加强领导班子建设

1. 思想建设。北京分院组织中国共产党十七届五中全会专题辅导报告，指导京区单位学习贯彻全会精神；结合学习实践科学发展观主题活动和创先争优活动的开展，组织领导干部参加“求是论坛”；结合中国科学院“创新2020”要求，组织北京分院系统领导干部沙龙和“学习贯彻总书记院士大会讲话精神座谈会”；组织第二期非中共所局级干部研讨班；制定印发《北京分院系统领导干部行为规范》。

2. 组织建设。北京分院按照中国科学院党组的部署和要求，完成8个基层单位领导班子换届、12个单位领导班子届中、6个单位领导班子个别调整考核和4个单位后备干部考察审批工作，并向20个单位反馈考核结果；指导并顺利完成10个基层党委的换届选举工作；制定印发《北京分院所长助理管理暂行规定》，进一步加强后备干部队伍建设。

3. 作风和制度建设。北京分院推动基层单位贯彻落实《中国共产党党员领导干部廉政从政若干准则》（简称《廉政准则》），组织京区1000名处级以上领导干部参加《廉政准则》知识答卷、1000名党员领导干部参观全国检察机关惩治和预防渎职侵权犯罪展览，为基层纪委发放教育音像和廉政书籍近千册（件）；认真抓好领导干部落实廉洁自律报告制度和对党风廉政责任制落实情况的检查，完成北京分院系统单位党风廉政建设责任书的签订工作。

二、推进院地合作

北京分院以落实责任区合作协议为重点，统筹部署、积极推进，院地合作工作取得显著成效。

1. 全面加强与北京市科技合作。完善工作机制。推进重大科技成果在中关村国家自主创新示范区转化和产业化，建立和完善在京项目转化工作机制；成立“院市科技合作”工作小组，签署“中国科学院重大科技成果在京转化战略合作协议”，推动院市共建“超级云计算中心”、计算技术研究所“龙芯产业园”等一批比较成熟的重大研发与产业化项目在京实施；成功引进政府股权投资，加快推进首都战略性新兴产业发展。推进中国科学院北京怀柔科教产业园建设。电子学研究所、力学研究所和中科合成油技术有限公司3个首批入园单位一期工程竣工；化学研究所一期工程封顶；其余10个研究所的项目设计方案稳步推进；北京综合研究中心启动项目规划和选址工作；怀柔开发区启动一期公寓规划选址工作。推进首都科技条件平台建设。北京分院18个研究所加入平台建设，累计价值20亿元的仪器设备和50项优秀科研成果面向企业和全社会开放，服务合同总金额达9.38亿元。

2. 积极做好中科天津电子信息产业园工作。园区内天津中科遥感信息技术有限公司、天津中科蓝鲸信息技术有限公司年产值实现翻番；曙光天津产业基地二期工程于2010年5月竣工并正式投入使用，可年产高性能计算机数量超过50万台；天津中科理化新材料技术有限公司于2010年9月成立；强化中国科学院支持天津市（滨海新区）建设科技行动计划项目（简称“天津专项”）过程管理，与天津市科学技术委员会共同组织完成“天津专项”39个项目的中期检查；召开天津工业生物技术研究所筹建领导小组会议，积极推动研究所筹建工作。

3. 积极推动与内蒙古自治区的合作。2010年3月，中国科学院与内蒙古自治区续签新一轮全面科技合作协议，内蒙古草业中心挂牌成立；编制完成《内蒙古自治区产业科技需求调研报告》；推动地方政府融资近4亿元；启动恩格贝生态文明示范区内设施农业大棚等建设项目；推进四子王旗高空气球飞行基地项目建设；推动加速器驱动的次临界堆（ADS）嬗变系统工程项目选址等。

4. 加强对中国科学院唐山高新技术研究与转化中心的管理和指导。制定《中国科学院唐山高新技术研究与转化中心科学技术研究项目管理办法》；推进启动中国科学院知识创新方向性项目“曹妃甸滨海盐碱地绿化技术研究与示范”；策划中国钒钛产业高峰会议；推动中国电谷2010年首批重点项目——中国科学院（保定）光伏系统检测实验室在保定高新区奠基。

三、深化党建和创新文化建设

1. 扎实推进京区单位创先争优活动。北京分院党组及时印发《中国科学院京区深入开展创先争优活动的实施方案》，组织召开京区创先争优活动动员部署会议，指导和推动京区各单位开展创先争优活动，制定活动实施方案、设计活动载体，扎实有序地推进创先争优活动的开展；认真做好创先争优活动宣传工作，在北京分院网站设立“开展创先争优活动，迎接建党90周年”专题，编印中国科学院创先争优活动简报28期，上报中共中央国家机关工作委员会信息交流3期，刊载中央创先争优简报专刊2期。

2. 不断加强学习型党组织建设。通过集中开展思想教育活动，建立党性定期分析制度，大力推进学习型党组织建设；认真总结“党员永葆先进性”和“我为创新做贡献”两个主题活动，努力形成广大党员“讲党性、重品行、做表率”的长效机制，丰富创先争优活动的形式和内容；以提升领导班子把握领导科技创新能力为重点，加强基层单位中心组学习，推进学习型党组织建设。

3. 进一步推进基层党组织建设。积极推动中国科学院党组贯彻落实《关于加强党的基层组织建设的指导意见》，开展工作调研，在实际工作中加强党支部书记的选配和培训，进一步加大学术带头人和科技骨干入党工作力度；推动京区党建工作交流，开展“党建工作创新奖”评选活动，进一步提升工作水平和影响力；完成9个党委的换届考评和届中考评工作，有效推进党建工作的深入开展。

4. 积极搭建创新文化传播新平台。成立中国科学院创新文化建设办公室；组织召开中国科学院创新文化工作部署暨政研会第七次理事大会，开展创新文化课题研究，不断扩大北京分院创新文化广场的辐射面和影响力；创办中国科学院党建宣传刊物——《科苑人》，编印《科苑人专刊——全国党建研究会专刊》，打造反映中国科学院创新文化建设和科研院所思想政治、精神文明、管理创新等工作的新平台。

5. 扎实推进统一战线工作。举办第二期非中共所局级干部研讨班和第十期非中共科技骨干培训班；支持中国民主同盟中国科学院委员会办好“绿色发展与生态环境”高层论坛；鼓励中国国民党革命委员会和中国民主建国会两个党派建立交流研讨机制；指导召开中国科学院侨联第六次归侨侨眷代表大会，推荐中华全国归国华侨联合会首批特聘专家委员11人。

6. 进一步规范群众组织工作。制定《北京分院系统研究所职工代表大会有关工作程序》；指导完成26个基层群众组织换届调整工作；修改中国科学院青年联合会章程并完成换届工作；组织“合格职工之家”验收，向中央国家机关和中华全国总工会推荐“先进职工之家”、“模范职工之家”；积极推动全民健身，组团参加第四届全国体育大会和中央国家机关第三届职工运动会，取得比赛成绩与精神文明双丰收。

四、完成其他各项工作

1. 认真履行中国科学院党建工作领导小组办公室和创先争优领导小组办公室的职责。起草印发《中国科学院2010年党的工作要点》、《中国科学院党组关于加强党的基层组织建设的指导意见》和《中国科学院关于在基层党组织和党员中深入开展创先争优活动的实施意见》，组织召开中国科学院创先争优活动经验交流视频会，撰写中国科学院知识创新工程自评估报告中关于党建和创新文化部分内容。

2. 做好全国党建研究会科研院所党建研究专业委员会工作。组织召开全国党建研究会科研院所党建研究专业委员会一届二次全委会、研究课题中期推进会和研究成果交流会暨年会，适时增补4个委员单位。中国科学院承担的两个党建课题分别获得了专委会2010年优秀成果一等奖和二等奖。

3. 切实为基层办实事。组织300人次的职工休养，911名局级领导和科研管理骨干体检；办理718人次女工保险；重大节日走访慰问困难职工80余人次；办理京外调干31人；解决夫妻两地分居331人；审批接收应届毕业生1847人；办理接收回国留学人员67人；办理9位新增院士和20名“千人计划”入选者的干部医疗；办理因私、因公出境人员报备1354人次。

4. 开展房地产数据整理工作。完成京外78个院属单位的土地、房屋和地下空间的现场核实工作，中国科学院132个事业单位（含二级单位）的房地产基础数据、地理信息数据和影像数据全部导入院ARP系统，供中国科学院各级用户使用。

（撰稿：王敬泽　周亚东　审稿：欧龙新）

沈阳分院

院　　长：包信和

地　　址：辽宁省沈阳市和平区三好街24号
邮政编码：110004
电　　话：024－23983359，024－23983356
传　　真：024－23983343
电子信箱：syb@mail.syb.ac.cn
网　　址：http://www.syb.cas.cn

中国科学院沈阳分院的前身是1951年成立的中国科学院东北分院，负责管理中国科学院驻东北的工业化学研究所等8个科研单位。1954年8月东北分院撤销，所属研究所归中国科学院直接领导。1958年12月，成立中国科学院辽宁分院，负责管理中国科学院在辽宁地区和地方的科研机构。1961年8月辽宁分院撤销，所属科研机构划归辽宁省科学技术委员会领导。1962年10月恢复中国科学院东北分院，负责管理中国科学院在东北的科研单位。1970年8月东北分院撤销，所属单位归地方领导。1978年5月中央批准恢复成立中国科学院沈阳分院。

沈阳分院是中国科学院机关的派出机构，负责联络和协调中国科学院在辽宁地区的大连化学物理研究所、金属研究所、沈阳应用生态研究所和沈阳自动化研究所，驻山东省的海洋研究所、青岛生物能源与过程研究所和烟台海岸带研究所。

截至2010年底，沈阳分院系统共有在职职工4679人。其中高级研究人员1523人，包括中国科学院院士17人、中国工程院院士9人。

一、领导班子建设

2010年，沈阳分院完成沈阳应用生态研究所领导班子换届，金属研究所领导班子届中考核；配合中国科学院企业党组完成沈阳计算技术研究所有限公司领导班子换届考核，配合中国科学院人事教育局面向社会公开招聘烟台海岸带研究所副所长2名，启动沈阳应用生态研究所公开招聘副所长工作；完成沈阳应用生态研究所和沈阳计算技术研究所有限公司党委换届，指导青岛生物能源与过程研究所和烟台海岸带研究所组建党委、纪委；完成沈阳分院系统所级后备干部选拔推荐工作。

在2009年率先开展与研究所领导干部和职工纪监审互动试点基础上，2010年调整互动思路，重点完成沈阳分院党组与7个研究所领导班子的工作互动；将工作互动与加强领导班子思想作风建设相结合，通过互动全面了解领导班子的思想作风、廉洁自律和管理工作情况，了解研究所科研创新工作的进展情况，检查各所对中国科学院巡视组反馈意见和群众关心的热点问题整改落实情况等；举办沈阳分院第24期所级领导干部暑期学习班，贯彻中国科学院夏季党组扩大会议精神，研究落实“创新2020”实施方案。

沈阳分院党组参加各单位领导班子民主生活会，了解领导班子工作状况，就影响单位发展的重大问题和群众反映的热点问题，与领导班子交换意见，并督促整改和落实；加强沈阳分院班子自身建设，认真抓好沈阳分院领导班子理论中心组学习，组织学习“四项监督制度”、领导干部《中国共产党党员领导干部廉洁从政若干准则》（简称《廉政准则》）和中国共产党十七届五中全会精神，开好民主生活会；认真落实中国共产党中央纪律检查委员会和中国科学院党风廉政建设工作会议精神，督促各单位领导干部认真做好收入申报和重大事项申报工作。

二、院地合作

1. 联合长春分院，积极推进东北创新集群建设。按照中国科学院的统一部署，与长春分院紧密合作，共同推动研究所部署实施“创新2020”；召开4次大型战略研讨会，组织研讨和制定“东北先进材料、绿色智能制造和现代农业区域创新集群”建设方案，形成东北区域创新集群建设总体方案。

2. 创新合作模式，拓展院地合作新领域。2010年4月，“中国科学院——威高集团有限公司高技术研究发展计划”正式启动，项目为期五年，由中国科学院与企业、地方政府每年共同出资3000万元；与东北电网有限公司签署全面科技合作协议，院地合作工作从区域走入行业；在沈阳市实施“科技特派员（团）服务企业计划”，向沈阳市29家企业派遣科技特派员45人，建立研究单位与企业之间的无缝交流；组织与产业和行业专题对接，举办“现代煤化工”等6次技术论坛。

3. 完善区域布局，深化院地合作网络体系建设。与辽宁省沈阳市、鞍山市，山东省日照市等续签、新签区域合作协议；院属单位在山东省济南市、青岛市和烟台市设立分部（研发基地）达7家；设立中国科学院沈阳国家技术转移中心鞍山分中心，推进本溪市、丹东市和盘锦市3个分中心的筹建工作；在辽宁省和山东省推动建立11个产业技术创新联盟、1个院士工作站以及32个技术开发平台和产业化基地。

4. 发挥智囊作用，积极向地方政府建言献策。迅速应对大连“7.16输油管线漏油事故”，成立应急工作小组，召开“中国科学院大连原油污染治理专家研讨会”，实地考察污染现场，向大连市提交《关于应对大连原油污染的对策和措施》报告；针对2013年在辽宁省举办的中华人民共和国运动会（简称“全运会”），提交《关于积极应用先进科学技术，努力打造“科技全运”的几点建议》的报告；提交“紧紧抓住中国科学院调整科技布局机遇，加快辽宁省科技创新进程，促进发展方式转变”的报告，为辽宁省全面振兴和丹东市海洋产业发展等提供咨询建议，得到地方领导的重要批复及部分采纳。

沈阳分院获中国科学院院地合作先进集体一等奖，沈阳科技园获先进科技园奖。

三、党的建设与创新文化建设

积极推进学习型党组织建设，举办学习中国共产党十七届五中全会精神等专题辅导报告会；精心组织开展创先争优活动；沈阳分院直属机关党委开展“两先两优”评选，表彰11个先进党支部、5个先进党小组、20名优秀共产党员和6名优秀党务工作者；对党内基层民主建设进行改革探索，在沈阳应用生态研究所开展基层党支部换届直选试点工作，并向系统内推广，取得良好反响；建立对生活相对困难党员的党内帮扶机制；抓领导干部的反腐倡廉教育，组织沈阳地区副处级以上党员干部参加《廉政准则》学习测试，观看警示教育宣传片，参观辽宁省反腐倡廉警示教育基地，开展沈阳地区廉政征文等活动。

加强青年人才工作，评选表彰第二届“沈阳分院优秀青年科技人才奖”，举办新近留学回国人员国情考察班；组织沈阳地区党员干部参加扶贫帮困活动，沈阳分院获辽宁省定点扶贫工作先进单位；加强文化建设，共举办6期“沈阳分院科技管理讲坛”，提升机关管理干部综合素质；加强制度建设，修订沈阳分院机关年度考核办法和机关职工大病救助的规定等制度；加强廉政建设，进一步落实沈阳分院机关岗位反腐控制点；强化民主监督，开通沈阳分院内网，实行院务公开；改善办公条件，增加文体活动设施，积极开展全民健身文体活动。

（撰稿：高　辉　周　峰　审稿：马　思）

长春分院

院　　长：王利祥
地　　址：吉林省长春市人民大街7520号
邮政编码：130022
电　　话：0431－85380224
传　　真：0431－85384068
电子信箱：yzb@ms. ccb. ac. cn
网　　址：http://www. ccb. ac. cn

中国科学院长春分院成立于1978年5月，是中国科学院的派出机构，负责联络和协调中国科学院驻长春地区的长春光学精密机械与物理研究所、长春应用化学研究所、东北地理与农业生态研究所及国家天文台长春人造卫星观测站。截至2010年底，长春分院系统共有在职职工3211人。其中科技人员1822人，包括中国科学院院士5人、中国工程院院士1人和发展中国家科学院院士3人。

一、加强领导班子建设，提高领导科技创新能力

2010年，长春分院联合沈阳分院举办了两分院所长书记研讨会，围绕研究制定“创新2020”实施方案，就领导班子建设进行研讨；举办长春分院第十九期所长书记研讨会，对东北区域创新集群建设、领导班子建设和创先争优活动进行了交流研讨；在所级领导干部中开展学习贯彻干部选拔任用“四项监督制度”和《中国共产党党员领导干部廉洁从政若干准则》活动，召开各所领导班子民主生活会，班子成员认真开展批评与自我批评；长春分院及各所站围绕启动实施“创新2020”，开展理论中心组学习活动；协助完成东北地理与农业生态研究所领导班子换届考核工作，和长春光学精密机械与物理研究所领导班子届中考核工作，主持完成东北地理与农业生态研究所党委、纪委的换届分工工作。

二、加强院地合作，大力推进科技成果转化

1. 积极推进与吉林省和黑龙江省的合作。协助组织召开各类科技成果展会对接会16次；转移科技成果97项，合同金额6.33亿元；组织接待地方政府和企业到研究所考察、项目洽谈125次，促成合作项目29项。

2. 积极策划，促成院地高层会晤。中国科学院与吉林省政府在北京举行科技合作座谈会暨《院省联合推进长吉图开发开放先导区建设技术创新合作协议》签字仪式；在北京举行中国科学院与哈尔滨市政府科技合作座谈会，确立共建“中国科学院哈尔滨产业技术创新与育成中心”（简称“哈尔滨育成中心”）。

3. 加强合作，推进东北区域创新集群建设。与沈阳分院共同初步制定东北区域创新集群建设总体方案及“先进材料”、“绿色智能制造”和“现代农业”创新集群建设方案。

4. 积极落实与大企业的持续合作。与中国第一汽车集团公司在汽车发动机节能减排与可靠性关键润滑技术等方面开展实质性合作；与长春轨道客车公司就高速列车发展技术创新需求进行多次项目对接；促成吉林省通化市政府、中国科学院长春分院、中国科学院北京基因组研究所和吉林省紫鑫药业股份有限公司联合签订人参产业战略合作框架协议。

5. 加强管理，推动院省合作资金项目实施。完成2010年“院省合作资金”项目的立项工作，确立项目15项；完成20个项目的财务审计，并对2005年至2010年院省合作资金项目的执行情况进行全面总结。

6. 加强协调，推动“哈尔滨育成中心”筹

建工作。2010 年 11 月，中国科学院院长办公会批准共建方案。目前，已有 6 家院内单位与哈尔滨高新区签署入驻协议，第一批 12 个产业化项目通过评审。

7. 加强交流，深入开展国际科技合作。2010 年 11 月，与俄罗斯科学院西伯利亚分院续签《中国科学院长春分院－俄罗斯科学院西伯利亚分院科技合作协议书》；2010 年 12 月，“西伯利亚分院常设科技成果展”在长春市中俄科技园举行，来自西伯利亚分院 11 个研究所的专家在项目推介会上分别介绍俄罗斯科研成果。

8. 健全机制，加快推进长春中俄科技园建设。2010 年，俄罗斯联邦托木斯克理工大学代表处入住长春中俄科技园；引进“高精度直线电机及控制技术”等 3 个项目，并开工建设；2010 年，中俄科技园园区产值 2 亿元，利税 2000 万元，被国家科学技术部批准为“2010 年度国家科技企业孵化器”。

三、认真总结，加强党建与创新文化建设

1. 不断推进和加强党建工作。长春分院党组紧密结合党建工作实际，初步形成“以科学理论指导、以科学制度保障、以科学方法推进”的党建工作思路；召开长春分院系统创先争优活动大会，部署开展创先争优活动实施方案，明确以建设学习型党组织为有效载体，组织各所站开展形式多样的主题活动。

2. 加强惩治和预防腐败体系建设。继续加强对课题经费等 8 个重点领域的监督和预防，重点开展基建、科研课题和“小金库”专项治理 3 项工作自查和检查；邀请吉林省人民检察院检察官为处级以上领导干部作《科研院所职务犯罪预防与对策研究》专题报告，制定《长春分院党风廉政建设目标管理责任制》实施方案。

3. 不断丰富和发展创新文化。引导广大职工牢固树立“科教兴国为己任，创新为民为宗旨”的科技价值观，弘扬和传承中国科学院精神，构建积极向上、团结和谐的工作环境和人文环境；成功举办长春分院第三届职工田径运动会；组织开展“向玉树地震及西南五省干旱灾区献爱心”活动。

四、其他工作

长春分院进一步加强分院机关建设，提高管理和服务能力。2010 年，新招聘 6 人进入长春分院机关工作；在机关党员中组织开展“读一本好书”活动，取得良好效果；通过中层干部上岗培训等活动，提升了机关管理人员的工作能力；协助中国科学院院士工作局承办中国科学院化学部常委会会议；组织院士参加省市举办的国情考察活动；完善科技副职管理工作，重视科技副职的选派、走访、看望和考察工作，征求对科技副职工作的意见和建议；组织离退休人员参加各类活动，协调各所站及时调整退休人员临时生活补助。

（撰稿：张振生　封　帆　审稿：甘建国）

上海分院

院　　长：江绵恒
地　　址：上海市徐汇区岳阳路 319 号
邮政编码：200031
电　　话：021－64310242
传　　真：021－64374915
电子信箱：yangzh@shb.ac.cn
网　　址：http://www.shb.ac.cn

中国科学院上海分院的前身是 1950 年 3 月经政务院批准成立的中国科学院华东办事处。1958 年 11 月，华东办事处在接管并改造原中央研究院和北平研究院在上海、南京的研究机构的基础上，正式成立了中国科学院上海分院。1961 年，上海分院改为华东分院。1970 年，中国科学院撤销分院建制。1977 年 11 月，恢复成立中科院上海分院。

上海分院是中国科学院机关的派出机构，负责联系和管理中国科学院驻上海、浙江、福建地区的研究院所。上海分院现有 13 个法人研究机构，包括上海微系统与信息技术研究所、上海硅酸盐研究所、上海光学精密机械研究所、上海应用物理研究所、上海技术物理研究所、上海有机

化学研究所、上海生命科学研究院、上海天文台、上海药物研究所、上海巴斯德研究所、福建物质结构研究所、宁波材料技术与工程研究所、城市环境研究所，还有筹建中的中国科学院上海高等研究院。

截至2010年底，上海分院系统共有在职员工8000多人。其中高级研究人员2000多人，包括中国科学院院士49人，中国工程院院士12人。

一、领导班子建设

以落实“九个转变”为指导，增强领导班子和领导干部领导能力为核心，努力促进分院系统全面实现知识创新三期发展目标，为谋划实施“创新2020”奠定坚实基础。

1. 思想建设：着眼理念先进，思想到位。通过组织领导干部学习班、领导干部学习交流会等形式，推动研究所领导班子准确定位，前瞻部署，进一步理清发展思路，为加快转变经济发展方式做好科技支撑。深入系统各研究所开展调研交流，贯彻“九个转变”，进一步统一了研究所广大职工的思想认识，夯实了思想基础。

2. 组织建设：着眼能力提升，结构优化。共完成了1个领导班子换届，3个领导班子届中考核工作，对3个单位党委班子进行了换届选举工作，并指导组建城市环境研究所党委班子；年度领导班子考核和党委换届共涉及各所领导37人，其中提任8人。

3. 作风建设：着眼形成合力，责任到位。加强考核反馈，坚持提醒促进。综合分析、总结考核情况，认真查找研究所发展中存在的不足和差距，形成建设性意见和建议，由分院主要领导亲自到研究所进行反馈，沟通，提醒。开好民主生活会，坚持思想教育。

4. 后备体系建设：着眼领导班子可持续发展，做好后备干部、中青年骨干的选拔、培养、管理。按照“选、育、管、用”的工作原则，采取考察跟踪、适时选拔、加强培训等措施，继续推进后备干部队伍建设，组织了第三次后备干部培训班。组织开展“中科院上海分院第二届杰出青年科技创新人才”的评选表彰。积极推荐优秀科技人才参加上海市“千人计划”等地方性人才资助项目。加大在优秀青年人才中发展党员的力度，把人才培养与组织发展工作结合起来。

5. 党风廉政建设。组织召开加强党风廉政建设、推进反腐倡廉专题学习会，邀请上海市纪委、院监察审计局领导作专题报告和辅导讲座；组织召开上海分院纪检监察工作交流研讨会、纪检监察工作总结交流会，开展反腐倡廉专题研究，推动和促进研究所党风廉政建设和纪检监察工作。

二、院地合作

以建设上海浦东科技园为核心，构建上海区域创新与转化集群。围绕“创新2020”实施方案，启动编制了上海、浙江和福建区域“十二五”院地合作规划；积极推动组织先导专项的论证，着力构建以浦东科技园为核心，各现有研究所为基础，共建研发平台为支撑，嘉定高新技术产业化基地、宁波工研院、海西院为增长点，各类转化中心为网络，技术对接和所企交流为补充的辐射长三角和海西地区的上海区域创新与转化集群。

1. 浦东科技园园区建设。上海分院与上海市有关部门共同组建浦东科技园建设指挥部，统筹、协调、推进园区基建工作。2万m^2新药创制项目已于7月交付使用；10万m^2的新技术基地年底建成入驻，7幢建筑的结构工程均通过了市优质结构的评定；5万m^2的交叉前沿基地今年实现结构封顶；3万m^2的蛋白质科学研究（上海）设施年底开工建设。包括7.5km道路、1km新开韩家宅河以及水、电、燃气、通信等市政配套项目工程同步落成。

2. 推动和协助高等研究院筹建。在基建、财务、人才引进等方面给予指导和帮助。科研项目布局迅速，三网融合、高端医疗设备、云计算、转化医学、煤基多联产、超细纳米对撞机、绿色智能城网等工作取得重要进展。2010年12月26日高研院正式入驻浦东科技园，标志进入新的发展阶段。

3. 共建研发机构和科研平台。上海光源通过国家验收，截至10月底累计提供用户机时36 160h，执行通过专家评审的课题申请960个，实验人员达3983人次，并已有多家企业用户和少量国际用户，多项优秀成果发表。上海辰山植物园上半年试开园，占地面积约207hm^2，总投资21.6亿元，中国科学院上海辰山植物科学研究中心正式挂牌，召开首届国际学术研讨会；国家蛋白质工程上海设施完成前期工作，正式开工建设。65m射电望远镜列入上海市重大工程，建设工作达到阶段性目标。宁波材料研究所二期建设工程——宁波工业技术研究院正式开工。该研究院将秉承"集成先进技术，创建转化平台，为经济社会可持续发展提供创新性解决方案"的宗旨，促进成果转化、项目育成。中科院海西研究院建设项目签约；该项目落户福州海西高新技术产业园，占地200亩，计划新建三所一中心；一期工程12月正式动工建设。

4. 技术转移转化中心和产业化基地建设。上海嘉定高新技术产业化基地已初显雏形，上海物联网中心和钠硫储能电池研发和产业化基地落户嘉定，上海技术物理研究所嘉定分部正式启动，先进核能园区方案初定，电动车中心与多方合作，已开始批量生产。嘉兴中心积极推进应用技术研究院的筹建。全年实施和转化项目102个，实现转化产值22.6亿元，为企业新增利税3.7亿元（比去年增长了70%）。湖州中心成为生物技术转移平台和产业孵化基地，引进了5个专业技术创新中心。台州中心成为企业技术创新平台和精细化工基地，已经建成3个专业中心。金华科技园推进实体化建设，组织30余次专题对接。杭州科技园加紧筹划杭州临江、临安和余杭等多个地区共建研发平台和产业化基地。宁德产业化示范基地启动应用技术开发平台和孵化与产业化基地建设工作。

5. 技术成果对接活动。组织中国国际工业博览会、中国浙江网上技术市场活动周、中国海峡项目成果交易会（福建618）、中国衢州工业科企合作洽谈会、中国金华工业科技合作洽谈会、杭州市科技合作洽谈会等大型技术对接活动，加强技术成果对接。推动研究所与上海电气集团、上海市电力公司、上海宝钢集团、上海华谊集团等在智能电网、金属材料制备、清洁煤化工等方面的探讨合作。

三、党的建设与创新文化建设

成立了沪区党委，全面领导沪区党的工作，指导各所党委坚持围绕中心，有序开展党建工作，为"创新2020"提供坚强有力的政治、组织和思想保障。

1. 建立组织架构，健全工作机制。沪区党委成立之后，积极推进群众组织筹建，相继召开了第一届上海分院工代会、妇代会、团代会。逐步建立健全党委职能部门架构，明确分工和职责。通过建立沪区党委扩大会议、研究院所党办主任例会、纪检干部例会等会议制度，探索完善工作机制。

2. 谋划沪区党建工作，提高党建工作科学化水平。与研究所党委领导共同思考和谋划，开展有特色的党的工作，推动科技创新和研究所持续跨越发展，初步形成了沪区党委规划。丰富党建载体，开通沪区党委网站。

3. 注重特色，开展创先争优活动。通过优秀实践案例和特色工作评选、组织评选表彰先进等，以典型案例引导，共同推进创先争优。编写创先争优活动简报，开展案例交流和优秀案例评选，扩大活动成果，增进活动成效。

4. 结合时事，推进创新文化建设。通过"纪念建党89周年迎接创新2020"座谈会、"迎五一、迎世博"演讲比赛等活动形式，营造文化氛围；组织对青海玉树、甘肃舟曲灾区募捐活动，传递真情爱心；以政研会、精神文明考评等为抓手，推进创新文化建设。

（撰稿：杨振华　朱泰来　审稿：王建宇）

南京分院

院　　长：周健民
地　　址：江苏省南京市北京东路39号
邮政编码：210008
电　　话：025－83376846
传　　真：025－83362239
电子信箱：ffzhu@njbas.ac.cn
网　　址：http://www.njb.cas.cn

中国科学院南京分院的前身是中国科学院华东办事处。1950 年，中国科学院接管原中央研究院在南京的科研单位，成立了中国科学院华东办事处。1969 年，华东办事处撤销，全部业务交由江苏省科技主管部门管理。1978 年 11 月，经国务院批准恢复成立中国科学院南京分院。

南京分院是中国科学院机关的派出机构，负责联络和协调中国科学院在江苏地区的紫金山天文台、南京地质古生物研究所、南京土壤研究所、南京地理与湖泊研究所、南京中科天文仪器有限公司、国家天文台南京天文光学技术研究所、苏州纳米技术与纳米仿生研究所、苏州生物医学工程技术研究所和江苏省中国科学院植物研究所（双重领导）等单位。

截至 2010 年底，南京分院共有在职职工 1889 人。其中科技人员 1410 人，包括中国科学院院士 11 人，研究员及正高级工程技术人员 289 人、副研究员及高级工程技术人员 296 人。

一、加强领导班子建设

深入分析系统内领导干部队伍现状和领导班子建设面临的目标任务，有针对性地加强组织建设、能力建设和后备干部队伍建设，提高领导班子驾驭科学发展的能力，推进改革创新、和谐奋进研究所的建设。

1. 组织建设。完成国家天文台南京天文光学技术研究所、南京中科天文仪器有限公司换届考核工作和南京土壤研究所、南京地质古生物研究所届中考核工作；产生南京天文光学技术研究所和南京中科天文仪器有限公司新一届领导班子；完成苏州纳米技术与纳米仿生研究所、南京天文光学技术研究所和南京中科天文仪器有限公司党委换届选举工作。

2. 能力建设。召开以“解放思想，‘创新 2020’”为主题的南京分院系统领导班子成员研讨会，交流各所“创新 2020”工作部署经验；召开“中国科学院苏皖地区所级领导工作交流研讨会”，院属江苏、安徽各单位交流了党建、“创新 2020”与院地合作等方面工作。

3. 后备干部队伍建设。根据院属江苏单位的实际情况，进行了各所后备干部推荐工作，要求各单位加强后备干部实岗锻炼，增长才干，提高水平。

二、持续推进院地合作

多位省市领导会晤中国科学院及相关研究所，共商合作事宜；中国科学院多位院领导考察江苏省，有力推动院省合作向纵深发展，进一步明晰“十二五”规划战略重点。

1. 举办各种对接活动，推动成果有效转化。举办“江苏省各类科技项目立项程序培训研讨班”，院地双方 140 余名代表参加培训与交流；参与组织南京市政府“南京市科技创新与新兴产业发展推介会”，11 个研发平台和合作项目签约；参与主办或协办各类科技活动近 30 次；组织参加区域外各类科技活动 6 次。为地方提供中国科学院成果信息近千条次。

组织中国科学院单位争取江苏省各类科技经费超 1.5 亿元，成果转移转化的实效性进一步增强，院省合作新增销售额在 2009 年提前一年完成“十一五”规划 300 亿元的基础上，2010 年达到 408 亿元，并呈现出良好发展态势。

2. 积极支持共建科研机构与平台。中国科学院与江苏省、江西省共建各类平台达到 113 个；新成立中国物联网研究发展中心、中国科学院南京分院东台滩涂研究院、中国科学院盱眙凹土应用技术研发与产业化中心及中国科学院海洋研究所南通分所等一批平台；并获省和地方经费支持，有 6 个项目获江苏省创新载体 5900 万经费支持，占江苏省立项总数的 50%。

3. 指导科技副职扎实工作。院派江苏科技副职共 21 名，其中新任 8 名，续任 3 名；对在任科技副职进行实地考察和慰问，对 1 名科技副职进行离任考核；南京分院积极帮助科技副职开展院地、所企对接活动共 20 余次。

4. 科学合理布局，积极谋划未来。南京分院和江苏省 13 个省辖市签订合作协议；与江苏省科学技术厅合作，深入各市实地调研，了解各地未来科技需求，征求与中国科学院合作意见，确定 10 个市的合作重点领域，结合江苏省科技规划，为院省签订新一轮合作协议做好充分准备。

三、加强党建与创新文化建设

南京分院党组积极创新党建工作思路，努力探索新的工作机制，将创先争优活动作为基层党建工作的重要内容抓好落实。通过组织参观学习、在活动的重要节点召开交流研讨会等活动，在全系统形成创先争优的浓厚氛围；举办党建工作片会，就科研院所党建工作的共性问题和深层次问题进行交流研讨；召开专题会议，深入研讨中国科学院反腐倡廉量化考评指标体系，并在国家天文台南京天文光学技术研究所开展量化考评试点工作。

开展形式多样的科普和院士咨询活动，组织和参与举办近 30 场科普活动，组织在江苏院士专家为全国各地作科技报告 120 多场，听众总计超过 5 万人次；发挥院士专家群体作用，组织开展决策咨询、学术交流和人才培养工作；《南京日报》和中国科学院网站连续报道了 9 位院士为地方经济发展作贡献的事迹。

四、强化机关管理与服务

2010 年，南京分院组织宁区院属单位获得省级立项 71 项，组织院内单位争取江苏省各类科技经费超 1.5 亿元；努力提高新进人员业务素质，加强机关事务、法律法规和信息网络等方面培训，优化知识结构，提高服务水平，受到系统内研究所好评；南京分院系统各非军工保密认证单位顺利通过保密体系建设验收；完成南京分院机关及所属各单位基建工程建设领域突出问题专项治理自查工作；院属江苏各单位顺利通过中国科学院干部人事档案验收评审；成立南京分院研究生联合会和博士后联谊会；积极推荐系统内两位领导担任省科协副主席。

加强对研究所的服务与协调，协助解决共性问题。南京分院领导班子强调南京分院机关要全心全意为研究所做好服务工作；针对南京各所发展空间受限情况，组织研究所积极争取院地支持，共建“中国科学院南京高新技术创新园”，并与南京市签订《关于建设中国科学院南京高新技术创新园的协议》。

（撰稿：王京明　朱飞飞　审稿：谷孝鸿）

武汉分院

院　　长：朱耀仲
地　　址：湖北省武汉市武昌区小洪山
邮政编码：430071
电　　话：027－87197170
传　　真：027－87199480
电子信箱：whb@ms.whb.ac.cn
网　　址：http://www.whb.ac.cn

中国科学院武汉分院于 1956 年开始筹建，1958 年 7 月正式成立。1961 年与广州分院合并成立中国科学院中南分院，武汉分院调整为中国科学院中南分院武汉办事处。1969 年中南分院撤销，1970 年中南分院武汉办事处撤销。1978 年经国务院批准恢复中国科学院武汉分院建制。

武汉分院是中国科学院机关的派出机构，负责联络和协调中国科学院在武汉地区的武汉岩土力学研究所、武汉物理与数学研究所、测量与地球物理研究所、水生生物研究所、武汉病毒研究所、武汉植物园和中国科学院国家科学图书馆武汉分馆。

截至 2010 年底，武汉分院系统拥有在职职工 1924 人。其中科技人员 1423 人，包括中国科学院院士 6 人、中国工程院院士 1 人。

一、着眼于提高领导干部组织实施“创新 2020”能力，加强领导班子建设

1. 着力在教育引导领导干部面向“创新 2020”树立发展新理念上下功夫。围绕提升战略思维能力和宏观驾驭能力，坚持和完善一年两次各单位处级以上干部参加的党组中心组学习制度；邀请中国科学院领导作专题报告，介绍“创新 2020”构想、“十二五”科技规划等情况，启发引导各级领导干部面向“创新 2020”，进一步解放思想、转化观念，加强战略谋划。

2. 着力在完善领导班子建设工作格局上下功夫。一是明确提出建设一支高素质、有能力、群众信赖，能够带领研究所全面实施“创新

2020”各项任务的领导班子建设目标；二是进一步坚持领导干部中心组学习、理论辅导报告会、廉政教育月、民主生活会、考核结果反馈、岗前谈话、廉政谈话等制度，把领导班子思想和作风建设落到实处；三是运用调查研究、《中国共产党党员领导干部廉洁从政若干准则》测试、政研会、交心谈心、述职述廉、干部选拔任用制度执行检查等各种方式，优化领导班子建设的工作格局。

3. 着力在抓好领导班子廉洁自律上下功夫。一是以切实履行党风廉政建设责任制为重点，要求各单位领导干部定期报告党风廉政建设责任制落实情况和惩防腐败体系建设情况；二是以深入开展腐败风险预警防控工作为切入点，组织开展重点岗位、关键环节的风险教育、风险排查、风险防范和预警处置工作，研究制定加强“科研经费”和“基建项目”监督管理工作流程；三是以武汉分院系统反腐倡廉工作量化评价为抓手，推动分院系统纪监审工作水平的整体提升，武汉分院以高分成绩通过中国科学院试点验收；四是以建立健全反腐倡廉制度框架为目标，组织教育、监督、预防和惩治等四方面制度的研究编制工作。

二、着眼于“两中心、一专项”建设，扎实推进院地合作工作

1. 深入推进与长江三峡集团公司的全面合作。一是共建研发平台；推进中国科学院、长江三峡集团公司和云南煤化工集团有限公司共建褐煤洁净利用工程研究中心，实质推动水利水电生态与环境保护技术工程实验室挂牌，完善香溪河生态站平台建设。二是以“三峡创新工程”为牵引，不断拓展同长江三峡集团公司的合作领域；实施“三峡创新工程”专项，同时联合申请国家科技支撑计划，在百万千瓦蒸发冷却水轮发电机、中华鲟全人工繁殖、三峡水库温室气体估算等方面取得重大科技成果。三是组织专家参与长江三峡集团公司科技发展中长期规划修编和三峡工程建设管理总结等工作；派遣科技副职、开展专业人员培训和联合培养研究生，为企业提供源源不断的创新驱动力。

2. 积极推动湖北产业技术创新与育成中心（简称“湖北育成中心”）建设。共建“湖北育成中心”是中国科学院领导为加强与湖北省合作，为武汉“两型社会”和东湖国家自主创新示范区提供科技支撑的重要战略部署。一是扎实做好“湖北育成中心”筹建工作；武汉分院认真贯彻落实“两会”期间院省领导会谈精神，迅速组织调研，及时完成《湖北省产业技术需求调研报告》和共建方案。二是快速启动中国科学院“十二五”院地合作专项；确定16个单位的19个项目作为中国科学院“十二五”院地合作湖北专项的备选项目和首批省院合作专项项目，其中13项已获院地合作专项支持。三是积极推动武汉分院科技成果在湖北省的转移转化；通过组织举办项目对接会、专项洽谈会等多种形式的会议活动，实质推动武汉分院科技成果在湖北省转移转化；光电研究院和武汉全真光电科技有限公司联合研发的全球首台71英寸全高清硅基液晶（LCOS）激光显示器等一批项目取得显著成效。四是努力搭建产业技术创新平台；光机电一体化产业技术中心和湖北生物技术工程化中心进入实质性建设阶段，光盘工程研究中心（武汉）及湖北省集成电路公共服务平台向地方报送建设方案。

3. 努力促进中国科学院成果在湖南转移转化。一是稳步推进湖南技术转移中心建设；2010年初，省院双方成立理事会，建设完成生物技术、电子信息、现代农业、循环经济、新材料等8个事业部，工作人员和运行经费得到落实。二是发挥湖南技术转移中心在技术集成和转移转化方面的协调服务作用；工程热物理1MW级燃气轮机及供能系统研究，将产生经济效益50亿元。三是为科技成果转移转化搭建平台；组织研究所与企业互动交流30多次，对接30多个中国科学院项目；在2010年科交会上，涉及电子信息、清洁生产、现代农业等领域的中国科学院一批项目签约金额达到1.88亿元。四是组织部署“十二五”院地合作项目；征集28个院地合作项目，涉及电子信息、生物医药、绿色农业、新能源等领域，先期启动“十二五”院地合作专项9项，为进一步扩大中国科学院的项目合作成效起到重要推动作用。

三、着眼于党建工作水平提升，深入推进创先争优活动

1. 建立健全创先争优工作机制，抓好活动落实。建立研究部署机制，及时部署工作，下发实施方案，明确创建标准和阶段要求；建立指导推进机制，召开阶段推进会，采取学习研讨会、思想政治工作研究会、支部工作培训班、到党建先进单位学习取经等方式，保证工作主体和工作责任到位；建立督办落实机制，定期检查、交流、点评，达到相互学习、启示借鉴、整体推进的效果。

2. 与加强党的基层组织建设紧密融合，突出创先争优特色。一是结合创建“党建工作先进单位”，开展创先争优活动；指导各单位从五大建设入手，开展全方位的创建，得到湖北省考评组的高度评价。二是结合创建文明单位，开展创先争优活动；采取武汉分院全程参加、各单位交叉检查的方式，对中国科学院在武汉市的院属单位创建2009—2010年年度文明单位工作进行检查验收，推动文明单位创建工作再上新台阶。三是结合“树立核心价值观，弘扬中国科学院精神”主题教育，开展创先争优活动；认真实践《中国科学院2010—2020年创新文化建设纲要》，制定《创新文化广场建设实施方案》，进一步搭建创新文化传播平台。四是结合党支部建设开展创先争优活动；组织党支部工作培训班，请武汉物理与数学研究所介绍实行《规范化党支部建设工作条例》经验，进一步推动党支部工作制度化和规范化。五是结合发挥党员骨干带头作用，开展创先争优活动；举办党的知识培训班，指导推进各单位开展党员民主评议、支部党员公开承诺和创建党员示范窗口、党员先锋岗等系列活动。六是结合“霞辉映满天，快乐伴我行”主题实践活动，开展创先争优活动；通过组织开展系列丰富的活动，组织“老科学家科普演讲团”，办好以社区为依托的老年大学，召开表彰大会，认真组织离退休人员开展主题实践活动，推动离退休党支部建设。

四、着眼于提升武汉分院机关综合管理水平，做好指导协调与服务工作

1. 进一步完善研究生教育“共建、共管、共享”工作机制。认真总结武汉教育基地成立十周年的工作经验，积极推进“小洪山教育品牌”建设，在精品课程设置、学术品牌建设、校园文化营造、研究生心理辅导等方面持续、扎实开展工作，形成武汉教育基地的研究生培养特色。

2. 组织指导推进区域信息化建设工作。充分发挥武汉分院的组织、协调、指导和推进作用，在ARP核心团队建设、ARP系统各模块升级动员、部署、交流、培训和武汉超级计算分中心、武汉分院网站建设以及“十二五”信息化规划布局等方面，开展大量富有成效的工作。

3. 全面推进各单位干部人事档案管理工作上台阶。通过工作部署、人员培训，召开推进会、交流会，开展自查、互查等方式，有效地促进各单位人事档案管理工作迈上新台阶。

4. 积极督促地区安全、保卫、保密工作全面落实。安全、保卫、保密工作做到组织健全、分工明确、责任到位；做到年初有工作计划，年中有工作指导、工作研讨，重大节假日有检查，问题隐患有督促整改，年终有总结和评比表彰；被评为中国科学院安全保卫工作先进单位，保密工作顺利通过湖北省保密体系建设检查。

5. 认真组织实施基建项目。配合中国科学院基本建设局完成“十一五”基建项目验收工作，组织开展基建领域专项治理工作，统筹推进地区“十二五”基建规划和项目申请工作，积极稳妥推进小洪山园区职工集资房建设的各项工作，实现2010年10月封顶的工作目标。

6. 努力提升地区财务监督和审计工作水平。以提高审计工作效果和防范审计风险为核心，突出财务预算管理、科研经费和基建维修经费管理等审计重点，促进被审计单位加强管理和提高效益。

（撰稿：何长才　洪成浩　审稿：陈平平）

广州分院

院　　长：陈　勇
地　　址：广东省广州市先烈中路100号
邮政编码：510070
电　　话：020－87685256
传　　真：020－87685791
电子信箱：bgs@gzb.ac.cn
网　　址：http://www.gzb.ac.cn

中国科学院广州分院于1956年筹建，1958年成立。1961年广州分院与武汉分院合并成立中南分院。1969年中南分院撤销。1978年5月恢复成立广州分院。

广州分院是中国科学院机关的派出机构，负责联系中国科学院南海海洋研究所、华南植物园广州能源研究所、广州地球化学研究所、亚热带农业生态研究所、广州生物医药与健康研究院、深圳先进技术研究院、广州化学有限公司、广州电子技术有限公司共9个单位。

截至2010年底，广州分院共有在职职工3081人。其中科技人员2700人，包括中国科学院院士1人、俄罗斯科学院外籍院士1人、国际欧亚科学院院士4人。

一、领导班子建设

1. 完成领导班子换届考核工作。2010年，广州分院完成广州地球化学研究所、广州能源研究所领导班子换届考核工作，亚热带农业生态研究所、广州生物医药与健康研究院领导班子届中考核工作；完成广州能源研究所党委、纪委换届工作；组织完成深圳先进技术研究院第一届党委、纪委成立工作；组织完成广州地球化学研究所、广州能源研究所所级后备干部集中调整工作，南海海洋研究所、广州能源研究所所长助理的考察和任命工作。此外，协助中国科学院人事教育局完成深圳先进技术院副院长的任命和广州化学有限公司总经理提任考核工作。

2. 加强领导班子管理工作。2010年，广州分院以“提高素质、优化结构、完善制度、改进作风、增强团结”为重点，进一步完善领导班子议事制度和重大事项决策的议事规则；加强党委中心组理论学习，举办广州分院所长书记联席会议，结合中心工作，深入贯彻落实中国共产党十七届五中全会精神；抓好党员干部特别是领导干部的学习、教育和培训工作，选派7名所局级领导参加中国科学院领导干部上岗培训班，选派3名所局级领导参加中国科学院厅局级干部特训班；加强广州分院领导班子自身建设，班子成员不定期到研究所调研，了解工作情况，分别到所属单位检查和指导党员领导干部民主生活会，提高民主生活会质量。

3. 开展主题实践活动。根据中央统一部署，广州分院从2010年5月起，开展创先争优活动。活动以组织实施好“创新2020”为核心，紧密围绕科技创新、院省合作和服务第16届广州亚洲运动会展开，取得良好成效；按照广东省直属机关工作委员会党建工作每年一个主题的部署，认真组织开展以“抓落实、促发展”为主题的实践活动。

4. 推进党风廉政建设。2010年，广州分院开展以“加强作风建设，保障科学发展”为主题的纪律教育学习月活动；召开广州分院党风廉政建设大会，广州分院与所属各单位签订党风廉政建设责任书；举办以“科研经费管理与使用”为主题的法纪教育与风险防范研修班；组织开展形式多样的《中国共产党党员领导干部廉洁从政若干准则》学习活动，建立院省合作派出机构人员廉政守则；落实“三谈两述”制度，纪委负责人同下级党政主要负责人谈话32人次，对新任领导干部任前廉政谈话55人，诫勉谈话3人，领导干部述职述廉64人次。

二、院地合作

1. 院省合作成效显著。2010年中国科学院与广东省开展全面战略合作，中国科学院80多家研究机构与广东省1300多家企业开展形式多样的产学研合作，项目总计1606项，为地方企业新增产值279亿元，新增利税40.5亿元，为企业培养技术和管理人才6100多人；超过3000名广东省外的中国科学院单位及海外创新人才进入广东省开展工作，其中“百人计划”30名、中共中央组织部“千人计划”5名、企业科技特派员近300名。

2. 探索科技与经济结合全新模式。院省双方在佛山市、深圳市、广州市共建多个产业技术创新与育成中心。佛山产业技术创新与育成中心组建15个分中心，实施研究所与企业合作项目400多项，形成中试产品44项，实现产业化12项，创造新增产值近40亿元；深圳现代产业技术创新和育成中心孵化32家高新技术企业，资产规模达到14亿元；广州生物医药产业技术创新与企业育成中心重点发展生物医药产业，组织5个产业化项目进驻南海生物医药产业园；积极发挥广州分院院省合作协调委员会的作用，在一些重要专项工作，如：散裂中子源、中微子实验站、超级计算、纳米印刷、重离子治癌以及科技亚洲运动会等方面做了大量跟进和推动工作。

3. 编制完成重大战略装备发展规划。2009年5月成立了“中国科学院广东省战略规划研究联合工作组”，2010年9月《广东省重点新兴产业战略装备发展规划2010—2020》总报告及《广东省至2020年新能源产业战略装备发展研究》等5份专题报告通过验收；报告在新能源、环境保护、海洋、生物医药、电子信息五大产业中筛选出16项战略装备，并提出2010—2020年期间的发展目标和保障措施。

4. 有效组织产业对接。2010年初，广州分院组织中国科学院40家研究所近200名专家举办30多场项目对接洽谈会，达成300多个合作意向；深圳市、佛山市、东莞市等地市多次由市政府主要领导带队，组织200多家地方企业、500多人次赴中国科学院考察学习，促成200多项合作项目；2010年10月，组织中国科学院30人专家团为佛山市产业发展把脉献策，与佛山市政府各产业管理部门、600多家企业进行专题讨论；承办第一期广东省战略性新兴产业研讨培训班。

5. 成功举办院省合作成果展。广州分院代表中国科学院参与承办在深圳市举办的第十二届中国国际高新技术成果交易会（简称“高交会”），中国科学院展团以“广东省中国科学院全面战略合作成果展”为主题，组织中国科学院50多个研究所和60多家合作企业的400多个项目、430余件（套）展品参加展示，中国科学院展团获“高交会”组委会颁发的“优秀组织奖”和“优秀展示奖”。

三、其他工作

1. 认真谋划“创新2020”工作。广州分院党组专门召开研究院所党政主要领导会议，认真研究和部署“创新2020”工作，找准实现“创新2020”目标的有效途径；围绕“3+5”创新集群建设和广东省11个重点发展的战略性新兴产业，制订广州分院“创新2020”组织实施方案。

2. 承担项目和获奖成果显著。2010年，广州分院组织院属单位联合申报广东省科技计划重大项目和联合基金项目，全年共执行科研课题2456项，课题总经费18.4亿元，到位科研经费6.2亿元；获新批准或新合同科研项目968项，新增合同经费8.4亿元；2010年取得科技成果45项，发表论文1964篇；获2010年国家科技进步奖二等奖1项、广东省科学技术奖一等奖2项；全年专利申请受理量403件（发明专利340件）、专利申请授权量168件（发明专利105件）。

3. 完善广州教育基地建设。2010年，广州教育基地培养单位共招收研究生623人（博士生242人、硕士生381人）；毕业研究生436人（博士生197人、硕士生239人），毕业生就业率98%；在学研究生1910人（博士生899人、硕士生1011人）；新增博士培养点3个、硕士培养点6个、专业学位培养点9个。此外，广州分院协助广州市政府成功举办第十三届中国留学人员广州科技交流会。

（撰稿：郭　震　审稿：黄宁生）

成都分院

院　　长：袁家虎

地　　址：四川省成都市人民南路四段9号

邮政编码：610041

电　　话：028-85223696
传　　真：028-85223719
电子信箱：bgs@cdb.ac.cn
网　　址：http://www.cdb.cas.cn

中国科学院成都分院前身是1958年3月成立的中国科学院四川分院，1962年机构调整更名为西南分院，1970年下放四川省管理，1978年1月恢复重建后使用现名。

成都分院是中国科学院派出机构，负责联络和协调中国科学院驻四川地区的研究所和公司，包括光电技术研究所、成都生物研究所、成都山地灾害与环境研究所、成都有机化学有限公司、成都信息技术有限公司、成都中科唯实仪器有限责任公司和国家科学图书馆成都分馆。

截至2010年底，成都分院系统共有在职职工近3000人。其中科技人员近2000人，包括中国科学院院士2人，中国工程院院士2人，研究员近200人，副研究员近600人。

一、领导班子和人才队伍建设

成都分院按照中国科学院党组的部署和要求，以思想政治建设、创新能力建设为重点，注重班子成员结构合理性，增强干部队伍整体合力与效能。

1. 领导班子建设。配合中国科学院党组完成国家科学图书馆成都分馆领导班子换届考核工作和光电技术研究所、成都生物研究所领导班子届中考核工作；协助中国科学院企业党组完成成都有机化学有限公司、成都信息技术有限公司和成都中科唯实仪器有限责任公司领导班子换届考核工作以及党委、纪委换届选举工作。

2. 党风廉政建设。完成成都分院与系统各单位、机关各部门签订党风廉政建设责任书工作；完成中国科学院反腐倡廉和党风廉政建设试点工作；在成都分院网站设立党风廉政建设专题网页；加强对重大基建工程建设的监督检查力度，完成对光电技术研究所、成都有机化学有限公司重点项目现场抽查工作。

3. 思想建设。成都分院党组成员分别参加和指导系统各单位领导班子民主生活会；通过开展认真学习、查找问题、谈心交心、批评与自我批评等形式的活动，加强了党性修养，推进了班子成员思想政治和作风建设；坚持对新任所级领导干部进行廉政谈话制度。

4. 人才建设。以实施“西部之光”、“联合学者”人才计划的新立项评审和“西部之光”项目结题验收为契机，组织参加部分“西部之光”项目实施情况的跟踪检查；从抓研究生教育管理、抓素质教育、抓社会实践三个方面加强研究生教育工作。

二、院地合作

在成都分院的积极协调和配合下，2010年，中国科学院与四川省、重庆市和西藏自治区开展合作项目502项，实现销售收入64亿元、利税12亿元、社会经济效益105亿元。以成都地奥集团为代表的一批高新技术企业实现销售收入约20亿元。

1. 构建创新平台，提高区域创新能力。以重庆市经济社会发展重大科技需求为牵引，以智能化、绿色化、产品化为方向，稳步推进在重庆市设立研究机构工作；积极整合中国科学院资源和社会生产要素相结合，与武汉分院联合启动“长江中上游生态环境保护和产业升级创新集群”建设；与成都市科学技术局等单位联合成立成都物联网产业研究发展中心，搭建物联网行业技术研发平台；推动成都山地灾害与环境研究所“四川省山区减灾工程技术研究中心”、成都生物研究所“中国科学院山地生态恢复与生物资源利用重点实验室”、“国家科技图书文献中心（NSTL）拉萨服务站”建设。

2. 重点项目有序推进。“西南山区新农村建设关键技术集成与示范”、“中国杜鹃园”建设、“地震灾区山地灾害监测预警平台及综合治理技术攻关”、“大型空心钢锭和核电锻件制造技术”、“高精度远程变形监测与预警系统产业化”、“西藏自治区太阳能及风能资源开发利用”、“西藏自治区生态环境保护与建设”等重点项目有序推进；组织成都有机化学有限公司、成都信息技术有限公司、成都中科唯实仪器有限责任公司等院属成都地区有关单位申报四川省经济和信息化委员会项目6项；开展盐亭县联县包村工作，推广“村落分散生活污染生态净化沟渠”、落实“川中丘陵区坡耕地整治和农林结构优化技术集成与示范”项目。

3. 成果对接成效显著。成都分院受中国科学院委托与重庆市人民政府联合主办第九届中国重庆高新技术交易会（简称“重庆高交会”），组织来自北京市等11个分院、56个研究所和12家公司500余项创新成果参展，共签署科技合作和成果转移转化协议15项，协议金额8亿元，中国科学院荣获本届“重庆高交会”优秀组织奖；积极协办第十一届中国西部国际博览会，组织中国科学院近20家单位、30余位专家和100余项技术成果参展，共计签约7个项目，签约金额7660万元；参加第四届中国专利周暨中国（重庆）低碳专利技术展示交易会和四川专利周展示交易会。

三、党建及创新文化建设

1. 加强学习型党组织建设。组织召开党建工作研讨会；举办支部书记学习培训班；开展青年党员、预备党员和入党积极分子学习培训；推动成都分院及院属成都地区各单位学习型党组织建设。

2. 深入开展创先争优活动。围绕科技创新、产业发展、履行职责和岗位建功四个方面开展创先争优活动并取得实效，在成都分院网站设立创先争优活动专题网页。

3. 与科学传播相结合，拓展创新文化建设。成都分院完成以“感受科学，放飞梦想”为主题的2010年中国西部青少年科技营（四川营区）活动。

4. 开展主题实践活动。在“霞辉映满天，快乐伴我行”活动评比中，成都分院被评为中国科学院优秀组织奖；组织开展离退休工作研讨，获得中国科学院离退休干部工作研究会唯一优秀组织奖。

5. 完善后勤服务体系。完成华西坝停车系统的升级改造；完成华西坝园区天然气社会化供气施工阶段工作。

6. 开展群众体育活动。承办中国科学院保龄球比赛，并获得团体比赛第一名；建立成都分院系统园区工间操活动；完成职工健身房建设；按照四川省总工会部署，开展系统各单位工会“职工之家”评议验收活动。

（撰稿：陈　锋　赵光明　审稿：袁家虎）

昆明分院

院　　长：王庆礼
地　　址：云南省昆明市茨坝青松路19号
邮政编码：650204
电　　话：0871－5223106
传　　真：0871－5223217
电子信箱：office@mail.kmb.ac.cn
网　　址：http://www.kmb.ac.cn

中国科学院昆明分院的前身是中国科学院1957年成立的中国科学院昆明办事处，1958年扩建为中国科学院云南分院。1962年，中国科学院云南分院与四川分院、贵州分院合并，在成都成立中国科学院西南分院。1978年10月，经国务院批准，西南分院撤销，成立中国科学院昆明分院。

昆明分院是中国科学院机关的派出机构，负责联络和协调中国科学院在云南和贵州地区的科研机构，包括昆明植物研究所、昆明动物研究所、西双版纳热带植物园、地球化学研究所和国家天文台云南天文台共5个科研机构。

截至2010年底，昆明分院系统共有在职职工1693人。其中科技人员1226人，包括中国科学院院士6人、第三世界科学院院士1人，研究员216人。

一、领导班子建设

1. 组织建设。2010年，昆明分院全面落实中国科学院党组关于“十二五”规划和“创新2020”等重点工作的要求，完成地球化学研究所、昆明植物研究所、昆明动物研究所和西双版纳热带植物园党委、纪委的换届选举和任命工作；完成各单位领导班子换届考核和副所级领导培训情况材料汇总、上报工作；举办“2010年度分院系统所级领导战略研讨会”；学习“干部选拔任用四项监督制度”和“整治干部选拔任用工作中行贿受贿行为”资料；参加地球化学研究所、昆明植物研究所、西双版纳热带植物园和国家天文台云南天文台的民主生活会。

2. 思想和作风建设。昆明分院党组深入开展党风党纪、勤政廉政、干部作风等教育，不断强化干部廉洁自律意识，增强党性锻炼，提高拒腐防变能力。召开昆明分院“小金库”治理工作会议；召开昆明分院2010年纪监审工作会议与夏季纪检组长会议；召开昆明分院财务管理工作会议。邀请中国共产党中央纪律检查委员会驻中国科学院纪检组来昆明分院作报告和出席纪监审工作会议；配合中国科学院巡视组完成巡视工作。

二、院地合作

1. 组织推动中国科学院与云南、贵州两省签订新一轮战略合作协议和相关专项协议。2010年3月12日，中国科学院与贵州省人民政府签署《中国科学院—贵州省人民政府全面战略合作协议》；2010年3月15日，中国科学院与云南省人民政府签署《云南省矿产资源勘查专项合作协议》；2010年8月13日，昆明分院、贵州科学院与梵净山国家级自然保护区管理局在贵阳市召开“中国科学院昆明分院与贵州科学院科技合作协议签字仪式”和“联合共建梵净山生态站专项合作协议签字仪式”。

2. 完成中国科学院与云南、贵州两省“十二五”院地合作规划。2010年2月，昆明分院编制了中国科学院与云南、贵州两省“十二五”院地合作规划（草案），将以云南和贵州地区生物资源、矿产资源、特色生态－环境系统为主要对象，以促进先进技术和成果产业化、区域创新体系发展为核心，以促进云南和贵州地区社会经济发展为出发点和落脚点，以立足昆明地区、强化重点地区、带动相关地区、辐射东南亚地区为基本策略，发挥中国科学院在人才和高新技术方面的骨干和引领作用，持续提供人才和技术服务。

3. 深入贯彻中国科学院“创新2020”关于“西南资源与生物多样性可持续利用创新集群”战略部署。昆明分院组织云南省、四川省、贵州省和广西壮族自治区4省区8单位深入研究，形成“西南资源与生物多样性可持续利用创新集群建设汇报提纲”；2010年12月5日，昆明分院与中国科学院生命科学与生物技术局在昆明市主持召开“西南资源与生物多样性可持续利用创新集群建设研讨会”，会议明确了集群建设应着力瞄准区域发展需求，发挥和集聚中国科学院相关研发力量，形成集群优势，着力促进知识创新体系与区域创新体系、技术创新体系结合，发挥中国科学院引领作用的指导思想。

4. 积极承担中国科学院“十一五”科技扶贫任务和“十二五”科技扶贫规划编制任务。“十二五”期间，昆明分院将组织承担资源枯竭矿区（云南省昆明市东川区）、民族边境区（云南省西双版纳傣族自治州勐腊县）和石漠化区（贵州省普定县）的科技扶贫工作。

5. 组织推进与毕节试验区的合作。启动实施12个合作项目，总投资355万元；建成1个“毕节地区畜禽快繁中心”，8个现代农业示范推广基地；为毕节地区新增产值9326万元，新增利税1470万元；为毕节地区（含企业）解决关键技术难题33项，开发工业新产品1个，建立新生产线1条，申请专利1项；农业示范推广面积3610亩，推广农（林）新品种7个，培养和培训各类技术人才4570余人。

6. 组织各单位申报2009年中国科学院院地合作奖。昆明植物研究所邱明华获得院地合作先进个人二等奖；昆明分院获得中国科学院院地合作先进分院集体二等奖；昆明分院荣获第二届中国产学研合作促进奖（2010年度）集体奖。

7. 组织参加科技成果展示会。组织本系统54项科技成果和有关科技人员分别参加杨凌农业高新科技成果博览会、湖南产学研项目洽谈会和新疆科技合作洽谈会；编写印制“中国科学院昆明分院科技成果汇编”（第二辑）。

三、党的建设与创新文化建设

1. 认真组织开展创建先进基层党组织、争做优秀共产党员的创先争优活动。完成机关党总支换届工作，进行机关5个党支部的组建及换届工作；组织“十七大”精神学习班；组织庆祝“七一”建党节系列活动；积极组织为云南旱灾地区捐款，昆明分院系统各单位共捐款272 145.2元；

组织“共产党员抗旱先锋行动”，并收缴特殊党费；组织为灾区学校开展“爱心送水”活动；组织系统“五五”普法考试；积极推进机关党组织建设和发展新党员工作，健全和落实机关党建工作责任制，完善支部学习制度；昆明分院机关2名离退休人员被评为中国科学院先进个人。

2. 为昆明分院系统各单位的科研基础设施建设做了大量的沟通、协调工作。西南生物多样性实验室破土动工，预计2011年交付使用；西南野生生物种质资源库验收使用；地球化学研究所园区建设项目全面启动；西双版纳热带植物园科研中心建设项目竣工并投入使用。

（撰稿：解继武　陈嘉琪　审稿：沈　华）

西安分院

院　　长：郭　际
地　　址：陕西省西安市咸宁中路125号
邮政编码：710043
电　　话：029－82160910
传　　真：029－82160911
电子信箱：baihua@ms.xab.ac.cn
网　　址：http://www.xab.ac.cn

中国科学院西安分院的前身是1954年7月成立的中国科学院西北分院。1956年4月，西北分院迁到甘肃省兰州市，同时在西安市建立了中国科学院西北分院西安办事处。1958年4月，中国科学院西北分院西安办事处更名为中国科学院陕西分院。1962年9月，在中国科学院兰州分院和陕西分院的基础上，建立中国科学院西北分院。1970年，中国科学院西北分院撤销，所属科研机构划归陕西省政府科技局。1978年11月经国务院批准成立中国科学院西安分院。

西安分院是中国科学院机关在陕西省的派出机构，负责联络和协调中国科学院驻陕西地区的西安光学精密机械研究所、国家授时中心、地球环境研究所、中国科学院和教育部水土保持与生态环境研究中心和秦岭国家植物园。

截至2010年底，西安分院系统共有在职职工1614人。其中专业技术人员1063人，包括中国科学院院士4人、中国工程院院士1人。

一、领导班子建设

重视党风廉政建设和反腐败工作，扎实开展党风廉政教育。认真学习贯彻中国共产党中央纪律检查委员会第十七届五次全会、国务院廉政工作会议精神，认真落实领导干部廉洁自律各项规定，针对重点领域和关键环节开展调查研究；深入学习贯彻《中国共产党党员领导干部廉洁从政若干准则》，认真开展党风廉政建设宣传月活动，组织中层以上干部100余人到陕西省司法厅反腐倡廉警示教育基地进行廉政警示教育。

1. 加强领导干部思想建设。西安分院及时召开党组（扩大）会议，组织各级领导干部认真学习中国共产党十七届四中和五中全会、两院院士大会、全国人才工作会议、中国科学院党组夏季扩大会议精神及中央关于干部监督四项制度等，着力提高领导干部的发展意识、战略意识、责任意识和廉洁意识。

2. 抓好领导班子组织建设。做好任前、任中和任后信息公开，逐步扩大干部选任信息公开的内容和范围，接受群众监督；对干部选拔任用工作实施流程管理，强化程序控制、责任追究和工作评估；实行干部选拔任用全程纪实制度，实行一人一档，对民主推荐、测评、考察、酝酿、讨论、决定等重要环节及选任过程中出现的特殊情况进行详细记载；完成对国家授时中心、水土保持与生态研究中心领导班子换届工作和地球环境研究所轮值所长考核工作，完成光机研究所领导班子届中考核工作。

二、院地合作与成果转化

为加强院地合作工作，成立院地合作处。以项目合作为切入点，依靠中国科学院科技力量，开创陕西、宁夏两地院地合作工作新局面；与陕西省发展与改革委员会共同起草的《陕西省加快发展循环经济指导意见》被陕西省政府采用，完成《中国科学院服务地方发展的路径研究》调研报告；初步完成《陕西省产业发展科技需求调研报告》，2010年9月与陕西省发展与改革委员会联合组织召开“陕西省—中国科学院科技与经济合作项目推介会”；为尽快实现中国科学院与宁夏回族自治区签署合作协议，经大量调研和多次协商，确定重点合作领域和内容，明确合作方式，拟于2011年签署合作协议；组织完成《宁夏产业科技需求调研报告》的编写，成功召开“宁夏煤化工及炭基材料专项技术对接会”；积极配合宁夏回族自治区科技技术厅，组织相关专家参加“第二届中国（宁夏）园艺博览会”，征集中国科学院农业园艺科技成果32项，并编印成册；成功组团参加第十七届杨凌农业高新科技成果博览会，展出中国科学院农业领域科技创新成果186项，再次获得大会组委会授予的“优秀组织奖”和“优秀展示奖”，会议期间西安分院与延安市人民政府签署《全面科技合作协议书》；完成“西安分院院地合作工作规划（2011—2015年）”、“中国科学院与陕西省院地合作工作规划（2011—2015年）”、“中国科学院与宁夏回族自治区院地合作工作规划（2011—2015年）”的编制。

三、党建工作

1. 以创先争优活动为契机，切实推进党的建设。西安分院党组成立创先争优活动领导小组，印发《关于在分院党组织和党员中开展创先争优活动的实施意见》，各单位制定《实施方案》，具体落实；在西安分院网站上设立创先争优活动专题，编印创先争优活动简报等；定期对各单位开展活动情况进行督促和检查；围绕“为创新做贡献，为党旗添光彩”活动主题，在部分研究所党员中开展创先争优公开承诺活动。

2. 加强党建制度建设。西安分院党组制订《中国科学院西安分院研究所党委（党总支）工作实施细则》，规范党支部（总支）工作与活动，开展建立健全基层党组织考核评价激励机制的试点工作。

3. 开展特色活动。配合“中国科学院精神”及解放思想理念，于2010年7月组织基层党支部（总支）书记40余人，以追寻“‘中国科学院精神’之源泉——‘两弹一星精神’”为主题，开展实践锻炼活动。

四、其他工作

1. 创新“2020”方案落实工作。落实“创新2020”有关具体任务是2010年工作的重中之重。西安分院及时传达中国科学院党组夏季扩大会议精神，组织学习“创新2020”、国务院第105次常务会议精神和路甬祥院长的报告内容，为西安分院整体实施“创新2020”奠定良好思想基础；“创新2020”组织实施方案正式下发后，组织各单位领导干部认真学习，结合本单位的工作任务，有针对性地进行分析讨论，对认识“创新2020”实施方案的总体思路、战略目标、工作任务和分工等起了重要的作用；举行“‘创新2020’和‘十二五’战略规划”系列活动，邀请中国科学院党组成员、秘书长邓麦村，陕西省发展与改革委员会专家作专题辅导报告，举办“研究所‘创新2020’战略规划研讨会”。

2. 支撑服务工作。为充分发挥区域信息化建设协调作用，成立西安分院区域信息化协调工作领导小组，完成中国科技网西安分中心地区网网络的规划、建设和升级工作；受中国科学院网络中心委托，成功承办中国科学院地址解析协议（ARP）网络管理员高级培训班四期；为保证地址解析协议的推进和应用，成立西安分院地址解析协议二期核心团队，完成地区集中部署培训7次，地址解析协议数据分中心的作用得到发挥；西安地区完成地址解析协议所级系统V2.0版部署工作；积极推进e－Science应用。政务信息和宣传工作取得显著成绩，重点组织、策划和报道研究所重大科研创新成果、学术活动和研究团队成果及进展，效果显著；共发布文章数435篇，其中西安分院机关发布300篇，各所推送135篇。重视离退休干部工作，认真落实离退休干部两项基本待遇，积极改善和提高老同志的生活条件，丰富活动内容。贯彻院士大会精神，充分发挥中国科学院院士决策咨询作用，认真做好在陕西省院士的服务和联络工作。紧紧围绕中国科学院中心工作，在开展创先争优活动中，加强机关自身建设，努力提高工作水平和效率，努力改善职工的工资待遇和住房条件。

（撰稿：傅迎军　白　桦　审稿：周　杰）

兰州分院

院　　长：程国栋
地　　址：甘肃省兰州市城关区天水中路6号
邮政编码：730000
电　　话：0931－2198855
传　　真：0931－8279855
电子信箱：lzb@lzb.ac.cn
网　　址：http://www.lzb.cas.cn

中国科学院兰州分院的前身是1954年经政务院批准成立的中国科学院西北分院筹委会，1958年经中国科学院决定撤销西北分院筹委会，成立中国科学院兰州分院。1962年，中共中央西北局与中国科学院商定撤销陕西、甘肃、宁夏和青海四省（区）分院，成立中国科学院西北分院。1970年，中国科学院西北分院撤销。1978年重新恢复中国科学院兰州分院。

兰州分院是中国科学院机关的派出机构，负责联络和协调中国科学院驻甘肃、青海两省的近代物理研究所、兰州化学物理研究所、寒区旱区环境与工程研究所、青海盐湖研究所、西北高原生物研究所、兰州油气资源研究中心和国家科学图书馆兰州分馆7个法人研究机构。

截至2010年底，兰州分院系统共有在职职工2538人，其中专业技术人员1930人，包括中国科学院院士7人、中国工程院院士1人。

一、加强领导班子建设

1. 学习方面。组织召开中心组学习会、党建工作研讨会、党务干部培训班、专题报告会、入党积极分子培训班等，提升党员干部的科学思维和科学前瞻能力；认真贯彻学习中国共产党十七届五中全会精神、中国科学院“创新2020”实施方案等，不断推进学习型党组织建设。

2. 组织建设方面。通过中心组学习会、民主生活会、联席会、谈心谈话交流会等，提高领导干部的“五种能力”；协助中国科学院完成5个单位届中考核工作和1个单位换届考核工作；调整充实后备干部队伍；兰州分院领导干部进行个别调整。

3. 反腐倡廉建设方面。一是层层签订党风廉政建设责任书，结合届中和换届考核以及后备干部队伍建设，贯彻执行《四项监督制度》；二是学习贯彻《中国共产党党员领导干部廉洁从政若干准则》；三是以量化评价为抓手，推动落实纪检审各项工作，强化审计监督。全年没有发现违法违纪违规问题，领导班子的群众认可度高。

二、深化院地合作

2010年，兰州分院以深入实施西部大开发为契机，积极内引外联，扩大开放合作，取得较好的经济和社会效益。据不完全统计，2010年相关研究所与甘肃、青海两省合作项目使地方企业新增销售收入40.98亿元，利税4.5亿元，社会效益4.99亿元。

1. 研究制定院地合作发展规划。由兰州分院牵头与成都分院、昆明分院、西安分院和新疆分院协作，基本完成《中国科学院西部地区院地合作发展规划（2011—2015）》；编制完成《中国科学院与甘肃省、青海省2011—2015年院地合作发展规划》和《青海省、甘肃省科技需求调研报告》；组织各所开展“西北生态环境治理与能源资源可持续利用创新集群”研讨会。

2. 支撑甘肃省实现新跨越。紧密结合《国务院办公厅关于进一步支持甘肃经济社会发展的若干意见》，努力促成中国科学院从8个方面提出政策措施，以支持甘肃省经济社会实现又好又快发展，受到甘肃省高度肯定。

3. 推动产业区升级。在兰州分院的协助下，中国科学院白银高技术产业园升级为国家级高新技术产业开发区，为甘肃省创新发展带来更多新的动力和机遇。

4. 促进科技成果转移转化。兰州重离子治疗中心成功签约并在兰州市开工建设；年产5万t氯化钾装置在老挝万象建成并投产试车；积极促进产学研结合，促使中国科学院研究院所与白银有色集团股份有限责任公司等企业共同组织成立专项产业技术创新战略联盟。

5. 全力推进“两个工程”建设。“科技支青”工程结题10个项目，新确定支持8个项目。据统计，已结题项目带动合作企业投入资金8000多万元，实现销售收入约2.3亿元。“科技支甘”工程结题14个项目，新确定支持9个项目。据统计，已结题项目带动合作企业投入资金6600万元，取得销售收入约3.3亿元。

6. 发挥科学思想库的作用。为落实温家宝总理的指示，组织专家完成“祁连山生态保护与综合治理专项研究报告”和“关于祁连山生态保护与综合治理的建议”；与张掖市政府等联合举办“绿洲论坛”，组织海内外专家发表“绿洲宣言”；联合承办“2010西部再出发·兰州论坛”；组织专家就黄河上游黑山峡河段开发提出科学合理建议等。

三、党建工作与支撑服务

1. 创先争优活动。通过公开承诺、重温誓词、发放党员纪念卡、共产党员挂牌上岗、开展主题实践、举行报告会、党群共建等活动，围绕科技创新开展创先争优活动，得到单位和广大党员积极响应，取得阶段性成效。

2. 创新文化建设。全面贯彻中国科学院《关于加强党的基层组织建设的指导意见》6个方面20项要求和《创新文化建设纲要》精神，重点弘扬中国科学院精神，着力推动“九个转变”，各种活动围绕中心，贴近实际，讲求实效，为“创新2020”的启动和实施提供思想保证和精神动力。

3. 创新队伍建设。新增“国家杰出青年科学基金”1人、“百人计划”8人；5人入选“新世纪百千万人才工程”国家人选，36人入选甘肃省领军人才队伍行列；“西部之光”人才计划支持44个团组；举办“研究生论坛”等社团活动，《科兰学子》获“第二届研究生教育优秀内部报刊”一等奖。

4. 组织协调与支撑服务。兰州分院区域信息化建设在2010年信息化评估中位列12个分院之首；兰州分院牵头组织各研究所联建一幢138套，总计2.3万m^2住宅楼，全部分配到研究所；兰州市、西宁市各单位年底的预算执行率超过95%，预算督导工作成效明显；与兰州市人民政府签署联办中小学协议，开创兰州市教育体制新模式；落实各项离退休工作政策待遇，群众的满意度大幅提升；获得国家体育总局授予的“全国亿万职工健身活动月”称号；顺利完成非保密单位体系认证工作。

5. 科技支撑工作。青海玉树地震和甘肃舟曲泥石流灾害发生后，兰州分院紧急部署，组织人力物力赴灾区第一线开展科技救灾和后勤保障，确保中国科学院科技救援工作顺利开展；配合丁仲礼院士深入甘肃省舟曲县等地调研和开展评估工作，得到甘肃省委的高度认可；向灾区捐款共计61万余元。

（撰稿：宋华龙　王　晶　审稿：谢　铭）

新疆分院

院　　长：张小雷

地　　址：新疆维吾尔自治区乌鲁木齐市新市区科学一街341号

邮政编码：830011

电　　话：0991－3835430

传　　真：0991－3835229

电子信箱：wangxl@ms.xjb.ac.cn

网　　址：http://www.xjb.ac.cn

中国科学院新疆分院成立于1957年7月30日，设有水土生物资源综合研究所、物理研究所、化学研究所、地质地理研究所、乌鲁木齐人造卫星观测站。文化大革命期间下放地方，后与新疆维吾尔自治区科学技术委员会、科学技术协会合署办公。1977年11月27日，经党中央、国务院批准，恢复中国科学院新疆分院。

新疆分院是中国科学院机关的派出机构，负责联系驻新疆地区的新疆生态与地理研究所、新疆理化技术研究所和国家天文台乌鲁木齐天文站。

截至2010年底，新疆分院共有在职职工854人，由14个民族构成，其中科研人员590人。

一、领导班子建设

1. 思想建设。深入学习中国共产党第十七次全国代表大会和十七届四中全会精神，以科学发展观为统领，认真领会中国科学院党组关于“创新2020”的思路及对新疆分院的要求，统一思想，明确目标。

2. 组织建设。配合中国科学院人事教育局完成新疆理化技术研究所领导班子换届工作和党委、纪委换届选举工作；推荐新疆生态与地理研究所所级后备干部；在新疆分院机关启动新一轮竞聘上岗，组织新疆分院幼儿园领导岗位竞聘工作。

3. 作风建设。召开以“维护民族团结、维护社会稳定”为主题的民主生活会，党组成员结合分管工作和群众意见，提出改进措施；分析总结在维护民族团结和社会稳定工作中，积极发挥党组织领导核心和战斗堡垒作用、发挥党员先锋模范作用、发挥干部骨干带头作用方面取得的成绩，同时认真查找不足，提出改进意见。

4. 党风廉政建设。启动第十二个“党风廉政教育月”活动；组织参观新疆维吾尔自治区反腐倡廉教育基地活动，认真学习《关于领导干部报告个人有关事项的规定》，推进惩治和预防腐败体系建设，促进领导干部廉洁自律。

二、院地合作

1. 组织并协调新疆维吾尔自治区、新疆生产建设兵团与中国科学院高层领导科技合作座谈会，部署科技合作、人才培养，以及联合实施重大科技项目和高层次决策咨询等方面工作，签订合作意向。

2. 推进与新疆生产建设兵团科技合作。召开“中国科学院—新疆生产建设兵团项目对接会”，组织新疆生产建设兵团相关单位、企业与京区18个研究所开展项目对接；组织“中国科学院—新疆生产建设兵团科技合作工作会议”，40多个院属单位与新疆生产建设兵团企业、科研机构及高校进行对接，签署16项实质性科技合作协议和140余项合作意向；向新疆生产建设兵团派遣11位“科技特派员”。

3. 加大“科技支新工程”实施力度。针对新疆生产建设兵团企业及下属团场，组织评审并实施10项“科技支新工程”项目；全国科教援疆工作会议后，加快储备项目推出力度，2010年年底评审并实施“全民低成本健康‘三基’医疗网底工程示范”等50个项目；2010年由中国科学院投入“科技支新工程”引导资金1400万元，吸引社会投入约1.2亿元。

4. 推动重点项目在新疆维吾尔自治区实施。针对煤制合成天然气（SNG）项目、大口径射电天文望远镜建设、量子通信技术和煤制乙二醇技术的应用等重点项目，协调安排中国科学院两位领导与新疆维吾尔自治区领导座谈，达成合作意向。

5. 组织参加展洽会。与新疆维吾尔自治区经济和信息化委员会合作举办中国科学院—新疆科技合作项目对接会，30多个研究院所和近70家企业参加，产生合作意向近40项；组织中国科学院8所科研单位参加“2010年新疆产学研洽谈会暨中国化工500强企业产业转移项目投资接洽会”；组织本系统科研单位参加中国西部国际博览会和中国杨凌农业高新科技成果博览会。

6. 完成“中国科学院少数民族高层次骨干计划新疆博士班”第二期招生工作。

7. 开展院士咨询活动。参与组织以“促进新疆跨越式发展重大关键技术问题”为主题的“天山南北院士行”活动。

8. 协调组织科技支撑引领新疆维吾尔自治区跨越发展的战略研究。由中国科学技术部投入1000万元支持立项、中国科学院牵头实施“科技支撑引领新疆跨越发展的战略研究”项目在新疆维吾尔自治区开展部分专题的调研工作，并于2010年下半年召开项目进展汇报会。

9. 科技扶贫工作。筹集7万元扶贫专款，帮扶墨玉县喀尔赛乡的两个村和墨玉县奥依巴格社区发展。

三、党的建设与创新文化建设

1. 创先争优活动。把创先争优的实际行动落实在推动科学发展上，落实在服务人民群众、解决群众困难上，落实在为地方经济、社会发展作贡献上，不断增强党组织的创造力、凝聚力和战斗力，充分发挥党组织的战斗堡垒和共产党员的先锋模范作用，推动科技创新和各项事业发展。

2. 创新文化建设。主办“百人学者论坛”2010年学术年会；开展留学人员联谊活动；中国科学院新疆分院青年联合会成立十周年纪念活动；彭加木烈士殉难30周年纪念活动；庆祝第一百个国际妇女节、全民健身活动及“情系妇女、爱洒儿童”慈善捐款活动等。

3. 科普工作。在“科技活动周”开放科研场所；与乌鲁木齐市第一中学共建生命科学馆；面向社会举办科普报告；开展路边天文活动和“我心中的宇宙”主题幼儿绘画大赛等科普活动。

4. 园区建设。启动新疆分院系统引进人才楼工程与职工集资建房项目前期立项、规划和设计工作。

四、其他工作

2010年，根据中国科学院党组部署，新疆分院组织“两所一站”开展“十二五”规划和“创新2020”设想编制工作，明确今后10年的主要任务和目标：作为科技援疆和向西开放的桥头堡，集结中国科学院人力、装备、资金、政策等各类资源，构建科技创新与科技成果转移转化基地，建设自主创新发展和支撑新疆维吾尔自治区区域发展相结合的国家远西部地区科技创新体系；突破一批资源与环境领域重大科技问题和关键技术，全面提高对新疆维吾尔自治区资源与环境监测决策能力，实现干旱区资源、生态和环境基础理论突破，建成亚洲中部具有国际水平的资源与生态环境研究基地；紧密围绕自治区新型工业化、农牧业现代化和新型城镇化战略需求，在新能源、新材料、电子信息、生物制药、环境工程、普惠健康和现代服务业等相关领域发挥科技支撑和引领作用；建设国际水平的大科学工程和公共科技服务平台，抢占国际科技和未来产业制高点；建设高素质人才队伍，队伍数量争取增加一倍以上，为新疆维吾尔自治区培养一大批高级人才。

（撰写：侯　铁　高　峰　审稿：张小雷）

科　研　机　构

数学与系统科学研究院

院　　长：郭　雷
地　　址：北京市海淀区中关村东路55号
邮政编码：100190
电　　话：010－62553063
传　　真：010－62541829
电子信箱：contact@amss.ac.cn
网　　址：http://www.amss.cas.cn

中国科学院数学与系统科学研究院（以下简称“数学院”）成立于1998年12月28日，由中国科学院所属的数学研究所、应用数学研究所、系统科学研究所、计算数学与科学工程计算研究所整合而成，是中国科学院知识创新工程的首批试点单位之一。

数学院是综合性国立学术研究机构，覆盖了数学与系统科学的主要研究方向。数学院的办院方针是：在数学与系统科学领域，面向国际发展前沿，面向国家战略需求，做出原创性、突破性和关键性的重大理论成果与应用成果，造就具有国际重要影响的学术带头人和一批杰出人才。研究院的发展目标是：在数学与系统科学领域内，成为国际上有重要影响的研究中心、培养和造就高级研究人才的著名中心、国民经济和国防建设有关问题研究和咨询的重要中心。数学院的优势研究领域有：分析数学与数学物理，数论、代数、几何与拓扑，运筹与管理科学，系统与控制科学，概率统计，科学计算，计算机数学。新兴交叉学科有：金融数学、生物信息学、复杂系统科学、不确定性决策、复杂网络理论、计算材料科学、知识科学理论等。应用研究领域有：工程技术、经济金融、生命科学、生态与环境等。

数学院共有4个研究所：

数学研究所　成立于1952年7月，著名数学家华罗庚为首任所长。数学研究所主要从事核心数学及理论计算机科学方面的研究。

应用数学研究所　成立于1979年10月，著名数学家华罗庚为首任所长。应用数学研究所以具有实际背景的应用数学基础理论研究为主，发展和创造在自然科学、高新技术、经济金融和管理决策等领域中有普遍意义的数学分支和方法，为国民经济建设服务。

系统科学研究所　成立于1979年10月，主要创始人包括关肇直、吴文俊、许国志等著名科学家。系统科学研究所是以多学科交叉为特点的基础型研究所，主要从事系统科学和与之有关的数学及交叉学科的研究。

计算数学与科学工程计算研究所　成立于1995年3月，前身是冯康院士于1978年创立的中国科学院计算中心。该所的发展定位是面向科学与工程中的重大应用问题，着眼于代表国际水准的基础性和关键性计算方法的理论创新和技术创新；伴随计算机技术的进步，研究与开发反映国际科学计算最新研究成果的高性能计算程序和软件；同时培养和造就大批适应当代需求的科学与工程计算的高素质人才。

2010年12月2日，以数学院为依托单位成立了中国科学院实施“创新2020”试点启动阶段第一个启动的战略性先导科技专项（B类）“中国科学院国家数学与交叉科学中心”。该中心的定位是：搭建国家层面的数学与其他学科交叉合作的稳定规范的高水平研究平台；通过体制机制创新，有效组织中国科学院数学及相关学科的力量，联合国内外有关单位，协同攻关；引领全国数学与交叉应用研究，建设国际一流的科学研究基地。主要任务是：针对自然科学、工程技术与社会经济中重大任务与需求，提炼关键科学和数学问题，开辟能够引领科学发展的新方向；研究解决瓶颈性技术难题，为我国战略性新兴产业发展和经济发展方式转变、提升我国科学技术水平作出基础性、战略性、前瞻性贡献。

此外，数学院还设有科学与工程计算国家重

点实验室，中国科学院管理决策与信息系统重点实验室、系统控制重点实验室、数学机械化重点实验室、华罗庚数学重点实验室、随机复杂结构与数据科学重点实验室，中国科学院晨兴数学中心、预测科学研究中心。数学院拥有全国馆藏最为丰富的数学专业图书馆，订有大量国外期刊，藏书逾21万册。数学院有先进的计算机及网络系统，包括24万亿次机群和多个超级计算服务器，并拥有多种大型数学软件包。

截至2010年底，数学院有在职职工342人。其中科技人员239人、科技支撑人员23人，包括中国科学院院士16人、中国工程院院士2人、第三世界科学院院士5人、研究员和正研级高工112人、副研究员及副研级高工61人；进入创新岗位256人。有中国科学院“百人计划”入选者22人（新增1人）、“西部之光”人才入选者4人（新增2人）、国家杰出青年科学基金获得者54人（其中A类35人，B类18人，C类1人）（新增1人）、国家海外高层次人才引进计划（“千人计划”）入选者1人（新增1人）。

数学院下属4个研究所是我国首批具有硕士、博士学位授予权的单位之一，并均为国内首批博士后流动站。数学院现有数学、系统科学、管理科学与工程3个专业一级学科博士研究生培养点；具有基础数学、计算数学、概率论与数理统计、应用数学、运筹学与控制论、系统建模与控制理论、优化决策、系统理论、复杂系统与控制、计算机软件与理论、管理科学与工程、管理运筹学12个专业二级学科博士及硕士研究生培养点；并设有数学、系统科学、管理科学与工程3个专业一级学科博士后流动站。共有在学研究生505人（硕士生230人、博士生275人），在站博士后56人。

2010年，数学院进一步加强战略研究，组织开展了制定“十二五”规划的工作，并对科研管理和人才培养工作进行深化改革和总体部署。经过长期筹备和组织，2010年12月2日，中国科学院国家数学与交叉科学中心正式挂牌成立。作为数学院实现“创新2020”战略目标的新平台，2010年5月24日，“数学与生命和信息科学前沿交叉研究平台”科研综合大楼奠基，综合大楼的建成将为数学院科研教育的进一步发展创造必要条件。经过严密准备，2010年9月9日，数学院顺利通过了国家二级保密资格认证。2010年是华罗庚先生诞辰100周年，2010年9月17日，数学院隆重举行华罗庚先生百年诞辰纪念大会，中共中央政治局委员、国务委员刘延东同志为此次活动专门来信，信中高度评价了华罗庚先生的学术成就和爱国精神，希望广大科技工作者认真学习华罗庚先生一心为民的坚定信念、自强不息的进取精神、乐于奉献的崇高品德。此外数学院还通过学术论坛、印制画册、开设网站、开设报纸专栏等多种方式纪念华罗庚先生。

2010年，数学院取得了一批原创性、突破性和关键性重大理论与应用成果。如几何有理函数动力系统拓扑特征研究、李群无穷维表示论中的唯一性研究、Kadison-Singer代数关联研究、组合多面体的对偶整数性刻画研究、量子关联的刻画与量化研究、布尔控制网络的分析与综合研究、基于结构矩阵的符号数值混合计算研究、模型选择与模型平均的有效方法、三维Maxwell方程组的非重叠区域分解方法及其相关问题研究、有限元多尺度局部化分析与并行算法。全年累计获得各类重要科研成果奖励15项。其中，段海豹研究员的研究成果“舒伯特簇的乘法法则”、张纪峰研究员与他人合作的成果“非线性输出调节问题及内模原理”分别荣获2010年度国家自然科学奖二等奖；李邦河院士荣获2010年度“何梁何利基金科学与技术奖”；陈锡康研究员获得大禹水利科学技术奖一等奖；于丹研究员获国防科学技术奖二等奖；支丽红研究员获第七届中国青年女科学家奖；陈翰馥院士、章祥荪研究员、于丹研究员分别被评为“全国优秀科技工作者”。数学院人员共发表论文520篇，其中420篇论文在国际重要刊物上发表；出版专著15本；申请专利2项。

2010年，数学院共有在研项目257项（新增76项）。其中，主持国家重点基础研究发展计划（“973”计划）项目2项、承担课题7项（新增3项）、参加课题9项，主持中国高技术研究发展计划（“863”计划）项目2项（新增2项）、参加课题3项，承担国家支撑计划课题1项、参加2项；主持国家自然科学基金重大项目1项（新增1项）、主持重点项目13项（新增3

项）、承担专项基金项目13项、主持面上项目39项（新增11项），主持国家自然科学基金重大研究计划重点项目1项、面上项目1项、培育项目1项、重点支持项目1项；主持青年基金23项（新增10项）；联合主持知识创新工程重大项目1项、承担重要方向项目8项（新增1项），承担国际合作项目13项（新增7项），承担院地合作项目39项（新增10项）。

在人才管理方面，数学院继续开展“冠名首席研究员计划”、“陈景润未来之星计划”、实施公派出国留学项目；继与中国科学技术大学、北京航空航天大学开设联合培养班之后，又与山东大学签署合作协议，联合创办华罗庚班，积极探索华罗庚班拔尖人才和交叉人才的培养模式；举办首届大学生数学夏令营，得到全国众多重点院校数学系本科生的热烈响应，有效地吸引了优秀生源。

2010年，数学院国际合作与交流活动呈现良好局面。数学院科研人员担任了200多个国际学术组织或期刊的重要职务。国外（境外）科学家来访共计约450人次，数学院应邀出国（境）参加国际会议或进行学术交流有210余人次。在基础领域和交叉学科领域共主办国际会议12次，接待国外组织来访项目3项。越南科学院副院长阮停功教授、法国巴黎狄德罗大学（巴黎七大）副校长Frederic Ogee教授在2010年分别访问数学院，并就合作事宜与数学院院所领导及科研人员进行座谈，初步交流探讨了合作研究框架。

中国数学会（CMS）、中国运筹学会（ORSC）和中国系统工程学会（SESC）三个国家一级学会挂靠在数学院。数学院主办的学术刊物有：*Acta Mathematica Sinica*、*Acta Mathematicae Applicatae Sinica*、*Algebra Colloquium*、*Journal of Systems Science and Complexity*、*Journal of Computational Mathematics* 等15种，其中5种刊物被SCIE收录。

（撰稿：魏应培　丁晓蕾　审稿：王跃飞）

物理研究所

所　　长：王玉鹏

地　　址：北京市海淀区中关村南三街8号
邮政编码：100190
电　　话：010－82649258
传　　真：010－82649533
电子信箱：zhc@iphy.ac.cn
网　　址：http://www.iop.cas.cn

中国科学院物理研究所（以下简称“物理所”）成立于1950年8月15日，其前身是成立于1928年的国立中央研究院物理研究所和成立于1929年的北平研究院物理研究所，1950年在两所合并的基础上成立了中国科学院应用物理研究所，1958年10月8日启用现名。

物理所是以物理学基础研究与应用基础研究为主的多学科、综合性研究机构，研究方向以凝聚态物理为主，包括凝聚态物理、光物理、原子分子物理、等离子体物理、软物质物理、凝聚态理论和计算物理等。物理所的战略定位是“面向国家战略需求，面向世界科技前沿”，发展目标是“建成国际一流物质科学研究基地”。2010年，物理所制定了“十二五”规划和“创新2020”实施方案。

物理所是北京凝聚态物理国家实验室（筹）的依托单位，中关村物质科学大型仪器区域中心筹建的牵头单位和北京纳米科学大型仪器区域中心的成员单位。2010年，中国科学院清洁能源前沿研究重点实验室获准成立。物理所现有超导、磁学、表面物理3个国家重点实验室，光物理、先进材料与结构分析、纳米物理与器件、极端条件物理、软物质物理、清洁能源前沿研究6个院重点实验室，凝聚态理论与材料计算、固态量子信息与计算、微加工实验室3个所级实验室，它们与国际量子结构中心、量子模拟科学中心、北京散裂中子源靶站谱仪工程中心、清洁能源中心、超导技术应用中心、功能晶体研究与应用中心等6个研究中心共同构成物理所的研究体系；技术部所属的微加工实验室、低温条件保障中心、电子学仪器部、分析测试部、图书馆、网络中心、机械加工厂和各实验室、各研究组的公共技术岗位等共同构成了全所的技术支撑体系。

截至2010年底，物理所有在职职工456人。其中科研人员229人、技术支撑人员102人，包括中国科学院院士12人、中国工程院院士1人、第三世界科学院院士6人、研究员及其他正高级专业技术人员130人、副研究员及其他副高级专业技术人员135人；进入创新岗位337人。有中国科学院“百人计划”入选者42人（新增2人）、国家杰出青年科学基金获得者35人（新增2人）、国家海外高层次人才引进计划（“千人计划”）入选者5人（新增2人）。

物理所是1998年国务院学位委员会批准的首批博士、硕士学位授予单位之一。现设有物理学一级学科博士、硕士研究生培养点；凝聚态物理、理论物理、光学、等离子体物理4个二级学科博士研究生培养点；凝聚态物理、理论物理、光学、等离子体物理、无线电物理5个二级学科硕士研究生培养点；材料工程、光学工程、集成电路工程3个专业学位硕士研究生培养点；设有物理学一级学科博士后流动站。在学研究生651人（硕士生241人、博士生410人），在站博士后26人。

2010年，物理研究所有在研项目443项（新增129项）。其中，主持国家重点基础研究发展计划（“973”计划）和重大科学研究计划项目12项（新增4项）、承担课题33项（新增14项），主持国家高技术研究发展计划（“863”计划）项目6项（含创新群体重点1项）；主持国家自然科学基金重点项目20项（新增2项）、国家杰出青年科学基金8项（新增2项）、创新研究群体4项、重大研究计划重点项目2项；主持中国科学院知识创新工程重要方向项目22项（新增6项）、创新平台专项4项、创新仪器研制专项5项（新增1项），重点国际合作项目7项，国际合作团队4个。

2010年，物理所拓扑绝缘体研究取得系列进展：发现磁性拓扑绝缘体中的量子化反常霍尔效应，预言在half-Heusler三元化合物家族中存在大量拓扑绝缘体材料；在铁磁石墨烯体系中预言了一种新类型的拓扑绝缘体和量子自旋霍尔效应；在^{111}Si等多种衬底上制备出原子级平整、低缺陷密度的高质量三维拓扑绝缘体薄膜，实现薄膜厚度的逐层控制。

在铁基超导研究中，在国际上率先发现具有层状结构的新铁硒超导体KFe_2Se_2，率先制备出单相的外延FeSe超导薄膜；利用自主开发的角度分辨比热测量装置，证明铁基超导体$FeSe_{0.45}Te_{0.55}$中能隙有各向异性，精确测定能隙振荡的方式和角度；在铁基超导体的母体和超导样品的电荷动力学方面取得发现驱动自旋密度波发生的原因等进展。

2009年，物理所发表第一署名单位的SCI收录论文数511篇。国际论文被引用篇数1159篇，被引用次数4658次；发表第一署名单位的EI收录论文数396篇。2009年度，在中国科学技术信息研究所首次统计的“表现不俗”论文中，物理所135篇论文入选。第三届“中国百篇最具影响国际学术论文”中，2篇文章入选。2010年度申请专利66件，获专利授权58件。“非晶合金形成机理研究及新型稀土基块体非晶合金研制”获国家自然科学奖二等奖、“宽禁带半导体材料研究与应用团队”荣获“中国科学院先进集体”。2010年12月，德国杂志《固体物理》（A辑）物理所专刊出版。

在应用基础研究与高技术研究方面，碳化硅晶体生长突破4英寸关键技术；利用价格低廉的新型刻蚀试剂结合新型刻蚀配方研究出更易产业化的黑硅制备方法；实现在工业用标准单晶硅片和多晶硅片上的低成本可重复制备，并在太阳能电池片中试线上获得良好结果；苏州星恒成为国内最大的电动自行车锂电池供应商，市场占有率达60%，2010上海世博会173辆电动汽车采用了星恒大功率大容量锂电池。

物理所现有控股、参股公司8个，其中以知识产权入股的5个。技术转移与成果辐射的省（市、自治区）有北京、上海、天津、新疆、江苏、浙江等。

2010年7月，物理所“国际合作研究中心”成立，该中心旨在建立国际青年物理学者与中国本地研究者和研究团体的稳定合作关系。此外，物理所启动“国际青年学者计划”，该计划将招聘近5年内在海外获得博士学位或近5年内在国内获得博士学位并在海外进行为期1年及以上研究工作的优秀人才。

2010年，物理所接待来访的国（境）外人士446人次，其中诺贝尔奖获得者、国外科学院专家、部委级高层等重要外宾40余位。出访425

人次；参加国际会议232人次，其中158人次应邀做了学术报告；主持召开国际学术会议12次，举办院级讲座“爱因斯坦讲习教授讲座”一次。

物理所是中国物理学会的挂靠单位；承办的科技期刊有《物理学报》、*Chinese Physics Letters*、*Chinese Physics B* 和《物理》。

（撰稿：赵 岩 陈 伟 审稿：孙 牧）

理论物理研究所

所　　长：吴岳良
地　　址：北京市海淀区中关村东路55号
邮政编码：100190
电　　话：010－62554447
传　　真：010－62562587
电子信箱：anhm@itp.ac.cn
网　　址：http://www.itp.ac.cn

中国科学院理论物理研究所（以下简称“理论物理所”）成立于1978年6月9日，是在理论物理学领域各主要方向上从事基础研究的专业研究所。1985年，理论物理所成为中国科学院向国内外首批开放的研究所；1993年被第三世界科学院选为首批参加协联计划的优秀中心；1998年8月被列为中国科学院知识创新工程首批试点单位之一；2004年12月被批准为中国科学院与第三世界科学院奖学金学者培训基地；2006年成立Kavli理论物理研究所作为国际交流合作平台，并于2007年以全新模式运行；2008年成立理论物理前沿院重点实验室。

理论物理所面向国家战略需求、面向世界科技前沿，以在探索自然界物质结构以及基本运动规律方面做出具有国际影响的重大创新成果为目标，形成了粒子理论/量子场论与物质微观结构理论、场论/统一理论与宇观结构理论、引力理论与天体宇宙学、凝聚态理论、统计物理与理论生物物理兼生物信息学、量子物理与量子信息6大研究方向。

理论物理所设有两个研究室，以理论物理所为依托单位的“中国科学院卡弗里理论物理研究所”（非法人研究单元）和“中国科学院理论物理前沿重点实验室”。

截至2010年底，理论物理所共有在职职工55人。其中科研人员30人、科技支撑人员11人，包括中国科学院院士7人、第三世界科学院院士3人、研究员28人、副研究员及高级工程技术人员5人；中国科学院“百人计划”14人、国家杰出青年科学基金获得者12人。

理论物理所是国务院学位委员会批准的首批博士学位授予单位之一。现有理论物理专业硕士、博士研究生培养点，并设有理论物理专业博士后流动站。在学研究生119人（博士生78人、硕士生41人），在站博士后15人。

2010年，理论物理所认真总结中国科学院创新三期及“十一五”工作，积极开展“创新2020”及“十二五”规划研究。基本完成研究所“十二五”规划编制工作，重申了研究所定位为：联合国内理论物理学工作者，把理论物理所办成从事理论物理基本核心问题研究，不断为国家输送优秀人才、注重交叉学科理论发展的“基础研究中心、人才培养基地、学术交流平台”，继续在我国理论物理学界发挥引领作用。

中国科学院卡弗里理论物理研究所（KITPC）作为理论物理所开放所的进一步拓展和重要组成部分，2010年度运行了4个各具特色的项目。中国科学院理论物理前沿重点实验室以“问题驱动”模式运行，凝练了8个重大问题，积极开展前沿交叉问题研究。

针对建设“国家理论物理中心”的目标，理论物理研究所2010年在“理论物理”被列入国家重点实验室申报指南的前提下，提交了《理论物理前沿国家重点实验室申请书》，并接受了科学技术部专家评审。

2010年，理论物理所有在研项目59项（新增18项）。其中国家重点基础研究发展计划（“973”计划）项目（课题）8项；国家自然科学基金创新群体项目1项、重点项目4项（新增1项），国家杰出青年科学基金项目1项（新增）、面上项目19项（新增7项），其他基金项目6项，博士后科学基金项目4项；中国科学院知识创新工程重大项目课题1项、重要方向项目4项（含参加2项），“百人计划”项目3项（含国家杰出青年科学基金项目匹配 1 项），国际合作项目 4 项，中国科学院其他项目 4 项。

2010 年，理论物理所发表期刊论文 152 篇，其中 SCI 论文 138 篇，影响因子 4 以上的 59 篇。欧阳钟灿获得“全国优秀科技工作者”称号。

2010 年，理论物理所开展一系列国际合作与交流。中国科学院卡弗里理论物理研究所运用“项目驱动”模式运行，吸引了 362 名（其中国外 165 名）活跃在前沿领域的研究学者和国内约 200 名研究生参与到这些研究项目中，为促进世界范围内前沿交叉及新兴学科的基础研究、加强人才培养作出了重要贡献。

2010 年，理论物理所举办国际会议 4 次，其中海峡两岸生物学启发的理论科学问题研讨会是由理论物理所与中国台湾中央大学共同发起的，两年一届交替在大陆和台湾举行，为增强海峡两岸来自不同学科的学者就生物学相关问题的交流，促进与生命科学相关的交叉学科在两岸的发展发挥了重要作用。

2010 年，理论物理所因公出访 40 人次，共接待来访参加学术研究的学者 110 人次（不含国际会议的参会外宾），其中境外 64 人次；参加 KITPC 项目的境外来访 165 人次。举办交叉论坛 7 次，专题学术报告 96 次，午餐会 5 次。1 名青年科学家入选统计物理学最有影响力的杂志之一 *Journal of Statistical Mechanics* 编委会。

2010 年，理论物理所图书馆藏中西文图书 6600 册，期刊合订本 14 435 册；订有西文原版期刊 26 种，中文期刊 34 种，每年接受西文原版赠刊 6 种。电子资源方面，图书馆为读者开通了包括美国物理协会（The American Physics Society）数据库和 *Science* 在内的多种数据库和电子刊物，开通了国家科技图书文献中心 NSTL 购买的现刊数据库及回溯数据库。

理论物理所计算机网络系统运算速度峰值达 2.5 万亿次，磁盘存储容量为 3.6T。

由理论物理所主办和承办的英文期刊《理论物理通讯》（*Communications in Theoretical Physics*）受到国内外理论物理界的广泛关注，自 1984 年至今连续被世界著名的 SCI 检索系统收录。2008 年 1 月起，由英国物理学会代理该刊的纸版和网络版在海外的发行工作。该刊在英国物理学会网站的全文下载量一直不断上升。

（撰稿：安慧敏　审稿：吴岳良）

高能物理研究所

所　　长：陈和生
地　　址：北京市石景山区玉泉路 19 号乙院
邮政编码：100049
电　　话：010－88233092
传　　真：010－88233105
电子信箱：ihep@ihep.ac.cn
网　　址：http://www.ihep.cas.cn

高能物理研究所（以下简称“高能所”）成立于 1973 年，其前身是 1950 年成立的中国科学院近代物理研究所，1953 年改称物理所，1958 年改称原子能研究所。1973 年 2 月，根据周恩来总理的指示，在原子能研究所一部的基础上组建了高能所。

高能所是以基础研究和应用基础研究为主的多学科综合性研究所，中长期发展目标是成为有显著影响力的世界粒子物理研究中心，成为我国相关大科学装置发展的骨干力量，成为具有世界先进水平的、高度开放的、多学科、综合性大型研究基地。主要学科方向是粒子物理研究、先进加速器技术研究和先进射线技术及应用研究，以及依托大科学装置和核分析技术的交叉学科研究；优势研究领域是高能物理、粒子天体物理、同步辐射及其应用、加速器物理及技术、核分析技术。

高能所建有北京正负电子对撞机国家实验室，4 个院级重点实验室：核分析技术重点实验室（北京分部）、粒子天体物理重点实验室、纳米生物效应与安全性重点实验室（与国家纳米中心联建）、核探测器与核电子学重点实验室（与中国科学技术大学联建）；1 个北京市重点实验室：射线成像技术与装备工程技术研究中心；下设实验物理研究中心、粒子天体物理研究中心、理论物理室、计算中心、加速器技术研究中心、多学科研究中心、高技术研发中心等 7 个研究单元；拥有北京正负电子对撞机、北京谱仪、北京同步辐射装置、西藏羊八井国际宇宙线观测站、大亚湾中微子实验站等大型科研装置。

截至2010年底，高能所共有在职职工1204人。其中科技人员660人、科技支撑人员217人，包括中国科学院院士8人、中国工程院院士2人、研究员及正高级工程技术人员159人、副研究员及高级工程技术人员271人；进入创新岗位746人。有中国科学院“百人计划”入选者35人（新增4人）、“西部之光”人才入选者1人（新增1人）、国家杰出青年科学基金获得者16人。

高能所是国务院学位委员会批准的首批博士、硕士学位授予权单位之一，1996年物理学被首批批准按一级学科授予学位。现有理论物理、粒子物理与原子核物理、凝聚态物理、光学、无机化学、生物无机化学6个理学博士（硕士）培养点；核技术及应用、计算机应用技术2个工学博士（硕士）培养点。2009年开始招收全日制工程硕士研究生，有材料工程、动力工程、机械工程、电子与通讯工程、核能与核技术工程、计算机技术6个专业。1985年被首批批准建立博士后流动站，现有物理学、核科学与技术2个博士后流动站。在学研究生442人（硕士生179人、博士生234人、全日制工程硕士生29人），在站博士后62人。

2010年，根据中国科学院的部署，高能所启动“创新2020”计划，编制“十二五”发展规划，承担中国科学院战略性先导科技专项“未来先进核裂变能”的“加速器驱动的次临界系统”计划的强流质子加速器项目和战略性先导科技专项“空间科学”的“硬X射线调制望远镜卫星”项目。

2010年，高能所有在研项目354项（新增181项）。其中主持（或承担）国家重点基础研究发展计划（“973”计划）项目5项（新增1项）、承担（或参加）课题23项（新增3项），主持（或承担）中国高技术研究发展计划（“863”计划）项目3项（新增1项）；主持（或承担）国家自然科学基金重点项目10项、主任基金项目1项（新增1项）、面上项目63项（新增13项），国家自然科学基金重大研究计划培育项目2项（新增2项）、重大国际合作项目2项，国家杰出青年科学基金项目5项、创新研究群体1项，青年基金27项（新增12项）；主持（或承担）中国科学院知识创新工程重大项目1项、重要方向项目9项（新增2项），承担国际合作项目11项（新增2项），装备研制项目5项（新增1项），院地合作项目79项（新增58项）。

2010年，北京正负电子对撞机II实现稳定高效运行，性能大幅度提高，至12月25日，峰值亮度达到$5.21\times10^{32}cm^{-2}s^{-1}$，较改造前提高了52倍。北京谱仪III国际合作组发表8篇文章，物理成果受到国际高能物理界的广泛关注。北京同步辐射装置完成两轮专用光运行，兼用光正式对外开放供光，基于北京同步辐射装置实验发表的论文共161篇，影响因子大于3的有54篇。超导备用腔研制取得进展，500MHz铌腔的垂直测试一次成功，性能指标接近国际水平。大亚湾反应堆中微子实验工程的土建工作接近尾声，探测器研制进展良好。圆满完成承担的“嫦娥二号”探测器任务，X射线谱仪在轨正常运行3个月。散裂中子源完成8个预研项目的测试验收，完成了初步设计报告的编写。

“BES－II D $\overline{D}$阈上粒子ψ（3770）非D $\overline{D}$衰变的发现和D物理研究”获2010年度国家自然科学奖二等奖；“基于现场可编程门阵列（FPGA）的高精度电源数字控制装置”获2010年甘肃省科技进步奖二等奖；“BEPCII正电子源”获2008年北京市科学技术奖一等奖；“BEPCII对撞区双孔径四极磁铁的研制”和“重要纳米颗粒的生物安全性研究”获2008年北京市科学技术奖二等奖；“高精度小型正电子发射断层扫描仪”、“确定暗能量状态方程和精灵（Quintom）模型”和“北京谱仪－II ψ（3770）和D物理若干前沿及重大疑难问题的研究”获2008年北京市科学技术奖三等奖。

据SCIE数据统计，2009年高能所发表SCI论文203篇，其中表现不俗的论文59篇，居全国研究机构第11位；发表EI论文51篇，国内发表论文共132篇。2009年SCI收录论文被引用226篇、1186次，居全国研究机构第14位，2000—2009年SCI收录论文累积被引用1092篇、10 639次，居全国研究机构第16位。申请专利

42 件，获得专利授权 10 件，软件著作权 12 件，商标授权 1 件。

2010 年，高能所进一步开展了加速器、探测器、核医学成像技术、超导技术、无损探测、网络安全以及高性能加速器部件等大科学装置科研成果技术的研发和成果转移转化，初步形成产品系列化的布局。组织制定系列核医疗设备产品标准、工艺标准，并按照标准实施改造，测试并最终确定产品指标，完成样机到产品的转换。在辐照加速器方面，完成了第二台 10MeV 20kW 设备的现场安装调试，已经投入辐照加工生产，成为高能所又一个应用示范基地。参与科技成果转化工作 180 人，落实国内合作项目 45 项；国外开发项目 17 项，创汇近 500 万美元。全年累计总产值 4425 万元（不含参股公司）。

2010 年，高能所执行重要国际合作协议或参与重大国际合作 10 个，组织召开各类国际会议 12 个，接待境外来访学者 697 人次，出访 445 人次。与美国能源部签订《2011 年度中美高能物理合作协议》，达成 49 项合作项目。与德国自由电子激光项目合作研制成功 EXFEL-U48 波荡器样机，是欧洲 XFEL 首台波荡器样机。与欧洲大型强子对撞机的合作，ATLAS 和 CMS 二大物理实验取得良好进展。参与并主持两个欧盟第七框架（FP7）项目 EPIKH 和 CHAIN，中欧计算网格合作取得重要进展，建立了由 1600 个 CPU 内核、640TB 存储组成的网格站点。

高能所是高能物理学会、粒子加速器学会、同步辐射专业委员会、核电子学与探测技术学会、引力与相对论专业委员会的挂靠单位；主办的刊物有《中国物理 C》（月刊）、《现代物理知识》（科普双月刊）。

（撰稿：蒙　巍　审稿：陈和生）

力学研究所

所　　长：樊　菁
地　　址：北京市海淀区北四环西路 15 号
邮政编码：100190
电　　话：010－62560914
传　　真：010－62561284
电子信箱：imech@imech.ac.cn
网　　址：http://www.imech.cas.cn

中国科学院力学研究所（以下简称“力学所”）成立于 1956 年，是以工程科学思想建所的综合性国家级力学研究基地，在国际力学界享有盛誉。钱学森、钱伟长为第一任正、副所长。

力学所加强空天、海洋、环境、能源与交通等重要领域的科学创新和高新技术集成，以微尺度力学与跨尺度关联，高温气体动力学与跨大气层飞行，微重力科学与应用，海洋与环境、能源与交通中的重大力学问题，先进制造工艺力学，生物力学与生物工程等为主攻方向。

2010 年，力学所根据国家战略需求和世界科学前沿，结合《国家中长期科学和技术发展纲要》以及国家自然科学基金委员会、中国科学院“十二五”规划的思路和方向，进一步凝练科技目标，理清发展思路，组织开展研究所和实验室发展战略规划研讨，通过对当前研究动态、学科前沿、国家重大需求的分析和把握，编制了力学所面向“创新 2020”的规划与实施方案。通过战略规划研讨，力求不断提高战略思维能力，不断提升把握全局能力、科学前瞻能力、战略谋划能力和组织实施能力，根据国家经济社会发展需求和世界科技前沿，适时、自主地调整科技布局，促进力学相关基础研究的发展，力争在国家重大科研任务中发挥更大作用。

力学所现设有非线性力学国家重点实验室、中国科学院高温气体动力学重点实验室、中国科学院微重力重点实验室、水动力学与海洋工程重点实验室、环境力学重点实验室、先进制造工艺力学重点 6 个实验室和等离子体与燃烧中心。根据国家重大科技任务与学科交叉融合的需求，部署了中国科学院高超声速科技中心、中国科学院海洋工程科学技术研究中心、北京国际力学中心、生物力学与生物工程研究中心、材料与力学研究中心。为加强研究所与产业部门的合作与发展，成立了国家经贸委、中国科学院产学研激光毛化技术开发推广中心、发动机科学与工程联合实验室、中国科学院先进轨道交通力学研究中心等。

力学所以自主创新为主，建设了多尺度力学实验研究系统、高温气体动力学实验技术系统、微重力科技实验技术系统、工程科学实验技术系统以及先进制造工艺力学实验技术系统，建成所级信息与网络共享平台，构建了全所的公共技术支撑体系。

截至2010年底，力学所有在职职工401人。其中科研人员333人、科技支撑人员68人，包括中国科学院院士8人、中国工程院院士1人、研究员及正高级工程技术人员65人、副研究员及高级工程技术人员124人；进入创新岗位人员299人。中国科学院“百人计划”入选者20人（新增1人）、国家杰出青年科学基金获得者10人（新增1人）。

力学所是国务院学位委员会批准的首批博士、硕士学位授予单位。现有一般力学与力学基础、固体力学、流体力学、工程力学4个专业一级学科博士研究生培养点；一般力学与力学基础、固体力学、流体力学、工程力学、材料学5个一级（或二级）专业学科硕士研究生培养点；并设有1个一级专业学科博士后流动站。在学研究生333人（硕士生208人、博士生125人），在站博士后20人。

2010年，力学所共有在研项目370余项（新增120项）。其中国家重点基础研究发展计划（“973”计划）项目3项（新增2项）、课题4项（新增1项）、子课题6项，中国高技术研究发展计划（“863”计划）课题5项，国家科技支撑计划课题1项、子课题1项，重大专项课题1项，国家重大科研装备研制项目1项；国家自然科学基金重点项目7项（新增1项）、子课题1项（新增）、面上项目58项（新增13项），国家杰出青年科学基金项目3项（新增1项）、创新研究群体项目2项、重大研究计划课题11项（一般项目新增1项、重点项目新增1项）、优秀实验室研究项目基金1项（新增），青年科学基金34项（新增11项）、主任基金2项（新增1项）、专项基金2项，其他合作基金9项；中国科学院知识创新工程重大项目2项、高铁cluster项目1项（新增）、重要方向项目11项（新增2项），国际合作团队项目1项，修购专项1项（新增）、重要院地合作项目21项，中国科学院创新研制装备项目3项（新增2项），中国科学院“百人计划”项目2项，空间预研项目2项（新增），其他中国科学院项目4项，国防科工局项目4项；与地方政府合作项目100余项（新增）。

2010年，力学所作为第一署名单位共发表论文269篇，其中被SCI收录论文135篇，EI收录115篇，出版专著3本，提交科技报告38篇，ISTP收录国际会议论文25篇。2010年，申请专利39项，授权专利30项，另有软件登记4项。

2010年，力学所有160人次出访到26个国家和地区进行多种形式学术交流与合作，有118名境外学者来所进行学术交流与访问；举办和承办国际会议3个；承担国际合作项目6项；合作发表学术论文165篇；有20多位科学家在60多个国际学术组织、学术期刊编委会任职。

力学所是中国力学学会的挂靠单位。主办或联合主办的学术期刊有 *Acta Mechanica Sinica*、《力学学报》、《力学进展》、《力学与实践》、《力学快报》（英文版）。

（撰稿：武佳丽　朱　清　审稿：樊　菁）

声学研究所

所　　长：王小民
地　　址：北京市海淀区北四环西路21号
邮政编码：100190
电　　话：010－62644116
传　　真：010－62553898
电子信箱：chengyang@mail.ioa.ac.cn
网　　址：http://www.ioa.cas.cn

中国科学院声学研究所（以下简称“声学所”）成立于1964年，其前身是中国科学院电子学研究所的水声学研究室、空气声学研究室、超声学研究室和位于海南、上海、青岛的3个研究站。声学所是从事声学和信号与信息处理研究的综合性研究所，总部位于北京市海淀区中关村。

声学所现建有声场声信息国家重点实验室、国家网络新媒体工程技术研究中心、中国科学院噪声与振动重点实验室、中国科学院水声环境特性重点实验室、中国科学院语言声学与内容理解重点实验室等研究单元；在青岛建有北海研究站，在上海建有东海研究站，在海南建有南海研究站，在嘉兴市与地方政府共建了声学技术转移中心。主要研究方向包括：水声物理与水声探测技术、环境声学与噪声控制技术、超声学与声学微机电技术、通信声学和语言语音信息处理技术、声学与数字系统集成技术、高性能网络与网络新媒体技术。声学所拥有包括6位中国科学院院士在内的优秀科技和管理人才队伍，其中多人在国际组织和国家级专家委员会任职。声学所是国务院学位委员会批准的首批博士、硕士学位授予单位。

声学所的定位是，在声学和信号信息领域，以凝聚高水平的科研和管理人才为根本，以满足国家经济发展、社会进步、国防安全等方面的需求为目标，以提升自主创新能力为主线，以解决关系国家全局和长远发展的基础性、战略性、前瞻性重大科技问题为着力点，着力突破维护国家安全和权益、增强国际竞争力的前沿科学问题、核心关键科技问题、受制于人的瓶颈技术问题和重大系统集成问题，着力突破带动新兴产业发展和提高人民健康水平的战略高科技问题，成为国家创新体系中“不可替代”的、有骨干引领作用和重要国际影响力的研究所，努力实现“国家的声学所，国际的科学家”的组织目标。2010年，声学所形成了“十二五”发展战略规划，将重点发展5个重大科学技术研究方向、4个基础研究方向、4个重点战略高技术研究方向。力争通过“创新2020”的实施，在声学与信号信息处理领域中，理论上有重大创新，突破一批关键核心技术，形成一批重大创新成果；形成一批结构合理，动态优化的创新团体；使科技布局更为合理；并将在“创新2020”实施过程中进一步强化管理制度建设。

截至2010年底，声学所共有在职职工736人。其中科技人员662人、科技支撑人员138人，包括中国科学院院士6人、研究员及正高级工程技术人员84人、副研究员及高级工程技术人员174人；进入创新岗位370人。有中国科学院“百人计划”入选者11人（新增1人）、国家杰出青年科学基金获得者1人、“新世纪百千万人才工程”国家级人选3人。

声学所是1981年国务院学位委员会批准的博士、硕士学位授予权单位之一。现设有声学、信号与信息处理2个专业二级学科博士研究生培养点；声学、信号与信息处理、电子通信与工程3个专业二级学科硕士研究生培养点；设有物理学、信息与通信工程2个专业一级学科博士后流动站。在学研究生408人（硕士生215人、博士生193人），在站博士后20人。

2010年，声学所有在研项目532项（新增123项）。其中，主持或承担国家重点基础研究发展计划（“973”计划）项目（课题）2项，主持或承担国家高技术研究发展计划（“863”计划）项目36项（新增5项），主持或承担国家科技支撑计划项目（课题）5项，国家科技重大专项课题（任务）15项（新增8项），高技术产业化项目5项；主持或承担国家自然科学基金重点项目4项、国家杰出青年科学基金项目1项、面上项目43项（新增20项）、青年科学基金项目10项；主持或承担中国科学院知识创新工程重大项目3项、重要方向项目22项（新增4项）、科技助残项目4项，西部计划项目2项；承担国际合作项目5项（新增5项），承担院地合作（含企事业单位横向委托）项目135项（新增54项）。

2010年，声学所科研工作取得重要进展，完成多项重大、重点项目研制任务并取得部分突出成果。“蛟龙号”载人潜水器在南中国海圆满完成3000m级海上试验，声学所研制的声学系统在潜水器历次下潜中表现出色，为试验提供了有力保障。试航员杨波参加3次创纪录的下潜试验，圆满完成任务，参试团队受到科学技术部通令嘉奖；在“863”计划重点项目支持下，自行研制完成的“合成孔径声呐工程样机”圆满完成现场验收，各项性能指标均达到或超过任务要求，处于国际领先水平；面向2010年上海世界博览会安全保障需求，研制“世博水下安保系统”并圆满完成水下警戒任务，技术保障团队获得科学技术部、上海世博局等单位的多项嘉奖；“863”计划信息技术领域重点项目“多语言语音识别关键技术研究与应用产品开发”通过科学技术部验收；研制完成的声表面波气相色谱仪可实现对痕量气体的广谱、快速、高灵敏度分析。“深水多波束测深系统研制”重点项目取得关键进展，已转入试验验证阶段；“新一代业务运行管控协同支撑环境的开发”、“听觉语言康复训练及其矫治系统系列产品研发”等重大、重点项目课题也已完成研制任务。

2010年，声学所获“十一五”国家科技计划执行优秀团队奖；声学所参加的“‘蛟龙号’载人潜水器1000米和3000米海试项目”和国家网络新媒体工程技术研究中心参加的“新一代高可信网络”研发项目也获得了优秀团队奖。

2010年，声学所共上报登记成果19项，其中基础理论成果7项，应用发展类成果12项。发表论文474篇，其中被SCI、EI收录171篇。申请专利159件，其中发明专利150件；获得专利授权94件，其中发明专利77件。申请计算机软件登记61项，获软件著作权56项。主持和参与制定国家标准5项、企业标准2项。

2010年，声学所共承担国际合作项目28项，院特聘外籍研究员计划项目2项。在中法院级协议项目的支持下，与法国里昂中央理工大学在复杂结构的声振动问题计算、结构声的诊断和检测方面的应用等方面开展合作研究项目，并签订合作协议；与挪威科技大学在声传播与探测、沉积地层声学探测、声参数反演、海洋声学等方面开展合作研究。国际合作交流涉及国家和地区达23个，长期合作伙伴集中于美国、法国、英国、德国、澳大利亚、瑞典、日本、阿曼、俄罗斯、乌克兰等；主办第一届中欧声学会议、中日声波器件研讨会、中日无损检测技术研讨会暨仪器展示会等重要国际会议。

2010年，声学所调整产业化政策，加大工作支持力度，建立完善的产业化发展平台。结合区域经济发展需求，积极建立特色产业基地，推动区域经济发展，建立了浙江中科电声研发中心、浙江省电子电声产品质量检验中心、南京下一代网络应用技术工程分中心、无锡中科智能信息处理研发中心、百度联合实验室、山东共达电声联合实验室、新疆理化所联合实验室；与青岛市政府及青岛高新区科技合作获得重要进展，成立了由声学所领导牵头的专门工作机构，推进“中科院声学所北海研发及产业化基地”的建设。院地合作工作正在蓬勃发展，呈现出多学科、多项目、多点“开花”的良好态势。

2010年，声学所共有公司14家，其中声学所直接投资的公司8家，声学所管理公司投资6家。从事研发、生产的人员约350人，有关企业2010年实现销售收入（营业额）2亿4千余万元，实现利润3千余万元。

声学所是中国声学学会、全国声学标准化技术委员会、中国环境科学学会环境物理委员会等学术机构或组织的挂靠单位。主办的专业期刊有《声学学报》（中、英文版）、《应用声学》、《微计算机应用》、《声学技术》、《中国医学影像技术》和《中国介入影像与治疗学》。

（撰稿：程　洋　李忠香　审稿：倪　宏）

理化技术研究所

所　　长：张丽萍
地　　址：北京市海淀区中关村东路29号
邮政编码：100190
电　　话：010－82543770
传　　真：010－62554670
电子信箱：zhc@mail. ipc. ac. cn.
网　　址：http://www. ipc. cas. cn

中国科学院理化技术研究所（以下简称“理化所”）组建于1999年6月，是以原中国科学院感光化学研究所、低温技术实验中心为主体，联合北京人工晶体研究发展中心和工程塑料国家工程研究中心及中科院化学研究所的相关部分整合而成。

理化所是以物理、化学和工程技术为学科背景，以技术创新与发展为主的研究机构，重点研究领域为光功能材料与器件、低温工程学新技术、绿色化学合成新技术、能源材料与新技术。理化所现有工程塑料国家工程研究中心、中国科学院光化学转换与功能材料重点实验室、中国科学院功能晶体与激光技术重点实验室、中国科学院低温工程学重点实验室和中国科学院理化技术研究所空间功热转换技术重点实验室。理化所设有测试中心、信息中心、精密与特种加工中心、低温计量站和抗菌检测中心等技术支撑机构。

2010 年，理化所制定了“十二五”发展规划，明确了未来十年发展目标、重点战略领域、重点研究方向以及各项战略举措；开展了“创新 2020”实施方案的制定工作；认真组织了知识创新工程自评估；精心组织和推动重大项目的立项；积极探索技术转移新模式，推动产业化持续发展；加紧完善制度建设，加快研究所步入规范化管理轨道；加快推动优势团队培育和人才引进；完善质量体系建设；完成廊坊基地一期建设规划。

截至 2010 年底，理化所有在职职工 399 人。其中科技人员 314 人、科技支撑人员 29 人，包括中国科学院院士 4 人、中国工程院院士 2 人、第三世界科学院院士 1 人、研究员及正高级工程技术人员 72 人、副研究员及高级工程技术人员 102 人；进入创新岗位 287 人。有中国科学“百人计划”入选者 19 人（新增 3 人）、国家杰出青年基金获得者 7 人（新增 1 人）。

理化所现设有机化学、物理化学、无机化学、凝聚态物理、制冷及低温工程等 5 个专业二级学科博士研究生培养点；有机化学、物理化学、无机化学、凝聚态物理、制冷及低温工程、应用化学等 6 个专业二级学科硕士研究生培养点；化学、物理学、动力工程及工程热物理等 3 个专业一级学科博士后流动站。在学研究生 415 人（硕士生 222 人、博士生 193 人），在站博士后 22 人，留学生 2 人。

截至 2010 年底，理化所有在研项目 433 项（新增 369 项）。其中，国家重点基础研究发展计划（“973”计划）项目 30 项（新增 5 项），中国高技术研究发展计划（“863”计划）项目 36 项（新增 9 项），科技支撑计划 1 项（新增 1 项），重大科技专项 6 项（新增 2 项），科技人员服务企业行动 1 项（新增 1 项），ITER 项目 1 项（新增 1 项）；国家自然科学基金重大项目 2 项、重点项目 8 项（新增 4 项），国家杰出青年科学项目 1 项（新增 1 项）、面上项目及青年基金项目 68 项（新增 35 项）、国际合作项目 4 项（新增 3 项）；中国科学院重要方向性项目 16 项（新增 14 项），国际合作项目 4 项（新增 4 项），重大仪器研制项目 9 项（新增 9 项）；北京市科学技术委员会重大项目 5 项（新增 2 项），北京市自然基金项目 9 项（新增 7 项），与地方政府、企业合作横向项目 70 项（新增 159 项），其他项目 162 项（新增 107 项）。

2010 年，理化所在科研工作中取得一系列重要成果。LBO、KBBF 晶体生长和紫外、深紫外激光输出又获新突破，生长出厚度达 4mm 大面积 KBBF 晶体，单块 KBBF 晶体可切割 7 个宽调谐器件。177.3nm 激光输出达到 $120mW/cm^2$；266nm 激光输出达到 6.31W，转换效率最高达 10.45%。大尺寸 LBO 生长取得新进展，生长出国内外最大尺度的 LBO 晶体。担任总体部牵头的“深紫外固态激光前沿装备研制”，已完成 2 个子项目验收，另 5 个子项目陆续进入验收阶段。研制出全风冷撬装式（车载）煤层气液化装置，实测最大液化量约为 12 500 Nm^3/d，最小液化单位体积比功耗为 0.61 $kW \cdot h/m^3$。研制出世界首台 kWe 太阳能热声发电系统，并成功实现发电。驱油聚合物技术实现规模化生产，产品质量国际领先，驱油聚合物技术 2010 年度共生产约 1.2 万吨，企业实现产值约 2.4 亿元，提供提高聚驱技术覆盖储量 5 亿吨以上的新型高性能材料，为油田稳产提供了技术和材料保障。空心玻璃微珠实现规模化生产，建成 5000 吨/年规模生产基地。PBS 降解塑料产业化制备取得突破，取得 PBS 连续一步法的 20 000 吨、3000 吨设计资料，实现 3000 吨/年 PBS 生产线正常生产，2 万吨/年生产线建设项目纳入国家发改委新材料发展专项。酶解法明胶制备新工艺中试取得突破，基本完成设备容积为 50 吨规模的放量生产，实现国内外第一个拥有完整自主知识产权的新工艺。

2010 年，理化所在河北省廊坊市购置土地 102 亩，已获土地证。完成廊坊园区作为理化所研发基地的初步规划设计。

2010 年，理化所发表科技论文 430 篇，其中被 SCI 核心刊物收录论文 260 篇，EI 收录 51 篇，ISTP 收录 15 篇。发表专著 5 部。新申请专利 160 项，其中发明专利 152 项，实用新型专利 6 项，外观设计专利 2 项；获授权专利 60 项，其中发明专利 46 项，实用新型专利 14 项。

"太阳能热声发电系统研制"获中国国际工业博览会创新奖；"维生素 D_3 生产新工艺"获中国产学研合作创新成果奖；"新一代应用于台式计算机的液态金属散热器"获第十三届北京技术市场金桥奖项目一等奖，"驱油聚合物胜利Ⅱ型和海水速溶型生产技术"获项目二等奖。

2010 年，理化所以技术入股方式新投资了首科喷薄、北京迅维绿能、中科赛凌、中科和达、天津粉体材料、合肥绿色家电、海通荣盛等 7 家新设企业；促成与安徽省科技厅、合肥市人民政府、合肥分院共建中国家电工程研究院，获得安徽省、合肥市、合芜蚌创新示范区经费的重点支持；巩固和深化与浙江和杭州市的合作，促成共建南方中心和建立中科和达；与广东省佛山市顺德区政府和广东顺威精密塑料股份有限公司合作组建工程塑料国家工程研究中心华南分中心；促成北京市重大科技成果转化落地项目签约 2 项；与 4 家在京企业合作开展成果的产业化工作。

2010 年，理化所积极推进国际合作与交流。加强与美国 TMT（Thirty Meter Telescope）项目、法国 ITER 项目、德国马普学会的合作；接待美国、法国、加拿大等国科学家来所交流；主办第 16 届国际晶体生长会议暨第 14 届国际汽相生长与外延会议（ICCG-16/ICVGE-14）；承办（协办）了第 2 届纳米力学及纳米复合材料国际学术研讨会（ICNN-2）、中日电子材料研讨会、第 31 届国际影像科学大会（ICIS2010）等国际会议。全年学术交流出访人数 114 人次，来访 107 人次。与日本、德国、香港等国家、地区联合培养学生 7 人；2 人获中国科学院公派出国留学资助；培养第三世界国家朝鲜、尼日利亚研究生 2 名；8 名科学家在相关专业的国际组织中任职。国际合作协议和在研项目共 21 项，国际合作到位经费 205.02 万元；国际合作立项 4 项，资助经费 64.3 万元。

理化所是中国感光学会、中国化学会光化学委员会、中国制冷学会低温专业委员会和中国化工学会化工新材料委员会光催化材料及应用分会的挂靠单位。负责编辑出版《影像科学与光化学》学术期刊。

（撰稿：张　方　朱世慧　审稿：张丽萍）

化学研究所

所　　长：万立骏
地　　址：北京市海淀区中关村北一街 2 号
邮政编码：100190
电　　话：010－62554626
传　　真：010－62569564
电子信箱：huaxs@iccas.ac.cn
网　　址：http://www.ic.cas.cn

中国科学院化学研究所（以下简称"化学所"）始建于 1956 年。多年来，中国科学院以化学所某些学科方向为主先后组建了青海盐湖研究所（1958 年）、感光化学研究所（1975 年）和生态环境研究中心（1975 年）；成都有机化学研究所成立时吸纳了化学所的十几位业务骨干；化学所有机氟工作于 1963 年并入上海有机化学研究所；1999 年工程塑料国家工程中心并入新成立的理化技术研究所。化学所 1994 年成为国家科学技术部和中国科学院基础性研究改革试点单位，1998 年首批进入中国科学院知识创新工程试点，1999 年成立中国科学院分子科学中心，2003 年科学技术部批准与北京大学共同筹建北京分子科学国家实验室。

化学所的战略定位是以基础研究为主，有重点地开展国家急需的、有重大战略目标的高新技术创新研究，并与高新技术应用和转化工作相协调发展的多学科、综合性研究所。当前主要学科方向为高分子科学、物理化学、有机化学、分析化学。在中国科学院知识创新工程三期，重点发展了分子与纳米科学前沿、有机/高分子材料、化学生物学、能源与绿色化学四大领域，并建设和完善了面向国家重大战略需求的先进高分子材料基地。

化学所注重体制机制创新，积极开展所"十二五"规划以及"创新 2020"组织实施工作，成立了学科发展规划、人才发展与创新文化建设、条件与基础建设 3 个工作组，初步确立了"十二五"规划总体目标。在未来 10 年内，将按照中国科学院“创新 2020”的总体部署和要求，坚持“两个面向”，坚持战略定位不动摇，不断提升凝聚和造就优秀人才的能力，建设结构合理、创新能力强的研究队伍；不断探索科研活动的组织和管理新模式，创造具有重大影响的研究成果，建设高效的科研支撑体系，继续营造良好的创新文化氛围。

化学所现有北京分子科学国家实验室（筹）；分子反应动力学、分子动态与稳态结构、高分子物理与化学 3 个国家重点实验室，有机固体，光化学，分子纳米结构与纳米技术，胶体、界面与化学热力学，工程塑料，分子识别与功能，活体分析化学 7 个院重点实验室；高技术材料、新材料 2 个所级实验室；化学生物学、能源与绿色化学 2 个研究中心；以及 1 个分析测试中心。

截至 2010 年底，化学所有在职职工 562 人，离退休人员 553 人。在职职工中，有科技人员 430 人、科技支撑人员 89 人，包括中国科学院院士 9 人、第三世界科学院院士 3 人、研究员及正高级工程技术人员 91 人、副研究员及高级工程技术人员 192 人；进入创新岗位 464 人。中国科学院“百人计划”入选者 50 人、国家杰出青年科学基金获得者 51 人，项目聘用人员 47 人。

化学所是国务院学位委员会批准的首批博士、硕士学位授予单位。现有化学一级学科硕士、博士研究生培养点，材料学二级学科硕士、博士研究生培养点；设有化学一级学科博士后科研流动站。2010 年在学研究生 902 人（硕士生 272 人、博士生 630 人），在站博士后 70 人。

2010 年，化学所有在研项目共 394 项（新增 204）项。其中，国家重点基础研究发展计划（“973”计划）项目 6 项（新增 5 项），中国高技术研究发展计划（“863”计划）项目 18 项（新增 2 项），国家科技支撑计划重大项目 1 项、课题 6 项；国家重大专项课题 8 项；国家自然科学基金重大、重点项目 29 项（新增 10 项），面上项目 107 项（新增 36 项），国家杰出青年基金项目 13 项（新增 4 项），创新研究群体 4 项（新增 2 项）；中国科学院知识创新工程重大项目 1 项、重要方向项目 25 项（新增 13 项），仪器平台及专项 13 项（新增 4 项），中国科学院“百人计划”项目 12 项（新增 2 项），国际合作项目 17 项（新增 14 项）。

2010 年，化学所科研工作取得重要进展，原始创新能力继续不断提升，对基础科学研究的贡献不断增加。根据科学技术部科技信息中心统计：2009 年度化学所发表 SCI、EI 论文继续位居全国研究机构第 1 名；2004—2008 年发表的 SCI 收录论文在 2009 年被引用次数居全国研究机构第 1 名；2000—2009 年发表的 SCI 收录论文累计被引用次数居全国研究机构第 1 名，篇均被引约 14 次；2009 年度表现不俗的论文 165 篇，居全国科研机构第 1 名。3 篇论文入选 2009 年“中国百篇最具影响优秀国际学术论文”。另据化学所统计，2010 年共发表论文 805 篇，其中 SCI 收录论文 778 篇，在有重要影响的学术期刊上发表论文 70 篇，发表论文数量稳定，质量不断提高。“聚烯烃高性能化的基础研究”、“甲醇羰基化生产醋酸的新型催化剂”2 项成果获北京市科学技术奖一等奖。专利申请 160 项（含 PCT 申请 5 项），获专利授权 144 项。所地合作和产业化工作继续加强，“纳米材料绿色印刷制版技术”等高新技术项目取得重大进展。

2010 年，化学所人才队伍建设成绩显著，被评为中国科学院人才工作先进集体；万立骏院士当选发展中国家科学院院士；新增国家自然科学基金委创新群体 1 个、国家杰出青年科学基金获得者 4 人、中国科学院“百人计划”3 人、化学所“引进国外杰出青年人才计划”3 人；1 人荣获“全国先进工作者”荣誉称号，1 人荣获“全国优秀科技工作者”荣誉称号，1 人荣获第十一届中国青年科技奖。

2010 年，化学所继续推进北京分子科学国家实验室建设；继续加强党建与创新文化建设，全面开展“创先争优”活动；“分子科学创新研究平台建设项目”工程进展顺利。

2010 年，化学所在国际学术组织任职 38 人次，国际期刊任职 108 人次。参加境外国际会议、学术交流、合作研究 297 人次，接待来访 300 多人次，组织和主办国际会议 4 次，组织“分子科学论坛”报告会 3 次，邀请美国西北大学 Chad Mirkin 教授作“爱因斯坦讲席”；新聘外籍专家特聘研究员 2 人，外籍青年科学家 3 人。截至 2010 年，共与 30 多个国家和地区建立了科技合作与交流关系。

科学技术部、中国科学院、教育部共建的“北京质谱中心”设在化学所，与中国科学院共建的核磁共振实验室挂靠在化学所；拥有 X 射线单晶面探仪、X 射线粉末衍射仪、高分辨透射电镜、场发射扫描电镜、600M 和 400M 核磁共振谱仪、X 射线光电子能谱仪、纳秒级激光闪光光解仪、电子顺磁共振波谱仪、液质－气质联用质谱仪等高性能大型共用仪器。

化学所是中国化学会的挂靠单位，并与中国化学学会共同主办《化学通报》、《高分子学报》、《高分子通报》、《高分子科学》（英文版）等学术期刊。

（撰稿：李　丹　石永军　审稿：万立骏）

国家纳米科学中心

主　　任：王　琛
地　　址：北京市海淀区中关村北一条 11 号
邮政编码：100190
电　　话：010－62652116
传　　真：010－62656765
电子信箱：webmaster@nanoctr.cn
网　　址：http://www.nanoctr.cn

国家纳米科学中心（以下简称“纳米中心”）是中国科学院与教育部共同建设，于 2003 年 12 月 31 日正式成立的具有独立事业法人资格的全额拨款直属事业单位。纳米中心采取理事会领导下的主任负责制，理事会由国家发展和改革委员会、教育部、科学技术部、财政部、卫生部、北京市人民政府、中国科学院、中国工程院、国家自然科学基金委员会、北京大学、清华大学等单位选派代表组成。纳米中心设立学术委员会，协助理事会确定中心的重要研究领域和发展方向。

纳米中心是我国纳米科技领域的国家级综合性研究中心，其战略定位是纳米科学的基础研究和应用研究，重点在具有前瞻性和重要应用前景的纳米科学与技术基础研究；发展目标是建成具有国际先进水平的、面向国内外开放的纳米科学研究公共技术平台和研究基地，成为中国纳米科技领域国际交流的窗口和人才培养基地；主要学科方向是围绕科学前沿、国家重大需求和重大支撑技术开展的多学科交叉研究，包括纳米结构的系统和集成技术、纳米技术标准化和纳米标准物质的研制、纳米结构的生物学效应和安全性研究、纳米制造的相关基础研究、具有重大意义的纳米结构制备和关键分析技术。

纳米中心现有 6 个研究室、2 个实验室。纳米器件研究室主要从事功能纳米结构的制备和集成技术；纳米材料研究室主要从事新型纳米材料的制备和组装，以及功能纳米材料在环境科学和新能源中应用的相关研究；纳米生物效应与安全研究室主要研究纳米结构和生物体之间相互作用、利用纳米科学和技术探索生命科学的基本问题；纳米表征研究室主要从事对低维材料体系的结构与性能关系的研究，探索分子材料的组装规律和相关物性，不断完善和发展对纳米尺度结构和性能的表征方法和研究设备；纳米标准研究室主要从事纳米技术标准化的研究，如纳米检测技术标准化、纳米标准物质与样品的研制、纳米计量溯源等工作；纳米制造与应用基础研究室主要以设计、制备、修饰、操纵和集成纳米尺度单元为手段，开展集纳米材料和结构的量化制备及经济性、可靠性为一体，体现“纳米效应”的产品和系统的应用基础研究；纳米检测实验室主要从事纳米检测技术服务，并开展与纳米检测技术相关的培训和研发工作；纳米加工技术实验室主要从事纳米结构加工、器件制备及系统技术研究，并作为公共开放平台为我国纳米科学与技术基础及应用基础研究提供先进加工技术。纳米中心与北京大学医学部等单位共建协作实验室 19 个。

2010 年，国家纳米科学中心建设项目顺利通过了由国家发展和改革委员会委托中科院和教育部组织的验收；启动了纳米中心“十二五”规划制定、中国科学院“创新 2020”组织实施工作，进一步加强战略研究和管理。

截至 2010 年底，纳米中心共有在职职工 156

人。其中科技人员 75 人、科技支撑人员 15 人，包括研究员及正高级工程技术人员 27 人、副研究员及高级工程技术人员 23 人；进入创新岗位 111 人。中国科学院“百人计划”入选者 15 人（新增 4 人）、国家杰出青年科学基金获得者 3 人（新增 2 人）。

纳米中心现有凝聚态物理和物理化学专业博士研究生培养点；设有化学专业一级学科博士后流动站。在学研究生 162 人（硕士生 70 人、博士生 85 人，留学生 7 人），在站博士后 20 人。

2010 年，纳米中心有在研项目（课题）108 项（新增 39 项）。其中，纳米重大科学研究计划项目 5 项、课题 15 项（新增 2 项），中国高技术研究发展计划（“863”计划）课题 3 项；国家杰出青年科学基金基金项目 2 项，国家自然科学基金重大项目课题 1 项、面上项目 16 项（新增 12 项）、主任基金项目 2 项；中国科学院知识创新工程重大项目课题 1 项、重要方向项目 3 项、重大仪器研制项目 2 项；国际合作项目 8 项（新增 6 项），院地合作项目 21 项（新增 10 项）。

2010 年，纳米中心科研工作取得了一系列重要进展。制备出具有不同手性的金属离子 - 氨基酸生物络合高分子，实现了对组装体结构、形貌的有效调控；石墨烯纳米生物传感器研究实现了对细胞电生理信号的高灵敏度、非侵入式检测，建立了一维、二维纳米材料与细胞相结合的独特研究体系；实现了在石墨烯中精确可控的氮原子掺杂，对石墨烯的理论研究和实际应用具有重要意义；研制出新型高效低毒纳米药物，可以逆转肿瘤的耐药性，为恶性肿瘤有效治疗提供了全新的解决方案；对抗多药耐药菌的纳米抗菌剂、石墨烯表面性质的尺寸效应、碳管表面能发电机及自供电系统、聚苯胺手性纳米结构与超结构等多项研究都取得了新进展；“有序多孔二氧化硅”及“表面修饰多孔二氧化硅”标准物质分别通过科技成果鉴定，发布国家标准样品 2 项，研制出具有自主知识产权的系列化纳米级氧化铝比表面积标准物质，获得国家一级标准物质 1 项、国家二级标准物质 3 项，其比表面积覆盖 $350m^2/g$、$450m^2/g$ 到 $550m^2/g$ 范围，是我国首次使用纳米材料研制的系列化比表面积标准物质。此外，纳米中心还努力推进科研成果的转化工作。

2010 年，纳米中心共发表 SCI 论文 209 篇，纳米中心作为第一作者的论文 105 篇（以上数据来自中国科学院文献情报中心检索结果）；出版专著：主编 2 部，参编 3 部；申请专利 56 项（均为发明专利），比 2009 年增长 65%，其中 PCT 专利 3 项、美国专利 3 项；授权专利 14 项。

2010 年，纳米中心被评为中国科学院“1998—2010 知识创新工程”科教基础设施建设先进单位，刘懿辉同志被评为科教基础设施建设先进个人；张忠研究员荣获“中国科学院先进工作者”荣誉称号。

2010 年，纳米中心积极推进国际交流与合作。来访国外（境外）学者 18 人次，中心研究人员出访 65 人次，接待了包括诺贝尔物理学奖获得者贝德诺兹（Bednorz）、宝洁公司等国外著名科学家和企业到中心参观访问；新争取各类国际合作项目 8 个，主办或承办国际会议 4 次，包括第二届中美纳米生物与医学研讨会、第 11 届国际近场光学大会等。

纳米中心是全国纳米技术标准化技术委员会纳米材料分技术委员会（SAC/TC279/SC1）、中国合格评定国家认可委员会（CNAS）实验室技术委员会纳米专业委员会、中国微米纳米技术学会纳米科学技术分会的挂靠单位。由纳米中心与英国皇家化学会联合主办的英文期刊 *Nanoscale* 受到国内外学界的广泛关注。

（撰稿：吴树仙　刘卫卫　审稿：王　琛）

生态环境研究中心

主　　任：曲久辉

地　　址：北京市海淀区双清路 18 号

邮政编码：100085

电　　话：010 - 62923549

传　　真：010 - 62923549

电子信箱：zhb@rcees.ac.cn

网　　址：http://www.rcees.cas.cn

中国科学院生态环境研究中心（以下简称“生态环境中心”）始建于 1975 年，前身为经国务院批准在原中国科学院化学研究所二部基础上成立的中国科学院环境化学研究所。经原国家科学技术委员会和中国科学院批准，1986 年与中国科学院生态学研究中心（筹）合并，改为现名。

生态环境中心以“国家生态环境安全与可持续发展”为战略主题，在环境科学、环境工程、系统生态、环境生物技术四大研究领域开展工作，旨在实现多学科的相互渗透，研究和解决地区性、全国性以及全球性的重大生态环境问题。研究方向主要包括持久性有毒污染物的环境过程与控制、环境污染的健康风险、污染水体修复与饮用水安全保障技术、生态城市构建的理论与对策、区域人与自然耦合作用等。

2010 年，生态环境中心启动制定《生态环境研究中心 2011—2020 发展规划纲要》工作，明确了未来科技布局“环境与健康、复合污染机制与控制、复合生态系统调控”3 个战略重点。

生态环境中心现有环境化学与生态毒理学国家重点实验室、环境水质学国家重点实验室、城市与区域生态国家重点实验室、环境生物技术中科院重点实验室（筹）、大气环境研究室、水污染控制技术研究室、中澳联合土壤环境研究室、环境纳米材料研究室 8 个研究室。设有文献信息中心、大型分析仪器实验室、二恶英实验室、环境评价部和北京城市生态系统研究站。现有“土地利用与生态过程”、“持久性有毒污染物形态、环境过程与毒理效应”和“环境微界面过程与污染控制”3 个国家自然科学基金创新研究群体和 2 个中国科学院创新研究团队。二恶英实验室通过了国家实验室认可和计量认证；联合国环境规划署持久性有机污染物分析示范实验室落户生态环境中心；与南澳大利亚水务公司共建国际水科学技术中心；与浙江嘉兴市共建生态环境中心——嘉兴市生态环境科技创新基地；与挪威共建中－挪环境综合研究中心；与日本横滨国立大学联合共建亚洲国际生态环境安全管理中国联合研究中心；与中国节能投资公司共建中环水务－中国科学院生态环境中心联合研发基地；住房和城乡建设部农村污水处理技术北方研究中心依托在生态环境中心。生态环境中心是农业部批准的农药登记残留试验认证单位之一；荣获“中国科学院科教基础设施建设（1998—2010 年）工作先进集体”称号。

截至 2010 年底，生态环境中心共有在职职工 358 人。其中科技人员 238 人、科技支撑人员 85 人、管理人员 33 人，包括中国科学院院士 2 人、中国工程院院士 3 人、研究员及正高级人员 55 人、副研究员及高工 73 人；进入创新岗位 242 人。有中国科学院“百人计划”入选者 20 人、“西部之光”人才入选者 3 人（新增 3 人）、国家杰出青年科学基金获得者 14 人（新增 3 人）。

生态环境中心是国务院学位委员会批准的博士（1986 年）、硕士学位（1980 年）授予权单位之一，是中国科学院博士生重点培养基地。设有环境科学、环境工程、生态学、环境经济与环境管理等 4 个学科博士研究生培养点，其中环境工程学科获北京市教委重点学科建设专项经费支持；设有环境科学、环境工程、生态学、环境经济与环境管理、分析化学、人口资源与环境经济学、有机化学等 7 个学科硕士研究生培养点；设有环境科学与工程、生物学等 2 个一级学科博士后流动站。在学研究生 600 人（硕士生 233 人、博士生 367 人），在站博士后 91 人，留学生 2 人。

2010 年，生态环境中心有在研项目 363 项（新增 89 项）。其中，主持国家重点基础研究发展计划（“973”计划）项目 4 项（新增 1 项）、承担课题 22 项（新增 5 项），承担中国高技术研究发展计划（“863”计划）项目（课题）25 项（新增 5 项），国家重大科技专项 2 项，国家科技支撑计划项目 15 项，国家公益性环保项目 5 项；承担国家自然科学基金重大项目 1 项、重点项目 6 项（新增 3 项），国家杰出青年科学基金项目 7 项（新增 3 项）、面上项目 139 项（新增 35 项）；承担中国科学院知识创新工程重大项目 1 项、重要方向项目 9 项（新增 6 项），国际合作项目 5 项，院地合作项目 2 项，与地方政府合作项目 9 项；参加中国第 27 次南极科学考察。

2010 年，生态环境中心 3 个国家重点实验室通过科技部评估，其中环境化学与生态毒理学国家重点实验室被评为优秀实验室，其他两个国家重点实验室被评为良好；4个中国科学院重大科研装备研制项目通过验收；在饮用水除砷及水体砷污染治理方面的研究与工程应用成果，被授予国际水协2010年全球应用研究创新项目奖；“分体式膜生物反应器”荣获第十九届全国发明展览会金奖；“室温条件下甲醛气体氧化催化剂”获第十二届中国专利优秀奖和第二届北京市发明专利三等奖；傅伯杰研究员获“全国优秀科技工作者”荣誉称号；通过对纳米金/金属氧化物催化剂体系研究，实现了纳米金活性相的稳定化，和 C_2H_4 分子 C—C 键的低温活化，得到低温（0℃）下微量乙烯氧化催化材料，有望应用于冷藏水果保鲜等方面。3件专利成功实现转移转化，如年产10万t高纯系列聚合铝净水剂现代生产线已在山东正式开业；科研人员积极参与常熟市“县域村镇污水治理综合示范区”建设。

2010年，生态环境中心发表论文489篇，其中SCI收录论文344篇，中文核心127篇；申请发明专利125件；获授权发明专利22件，其中获国外授权4件；出版专著5部。根据实验室建立的鱼类毒性测试方法，制定国家环境保护标准11项。

2010年，生态环境中心国际科技交流与合作继续持续发展，来访规格和层次提高，全年共派出183人次，出访国家和地区20多个（包括港澳台），接待外宾专访72人次、顺访390人次；入选中国科学院“特聘研究员计划”1人；主办或承办发展中国家水与卫生研究前沿研讨会、第四届中美能源、生态系统和气候变化研讨会、第六届海峡两岸水质安全控制技术与管理研讨会、第六届界面过程与污染控制国际研讨会等多次国际会议；吕永龙研究员接受美国 *Science* 杂志的专访，双方就目前热点的环境问题进行了充分交流。

生态环境中心是国际环境问题科学委员会中国委员会、中国生态学学会的挂靠单位。负责编辑出版 *Journal of Environmental Sciences*（SCI 和 EI 收录）、《生态学报》、《环境科学》、《环境科学学报》、《环境工程学报》、《环境化学》和《生态毒理学报》等7种自然科学学术期刊，国际刊物 *Environmental Science & Technology* 的亚洲办公室设在生态环境中心。

（撰稿：陈劲憬　杨克武　审稿：胡仁桥）

过程工程研究所

名誉所长： 郭慕孙
所　　长： 张锁江
地　　址： 北京市海淀区中关村北二街1号
邮政编码： 100190
联系电话： 010－62554241
传　　真： 010－62561822
电子信箱： office@home.ipe.ac.cn
网　　址： http://www.ipe.cas.cn

中国科学院过程工程研究所（以下简称“过程工程所”）前身是1958年成立的中国科学院化工冶金研究所。50多年来，研究范围逐步扩展到能源化工、生化工程、材料化工、资源/环境工程等领域，学科方向由“化工冶金”发展为“过程工程”。2001年更为现名。

过程工程所面向国家过程工业战略需求，面向世界过程工程科技前沿，针对制约过程工业发展的共性科技问题，提出了“过程工业绿色化与信息化”的发展战略和“一个核心、四个层次”的科研布局，即以时空多尺度结构为核心，突破关键性科学难题；在共性问题和方法学、数据信息和实验计算平台、工艺和过程调控、工程应用四个层次，系统研究与发展过程工程科学，形成资源高效清洁转化和产品高值化制备的过程工程平台。“一个核心”与“四个层次”是有机、开放的整体，旨在落实战略目标，突破科研—开发—设计—工程分离的体制机制障碍，促进实验室成果产业化，输出高效清洁的物质转化新工艺、新过程/新设备和集成技术，带动过程工业的技术升级换代和生产模式根本变革。

过程工程所现有生化工程国家重点实验室和国家生化工程技术研究中心（北京）、多相复杂系统国家重点实验室、湿法冶金清洁生产技术国家工程实验室、中国科学院绿色过程与工程重点实验室以及过程工程研发中心、生物质研究中心、循环经济技术研究中心、过程污染控制环境工程研究中心、太阳能研究中心、过程工程中关村开放实验室等科研机构。

截至2010年底，过程工程所共有在职职工592人。其中科技人员449人、科技支撑人员56人，包括中国科学院院士4人、中国工程院院士1人、研究员及正高级工程技术人员40人、副研究员及高级工程技术人员124人；进入创新岗位302人。国家海外高层次人才培养计划（“千人计划”）入选者1人、中国科学院“百人计划”入选者18人。

过程工程所设有化学工程与技术一级学科和材料学、环境工程2个二级学科博士/硕士研究生培养点；1个一级学科博士后流动站。在学研究生444人（硕士生227人、博士生217人），在站博士后30人。

2010年，过程工程所有在研项目677项（新增238项）。其中，主持（或承担）国家重点基础研究发展计划（“973”计划）项目2项、承担（或参加）课题11项（新增1项），主持（或承担）中国高技术研究发展计划（“863”计划）项目24项（新增1项）；主持（或承担）国家自然科学基金重大项目课题2项（新增1项）、重点项目新增2项，国家杰出青年科学基金2项（新增1项）、仪器专项新增1项，青年科学基金45项（新增25项）、面上项目40项（新增10项）；主持（或承担）中国科学院知识创新工程重要方向项目53项（新增3项），国际合作项目13项（新增7项），重大仪器研制项目4项，院地合作项目312项（新增178项）。

2010年，过程工程所多项重大项目通过验收。其中，国家重大科研装备研制项目“高效能低成本多尺度离散模拟超级计算应用系统”采用中国科学院独特的多尺度计算模式，通过算法、软件和硬件结构密切结合，实践了富有特色的超级计算模式，建成集成计算能力达到浮点单精度峰值5000万亿次/秒的分布式超级计算环境，成功应用于化学、化工、物理、能源、生物和材料等领域的过程模拟与优化设计，为国内外大型企业提供计算服务，显著提高了超级计算系统的实际应用效能，降低了其制造和运行成本；“973”计划项目“秸秆资源生态高值化关键过程的基础研究”以秸秆资源为对象，采用先进的手段和理念，将秸秆组分分离、分级生态转化以及转化过程集成优化的学术思想，落实到秸秆生态高值化产业链整体中，建立起秸秆生态高值化产业链新的模式；“电石渣湿法喷雾烟气脱硫技术与示范工程”项目具有脱硫效率高、副产物可资源化利用等优点，可推广应用于热电、化工等行业的燃煤工业锅炉/窑炉脱硫市场；“微型流化床反应分析方法与分析仪”项目实现了气固反应的等温、微分、快速原位与低扩散影响等技术特点；“高浓度氨氮废水资源化处理技术及工程示范”项目技术可大幅减少氨氮污染物排放量，具有显著的环境效益，实施企业经济效益明显；“含钒铬工业废渣资源化关键技术与万吨级示范工程”项目全过程废水零排放、废渣近零排放，同时通过回转窑余热利用、过程能量优化集成，较传统技术节能40%以上；“芦笋皂苷提取分离工艺研究”项目实现了物理、化学及生物过程集成和芦笋废弃资源的高值化、资源全利用，开拓了芦笋废弃资源利用的新领域；“硫酸镁热解制氧化镁工艺研究”项目不但实现了硫酸镁、氯化镁的综合利用，而且可以副产工业前景看好的氯化氢产品，用于制造聚氯乙烯，实现了盐湖资源综合利用。

2010年，过程工程所共取得科研成果22项，获国际、国家、省部级成果奖14项。其中，“离子液体的构效关系及其化学工程基础研究”项目荣获国家自然科学奖二等奖。该项目针对离子液体应用的关键科学问题开展研究，建立了离子液体物性数据库，获得了其物性随结构的变化规律；揭示了离子液体氢键网络结构，获得了对离子液体微观相互作用科学本质的新认识；建立了多个功能化离子液体的分子力场，设计合成了新型离子液体催化/分离介质；研究了离子液体体系的反应/分离过程及规律，为离子液体清洁过程的研究开发提供了科学基础。此外，“内外双循环硫化床烟气脱硫技术”荣获北京市科技进步奖二等奖和环境保护科学技术奖二等奖；过程工程所被授予中国产学研合作创新成果奖。全所2010年在国内外知名学术期刊上发表论文429篇，出版著作4部。

2010年，过程工程所签订有效合同178份，新增各类创新平台15个，举办4期“行业需求与过程工业科技创新高层论坛”，成立“产学研合作办公室”、“产业促进办公室”、中科格瑞公司等。积极促成多尺度模拟仿真计算技术逐步在国内外大型企业的应用，推动亚熔盐技术成功应用于污染减排和资源循环利用，离子液体技术在清洁化工和新型能源领域逐步推广，动态高温钢坯防氧化中试装置试车成功，功能粉体及涂层的应用领域空前拓展，秸秆炼制建立30万吨级产业化生产线，氰化废渣资源化高效利用取得产业化成功，PEG修饰蛋白质药物技术及产业化在天津进展顺利，特种生物规模化培育基地落户鄂尔多斯。

2010年，过程工程所成功举办5次大型国际会议，包括“第三届多尺度结构与系统国际会议”、“第三届废弃物工程与高值化利用国际会议”、“2010可持续能源国际研讨会”等，承办“第二届中瑞科技合作研讨会及工作组会议”。与日本产业技术综合研究所及日本明电舍株式会社签署三方合作协议共同研发新型烟气脱硝催化剂产业化技术；与美国辉瑞制药公司合作开展载重组人生长激素聚乳酸聚乙二醇缓长效释微球的研究；与瑞典乌普萨拉大学合作研究蛋白质层析纯化中的失活机理及新型抗失活介质的制备等。接待来访190多人次，出访134人次。

中国颗粒学会挂靠在过程工程所，过程工程所主办《过程工程学报》、《颗粒学报》（*PARTICUOLOGY*）和《计算机与应用化学》3个学术期刊。

（撰稿：刘　伟　张　辉　审稿：张锁江）

地理科学与资源研究所

所　　长：刘　毅
地　　址：北京市朝阳区大屯路甲11号
邮政编码：100101
电　　话：010－64889276，010－64854841
传　　真：010－64854230
电子信箱：office@igsnrr.ac.cn
网　　址：http://www.igsnrr.ac.cn

中国科学院地理科学与资源研究所（以下简称“地理资源所”）于1999年9月经中国科学院批准，由中国科学院地理研究所（前身是1940年成立的中国地理研究所）和中国科学院自然资源综合考察委员会（1956年成立）整合而成。

地理资源所的定位是：研究陆地表层资源环境与区域可持续发展的公益性研究所，我国地表过程与要素相互作用基础科学研究的引领机构和资源环境基础科学数据中心，国家区域发展、资源利用和生态建设重要的科学思想库和人才库。是国内地理科学、资源科学领域学科最为齐全、规模最大的综合性研究所，是国际上地理学、生态系统生态学和可持续发展研究领域具有重要影响的中国一流研究机构。

发展目标是：在地理科学、资源科学、生态环境和区域可持续发展方面发挥科技国家队的引领示范作用，成为我国区域发展、资源利用和生态建设领域重要的科学思想库和人才库，在区域发展、资源利用和生态建设方面为国家提供重要的科技支撑，成为国际一流、亚洲前列的地理科学与自然资源研究基地。

2010年，地理资源所根据中国科学院党组的部署，组织开展了研究所“创新2020”和“十二五”规划编制工作，提出了新的主攻方向、科技布局与科技支撑体系调整的战略构想。

地理资源所现有7大研究领域，下设28个学科团队（研究室、中心、站）。7个研究领域由3个研究部、3个重点实验室和1个研究中心组成，即自然地理与全球变化研究部、人文地理与区域发展研究部、自然资源与环境安全研究部、资源与环境信息系统国家重点实验室、陆地水循环及地表过程院重点实验室、生态系统研究网络观测与模拟院重点实验室、农业政策研究中心。

地理资源所拥有1个国家重点实验室、3个中国科学院重点实验室，设有理化分析中心和5个专业实验室构成的所级公共技术服务中心；拥有禹城综合实验站、拉萨高原生态试验站2个国家野外科学观测研究站，禹城站、拉萨站、千烟洲红壤丘陵综合开发试验站3个中国科学院生态系统研究网络（CERN）野外站；建成中国物候观测网、中国陆地生态系统通量观测研究网络（ChinaFLUX）和同位素观测网3个全国性观测研究网络，共同构成了研究所野外观测研究平台。建成完整的数据共享平台，国家地球系统科学数据中心和共享服务网、“973”计划资源环境领域数据汇交中心、中国生态系统研究网络综合中心、中国科学院资源环境科学数据中心、国家电子政务工程资源环境科学数据分中心设在地理资源所。还设有地理科学与资源科学专业图书馆。

截至2010年底，地理资源所有在职职工598人。其中科技人员351人、科技支撑人员104人，包括中国科学院院士4人、中国工程院院士3人、第三世界科学院院士1人、研究员及正高级工程技术人员120人、副研究员及高级工程技术人员165人；进入创新岗位435人。有中国科学院“百人计划”入选者24人（新增2人）、“西部之光”人才入选者17人（新增5人）、国家杰出青年科学基金获得者14人、“新世纪百千万人才工程”国家级人选5人。

地理资源所是国务院学位委员会批准的首批博士、硕士学位授予权单位之一。现设有地理学专业一级学科（含自然地理学、人文地理学、地图学与地理信息系统、自然资源学专业4个二级学科）和生态学、环境科学、农业经济管理专业3个二级学科博士研究生培养点；自然地理学、人文地理学、地图学与地理信息系统、自然资源学、气象学、生态学、环境科学、农业经济管理专业8个二级学科硕士研究生培养点；环境工程（专业学位）工程硕士培养点；设有地理学、生物学2个专业一级学科博士后科研流动站。在学研究生638人（硕士生236人、博士生398人、台湾籍硕士生1人），在站博士后134人，留学生3人。

2010年，地理资源所共有在研项目630项（新增234项）。其中，主持国家重点基础研究发展计划（“973”计划）项目4项（新增2项）、承担课题24项（新增11项），主持中国高技术研究发展计划（“863”计划）重点项目2项、课题12项，主持国家科技支撑计划课题29项，国家科技基础性工作专项项目2项、课题4项，国家科技重大专项课题3项（新增1项）；承担国家自然科学基金重大项目1项、重点项目11项（新增2项）、面上项目187项（新增66项），国家杰出青年科学基金项目4项；承担中国科学院知识创新工程重大项目1项、重要方向项目35项（新增9项），中国科学院科研装备研制项目2项（新增1项），战略性先导科技专项项目2项（新增）、课题4项（新增）；承担国家发展和改革委员会高技术产业化专项项目1项，科学技术部农业科技成果转化资金项目2项（新增1项），国际合作项目5项，国家自然科学基金委员会对外交流重大国际合作项目1项，新增国家社会科学基金重大项目1项；承担经费在100万以上国家部委委托项目14项（新增6项），与地方政府合作项目30项（新增9项）。

2010年，地理资源所有7项成果获得国家及省部级科技奖励。其中于贵瑞主持完成的“中国陆地碳收支评估的生态系统碳通量联网观测与模型模拟系统”获国家科技进步奖二等奖，该成果系统解决了陆地生态系统碳通量观测技术和碳收支评估的系列关键技术难题，创建了中国陆地生态系统碳通量观测研究网络（ChinaFLUX），填补了亚洲季风区长期观测研究的空白。

2010年，地理资源所发表论文1195篇，其中SCI和SSCI刊物收录论文243篇、EI及ISTP论文63篇；出版学术著作53部；申请专利24项，获授权发明专利10项，完成72项软件著作权登记；与内蒙古大学等5个单位建立了合作关系；《中科院专家关于我国西北干旱区需要严格限制荒地开垦的建议》等23份咨询报告得到党和国家领导人批示或被中办、国办刊物采用。

2010年，地理资源所获“全国科普工作先进集体”荣誉称号，中央国家机关工会联合会“先进职工之家”称号，“全国优秀博士后科研流动站”称号；中国区域发展问题研究组获“国家西部大开发突出贡献集体”荣誉称号；资源与环境信息系统国家重点实验室被科学技术部评为优秀国家重点实验室；樊杰获“中国科学院先进工作者”荣誉称号，于贵瑞、樊杰、夏军获“全国优秀科技工作者”荣誉称号。

2010年，地理资源所争取国际合作项目30项。与俄罗斯科学院、欧盟联合研究中心等签署了8项科技合作协议；新建中德环境影响评价联合研究中心；主办6个国际研讨会和2个两岸会议；出访人员382人次，接待来访人员415人次；引进中国科学院外国专家特聘研究员7名、外籍青年科学家1名；樊杰获法国地理学会荣誉会员称号，黄季焜获2010年国际水稻研究所杰出校友奖。

中国地理学会、中国自然资源学会和中国青藏高原研究会挂靠在地理资源所，国际地圈生物圈计划中国全国委员会秘书处、国际全球环境变化人文因素计划中国国家委员会秘书处、全球碳计划亚洲区域办公室和全球土地计划北京节点办公室等12个国际组织或科学计划的相关分支机构设在地理资源所。地理资源所主办《地理学报》（中、英文版）、《地理研究》、《地理科学进展》、《自然资源学报》、《资源科学》、《地球信息科学》、《资源与生态学报》（英文版）、《中国地理与资源文摘》、《中国国家地理》杂志。

（撰稿：刘红辉　张国义　审稿：刘　毅）

国家天文台

台　　长：严　俊
地　　址：北京朝阳区大屯路甲20号
邮政编码：100101
电　　话：010－64888708
传　　真：010－64888708
电子信箱：goffice@nao.cas.cn
网　　址：http://www.bao.ac.cn

中国科学院国家天文台（以下简称“国家天文台”）成立于2001年4月，系由中国科学院天文领域原四台三站一中心撤并整合而成。国家天文台包括总部及4个直属单位，总部设在北京，直属单位分别是：云南天文台、南京天文光学技术研究所、新疆天文台和长春人造卫星观测站。紫金山天文台、上海天文台继续保留院直属事业单位的法人资格，为国家天文台的组成单位。

云南天文台　其前身是紫金山天文台昆明观测站，1972年经国家计委批准正式成立，云南天文台现有大样本恒星演化、高能天体物理、光电实验室、恒星物理研究、射电天文观测与研究、太阳活动和CME理论研究、应用天文研究7个研究团组，以及抚仙湖太阳观测和研究基地、南方光学观测基地。主要学科方向包括：活动星系核、恒星演化、变星和双星、太阳活动区物理、天体测量与精密定位、天文新技术研究等。

南京天文光学技术研究所　组建于2001年4月21日，其前身为成立于1958年的原中国科学院南京天文仪器研制中心的科研部分及高技术镜面实验室。南京天文光学技术研究所是我国专业天文仪器研制及天文技术研究和发展的重要基地。

新疆天文台　其前身为中国科学院1957年组建的乌鲁木齐天文站，主要从事天体物理、射电天文技术、空间目标和碎片、天文应用等研究，以脉冲星、活动星系核、恒星形成与演化、微波接收机技术等为主要研究方向，设有南山观测基地等四个野外观测站。

长春人造卫星观测站　组建于1957年11月，目前主要从事人造天体的精密观测和精密定轨研究、卫星动力学和天文地球动力学基础研究。长春人造卫星观测站具备多种观测手段，成为以观测为主、观测与应用研究相结合的综合观测站。

国家天文台坚持面向国家战略需求和世界科学前沿，以星系宇宙学、恒星和致密天体、太阳磁活动和日地空间环境、应用天文、空间科学和深空探测、天文新技术和新方法为主要重点学科领域，着眼于质的显著提升，着力在基础研究、观测设备平台建设、国家战略需求任务和天文高技术研究各方面取得重要进展，并统筹我国天文学科发展布局、大中型观测设备运行和承担国家大科学工程建设项目，负责整个天文口科研工作的宏观协调、优化资源和人才配置。2010年，根据院党组的部署，启动国家天文台“十二五”规划和“创新2020”编制工作，调整内部组织结构，建立与“创新2020”相适应的科研活动方式和文化，不断增强自主科技创新能力，促进和实现我国天文学的统筹协调和创新跨越发展。

国家天文台建有光学天文、太阳活动、天文光学技术、天体结构与演化四个中国科学院重点实验室。在北京密云、怀柔，河北兴隆，云南丽江高美谷、澄江抚仙湖，乌鲁木齐南山、喀什、新疆乌拉斯台，以及西藏、内蒙古、长春等地建有野外观测台站。中国科学院月球与深空探测总体部依托在国家天文台。

国家天文台总部“大天区面积多目标光纤光谱天文望远镜（LAMOST）”科学试观测已获得一系列发现；“500米口径球面射电望远镜（FAST）”基本完成进场道路建设和台址开挖详细设计与施工招标，各分系统的关键技术研究进展顺利；探月工程地面应用系统圆满完成“嫦娥二号”月面虹湾局部影像图，标志探月工程“嫦娥二号”任务取得圆满成功；中法天文科学卫星项目“空间变源监视器”（SVOM）3月通过国家立项；中德亚毫米波望远镜（KOSMA）于2010年11月运抵西藏羊八井，安装准备就绪。

截至2010年底，国家天文台有在职职工1062人。其中科技人员949人、科技支撑人员329人，包括中国科学院院士7人、中国工程院院士1人、第三世界科学院院士2人、研究员及正高级工程技术人员140人、副研究员及高级工程技术人员197人；进入创新岗位524人。有中国科学院“百人计划”入选者29人（新增5人）、国家杰出青年科学基金获得者9人（新增1人）、国家海外高层次人才引进计划（“千人计划”）入选者1人（新增1人）。

国家天文台现设有天文学专业一级学科博士、硕士研究生培养点；天文学专业一级学科博士后流动站。在学研究生425人（硕士生239人、博士生186人）、在站博士后30人。

2010年，国家天文台共有在研项目477项（新增186项）。其中，主持（或承担）国家重点基础研究发展计划（“973”计划）课题26项（新增2项），中国高技术研究发展计划（“863”计划）课题或子课题28项（新增课题2项），主持科学技术部国际合作项目2项（新增1项），主持国家重大科研装备研制项目1项；主持国家自然科学基金创新群体2项，国家杰出青年科学基金项目1项（新增1项）、重大项目子课题1项、重点项目或课题21项（新增3项）、面上项目77项（新增19项），青年科学基金项目26项（新增20项）；主持中国科学院知识创新工程重要方向项目15项，院级科研装备研制项目1项，国际合作项目6项（新增1项），承担院地合作项目15项（新增7项）。

2010年，国家天文台被评为“探月工程嫦娥二号任务突出贡献单位”，严俊研究员等20名科研人员获得“探月工程嫦娥二号任务突出贡献者”称号；赵刚研究员获得2010年度“何梁何利基金科学与技术进步奖”；陈玉琴研究员获得“第十一届中国青年科技奖”；苏彦副研究员荣获“中国青年五四奖章”。

“郭守敬望远镜（LAMOST）发现一批新天体”、“强激光模拟太阳耀斑中环顶X射线源和重联喷流”二项系列研究入选大科学装置2010年度成果。

2010年，国家天文台发表学术论文555篇，其中SCI论文287篇，被引用1519篇次；出版学术著作2部。新增专利申请41件，其中发明专利35件；新增专利授权22件，其中发明专利19件。新增软件著作权登记数6件。

国家天文台高度重视与地方、高校、科研机构的合作与交流，按照“优势互补、互利共赢”的合作模式，实现强强联合，荣获“中国科学院院地合作先进集体二等奖”。2010年度与中国电子科技集团公司第五十四研究所共建“射电天文技术联合实验室”；成立“广西大学－国家天文台联合天体物理和空间科学研究中心”；联合紫金山天文台、上海天文台与中国科学技术大学共同设立“天文英才班”。

2010年，国家天文台获中国科学院“外国专家特聘研究员”计划资助7人，“外籍青年专家”计划资助2人，组织召开5个国际学术会议。执行科学技术部、国家自然科学基金委员会和中国科学院重大国际合作项目取得显著进展：与国际三十米望远镜（TMT）项目国际董事会签署合作谅解备忘录，参与该项目核心技术系统研发；中阿激光测距仪继续保持良好运行状态，技术升级改造工作进展顺利；参与国际赫谢尔红外空间天文台科学仪器在轨运行管理，研究计划获得观测机时；中法合作伽马射线暴望远镜（SVOM）等完成科学目标立项论证。此外与日本国立天文台、韩国天文与空间科学所和中国台湾中研院天文研究所续签东亚“核心天文台合作协议”。出访322人，来访275人。

（撰稿：陆　烨　朱　兰　审稿：刘晓群）

遥感应用研究所

所　　长：顾行发

地　　址：北京市朝阳区大屯路甲20号北

邮政编码：100101

电　　话：010－64879268

传　　真：010－64889570

电子信箱：administrator@irsa.ac.cn

网　　址：http://www.irsa.ac.cn

中国科学院遥感应用研究所（以下简称“遥感所”）成立于1979年12月，其前身是1978年成立的地理所二部。

遥感所是我国遥感科学基础研究与综合应用技术的国家级、开放型研究机构。1998年成为中国科学院知识创新工程试点单位之一。其战略定位是以遥感科学与技术创新为基础，以天空地一体化遥感系统论证、综合国情遥感监测与预警系统为支撑，以遥感科学与试验、遥感技术前沿与信息挖掘、遥感综合应用、遥感信息工程为主要科研方向，全面提升自主创新能力，引领我国遥感科技发展，为国家安全、经济发展、资源开发、防灾减灾、环境保护以及社会可持续发展提供科学决策依据，为国防现代化、信息化建设提供遥感应用技术支撑，为地方政府、重大工程、企业和公众用户提供空间信息服务。

2010年，根据中科院党组的部署，面向国家战略需求，面向世界遥感科技发展前沿，遥感所制定了“十二五”规划和“创新2020”实施方案，按照“大科学、大工程、大应用、大产业”的发展思路，从创新重要方向、前沿科学与技术等方面，调整优化布局，组织安排创新活动；培养造就创新人才，建立结构优化、规模合理的创新团队；加强与行业、企业、高校的科技合作，建设技术创新联盟，吸纳国际创新资源，加速成果转化。经过启动实施、重点突破、整体跨越3个阶段的发展，遥感所将逐渐成为中国遥感科技创新和对地观测应用的引领者、国际上有重要前沿科技创新能力的空间遥感科学技术研究基地。

遥感所拥有遥感科学国家重点实验室、国家航天局航天遥感论证中心、国家遥感应用工程技术研究中心、遥感卫星应用国家工程实验室4个国家级科研机构；设有18个研究室作为基本创新单元：遥感辐射传输研究室、环境遥感前沿研究室、高光谱遥感研究室、微波遥感研究室、遥感定标与真实性检验研究室、遥感图像处理研究室、农业与生态遥感研究室、减灾与应急遥感监测研究室、遥感空间信息系统研究室、数字地球与导航定位研究室、国土资源遥感研究室、环境遥感应用技术研究室、非再生资源遥感研究室、遥感与地球系统模拟研究室、海洋遥感研究室（筹）、大气遥感研究室（筹）、全球变化遥感研究室（筹）、行星制图与遥感研究室（筹）；建有遥感卫星数据接收站、遥感综合试验场、遥感数据网络中心等科研支撑体系；与国家环境保护部、国家海洋局、国务院三峡工程建设委员会办公室水库管理司、国家禁毒委员会办公室、国家文物局、军事医学科学院、二十一世纪空间科技有限公司建立了国家环境保护卫星遥感重点实验室、三峡工程生态与环境监测系统信息管理中心、毒品原植物遥感监测研究中心等数个联合研究中心。

截至2010年底，遥感所共有在职职工293人。其中科技人员199人、科技支撑人员19人，包括中国科学院院士3人、国际宇航科学院院士2人、欧亚科学院院士2人、研究员及正高级工程技术人员35人、副研究员及高级工程技术人员55人；进入创新岗位155人。有中国科学院“百人计划”入选者7人、国家海外高层次人才引进计划（“千人计划”）入选者1人、“新世纪百千万人才工程”国家级人选3人。

遥感所设有地图学与地理信息系统、信号与信息处理2个专业二级学科博士研究生培养点；

地图学与地理信息系统、信号与信息处理、电子与通信工程、农业推广等4个专业二级学科硕士研究生培养点；并设有地图学与地理信息系统专业博士后流动站。在学研究生324人（硕士生156人、博士生168人）、在站博士后30人。

2010年，遥感所共有在研项目860项（新增150项）。其中，主持国家重点基础研究发展计划（“973”计划）项目2项（新增1项），主持中国高技术研究发展计划（“863”计划）项目16项（新增2项），承担国家科技支撑项目3项；主持国家自然科学基金重点项目2项、面上项目57项（新增25项），承担国家自然科学基金重大研究计划重点项目1项（新增）；主持中国科学院知识创新工程重大项目2项、重要方向项目8项（新增4项），承担国际合作项目7项（新增1项），重大仪器研制项目2项，院地合作项目57项。

2010年，遥感所共发表学术论文459篇，其中SCI论文104篇。申请专利27项，其中发明专利22项、实用新型4项，外观设计1项，授权发明专利2项，授权实用新型2项。

2010年，遥感所作为第一主持单位完成的“多平台多波段对地观测信息处理技术与应用系统”获得国家科技进步奖二等奖。该成果围绕国家对地观测与应用领域重大需求，开展了多平台、多波段对地观测信息处理技术攻关，开拓了雷达遥感信息处理与地物识别技术；建成了位居国际前列的中国第一个数字地球原型系统，为我国第一颗雷达卫星参数选择及立项作出了贡献，为十六大、十七大和国庆六十周年阅兵的信息保障和指挥提供了独特能力。另外，遥感所被评为“十一五”国家科技计划执行优秀团队，所长顾行发研究员荣获“十一五”国家科技计划执行突出贡献奖。

2010年，遥感所与浙江嘉善县人民政府共建浙江中科空间信息技术应用研发中心。所投资建立的天津中科遥感信息技术有限公司、北京国遥万维信息技术有限公司、北京国遥新天地信息技术有限公司、北京中遥地网信息技术有限公司、中交宇科（北京）空间信息技术有限公司，共有在职员工478人，2010年产值过亿。

2010年，遥感所国际交流与合作进展良好。参加各类国际学术活动71次，出访人员130人次，来访人员86人次。主办和承办各类国际会议3次，包括国际宇航科学院全球环境影响合作国际研讨会、欧盟第七框架项目第二次年会、全球综合地球观测系统农业主题边会及小组会议。承担的中匈政府间科技合作项目“城市生态空间信息产品定量反演与真实性检验研究”、埃及农业环境遥感监测信息系统项目、欧盟第七框架项目“亚欧合作长期观测系统——通过地面/卫星观测和数值模拟研究青藏高原水文气象过程和亚洲季风的关系（CEOP-AEGIS）”、科技部国际科技合作与交流专项“城市生态空间信息产品定量反演与真实性检验研究”取得新进展。与美国马里兰大学、泰国地理信息系统与空间技术发展局、德国不莱梅大学环境物理研究所、美国内布拉斯加州大学、巴西科技部国家空间技术研究院、日本庆应义塾大学庆应义塾研究所等机构签署合作协议。

遥感所是亚洲遥感协会、中国遥感委员会、中国地理学会环境遥感分会、中国环境科学学会环境信息系统与遥感专业委员会的挂靠单位，是中国遥感应用协会的依托单位；负责主办《遥感学报》和《中国图像图形学报》2部科技核心期刊，《遥感学报》荣获“2010年百种中国杰出学术期刊奖”。

（撰稿：发　强　王莹珞　审稿：顾行发）

地质与地球物理研究所

所　　长：朱日祥
地　　址：北京朝阳区北土城西路19号
邮政编码：100029
电　　话：010－82998001
传　　真：010－62010846
电子信箱：suoban@mail. iggcas. ac. cn
网　　址：http://www. igg. cas. cn

中国科学院地质与地球物理研究所（以下简称“地质地球所”）1999年6月由原中国科学院地质研究所和中国科学院地球物理研究所两所

整合而成。整合前的两个研究所都有长达近60年的历史和丰厚的科研成果，在国内外学术界具有很高的地位。整合后的地质地球所是中国科学院首批知识创新工程试点单位之一。2004年将中国科学院武汉数学物理研究所的电离层研究室整体调整到地质地球所。2006年整合原中国科学院兰州地质研究所，建立了兰州油气资源研究中心（以下简称“兰州油气中心”）。

地质地球所是从事固体地球科学研究与教育的综合性学术机构，战略定位是：以固体地球各圈层物质组成和界面相互作用及其资源、环境、工程地质问题为主攻方向，力争在固体地球系统科学理论的建立和社会可持续发展作出创新性贡献。整合以来，在科研布局上基本形成了地球动力学、环境与灾害、矿产资源“三足鼎立”的研究格局，共设有地球深部结构与过程、岩石圈演化、青藏高原、油气资源、固体矿产资源、工程地质与水资源、新生代地质与环境、地磁与空间物理等8个研究室；同时建有岩石圈演化国家重点实验室以及工程地质力学、矿产资源研究、地球深部研究、油气资源研究和新生代地质与环境5个中国科学院重点实验室。另外在干旱区环境演化与全球变化、地球磁场与地球外核动力学、俯冲碰撞造山的岩石学过程、青藏高原东部隆升的深部结构与地表过程响应等研究方向上建成4个国家自然科学基金创新研究群体。

兰州油气中心根据国家经济建设和社会发展对油气资源的需求以及西部大开发战略和“西气东输”工程的资源保障要求，重点研究我国中西部含油气盆地石油、天然气富集的地质地球化学条件等，为国家油气资源探明储量的持续增长提供理论和战略指导。其重点科学领域为石油天然气地质学和气体地球化学。

截至2010年底，地质地球所有职工总人数648人（包括兰州油气中心102人）。其中科研人员304人（兰州油气中心44人），有中国科学院院士11人、中国工程院院士1人、第三世界科学院院士4人、研究员及正高级工程技术人员122人（兰州油气中心14人）、副研究员及高级工程技术人员137人（兰州油气中心19人）。另外，北京地区共有支撑系统人员143人，管理人员81人；进入创新岗位368人（兰州油气中心58人）。

地质地球所是国务院学位委员会批准的首批硕士、博士学位授予单位和博士后流动站单位之一。设有地质学、地球物理学两个一级学科博士研究生培养点；地质工程、海洋地质学2个二级学科博士研究生培养点；地质学、地球物理学、地质资源与地质工程3个一级学科博士后流动站。2010年在学研究生540人（硕士生190人、博士生350人），在站博士后110人，留学生1人，短期访问、实习学生40人。

2010年，地质地球所新增科研项目253项。其中，国家重点基础研究发展计划（“973”计划）项目依托单位及首席科学家1项、二级课题6项；国家自然科学基金重大研究计划重点项目1项，国家杰出青年科学基金项目3项、面上基金项目34项，青年科学基金项目18项；在研各项目有：“973”计划首席项目2项、“973”计划二级课题28项、“863”计划课题3项；国家自然科学基金重点项目20项、国家杰出青年科学基金项目6项、国家自然科学基金面上项目、青年科学基金项目139项、国家自然科学基金创新群体项目2项；中国科学院重大创新项目1项、重大二级课题5项、重要方向性项目36项、“百人计划”项目2项。

2010年，地质地球所以第一署名单位发表科技论文约460篇，其中被SCI收录292篇，出版专著8部；拥有授权发明专利40项，申请专利18项；新增软件著作权32个。

2010年，地质地球所派出参加国际会议、合作研究或交流培训233人次，邀请外方来华进行合作研究、学术交流和参加会议等活动210人次；举办国际会议6次；接收中国科学院资助的外籍青年科学家2人；科研人员中有6人新当选为国际科学组织的成员，2人担任国际地学知名刊物的副主编和编委；有2人次获得国家留学基金，8人次获得中国科学院留学基金和王宽城基金；中外联合培养研究生7人，与美国、德国、俄罗斯、澳大利亚、日本等25个国家和地区的科学家进行合作研究及学术交流。

地质地球所配置了开展固体地球科学研究的大型观测和测试分析仪器，形成了地球物质成分与物质性质分析、地球深部结构观测、地质年代学测定、空间环境探测、古环境数据分析、数据处理计算6大观测、实验、分析系统；兰州油气中心还拥有固体组成分析、气体组成分析、有机组成分析、元素和同位素组成分析、古地磁和物相分析、样品前处理系列等高水平大型仪器设备；在漠河、北京、三亚的地磁台以及南极台，是共同构成了国际上最长的地磁台子午链的重要组成部分。

地质地球所图书馆藏书约35 000余册，中外文学术期刊现刊350种，电子数据库25个，电子期刊及其他网络资源数十种，与国际著名大学和研究机构保持长期的交流。

地质地球所主办的国家一级学术刊物有：《地球物理学报》（SCI收录）、《岩石学报》（SCI收录）、《第四纪研究》、《地质科学》、《工程地质学报》、《地球物理学进展》、《沉积学报》和《天然气地球科学》。地质地球研究所是中国地球物理学会、中国岩石力学与工程学会、中国第四纪研究会3个国家一级学会的挂靠单位。此外，甘肃省一级学会矿物岩石地球化学学会挂靠在兰州油气资源研究中心。

（撰写：张　维　国连杰　审稿：朱日祥）

青藏高原研究所

所　　长：姚檀栋
地　　址：北京市海淀区双清路18号
邮政编码：100085
电　　话：010－62849309
传　　真：010－62849886
电子信箱：itpcas@itpcas.ac.cn
网　　址：http://www.itpcas.cas.cn

中国科学院青藏高原研究所（以下简称“青藏高原所”）于2003年成立，实行“一所三部”的特殊运行方式，三个部分别设在北京、拉萨和昆明。北京部的主要功能是室内研究基地、室内科学实验基地、国际学术交流基地和综合协调基地；拉萨部的主要功能是科学观测研究的野外基地、国际合作研究的野外基地、西藏高水平科学实验基地、西藏社会经济发展的服务基地和西藏科学普及与爱国主义教育基地；昆明部的主要功能是青藏高原种质资源保存基地和极端环境下生物的生态适应性及遗传资源研究基地。

青藏高原所的定位是：瞄准“高水平、国际化、重服务”的发展目标，站在国家青藏高原研究的高度，协调组织全国青藏高原优势研究力量，引领国际青藏高原科学研究发展。科学目标是：通过第一手原始数据和国际前沿的研究手段，产出原创性的具有重大国际影响的研究成果，形成国际一流团队，建立国际青藏高原研究中心。研究方向是：围绕青藏高原隆升过程及其对亚洲和北半球气候环境影响这一核心科学问题，研究青藏高原地球动力、地表过程与环境变化和极端环境下生物的生态适应性及生物遗传资源等若干领域的国际前沿科学问题，力争做出独创性的、有重大国际影响的新成果，为适应和改善东亚地区人类生存环境服务。

青藏高原所围绕中国科学院“创新2020”和“十二五”规划纲要中提出的地球系统科学新突破——青藏高原专项（B）、新一轮青藏高原综合科学考察与研究、第三极环境（TPE）国际计划等重大科技活动和青藏高原挑战性科学问题研究中心建设，开展了各重大科技活动的预研究论证工作，落实重大科技活动实施的人才队伍、支撑平台和管理机制等条件。在现有青藏高原环境变化与地表过程、大陆碰撞与高原隆升和青藏高原高寒生态系统与生物多样性3大战略研究领域基础上，开拓了1个新的青藏高原环境危机事件的风险评估与应急对策战略研究领域。

青藏高原所现有院重点实验室2个：青藏高原环境变化与地表过程重点实验室和大陆碰撞与高原隆升重点实验室；院重点野外台站3个：纳木错多圈层综合观测研究站、珠穆朗玛大气与环境综合观测研究站和藏东南高山环境综合观测研究站；所重点野外台站2个：阿里荒漠环境综合观测研究站和慕士塔格西风带环境综合观测研究站。

截至2010年底，青藏高原所有在职职工178人。其中科技人员110人、科技支撑人员37人，包括中国科学院院士1人、中国科学院外籍院士1人（美籍学术副所长）、研究员及正高级工程技术人员28人、副研究员及副高级工程技术人员40人；进入创新岗位146人。有中国科学院"百人计划"入选者14人（新增6人）、国家杰出青年科学基金获得者5人（新增1人）、国家基金委创新研究群体带头人1人（新增1人）。

青藏高原所现有自然地理学、构造地质学等2个二级学科博士研究生培养点；自然地理学、构造地质学、大气物理学与大气科学和固体地球物理学等4个专业二级学科硕士研究生培养点；设有地理学、地质学2个一级学科博士后流动站。在学研究生131人（硕士生69人、博士生62人），在站博士后19人。

2010年，青藏高原所有在研项目102项（新增33项）。其中，主持国家重点基础研究发展计划（"973"计划）项目2项（新增全球变化重大专项1项）、承担课题9项（新增5项）；主持国家自然科学基金重点项目7项（新增2项）、面上项目31项（新增8项）、青年科学基金17项（新增6项），承担国家杰出青年科学基金项目3项（新增1项）、创新研究群体项目1项（新增1项）、重大国际合作项目3项；主持中国科学院知识创新工程重要方向项目群1项、方向项目8项（新增3项）、青年人才项目3项（新增2项），承担国际合作项目3项（新增2项），新增院士咨询项目1项，承担院地合作项目2项（新增1项）；承担中国科学院与国家外国专家局创新团队伙伴计划项目1项；承担国外来源国际合作项目4项。

2010年，青藏高原所在青藏高原特殊地表过程及其区域环境效应和大陆碰撞与高原隆升研究方面取得了进展。2010年6月，*PNAS*第二次发表了青藏高原所研究人员的研究成果，以赵俊猛研究员为第一署名作者的研究论文"The boundary between the Indian and Asian plates below Tibet"，研究结果给出了印度板块和亚洲板块在青藏高原之下的碰撞边界。2010年11月，*Nature*第468期以"Measuring the meltdown"为题重点报道了中国科学家在青藏高原研究取得的最新进展，研究结果表明气候变化对第三极地区一些冰川产生了重要影响，虽然有区域差异存在，但是已有证据的天平肯定指向冰川快速退缩这一趋势。2010年，青藏高原所共发表SCI文章155篇，获得发明专利2项。

2010年，青藏高原所国际合作取得实质进展。出访89人次，接待来访131人次。冰岛共和国总统奥拉维尔·格里姆松（Olafur Grimsson）在2010年9月访华期间专门到北京部访问，就加强中国－冰岛间的冰川合作研究与中方达成了共识；由中国科学家主导的"第三极环境（TPE）国际计划"（简称"TPE国际计划"）受到关注，在尼泊尔举办了第二次资深专家研讨会，*Nature*对此进行了专题报道。在美举办了美国地球物理年会（AGU）"TPE国际计划"分会，"TPE国际计划"的中方主席中国科学院院士姚檀栋和美方联合主席美国科学院院士、中国科学院外籍院士Lonnie Thompson的学术报告吸引了国际同行的共同关注；共有2名外籍特聘研究员、3名外籍青年访问学者获得资助来华工作，3名尼泊尔籍、1名意大利籍留学生在所攻读博士学位。

青藏高原所是国家一级学会中国青藏高原研究会的挂靠单位之一。

（撰稿：安宝晟　田新苗　审稿：姚檀栋）

古脊椎动物与古人类研究所

所　　长：周忠和
地　　址：北京市西直门外大街142号
邮政编码：100044
电　　话：010－68351363
传　　真：010－68337001
电子信箱：bgs@ivpp.ac.cn
网　　址：http://www.ivpp.ac.cn

中国科学院古脊椎动物与古人类研究所（以下简称"古脊椎所"）的前身是创建于1929年的原中国农商部地质调查所新生代研究室。1951年并入位于南京的中国科学院古生物研究所，改称新生代及古脊椎动物组。1953年从古生物研究所分出，在北京成立了中国科学院古脊椎动物研究室。1957年改名古脊椎动物研究所，1960年更名为中国科学院古脊椎动物与古人类研究所至今。

作为我国古脊椎动物与古人类两门基础学科的专门研究机构，古脊椎所的战略发展定位是面向国家战略需求和国际学术前沿，充分发挥化石资源优势，将研究所建设成为国家古脊椎动物与古人类学基础研究领域的科研和学术思想中心、科技人才培养中心、化石标本和现代骨骼标本收藏中心以及科学普及中心。古脊椎所将通过院所两级战略部署的实施，围绕重大科学问题和国际前沿科学问题，培养造就具有全球战略视野的古生物学和演化生物学交叉集成研究的科学家群体，以及与之匹配的一流技术支撑队伍和科技管理队伍，获取一批在国际学术界影响重大的基础研究成果，建设、完善符合国际规范的研究所体制与机制，努力实现4个一流的战略目标，即“一流的人才、一流的成果、一流的设备、一流的文化”，力争进入中国科学院世界著名研究所的行列。

古脊椎所设有3个研究室和1个研究中心，即古低等脊椎动物研究室、古哺乳动物研究室、古人类－旧石器研究室和周口店古人类研究中心，主要研究脊椎动物各类群起源、演化和分类、古人类特征和旧石器文化，开展周口店遗址的综合研究工作；拥有中国科学院脊椎动物进化系统学重点实验室，着重研究脊椎动物的系统发育关系，其物种多样性的形成和发展，以及其重要类群的起源、演化、灭绝与复苏的生物学机制与环境制约因素；与中国科学院研究生院联合建立了“人类演化实验室”；和德国马普学会人类研究所签约成立中德联合实验室，通过共享实验和技术，强化了开展人类演化与科技考古研究的学术能力；拥有亚洲规模最大的古脊椎动物、古人类化石及旧石器标本馆。馆藏标本历史悠久、数量丰富、门类齐全，包含了自20世纪20年代至今的我国境内珍贵古脊椎动物、古人类化石及旧石器标本20余万件。

截至2010年底，古脊椎所有在职职工136人。其中科技人员112人，包括中国科学院院士3人、美国国家科学院外籍院士1人、正高级专业技术人员29人（其中研究员26人）、副高级专业技术人员43人（其中副研究员21人）。有中国科学院“百人计划”入选者6人（新增1人）、国家杰出青年科学基金获得者4人。

古脊椎所设有古生物学与地层学、地球生物学、科技考古专业的博士、硕士研究生培养点和博士后科研流动站。在学研究生76人（硕士生44人、博士生32人），在站博士后8人。

2010年，古脊椎所承担科研项目76项（新增21项）。其中，承担国家重点基础研究发展计划（“973”计划）项目子课题4项，国家科技基础性工作专项2项，重大国际合作项目2项；主持国家自然科学基金重点项目3项（新增1项）、面上项目23项（新增7项）；承担中国科学院创新重要方向项目10项（新增2项）、化石发掘和修理专项经费项目1项、创新团队国际合作伙伴计划专项1项；承担重大仪器研制项目1项。

2010年，古脊椎所取得了一系列重要的基础研究成果，并在国际古生物界产生了重要影响。

辽西课题组张福成研究员等人通过对中国热河生物群的鸟类和带毛恐龙中发现的真黑色素和首次在化石中发现的褐黑色素体的研究，发现一些恐龙的纤维状“毛”状结构与鸟类羽毛具有同源性，这一结果支持了鸟类起源于恐龙的假说。该成果在*Nature*杂志发表，并入选美国《发现》（*Discover*）杂志年度100项科学新闻。

辽西课题组徐星研究员等人通过对辽西恐龙化石上保存的多种羽毛形态的分析，开展了有关羽毛起源和早期演化的研究，首次揭示了早期羽毛的发育现象，该成果在*Nature*杂志发表。

广西崇左研究小组刘武研究员等人通过对广西崇左智人洞人类化石的研究，发现智人洞人类属于正在形成中的早期现代人，处于古老型智人向现代智人演化的过渡阶段。这一重要研究发现使早期现代人或现代人在东亚地区的起源过程至少可以追溯到10万年前，比该地区发现的年代最早的早期现代人提早了至少6万年。该成果发表于*PNAS*，并被评为2010年度中国十大科学进展。

2010年，古脊椎所在*Nature*杂志发表论文5篇，在*Science*杂志上发表论文1篇，在*PNAS*上发表论文1篇。

2010年，古脊椎所承担的科学技术部国际合作项目“中国与南非古人类学合作研究”圆满结题；“中国与南非更新世晚期人类化石及生存模式对比”项目各项合作工作如期施行；新聘3位外籍研究人员，从事相关领域的合作研究；与美国、德国等科研机构签署了科技合作协议；主办了国际会议2次，参加各类国际学术活动21人次；出访人员46人次，接待来访外宾200余人次；在国际学术组织任职11人；举办第五届海峡两岸大学生古生物夏令营。

古脊椎所负责主办《中国古生物志》（丙、丁种）、《古脊椎动物学报》、《人类学学报》、《中国科学院古脊椎动物与古人类研究所集刊》、《化石》和《恐龙》等专业杂志。古脊椎所是古脊椎动物学分会、中国第四纪科学研究会古人类－旧石器专业委员会以及中国第四纪科学研究会地层专业委员会的挂靠单位。

（撰稿：张永红　马行超　审稿：董军社）

大气物理研究所

名誉所长：叶笃正
所　　长：王会军
地　　址：北京市朝阳区德胜门外祁家豁子
邮政编码：100029
电　　话：010－82995275
传　　真：010－62028604
电子信箱：iap@mail.iap.ac.cn
网　　址：http://www.iap.ac.cn

中国科学院大气物理研究所（以下简称“大气所”）的前身是1928年成立的原国立中央研究院气象研究所。1950年1月，中国科学院将气象、地磁和地震等部分科研机构合并组建成立中国科学院地球物理研究所。1966年1月，根据我国气象事业发展的需要，中国科学院决定将气象研究室从地球物理研究所分出，正式成立中国科学院大气物理研究所。大气所是中国现代史上第一个研究气象科学的最高学术机构，目前已发展成为涵盖大气科学领域各分支学科的大气科学综合研究机构。

大气所主要研究大气中各种运动和物理化学过程的基本规律及其与周围环境的相互作用，特别是研究在青藏高原、热带太平洋和我国复杂陆面作用下东亚天气气候和环境的变化机理、预测理论及其探测方法，以建立“东亚气候系统”和“季风环境系统”理论体系及遥感观测体系，发展新的探测和试验手段，为天气、气候和环境的监测、预测和控制提供理论和方法。大气所确立的中国科学院知识创新工程三期重点发展的6大学科领域为：东亚季风系统动力学，地球系统模式发展和气候预测理论，亚洲季风环境变化集成研究与有序人类活动，大气化学、大气环境变化及其预测理论，中层大气物理化学过程、气候环境遥感理论，高影响天气物理、动力与可预报性理论。

2010年，大气所制定了“十二五”规划和“创新2020”，初步确定了“十二五”规划思路，即以国家“十二五”规划和中国科学院“创新2020”为指导，以“四个一流”（一流的成果、一流的效益、一流的管理和一流的人才）为根本要求，从跟踪模仿为主向自主创新为主过渡，重点解决一批关乎建设小康社会国计民生和可持续发展的重大科技问题；在国内大气科学和气候变化研究领域起“火车头”作用；在国际学术界达到先进研究机构的行列；继续保持为中国科学院研究机构中的优秀研究所。

大气所现设有大气科学和地球流体力学数值模拟和大气边界层物理与大气化学两个国家重点实验室；东亚区域气候－环境（全球变化东亚区域研究中心）和中层大气和全球环境探测两个中国科学院重点实验室；国际气候与环境科学中心、竺可桢－南森国际研究中心、云降水物理与强风暴实验室、季风系统研究中心、中国生态系统研究网络大气分中心5个所级实验室和研究中心。另外还设有信息科学中心，在河北香河、兴隆和吉林通榆设有野外综合观测站。中国科学院气候变化研究中心和中国科学院减灾中心挂靠在大气所。有SGI F4000超级计算机集群服务器系统、一座用于研究城市大气污染和大气边界层物理的高325m的气象观测铁塔以及边界层遥感探测系统和中层大气探测系统等设备。

截至2010年底，大气所有在职职工404人

（项目聘用70人）。其中科研人员297人、科技支撑人员34人，包括中国科学院院士7人、第三世界科学院院士1人、欧亚科学院院士3人、研究员及正高级工程技术人员72人、副研究员及高级专业技术人员106人；进入创新岗位215人。中国科学院"百人计划"入选者27人、国家杰出青年科学基金获得者11人。

大气所是国务院学位委员会批准的首批博士、硕士学位授予单位之一。现设有一级学科硕士、博士研究生培养点；并设有一级学科博士后流动站。2010年在学研究生428人（硕士生169人、博士生259人），在站博士后23人。

2010年，大气所共有在研项目462项（新增92项）。其中，主持国家重点基础研究发展计划（"973"计划）项目6项（新增2项）、承担课题39项（新增18项），承担中国高技术研究发展计划（"863"计划）课题及专题11项（新增3项），承担国家科技支撑计划项目中的课题及专题33项（新增3项）；承担国家自然科学基金项目133项（新增43项），其中重大项目课题1项、重点项目10项，国家杰出青年科学基金项目3项，海外青年学者合作研究基金（杰青B类）1项，重大国际合作项目4项，重大研究计划3项，面上及其他项目111项；承担中国科学院项目及课题48项（新增7项），其中，中国科学院知识创新工程创新项目群2项、重大项目课题13项、重要方向项目14项、重要方向项目课题16项、"技术百人"和"百人计划"项目各1项、重大仪器研制项目1项；承担国际合作项目5项，主持公益行业气象专项项目7项（新增2项），参与项目23项（新增14项），承担军工、部委及地方委托等课题140多项。

2010年，大气所科研工作取得多项重要进展。主持的国家重点基础研究发展计划（"973"计划）项目"北方干旱化与人类适应"的研究成果得到中央领导的重视，为国家提出了主动应对气候变化问题的建议，获得中央领导的实质性批示；主持的国家重点基础研究发展计划（"973"计划）项目"全球变暖背景下东亚能量和水分循环及其对我国极端气候的影响"，立足国家需求开展对影响我国的高影响极端气候事件的预测研究，明显高于世界现有台风预测水平，预测模型已先后参与我国每年的气候预测会商，并将结果提供业务部门参考，研究成果最大可能和最高时效地实现了向业务使用的转化。

2010年，大气所获国家科技进步奖二等奖1项（"中国陆地碳收支评估的生态系统碳通量联网观测与模型模拟系统"，排名第三），中国人民解放军科学技术进步奖三等奖（排名第二）1项，国家发明专利2项。发表科技论文665篇，其中SCIE收录论文336篇，EI收录论文19篇，国内核心期刊收录论文242篇，出版专著5部。穆穆院士获"何梁何利基金科学与技术进步奖"，王会军研究员获"全国优秀科技工作者"荣誉称号，陈文研究员获国家杰出青年科学基金，王林博士获全国百篇优秀博士学位论文，王自发研究员获首届"中央国家机关青年五四奖章标兵"荣誉称号。

2010年，大气所与深圳市气象局、北京市科委、中国国电集团等单位开展院地合作，取得良好进展。通过资料同化技术和集成预报技术，建立了适用于上海及周边地区的集合预报系统，对2010上海世博会期间可能出现的空气污染进行预测预警，为世博会的顺利进行提供了保障。

2010年，大气所在研国际合作项目30多项，其中，由中国发起和领导的全球变化研究领域第一个重大国际合作项目"季风亚洲全球变化区域集成研究计划（MAIRS）"进入重要实施阶段，在干旱-半干旱带研究、超大城市带研究、高山带研究、模式研究等方面取得重要进展。与国外机构新签署2个合作协议；举办了14个国际会议；执行156项出访任务、出访287人次、来访512人次。引进国外"千人计划"（国家海外高层次人才引进计划）1人，招收外国留学生2人，新增与国外联合培养研究生16名，共27名。廖宏研究员当选世界气候研究计划（WCRP）联合科学委员会成员，共有44人在国际组织任职。

大气所是中国科学探险协会、太平洋科学协会中国委员会、中国气象学会动力气象学委员会、大气环境学委员会、统计气象学委员会的挂靠单位；主办的刊物有：《大气科学》（中文版）、《大气科学进展》（英文版）（SCI收录）、《气候与环境研究》（中文版）、《大气和海洋科学快报》（英文版）。

（撰稿：任　丽　肖淑芬　审稿：李　军）

植物研究所

所　　长：方精云
地　　址：北京市海淀区香山南辛村 20 号
邮政编码：100093
电　　话：010 - 62590835
传　　真：010 - 62590835
电子信箱：suoban@ibcas.ac.cn
网　　址：http://www.ibcas.ac.cn

中国科学院植物研究所（以下简称“植物所”）是我国建立最早的植物基础科学综合性研究机构，前身为 1928 年创建的静生生物调查所和 1929 年成立的国立北平研究院植物研究所，1950 年合并为中国科学院植物分类研究所，1953 年改名为中国科学院植物研究所。

植物所以整合植物学为学科定位，主要研究方向为系统与进化、生态环境、发育与信号转导、光合作用和植物资源科学利用 5 个方面。主要发展目标是面向国家战略需求和世界科学前沿，一方面着力突破国际植物科学前沿的难点问题，引领我国现代植物科学的持续发展；一方面着力开展集成创新研究，为国家和区域经济可持续发展和产业结构调整作出实质性贡献。

2010 年，植物所根据国家“十二五”规划和中国科学院“创新 2020”，制定了植物所“十二五”发展规划、“十二五”人力资源规划、“创新 2020”实施方案。

植物所现有 9 个研究和支撑部门、1 个中外联合实验室、2 个国家重点实验室、2 个中国科学院重点实验室、10 个野外台站、2 个中国科学院非法人研究单元、还有 1 个公共技术服务中心和中国科学院生态系统研究网络（CERN）生物分中心。研究和支撑部门包括：系统与进化植物学研究中心、植物生态学研究中心、分子与发育生物学研究中心、光合作用研究中心、信号转导与代谢组学研究中心、资源植物研发重点实验室、北京植物园、华西亚高山植物园、文献与信息管理中心；中外联合实验室为 IOB-TLL 甜高粱联合研发实验室；国家重点实验室包括：系统与进化植物学国家重点实验室、植被与环境变化国家重点实验室；中国科学院重点实验室包括：中国科学院光合作用与环境分子生理学重点实验室、中国科学院光生物学重点实验室；野外台站包括：内蒙古锡林郭勒草原生态系统国家野外科学观测研究站、内蒙古鄂尔多斯草地生态系统国家野外科学观测研究站、湖北神农架森林生态系统国家野外科学观测研究站、中国科学院北京森林生态系统定位研究站、中国科学院植物研究所正蓝旗浑善达克防沙治沙生态研究试验站、中国科学院植物研究所多伦恢复生态学试验示范研究站、中国科学院植物研究所中国北方林生态系统定位研究站、中国科学院植物研究所内蒙古东乌珠穆沁草原生态系统管理研究站、中国科学院植物研究所古田山森林生物多样性与气候变化研究站、中国科学院植物所内蒙古农牧业科学院乌兰察布草地生态研究站；中国科学院非法人研究单元包括中国科学院内蒙古草业研究中心和中国科学院太阳能 - 光生物转化研究中心。

植物所拥有植物标本馆、数字化植物标本馆和植物图像库，其中植物标本馆为亚洲最大，截至 2010 年底共收藏标本 260 万份；数字化植物标本馆共收录标本信息 183 万份，图像信息 164 万张；2008 年开始建设的植物图像库目前已收录图片 54.5 万幅。拥有价值 10 万元以上的专用仪器设备共 238 台（套），如流式细胞仪、植物活体成像系统、荧光差异蛋白质分析系统、双光子荧光寿命显微镜等。

截至 2010 年底，植物所有在职职工 640 人。其中科技人员 314 人、科技支撑人员 172 人，包括中国科学院院士 5 人、第三世界科学院院士 1 人、研究员及正高级工程技术人员 71 人、副研究员及高级工程技术人员 119 人；进入创新岗位 309 人。有中国科学院“百人计划”入选者 24 人（新增 2 人）、“西部之光”人才入选者 6 人（新增 1 人）、国家杰出青年科学基金获得者 14 人、国家海外高层次人才引进计划（“千人计划”）入选者 1 人（新增 1 人）。

植物所是首批经国务院学位委员会批准的博

士、硕士学位授予权单位之一。现设有植物学、发育生物学、生态学共3个专业二级学科博士研究生培养点；植物学、发育生物学、细胞生物学、生态学共4个二级学科硕士研究生培养点；设有生物学专业一级学科博士后流动站。在学研究生604人（硕士生298人、博士生306人），在站博士后51人。

2010年，植物所有在研项目314项（新增94项）。其中，主持（或承担）国家重点基础研究发展计划（"973"计划）项目3项（新增1项）、承担（或参加）课题21项（新增7项），主持（或承担）中国高技术研究发展计划（"863"计划）项目15项；主持（或承担）国家自然科学基金重大项目2项、重点项目9项、面上项目99项（新增37项），承担国家自然科学基金重大研究计划重点项目8项（新增1项）；承担中国科学院战略性先导科技专项课题2项、主持（或承担）重要方向项目27项（新增7项），承担国际合作项目16项（新增8项）；承担院地合作项目39项（新增15项），与地方政府合作项目13项（新增4项）。

2010年，植物所在植物系统进化、生态学、植物发育、信号转导和光合作用等领域的研究取得了重要进展。全年发表论文408篇，其中SCI论文217篇，有136篇发表在学科前30%的SCI刊物上，影响因子在9.0以上的8篇、5.0以上的35篇、2.0以上的148篇；出版专著4部；授权专利16项。

2010年，植物所与地方政府和企业联合成立了1个中国科学院非法人研究单元和2个共建平台。其中，与内蒙古农牧业科学院共建了中国科学院内蒙古草业研究中心；与莱阳市共建了中国科学院植物研究所梨科研示范基地；依托天津工业生物技术研究所成立了中国科学院天津产业技术创新与育成中心——观赏植物分中心。

2010年，植物所共签署对外合作协议7项；科研人员出访95批161人，来访97批181人；举办8次国际（双边）学术会议和1次国际培训班；有33人在国际组织和国际期刊中任职69项（2010年新任职的10项）；聘任外国专家特聘研究员3人，外籍青年人才1人。与美国密苏里植物园合作的*Flora of China*项目进展顺利，截至2010年底，出版文字19卷，图集17册，美方主编Peter H. Raven教授因此获得"中华人民共和国友谊奖"；启动了《泛喜马拉雅植物志》的编研工作，该项目是第一个由我国植物学家主导的多国合作项目。

植物所是中国植物学会、北京生态学会、北京植物生理学会、中国植物学会植物园分会、中国花卉协会蕨类植物分会、*Flora of China*编辑委员会和《植物生理学杂志》（*Journal of Plant Physiology*）中国编辑部的挂靠单位。主办的刊物有：《植物学报》（*Journal of Integrative Plant Biology*）、《植物分类学报》（*Journal of Systematics and Evolution*）、《植物生态学报》（*Journal of Plant Ecology*），《植物生态学报》、《植物学报》、《生物多样性》、《生命世界》，其中前3个刊物被SCI收录。

（撰稿：周凌娟　丁　爽　审稿：牛喜平）

动物研究所

所　　长：孟安明
地　　址：北京市朝阳区北辰西路1号院5号
邮政编码：100101
联系电话：010－64807098
传　　真：010－64807099
电子信箱：ioz@ioz.ac.cn
网　　址：http://www.ioz.ac.cn

中国科学院动物研究所（以下简称"动物所"）的前身是1928年成立的静生生物调查所、1929年成立的北平研究院动物研究所和1930年成立的中央研究院动物研究所。新中国成立后，中国科学院接收上述3个研究所和原徐家汇博物馆（创建于1860年，1930年后改称震旦大学博物院）的部分资料、标本和设备，于1950年成立了中国科学院昆虫研究室和动物标本整理委员会。二者分别发展为昆虫研究所和动物研究所，1962年两所合并为现在的动物所。

动物所是以动物科学基础研究为主的社会公

益型国家级科研机构，主要定位是：以人、动物与自然和谐发展为主题，以整合生物学为主线，围绕农业、生态环境和人类健康的重大需求和科学问题，加强多学科交叉融合，在整合生物学、保护生物学、进化生物学、生殖生物学、细胞分化生物学领域开展基础性、前瞻性和战略性研究；加强科技自主创新与技术集成，在生物多样性保护与可持续利用、农业生物灾害可持续控制、野生动物疫病预警与防控、人类生殖健康等领域作出重大创新性贡献。

动物所现有3个国家重点实验室、3个院级重点实验室和1个博物馆，包括农业虫害鼠害综合治理研究国家重点实验室、计划生育生殖生物学国家重点实验室、生物膜与膜生物工程国家重点实验室、动物生态与保护生物学院重点实验室、动物进化与系统学院重点实验室、干细胞发育生物学院重点实验室（筹）和国家动物博物馆。

动物所拥有亚洲最大的动物标本馆，馆藏各类动物标本540余万号；拥有总建筑面积7300m^{2}的国家动物博物馆，含10个展厅和4D动感电影院；拥有总藏书量25万余册及图书资料较为齐全的专业图书馆以及计算机网络中心，形成了科学研究、科学传播与技术支持相结合的完整体系。

截至2010年底，动物所有在职职工367人。其中科技人员209人、科技支撑人员101人，包括中国科学院院士2人、第三世界科学院院士1人、研究员及正高级工程技术人员66人、副研究员及高级工程技术人员83人；进入创新岗位244人。有中国科学院“百人计划”入选者39人（新增3人）、国家杰出青年科学基金获得者24人（新增4人）、国家海外高层次人才引进计划（“千人计划”）入选者1人。

动物所是国务院学位委员会批准的首批具有博士、硕士学位授予权单位之一。现设有生物学、生态学2个专业一级学科博士研究生培养点；生物学、生态学2个专业一级学科硕士研究生培养点；设有生物学、生态学2个专业一级学科博士后流动站。在学研究生520人（硕士生297人、博士生223人），在站博士后68人。

2010年，动物所有在研项目555项（新增262项）。其中，主持国家重点基础研究发展计划（“973”计划）项目6项（新增1项）、承担（或参加）课题31项（新增3项），主持（或承担）中国高技术研究发展计划（“863”计划）项目1项，主持科技基础性工作专项2项、国家公益性行业科研专项2项；主持国家基金委基金重点项目14项（新增2项）、面上项目及青年科学基金项目98项（新增49项），承担国家自然科学基金重大研究计划重点项目2项（新增2项）；主持中国科学院重要方向项目26项（新增2项）。

据中国科学技术信息研究所科技论文统计结果，动物所在2000—2009年SCI收录论文共有956篇被引用，在全国科研机构排名第19位，在全国科研机构生物学领域排名第3位。

动物所陈大华研究员带领的科研团队，在干细胞命运调控研究中取得的重要进展发表在*Cell*上。陈大华实验室长期以果蝇的生殖干细胞为模型从事干细胞生物学研究。他们最新的研究发现干细胞的分化子细胞通过Fused/Smurf复合体主动地拮抗来自微环境的BMP信号，从而在干细胞和分化子细胞之间产生陡峭BMP响应梯度，进而促进干细胞不对称地分裂。通过详细的遗传和生化实验证明了在干细胞的分化子细胞中，发现Fused和泛素连接酶Smurf形成复合体来共同调控BMP受体蛋白Tkv的泛素化，进而调节其稳定性。突变体的扫描分析表明Tkv238位的丝氨酸的磷酸化对Tkv的泛素化和稳定性非常重要，而且fused的对Tkv稳定性的调控，依赖该点的磷酸化。陈大华实验室和清华大学孟安明实验室合作以斑马鱼胚胎和人的细胞系为研究系统，进一步发现Fused在脊椎动物中同样具有的拮抗BMP/TGF-b信号传导的功能，从而揭示了Fused蛋白所介导的这一调控机制在进化上的保守性，及其在干细胞命运调控和动物发育过程中细胞命运决定的重要作用。

2010年，动物所主办首届SKLRB围植入生物学国际研讨会、亚太地区野生动物疫病国际学术研讨会、第三届中法胚胎细胞生物学联合实验室干细胞和再生医学年会、第四届整合动物学国际研讨会暨全球变化生物学国际学术研讨会等4次国际会议。这4次会议均由动物所发起创办，标志着该所国际影响力的大幅度提升和“以我为主”国际合作工作的重要进展。

中国昆虫学会、中国动物学会、国际动物学会、中国动物志编辑委员会和中华人民共和国濒危物种科学委员会挂靠在动物所。动物所与学会共同主办 *Insect Science*（SCI 源期刊，英文版）、*Integrative Zoology*（SCI 源期刊，英文版）、*Current Zoology*（SCI 源期刊，英文版）、《昆虫学报》、《动物分类学报》、《动物学杂志》、《昆虫知识》7 种学术刊物。

（撰写：孙　忻　审稿：孟安明）

心理研究所

所　　长：傅小兰

地　　址：北京朝阳区大屯路甲 4 号

邮政编码：100101

电　　话：010－64879520

传　　真：010－64872070

电子信箱：webmaster@psych. ac. cn

网　　址：http://www. psych. ac. cn/

中国科学院心理研究所（以下简称“心理所”）成立于 1951 年，前身是 1929 年成立的中央研究院心理研究所。

心理所的发展战略是：以“探索人类心智本质、提高国民心理素质、促进社会和谐发展”为使命，主要开展心理和行为规律及其环境与生物学基础的研究，为心理学学科发展和“服务国家、造福人民”，不断作出基础性、战略性、前瞻性的创新贡献。到 2020 年，努力把心理所建设成为我国心理学研究和高级人才培养不可替代的创新基地、促进人口健康和建设和谐社会不可或缺的科技源头、具有“一流成果、一流效益、一流管理、一流人才”的国际著名心理学研究机构。

2010 年，心理所进行结构调整和优化，将原有 6 个研究单元整合为 3 个研究室：健康与遗传心理学研究室、认知与发展心理学研究室、社会与工程心理学研究室，成立应用与发展部，研发满足社会需求的各类心理学产品及服务，实现研究成果转移转化，拓展心理科学传播渠道。

截至 2010 年底，心理所现有职工 171 人。其中科技人员 113 人、科技支撑人员 27 人、管理人员 31 人。有发展中国家科学院院士 1 人、“百人计划”入选者 10 人、国家杰出青年科学基金获得者 1 人、“新世纪百千万人才工程”国家级人选 2 人、国际心理科学联合会副主席 1 人。

心理所是国务院学位委员会批准的首批博士、硕士学位授予单位，是心理学一级学科博士和硕士学位授予单位。现有基础心理学、发展与教育心理学、应用心理学、医学心理学、认知神经科学、行为遗传学和生物心理学 7 个博士培养点；基础心理学、发展与教育心理学、应用心理学、医学心理学、认知神经科学和行为遗传学 6 个硕士培养点；设有心理学学科博士后流动站。在学研究生 237 人（硕士生 121 人、博士生 116 人），在站博士后 22 人。

2010 年，心理所共获批各类项目 70 余项。其中国家自然科学基金委项目 26 项（含杰出青年科学基金 1 项）；“973”计划项目课题 2 项；“百人计划”择优支持 1 项，“项目百人计划”支持 2 项，中国科学院资助项目 7 项（含知识创新工程重要方向项目 2 项）；横向合作项目 24 项；博士后基金 7 项，教育部留学回国人员科研启动基金 1 项。

2010 年，心理所发表 SCI/SSCI/EI 收录的期刊论文 163 篇，同比增长 123%；其中第一作者论文 109 篇，同比增长 49%；影响因子大于 5 的论文 24 篇，其中第一作者论文 8 篇，最高影响因子为 10.992；主持或参与写作或翻译书稿 6 部；上报政府建议被科学院采纳 14 项，其中被中共中央办公厅或国务院办公厅采用 7 项，国家领导人批示 1 项；申请发明专利 1 项；登记软件著作权 1 项。

2010 年，心理所在基础研究和应用研究领域取得了一系列重要进展。精神分裂症的早期识别研究，证明神经软体征是可以区分精神分裂症临床患者与健康群体的有效指标；发现神经软体征 5min 所测量的功能结构与耗时耗力的传统神经心理测验所测量到的功能结构是等同的；探讨了神经软体征中运动协调的测量，为精神分裂症谱系的可遗传性提供了实证数据；从脑结构与功能的角度，证明了神经软体征是精神分裂症的一种潜在内表型。研究结果挑战了传统认为神经软体征没有特定脑区负责的观点，证明神经软体征可被用于精神疾病的早期识别，便捷有效，具有重要的临床应用前景。研究得到该领域国际国内同行的高度评价。

嗅知觉加工的性质及机制研究，首次证明了嗅觉在一定条件下可以反过来影响人们的视觉。实验一中，给被试闻与某个图片相一致的气味时，被试知觉该图片的竞争力，即主导时间更长。嗅觉对视觉的这种调制并非源自主观的认知控制，而是基于视觉与嗅觉线索本身的一致/不一致性。实验二中，将实验一的其中一张静态图片换为动态的强视觉噪音，来测量目标图片在不同嗅觉条件下突破眼间抑制需要的时间。结果证明，给被试呈现与被抑制的视觉图片一致的气味时，该图片受抑制的时间显著缩短。由此可见，嗅觉不仅能在双眼竞争中影响竞争图片的主导时间，且这种影响可以在潜意识加工中完成。该文章发表于 *Current Biology*，并被 *Nature* 杂志作为研究亮点予以报道。

中国人心理健康现状及规律研究，在多年基础数据积累的基础上，首次明确回答了中国人心理健康状况、不同年龄段人群心理健康水平、心理健康的内涵、影响心理健康的主要因素等重大科学问题，为国家的政策制定提供了科技支持，为心理学研究解决中国实际问题指明了方向。研究成果已推广应用于国务院办公厅、中央国家机关工委、国家审计署、中国科协、全国残联、广东省政府等机构的心理健康与心理和谐的促进工作。

灾后心理援助与灾害心理学研究，在积极开展玉树地震、舟曲泥石流灾后心理援助工作的同时，以汶川震后持续至今的研究和服务为基础，开展灾后心理援助服务和为之提供科技支持的灾害心理学基础及应用研究，创立了我国第一个系统的心理援助管理、服务和科研模式，直接促进心理援助工作在国家层面的立法保障，完善了我国应急管理体系。开发了面向个体的生理心理综合干预方法，研制了面向大规模人群的移动心理服务系统，受益人群逾百万人；开展了灾后心理创伤发生发展状况的研究，灾后心理创伤的行为特征、认知功能、免疫功能研究；灾后社会群体动力学研究，服务于预防恶性群体事件的社会需求。研究成果初步揭示了临床和亚临床的创伤后应激障碍在我国灾难人群中的流行率，分析了我国灾难幸存者心理创伤的临床表现的结构，探讨了灾后心理创伤的认知和生理基础，发现了灾后群体社会态度的变化规律，建立了灾后恶性社会事件的预测模型。

2010 年，心理所接待来访外宾近百人，举行学术报告会 50 场。有 3 位外国专家获中国科学院外籍专家项目资助。中国科学院心理健康重点实验室和神经心理学与应用认知神经科学实验室共同举办精神疾病的内表型战略研讨会国际高峰论坛。张侃研究员获国际应用心理学协会（IAAP）颁发的杰出贡献奖；张建新研究员当选亚洲社会心理学会候任主席，并被任命为国际科学理事会（ICSU）亚太地区委员会第三届委员；朱莉琪研究员当选国际行为发展研究会（ISSBD）中国地区协调员；施建农研究员当选第 12 届世界天才儿童协会亚太地区联合会理事会主席。

2010 年，心理所平台建设工作成效显著。中国科学院心理健康重点实验室在中国科学院生命科学领域重点实验室现场评估中获评优秀。“行为科学研究平台”实验楼顺利竣工并投入使用。新建动物房顺利通过北京市实验动物管理办公室验收，并获得使用许可。初步搭建服务于普惠健康体系的 E-Psychology 的应用平台——中科心网，并向大众提供专业的心理科普与服务。

心理所是中国心理学会的挂靠单位；主办《心理科学进展》，并与中国心理学会共同主办《心理学报》。

（撰稿：张　莉　顾　敏　审稿：李安林）

微生物研究所

所　　长：黄　力

地　　址：北京市朝阳区北辰西路 1 号院 3 号
邮政编码：100101
电　　话：010－64807462
传　　真：010－64807468
电子信箱：office@ im. ac. cn
网　　址：http://www. im. cas. cn/

中国科学院微生物研究所（以下简称“微生物所”）成立于1958 年。其前身是中国科学院北京微生物研究室和中国科学院应用真菌研究所。

微生物所坚持“微生物、高科技、大产业”的战略定位，面向工业升级、农业发展、人口健康和环境保护等方面的国家重大需求，瞄准微生物学科的发展前沿，以微生物资源、微生物生物技术、病原微生物与免疫为主要研究领域，在研究微生物生物多样性、基本生命特征和生态功能的基础上，努力创建从微生物资源开发、功能改造利用、生物技术创新到成果转化的自主研发体系，创建世界一流的微生物学研究中心和微生物生物技术研发基地，致力于“三个着力突破”，为建设创新型国家、推动国民经济和社会的可持续发展作出贡献。

微生物所设有微生物资源前期开发国家重点实验室、植物基因组学国家重点实验室（与中国科学院遗传与发育生物学研究所共建）、中国科学院真菌地衣系统学重点实验室、中国科学院病原微生物与免疫学重点实验室、工业微生物与生物技术实验室，拥有亚洲最大的近 50 万号标本的菌物标本馆、国内最大的含 4. 1 万余株菌种的微生物菌种保藏中心；建有微生物菌种与细胞保藏中心、微生物资源信息管理平台、大型仪器中心和生物安全三级实验室等技术支撑平台；拥有一个藏书（刊）5 万余册的专业性图书馆及拥有 2 万余册电子书、9000 多种中西文电子期刊的电子图书馆。

2010 年，微生物所坚持以科学发展观统领各项事业，深入实施知识创新工程，在抓好创新三期的总结与评估的基础上，努力谋划未来发展。充分吸收前期战略研究的成果，重点开展了“十二五”规划的编制与布局；在综合配套改革试点工作的基础上，着手启动“创新 2020”有关工作，根据研究所战略定位和历史使命，积极优化学科布局；努力构建高效联动的创新价值链，形成了以微生物资源中心、科学研究体系和技术转移转化中心为单元的“转化链”式科研布局。

截至 2010 年底，微生物所有在职职工 435 人。其中科技人员 269 人、科技支撑人员 69 人，包括中国科学院院士 6 人、发展中国家科学院院士 1 人、研究员及正高级工程技术人员 57 人，副研究员及高级工程技术人员 81 人。中国科学院“百人计划”入选者 21 人、国家杰出青年科学基金获得者 11 人。

微生物所是国务院学位委员会批准的首批博士、硕士学位授予单位之一。现有微生物学、遗传学、生物化学与分子生物学 3 个二级学科博士研究生、硕士研究生培养点；新增 1 个全日制生物工程硕士培养点；并设有 3 个二级学科博士后流动站。在学研究生 370 人（硕士生 154 人、博士生 216 人），在站博士后 50 人。

2010 年，微生物所有在研项目 425 项（新增 71 项）。其中国家重点基础研究发展计划（“973”计划）项目（课题）28 项（新增 2 项），中国高技术研究发展计划（“863”计划）项目（课题）32 项，科学技术部重大专项 34 项；国家自然科学基金重大项目 3 项（新增 1 项）、重点项目 9 项（新增 5 项），国家杰出青年科学基金项目 4 项；中国科学院知识创新工程重大项目 3 项、重要方向项目 50 项（新增 8 项），院地合作项目 81 项（新增 43 项），国际合作项目 15 项。

2010 年，微生物所在病原微生物重要蛋白的结构与功能、植物基因沉默及抗病毒特性、抗生素生物合成改造、利用可再生生物物质进行乳酸生产等方面取得了重大进展。高福研究员课题组对 2009 甲型 H1N1 流感病毒和神经氨酸酶（Neuraminidase，NA）和血凝素（Hemagglutinin，HA）蛋白结构的解析发现，在分子水平上部分阐明了病毒的致病与传播机制，为预防和控制新型流感的暴发打下了坚实的理论基础。方荣祥院士、郭惠珊研究员等人关于 RDS1 对植物 RNA 沉默的抑制及抗病毒特性的研究为植物抗病途径在农业抗病毒生产应用上提供了新的启示。张立新研究员以阿维链霉菌为研究对象，建立了阿维菌素高产菌株高通量筛选方法及阿维链霉菌的精确工程技术体系，发表 SCI 论文 6 篇，申请专利 3 项，获得 1 项国际专利授权、1 项国内发明专利授权；其在全国范围的推广，将产生巨大的经济效益，同时也将为绿色生物农药阿维菌素全面替代高毒农药、为我国绿色农业的发展奠定良好基础。由微生物所与中国科学院天津工业生物技术研究所等研究机构合作研究开发完成的“利用生物质可再生资源生产光学纯 L－乳酸和 D－乳酸”项目，从菌种选育、发酵工艺控制、产品中试以及产业化生产等方面进行了系统的研究，总结出一整套优化的、适合于工业化生产的工艺，目前已完成工业化中试试验并建立了年产万吨级生产规模的光学纯 L－乳酸生产线；中国石油和化学工业联合会组织鉴定认为：其整体研究结果已处于国际领先水平；该项目已申请国内外发明专利 10 项（现已授权 3 项），发表高水平 SCI 论文 8 篇；高光学纯 L－乳酸产品 3 年累计新增产值 2.2 亿元、新增利税 2300 余万元；该成果的推广可为我国可生物降解高分子材料等产业提供高性价比原料，具有广阔的应用前景，对乳酸产业和聚乳酸产业具有十分重要的现实意义。

2010 年，微生物所在 SCI 收录杂志上发表和已被接受的论文共计 155 篇，各篇平均影响因子为 3.29；获 19 项专利授权，新申请专利 36 项；与国内大中型企业合作，成立了 7 个联合研发中心，签订各项技术合同 49 项，技术合同总额达 4233.5 万元，实际到位经费 1467.3 万元。

2010 年，微生物所争取到 2013 年第 13 届国际菌种保藏大会在北京召开的承办权；世界微生物数据中心落户微生物所；与哥斯达黎加大学等签署了 4 项合作协议书；举办 3 次国际会议；承担重大国际合作项目 2 项，其他国际合作项目 16 项，国际合作项目到位经费 680 万元，国际合作人才交流计划（共 8 个项目）的到位经费 100 万元；接待国际来访 50 次（321 人次）；执行国际出访 85 次（117 人次）；有 18 人在 23 个国际组织或国际专业期刊任职。

目前挂靠在微生物所的单位有中国微生物学会、中国菌物学会、中国生物工程学会 3 个国家级学会；微生物所与相关学会共同主持编辑出版的学术刊物有《微生物学报》、《微生物学通报》、《菌物系统》及《生物工程学报》（中、英文版）。

（撰稿：刘黎琼　程　萍　审稿：刘松林）

生物物理研究所

所　　长：徐　涛
地　　址：北京市朝阳区大屯路 15 号
邮政编码：100101
电　　话：010－64889872
传　　真：010－64871293
电子信箱：office@ibp.ac.cn
网　　址：http://www.ibp.cas.cn

中国科学院生物物理研究所（以下简称“生物物理所”）创建于 1958 年，其前身是 1957 年建立的北京实验生物学研究所，著名生物学家贝时璋院士任第一任所长。

生物物理所是国家生命科学基础研究所，主要研究方向集中在蛋白质科学、脑与认知科学和感染免疫等学科，现拥有“生物大分子国家重点实验室”、“脑与认知科学国家重点实验室”和“中国科学院感染与免疫重点实验室”，以及“中日结构病毒学与免疫学实验室”、“中澳表型组学联合中心”、“中美人脑直接成像中心”等联合研究机构。

目前，蛋白质科学研究领域包括：蛋白质三维结构与功能、生物膜和膜蛋白、蛋白质翻译与折叠、蛋白质相互作用网络、感染与免疫的分子基础、感知觉的分子基础、蛋白质与多肽药物、蛋白质研究新技术新方法等八个重点研究方向。脑与认知科学研究领域包括：复杂认知过程及其脑机制、视知觉和注意的基本表达、感知觉信息加工的脑机制、脑与认知功能障碍等四个重点研究方向。

2010 年，中国科学院蛋白质研究平台二期建设进展顺利，价值 5913 万元的 9 台套大型仪器设备完成安装调试，整体运行良好；平台工作效益增长明显，年度内完成的有效使用预约次数、样品测试数、有效机时比2009年分别增长了213%、384%和118%；以300kV场发射低温透射生物电子显微镜顺利通过技术验收为标志，先进仪器设备的投入使用使得平台的整体技术能力得到进一步提升。生物物理所拥有1100m^2的图书馆，馆藏图书28 000余册、期刊合订本33 000余册，数据库12个，可访问2600余种外文电子期刊。

截至2010年底，生物物理所有在职职工472人，流动人员685人（含研究生、博士后），离退休474人。在职职工中，科技人员298人、科技支撑人员51人，包括中国科学院院士10人、研究员及正高级工程技术人员76人、副研究员及高级工程技术人员73人。国家海外高层次人才引进计划（“千人计划”）入选者5人（新增1人）、中国科学院“百人计划”入选者42人（新增7人）、国家杰出青年科学基金获得者14人（新增2人）。

生物物理所是国务院学位委员会批准的首批博士、硕士学位授予单位之一。拥有生物化学与分子生物学、生物物理学、细胞生物学、神经生物学、生物信息学、认知神经科学6个二级学科硕士、博士培养点及生物学一级学科博士后流动站。2010年招收博士生86人，硕士生92人；在学研究生500人（博士生245人、硕士生255人），与高校联合培养研究生32人。

2010年，生物物理所有在研项目236项（新增45项）。其中，主持国家重点基础研究发展计划（“973”计划）项目4项、承担课题29项（新增5项），主持（或承担）国家重大科学研究计划项目3项、承担课题9项；承担国家自然科学基金重大研究计划课题1项、主持（或承担）重点项目15项（新增2项）、面上项目53项（新增12项），国家杰出青年科学基金项目4项（新增2项），创新研究群体项目2项；承担中国科学院战略性先导科技专项课题1项、主持知识创新工程重大项目课题3项、重要方向项目34项（新增2项），承担重大仪器研制项目6项（新增1项），院地合作项目37项（新增22项），国际合作项目29项（新增19项）。

2010年，生物物理所在蛋白质科学、脑与认知科学、感染与免疫学等领域取得一系列重要成果，共发表论文267篇，其中SCI收录论文240篇，位列本领域前30% SCI刊物发表的论文143篇，占发表论文总数的53.56%；申请专利22项，其中发明专利19项，实用新型专利1项，国际发明专利2项；授权专利7项，其中发明专利5项，美国发明2项。

2010年度，生物物理所取得一批重大科研进展有。*Science*发表了刘力研究组龚哲峰副研究员等人的研究成果“Two Pairs of Neurons in the Central Brain Control Drosophila Innate Light Preference”；*Cancer Cell*发表了“千人计划”入选者、芝加哥大学傅阳心教授和生物物理研究所王盛典研究员的合作研究成果“The Therapeutic Effect of Anti-HER2/neu Antibody Depends on Both Innate and Adaptive Immunity”；*PLoS Biology*杂志在线发表了脑与认知国家重点实验室罗欢副研究员、刘祖祥副研究员和纽约大学David Poeppel教授关于自然视听觉流的跨通道跟踪的合作研究成果“Auditory Cortex Tracks Both Auditory and Visual Stimulus Dynamics Using Low-Frequency Neuronal Phase Modulation”；*Nature Structural & Molecular Biology*在线发表了江涛研究员研究组的研究成果“Crystal structure of the carnitine transporter and insights into the antiport mechanism”；*Genes & Development*发表了“千人计划”引进人才许瑞明研究组与龚为民研究组及纽约大学医学院Ruth Lehmann实验室的合作研究成果“Structural basis for methylarginine-dependent recognition of Aubergine by Tudor”。

2010年，生物物理所继续推进产学研结合，加强与地方的合作交流，与美国Pfizer制药公司、抚顺顺辉化工有限公司、威海金颐阳药业有限公司等国内外企业就生物医药和食品工业等方面新增技术合同22项，合同总额1169万元，实现横向经费到账总额815万元；与中国科学院怀柔科教产业园区签订用地意向协议，引进的“重组人内皮抑素腺病毒注射液”项目正式签约入驻产业园，成为中国科学院2010年首批落户北京的4个重大项目之一；所地共建单位泰州市蛋白质工程研究院是江苏省生物医药工程技术研究中心（筹）的依托单位，该中心获江苏省重大科技成果转化项目经费600万元；3家参股企业累计销售收入19 060万元，净利润2600万元，上缴利税3240万元。

2010年，生物物理所广泛开展国际合作，接待来访410人，出访231人次。获得多项人才交流培养项目支持，其中王宽诚科研奖金项目4项；国家公派出国留学项目1项；院外籍青年科学家交流项目3项；院外籍特聘研究员交流项目4项；院爱因斯坦讲席教授项目1项等。与澳大利亚昆士兰大学、日本东京大学、法国梅里埃集团、强生公司、安捷伦科技公司等国际科研机构和企业签订了合作协议。主办第七届国际认知科学大会、科技发展趋势与生物武器公约国际研讨会、第四届感染与免疫学国际研讨会等7个国际和1个双边会议，承办中国科学院外国专家特聘研究员和外籍青年科学家交流研讨会、中－古生命科学研讨会、2010年中日女科学家研讨会。承担重要国际组织任务并发挥重要作用。陈霖院士担任International Association of the Study of Attention & Performance顾问委员会委员、International Association for Cognitive Science主席；饶子和院士担任国际纯粹与应用生物物理联合会的执行委员、国际结构基因组学的顾问委员会成员；阎锡蕴研究员担任亚洲生物物理学会的常务理事；张蕾博士代表中国科学院参加国际科学院组织生物安全工作组的工作。

生物物理所是中国生物物理学会挂靠单位，负责出版《生物物理学报》和《生物化学与生物物理进展》两个学术刊物（月刊），其中《生物化学与生物物理进展》是SCIE收录期刊。

（撰稿：陈长杰　邵　群　审稿：杨星科）

遗传与发育生物学研究所

所　　长：薛勇彪
地　　址：北京市朝阳区北辰西路1号院2号
邮政编码：100101
电　　话：010－64856610
传　　真：010－64889338
电子信箱：office@genetics.ac.cn
网　　址：http://www.genetics.ac.cn

中国科学院遗传与发育生物学研究所（以下简称“遗传发育所”）成立于2001年，由原中国科学院遗传研究所（成立于1959年）和中国科学院发育生物学研究所（成立于1980年）合并建成，2003年中国科学院石家庄农业现代化研究所（成立于1978年）并入遗传发育所。

遗传发育所瞄准农业可持续发展和人口健康的国家重大战略需求，针对重要农艺性状分子机理、细胞分化与器官发育、生物分子网络、动植物品种设计以及农业资源高效利用等领域的关键科学问题，开展原始创新和集成创新研究，提出和发展具有重大影响的科学理论和概念；建立和完善动植物品种分子设计和培育的方法、重要遗传疾病研发以及农业资源高效利用的技术体系。2010年，根据党组的部署，制定了研究所“十二五”发展规划、“创新2020”实施方案，进一步明确了研究所的战略布局，对重大科技创新的组织、人才和科研条件建设以及管理体系的改革创新进行了规划。

遗传发育所下设5个研究中心：基因组生物学研究中心、分子农业生物学研究中心、发育生物学研究中心、分子系统生物学研究中心和农业资源研究中心；拥有现代温室、实验动物中心以及河北栾城农田生态系统国家野外观测试验站等网络台站支撑系统；拥有植物基因组学国家重点实验室、植物细胞与染色体工程国家重点实验室、中国科学院分子发育生物学重点实验室、中国科学院农业水资源重点实验室、河北省节水农业重点实验室和计算生物学所级开放重点实验室，是国家植物基因研究中心（北京）的依托单位。

截至2010年底，遗传发育所共有在职职工543人。其中科技人员339人、科技支撑人员70人，包括中国科学院院士2人、研究员及正高级工程技术人员74人、副研究员及高级工程技术人员105人；进入创新岗位413人。有中国科学院“百人计划”入选者39人、国家杰出青年科学基金获得者27人（新增2人）、国家海外高层次人才引进计划（“千人计划”）入选者 2 人（新增 1 人）。

遗传发育所现设有遗传学、发育生物学、细胞生物学、神经生物学、生物信息学、生态学等 6 个专业二级学科博士研究生培养点；遗传学、发育生物学、细胞生物学、神经生物学、生物信息学、生态学和植物营养学等 7 个专业二级学科硕士研究生培养点；生物工程专业学位硕士研究生培养点；设有生物学专业一级学科博士后流动站。在学研究生 551 人（硕士生 149 人、博士生 402 人），在站博士后 42 人。

2010 年，遗传发育所共有在研项目（课题）322 项（新增 67 项）。其中，主持（或承担）国家重点基础研究发展计划（“973”计划）项目 4 项、主持（或承担）课题 13 项、参加课题 35 项（新增 12 项），主持（或承担）中国高技术研究发展计划（“863”计划）项目 6 项（新增 1 项）、主持（或承担）课题 7 项（新增主持重大课题 1 项）、参加课题 40 项，主持（或承担）国家科技专项（转基因专项）项目 4 项，主持（或承担）课题 17 项、参加课题 36 项，参加国家科技攻关项目课题 8 项；主持（或承担）国家自然科学基金 101 项、包括重大研究计划 15 项、重大项目 2 项、重点项目 11 项（新增 5 项），国家杰出青年科学基金项目 6 项（新增 2 项）、创新研究群体项目 3 项、面上项目 34 项（新增 9 项），青年科学基金 19 项（新增 6 项）、国际合作 6 项、其他 4 项；承担或参加中国科学院知识创新工程项目或课题 28 项、包括主持（或承担）知识创新工程重大项目 2 项、重要方向项目 6 项、基础前沿研究专项 1 项、基地建设项目 1 项，承担国际合作项目 4 项（新增 1 项），承担“921”专项 1 项，承担院地合作项目 1 项。

2010 年，遗传发育所科研工作取得重大进展。李家洋院士科研团队分离鉴定了控制水稻理想株型的主效数量性状基因 *IPA1*，该研究成果为塑造水稻理想株型、培育超级水稻品种奠定了坚实的基础，是水稻株型研究上取得的又一突破性成果；李传友科研团队鉴定了在植物根尖干细胞维持中起重要作用的基因 *TPST*，证明以前未引起人们重视的蛋白质硫基化修饰在植物生长发育中起非常重要的作用；杨崇林科研团队以秀丽线虫为模式，揭示了 retromer 复合体参与凋亡细胞清除这一新功能，首次发现了凋亡细胞吞噬受体的一种调控机制；戴建武科研团队在干细胞和再生医学研究中取得了多项创新成果，研制出了能捕捉组织干细胞的胶原生物材料，有序胶原多功能神经修复生物材料，与胶原蛋白特异结合的基因工程重组人脑源性神经营养因子（CBD-BDNF）等。

2010 年，遗传发育所发表 SCI 论文 204 篇，以第一或通讯作者发表影响因子 10 以上的论文（含 *Nature*、*Science* 系列文章）12 篇，影响因子在 5—10 的文章 35 篇。获得授权专利 24 项，审定作物新品种 4 项。“富含腐植酸的劣质煤梯级综合利用技术及其应用”获国家科技进步奖二等奖（第二完成单位），该成果拓宽了劣质煤资源的有效利用途径，节约了塑料和化肥生产所消耗的原油和煤炭资源，提高了煤炭工业和农业的经济效益。此外，获得河北省社会科学优秀成果奖二等奖、河北省山区创业奖三等奖、广东省科学技术进步奖三等奖等省级奖 3 项。

2010 年，遗传发育所主办中日水稻形态建成国际研讨会、中澳小麦遗传与分子育种双边研讨会，与日本奈良先端科学技术大学（NAIST）召开了双边交流研讨会，选派 10 名研究生代表赴日本参加 2010 年第四届“NAIST 全球 COE 学生国际交流会”，并邀请 NAIST、日本东京大学和英国利兹大学的研究生在北京进行了“IGDB 国际学生交流活动”；与先正达（中国）公司合作的多个特性基因的产业化应用研究取得了良好的进展；与美国杜邦先锋国际良种公司、澳大利亚阿德莱德大学、新西兰梅西大学签订了合作研究协议，在农业、畜牧等领域充分利用各自优势，合作进行优良遗传基因的挖掘以及育种和发育生物学研究。

2010 年，遗传发育所与地方政府、企事业单位合作，通过共建开发平台、授权相关单位进行成果后续开发、知识产权转移转化的方式推进科技成果社会化。育成并开发多项成果，得到地方企事业单位的大力支持和高度赞扬。高科技成果的社会化极大地促进了农业生产方式和产业结构的改变，推动地方相关产业的发展。参与相关科技开发研究人员 40 多人，获得多项省市级科技奖励。

遗传发育所是中国遗传学会的挂靠单位，负责编辑出版 *Journal of Genetics and Genomics*、《遗传》和《中国生态农业学报》。

（撰稿：姚庆筱　亓　磊　审稿：杨维才）

北京基因组研究所

所　　长：吴仲义
地　　址：北京市朝阳区北土城西路 7 号
邮政编码：100029
电　　话：010－82995400
传　　真：010－82995401
电子信箱：office@big.ac.cn
网　　址：http://www.big.cas.cn

中国科学院北京基因组研究所（以下简称“基因组所”）于 2003 年 11 月 28 日正式成立。研究所以基因组学与生物信息学为主体，围绕国家重大需求和基础生命科学的国际前沿问题，着眼重大科学问题，抢占国际基因组学与生物信息学研究前沿的制高点。

2010 年，基因组所面向“创新 2020”，进行了未来 5—10 年研究所定位与目标、主要研究领域及学科方向等方面规划的制定。通过深入的思考和多层面的研讨，于 2010 年年底，形成了研究所“十二五”期间“科学组织框架与管理体系”的构成和布局，主要在“人类重大疾病的个体化基因组学”、“家养动植物基因组学”、“基因组测序和测序技术的研发”、“生物信息和计算生物学”、“系统和合成生物学”五个优先发展领域进行规划与部署。根据规划部署，在已建有的“中国科学院基因组科学与信息重点实验室”的基础上，筹建“重大疾病基因组与个体化医疗实验室”、“工业生物资源基因组科学实验室”、“农业资源基因组科学实验室”和“计算生物学研究中心”，由此形成“四室一中心”的科学研究体系。

作为基因组所的所级支撑平台，基因组和生物信息平台肩负着所内与所外的科研与服务的双重任务。经过两年的建设和发展，平台的测序、计算及存储能力都得到大大地提高，现拥有 9 台二代测序仪，3 台毛细管测序仪，1 台基因分型仪，计算节点超过 112 个，存储空间 800TB。在完成国家纵向课题和满足所内各项目组的研究需求前提下，积极为院内其他研究所提供技术支持和服务并同高等院校等研究单位开展科研合作，充分发挥平台的技术优势。

截至 2010 年底，基因组所有在职职工 236 人。其中科技人员 102 人、科技支撑人员 101 人，包括研究员及正高级工程技术人员 20 人、副研究员及高级工程技术人员 17 人；进入创新岗位 118 人。有中国科学院“百人计划”入选者 8 人（新增 1 人）、国家海外高层次人才引进计划（“千人计划”）入选者 1 人。

基因组所设有遗传学、生物化学与分子生物学、基因组学、生物信息学 4 个专业博士研究生培养点；遗传学、生物化学与分子生物学、基因组学、生物信息学 4 个硕士培养点（均属于二级学科）；生物学专业一级学科博士后流动站。在学研究生 188 人（硕士生 100 人、博士生 88 人），在站博士后 3 人。

2010 年，基因组所有在研项目 95 项（新增 32 项）。其中，主持（或承担）国家重点基础研究发展计划（“973”计划）项目 3 项（新增 1 项）、承担（或参加）课题 22 项（新增 7 项）；主持（或承担）国家自然科学基金重大项目 1 项、重点项目 1 项、主任基金项目 1 项（新增）、面上项目 37 项（新增 17 项），承担国家自然科学基金重大研究计划培育项目 1 项（新增 1 项）；承担中国科学院“十二五”预研课题 2 项，中国科学院战略性先导科技专项课题 1 项，主持（或承担）知识创新工程重大项目课题 1 项、重要方向项目 5 项（新增 2 项），承担国际合作项目 2 项（新增 1 项），重大仪器研制项目 1 项，院长基金项目 1 项，院地合作项目 125 项（新增 69 项）。

2010 年，基因组所科研工作取得重要进展。由韩斌研究员带领的科研团队，通过国内、国际上的合作，结合第二代测序技术和自主开发的基因型分析方法，对 517 份中国水稻地方品种材料进行测序，构建了高密度的水稻单体型图谱（HapMap），并对籼稻品种的14个重要农艺性状进行全基因组关联分析，确定了这些农艺性状相关的候选基因位点。本研究为水稻遗传学研究和水稻育种提供了重要的基础数据，并且证实了结合第二代高通量基因组测序和全基因组连锁分析的研究方法是对传统的通过双亲杂交来分析复杂性状的方法的强有力的互为补充的研究策略。相关研究成果以全文形式发表在 *Nature Genetics* 上。

2010年，基因组所发表论文116篇，总影响因子396.301，其中SCI论文93篇，其中影响因子5—10的论文11篇，影响因子10以上论文5篇。

2010年，基因组所加强院地合作，促进成果转化。为全力推进人参产业的全面发展，在基因组所与吉林省通化市政府的积极推动下，通化市政府、中国科学院长春分院、中国科学院北京基因组研究所、紫鑫药业股份有限公司四方组成了人参产业战略联盟，旨在集全院相关研究所的科研力量，以科技为支撑，加快促进人参产业发展的战略高度。作为合作的先锋及基础，基因组所将加快人参基因组测序分析工作，人参的全基因组测序和基因表达谱的绘制是配合吉林省人参产业实现新腾飞的重要举措。还与国家海洋局、中国热带农业科学院、中山大学、中国台湾长庚大学等40多家国内知名高校、科研院所以及华北制药、紫鑫药业等多个研发企业开展合作，内容包括对模式动物、重要农作物及经济作物、食品微生物、病原微生物、重大疾病等开展基因组学、转录组学的研究，以及临床检测技术研发等。成立了“基因组所－人民医院呼吸道疾病基因组学联合实验室”、“基因组所－北京市肿瘤防治所肿瘤进化联合研究中心”、“基因组所－医科院中药所中药道地基因联合实验室”，从而整合各方优势，在中药道地基因、呼吸道疾病以及地方多发病、常见病和特色病的临床疾病的基础与临床研究、肿瘤进化等多领域展开合作。另外，2010年度作为成员单位之一纳入中国科学院－北京市研发服务实验基地。

2010年，基因组所加大国际交流与合作的力度，不断提高交流层次，促进学科发展，提高科研水平。其中，与沙特阿拉伯合作的椰枣基因组计划——“枣椰叶绿体全基因组测序和分析工作”的科学论文在 *PLOS ONE* 发表；与美国、英国及爱尔兰等多家科研单位合作的“藏族高血氧饱和度的遗传机制研究”的成果在 *PNAS* 上发表，并引起国内外媒体的多方关注；引进2名外国专家特聘研究员和1名外籍青年科学家；接待来自澳大利亚阿德莱德大学和国立大学约翰科廷医学院代表团、沙特国王科技城、德国莱布尼茨老年化研究所、俄罗斯科学院西伯利亚分院、中国台湾中研院分子生物研究所等单位的来访和学术交流；与挪威奥斯陆大学成立中国－挪威肿瘤基因组结构和稳定性联合实验室；积极倡导“海峡两岸生命科学高层论坛”，获得院港澳台办批准立项；接待美国、日本、中国台湾等国家和地区短期访问学者9人，共计42人次出国参加国际癌症研究中心会议、美国血液学国际年会等国际学术会议与合作研究。

基因组所主办英文版科技期刊《基因组蛋白质组与生物信息学报》（*Genomics, Proteomics & Bioinformatics*），现为中国科学引文数据库（CSCD）核心期刊，被Medline、CA等国内外多家检索系统收录。

（撰稿：潘立颖　徐　磊　审稿：杨卫平）

计算技术研究所

所　　长：李国杰
地　　址：北京市海淀区中关村科学院南路6号
邮政编码：100190
电　　话：010－62601166
传　　真：010－62562786
电子信箱：office@ict.ac.cn
网　　址：http://www.ict.ac.cn

中国科学院计算技术研究所（以下简称“计算所”）创建于1956年，是中国第一个专门从事计算机科学技术综合性研究的学术机构，是中国科学院知识创新工程首批试点单位和创新三期研究所综合配套改革首批7个试点所之一，目前已发展成为由本部核心和建在上海、苏州、宁波、东莞、肇庆、台州、秦皇岛等地的若干个分部组成的网络型研究所。

计算所的主要学科方向为计算机系统结构、网络科学与技术、智能信息处理、普适计算，主要发展目标是在计算机科学的基础理论研究和应用基础研究方面达到世界一流水平。

2010年，计算所确定“十二五”期间，将以发展自主创新技术为主线，在高效能（高效能计算机、高通量计算机、高性能处理器芯片、高性能存储系统）、广渗透（计算机网络、无线通信网络、传感网络、普适计算）、深计算（信息安全、智能信息处理、软件服务）3个方向取得突破并汇聚合力，加强跨学科的渗透合作，加强前瞻性的科研布局，着力突破第四代移动通信和POST-IP下一代可信移动互联网关键技术；满足“八亿龙网”、国家安全、和谐社会，以及“感知中国”、“三网融合”等战略性新兴产业的战略需求，促进我国信息产业的发展，增强国际竞争力。

计算所本部从学科方向上分3个研究部，分别是计算机系统研究部、网络研究部和智能信息处理研究部。从组织机构上，设有3个实验室、8个研究中心。3个实验室包括系统结构重点实验室、智能信息重点实验室以及前瞻研究实验室；8个研究中心包括：高性能计算机研究中心、微处理器研究中心、网络数据科学与工程研究中心、网络技术研究中心、信息安全研究中心、普适计算研究中心、集成应用中心、无线通信技术研究中心。还设有中国科学院计算机系统结构重点实验室、中国科学院智能信息处理重点实验室、信息内容安全技术国家工程实验室和国家高性能计算机工程技术研究中心、国家并行计算机工程技术研究中心。

截至2010年底，计算所有在职职工684人（在岗职工589人）。其中科技人员446人、科技支撑人员64人、管理人员79人，包括中国科学院院士1人、中国工程院院士2人、正高级专业技术人员共59人（研究员47人）、副高级专业技术人员186人；进入创新岗位327人。有中国科学院“百人计划”入选者12人、国家杰出青年科学基金获得者4人、国家海外高层次人才引进计划（“千人计划”）入选者2人、“新世纪百千万人才工程”国家级人才入选者3人、客座研究员和客座副研究员111人。

计算所是1981年国务院学位委员会批准的博士、硕士学位授予权单位之一。现设有计算机科学与技术专业一级学科博士研究生培养点；硕士研究生培养点和博士后流动站。在学研究生1012人（硕士生592人、博士生420人），在站博士后64人。

2010年，计算所有在研项目410项（新增171项）。其中，主持国家重点基础研究发展计划（“973”计划）项目1项、承担课题13项（新增1项），承担中国高技术研究发展计划（“863”计划）项目42项（新增13项）、承担科技支撑计划2项，承担国家科技重大专项6项（新增1项）；承担国家自然科学基金重点项目6项（新增1项）、主任基金项目2项（新增2项）、面上项目26项（新增10项），国家杰出青年科学基金项目2项（新增1项）；承担中国科学院知识创新工程重大项目1项、重要方向项目4项（新增1项），承担院地合作项目2项。

2010年，计算所共取得科技成果50项。其中，“973”计划项目“延长摩尔定律的微处理芯片新原理、新结构、与新方法研究”完成两款原型芯片——每秒万亿次TGAP原型芯片（8核“龙芯3B”）和Godson-T（16核），CPU性能功耗比达到国际领先水平；发表论文312篇，部分文章发表在领域顶级国际会议和国际期刊（如*ISCA*、*HPCA*、*Micro*、*PLDI*、*ISSCC*、*ICCAD*、*IEEE Micro*、*TACO*、*IEEE Trans. On VLSI*）上，约占全国同行同期发表论文的50%以上；获得授权发明专利41件，申请专利67件，一些专利授权龙芯公司使用，吸引2亿元创业投资，一项专利获国家专利金奖提名。“863”计划重大项目课题“曙光6000千万亿次高效能计算机系统研制”取得重大进展，其成果曙光“星云”超级计算机系统以其每秒3千万亿次的峰值运算速度、每秒1271万亿次的实测Linpack峰值运算速度，在第35届世界超级计算机排行榜上排名第二，成为中国第一台实测性能超千万亿次的超级计算机。

2010 年，计算所参与的“烟草物流系统信息协同智能处理关键技术及应用”获 2010 年国家科技进步奖二等奖。“汉语自然语言处理及机器翻译关键技术研究与应用”申报 2009 年北京市科学技术奖初审通过。

2010 年，计算所实现横向开发项目 10 300 万元，通过分部转移成功项目收入 1789.27 万元，现有 20 家控股、参股公司，10 个分部/分所，从事科技开发工作的人员 668 名，实现销售收入 103 235.32 万元、利税 13 348.14 万元。其中高性能计算机曙光系列服务器、龙芯、云计算、物联网、LTE 技术落户天津、北京、广东、无锡等地，得到地方政府资金支持和吸引社会资本总额近 5 亿元。为当地经济发展方式的转变、产业结构的调整、培育和发展战略性新兴产业等方面发挥的关键作用。

2010 年，计算所共申请专利 150 项，授权专利 119 项，软件登记 102 项，商标 1 项。首届专利拍卖空前成功，创下 41% 的成交记录。专利拍卖以覆盖面广、公平竞价、合理出售，将专利技术快速转移到企业；形成企业降低开发成本、减少开发周期，调动了研究人员积极性，科研院所科研成果能够快速转移的一种双赢模式。

2010 年，计算所在研的国际合作课题 18 项，与企业、科研机构合作 13 项，国家自然科学基金委资助 2 项，各部委资助 3 项，中国科学院资助 1 项，项目总经费 1292.64 万元；4 位外籍教授依托计算所被聘请为“中国科学院外国专家特聘研究员”，1 位外籍博士后依托计算所被聘请为“中国科学院外籍青年科学家”；全年出访 206 人次，其中参加国际会议 171 人次、参加国际合作项目 29 人次；举办“第四届国际普遍交流学术研讨会”和 Hadoop 2010 云计算大会。

中国计算机学会挂靠在计算所。计算所承办的科技期刊有 *Journal of Computer Science and Technology*、《计算机学报》、《计算机研究与发展》、《计算机辅助设计与图形学学报》。

（撰稿：郭红松　审稿：孙凝晖）

软件研究所

所　　长：李明树

地　　址：北京市海淀区中关村南四街 4 号

邮政编码：100190

电　　话：010 - 62661012

传　　真：010 - 62562533

电子信箱：office@ iscas. ac. cn

网　　址：http://www. is. cas. cn

中国科学院软件研究所（以下简称“软件所”）成立于 1985 年 3 月，前身是中国科学院计算技术研究所的软件研究室；1995 年中国科学院原计算中心计算机应用部分并入软件所；2003 年 1 月，中国科学院软件园区综合管理服务中心整建制划归软件所管理。

软件所是致力于计算机科学理论与软件高新技术研究与发展的综合性基地型研究所。1999 年成为中国科学院知识创新工程试点单位之一。2010 年，根据中国科学院党组的部署，组织制定研究所“十二五”发展规划，并启动实施“创新 2020”系列工作。

按照中国科学院知识创新工程对基地型研究所提出的开展基础性、战略性、前瞻性科研工作的要求，通过改革优化和学科布局调整，软件所形成了计算机科学、计算机软件、计算机应用技术、信息安全等 4 个重点学科领域的 5 个重点学科方向：计算机科学与软件理论，基础软件技术与系统，信息安全理论、关键技术及应用，互联网信息处理的理论、方法与技术，综合信息系统技术及应用。

按照软件基础前沿研究、战略高技术研究和国防战略高技术研究 3 大创新科研体系，软件所设有软件基础研究部、软件高技术研究部、软件应用研究部、软件发展研究部和总体部，每个研究部以国家级研究机构为龙头，设若干研究中心、实验室或创新小组。主要包括计算机科学国家重点实验室、信息安全国家重点实验室、基础软件国家工程研究中心、信息安全共性技术国家工程研究中心、综合信息系统技术国家级重点实验室、卫星导航应用国家工程研究中心分中心等。

结合区域经济与社会发展需要和软件所总体布局与战略需求，软件所开展了建立“网络型研究所”的探索与实践，先后与各地方政府合作，成立了软件所无锡分部、重庆分部、哈尔滨分部等分支机构。

截至2010年底，软件所有在职职工553人。其中科技人员418人、科技支撑人员52人，包括中国科学院院士3人、正高级专业技术人员59人、副高级专业技术人员84人。有中国科学院“百人计划”入选者7人（新增1人）、“西部之光”人才入选者1人、国家杰出青年科学基金获得者2人。

软件所现设有计算机科学与技术一级学科博士研究生培养点；计算机软件与理论、计算机应用技术、信息安全等3个二级学科专业硕士研究生培养点；计算机技术、软件工程等两个全日制专业学位硕士研究生培养点；并设有计算机科学与技术一级学科博士后流动站。在学研究生529人（硕士生347人、博士生182人），在站博士后19人。

2010年，软件所有在研项目309项（新增116项）。其中，主持或参加国家科技重大专项课题21项（新增9项），国家重点基础研究发展计划（“973”计划）课题11项，中国高技术研究发展计划（“863”计划）课题33项（新增7项），国家科技支撑计划课题8项（新增5项），主持高技术产业化示范工程项目1项；主持或参加国家自然科学基金重点项目12项、面上项目36项（新增6项），国家杰出青年科学基金项目24项（新增8项）、创新研究群体项目1项，国家自然科学基金重大研究计划重点项目1项；主持中国科学院知识创新工程重要方向项目4项（新增1项），与地方政府和企业合作项目31项，国际合作项目3项。

2010年，软件所申请发明专利91项、实用新型专利3项、PCT专利2项，获得授权的发明专利27项、实用新型专利3项；软件著作权申请101项，登记108项；发表论文471篇。“网络软件基础架构平台（网驰ONCE）技术和系统”获2009年度北京市科学技术奖一等奖。“可信计算安全支撑平台及其关键技术研究与应用”获2010年度中国电子学会电子信息科学技术奖一等奖。

软件所一方面充分发挥国家工程研究中心的桥梁和辐射作用，密切与企业和地方政府合作，加强创新成果转移；另一方面，积极向社会传播软件科技知识，为国家决策提供咨询服务，形成了具有自主知识产权的软件技术成果转移基地和面向国家决策、服务大众的知识传播基地。

通过基础软件国家工程研究中心，软件所的软件过程管理和质量保障技术方面的成果成功实现转化，成为中科方德软件有限公司的拳头产品——QONE，该产品已成功应用于全国十几个省市的数百家软件企业，市场占有率位列全国前三。“863”计划成果“坚固网关技术和安全网关技术”和中国科学院知识创新工程成果“高保障防火墙/VPN和入侵检测系统”通过信息安全共性技术国家工程研究中心的产业化，形成其核心产品“高可用综合安全网关”，获国家发展改革委员会信息安全专项的资助，目前已在多个部门和单位得到广泛应用。

软件所现有整合社会资源组建的中科软科技股份有限公司、北京中科红旗软件技术有限公司、中科方德软件有限公司、中科正阳信息安全技术有限公司等10家高技术企业。2010年所投资企业营业收入135 096万元，从业人数4200余人。

2010年，软件所继续加强国际交流与合作。全年出访194人次，来访近300人次。举办“2010信息可视交流技术国际会议”、“第六届信息安全与密码学国际会议”和“祖冲之算法国际研讨会”等国际会议。特聘“图灵奖”获得者、美国康奈尔大学John E. Hopcroft教授为中国科学院2010年度“爱因斯坦讲席教授”来所访问。特聘莫斯科大学Anashin Vladimir S. 教授为中国科学院2010年度“外国专家特聘研究员”，来所从事“代数动力系统在密码学中的应用”合作研究项目。软件所“国际学者交流计划”共资助12名学者来访。中美、中澳联合实验室继续开展双边年度学术交流活动。

软件所是中国中文信息学会、中国软件行业协会数学软件分会、中国密码学会密码技术专业委员会、中国计算机学会高性能计算专业委员会的挂靠单位；主办《软件学报》、《中文信息学报》、《计算机系统应用》和 *International Journal of Software and Informatics* 等期刊；图书馆藏书 2 万余册，期刊 300 余种、3 万余册。

（撰稿：谢京红　张　欢　审稿：李明树）

半导体研究所

所　　长：李晋闽

地　　址：北京市海淀区清华东路甲 35 号（林业大学北路中段）

邮政编码：100083

电　　话：010 – 82304210

传　　真：010 – 82305052

电子信箱：semi@ semi. ac. cn

网　　址：http://www. semi. ac. cn

中国科学院半导体研究所（以下简称“半导体所”）是 1956 年按照国家“十二年科学发展远景规划”中“四项紧急措施”开始筹建的，直接服务于当时的国家重大目标，是集半导体物理、材料、器件研究及其系统集成应用于一体的国家级半导体科学技术综合性研究所，正式成立于 1960 年。

半导体所主要研究领域包括：光电子及其集成技术，体、薄膜、微结构半导体材料科学技术，低维量子体系和量子工程、量子器件的基础研究，半导体人工神经网络和特种微电子技术等；设有 2 个国家级研究中心，即国家光电子工艺中心、光电子器件国家工程研究中心；3 个国家重点实验室，即半导体超晶格国家重点实验室、集成光电子学国家重点联合实验室、表面物理国家重点实验室（半导体所区）；1 个国际研发基地，即半导体照明国际研发基地；2 个院级实验室（中心），即中国科学院半导体材料科学重点实验室、中国科学院半导体照明研发中心。还设有半导体集成技术工程研究中心、光电子研究发展中心、半导体材料科学中心、高速电路与神经网络实验室、纳米光电子实验室、光电系统实验室、全固态光源实验室和半导体能源研究发展中心等。截至 2010 年底，固定资产总额 65 132. 77 万元，拥有全套先进的半导体物理、材料、器件及电路研究、分析测试和制备设备。

“十二五”期间，半导体所重点部署好三个层次的工作：适应国家重大需求、充分发挥研究所既有优势和系统集成能力，能在近期取得重大创新成果的战略性科技问题，为我国战略性新兴产业的发展提供强有力的技术支撑；有明确的国家需求或背景，能实现重要技术突破并获得重要应用的创新跨越重要方向；具有一定的前瞻性，目前尚属探索阶段，并能促进领域跨越式发展的前沿领域先导研究。

截至 2010 年底，半导体所有在职职工 624 人。其中科技人员 420 人、科技支撑人员 81 人，包括中国科学院院士 7 人、中国工程院院士 2 人、研究员及正高级工程技术人员 78 人、副研究员及高级工程技术人员 97 人；进入创新岗位人员 316 人。有中国科学院“百人计划”入选者 19 人（新增 1 人）、国家杰出青年科学基金获得者 16 人（新增 1 人）、国家海外高层次人才引进计划（“千人计划”）入选者 2 人（新增 2 人）。

半导体所是首批国务院学位委员会批准的博士、硕士学位授予权单位之一。现有凝聚态物理、材料物理与化学、微电子学与固体电子学、物理电子学等 4 个二级学科博士研究生培养点；凝聚态物理、材料物理与化学、微电子学与固体电子学、物理电子学、电路与系统等 5 个二级学科硕士研究生培养点；材料工程、电子与通信工程、集成电路工程等 3 个工程硕士专业学位培养点；设有物理学、电子科学与技术、材料科学与工程等 3 个一级学科博士后流动站。在学研究生 550 人（硕士生 268 人、博士生 282 人），在站博士后 28 人。

2010 年，半导体所有在研项目 330 项（新增 86 项）。其中，国家重点基础研究发展计划（“973”计划）项目 46 项（主持 4 项），中国高技术研究发展计划（“863”计划）项目 44 项

（重点项目课题3项、重大项目课题5项、主题项目2项）；国家自然科学基金项目104项（重大、重点项目19项，国家杰出青年科学基金项目5项、创新研究群体项目2项，其他78项）；中国科学院知识创新工程重要方向性项目19项，中国科学院仪器装备项目7项、“百人计划”8项、高技术项目62项，国际合作项目23项（新增13项），重大专项3项（主持1项）；其他项目14项。申请专利232项，专利授权84项。发表SCI收录文章319篇，EI收录文章338篇，ISTP42篇。

2010年，半导体所取得了丰硕的科研成果。“半导体微腔双稳态激光器”和“硅基室温电流注入Ge/Si异质结发光二极管”荣获2009年度中国光学重要成果；突破大功率白光LED的垂直结构工艺技术，IR良品率达到85%以上，发光效率达到140lm/W@20mA；创新性的提出P-AlGaN掺杂技术：3D极化诱导空穴气技术，研究成果发表于物理杂志上，并已申请国家发明专利；在全固态激光器方面，首次采用880nm LD作为种子光的泵浦源，实现平均功率大于7W的SESAM被动锁模；（Ga，Mn）As居里温度达到200K，创造了新的世界纪录；与英国剑桥大学合作，利用三氯化铁为插层剂，成功地合成了两层以上一阶次的石墨烯插层化合物。利用拉曼光谱系统地表征了所制备的化合物的插层阶次，层间去耦合和稳定性，并提出了利用多波长拉曼光谱方便无损地探测重掺杂石墨烯费米能级的新方法；研制成功带有平面内可旋转磁场的时间分辨克尔旋转测量系统，并运用于科研工作；采用啁啾结构量子点有源区及J型器件结构，实现了大于200nm不间断调谐，该调谐带宽指标为可调谐外腔量子点激光器研究中的国际最好结果之一；国际上首次成功制备了倏逝波耦合型单行载流子光探测器和内台阶量子阱有源区的电吸收调制器集成在一起的逻辑“与”门；利用半导体照明进行的无线通信和智能家居系统在上海世博会展示，获得世博会优秀集体和个人奖；研究出绝缘在线监测误差自校正新技术；开发了用于高速公路的无线收费的ETC芯片，正在以横向方式进行量产；开发了2.4GHz的ZigBee芯片，将在物联网及无线支付中大量应用；和基因所合作完成单模块DNA分析系统调试；环形腔结构的光子晶体VCSEL实现了单模激射，室温直流输出功率4.2mW。

2010年，半导体所与广东省科技厅等四家单位联合成立广东省中科宏微半导体设备有限公司，实现MOCVD重大装备的国产化；利用自主的全固态激光器光源技术，通过转让使用权获得天坤集团资金和股份，成立江苏中科四象激光科技有限公司；将PLC分光器技术转化，与深圳仕佳光缆技术有限公司联合成立河南仕佳光子科技有限公司。此外，与丹阳市人民政府、华宇集团、重庆大学等分别签署框架协议，加强产学研广泛联合；与五三一一工厂建立了联合实验室。还拟在廊坊购置112亩土地，建立半导体所光电子器件国家工程研究中心廊坊分部和半导体所中试基地，进行高技术产业的孵化。

2010年，半导体所出国参加国际学术会议、合作研究和访问考察等126人次，外籍专家学者来所访问考察、开展学术交流和洽谈合作402人次，邀请18位国际知名专家学者在黄昆半导体科学技术论坛上作有关半导体科技进展的报告；举办“第5届中俄先进半导体材料与器件联合研讨会”、“第16届国际超晶格、纳米结构与纳米器件国际会议”和“第七届四族光子学会议”；申请到瑞典政府、国家自然科学基金委、外国专家局和中国科学院的国际合作项目13项，同德国慕尼黑技术大学的科技部国际合作项目顺利验收。同俄罗斯约菲技术物理研究所在太阳能电池方面的合作项目得到进一步深化。同美国桑地亚国家实验室在半导体照明领域的合作取得重要进展。

半导体所是中国电子学会半导体与集成技术分会、中国物理学会半导体物理专业委员会挂靠单位；主办的英文刊物《半导体学报》，近年连续获得国家自然科学基金委员会主任基金资助；图书馆藏书8万余册（其中中文3万册，外文5万册），期刊1208种（其中中文751种，外文457种），可使用的网络数据库达158个，电子期刊超过15 000种。

（撰稿：慕　东　高　艳　审稿：张春先）

微电子研究所

所　　长：叶甜春
地　　址：北京市朝阳区北土城西路 3 号
邮政编码：100029
电　　话：010－82995501
传　　真：010－62021601
电子信箱：chenrp@ime.ac.cn
网　　址：http://www.ime.cas.cn

中国科学院微电子研究所（以下简称“微电子所”）的前身是中国科学院 109 厂。1958 年，为满足国家研制“两弹一星”和高频晶体管计算机的战略需求，109 厂应运而生，1965 年 9 月成为独立法人单位，由中国科学院直接领导。1986 年，109 厂与中国科学院半导体研究所、计算技术研究所有关研制大规模集成电路部分合并，更名为中国科学院微电子中心，2003 年 9 月更名为中国科学院微电子研究所。

微电子所的主要研究领域包括：核心电子器件产品与技术、高端通用芯片产品与技术、面向产业的公共技术创新平台、集成电路核心技术与先导工艺技术和纳电子基础前沿。是国家集成电路制造领域前瞻性先导技术研发的牵头组织单位、中国科学院物联网研究发展中心、中国科学院 EDA 中心等院级创新平台的依托单位。

微电子所的中长期发展目标是：致力于核心知识产权创新，成为中国微电子领域基础性、前瞻性研究的核心基地；推进先进技术的应用和产品孵化，成为对产业技术发展具有重大影响的创新与服务平台；加强人才培养，成为高素质产业创新人才和优秀工程师的培养基地。全方位开放合作，引领中国集成电路技术创新，推动产业发展。

微电子所设有硅器件与集成技术、专用集成电路与系统、纳米加工与新器件集成技术、微波器件与集成电路、通信与多媒体 SOC 、电子系统总体技术、电子设计平台与共性技术、微电子设备技术、系统封装技术、射频集成电路 10 个研究室，集成电路先导工艺、物联网技术、卫星导航技术 3 个研发中心，微电子器件与集成技术、系统芯片（SOC）设计 2 个中国科学院重点实验室。

截至 2010 年底，微电子所有在职职工 816 人。包括中国科学院院士 2 人、研究员及正高级工程技术人员 58 人、副研究员及高级工程技术人员 110 人。有国家海外高层次人才引进计划（“千人计划”）入选者 5 人（新增 4 人）、中国科学院“百人计划”入选者 13 人（新增 6 人）、国家杰出青年科学基金获得者 2 人。

微电子所设有电子科学与技术一级学科下设的二级学科微电子学与固体电子学硕士、博士研究生培养点；电子科学与技术一级学科博士后流动站。在学研究生 429 人（硕士生 256 人、博士生 72 人），联合培养生 101 人，在站博士后 17 人。

2010 年，微电子所有在研项目 265 项（新增 110 项）。其中，国家重点基础研究发展计划（“973”计划）项目 2 项（新增 2 项）、课题 18 项（新增 7 项），中国高技术研究发展计划（“863”计划）项目 16 项（新增 4 项）；国家自然科学基金重大项目 1 项、重点项目 1 项、面上项目 13 项（新增 8 项）；中国科学院知识创新工程重要方向项目 16 项（新增 13 项），国际合作项目 1 项，重大仪器研制项目 2 项；院地合作项目 1 项。

2010 年，微电子所取得的主要成果有：研制成功低功耗、高性能 GPS/北斗/Galileo 多模导航接收机射频、基带芯片；创新制备成功多种性能优良的高 K 栅介质薄膜。在国内首次研制成功了性能良好的具有高 K 栅介质/金属栅的 nMOS 和 pMOS 器件；研制成功多品种 SOI 电路产品。标志着微电子所具备了批量生产多品种高端高档 SOI 电路产品的技术能力；在世界上首次将等离子体浸没注入应用于黑硅制备研究，成功制备出了多孔黑多晶硅材料；在高速/高可靠数字传输系统与基带芯片的研究中取得突破性进展，研制成功国内公开报道的第一颗 MIMO－OFDM 基带处理器芯片；IGBT 系列产品研发取得突破进展，填补了国产制造工艺技术在该领域的空白；首次实现高端芯片完全国产化的高密度封装；成功研制出4G射频芯片与模块；在GaN微波功率器件与模块的研究中取得了突破性进展；自主研发的可制造性设计软件工具被大生产线采用，实现科研成果实用化的目标，为开展32nm及以下工艺节点的可制造性研究奠定基础。

2010年度，微电子所获专利受理527项，其中发明专利515项，实用新型12项；获专利授权107项，其中发明专利93项，实用新型14项；发表期刊论文139篇，会议论文65篇，影响因子总数133.482；发表译著1部，专著1部。

中国科学院EDA中心是我国第一家网络化的电子设计公共服务平台，支撑全院数十家单位的电子设计研发工作，面向全国提供EDA软件工具服务、多目标芯片流片与封装服务、模块与版级系统设计、SoC与IP核共性技术和人才培训等多方面的专业技术服务。EDA中心不断发展壮大，将分中心扩展到上海、沈阳、无锡、兰州、西安、成都、南海等地，进一步扩大EDA中心在集成电路与系统设计领域的技术服务的广度和深度，为中国集成电路产业技术发展和整个行业的资源整合发挥更大作用。

2010年，EDA中心软件工具平台累计为院内14家会员单位的30多个科研课题组提供EDA平台服务超过百万小时，用户软件拷贝量超过几百G，有力地支撑了全院电子设计领域研发工作的开展；多项目晶圆（MPW）服务交付芯片10 000余颗，设计面积近千平方毫米，搭载芯片项目近200个，流片50余班次，其中含1个工程批。为国内第一个研究单位获得TSMC 65nm的MPW加工服务许可；EDA中心提供世界一流的学术交流与高级人才培训平台，2010年举办工具培训20余次，技术讲座及交流10余次，培训学员达近千人。

EDA中心承接工信部电子发展基金“集成电路服务平台”项目，成为国家级SoC/IP公共服务平台，并与CSIP和上海硅知识产权交易中心形成全国的网络互动，联合科技部8个产业化基地，形成了产学研用联盟，为8家基地提供共性技术支撑，服务全国的芯片行业。2010年，EDA中心“集成电路IP技术服务开放实验室”正式成为首都科技条件平台中国科学院研发实验服务基地与运营二期新增实验室之一。

微电子所的院地合作工作以“企业为主体、市场为导向、产学研结合”为方针，贯彻“全方位开放、科技成果转移转化前移”的理念，以“务实、求真”的态度，充分把握历史机遇，整合多方资源，有计划、有步骤的开展工作，取得了丰硕的成果。

2010年10月中国科学院正式批准成立“中国科学院物联网研究发展中心”，纳入“创新2020”建设规划，作为全院“战略高技术中心”之一给予重点支持，依托单位为微电子所。目前，发展中心一期建设已经有微电子所、上海微系统所、自动化所等11家中国科学院单位进驻；建成“电子设计公共服务平台”等4个公共技术服务平台；到位人员401人，科研人员占89%以上，具有硕博士学位人员占78%以上，并建立了博士后工作站。发展中心成立了产业化公司“江苏中科物联网科技发展有限公司”，注册资本1亿元，重点孵化项目15项，已参股15家高科技企业。

微电子所积极引进资本和管理团队，2010年分别与江苏中科物联网科技发展有限公司成立无锡中科微电子工业技术研究院有限责任公司；与南京市玄武区国有资产投资管理控股（集团）有限公司成立南京市物联网研究与产业化有限公司；与沃普瑞科技（北京）有限责任公司、江苏中科物联网科技发展有限公司成立无锡中科沃普瑞科技有限公司。

根据地方科技经济发展需求，微电子所与江苏无锡、盐城、昆山、浙江嘉善县、山东文登、佛山等地合作共建“中科院EDA中心无锡分中心”、“中科院EDA中心昆山分中心”、“中科无线授时与定位研发中心”、“智能仓储研发中心”、“微电子设备研究院”、“中科院EDA中心佛山南海分中心”。

为加强与产业界的合作交流，微电子所分别与上海宏力半导体制造有限公司、西安永电电气有限公司、国家电网电力科学研究院、成都物联网产业研究发展中心等单位签署了合作协议。

微电子所积极参与地方科技建设工作，2010年承担广东省和中国科学院全面战略合作专项和广东省战略性新兴产业项目各1项，向广东省派遣科技特派员14名；组团参加上海、佛山、郑州、济南、青岛、杭州等地的产学研洽谈会。

截至2010年底，微电子所对外合作共建机构总数39个，其中公司15个，联合实验室22家，分部/研发平台2个，2010年新增高科技公司3家、联合实验室6家。

2010年，微电子所共接待国外专家来访和学术交流33个团组共79人，派遣出国访问、讲学、交流20个团组共51人次；聘任国外名誉和客座研究员7人。

微电子所是全国半导体设备与材料标准化技术委员会微光刻分技术委员会秘书处、全国纳米技术标准化技术委员会微纳加工技术工作组秘书处、北京电子学会半导体专业技术委员会制版（光掩模制造）分技术委员会秘书处挂靠单位。

（撰稿：杨　旭　王　芳　审稿：叶甜春）

电子学研究所

所　　长：吴一戎
地　　址：北京市海淀区北四环西路19号
邮政编码：100190
电　　话：010－58887003
传　　真：010－58887555
电子信箱：iecas@mail. ie. ac. cn
网　　址：http://www. ie. cas. cn

中国科学院电子学研究所（以下简称“电子所”）创建于1956年，是我国第一个综合型电子与信息科学研究所，主要从事电子与信息科学技术领域的应用基础研究和高技术创新研究，目前已形成了两大支柱领域和5个重点领域：两大支柱领域分别是微波成像技术和微波电真空技术，5个重点领域分别是地理空间信息技术、电磁探测技术、高功率气体激光技术、MEMS传感器技术和可编程芯片技术。研究所下设10个研究部门，包括微波成像技术重点实验室、传感技术国家重点实验室（北方基地）、高功率微波源与技术院重点实验室、空间信息处理与应用系统技术院重点实验室、高功率微波与电磁辐射院重点实验室、空间行波管研究发展中心、高功率气体激光技术部、航天微波遥感系统部、航空微波遥感系统部和可编程芯片与系统研究室。

截至2010年底，电子所共有在职职工927人，流动人员504人（客座研究员7人），离退休人员758人。在职职工中有科研人员493人、科技支撑人员256人，其中中国科学院院士1人、正高级专业技术人员69人、副高级专业技术人员160人。国防杰出人才获得者1人、国家杰出青年基金获得者2人、“新世纪百千万人才工程”国家级人选入选者3人、中国青年五四奖章获得者1人、享受政府津贴16人、中国科学院“百人计划”入选者9人、中国青年科技奖获得者1人、卢嘉锡人才奖获得者5人。

电子所是国务院学位委员会批准的首批博士、硕士学位授予单位之一。现有信息与通信工程、电子科学与技术2个一级学科硕士、博士研究生培养点及其博士后科研流动站。2010年在学研究生497人（硕士生268人、博士生229人），在站博士后3人。

2010年，电子所圆满完成创新三期总结工作，围绕国家“十二五”规划和中国科学院“创新2020”组织实施方案，紧密结合本所实际，制定了所“十二五”规划，明确了面向“创新2020”的目标、思路和战略举措。

2010年，电子所有在研项目388项。其中核高基国家重大专项项目7项，中国高技术研究发展计划（“863”计划）项目（课题）43项，国家重点基础研究发展计划（“973”计划）项目10项，国家科技支撑计划课题5项；国家自然科学基金项目37项（含国家杰出青年科学基金项目1项、重大项目1项）；中国科学院知识创新工程重大项目2项，重要方向项目5项，国际合作项目18项，“百人计划”3项，研究所领域前沿项目42项，高质量地完成了年度科研计划，科研工作成效显著。

2010年，电子所发表论文327篇，其中被SCI收录84篇，出版科技著作4部；受理专利98项（均为发明专利），获授权专利40项（其中发明专利35项）；有3项成果完成了国防科技成果鉴定，并进行了国防科技成果登记；1项成果获国家科技进步奖二等奖（第一完成单位），1项成果获国防科技进步奖二等奖（第一完成单位），1项成果获国防科技进步奖三等奖（第一完成单位）。

2010年，电子所院地合作工作取得较大进展，成立了中科九度（北京）空间信息技术有限责任公司，致力于推进成果转移转化和产业化。

电子所作为加入首都科技条件平台“中国科学院研发试验服务基地”的首批成员单位，2010年度对外服务47项。其中对企业服务25项，对院校及科研院所服务22项。

电子所是中国电子学会电路与系统分会、中国质量协会科学技术分会挂靠单位，主办的刊物有《电子与信息学报》、《电子科学学刊》（英文版）[*Journal of Electronics* (*China*)] 和《中国无线电电子学文摘》。

（撰稿：袁胜华　蔡晨曦　审稿：吴一戎）

自动化研究所

所　　长：王东琳
地　　址：北京市海淀区中关村东路95号
邮政编码：100190
电　　话：010－62551575
传　　真：010－82614508
电子信箱：casia@ia.ac.cn
网　　址：http://www.ia.cas.cn

中国科学院自动化研究所（以下简称“自动化所”）成立于1956年10月，是我国最早成立的国立自动化研究机构。1968年，为加速我国空间技术的发展，自动化所整建制划入空间技术研究院，更名为空间控制技术研究所。1970年，根据自动化学科技术发展的需要，中国科学院重建自动化研究所。

自动化所立足智能技术，聚焦复杂信息的智能计算、复杂系统的智能控制、集成化智能系统3个领域，重点开展模式识别理论与方法、海量信息智能处理、网络与社会公共安全、空天信息处理、脑网络与认知、复杂系统理论与方法、先进控制与自动化、社会计算与平行管理、智能机器人与系统、泛在感知与智能工业、计算医学与新型医疗装备、高性能集成电路分析与设计等方向研究。

2010年，根据中国科学院党组的部署，自动化所认真组织制定研究所“十二五”规划，全面贯彻落实“创新2020”战略目标，深刻把握国家对战略高技术研究所的核心要求，对自身学科基础及面临的机遇与挑战进行深入分析，明确了“以智能技术为核心，在迈向创新型国家的进程中提供系统性创新理论和方法，为国家重大战略需求面提供创新性集成化解决方案和实用化工程系统和装备，在国计民生方面提供具有国际竞争力的知识产权以及相关核心技术，为提升国内相关产业的核心竞争力做出应有的贡献”的战略定位，为研究所未来发展奠定坚实基础。

自动化所现设有模式识别国家重点实验室、复杂系统与智能科学中国科学院重点实验室、国家专用集成电路设计工程技术研究中心、高技术创新中心和综合信息系统研究中心5个科研开发部门；并与国际和社会其他创新单元共建各类联合实验室和工程中心，包括中法信息、自动化与应用数学联合实验室，中国—新加坡数字媒体研究院，中港智能识别联合实验室等；另有汉王科技股份有限公司、北京三博中自科技有限公司、北京中科恒业中自技术有限公司、北京嘉恒中自图像技术有限公司等十余家持股高科技公司。

截至2010年底，自动化所有在职职工447人。其中科技人员390人、科技支撑人员57人，包括中国科学院院士1人、正高级专业技术人员61人、副高级专业技术人员108人；进入创新岗位201人。国家杰出青年科学基金获得者9人、国家海外高层次人才引进计划（“千人计划”）入选者1人、中国科学院“百人计划”入选者18人。

自动化所现有控制理论与控制工程、模式识别与智能系统、计算机应用技术3个二级学科博士、硕士研究生培养点；并设有控制科学与工程一级学科博士后流动站。2010年在学研究生535人（硕士生210人、博士生325人），在站博士后40人。

2010年，自动化所有在研项目313项（新增134项）。其中，国家科技重大专项9项，国家重点基础研究发展计划（“973”计划）项目7项（新增3项）、含子项5项（新增1项），中国高技术研究发展计划（“863”计划）项目35项（新增10项），国家科技支撑计划项目12项（新增5项）；国家自然科学基金重大项目10项（新增5项）、重点项目13项（新增2项）、面上项目55项（新增23项）、主任基金项目1项（新增）；国家杰出青年科学基金项目4项；中国科学院知识创新工程重大项目1项（新增），重要方向项目9项；院地合作项目70项（新增47项），国际合作项目11项（新增3项），地方政府和其他部委合作项目30项（新增14项）。

2010年，自动化所科研工作取得新进展。“小动物多模态光学分子影像成像方法与系统”荣获2010年度国家技术发明二等奖，该方法和系统实现了反映细胞分子水平生理病理变化的荧光光源的精确快速在体重建，克服了由生物体非匀质特性导致的重建精度低的问题；首个技改项目“数字信号处理器研制与生产条件建设项目”顺利通过验收，提高了我国专用数字集成电路的研制和供应能力；“情报与安全信息学和社会计算的基础理论及原型系统”项目通过验收，对社会公共安全和重大活动安保业务相关情报的有效获取、处理、分析及决策支持具有重要作用；人脸识别技术成功应用于上海世界博览会安保责任区的嵌入式人脸识别门禁系统；“公共交通平行管理系统”被广州亚运会组委会应用于2010年广州亚运会、残运会，为广州市的公共交通管理和大型活动疏散提供了有效手段。

2010年，自动化所发表论文524篇，发表专著7部。新申请专利134项，其中发明专利131项、实用新型专利3项，授权发明专利77项、计算机软件著作权72项。

2010年，自动化所派出科技人员短期出国和到港澳地区交流225人次，接待国外及港澳地区科研机构、高校及政府等科技外事来访1163人次，有89人次在国际科技组织和学术机构中任职；主办或承办各类国际会议7次，其中第十三届医学影像计算与计算机辅助介入国际会议由蒋田仔研究员担任大会主席，第23届国际计算语言学大会由宗成庆研究员担任组委会主席。自动化所与新西兰奥克兰理工大学正式签订合作备忘录，拟开展“具有神经运动障碍病人的诊断和康复医疗系统”的合作研究；新争取“欧洲城市的可持续发展”、“基于脑映像的轻度认知障碍及阿尔茨海默病的早期诊断系统研究”等国际合作项目3项。

2010年，自动化所持股企业汉王科技股份有限公司在深交所中小板成功挂牌上市。自动化所正式签署怀柔雁西经济开发区用地协议，购买60亩土地，为未来的发展创造更为广阔的发展空间。

自动化所是中国自动化学会和中国图像图形学学会的挂靠单位；重要出版物有《自动化学报》、《国际自动化与计算杂志》。

（撰稿：宋　琪　刘光仪　审稿：何　林）

电工研究所

所　　长：肖立业

地　　址：北京市海淀区中关村北二条6号

邮政编码：100190

电　　话：010－82547001

传　　真：010－82547000

电子信箱：office@mail.iee.ac.cn

网　　址：http://www.iee.ac.cn

中国科学院电工研究所（以下简称“电工所”）于1958年在中国科学院原长春机械电机研究所部分研究室的基础上筹建，1963年在北京正式成立。

电工所是中国科学院唯一以能源与电气工程学科为主要研究方向的专业研究所，也是中国科学院能源基地核心研究所之一，在我国能源与电气科学领域具有独特地位。目前，主要从事先进能源电力技术和电气科学及其前沿交叉领域的科学技术研究。

2010年，电工所根据中国科学院院党组的部署，研究制定了研究所“创新2020”及“十二五”规划，明确了电工所作为能源与电气科学领域国家级研究机构和中科院能源基地核心研究所的战略定位，制订了“着力解决国家可持续能源体系重大科技问题和电气科学前沿交叉问题，促进我国能源转型及相关战略性新兴产业的发展，在电气科学学科发展方面起到骨干引领和核心支撑作用”的总体战略，概括提出了“一个中心，两大领域，三个变革，四大交叉”的战略框架，具体从“新能源利用技术”、“未来电网科学技术”、“电机及电力电子与节能技术”、“超导与能源材料及其应用”、“电气科学前沿交叉与理论基础”、“能源转型战略、经济与政策研究”6个方面进行了战略部署，并从全所科研布局、学科发展、实验室和平台建设、科研队伍建设、创新文化建设等各方面制订了详尽的目标指数和实施方案，保证了规划的可执行度。

电工所现有9个研究部，下设19个研究组（中心），其中包括4个中国科学院重点实验室、1个北京市重点实验室、2个检测中心（站）。9个研究部及下设的19个研究组（中心）分别是：可再生能源技术研究部下设可再生能源发电研究发展中心、太阳能热发电技术研究组、太阳能电池技术研究组、海洋能发电技术研究组、中国科学院太阳光伏发电系统和风力发电系统质量检测中心、可再生能源发电咨询与培训中心；电力电子与电气驱动技术研究部下设磁悬浮与直线驱动技术研究中心、电动汽车技术研究发展中心、汽车电子应用技术研究组；电力设备新技术研究部下设蒸发冷却技术研究发展中心；电力系统新技术研究部下设分布式电力与储能技术研究组；极端电磁环境科学技术研究部下设强流脉冲技术研究组；应用超导研究部下设超导电力科学技术研究发展中心、超导磁体及强磁场应用研究组、超导材料及强磁场科学研究组；生物医学工程研究部下设电磁生物工程研究组、电磁成像技术研究组、微纳加工技术研究部下设电子束曝光技术研究组、微纳技术及应用研究组；前沿探索研究部。4个中国科学院重点实验室分别是应用超导重点实验室、太阳能热利用及光伏系统重点实验室、风能利用重点实验室（联）、电力电子与电气驱动重点实验室。1个北京市重点实验室为太阳能发电重点实验室。2个检测中心（站）为中国科学院太阳光伏发电系统和风力发电系统质量检测中心、中国科学院电工研究所避雷装置安全检测站。另外，还设有能源战略与经济研究中心、智能电网技术研究中心。

电工所与地方政府合作共建了中国科学院电工研究所无锡分所等5个的研究机构；与企业合作共建了12个联合研究机构；与国际研究机构和企业共同成立了5个国际联合实验室。

电工所主要控股和参股公司有：北京中科电气高技术有限公司、北京科诺伟业科技有限公司、上海振发机电设备有限公司、北京科峰公寓。

截至2010年底，电工所有在职职工371人。其中，科技人员309人、科技支撑人员37人，包括中国科学院院士1人、中国工程院院士1人、第三世界科学院院士1人、研究员及正高级工程技术人员38人、副研究员及高级工程技术人员97人；进入创新岗位336人。有中国科学院“百人计划”入选者7人（新增2人）、“西部之光”人才入选者3人、国家杰出青年科学基金获得者3人（新增1人）、“新世纪百千万人才工程”国家级人选6人。

电工所是1981年国务院学位委员会批准的首批博士、硕士学位授予权单位之一。有国家电气工程一级学科博士（硕士）研究生培养点和博士后流动站；设有电工理论与新技术、电机与电器、高电压与绝缘技术、电力电子与电力传动、电力系统及其自动化、生物电工、微纳电工技术、能源与电工新材料8个博士与硕士学位二级学科专业。在学研究生268人（硕士生143人、博士生125人），在站博士后15人。

2010年，电工所有在研项目304项（新增111项）。其中，主持国家重点基础研究发展计划（“973”计划）项目1项、承担课题5项（新增1项），主持（或承担）国家高技术研究发展计划（“863”计划）项目21项（新增1项）；承担国家自然科学基金重点项目1项（新增1项）、主任基金项目2项（新增1项）、面上项目16项（新增12项），国家杰出青年科学基金项目2项（新增1项），联合基金项目1项（新增1项），青年科学基金项目32项（新增13项）；主持（或承担）国家科技支撑计划项目24项；承担中国科学院知识创新工程重大项目1项、重要方向项目37项（新增11项）、知识创新工程科技助残计划项目2项（新增1项）、“西部行动计划”项目1项、国际合作项目3项（新增1项）、创新团队国际合作伙伴计划项目1项、重大仪器研制项目4项（新增4项），院地合作项目4项。

2010年，成功研制的国际首台太阳能热发电站仿真机，开创了世界太阳能热电站仿真机的先河；研制完成的我国第一台大功率太阳炉聚光器，其热功率在世界排名第三；研制成功的具有我国自主知识产权百米长槽式太阳能集热系统，处于国际领先地位；在拉萨建设了太阳电池室外一级标定试验平台；完成了10kV、1MW有源电力滤波器、10kV电力电子智能变压器及能量路由器等的研制；完成了非黏着节电型直线电机轨道交通系统和15 000kW大功率三电平IGCT交直交变频调速系统的研制，直线驱动和轨道交通牵引技术取得新的突破；进行了国际上导通电流最大（10 000A）的大电流高温超导直流电缆和世界第一座10.5kV超导变电站的建设，在超导电力技术方面领先世界。

2010年，电工所“7500kW大功率三电平IGCT交直交变频调速系统”项目获得国家科技进步奖二等奖。该项目自主创新攻关解决了大功率交直交变流器的理论、控制、模块化设计、制造、集成及工程试验等重大难题，打破了国外多年的技术封锁及产品垄断，填补了国内在该领域的技术空白，整体技术达到国际先进水平。

2010年，电工所发表论文412篇，其中SCI收录95篇，EI收录125篇；主持撰写著作2部。申请专利107项，其中发明专利102项（含5项国际发明），实用新型5项；获得授权专利116项。软件著作权6项。制定国家或行业标准4项。

2010年，电工所与中天科技股份有限公司共建“电力超导技术联合研究开发中心”，与华立仪表集团股份有限公司联合成立了“中科院电工所华立技术研究中心”，与皇明洁能控股等公司和大学共同成立“德州节能产业技术创新联盟”。

2010年，电工所主办或承办3次国际学术会议，包括“第13届国际百万高斯磁场产生及相关论题学术会议”、“中日韩超导与低温实验讲习会”、“2010年太阳能热发电技术三亚国际论坛”；在国际科技机构任职21人次。

电工所是中国可再生能源学会（一级学会）、中国可再生能源学会光伏专业委员会（二级学会）、中国电工技术学会机电一体化专业委员会（二级学会）、中国电机工程学会超导与磁流体发电专业委员会（二级学会）、中国农村能源行业协会小型电源专业委员会（二级学会）、中国电工技术学会超导应用专业委员会（二级学会）、中国电机工程学会高压专业委员会高压新技术分专业委员会（三级学会）的挂靠单位；主办《电工电能新技术》专业学术期刊。

（撰稿：刘素珍　张和平　审稿：肖立业）

工程热物理研究所

所　　长：秦　伟

地　　址：北京市海淀区北四环西路11号

邮政编码：100190

电　　话：010－62554126

传　　真：010－82543019

电子信箱：iet@iet.cn

网　　址：http://www.etp.ac.cn

中国科学院工程热物理研究所（以下简称“工程热物理所”）其前身是1956年3月1日成立的中国科学院动力研究室（1961年合并至中国科学院力学研究所），1980年正式独立建制，启用现名。

工程热物理所是基础与应用发展研究有机结合的战略高技术型研究所，主要研究领域为能源、动力及与之交叉的环境等领域，内容涉及工程热力学、内流气动热力学、燃烧学、传热传质学等学科。其战略定位为国家能源、动力、环境领域基础科学和高技术创新的思想库和火车头，工程热物理领域国家知识创新基地、高技术产业发展基地和高级科技人才培养基地。发展目标是进一步提高研究所在能源、动力、环境领域的基础科学和前沿技术自主创新能力，发挥火车头作用；着力突破煤炭清洁利用、燃气轮机、分布式能源、可再生能源等方面关键技术；建成适应国家需求并具有国际先进水平的科技创新队伍、科研组织机构和实验支撑平台。

2010 年，工程热物理所在组织全所层面战略研究的基础上，分学科和领域开展战略研讨，编制了研究所"十二五"规划和"创新 2020"实施方案，确定了 2011—2015 年所长任期目标，明确了研究所的功能定位和今后一个时期重点突破的领域和整体可持续发展的方向。

工程热物理所现设有 8 个研究机构：国家能源风电叶片研发（实验）中心、中国科学院能源动力研究中心、中国科学院先进能源动力重点实验室、中国科学院风能利用（联合）重点实验室、中国科学院轻型动力重点实验室、循环流化床实验室、推进与动力实验室、总能系统与可再生能源实验室；另有 13 个与地方、企业共建的研发机构与工程中心；依托研究所建设的中国科学院能源动力研究中心、清洁高效煤电成套设备国家工程中心各项工作正在顺利推进，廊坊研发基地二期工程已竣工，科研部门已陆续进入实验设备安装阶段。

截至 2010 年底，工程热物理所有在职职工 242 人。其中科技人员 206 人、含科技支撑人员 39 人，包括中国科学院院士 2 人、研究员及正高级工程技术人员 31 人、副研究员及副高级工程技术人员 65 人。有中国科学院"百人计划"入选者 8 人、国家杰出青年科学基金获得者 1 人、国家海外高层次人才引进计划（"千人计划"）入选者 1 人。

工程热物理所是 2003 年国务院学位委员会批准的博士、硕士学位授予权单位之一。现设有动力工程及工程热物理一级学科博士、硕士研究生培养点；环境工程专业二级学科硕士研究生培养点；动力工程专业全日制工程硕士培养点；设有动力工程及工程热物理一级学科博士后流动站。在学研究生 252 人（硕士生 135 人、博士生 108 人），在站博士后 9 人。

2010 年，工程热物理研究所有在研项目 138 项（新增 45 项）。其中，主持国家重点基础研究发展计划（"973"计划）项目 2 项（新增 1 项）、承担课题 5 项（新增 3 项），承担中国高技术研究发展计划（"863"计划）项目 18 项（新增 3 项），国家科技支撑计划项目 2 项，科学技术部国际合作项目 3 项（新增 3 项）；主持国家自然科学基金重点项目 3 项、面上项目 34 项（新增 15 项），承担国家自然科学基金重大国际合作项目 1 项（新增 1 项）；承担中国科学院知识创新工程重要方向项目 11 项（新增 6 项）、国际合作项目 6 项（新增 3 项）、重大仪器研制项目 2 项（新增 1 项）、"百人计划"项目 5 项（新增 2 项），院地合作项目 26 项（新增 9 项）；承担其他项目 2 项。

2010 年，工程热物理所科研工作进展顺利。其中"973"计划课题"燃气轮机的高性能热-功转换科学技术问题研究"完成了高效高稳定压气机内部流动机理研究和试验台设计，在国际上提出了间隙流自激非定常性与泄漏涡前移的观点；"973"计划课题"多能源互补的分布式冷热电联供系统基础研究"建立了太阳能热化学互补发电理论的基本框架，发明了中低温太阳能与甲醇互补的内燃机冷热电联供系统；"863"计划重大项目"以煤气化为基础的多联产示范工程"，完成了潞安油电联产项目 IGCC 发电工程的系统方案设计并在示范工程中应用；"重型燃气轮机关键技术与系统"重大项目，建成了国内第一台百千瓦级空气湿化循环实验系统；两项关于分布式供能的"863"计划示范工程技术方案顺利通过了专家论证，相对节能率分别达到 30.5% 和 34.1%。

2010 年，工程热物理所共申报国家发明专利 47 项、实用新型专利 18 项，授权发明专利 29 项、实用新型专利 17 项；全年共发表论文 312 篇，其中 SCI 收录 76 篇、EI 收录 219 篇，出版专著 3 部。"我国能源领域科技创新重大问题研究"项目获国家能源局软科学研究优秀成果奖二等奖；陈静宜研究员获得代表叶轮机械领域最高级别的美国机械工程师协会 Fellow 奖；张娜研究员因在太阳能品位间接提升和系统集成方面的研究成果荣获 2010 年美国机械工程师协会 Edward F Obert 学会奖，这是中国学者首次获得此项荣誉。

2010 年，工程热物理所院地合作进一步深化。新签民口横向合同 20 项，呈现快速发展势头。与地方和企业共建联合实验室、工程中心 3

个，与大型企业共建战略联盟2个；组织并参加深圳高新技术交易会、北京绿博会等大型展会；参加合作对接洽谈活动近百次，推进LED冷却技术、CCPP技术、污泥焚烧技术等节能减排技术成果的转移转化；推进与北京、广东、江苏等地院省战略合作项目的进展，申报地方重大项目4项。

2010年，工程热物理所国际合作进一步加强。出访57人次，接待来访91人次。协助组织了“2010年泵和风机国际学术会议”和“第二届国际低碳和新能源技术研讨会”，承办了两次碳捕集和封存国际研讨会；签署国际合作项目1项，落实国家科学技术部国际科技合作计划重大项目3项；对印度CVL公司进行的400—700t/h循环流化床锅炉技术许可本年度完成了针对第二个用户的2台150MW锅炉的设计工作；发展改革委国际合作项目“CO_2捕集埋存技术示范”，实现“零能耗”分离CO_2的多联产系统集成创新，初步构建了适合我国国情的能源动力系统温室气体控制技术路线图。

中国工程热物理学会和北京工程热物理学会挂靠在工程热物理所；主办学术刊物《工程热物理学报》、《热科学学报》（英文版）。

（撰稿：李红林　朱灿欢　审稿：张　平）

空间科学与应用研究中心

名誉主任：王大珩
主　　任：吴　季
地　　址：北京市海淀区中关村南二条1号
邮政编码：100190
电　　话：010－62560947
传　　真：010－62576921
电子信箱：kjzx@cssar.ac.cn
网　　址：http://www.cssar.cas.cn

中国科学院空间科学与应用研究中心（以下简称“空间中心”）成立于1987年，其前身为空间物理所（1958年成立的原应用地球物理所）和空间科学技术中心（1979年成立）。

空间中心着力发展空间物理、空间环境、微波遥感和电子信息等相关科学与技术，从事载人航天与探月工程、双星计划、子午工程、中俄联合探测火星计划“萤火一号”，多颗应用卫星有效载荷和支持系统，空间物理基础研究国家重点基础研究发展计划（“973”计划）项目，多领域中国高技术研究发展计划（“863”计划）项目等工作，履行“引领空间科学发展，带动空间技术创新”的使命，牵头开始空间科学项目中长期发展规划研究及空间科学战略性先导科技专项深化论证。

空间中心已基本建立起了发展我国空间科学及其卫星工程所需的核心科学研究和技术支撑体系，下设空间技术研究与发展部、空间科学部、空间环境部、微波遥感与信息技术部和探空部，建有空间天气学国家重点实验室、国家“863”计划微波遥感技术实验室/中国科学院微波遥感技术重点实验室，以及海南探空火箭发射基地和海南空间天气国家野外科学观测研究站、广州宇宙线观测站、北京小牛坊宇宙线中子堆观测站、河北廊坊临近空间环境野外站及北京延庆空间物理观测站和科研设施基地，是中国科学院空间环境研究预报中心的挂靠单位。

截至2010年底，空间中心有在职职工556人。其中科技人员425人、科技支撑人员91人，包括中国科学院院士2人、中国工程院院士1人、研究员及正高级工程技术人员74人、副研究员及高级工程技术人员188人；进入创新岗位235人。有中国科学院“百人计划”入选者6人（新增1人）、国家杰出青年科学基金获得者4人、国家海外高层次人才引进计划（“千人计划”）入选者1人（新增）。

空间中心是1981年国务院学位委员会批准的博士、硕士学位授予权单位之一。设有空间物理学、地球与空间探测技术、电磁场与微波技术、计算机应用技术4个专业二级学科博士研究生培养点；飞行器设计等5个专业二级学科硕士研究生培养点；设有空间物理学二级学科博士后流动站。在学研究生297人（硕士生179人、博士生118人），在站博士后13人；选派出国联合培养博士1名。本届毕业生就业率达到100%。

2010年，空间中心有在研项目559项（新增154项）。其中，主持（或承担）国家重点基础研究发展计划（“973”计划）项目1项（新增1项）、承担（或参加）课题15项（新增6项），主持（或承担）中国高技术研究发展计划（“863”计划）项目37项（新增22项）、承担（或参加）课题3项（新增1项）；主持（或承担）国家自然科学基金重大项目1项、重点项目5项、面上项目82项（新增32项）；作为依托单位牵头承担空间科学战略性先导科技专项，主持（或承担）中国科学院知识创新工程重要方向项目2项（新增1项）、承担国际合作项目2项、重大仪器研制项目2项，承担院地合作项目19项（新增11项）。

2010年，空间中心圆满完成各项重大科研任务。完成载人航天二期应用系统四个分系统和一个专项任务；空间中心是探月工程二期有效载荷总体单位，嫦娥二号任务圆满成功；2010年是子午工程决战年，重点完成工程测试、验收、建设期试运行和三大系统联试以及单位验收和工程预验收准备；完成海洋卫星有效载荷的研制和整星力学试验准备；完成风云二号卫星产品交付验收与评审及风云三号卫星产品研制和试验；牵头组织院内单位承担核高基重大专项相关任务，通过项目建议书评审；牵头承担“973”计划项目，通过评审和年终总结评估；完成“中科院元器件空间环境特殊效应实验平台”新增设备及软件的设计和主体研制；基础研究和应用基础研究取得重大成果，微波遥感技术院重点实验室正式成立。

双星计划获2010年度国家科技进步奖一等奖；双星计划和欧空局星簇计划联合团队获国际宇航科学院（International Academy of Astronautics，IAA）杰出团队成就奖（The Laurels for Team Achievement Award）；人力资源社会保障部等6部委授予空间中心“探月工程嫦娥二号任务突出贡献单位”，8人荣获“探月工程二期任务突出贡献个人荣誉称号”；申请发明专利34项，获授权9项；实用新型专利获授权17项，登记软件著作权4项，申报国家科技成果3项；发表论文220余篇，其中SCI收录61篇，EI收录46篇，ISTP收录3篇，国内核心期刊收录55篇。

空间中心加强院地合作，推进产业化发展，是中关村地区航空航天产业联盟理事会成员。完成北京市科委和海淀区科委设备攻关项目“航天材料元器件和空间环境特殊效应分析”，通过验收；公益性行业（气象）科研专项“多通道微波辐射计”项目的二个关键部件研制成功；与江西日月明铁道设备开发有限公司进行合作。中科九章公司完成股权调整，总收入1325万元；科空物业公司全年营业收入为550万元；空间会议中心全年收入共计360万元。

2010年度，空间中心出访90批260人次，来访近百人次，申请外国专家局人才引进项目4人次，2名外籍科学家获得院外籍研究员计划支持，1名外籍科学家获得院外籍青年科学家计划支持，应邀在2010年院国际合作会议上报告先进经验，国际合作总经费逾数百万元；主办第三届中日信息与先进技术论坛、中英空间科学研讨会、第九届海峡两岸空间科学研讨会、第六届中欧空间科学研讨会、第十届中俄空间天气研讨会、夸父计划研讨会等10余个有影响国际会议；与巴西空间研究院、加拿大空间局、俄罗斯科学院、美国加州大学伯克利空间科学研究所、美国国家大气研究中心等签署新的所级合作协议；组团参加第38届COSPAR大会；组织编写2008—2010年度COSPAR空间科学国家报告，组织第二届COSPAR赵九章奖评审。吴季主任当选国际空间研究委员会副主席、国际与日共存计划执行主席。空间中心推荐的前COSPAR主席、国际空间科学研究所所长Roger Bonnet教授获中华人民共和国国家科技合作奖、中华人民共和国“友谊奖”。

空间中心是中国空间科学学会、国际空间研究委员会中国委员会、世界数据中心中国空间科学学科中心等全国性空间科学学术组织的挂靠单位；主办《空间科学学报》。

（撰稿：范全林　郭明亮　审稿：吴　季）

光电研究院

院　　长：相里斌

地　　址：北京市海淀区邓庄南路9号

邮政编码：100094
电　　话：010－82178800
传　　真：010－82178600
电子信箱：office@aoe.ac.cn
网　　址：http://www.aoe.cas.cn

中国科学院光电研究院（以下简称“光电院”）组建于2003年11月，作为中国科学院“知识创新工程”中体制机制创新的重大改革举措之一，是兼具总体管理与总体技术职能的总体性研究单位。中国科学院导航专项总体部、02专项关键部件研发管理办公室设在光电院。

光电院涉及的主要科技领域有：

航天航空科技领域　重点围绕卫星导航、浮空飞行器和空间系统技术3大总体任务，开展总体性工作和支撑总体的关键技术攻关、前瞻性探索研究以及发展战略研究工作。

光电系统工程领域　围绕光电信息获取系统、精密光电装备、新型激光系统及其应用，以及光电测量和应用标准等技术领域开展工作。

地面综合技术应用领域　围绕航天航空技术领域任务，开展空间科学与对地观测信息处理与应用技术研究。

上述3个领域的前沿性、战略性和系统集成性的科技创新工作，构建和形成了持续支持和支撑光电院多总体、多任务发展的学科技术领域和总体技术体系。

光电院党政班子结合分管工作，继续深入分析、研究和扎实推进“十二五”规划制定和“创新2020”组织实施，不断改进管理体制和运行机制方面存在的问题。由相里斌牵头负责，成立了3个研究小组：体制机制研究组、科研布局研究组和院地合作产业化研究组。通过召开座谈会、研讨会等形式，分别制定“十二五”规划的相关章节，将成为光电院今后一段时间内的纲领性文件，为光电院如何做好总体、如何更好发展提供指导。

光电院建立了与技术总体单位相适应的组织机构与管理体制。主要科研单元有：光电系统工程研究部、对地观测技术应用研究部、空间系统总体技术研究室、导航总体技术研究室以及与高能物理研究所联合组建的“气球飞行器研究中心”。

为拓展科研领域，加强院地合作，光电院与国家减灾中心联合组建了“中国空间技术减灾应用研究中心”，与青岛市政府共建“光电院青岛研发基地”。依托光电研究院建立了“全国遥感技术标准化技术委员会”和“全国光电测量标准化技术委员会”。

截至2010年底，光电院有在职职工336人。其中科技人员241人、科技支撑人员39人，包括中国科学院院士1人、研究员及正高级专业技术人员35人、副研究员及高级工程技术人员86人；进入创新岗位182人。有中国科学院“百人计划”入选者2人。

光电院现设有计算机应用技术、信号与信息处理2个专业二级学科博士研究生培养点；光学工程、计算机应用技术、信号与信息处理、飞行器设计4个专业二级学科硕士研究生培养点。在学研究生165人（硕士生133人、博士生32人），在站博士后3人。

2010年，光电院有在研项目190余项（新增59项）。其中，中国高技术研究发展计划（“863”计划）项目28项（新增7项）；国家自然科学基金项目14项（新增2项）；中国科学院知识创新工程项目42项（新增12项）；其他国家任务18项，国际合作项目7项，院地合作项目2项。

2010年，光电院发表论文63篇（期刊37篇，会议论文或报告26篇），其中SCI（科学引文索引）收录8篇，EI（工程索引）收录21篇（期刊12篇，会议9篇），ISTP（科技会议录索引）收录3篇，中文核心期刊2篇；出版专著1本（参与编写其中一个章节）；取得软件著作权5项。共申请国家专利18项，其中发明专利15项，实用新型3项，获得授权4项（发明1项，实用新型3项）。民用成果登记5项，军用成果登记1项。

2010年，光电院获得“十一五”国家科技计划执行优秀团队奖2项，光电院作为中国科学院遴选的优秀单位被推荐到科学技术部；“高精度高效能航空遥感系统系统”研究团队由科学技术部高新技术司直接推荐。院长相里斌获得“十一五”国家科技计划执行突出贡献奖。

两项科学技术部世博科技支撑专项课题

"系留气球监测任务应用系统"及"激光显示系统"的研制工作顺利服务于上海世博会，成为世博会的科技亮点；项目组负责人周维虎、梅东滨获"世博科技行动"先进个人，大屏幕激光投影项目获"世博科技先进集体"称号；"系留气球监测任务应用系统"获"世博科技成果特别奖"。

在院地合作方面，光电院青岛光电工程技术研究中心（又名"青岛光电工程技术研究院"）于2009年底正式成立，人员队伍、制度建设逐步规范，与青岛市政府开展了多项合作，中心各项工作运转良好。2010年4月6日，青岛光电院在青岛市召开"2010年新产品发布会暨合作协议签约仪式"；青岛研发基地的工程建设工作顺利开展。"国科光电科技有限责任公司"94.88%的股权无偿划转至光电院。

在国际合作方面，光电院承担的科学技术部国际合作重点项目"三维激光雷达数据处理与示范应用系统"顺利完成本年度工作。在广泛研究国际、国内滤波算法的基础上，该项目提出改进型滤波算法，实现城市区域和山区的DEM自动提取；同时开发激光雷达数据处理软件模块；完成点云数据输入/输出、数据误差分析、滤波、分类、数字高程模型DTM/DEM提取等功能模型的开发工作；在示范应用方面，以冠层植被结构参数为纽带，探讨了激光雷达和多角度遥感的植被冠层结构模型，实现了激光雷达植被结构模型的改进和验证，以及多角度数据植被冠层结构参数（LAI）反演的精度评价和分析。同时，光电院继续开展亚太空间多边合作组织的技术支撑研究。

2010年8月，光电院新园区全部建成并投入使用。9月15—24日，光电院整体搬迁进入中国科学院北京新技术基地（海淀区邓庄南路9号），11月底，研究生搬入研究生公寓。

（撰稿：邵雪天　审稿：相里斌）

对地观测与数字地球科学中心

主　　任：郭华东

地　　址：北京市海淀区邓庄南路9号

邮政编码：100094

电　　话：010－82178008

传　　真：010－82178009

电子信箱：office@ceode.ac.cn

网　　址：http://www.ceode.cas.cn

中国科学院对地观测与数字地球科学中心（以下简称"对地观测中心"）成立于2007年8月27日，是在原中国科学院中国遥感卫星地面站、航空遥感中心和数字地球实验室基础上整合创建，为研究与运行相结合的综合性科技机构。

对地观测中心主要开展航天航空对地观测系统的高质量运行和面向政府、行业、地区的数据服务，进行对地观测前沿技术探索和应用示范，研究数字地球科学理论、关键技术及在全球、国家、区域3个层次上的综合应用，建设数字地球科学平台。战略目标为建设具有获取、传输、处理、存储与分发航天、航空遥感数据和图像能力的运行系统，开展综合性对地观测前沿技术研究，构建专业化、系统化、集成化、标准化、实用化的遥感数据库和遥感信息库，建立国家遥感数据与信息档案中心，以遥感信息为基础，结合其他信息资源，建设数字地球科学平台并开展应用示范研究。重点研究方向为地球空间信息探测机理与方法、数字信号获取与地面处理技术、高性能地学计算与网络化数据工程、空间数据同化理论与技术、地球系统空间模型、数字地球科学平台及其综合应用。2010年持续加强战略研究，组织制定"十二五"规划、面向"创新2020"的"2011—2020年发展规划"。

对地观测中心设置科技机构、合作研究机构、学术支撑机构、学术咨询机构等，其中卫星遥感中心、航空遥感中心、空间数据中心和数字地球重点实验室是对地观测中心运行与科研工作的主体。

对地观测中心有遥感卫星地面站和航空遥感飞机两个国家重大基础设施，同时承担陆地观测卫星数据全国接收站网和航空遥感系统建设项目。其中，遥感卫星地面站具备全天候、全天时、近实时、多种分辨率卫星数据接收处理能力，目前保存卫星数据资料达270万景，所有存档数据通过互联网提供 24h 的不间断在线检索与查询服务，是我国最大的对地观测卫星数据档案库。2010 年，全国陆地观测卫星地面接收站网基本建成，实现由密云、喀什、三亚卫星数据接收站组成的覆盖全国以及 70% 亚洲疆土的遥感卫星地面接收系统。

航空遥感中心现有两架高空遥感飞机，是机动、高效获取高分辨率遥感图像的重要途径，也为我国航空航天遥感技术发展提供了先进的空中实验平台。在建的航空遥感系统项目将引进两架性能更为先进的遥感飞机，与十多种新型高性能遥感设备综合集成，形成具备国际先进水平的航空遥感系统。

中国科学院数字地球重点实验室是对地观测中心的科研主体，包括数字地球系统研究室、数字陆地研究室、数字海气研究室、光学对地观测研究室、微波对地观测研究室、数字遗产研究室、全球灾害研究室，围绕空间地球信息科学和对地观测前沿应用技术开展研究工作，构建数字地球科学平台，其成果被广泛应用于环境与灾害监测、全球变化研究等诸多领域。

截至 2010 年底，对地观测中心有在职职工 286 人。其中科技人员 215 人、科技支撑人员 45 人，包括研究员及正高级工程师 35 人、副研究员及高级工程技术人员 62 人；进入创新岗位 185 人。有中国科学院“百人计划”入选者 3 人（新增 1 人）、中心“百人计划”入选者 2 人、客座研究员 5 人。

对地观测中心现有地图学与地理信息系统、信号与信息处理等 2 个专业二级学科博士研究生培养点；地图学与地理信息系统、信号与信息处理等 2 个专业二级学科硕士研究生培养点；电子与通信工程领域全日制工程硕士专业学位研究生培养点。在学研究生 175 人（硕士生 139 人、博士生 36 人），在站博士后 1 人。

2010 年，对地观测中心有在研项目 184 项（新增 66 项）。其中，国家重点基础研究发展计划（“973”计划）项目（或课题）9 项（新增 3 项），国家高技术研究发展计划（“863”计划）项目（或课题）17 项（新增 1 项），国家科技支撑计划项目 4 项；国家自然科学基金面上项目 39 项（新增 17 项）；中国科学院知识创新工程重大项目 1 项，中国科学院知识创新工程重要方向项目 1 项，院地合作项目 5 项（新增 1 项），国际合作项目 4 项。

2010 年，对地观测中心获得发明及实用新型专利各 1 项，计算机软件著作权登记 34 项；出版著作 2 本，发表论文 133 篇。由郭华东研究员为第一完成人的“多平台多波段对地观测信息处理技术与应用系统”取得多项突破性成果，获 2010 年度国家科技进步二等奖。

2010 年，对地观测中心在地震等灾害监测与灾情评估工作中取得重大成果，其中玉树地震发生后当日下午即获取灾区高分辨率航空遥感数据，快速构建的天、空、地一体化地震灾害监测网络及遥感数据的同步共享，为国家和地方政府减灾、救灾及灾后重建工作提供了有力的咨询服务和决策依据，荣获中共中央、国务院、中央军委授予的“全国抗震救灾英雄集体”称号，是唯一受表彰的中央科研单位。

对地观测中心已建成 3 大国际科技合作平台，具备在联合国系统、先进国际学术组织的框架下与国际同行共同开展工作的能力。其中，依托中心建设的联合国教科文组织国际自然与文化遗产空间技术中心筹建工作取得实质性进展，这是 UNESCO 在全球设立的第一个用于世界遗产研究的空间技术机构；设立在中心的国际科学理事会（International Council for Science，ICSU）灾害综合研究计划国际项目办公室（the International Programme Office，IPO）正式揭牌并运转，该计划是 ICSU 设立在亚洲的首个大型国际研究计划；地球观测组织（Group on Earth Observations，GEO）成员之一的国际数字地球学会（International Society for Digital Earth，ISDE）影响力进一步扩大，并以 GEO 成员身份参加了 GEO 第七届全会，《国际数字地球学报》（*International Journal of Digital Earth*，*IJDE*）2010 年首获影响因子 0.864，位居 SCI 检索的 21 类国际遥感期刊中第 14 位，成为空间地球信息科学领域期刊中有影响力的成员。

2010 年，对地观测中心承担中国科学院重点国际科技合作项目 2 项，分别为“全球环境变化遥感对比研究计划”（ABCC 计划）和“陆地植被碳计量模型与应用研究”；俄乌白项目 2 项，分别为“基于大区域网格的国际水灾监测虚拟星座技术和应用”和“中哈地质矿产信息集成与数字平台构建”。培养和引进国际人才6人，聘请外籍特聘研究员4人，在任发展战略国际专家委员会委员20位。新签或续签重要国际科技合作协议7项；举办或参加重要国际会议43个、出访95人次，来访百余人次。8位科研人员在国际组织任职，其中1人于2010年当选为国际科技数据委员会（CODATA）主席，这是该组织成立44年来中国人首次当选主席。

（撰稿：陆 鸣 王小梅 审稿：张 兵）

自然科学史研究所

所　　长：张柏春
地　　址：北京市海淀区中关村东路55号
邮政编码：100190
电　　话：010－57552515
传　　真：010－57552567
电子信箱：fengzhj@ihns.ac.cn
网　　址：http://www.ihns.cas.cn

中国科学院自然科学史研究所（以下简称“科学史所”）是中国科学院所属的少数兼具自然科学与人文社会科学功能的研究实体之一，也是中国唯一的国家级多学科和综合性的科技史专门研究机构。其前身中国科学院自然科学史研究室是在郭沫若、竺可桢等老一辈院领导的关怀下、于1957年1月1日成立的，1975年升为所级建制。

科学史所的主要学科是科学技术史（理学一级学科）、科学技术哲学（二级学科）、科技考古（二级学科），主要研究方向有中国古代科技史、中国近现代科技史（包括中国科学院院史）、科技发展战略、科学文化和中外科技的比较与交流。主要发展目标是立足科学技术史，保持中国科技史研究在世界上的核心地位，介入国家组织的重大文化工程，继续扩大国际影响，把研究所建设成国家科学思想库的一个重要组成部分、代表国家水平的科学技术史研究中心和世界知名的科学技术史研究机构。

科学史所现有3个研究室（中国古代科技史研究室、中国近现代科技史研究室、西方科技史研究室）、5个研究中心性质的单元（中国科学院传统工艺与文物科技研究中心、中国科学院学部学科发展战略研究中心、中国科学院史研究室、中外科技发展比较研究中心、科学与文化研究中心、中国传统科技文明研究中心），以及与德国马普科学史研究所成立的青年科学家合作伙伴小组。

截至2010年底，科学史所有在职职工97人。其中科技人员79人，包括正高级专业技术人员22人（其中研究员21人）、副高级专业技术人员19人（其中副研究员14人）。

科学史所设有科学技术史一级学科硕士、博士研究生培养点；科学史、技术史、医学史与生命科学史、科学技术与社会、科学技术哲学、科技考古二级学科硕士和博士研究生培养点；科学技术史一级学科博士后流动站。在学研究生70人（硕士生30人、博士生40人），在站博士后3人。

2010年，科学史所承担在研项目140余项。其中国家级课题（包括科学技术部课题、国家自然科学基金委员会课题、中国科学技术协会课题）13项；院级课题7项，所级课题25项，横向课题4项，国际合作课题1项。

2010年，科学史所主要科研任务包括：中国科学技术史传统研究特别支持项目、中国科学院院史编撰与研究、科技发展战略研究、学科发展战略研究、中国近现代生物学史研究、中外科学技术发展的比较研究、边界与接点课题研究、陶寺史前天文台的考古天文学研究、李约瑟《中国科学技术史》翻译出版、老科学家学术成长资料采集工程、《科学文化评论》等。

中国科学技术史传统研究特别支持项目：以科学史所古代科技史研究室的中青年科研人员为骨干力量，分别在中国考古天文学研究、中国古代历法和天象记录的数字化模拟分析研究、西学的传入与天文数学的中西汇通、中国传统算法体系的形成、中国早期冶金技术传统的形成、古代织物品种及结构综合研究、传统日常技术研究、中国栽培植物的起源与发展研究、宋代稻作史研究、中国古代医学中的身体认识史研究、宋代对人和牲畜传染病的防治措施研究等方面进行部署，探索知识的创造、应用与传播。

中国科学院院史编撰与研究项目：2010 年科学史所研究团队参加院史馆内容设计和脚本编撰等项工作，编著出版了《中国科学院院属单位简史》2 卷 4 册和《中国科学院人物传》第 1 卷，获得院有关领导好评。启动了“中国科学院与‘两弹一星’”专题研究，完成了中国科学院学部发展史的立项等工作。

科技发展战略研究项目：该项目得到中国科学院规划战略局资助与支持。通过组建“科技发展规律研究创新团队”，组织院内有关学科领域的专家，开展跨学科合作研究。从经济社会发展视角，以历史眼光和全球视野开展科学技术发展的案例和科技发展规律研究，以期“认知世界大势，认知中国国情，认知科技发展规律”。项目组已根据任务和目标举办多次研讨会。

学科发展战略研究项目：由中国科学院学部支持，2010 年 5 月立项。经多次研讨，基本完成国家自然科学基金委学科战略总报告初稿。目前已根据任务书要求组织中国科学院物理研究所、高能物理研究所、上海生命科学研究院以及北京大学、中国科学技术大学等 15 家院内外科研机构和大学的院士、知名专家开展多学科特点的学科战略研究。

李约瑟《中国科学技术史》翻译出版项目：自 1987 年启动已历时 20 余年。总计完成了 11 册 1000 余万字译稿的译、校、审以及译稿后期处理和附件编译工作。2010 年该项目组集中力量翻译《炼丹术的发现和发明：金丹与长生》、《炼丹术的发现和发明：内丹》、《农产品加工业和林业》等。其中《炼丹术的发现和发明：金丹与长生》于 2010 年 4 月出版；《炼丹术的发现和发明：内丹》于 2010 年 10 月完稿，计划 2011 年出版；其他书稿的翻译工作进展顺利。

老科学家学术成长资料采集工程项目：该项目由中国科学技术协会委托下达，2010 年 6 月全面启动了第一期项目。科学史所以课题方式承担了沈善炯、王世真、陈梦熊、何泽慧、田在艺、秦含章等老科学家学术成长资料的采集任务。

2010 年，科学史所举办 3 期面向整个社会公众以及科技工作者的《中国科学院科学技术史大讲堂》。

2010 年，科学史所共发表学术论文 64 篇；译文 4 篇；书评、文献、科普等 31 篇；出版著作 8 部；译著 7 部；文集、报告集 4 种。其中“20 世纪中国科学口述史”丛书第一批 9 部书作为一个整体已先后获得“2009 年科学文化与科学普及优秀图书奖”（佳作奖）、“第五届吴大猷科学普及著作奖”（创作类佳作奖）、“第三届中华优秀出版物奖”、“第二届中国政府出版奖”（图书提名奖）；《传播与会通——〈奇器图说〉研究与校注》获得“第五届吴大猷科学普及著作奖”（创作类佳作奖）；《中国农学史》获得第三届中华优秀出版物（图书）奖。

2010 年，科学史所积极开展国际合作，出访 13 人次，来访 112 人次；引进中国科学院外国专家特聘研究员 1 名，派出中国留学生 2 名，培养外国留学生 2 名；国际组织职务任职人数累计达 11 人；共举办国际会议和多边研讨会 6 次；截至 2010 年底，累计签订国际合作协议 7 项，新签订国际合作协议 1 项，国际合作项目 3 项；与俄罗斯学者合作出版科技史专著一部。

科学史所是中国科学技术史学会的挂靠单位；设有《自然科学史研究》、《中国科技史杂志》、《科学文化评论》等学术刊物编辑部，其中《科学文化评论》编辑部 2010 年度举办了 10 场较有影响的科学文化论坛。

（撰稿：冯志杰　周　平　审稿：张柏春）

科技政策与管理科学研究所

所　　长： 穆荣平
地　　址： 北京市海淀区中关村北一条 15 号
邮政编码： 100190
电　　话： 010－59358611
传　　真： 010－59358608
电子信箱： ylx@casipm.ac.cn
网　　址： http://www.ipm.cas.cn

中国科学院科技政策与管理科学研究所

（以下简称“政策与管理所”）成立于1985年6月，是以自然科学和社会科学交叉为特点的软科学研究所。其前身为中国科学院政策研究室、中国科学院管理学组、《自然辩证法通讯》杂志社，1987年中国科学院应用数学研究所优选法与管理科学研究室整建制划入政策与管理所。

政策与管理所是中国科学院下属全额拨款事业单位，独立法人。研究领域主要包括：国家发展战略研究、国家（区域）发展和改革政策研究、公共管理和区域发展理论及其应用研究、中国科学院发展与改革战略问题研究等。主要从事发展战略、政策、管理和相关学科前沿理论方法研究，围绕国家科教兴国战略、可持续发展战略和人才强国战略涉及的重大问题，开展战略问题研究，提出有科学依据和重大影响的国家发展战略选择；发挥跨学科集成研究优势，开展技术预见、科技管理与评估、创新创业政策、能源与环境政策研究，以及区域发展管理、应急管理和管理科学前沿理论方法研究，为建设和谐社会和创新型国家提供有力支撑。

2010年，政策与管理所全面总结创新工程的成果，面向“创新2020”，调整学科布局，研究编制“十二五”规划，向着建设“国际著名科技政策与管理研究所，国家宏观决策思想库”的目标稳步迈进。

政策与管理所设有科技政策、管理科学与工程、社会与可持续发展、科技管理与评估、创新创业政策等5个研究室和一批任务导向的研究中心，包括：中国科学院战略研究中心（下设中国科学院管理创新与评估研究中心、中国科学院战略问题咨询研究中心、中国科学院科技伦理研究中心）、中国科学院创新发展研究中心、中国科学院自然与社会交叉科学研究中心、中国科学院评估研究中心、中国科学院知识产权研究与培训中心等5个院级研究中心；能源与环境政策研究中心、北京科技政策研究中心、北京城市运行与发展研究中心等3个共建研究中心；政策模拟研究中心、国际问题研究中心、统筹与安全管理研究中心等3个所级研究中心。

截至2010年底，政策与管理所有在职职工121人。其中科技人员100人、科技支撑人员12人、德国籍科技人员1人，包括第三世界科学院院士1人、研究员及正高级专业技术人员21人、副研究员及副高级专业技术人员37人。中国科学院“百人计划”入选者1人，国家杰出青年科学基金获得者1人。

政策与管理所设有管理科学与工程专业一级学科博士、硕士研究生培养点；技术经济及管理，科学技术哲学以及人口、资源与环境经济学等3个专业二级学科硕士研究生培养点；并设有管理科学与工程一级学科博士后流动站。在学研究生157人（硕士生66人，其中台湾学生5人；博士生91人，其中巴基斯坦籍学生1人、韩国籍学生1人），在站博士后21人。

2010年，政策与管理所在研课题215项（新增146项）。立项课题中，有国家科技重大专项课题1项；国家自然科学基金重点项目1项，面上项目、重大研究计划培育项目等9项；国土资源部公益性行业专项二级1项；国家发展改革委员会、中国科学技术协会等国家部门委托项目22项；“科技支撑引领新疆跨越发展的战略研究”等地方政府委托重要项目48项；中国科学院知识创新工程方向群项目1项，中国科学院创新团队项目2项。

2010年，政策与管理所出版和合作出版学术专著（译著）30部，公开发表学术论文200多篇。主持编纂的《2010中国可持续发展战略报告》和《2010高技术发展报告》顺利发布并送达全国人民代表大会、中国人民政治协商会议十一届三次会议；组织翻译出版了“科技政策与管理科学经典译丛”第一批5本“普赖斯奖”获奖专著，获国内科技政策研究学者高度评价；承担完成“亚洲可持续发展”项目综合研究报告《迈向可持续的亚洲：绿色转型与创新》并在韩国首尔正式发布；完成2009年国家高新区评价与政策绩效分析和合肥等重点城市《国家创新型城市建设规划》研究编制；完成“863”计划课题“支撑我国气候保护决策分析的地理计算系统”；完成的国家自然科学基金面上项目“原油价格波动规律及其对我国经济的影响分析”被评为“特优”；“飞行安全管理信息系统中核心模块的模型与方法研究”通过中国民航局科技成果鉴定，得到用户和专家高度评价；完成了国家认定企业技术中心评估和274家申报企业初评估。

政策与管理所注重发挥科学思想库作用。承担《国家自主创新能力建设“十二五”规划(2011—2015年)》的研究起草工作，参与《国家战略性新兴产业“十二五”规划》研究起草工作；围绕美国对我国清洁能源政策启动301调查、科技领军人才选拔培养、我国自主创新政策、我国碳交易市场及规范等问题，完成了多篇咨询报告，为国家相关决策提供科学支撑。

2010年，政策与管理所与韩国科技评估与规划研究院（KISTEP）续签国际合作协议；通过中国科学院“特聘研究员计划”项目，引进美国俄勒冈大学 Richard Pete Suttmeier 教授来研究所开展“国立科研机构管理模式历史变革的国际比较”研究；通过聘请客座教授等方式邀请国外专家来研究所从事合作研究；与德国弗劳恩霍夫系统创新研究所举办第三期主题为“创新政策和可持续发展”的暑期学术研讨班；主办和承办第三届中韩“危机与应急管理”双边研讨会、第三届创新与绩效管理国际研讨会、第十八届亚太金融、经济、财务与管理会议以及第十三届中国北京国际科技产业博览会科技创新与城市管理论坛等国际会议。

承担了中国科学院知识产权培训工作，培训了知识产权主管所领导、管理骨干和知识产权拟任专员共计1234人次，组织中国科学院知识产权专员考试，34名考生通过考试成为知识产权专员。

政策与管理所是中国科学学与科技政策研究会、中国优选法统筹法与经济数学研究会、中国高技术产业发展促进会、中国科学院科技政策与管理研究会的挂靠单位；设有《中国科学院院刊》编辑部和《中国管理科学》、《科研管理》、《科学学研究》、《科学对社会的影响》等学术期刊编辑部以及《世界科学技术》、《科技促进发展》杂志社。科研人员作为主编创办发行第一本专门研究中国科技政策与发展战略问题的英文国际学术期刊《中国科技政策国际期刊》。各学会主办了“华罗庚先生诞辰100周年纪念会”、第12届中国管理科学学术年会、第6届中国科技政策与管理学术年会和第十届全国科技评价学术研讨会等。

（撰稿：杨立新　邹　丽　审稿：穆荣平）

山西煤炭化学研究所

名誉所长： 彭少逸
所　　长： 王建国
地　　址： 山西省太原市桃园南路27号
邮政编码： 030001
电　　话： 0351－4041627
传　　真： 0351－4041153
电子信箱： dangzb@sxicc.ac.cn
网　　址： http://www.sxicc.cas.cn

中国科学院山西煤炭化学研究所（以下简称“山西煤化所”）成立于1954年10月15日，其前身是中国科学院煤炭研究室。1961年，煤炭研究室扩建为中国科学院煤炭化学研究所并迁往太原。1978年9月更名为中国科学院山西煤炭化学研究所并沿用至今。

山西煤化所的发展战略是，围绕以煤炭优化利用为主的能源环境、绿色化工和先进材料的科技创新，开展基础性、战略性、前瞻性科技创新研究和高新技术产业化，提供满足国家对能源的重大战略需求与可持续发展的科技成果和高层次科技人才，实现基础研究国际化、高技术研究产权化、应用研究产业化。主要学科方向为：煤化学和化工、催化化学与工程、新型炭材料和化学反应工程。主要研究煤基合成液体燃料、煤气化过程的集成优化、燃煤污染控制、能源环境新材料、高性能炭材料、煤深加工及下游产品、精细化工、超临界化工及萃取、特种气体制备及净化等。

山西煤化所已形成一个研究基地与两个研究主体，即以煤转化国家重点实验室、煤炭间接液化国家工程实验室和粉煤气化山西省工程研究中心组成的煤高效洁净利用研究基地，以碳纤维制备技术国家工程实验室和中国科学院炭材料重点实验室组成的炭材料与功能材料研究主体，以应用催化与绿色化工实验室和战略研究与工程咨询中心、化工过程设计中心以及环境影响评价中心等组成的绿色化工研究主体。

“十二五”期间，山西煤化所将以“创新

2020”组织实施为契机，着重抓好中国科学院战略性先导科技专项落实，继续围绕科技自主创新和高新技术产业化两条主线，稳步推进能源、材料及化工等领域技术研发及产业化进程，继续为我国含碳资源高效洁净利用提供核心技术和解决方案，不断为国家能源安全和可持续发展作出重大贡献。

截至2010年底，山西煤化所有在职职工558人。其中科技人员347人、科技支撑人员96人，包括中国科学院院士1人、研究员及正高级工程技术人员54人、副研究员及高级工程技术人员113人；进入创新岗位310人。有中国科学院“百人计划”入选者8人（新增1人）、国家杰出青年科学基金获得者2人、国家海外高层次人才引进计划（“千人计划”）入选者2人（新增2人）。

山西煤化所是国务院学位委员会批准的首批博士、硕士学位授予单位之一。现设有物理化学、材料学、化学工艺及工业催化4个专业二级学科博士研究生培养点；有机化学、物理化学、材料学、化学工程、化学工艺及工业催化6个专业二级学科硕士研究生培养点；并设有物理化学1个专业二级学科博士后流动站。在学研究生278人（硕士生134人、博士生144人）、在站博士后3人。

2010年，山西煤化所共有在研项目227项（新增64项）。其中，承担（或参加）国家重点基础研究发展计划（“973”计划）课题14项（新增4项），主持（或承担）中国高技术研究发展计划（“863”计划）项目12项，国家科技支撑计划项目2项，国家其他项目44项（新增12项）；主持（或承担）国家自然科学基金重点项目2项、面上项目10项（新增3项），国家杰出青年科学基金项目1项、其他项目11项（新增3项）；承担中国科学院战略性先导科技专项课题3项，主持（或承担）知识创新工程重要方向项目16项（新增1项）、院地合作项目1项、国际合作项目8项（新增1项）、其他项目13项（新增2项）；与地方政府合作项目29项（新增11项）、与企业合作项目51项（新增20项）；研究所知识创新工程重要方向项目1项、其他项目6项（新增5项）；其他项目3项（新增2项）。科研总收入36 250.79万元。

2010年，山西煤化所与企业签订合同51项，金额17 730.17万元。采用山西煤化所自主知识产权的伊泰16万t/年铁基浆态床F－T合成油工业示范装置实现满负荷平稳运行，获取了有代表性的工程技术数据，并通过了中国国际工程咨询公司的考核验收，具备了进行大型工业化煤制油的项目设计和建设的工程技术基础条件，标志着我国已完全掌握了先进高效的煤制油工业技术；与河南煤业化工集团合作的MH300碳纤维项目完成了生产线的全流程贯通，并生产出合格产品；万t级钴基合成油固定床技术与工业性试验项目取得突破性进展，侧线试验获得成功，催化剂实现了2000h的稳定运转，达到国际领先水平；二氧化碳经尿素醇解法合成碳酸二甲酯示范装置一次投料开车成功，并实现了平稳运行；与河南永城煤电集团公司合作开展的合成气经甲醇/二甲醚制高品质汽油新技术研发完成1000h模试运行；与洛阳金达石化有限责任公司合作的产能3万t/a己烷油装置实现正常平稳运转，生产出合格的正己烷、异己烷等产品；与新疆克拉玛依康佳投资股份有限公司合作的年产3万t植物油抽提溶剂装置开车成功，生产出合格的植物抽提溶剂、正己烷、异己烷等产品。

2010年，山西煤化所全年发表论文241篇，其中国际期刊121篇，国内期刊79篇，国际、国内会议41篇；被SCI收录163篇，EI收录173篇，收录论文影响因子最高达到8.5。获授权专利41项。碳纤维技术团队（708组）获得“中国科学院杰出科技成就奖”。

2010年，山西煤化所以山西煤化工技术国际研发中心为载体，坚持分层次，有重点地开展合作。全年共计来访60人次、出访55人次。与德国拜尔公司、英国BP公司合作项目顺利推进，与荷兰壳牌公司签订新协议“合成气制低碳混合醇工艺包技术研发”，目前到位经费175万；与荷兰环境和地球科学研究院继续推进申请欧盟第七框架计划项目的相关事宜；依托科技部国际合作计划及山西省国际科技合作计划，山西煤化所与美国怀俄明州地质调查局、牛津大学新签订了“二氧化碳捕获封存技术”及“太阳能关节水制氢催化剂开放项目”；此外，与日本富士大学和日本产业核技术综合研究所进行了短期合作交流，与日本富山大学共同申请了“山西省国际合作基地建设”计划，并通过“千人计划”引进国外领衔科学家、日本国立富山大学环境应用化学科教授、系主任椿范立；主办了“第八届国际高温气体净化技术研讨会”、“第八届中韩清洁能源研讨会”、“山西煤化所科技团队管理者培训班”，承办了“中国科学院先进材料学术研讨会”，参加了“第九届两岸新型炭材料学术研讨会”。

山西煤化所主办有《燃料化学学报》和《新型炭材料》等刊物，均被《中文核心期刊要目总览》收录。其中，《燃料化学学报》被美国工程索引（EI）等收录；《新型炭材料》被美国科学引文索引扩大版数据库（SCIE）、美国工程信息公司数据库（EI COMPENDEX）等收录并与 Elsevier 出版集团合作 ScienceDirect 在线出版英文网络版（*New Carbon Materials*），

（撰稿：王　军　熊志建　审稿：李晶平）

大连化学物理研究所

所　　长：张　涛
地　　址：辽宁省大连市中山路 457 号
邮政编码：116023
电　　话：0411－84379135
传　　真：0411－84691570
电子信箱：bgs@dicp.ac.cn
网　　址：http://www.dicp.cas.cn

中国科学院大连化学物理研究所（以下简称“大连化物所”）创建于 1949 年 3 月，当时定名为大连大学科学研究所。1950 年 9 月，更名为东北科学研究所大连分所，1952 年转属中国科学院，更名为中国科学院工业化学研究所，1954 年 6 月，更名为中国科学院石油研究所，1962 年正式命名为中国科学院大连化学物理研究所。

大连化物所是一个基础研究与应用研究并重、应用研究和技术转化相结合，以任务带学科为主要特色的综合性研究所。重点学科领域为：催化化学、工程化学、化学激光、分子反应动力学、近代分析化学和生物技术。2010 年，大连化物所讨论制定了研究所“十二五”规划，并于 8 月份召开了所级“创新 2020”发展战略研讨会，将研究所的发展战略目标修订为：“发挥学科综合优势，加强技术集成创新，以可持续发展的能源研究为主导，坚持资源环境优化、生物技术和先进材料创新协调发展，在国民经济和国家安全中发挥不可替代的作用，创建世界一流研究所”。

大连化物所设有 11 个研究室，包括催化基础国家重点实验室、分子反应动力学国家重点实验室 2 个从事基础研究的国家重点实验室；燃料电池研究室、化学激光研究室、航天催化与新材料研究室 3 个从事重大项目研发的研究室；仪器分析化学研究室、精细化工研究室、应用催化研究室、现代化工研究室、低碳催化与工程研究部和生物技术研究部 6 个从事应用研究的研究室。建有甲醇制烯烃国家工程实验室和国家催化工程技术研究中心、膜技术国家工程研究中心和燃料电池及氢源技术国家工程中心 3 个国家级工程中心。另外，与国外著名大学、公司和研究机构联合设立了中法催化联合实验室、中法可持续能源联合实验室、中德催化纳米技术伙伴小组、中韩燃料电池联合实验室和 DICP－BP 能源创新实验室等十几个国际合作研究机构。

截至 2010 年底，大连化物所共有在职职工 972 人。其中，科技人员 625 人、科技支撑人员 103 人，包括中国科学院院士 9 人、中国工程院院士 2 人、第三世界科学院院士 2 人、研究员及正高级工程技术人员 114 人、副研究员及高级工程技术人员 233 人；进入创新岗位 637 人。有中国科学院“百人计划”入选者 39 人（新增 8 人）、国家杰出青年科学基金获得者 14 人（新增 1 人）、国家海外高层次人才引进计划（“千人计划”）入选者 4 人（新增 3 人）。

大连化物所是 1981 年国务院学位委员会首批批准的博士和硕士学位授予权单位之一。现设有化学、化学工程与技术 2 个一级学科博士和硕士研究生培养点；下设分析化学、有机化学、物理化学（含化学物理）、化学工程、生物化工、工业催化等 6 个学科专业博士研究生培养点；分析化学、有机化学、物理化学（含化学物理）、

化学工程、生物化工、工业催化、环境工程等7个学科专业硕士研究生培养点；设有化学、化学工程与技术等2个专业一级学科博士后流动站。在学研究生723人（硕士生253人、博士生470人），在站博士后70人。

2010年，大连化物所有在研项目496项（新增198项）。其中，主持（或承担）国家重点基础研究发展计划（“973”计划）项目4项、承担（或参加）课题16项（新增5项），主持中国高技术研究发展计划（“863”计划）项目2项（新增2项）；主持（或承担）国家自然科学基金重大项目1项、重点项目10项、主任基金项目2项（新增2项）、面上项目55项（新增22项）、重大研究计划重点项目2项；承担中国科学院知识创新工程重要方向项目53项（新增10项），国际合作项目20项（新增8项），重大仪器研制项目7项，院地合作项目308项（新增109项）。

2010年，大连化物所在催化基础理论研究和化学反应分波共振研究中均取得突破性进展，相关研究成果均发表在*Science*杂志；以大连化物所甲醇制烯烃技术为核心的神华包头180万t甲醇制60万t烯烃项目实现商业运营，新一代甲醇制烯烃（DMTO-II）技术通过了由中国石油和化学工业联合会组织的成果鉴定，该技术对发展我国煤制烯烃新型化工产业具有重大现实意义和战略意义，作为第一完成单位共获得省部级以上奖励9项。其中，甲醇制烯烃国家工程实验室获得“中国科学院先进集体”荣誉称号，还包括长江学者成就奖1项，陈嘉庚科学奖1项以及辽宁省级奖励6项。申请专利355件，授权143件。发表论文712篇，被SCI收录694篇，其中作为第一产权单位发表论文444篇，国际会议论文273篇；出版著作1部。2009年度中国科技论文统计结果显示，2009年度SCI收录大连化物所论文428篇，居全国研究机构第6位；国际论文被引518篇（2333次），居全国科研机构第5位。

2010年，大连化物所着重加强在环渤海、长三角以及西部地区的科技成果推广和对接活动，甲醇制烯烃、煤层气脱氧、全钒液流储能电池、油品超深度脱硫等技术的推广工作均取得了新进展。与陕西延长石油（集团）有限责任公司签订战略合作协议，全面开展在洁净能源和石油化工等领域的技术研发、基地建设、人才培养等方面的合作。全年签订四技合同161项，横向合同额2.25亿元。截至2010年底，投资企业共16个，其中绝对控股公司2个，相对控股公司4个，参股公司10个，对外投资2.18亿元。参控股公司营业收入总额8.11亿元，净利润5743万元，上缴税金5907万元。

2010年，大连化物所科技人员分别在115个国际机构中担当理事、大会主席、分会主席、学术委员会委员、主编或地区编委等职务，其中担任国际重要学术机构理事和会士4人；举办“21世纪催化科学与技术前沿国际学术会议”以及“第四届国际碳催化研讨会”等7个国际性会议。来自30多个国家和地区的近400位国（境）外科学家应邀来华进行学术交流和访问。全所近250人次到美国、英国和德国等30多个国家和地区进行科技交流和进修，其中参加各类国际会议近150人次，进行学术访问和合作研究近50人次。在研国际合作项目20个。

大连化物所是中国化学会的会员单位，负责编辑出版《色谱》、《催化学报》和《天然气化学》（*Journal of Natural Gas Chemistry*）三种学术期刊。其中，《色谱》的影响因子（1.750）名列中国化学类核心期刊第一位。

（撰稿：杨　宏　孙　洋　审稿：冯埃生）

金属研究所

名誉所长：师昌绪

所　　长：卢　柯

地　　址：辽宁省沈阳市沈河区文化路72号

邮政编码：110016

电　　话：024-23843605

传　　真：024-23891320

电子信箱：imr@imr.ac.cn

网　　址：http://www.imr.cas.cn

中国科学院金属研究所（以下简称“金属所”）成立于1953年，是新中国成立后中国科学院新创建的首批研究所之一。首任所长是我国著名物理冶金学家李薰先生。1999年5月，根据中国科学院知识创新工程试点工作的统一部署，在“东北高性能材料研究发展基地”建设中，金属所与中国科学院金属腐蚀与防护研究所整合成立现金属所。

金属所是涵盖材料基础研究、应用研究、工程化研究和公益性研究的综合型研究所，1999年成为中国科学院知识创新工程试点单位之一。金属所以“创新材料技术，攀登科技高峰，培育杰出人才，服务经济国防”为使命，主要学科方向和研究领域包括：纳米尺度下超高性能材料的设计与制备、耐苛刻环境超级结构材料、金属材料失效机理与防护技术、材料制备加工技术、基于计算的材料与工艺设计、新型能源材料与生物材料等。

2010年，根据中国科学院党组的部署，金属所深入分析面临的形势和挑战，研究制定了金属所“创新2020”实施方案和“十二五”规划框架。落实“创新2020”，金属所工作的总体思路是：深入贯彻落实科学发展观，以服务国家建设和经济建设为目标，坚持综合型研究所的定位，保持发扬已有的优势，以科技自主创新和学科建设打造核心竞争力，以人才队伍建设保证可持续发展，通过重点跨越实现整体跨越。

金属所的研究机构在基础研究方面设有沈阳材料科学国家（联合）实验室和金属腐蚀与防护国家重点实验室，其中沈阳材料科学国家（联合）实验室是我国第一个研究类国家实验室；应用研究方面设有沈阳先进材料研究发展中心、材料环境腐蚀研究中心；工程化研究方面拥有两个国家工程中心：高性能均质合金国家工程研究中心和国家金属腐蚀控制工程技术研究中心。

截至2010年底，金属所有事业编在职职工826人。其中科研人员425人、科技支撑人员133人，包括中国科学院院士5人、中国工程院院士3人、第三世界科学院院士2人、研究员及正高级工程技术人员113人、副研究员及高级工程技术人员236人。有在执行中的中国科学院“百人计划”入选者8人（新增3人）、在执行中的国家杰出青年科学基金获得者4人（新增1人）、国家海外高层次人才引进计划（“千人计划”）入选者2人（新增1人）。

金属所现有材料科学与工程一级学科博士研究生培养点；材料科学与工程一级学科硕士研究生培养点；包含材料物理与化学、材料学、材料加工工程、腐蚀科学与防护4个二级学科博士、硕士研究生培养点；设有材料科学与工程一级学科博士后流动站。在学研究生618人（硕士生271人、博士生347人），在站博士后46人。

2010年，金属所共有在研项目495项（新增98项）。其中主持国家重点基础研究发展计划（“973”计划）项目5项（新增2项）、承担（或参加）课题21项（新增9项），主持（或承担）中国高技术研究发展计划（“863”计划）项目13项（新增1项），承担国家科技支撑计划课题9项（新增3项）；主持（或承担）国家自然科学基金重大项目1项、课题2项，主持重点项目5项（新增1项）、参加重点项目7项（新增2项），主持创新研究群体基金项目1项（新增1项），承担国家杰出青年科学基金3项、面上项目73项（新增26项）；参与中国科学院知识创新工程重大项目1项、主持（或承担）重要方向性项目14项（新增2项），承担重大仪器研制项目5项（新增1项）、“百人计划”项目7项（新增4项），院地合作项目2项（新增1项）；承担科学技术部、中国科学院等各类国际合作项目7项（新增2项），在研国家专项100项（新增30项），参与承担国家重大科技专项课题8项，承担地方科技三项项目38项（新增14项），在研委托项目140项（新增9项），承担其他项目45项。

2010年，金属所在材料发展战略研究方面取得重要进展。卢柯院士应邀在*Science*杂志发表展望性文章《金属的未来》，就金属材料性能特征及其未来应用的发展趋势进行了讨论和展望。在应用研究方面，李殿中研究小组开展了大型钢锭的夹杂物、宏观偏析及缩孔疏松控制技术研究。通过采用新型浇注系统和改变钢锭结构，有效控制了夹杂物的数量和尺寸。通过实施冒口保温技术，减轻了大型钢锭的宏观偏析及缩孔缺陷。自主开发了钢锭宏观偏析预报软件，开展了百吨级钢锭的解剖实验。杨柯和单以银研究小组与国内特钢企业合作，成功完成了中国低活化马氏体钢（China Low Activation Martensite，CLAM）

的吨级规模冶炼，吨级 CLAM 钢铸锭的化学成分均匀性好，达到成分设计要求。韩恩厚和单大勇研究小组在低成本、环保型镁合金转化膜技术方面取得了突破性进展，研制的镁合金磷酸盐转化膜具有无铬、高耐蚀、高结合力的特点，已经在一汽的多种汽车发动机端盖上实现工业化应用，装车 7 万余台。在基础研究方面，马秀良研究小组经过长期探索，在不锈钢点蚀机理研究方面取得突破性进展，揭示了点蚀初期硫化锰溶解的起始位置及本征机制，研究成果于 6 月 16 日在 *Acta Materialia* 在线发表；美国布朗大学高华健教授研究组、美国阿拉巴马大学魏宇杰教授与金属所卢磊、卢柯合作，利用大规模分子动力学计算模拟，发现在纳米孪晶金属中的位错形核可主导材料的塑性变形过程，进一步深入了对纳米孪晶金属变形机制的理解，研究成果发表在 4 月 8 日出版的 *Nature* 杂志；成会明和刘畅研究小组与金属所马秀良、韩国成钧馆大学 Young Hee Lee 教授等合作，设计并制备出一种碳纳米管夹持的金属原子链原形器件，实现了金属原子链与碳纳米管的有效连接，为金属原子链的装配提供了一条新途径，研究成果发表在 4 月 28 日的 *PNAS* 杂志。

2010 年，金属所共发表论文 500 篇，其中 SCI 论文 405 篇。发表专著、译著 2 部。申请专利 227 件，授权 139 件。金属所名誉所长师昌绪院士荣获 2010 年度国家最高科学技术奖。“纳米材料的化学稳定性”研究成果获 2010 年度辽宁省自然科学奖一等奖。

2010 年，金属所承担的科学技术部重点国际合作项目“高速（提速）铁路道岔关键制造技术开发与产业化”顺利通过验收；与意大利能源和中间相研究所、比利时贝卡尔特公司等科研机构签署国际合作协议 4 项；举办材料周和中德双边生物材料研讨会两个国际研讨会。全年出访 225 人次，来访 270 人次。有 14 人在 30 个国际学术组织任职，10 人在 16 个国际学术期刊任职。

金属所受中国金属学会、中国材料研究学会、国际材料物理中心、国家自然科学基金委员会、中国腐蚀与防护学会等委托，编辑出版《金属学报》（中、英文版）、《材料科学与技术》（英文版）、《材料研究学报》（中文版）、《中国腐蚀与防护学报》、《腐蚀科学与防护技术》等 6 种学术刊物。

（撰稿：刘　言　徐　岩　审稿：王忠明）

沈阳应用生态研究所

所　　长： 韩兴国

地　　址： 辽宁省沈阳市沈河区文化路 72 号

邮政编码： 110016

电　　话： 024－83970200

传　　真： 024－83970300

电子信箱： syiae@iae.ac.cn

网　　址： http://www.iae.cas.cn

中国科学院沈阳应用生态研究所（以下简称“沈阳生态所”）成立于 1954 年，其前身为中国科学院林业土壤研究所，1987 年更为现名。是以林业、土壤、植物、微生物与环境科学为基础的综合性应用生态学研究机构。2001 年，沈阳生态所被正式批准为国家知识创新工程试点单位。

沈阳生态所围绕国家农业、林业可持续发展及生态环境建设中急需解决的重大问题和应用生态学的发展需要，在森林生态与林业生态工程、土壤生态与农业生态工程、污染生态与环境生态工程等领域，围绕森林生态系统格局与过程、森林植被恢复与环境效应、农田生态系统物质循环与调控、微生物资源与生物技术、污染生态过程与生态毒理、土壤环境与生态修复及区域生态安全与可持续发展等研究方向开展应用基础性研究工作，为我国主要退化生态系统恢复与重建，改善生态环境，保障食物安全提供科学依据与关键技术。沈阳生态所的发展目标是：建设成为国家应用生态学研究基地和高级人才培养基地，成为国际上有重要影响的应用生态学研究中心。

沈阳生态所现有 5 个研究单元，分别是森林生态与林业生态工程研究中心、土壤生态与农业生态工程研究中心、污染生态与环境生态工程研究中心、景观生态与区域规划研究中心和生物资源与生物技术研究中心；1 个国家重点实验室：

森林与土壤生态国家重点实验室（筹）；1个国家工程实验室：土肥资源高效利用国家工程实验室（与中国科学院南京土壤研究所联合共建）；1个院重点实验室：污染生态与环境工程重点实验室；4个省重点实验室（工程技术中心），分别是辽宁省陆地生态过程与区域生态安全重点实验室、辽宁省生态公益林重点实验室、辽宁省植物资源与利用重点实验室、辽宁省土壤环境质量与农产品安全重点实验室、辽宁省肥料工程技术中心；此外，还有1个中俄自然资源与生态环境联合研究中心。

沈阳生态所有7个野外台站，分别是吉林长白山森林生态系统国家野外科学观测研究站、辽宁沈阳农田生态系统国家野外科学观测研究站、湖南会同森林生态系统国家野外科学观测研究站、乌兰敖都荒漠化试验站（国家林业局荒漠化监测中心之一）、清原森林生态实验站、大青沟沙地生态实验站、沈阳树木园；此外，沈阳生态所还有1个东北生物标本馆，截至2010年底，馆藏标本56万份；1个农产品安全与环境质量检测中心，装备有同位素比例质谱仪、液质联用仪、气质联用仪、等离子体发射光谱仪、超临界萃取仪等，具备微（痕）量元素、有机污染物、微观形态分析测试能力，可以进行环境、农业、医药、食品等领域的分析测试和研究工作。

截至2010年底，沈阳生态所有在职职工322人。其中科技人员225人、科技支撑人员38人，包括中国工程院院士1人、研究员及正高级工程技术人员48人、副研究员及高级工程技术人员61人；进入创新岗位199人。有中国科学院“百人计划”入选者11人、国家杰出青年科学基金获得者4人（新增1人）、国家海外高层次人才引进计划（“千人计划”）入选者1人。

沈阳生态所是1981年国务院学位委员会首次批准的博士、硕士学位授予权单位之一。设有生态学、微生物学、土壤学、环境科学等4个专业二级学科博士研究生培养点；生态学、微生物学、土壤学、植物学、森林培育、环境科学等6个专业二级学科硕士研究生培养点；并设有生物学、农业资源利用等2个一级学科博士后流动站，在学研究生311人（硕士生174人、博士生137人），在站博士后27人。

2010年，沈阳生态所有在研项目413项（新增94项）。其中，主持国家重点基础研究发展计划（“973”计划）项目1项（新增1项）、承担课题4项（新增3项），主持中国高技术研究发展计划（“863”计划）项目3项、承担课题3项；主持国家自然科学基金重点项目8项、主任基金项目1项（新增1项）、面上项目62项（新增20项）；承担中国科学院战略性先导科技专项课题3项，主持知识创新工程重大项目1项、重要方向项目12项（新增3项），承担国际合作项目8项（新增2项），重大仪器研制项目1项，院地合作项目20项（新增5项）。

2010年，沈阳生态所获得国家奖励1项和省科技奖励2项，其中“中国陆地碳收支评估的生态系统碳通量联网观测与模型模拟系统”获国家科技进步奖二等奖（单位排名第5），“油田含油污泥处理技术与应用”获辽宁省科技进步奖一等奖，“杉木人工林土壤质量退化过程、机理及调控技术”获湖南省科技进步奖二等奖。申请专利47项，其中发明专利34项，PCT 2件；获授权专利55项，其中发明专利39项。发表学术论文600余篇，其中SCI收录论文178篇（包括I区19篇、II区46篇），EI收录论文38篇，出版专著6部。

2010年，沈阳生态所牵头组织与肥料生产和研究相关的企业、科研院所、大专院校等68家单位联合成立了稳定性肥料产业技术联盟；“长效缓释肥技术推广与应用”获国家“2010产学研合作创新成果奖”；组织参加10余项科技对接会，与深圳芭田股份有限公司签署全面合作框架协议1项；共签署各类技术合同36项，合同总收入880余万元。

2010年，沈阳生态所引进外籍特聘教授1名，吸收国外客座研究员1名；与瑞士联邦森林、雪和景观研究所及日本国立环境研究所分别签订全面合作协议；与25个国家和地区开展了国际学术交流与合作，总交流量为156人次，其中，出访80人次、来访76人次；举办了以“建设低碳型社会”为主题的第二届“东北亚生态论坛”。

沈阳生态所是辽宁省生态学会、辽宁省植物学会、辽宁省土壤学会、沈阳市植物学会的挂靠单位；主办《应用生态学报》、《生态学杂志》等学术刊物。

（撰稿：胡志斌 宗文君 审稿：姬兰柱）

沈阳自动化研究所

所 长：王越超

地 址：辽宁省沈阳市沈河区南塔街114号

邮政编码：110016

电 话：024－23970012

传 真：024－23970013

电子信箱：sia@sia. cn

网 址：http//www. sia. cas. cn

中国科学院沈阳自动化研究所（以下简称“沈阳自动化所”）成立于1958年11月。成立之初名称为辽宁电子技术研究所，1960年4月更名为中国科学院辽宁分院自动化研究所，1962—1972年的名称为中国科学院东北工业自动化研究所，1972年起正式定名为中国科学院沈阳自动化研究所。

沈阳自动化所主要从事机器人、工业自动化、光电信息技术的研究、开发与应用工作。1999年成为首批进入中国科学院知识创新工程的试点单位之一，经过12年知识创新工程的洗礼，研究所进入到建所以来最好的发展时期。2010年，根据中国科学院党组的部署，全面启动研究所“创新2020”和“十二五”规划制订工作，对研究所学科布局、战略重点、创新活动的组织实施和管理体制机制改革等做出新的部署，明确发展目标，确定发展思路，为研究所未来5—10年的发展描绘了蓝图。

面向“创新2020”发展，研究所战略定位是：以全面提升科技创新能力和自主持续发展能力，服务小康社会建设为主线，面向建设制造强国和国防安全的国家重大战略需求，以科技创新提高国家综合实力、促进经济社会发展、保障国家安全为出发点，以建设实现“四个一流”为目标，在先进制造与国家安全领域创新跨越，为我国构建和发展战略性新兴产业提供强有力科技支撑，成为我国先进制造与自动化技术领域具有骨干引领作用的国立科研机构。

研究所发展目标是：到2020年，科技自主创新能力显著增强，取得一批在国内外具有重大影响的科技成果，为我国构建战略性新兴产业提供强有力的支撑。研究所综合实力显著增强，成为我国先进制造与自动化技术领域具有骨干引领作用的国立科研机构，成为代表中国科技发展水平的国际知名研究所。

2010年，沈阳自动化所设有机器人学研究室、水下机器人研究室、工业信息学研究室、光电信息研究室、自动化系统研究室、现代装备研究室和空间自动化技术研究中心7个研究室，以及信息中心和机电产品制造中心2个支撑部门。是机器人技术国家工程研究中心、机器人学国家重点实验室、国家科技部高技术成果转化产业化基地、辽宁省图像理解与视觉计算重点实验室、中国科学院光电信息处理重点实验室、辽宁省工业通信与控制系统重点实验室、辽宁省数字化协同制造与管理重点实验室的依托单位。

截至2010年底，沈阳自动化所有在职职工678人。其中科研人员500人，包括科技支撑人员43人，中国工程院院士2人、研究员及正高级工程技术人员71人、副研究员及高级工程技术人员159人。有中国科学院“百人计划”入选者5人、“新世纪百千万人才工程”国家级人选2人、国家杰出青年科学基金获得者1人（新增）、国家海外高层次人才引进计划（“千人计划”）入选者1人、中国青年科技奖获得者1人、何梁何利奖获得者1人。

沈阳自动化现有模式识别与智能控制、自动控制理论及应用、控制理论与控制工程、计算机应用技术等4个硕士点；机械电子工程、模式识别与智能系统专业2个博士点；并设有机械工程专业一级学科博士后流动站。在学研究生315人（硕士生157人、博士生168人），在站博士后23人。

2010年，沈阳自动化所有在研项目321项（新增171项）。包括，国家重点基础研究发展计划（“973”计划）项目6项、其中主持3项

（新增1项）、承担3项（新增1项），国家高技术研究发展计划（"863"计划）项目56项、其中主持36项（新增7项）、承担20项（新增2项）；主持国家自然科学基金项目37项（新增14项）、重点项目2项（新增1项），国家杰出青年科学基金项目1项、面上项目9项（新增2项），青年科学基金项目24项（新增10项）、国际合作项目1项（新增1项）；中国科学院知识创新工程重要方向项目7项，其中主持4项、承担3项（新增2项）；国家科技重大专项项目7项（新增2项），其中主持2项（新增2项）、承担5项。

2010年，沈阳自动化所新申请专利139件，其中发明专利92件、实用新型47件、PCT国际申请3件；授权专利105件，其中发明专利39件、实用新型专利66件。软件著作权登记30件，软件著作权登记受理41件。发表学术论文379篇，出版学术专著6部。

2010年有五项研究项目通过科技成果鉴定，一项通过新技术鉴定。其中"超高压输电线路机器人巡检系统"、"用于工业过程监测的无线传感器网络技术"、"博翔－3型无人直升机系统开发及在输电线路巡检中的应用"等3项成果的部分技术水平达到国际领先。

2010年，沈阳自动化所持续深入开展院地合作和科技成果转移转化工作，争取到地方政府项目14项，合同额524万元；与企业新签合同61项，合同金额9777.8万元。紧密结合区域经济发展，在"长三角"和"珠三角"地区与地方政府合作共建沈阳自动化所分支研发机构取得显著进展，成立了扬州、义乌两个研究中心，参加无锡中国物联网中心建设，成立了无锡中科泛在信息制造研发中心有限公司，参加广州中国科学院工业技术研究院共建工作。

2010年，沈阳自动化所多项科研成果获得国家和省部级科技奖。其中沈阳自动化所主持完成的特种机器人项目获得国家科技进步二等奖；作为主要参加单位完成的某项目获国家科技进步二等奖；"柔性可重构汽车变速器装配系统的数字化研究设计与开发"获辽宁省科技进步二等奖；"超高压输电线路机器人巡检与维护系统"获得国家电网公司科技进步二等奖。此外，沈阳自动化所还获得中国产学研合作促进会颁发的"2010年中国产学研合作单位成果奖"、"2010年中国产学研合作创新奖（个人）"各一项。

2010年，沈阳自动化所投资的高技术公司继续呈现良好发展态势。截止2010年底，所投资公司共有10家，研究所所有者权益超过34403万元。

2010年，沈阳自动化积极开展国际科技合作与交流，与美国、英国、澳大利亚、日本、韩国、香港等21个国家和地区的有关单位进行学术交流。出访立项73人次，短期派出53人次，超过3个月的长期派出4人次，接待14个国家和地区41人次来访；成功申报中国科学院"爱因斯坦讲席教授计划"、"千人计划"和国家自然科学基金委员会外国青年学者研究基金，并成功举办了"中国科学院泛在信息化制造学术研讨会"、"爱因斯坦讲席教授报告暨先进控制与机器人研讨会"、"日本立命馆大学－沈阳自动化所机器人与仿生学学生联合研讨会"等国际会议。

沈阳自动化所与中国自动化学会主办《机器人》、《信息与控制》两个科技类一级学术期刊。中国自动化学会机器人专业委员会、辽宁省自动化学会、中国图像图形学会东北地区分会、辽宁省计算机用户协会和沈阳科研院所科协联合会挂靠在沈阳自动化所。

（撰稿：刘　洋　周　船　审稿：王越超）

海洋研究所

所　　长：孙　松
地　　址：山东省青岛市南海路7号
邮政编码：266071
电　　话：0532－82898611
传　　真：0532－82898612
电子信箱：iocas@qdio.ac.cn
网　　址：http://www.qdio.cas.cn

中国科学院海洋研究所（以下简称"海洋所"）始建于1950年8月，其前身为中国科学院水生生物研究所青岛海洋生物研究室，是新中国成立后建立的我国第一个从事海洋科学基础研究与应用基础研究和高新技术研发的多学科、综合性科研机构。

海洋所围绕国家战略需求，重点在海洋资源持续利用和海洋环境安全保障领域开展基础性、前瞻性、战略性研究。“十二五”期间，将以黄东海生态系统与太平洋暖池为研究靶区，以西边界流、黑潮和近海陆架环流研究为链接，探寻临近大洋对中国近海生态系统的影响机制。面向“创新2020”，将重点拓展深海和大洋的探测能力，深化中国近海资源与环境的可持续利用与发展研究，认知深海大洋环境演变与生命过程，创新集成关键技术并实现产业化；发起并积极参与大型国际研究计划，完善院地合作整体布局，集中力量解决一批海洋领域重大科技问题，引领我国海洋科学发展。

海洋所拥有中国科学院海洋环流与波动、海洋地质与环境、实验海洋生物学、海洋生态与环境科学4个重点实验室和海洋生物工程技术研发中心、海洋环境工程技术研发中心、海洋腐蚀与防护研发中心、海洋生物分类与系统演化研究室；设有胶州湾海洋生态系统国家野外研究站、文献信息中心和海洋观测与分析测试中心3个研究支撑单元，中国科学院海洋科学大型仪器区域中心、超级计算中心（青岛）以及农业部贝类产业技术体系研发中心设在该所。与国外著名研究所、大学联合建有中美海洋环流与气候环境联合研究中心、中日海洋腐蚀环境共同研究中心等多个国际合作研究机构，与国内联合建有国家级海湾扇贝良种场（青岛）、国家级三疣梭子蟹原种场、山东省腐蚀科学重点实验室、青岛海洋生物技术重点实验室以及獐子岛渔业海洋生态养殖联合实验室、烟台东方海洋海珍品良种选育与健康养殖实验室和天津海洋技术研究院等。

海洋所通过ISO9001－2008系列质量认证、计量体系资质认证和安全保密资格认证。现拥有3艘在役科考船和百余名专业船员组成的技术支撑科考船队，开创了面向全国的海洋科考开放共享航次，形成了点、线、面相结合的中国近海海洋观测研究网络，作为法人单位承担了国家重大科技基础设施建设工程——海洋科学综合考察船建设，计划于2012年交付使用；拥有集标本收藏、生物系统多样性研究和海洋科普三位一体的中国科学院海洋生物标本馆，馆藏海洋生物标本76万号，其中模式标本1100余种、2300余号，实现了我国沿海6万条记录和7个专业数据库的国际共享，为科学研究、海洋权益维护和外贸进出口发挥着独特的作用。

截至2010年底，海洋所共有在职职工600人。其中科技人员458人、科技支撑人员151人，包括中国科学院院士5人、中国工程院院士2人、研究员及正高级专业技术人员94人、副研究员及高级工程技术人员110人；进入创新岗位378人。有中国科学院“百人计划”入选者11人（新增1人）、国家杰出青年科学基金获得者13人（新增1人）。年内2位专家被授予“全国优秀科技工作者”，3位专家获批“新世纪百千万人才工程”国家级人选，1位院士获九三学社中央通报表彰并获“优秀社员”，10人次获山东省“富民兴鲁劳动奖章”、“齐鲁巾帼发明家奖”等省级荣誉称号；8人次获“中国科学院技术能手”、“思想政治工作研究会先进个人”等荣誉称号；1位专家获青岛市最高科技奖、39人次获青岛市有关部门先进个人荣誉称号。

海洋所是1996年国务院学位委员会批准的国家海洋科学一级学科博士学位授予单位、中国科学院博士研究生重点培养基地。设博士学位授予点10个、硕士学位授予点12个、专业工程硕士学位授予点3个和海洋科学博士后流动站。在学研究生486名（硕士生280人、博士生206人），在站博士后58人。年内，11人次获中国科学院优秀导师奖、朱李月华优秀教师奖和优秀博士奖、院长特别奖等奖励；6人次获山东省优秀博士学位论文、优秀硕士学位论文和研究生创新成果奖等省级奖励。

2010年，海洋所有在研项目573项（新增193项）。其中，主持国家重点基础研究发展计划（“973”计划）项目4项（新增1项）、承担课题22项（新增5项），主持中国高技术研究发展计划（“863”计划）项目32项（新增重点项目1项）；主持国家自然科学基金项目154项（新增47项）、重大项目1项、重点项目8项（新增1项）、面上项目78项（新增23项），国家杰出青年科学基金项目 3 项（新增 1 项），创新研究群体基金 1 项，新增国际（地区）合作与交流项目 4 项，青年科学基金项目 46 项（新增 17 项），海外及港澳学者合作研究基金 2 项（新增 1 项）；主持中国科学院知识创新工程重大项目 1 项、重要方向项目 30 项（新增 7 项），国际合作项目 9 项（新增 5 项），承担重大仪器研制项目 6 项（新增 2 项），院地合作项目 121 项（新增 28 项）。

2010 年，海洋所申请专利 102 件，其中发明专利 96 件。获授权专利 45 件，其中国内发明专利 38 件，国际发明专利 3 件。出版专著 2 部。发表研究论文 559 篇，SCI/EI 收录 345 篇，其中在 JCR 各学科 TOP15 期刊发表论文 84 篇。获得各类科技奖 16 项，其中，穆穆院士获“何梁何利基金科学与技术进步奖”，“南黄海重要生源要素的收支与演变过程研究”、“海洋动力参数微波遥感机理及信息提取方法”、“长江口海域富营养化特点、形成机制及对策研究”、“扇贝模式识别受体结构与功能的研究”等分别获国家海洋局创新成果奖二等奖；有 8 项研究成果通过鉴定，13 个研究项目通过验收，7 项成果通过国家登记。其中，“微波新技术制备甲壳低聚糖、寡糖的研究与中试”其设备及工艺居国际领先水平，“海带‘中科 2 号’遗传选育及养殖”整体达国际先进水平，海带长度、宽度 QTL 构建研究居国际领先水平；“海藻多糖植物空心胶囊”、“夏鲆（♂）×牙鲆（♀）杂交种规模化生产技术研究”、“刺参优质苗种培育与健康增养殖”、“海州湾生境与生物资源修复技术”等分别达国际先进水平。截至 2010 年底，共获 900 余项科研成果，其中国家一等奖 6 项，国家二等奖 24 项，全国科学大会奖 15 项，国家其他奖 36 项，省部委一等奖 131 项，山东省科技最高奖 3 项；国际奖 14 项。

2010 年，海洋所国际合作与交流稳步发展，执行在研项目 7 项。“西北太平洋海洋环流与气候实验（NPOCE）”被列为国际合作计划并正式启动，同时获中国科学院国际合作重大项目立项；新增中国科学院国际合作人才项目特聘研究员 3 项和外籍青年科学家 1 项、新增科学技术部国际合作研究类项目 1 项；成功举办了“第七届国际甲壳动物学大会”、“第九届国际生物技术大会”等 7 个重要国际会议。

中国海洋湖沼学会挂靠海洋所。出版的学术期刊有《海洋与湖沼》、《中国海洋湖沼学报》（英文版）（SCIE 收录）、《海洋科学》、《海洋科学集刊》。海洋所还是全国青少年走进科学世界科技示范活动基地、全国青少年科技教育基地、山东省关心下一代科普教育基地、山东省少年科学院科普活动基地、青岛市科普教育基地。

（撰稿：朱继春　展翔天　审稿：王启尧）

青岛生物能源与过程研究所

所　　长：王利生
地　　址：山东省青岛市崂山区松岭路 189 号
邮政编码：266101
电　　话：0532－80662776
传　　真：0532－80662778
电子信箱：qibebt@qibebt.ac.cn
网　　址：htpp：//www.qibebt.cas.cn

中国科学院青岛生物能源与过程研究所（以下简称“青能所”）是由中国科学院、山东省人民政府、青岛市人民政府于 2006 年共同出资建设，于 2009 年 7 月获中央机构编制委员会办公室批复成立，并于 2009 年 11 月通过共建三方验收正式成立。

青能所目标定位于“基于生物资源等可再生资源，以工业生物技术、绿色化工技术和低碳过程技术为重点，研究开发生物能源、生物基材料以及能源应用相关的产品、工艺或技术，服务于国家与地方在资源开发、能源利用、清洁过程、低碳生产等领域的需求”。主要研究领域包括生物能源、生物基材料、能源应用技术等 3 个方面。“十二五”期间，青能所将根据研究领域拓展需要，适时调整中长期发展规划中的科技布局与战略重点，同时结合中国科学院“创新 2020”及中国科学院、青岛市全面合作协议的精神，加快推进落实研究所二期建设目标。

青能所建有中国科院生物燃料重点实验室、中国科学院超级计算环境青岛分中心、中国科学院国家科学图书馆生物能源学科情报研究特色分馆、山东省能源生物遗传资源重点实验室等4个省部级平台；设有生物资源、生物催化与转化、生物材料、能源应用技术等4个所级科研中心和公共实验室、规划战略与信息中心、中试技术服务中心等3个所级支撑平台，在青岛平度同和生态产业园建有1个占地100亩的中试基地；还与美国波音公司共建“可持续航空生物燃料联合研究实验室”，与澳大利亚西澳大利亚大学联合成立“中澳生物质综合利用联合研究中心”。

截至2010年底，青能所有在职职工及客座人员375人。其中科技人员244人、科技支撑人员56人，包括研究员及正高级工程技术人员30人、副研究员及高级工程技术人员40人；进入创新岗位150人。有中国科学院“百人计划”入选者18人（新增6人）、泰山学者1人、山东省杰出青年基金获得者2人、国家海外高层次人才引进计划（“千人计划”）入选者1人（新增1人）。

青能所现设有生物化工、生物化学与分子生物学、化学工程、材料学等4个专业二级学科学术型硕士研究生培养点；并设有生物工程、化学工程和材料工程等3个专业二级学科专业型硕士研究生培养点。在学研究生169人（硕士生114人、博士生55人）。

2010年，青能所有在研项目262项（新增126项）。其中，承担（或参加）国家重点基础研究发展计划（“973”计划）课题5项（新增5项），主持（或承担）中国高技术研究发展计划（“863”计划）项目2项、承担（或参加）课题4项（新增3项），主持（或承担）国际科技合作计划2项（新增2项）；承担国家自然科学基金面上项目10项（新增4项）、青年科学基金项目14项（新增3项）、国际合作研究项目2项（新增2项）；主持（或承担）中国科学院知识创新工程重大项目3项，主持（或承担）知识创新工程重要方向项目5项（新增2项）、承担（或参加）课题16项（新增7项），承担院地合作项目14项（新增6项），“百人计划”项目14项（新增6项），国际合作项目7项（新增1项），重大仪器研制项目1项（新增1项）；设立所级国际合作项目15项（新增7项）。

2010年，青能所建成了秸秆基高性能环保木塑复合材料中试系统并与安徽铜陵新遐胶辊有限公司联合进行产业化推广；完成了可移动式生物柴油装置、20－100－500L微生物发酵、木质纤维素预处理等3套中试系统的建设；储备了纤维聚糖制备二元醇、豆粕基聚氨酯、锂离子电池堆等多项拟建设中试系统项目。在*Science*、*JACS*等高水平科研期刊上发表科技论文101篇，被SCI/EI收录的论文68篇；申请国内外专利61件，其中发明专利60件，获授权专利3件。

青能所整合所内科研力量，积极推进与地方政府、企业、科研机构和大学的交流与合作。2010年，承担与地方政府合作项目44项（新增14项），与企业、科研机构等合作类项目73项（新增49项）。

2010年，青能所联手地方政府、企业筹建了青岛中科青能科技创业有限公司。公司拟在3年内，实现3—5项科研成果的产业化，建立5—10人的固定队伍，形成完善的体制机制，通过吸引投资、无形资产占有股份等手段，实现总资产的保值增值；5年内，将培育2家以上二级项目企业，有限公司资产实现倍数增长，至少参与投入2项以上的中试项目，有限公司将按实际发展进行一定规模放大。

2010年，青能所在研国际合作与交流项目14项，其中由波音公司、壳牌集团等跨国企业以及行业领先企业资助项目9项；受科学技术部、国家自然科学基金委员会和中国科学院等部委资助5项。与全球著名院校、跨国企业签署了3项合作协议：与波音公司签署了“关于推进藻类可持续航空生物燃料之合作备忘录”并共建“可持续航空生物燃料联合研究实验室”、与香港大学签署合作备忘录。与美国亚利桑那州立大学、美国西北太平洋国家实验室、中国台湾工业技术研究院等30余家国际知名高校、研究机构和企业开展科技交流，举办交流讲座40余次，到访百余人次。鼓励中青年科学家“走出去”，与高端学术、管理人才交流，累计出访15人次，访问60余所大学和科研机构。

（撰稿：官　杰　滕晓龙　审稿：赵汐潮）

烟台海岸带研究所

所　　长：施　平
地　　址：山东省烟台市莱山区春晖路17号
邮政编码：264003
电　　话：0535－2109018
传　　真：0535－2109000
电子信箱：yic@yic.ac.cn
网　　址：http://www.yic.cas.cn

中国科学院烟台海岸带研究所（以下简称“烟台海岸带所”）于2006年6月开始筹建，筹建期名为中国科学院烟台海岸带可持续发展研究所（筹），是中国科学院与山东省、烟台市共建的资源环境与高技术交叉领域的国家研究机构。

烟台海岸带所的战略定位是：面向国家对海岸带资源与环境的可持续发展战略需求、面向海岸带可持续发展国际研究前沿，重点开展环境友好型海岸带资源化学与化工技术、海岸带环境与生态过程与退化环境的修复、海岸带信息集成与综合管理等领域的基础性、战略性、前瞻性创新研究，加强海岸带可持续发展基础理论研究、关键技术研发、系统集成和工程示范，致力于实现我国海岸带可持续发展领域科技创新跨越发展、推动海岸带区域经济社会与资源环境协调可持续发展。主要研究领域是：海岸带资源化学与化工关键技术、海岸带环境与生态过程及其监测调控技术、海岸带信息与海岸带综合管理技术及其应用。

根据发展规划和学科特点，成立了海岸带生物资源实验室、环境化学监测实验室、海岸带污染过程与控制实验室、近岸生态与环境实验室、滨海湿地生态实验室、海岸带信息与可持续发展实验室等6个科研创新单元；构建了以所级公共分析测试中心、黄河三角洲野外台站、烟台牟平临海台站为核心的科技创新条件平台。

2010年，烟台海岸带所进一步与企业和地方政府开展院地合作、共建区域性科技创新平台。与山东省东营市垦利县人民政府达成共建海岸带盐生植物产业垦利基地的合作协议；与天津泰达园林建设有限公司签订了战略合作协议；与烟台市海诚高科技有限公司签署了成立联合研发中心的协议。

烟台海岸带所积极与企业合作，实现技术转化。与烟台海上传奇生物科技有限公司进行了海藻糖季铵盐吸湿保湿剂的产品专利技术转让，该专利技术以海岸带废弃生物资源为基础，主要应用于化妆品领域；与江苏省海洋资源开发研究院联合研制的“蓝海一号”功能产品在江苏省实现技术转化；与山东润中药业有限公司签署了有机海藻硒多糖的生产制备技术转让协议。在实现技术转化的同时，烟台海岸带所服务地方建设，2010年7月组织实施了山东潍坊昌邑堤河水环境修复示范工程，通过适度清淤、蓄水、增氧、投放菌种等技术手段改善河道水环境质量。

烟台海岸带所拥有5600万元的科研仪器设备，形成了所级公共分析测试中心、重点学科公共实验室、企业联合研发和成果转化中心、院地合作共建实验室、野外生态环境观测台站、e－Science支撑平台、区域网络科技文献服务平台等科技条件平台建设。2010年获批准建立了“中国科学院海岸带环境过程重点实验室”。

截至2010年底，烟台海岸带有在职职工160人。其中科技人员110人、科技支撑人员20人，包括研究员19人、副研究员及高级工程技术人员35人；进入创新岗位144人。有中国科学院“百人计划”入选者8人（新增1人）、“新世纪百千万人才工程”国家级人选1人、“山东省泰山学者”1人。

烟台海岸带所从2007年起通过挂靠中国科学院海洋研究所、2008年后挂靠中国科学院南海海洋研究所招收研究生。2010年获批环境科学专业二级学科博士研究生培养点，环境科学和海洋化学两个专业二级学科硕士研究生培养点，环境工程和生物工程两个专业硕士研究生培养点，拥有了自主招生权。在学研究生137人（硕士生83人、博士生54人）。1人获教育部博士研究生学术新人奖，1人获中国科学院院长优秀奖，3人获中国科学院朱李月华优秀博士生奖，1人获中国科学院社会实践专项资助。

2010年，烟台海岸带所在研项目232项（新增90项），合同总经费近8369万元。其中承担中国高技术研究发展计划（“863”计划）项目1项，承担国家科技支撑计划项目4项；承担国家自然科学基金30项、面上项目9项（新增3项）；承担中国科学院知识创新工程方向项目17项；承担山东省科技发展计划项目7项，烟台市科技发展计划项目20项，与企业合作研发项目10项。

2010年，烟台海岸带所共发表论文209篇，其中SCI论文84篇、EI论文73篇；出版专著2部；申请专利90项，获授权专利10项（其中发明专利7项，实用新型2项）。

2010年，烟台海岸带所继续加强国际交流合作。出访英国、法国、德国、意大利、澳大利亚等国家共计22人次，接待来访专家16人次。与德国、澳大利亚、意大利等国的研究机构达成多项合作协议。2010年6月举办了国际性的“海岸带系统科学学术研讨会”。

（撰稿：王德强　高丽梅　审稿：施　平）

长春光学精密机械与物理研究所

名誉所长：王大珩
所　　长：宣　明
地　　址：吉林省长春市东南湖大路3888号
邮政编码：130033
电　　话：0431－86176812
传　　真：0431－85682346
电子信箱：ciomp@ciomp.ac.cn
网　　址：http://www.ciomp.ac.cn

中国科学院长春光学精密机械与物理研究所（以下简称“长春光机所”）是由长春光学精密机械研究所（前身为始建于1952年的中国科学院仪器馆和始建于1953年的中国科学院机电研究所）与长春物理研究所（前身为始建于1958年的中国科学院吉林分院技术物理所）于1999年整合组建而成。

长春光机所的定位是以知识创新和高技术创新为主线，从事基础研究、应用基础研究、工程技术研究及高新技术产业化的多学科综合性基地型研究所。主要有4大研究领域：发光学、应用光学、光学工程、精密机械与仪器等，重点在发光学、现代应用光学、光学工程、信息显示技术、微纳科学与技术、医用光学、先进加工制造技术等学科方向开展基础与应用基础研究、工程技术研究与产品开发等创新性工作。研究所致力于建设大型光电设备研制生产基地、光电子产业孵化基地和光电子领域高级人才培养基地。

长春光机所根据中国科学院要求，认真组织“十二五”规划，谋划发展思路。“十二五”期间，将按照“创新2020”总体要求，跳出传统研究所的思维方式，以形成自我良性循环发展的创新理念，探索实施“研产学并举”科研集团发展模式；围绕国家重大需求，部署重大创新专项，实现技术驱动、引领需求；按照“点、线、面”科学布局和系统部署，实现基础研究与工程技术的有效衔接，进一步强化国防科研的优势地位。到“十二五”末期，建成每年实现50亿经济总量，具有完整创新价值链、研产学良性循环、集团化管理的大型国立科研机构，成为国家重要而强大的战略科技队伍。

长春光机所现有14个科研部室，其中包括应用光学国家重点实验室、激光与物质相互作用国家重点实验室、国家光学机械质量监督检验中心、国家光栅制造与应用工程技术研究中心4个国家级重点实验室和中心，以及中国科学院激发态物理重点实验室、光学系统先进制造技术重点实验室、航空光学成像与测量重点实验室（新增）3个院级重点实验室。

截至2010年底，长春光机所共有在职职工1891人。其中科技人员818人、科技支撑人员85人，包括中国科学院院士4人、研究员及正高级工程技术人员204人、副研究员及高级工程技术人员421人；进入创新岗位822人。有中国科学院“百人计划”入选者10人（新增3人）、国家杰出青年科学基金获得者1人。

2010年，长春光机所完善实施了新的绩效考核评价体系，设置了6大考核体系、12项考核内容，设立了岗位合格标准和直接晋升标准；

编制了《长春光机所项目负责人选拔与管理办法》，规范课题负责人的任职条件和选拔程序；首次实施科研与管理人员挂职锻炼办法。

长春光机所是1981年国务院学位委员会批准的博士、硕士学位授予权单位之一。现设有光学工程专业一级学科硕士和博士研究生培养点；凝聚态物理、光学、机械制造及其自动化、机械电子工程、电路与系统5个专业二级学科博士研究生培养点；凝聚态物理、光学、机械制造及其自动化、机械电子工程、电路与系统、测试计量技术及仪器、计算机应用技术共7个专业二级学科硕士研究生培养点；设有物理学、机械工程、光学工程等3个博士后流动站。在学研究生873人（硕士生458人、博士生415人），在站博士后22人。

2010年，长春光机所有在研项目403项（新增219项）。其中，承担国家重大科技专项“极大规模集成电路制造装备与成套工艺专项”下的3个项目和1个课题，主持国家重点基础研究发展计划（“973”计划）项目1项（新增1项）、承担“973”计划项目3项（新增1项），承担中国高技术研究发展计划（“863”计划）项目35项（新增8项），承担财政部重大科研装备研制项目2项，科学技术部国家科技支撑计划项目3项；承担国家自然科学基金重点项目6项（新增2项）、专项基金1项（新增1项），青年科学基金项目18项（新增7项）、面上项目42项（新增13项）；承担中国科学院创新科研项目3项（新增1项），国际合作项目10项（新增6项），院地合作项目14项（新增3项）。对外新签科研合同额17.3亿元，科研合同到款额15.8亿元，均创历史新高。

2010年，长春光机所承担的“十一五”国家科技支撑计划重大项目《科学仪器设备研制与开发》中的“高分辨分光器件及接受部件（器件）的研制与开发——光栅”课题完成验收；在国内首次制作出中阶梯光栅，建立了凹面全息光栅的曝光、显影和离子束刻蚀过程中光栅结构演化的理论模型，并在国内率先实现了凹面全息光栅制作工艺过程的实时监测；该所自主研制的大口径自适应望远镜已开展空间目标探测工作，跟踪精度和分辨率指标达到试验要求，与公开数据对比结果表明跟踪性能达到国内领先水平；液晶自适应光学技术校正频率超过200Hz，基本满足实用要求，经与该所研制的望远镜进行对接试验后获得对恒星和卫星的自适应校正成像；傅里叶望远镜研制外场试验验证了其具有克服大气扰动的能力；作为首席科学家单位承担国家“973”计划项目“Ⅱ族氧化物半导体光电子器件的基础研究”年内启动。完成了一批重大科研任务，天绘一号立体测绘相机、风云三号B星载荷紫外臭氧垂直探测仪和太阳辐射监测仪先后发射升空，在轨试验取得圆满成功。完成出所验收49项，外场移交各类光电仪器设备99台套。

长春光机所现有高科技投资企业7家，2010年企业实现销售收入5.1亿元，净利润1.05亿元，上缴税金4950万元，实现投资回报4008万元。2010年1月15日，投资企业长春奥普光电技术股份有限公司在深交所中小企业板块正式挂牌上市，成为该所第一家上市公司，也是中科院系统第一家携军工概念的上市公司；长春新产业光电技术有限公司“全固态激光器”获吉林省科技进步奖一等奖、该公司“希爱”全固态激光器商标被评为“中国驰名商标”；长春希达电子技术有限公司自主研制的高清晰高均匀度全色LED大屏幕，被大型音乐舞蹈史诗《复兴之路》国家大剧院演出采用为主屏背景，完成了3个月的演出任务；与吉林省政府合作建设的吉林省光电子产业孵化器升级为国家级孵化器；作为长东北科技创新中心首批启动项目之一的中国科学院光电子产业园区（二期）建设项目正在稳步推进。

2010年，长春光机所积极推进国际交流与合作。与俄罗斯科学院普通物理研究所就大功率激光器制造关键技术开展合作；与荷兰阿姆斯特丹大学医学研究中心和Van't Hoff分子科学研究所等单位合作，研究将特异性抗体分子、上转换发光纳米粒子和响应猝灭分子组装成符合粒子，并与光纤生物传感器结合，发展一种多功能光学光纤生物传感器以实现对血流中的低微量异常细胞高特性和高灵敏的检测，研究结果将对肿瘤和细胞感染类疾病最终诊断具有重大意义；太阳辐射监测仪项目组应第十一届国际日射比对大会

（IPC－XI）邀请，携SIAR绝对辐射计赴瑞士达沃斯参加比对，期间SIAR辐射计工作稳定，对比取得了成功。举办了激光与物质相互作用国际会议、第六届国际ZnO及相关材料研讨会；出访60余人次，来访150余人次。

2010年，长春光机所新增成果18项，获省部级科技奖励6项，其中国防科工局科技进步奖一、二等奖各1项，吉林省科技发明奖一等奖1项、科技进步奖一等奖3项。申请发明专利241项，授权发明专利81项；影响因子3.0以上论文46篇，影响因子最高达8.379；1人当选“全国先进工作者”，2人当选“全国优秀科技工作者”，1人被评为九三学社中央“优秀社员”，3人被评为吉林省有突出贡献中青年专业技术人才，1人被评为中科院首届技术能手；2人在国际电子工业联接协会在中国举办的首届“OK国际”杯手工焊接大赛上分获个人冠、亚军，长春光机所获冠军奖杯；1名研究生博士论文获“全国百篇优秀博士论文提名奖”，另有1名研究生获中科院院长特别奖。

长春光机所是中国空间科学学会空间机械专业委员会、中国物理学会发光分会、中国物理学会液晶分会、吉林省光学学会的挂靠单位。现主办4种学术刊物和1种情报刊物，分别为《光学精密工程》、《发光学报》、《液晶与显示》、《中国光学与应用光学》和《光机电信息》。其中，《发光学报》自2010年第1期起正式成为EI国际检索系统收录刊源，《中国光学与应用光学》经国家新闻出版总署批准自2011年1月起更名为《中国光学》。

（撰稿：姜　楠　金　宏　审稿：马明亚）

长春应用化学研究所

所　　长：安立佳
地　　址：吉林省长春市人民大街5625号
邮政编码：130022
电　　话：0431－85687300
传　　真：0431－85685653
电子信箱：ciac@ciac.jl.cn
网　　址：http://www.ciac.jl.cn

长春应用化学研究所（以下简称“长春应化所”）始建于1948年12月，是长春解放后在“伪满大陆科学院”的废址上建立起来的，时称“东北工业研究所”，后几经更名和改变归属，1978年12月命名为中国科学院长春应用化学研究所。

长春应化所是一个集基础研究、应用研究和高技术创新研究于一体的综合性化学研究所。目前学科方向主要集中在：高分子物理与化学、无机化学、分析化学、有机化学和物理化学等方面。研究领域主要聚焦在：资源与环境、先进材料和新能源3大领域；重点开发稀土、二氧化碳、植物和水四类资源；突出发展先进结构、先进复合和先进功能三类材料；开拓清洁能源、高密度存储和节能3类技术。战略发展目标是建成集基础研究、应用研究和高技术创新研究于一体的国内一流综合性化学研究所，成为高分子材料和稀土材料的高技术创新基地，世界公认的著名高水平研究机构。

长春应化所中国科学院院党组的部署，经过战略研究、规划编研、征求意见等，2010年编制了《长春应化所“十二五”发展规划》（讨论稿）和科技创新、战略高技术、人力资源、资源配置等5个专项配套规划（讨论稿），积极落实组织实施“创新2020”。

长春应化所建有高分子物理与化学国家重点实验室、电分析化学国家重点实验室、稀土资源利用国家重点实验室和中国科学院生态环境高分子材料重点实验室、高分子复合材料工程中心、化学生物学实验室、绿色化学与过程实验室、先进化学电源实验室、现代分析技术工程实验室、国家电化学和光谱研究分析中心等创新基地和科技平台。

截至2010年底，长春应化所有在职职工885人。其中科技人员453人、科技支撑人员109人，包括中国科学院院士4人、第三世界科学院士3人、研究员及正高级工程技术人员104人、副研究员及高级工程技术人员199人；进入创新岗位504人。有中国科学院“百人计划”入选者32人（新增3人）、国家杰出青年科学基金获得者 22 人、国家海外高层次人才引进计划（“千人计划”）入选者 1 人（新增 1 人）。

长春应化所是 1981 年国务院学位委员会批准的首批博士、硕士学位授予单位之一。现有化学一级学科博士、硕士研究生培养点和无机化学、分析化学、有机化学、物理化学、高分子化学与物理、应用化学 6 个二级学科博士、硕士研究生培养点；并设有化学学科博士后流动站。在学研究生 696 人（硕士生 271 人、博士生 425 人），在站博士后 76 人。

2010 年，长春应化所有在研项目 480 多项。其中，承担国家重点基础研究发展计划（“973”计划）项目 2 项（新增 1 项）、承担（或参加）课题 22 项（新增 2 项），中国高技术研究发展计划（“863”计划）项目 13 项；承担国家自然科学基金重大项目 2 项、重点项目 20 项、面上项目 58 项（新增 17 项）、重大研究计划重点项目 5 项（新增 3 项）；承担中国科学院知识创新工程重要方向项目 17 项（新增 1 项）、国际合作项目 1 项，重大仪器研制项目 4 项，承担院地合作项目 23 项。

2010 年，长春应化所共获省部级以上科技成果奖 8 项。其中，由张洪杰研究员等完成的“新型稀土杂化及纳米复合光电功能材料的基础研究及应用探索”荣获国家自然科学奖二等奖，该成果的取得，为制备有机/无机杂化及纳米复合光电材料提供了新方法和技术，解决了国际上没有解决的难题，为材料的设计和性能预测提供科学依据，对于发展具有自主知识产权的稀土先进材料，将我国的稀土资源优势转化为技术和经济优势，具有十分重要的现实意义；以第一完成单位荣获吉林省科技进步奖一等奖 3 项，分别是：“高分子薄膜有序图案构筑与响应功能”、“高分子及复合材料制备 - 结构 - 性能相关性的有限元分析与优化设计”和“基于生物分子识别的构象功能转化及潜在应用”；以第二完成单位分别荣获吉林省科技进步奖二等奖 2 项、三等奖 1 项，国家环保部环境科学奖三等奖 1 项；入选“2009 年度中国稀土行业十大科技新闻”2 项。

2010 年，长春应化所发表学术论文 776 篇（第一单位），其中 SCI 论文 559 篇，被引用 13 106篇次，其中影响因子大于 3 的论文 362 篇、大于 5 的论文 115 篇。据中国科技信息研究所 2010 年底公布的 2009 年中国科技论文统计结果，国际论文被引用篇次、全国表现不俗论文篇数分别位居全国研究机构第 3 和第 2 名；有 4 篇论文入选“中国百篇最具影响的国际学术论文”，入选数位居国内科研机构第 1 名。

2010 年，长春应化所申请专利 159 项，其中国内专利 157 项、国际专利 2 项；授权专利 112 项。其中国内发明专利 105 项、实用新型 3 项目、国际专利 4 项；实施专利 19 项。连续 2 年专利授权超百项。据中国科技信息研究所 2010 年底公布的 2009 年中国专利产出结果，2009 年专利授权总数位居全国研究机构第 4 名。

2010 年，长春应化所国际合作与交流持续取得新进展，主办各类国际会议 5 次，包括第四届高分子化学学术研讨会、第三届世界华人质谱研讨会、用于控制释放的新型聚合物国际学术会议、第三届国际聚合物显微学研讨会、第九届中日韩（A3 计划）基因传输前瞻会议；选派近百人次赴国外参加国际会议、开展合作研究和学术交流；接待 305 次国外专家学者来长春应化所进行各类学术活动。

2010 年长春应化所在持续推进浙江（杭州）材料与化工技术研究院建设的基础上，在长春高新区打造的“长东北先进材料产业园”开工奠基，与常州市天宁区科学技术局共建常州储能材料与器件研究院建设进展顺利，着力构建三大创新基地；加强与山东、广东、四川、湖北、江苏等地的合作；构建哈尔滨工程技术中心、吉林省先进低碳化学电源重点实验室；举办首届所地合作交流会，推进聚酰亚胺树脂共建基地建设，进一步推进所地、所企合作和成果转移转化；现有以高技术入股成立的公司共 21 家，其中上市公司 2 家（中科英华和青岛金王）；实现销售收入 19.28 亿元、利润总额 1.036 亿元；荣获 2009 年中国科学院院地合作先进集体一等奖。

长春应化所是中国化学会的挂靠单位；受中国化学会的委托，编辑出版《分析化学》（月刊）、《应用化学》（月刊）和《化学通讯》（双月刊），《分析化学》和《应用化学》持续被评为“中国科技核心期刊”，《分析化学》再次入选“百种全国杰出学术期刊”。

（撰稿：夏云龙　于　洋　审稿：周光远）

东北地理与农业生态研究所

所　　长：何兴元
地　　址：吉林省长春市高新技术产业开发区蔚山路 3195 号
邮政编码：130012
电　　话：0431－85542266
传　　真：0431－85542298
电子信箱：neigae@neigae.ac.cn
网　　址：http://www.neigae.ac.cn

中国科学院东北地理与农业生态研究所（以下简称“东北地理所”）成立于 1958 年 8 月 18 日。其前身是中国科学院长春地理研究所，2002 年 3 月与中国科学院黑龙江农业现代化研究所整合组建成现所，是中国科学院设在东北地区的综合性地理学与农学研究机构。

东北地理所的战略定位是围绕国家粮食安全和生态安全的重大战略需求，瞄准国际学科前沿，重点在区域农业持续发展和湿地生态安全保障两大领域开展基础性、前瞻性、战略性研究，形成基于地表系统过程的农业生态学和湿地科学自主创新体系，引领我国黑土区农业生态学和湿地科学的发展方向，为国家粮食和生态安全以及东北区域可持续发展提供理论与技术支撑，成为具有国际先进水平的国家湿地科学研究中心、东北区域农业研究中心和东北亚地理研究中心。

2010 年，东北地理所根据中国科学院院党组的部署，以谋划制定东北地理所“创新 2020”和“十二五”战略规划为契机，进一步理清了优先发展区域农业重点领域，强化湿地科学领域在国内的优势地位，加强区域环境研究，增强遥感与地理信息技术的支撑能力，提升区域发展的决策咨询能力的学科布局与发展思路。拟通过联合组建“东北现代农业创新集群”、“东北亚资源环境保护研究中心”和“现代农业技术转移中心”，构建新型科技创新体系。

东北地理所设有湿地生态与环境研究中心、区域农业研究中心、遥感与地理信息研究中心和东北区域发展研究中心等 4 个基本创新单元；拥有中国科学院湿地生态与环境重点实验室、中国科学院黑土区农业生态重点实验室；联合共建黑龙江省黑土生态实验室、吉林省生态恢复与生态系统管理重点实验室、吉林省碱地生态经济工程实验室 3 个省级重点实验室；建有三江平原沼泽湿地生态系统观测研究站、海伦农田生态系统观测研究站 2 个国家重点野外台站，并以三江平原沼泽湿地生态系统观测研究站为核心，建成了覆盖平原沼泽湿地、滨海湿地、滨湖湿地和森林湿地在内的东北湿地野外台站网络；此处还建有中国科学院长春净月潭遥感试验站、大安碱地生态试验站和长岭草地农牧生态研究站；主要下属单位：中国科学院东北地理与农业生态研究所农业技术中心。

截至 2010 年底，东北地理所有在职职工 335 人。其中专业人员 243 人，包括中国工程院院士 1 人、研究员及正高级工程技术人员 59 人、副研究员及高级工程师技术人员 68 人；全所进入创新岗位 178 人。中国科学院“百人计划”入选者 6 人。

东北地理所设有环境科学、地图学与地理信息系统、生态学、人文地理等 4 个专业二级学科博士研究生培养点；环境科学、地图学与地理信息系统、生态学、人文地理、自然地理学、遗传学、环境工程、生物工程等 7 个专业二级学科硕士研究生培养点；环境科学与工程专业一级学科博士后流动站。在学研究生 166 人（硕士生 69 人、博士生 97 人），在站博士后 11 人。

2010 年，东北地理所有在研项目 251 项（新增 87 项）。其中，主持科技支撑项目 1 项、承担课题 1 项，承担公益性行业专项课题 2 项，国家重点基础研究发展计划（“973”计划）课题 4 项（新增 3 项），中国高技术研究发展计划（“863”计划）课题 4 项；主持国家自然科学基金重点项目 3 项、面上项目 62 项（新增 30 项）；主持中国科学院知识创新工程重要方向项目 23 项（新增 6 项），承担院地合作项目 5 项（新增 3 项），承担与地方政府和企业合作项目 59 项（新增 38 项）。

2010 年，东北地理所主持完成的“重度苏打盐碱地顶级植被快速恢复核心关键技术的创新与应用”科研成果获国家科技进步奖二等奖；获得省部级以上奖励6项；由杨福研究员等培育的（东稻4号）（吉审稻2010005）在2010年度吉林省水稻新品种高产竞赛中，亩产达849kg，位列第一名，创造吉林省水稻超高产品种历史最高纪录。在SCI、EI期刊发表论文150余篇，其中SCI论文93篇；发表CSCD论文286篇；出版专著5部。申报并受理发明专利52项，授权专利12项，其中发明专利10项。获得植物新品种1项，软件登记5项；提交咨询报告被中办采纳并得到国家领导人的批示2项。

2010 年，依托东北地理所科研成果形成的东稻系列新品种、“玉米高光效模式”、“米－菇生态套种模式”、“碱地种稻”、湿地稻－苇－渔复合生态技术、哈尔滨市南岗区农业科技园、海伦市种植与原料基地建设等项目，帮助地方政府和企业实现经济效益30.5亿元，利税5.9亿元，产生社会效益22.8亿元。

2010 年，东北地理所举办国际、国内重要学术会议7次，主办首届“世界黑土质量与管理国际研讨会，动议成立“世界黑土研究国际联合会”，联络中心设在东北地理所；组织学术活动21次，出访18人次，接待来访专家14人，获中国科学院外国专家特聘研究员项目3项。

东北地理所是中国科学院湿地研究中心、吉林省地理学会、吉林省遥感学会、吉林省环境科学学会环境地学专业委员会、中国生态学会湿地生态专业委员会的挂靠单位。主办的学术刊物有《地理科学》、*Chinese Geographical Science*、《湿地科学》、《农业系统科学与综合研究》，均为中国科学引文数据库（CSCD）核心期刊，其中 *Chinese Geographical Science* 被SCIE收录。

（撰稿：邵庆春　殷丽娅　审稿：胡乃泽）

上海微系统与信息技术研究所

所　　长：王　曦

地　　址：上海市长宁路865号

邮政编码：200050

电　　话：021－62511070

传　　真：021－62524192

电子信箱：simit@mail.sin.ac.cn

网　　址：http://www.sim.cas.cn

中国科学院上海微系统与信息技术研究所（以下简称“上海微系统所”）原名中国科学院上海冶金研究所，前身是成立于1928年的国立中央研究院工程研究所，是我国最早的工学研究机构之一。新中国成立后隶属中国科学院，曾命名中国科学院工学实验馆、中国科学院冶金陶瓷研究所，2001年8月更名为中国科学院上海微系统与信息技术研究所。

上海微系统所以国家需求为导向，确定了“电子科学与技术、信息与通信工程”两大学科领域和“微小卫星、无线传感网络、未来移动通信、微系统技术、信息功能材料与器件”5个学科方向，形成“系统为牵引、系统带器件、器件带材料”的创新价值链。面向“十二五”规划和“创新2020”，上海微系统所确定了集中力量攻克战略性科技问题、重点优势领域创新跨越、重要方向性项目取得突破、部署若干前沿先导研究四个层面的科技布局。

上海微系统所有传感技术联合国家重点实验室、信息功能材料国家重点实验室，中国科学院微小卫星重点实验室、中国科学院太赫兹固态技术重点实验室、中国科学院无线传感网与通信重点实验室，上海微小卫星工程中心、上海无线通信研究中心、中国科学院无锡高新微纳传感网工程技术研发中心、中国科学院嘉兴无线传感网工程中心、中国科学院南京宽带无线移动通信研究中心、中国科学院嘉兴轻合金技术工程中心、中国科学院杭州射频识别技术研发中心等7个所地共建分支机构；与德国亥姆霍兹国家研究中心于利希中心共建了超导与生物电子学中德联合实验室，与中国铁路通信信号集团公司共建了轨道交通传感与传输联合实验室。

上海微系统所有在职职工783人。其中科研和管理人员624人、科技支撑人员159人，包括中国科学院院士2人、中国工程院院士1人、美国国家科学院外籍院士1人、有研究员及正高级工程技术人员 64 人、副研究员及高级工程技术人员 86 人；进入创新岗位 402 人。有中国科学院“百人计划”入选者 18 人（新增 3 人）、国家杰出青年科学基金获得者 4 人、国家海外高层次人才引进计划（“千人计划”）入选者 2 人（新增 2 人）、“新世纪百千万人才工程”国家级人选入选者 6 人、上海市科技领军人才 8 人次。

上海微系统所是国务院学位委员会批准的首批博士、硕士学位授予单位之一。设有通信与信息系统、微电子学与固体电子学、材料物理化学 3 个二级学科博士研究生培养点和 3 个二级学科硕士研究生培养点；有电子科学与技术、材料科学与工程 2 个一级学科博士后流动站。在学研究生 365 人（硕士生 159 人、博士生 206 人），在站博士后 26 人。

上海微系统所有在研项目 296 项（新增 67 项）。其中，主持（或承担）国家重大专项项目 5 项（新增 1 项）、承担（或参加）课题 36 项（新增 6 项），主持（或承担）国家重点基础研究发展计划（“973”计划）项目 4 项（新增 1 项）、承担（或参加）课题 15 项（新增 2 项），主持（或承担）中国高技术研究发展计划（“863”计划）项目 16 项、承担（或参加）课题 25 项；主持（或承担）国家自然科学基金重点项目 1 项、面上项目 27 项（新增 5 项），国家杰出青年科学基金项目 1 项；主持（或承担）中国科学院知识创新工程重大项目 1 项、重要方向项目 24 项（新增 13 项），承担国际合作项目 4 项（新增 2 项），仪器研制项目 1 项，院地合作项目 7 项（新增 7 项）；承担国家科技支撑计划项目 3 项。

2010 年，上海微系统所围绕国家战略需求，科研工作取得重要进展。①科技创新服务世博。建成环上海世博园 10.5km 的“三层立体防入侵传感网”系统，有效地监控了各种低空抛物、攀爬、挖掘等行为；为世博会安保指挥部建设了“专用无线宽带多业务通信系统”，成为世博会安保工作最重要的通信手段之一；“荧光化学传感式痕量炸药探测仪”和“痕量毒气和爆炸物快速检测传感器”应用于世博园区和轨交世博线路主要地铁站的安全检查；“微波交通信息检测雷达”系统布设在上海外环线，形成世博道路信息平台。研究所获得科技部、上海市政府等九部委授予的“世博科技先进单位”，王营冠研究员和程建功研究员获得“世博科技先进个人”。②推动物联网应用和发展。牵头设立了上海物联网创业投资基金，上海物联网中心揭牌成立并奠基建设，推动上海乃至全国信息产业的新一轮发展。积极参与制订物联网（传感网）国际标准，上海微系统所研发的我国传感网领域首个国际标准传感器网络信息处理服务和接口规范（ISO/IECJTC1N9940）提案在 JTC1 成员国会议通过。主导制订物联网（传感网）国家标准，发布了 VW628 和 WSNS1_ SCBR 两款自主知识产权的传感器网络 SoC 芯片，标志着我国传感网领域关键技术和核心芯片取得重要突破。完成了浦东机场防入侵系统三期建设，采用双层围栏复核报警技术，系统性能明显提高，接受了实战考验。③宽带无线通信系统再立新功。青海玉树地震后，上海微系统所宽带无线通信救援队第一时间赶赴结古镇重灾区，为抗震救灾指挥部、中国国际救援队、公安部玉树指挥中心、中外媒体等提供通信服务，保障救灾前线与后方的通信畅通，继汶川抗震救灾后，宽带无线通信系统再次发挥了重要作用。该系统还为广州亚运安保工作提供了重要的通信手段，为各主要场馆提供宽带音视频实时信息传输。与通号集团合作，在沪杭高铁成功实现了时速 350km 条件下的车地无线传输测试，为我国高速铁路通信技术发展提供了重要的技术支持。此外，在微小卫星、抗辐射 SOI 材料、石油勘探加速度传感器芯片制造、PCROM 相变材料、THz 波音频通信、超导研究等前瞻性领域取得重要进展。

2010 年，上海微系统所获得授权专利 81 项，发表论文 446 篇（其中 SCI 收录 123 篇），国内外会议发表 107 篇。

2010 年，上海微系统所新增两项国际合作项目，总经费 1105 万元，在未来移动通信泛在业务与应用领域、基于超导量子干涉器件（SQUID）极低场磁共振成像等领域与国际一流科研院所或企业开展合作研究。举办了第十届中红外光电子学材料与器件国际会议、第二届上海微系统所与德国于利希研究中心双边合作研讨会、2010 年（北京）IEEE802 标准全会、第四届微米纳米技术创新与产业化国际研讨会、首届"中美双边先进传感器与仿生技术"研讨会等国际会议。

上海微系统所是国家传感网标准化工作组的组长单位，是全国纳米技术标准化技术委员会微纳加工工作组代管理单位，是《上海传感技术学会》的挂靠单位，承办科技期刊《功能材料与器件学报》。

（撰稿：孙东旭　孔朝晖　审核：王　晓）

上海技术物理研究所

所　　长：何　力
地　　址：上海市虹口区玉田路500号
邮政编码：200083
电　　话：021－25051000
传　　真：021－63248028
电子信箱：sitp@mail.sitp.ac.cn
网　　址：http://www.sitp.ac.cn

中国科学院上海技术物理研究所（以下简称"上海技物所"）始建于1958年10月，建所初期以半导体研究为主要领域和学科方向。20世纪60年代，上海技物所的研究发展方向调整为红外技术领域，成为我国第一个红外技术与物理研究领域的专业研究所。长期以来，上海技物所在红外光电遥感探测技术领域聚焦国家重大需求，坚持为国家重大科技战略做出重大突破性进展，逐步发展成为我国红外、光电技术领域的骨干单位和主要研发单位。上海技物所先后为风云系列气象卫星、载人航天工程、探月工程、海洋卫星、环境卫星等空间飞行器研制了红外、光电应用系统有效载荷和航天单机等装置，取得了较好的应用效果和效益，为满足国家需求，推进国民经济和社会发展作出了重要贡献。

上海技物所围绕红外、光电探测技术，重点发展"对地观测及光电信息获取和处理"，"红外焦平面和红外、光电系统核心元部件"，"基础性红外物理理论研究"3大领域，设有相应的研究部门14个，建有红外物理国家重点实验室、传感器国家重点实验室（红外专业点）、中国科学院红外成像材料与器件重点实验室、中国科学院红外探测与成像技术重点实验室，以及现场物证光学探测技术联合实验室，同时由信息中心、干涉仪研发平台、精密机械加工工厂和公共技术室组织了支撑保障体系。上海技物所建有工程管理和质量管理体系，依托相关研究室和平台，在承担重大有关研制工作中形成了"以航天航空遥感探测与成像仪器、装备等红外光电系统技术研究为代表，集元器件、制冷、光学薄膜等光电特种探测器及材料和光学机械加工等核心支撑技术研究，红外物理等基础性前沿前瞻研究和高技术产业为一体的"，较为完整的研发技术链和价值发展链，具备了服务国家需求、持续创造价值的发展能力。研究所还积极拓展数字健康、远程医疗、太阳能电池、量子通信等新兴交叉学科领域。

截至2010年底，上海技物所有在职职工771人。其中专业技术人员648人，包括中国科学院院士6人、中国工程院院士2人、国际欧亚科学院院士1人、研究员及正高级工程技术人员100人、副研究员及高级工程师162人。国家海外高层次人才引进计划（"千人计划"）入选者1人、中国科学院"百人计划"入选者6人、"国家杰出青年科学基金"获得者5人。流动人员中有客座研究员42人、外国专家特聘研究员2人、海外知名学者7人。现有"红外探测的基础物理研究"、"太阳能电池技术研究"两个团队被列为中国科学院创新团队国际合作伙伴计划。年内新增"新世纪百千万人才工程"国家级人选1人、上海市科技领军人才2人、财政部全国会计领军（后备）人才1人。

上海技物所是国务院学位委员会批准的首批博士、硕士学位授予单位之一。有电子科学与技术一级学科博士、硕士学位培养点；信号与信息处理、光学工程、制冷与低温工程、凝聚态物理、光学、摄影测量与遥感等六个硕士学位培养点；建有电子科学与技术博士后流动站。在学研究生364人（硕士生183人、博士生181人），在站博士后13人。

2010年，上海技物所先后组织完成"风云三号"、"嫦娥二号"等5个卫星型号共6个载荷、5个单机进场发射工作。在研9个航天型号14种载荷、5个航天型号6种航天单机研制任务按计划有序推进。国家重大专项项目取得突破性进展，极大提升了核心技术能力，为完成后续国家重大任务奠定了基础。

2010年，上海技物所有在研项目253项（新增46项）。其中，国家重大专项项目课题10余项，国家重点基础研究发展计划（“973”计划）项目（课题）16项（新增4项），中国高技术研究发展计划（“863”计划）项目（课题）14项（新增6项），国家科技支撑计划项目3项；国家自然科学基金重大项目1项（新增）、重点项目2项，国家杰出青年科学基金项目1项；中国科学院知识创新工程重大项目（课题）4项（新增3项）、重要方向项目15项（新增1项），院地合作项目3项（新增），国际合作项目7项（新增4项），地方政府项目51项（新增13项）。固定资产投资建设项目7项（新增4项）。

2010年，上海技物所积极参与各类重大战略项目的立项论证工作，取得重要进展，为夯实可持续发展基础提供了坚强保障。此外，还自主设立所级创新专项项目78项（新增39项）。在医学显示技术、器件效应研究等方面与相关国家开展合作研究。承担的“高可靠性氮化镓基半导体发光二极管材料技术”获上海市技术发明奖一等奖，“星载全覆盖复合分辨率光谱成像关键技术”、“卫星光学载荷辐射制冷系统”分获上海市科技进步奖一等奖、二等奖各1项，“卫星红外地球敏感器”获专项科技进步奖三等奖。申请发明专利100项、授权53项。

2010年，上海技物所确定了嘉定园区以产品和公共制造支撑技术为主的功能定位，成立嘉定园区建设工作委员会统筹推进新园区建设工作。完成有效载荷技术改造、中国科学院上海先进材料与制造大型区域中心“十一五”建设等固定资产投资项目及公共技术平台的建设工作，全面启动国家重大专项固定资产投资建设项目。制定相关管理办法持续推进专业化分工。结合型号任务风险防范全面加强质量管理工作，完成质量体系的监督审核。抓好数字图书馆等信息化建设工作，结合所创新种子基金工作推进创新文化建设。

上海德福光电技术公司作为上海技物所控股公司，履行研究所对外投资、创办公司、经营管理的职能。目前上海技物所和上海德福光电技术公司投资包括上海尼赛拉传感器有限公司在内的19家企业，主要从事各类传感器及应用品、磁性器材和光通信无源器件等产品的研发、生产和销售，涉足遥感航摄、医疗信息和新能源等新兴领域。2010年外部经营环境改善，投资企业经营情况逐步转好。上海技物所立足长三角区域经济加强院地合作交流，与各级地方政府积极推进产学研合作，中国科学院常州中心上海技物所分中心正式揭牌运行。

上海技物所是中国光学学会红外专业委员会、中国空间学会遥感专业委员会和中国宇航学会遥感专业委员会的挂靠单位，编辑出版《红外与毫米波学报》、《红外》等学术期刊。

（撰稿：程　东　孙　迪　审稿：何　力）

上海光学精密机械研究所

所　　长：李儒新
地　　址：上海市嘉定区清河路390号
邮政编码：201800
电　　话：021－69918000
传　　真：021－69918800
电子信箱：siom@mail.shcnc.ac.cn
网　　址：http://www.siom.cas.cn

中国科学院上海光学精密机械研究所（以下简称“上海光机所”）成立于1964年，是我国建立最早、规模最大的激光科学技术专业研究所。经过40多年的发展，上海光机所已形成以探索现代光学重大基础及应用基础前沿、发展大型激光工程技术并开拓激光与光电子高技术应用为重点的综合性研究所。研究所重点学科领域为：强激光技术、强场物理与强光光学、信息光学、量子光学、激光与光电子器件、光学材料等。

上海光机所现设8个研究室，拥有国家重点实验室1个、“中科院－中物院”联合实验室1

个、中国科学院重点实验室4个、上海市重点实验室1个。建成了国内仅有、国际为数不多的“神光”系列高功率大型激光装置，用于激光分离同位素的激光与光学系统，超短超强激光系统，激光原子冷却装置，空间全固态激光器研制平台等，并在各种新型、高性能激光器件、激光与光电子功能材料的研制方面，也达到国际先进水平。

截至2010年底，上海光机所有在职职工805人。其中科技人员709人、科技支撑人员96人，包括中国科学院院士6人、中国工程院院士1人、第三世界科学院院士2人、研究员及正高级工程技术人员78人、副研究员及高级工程技术人员152人；进入创新岗位405人。有中国科学院“百人计划”入选者19人（新增2人）、国家杰出青年科学基金获得者3人、国家海外高层次人才引进计划（“千人计划”）入选者1人（新增1人）。

上海光机所是国务院学位委员会批准的首批博士、硕士学位授予单位。现设有物理学、光学工程2个一级学科和材料学博士、硕士研究生培养点；物理学、光学工程、材料学3个博士后流动站。在学博士生216人，硕士生235人，在站博士后8人。

2010年，上海光机所共有在研项目281项（新增108项）。其中，主持（或承担）国家重点基础研究发展计划（“973”计划）项目1项（新增）、承担（或参加）课题11项（新增2项），主持（或承担）中国高技术研究发展计划（“863”计划）项目47项（新增20项），承担科学技术部国际合作项目1项（新增）；主持（或承担）国家自然科学基金重大项目2项、重点项目6项、主任基金项目1项（新增）、面上项目27项（新增10项）、重大研究计划重点项目1项；主持（或承担）中国科学院知识创新工程重大项目2项、重要方向项目6项（新增1项）、国际合作项目11项（新增3项）、重大仪器研制项目2项，院地合作项目24项（新增5项）。

2010年，上海光机所扎实推进多项国家重大专项实施，科研工作取得重要进展。“973”计划项目“超强超短激光与强场超快科学”通过科技部验收，获评“优秀”；“神光Ⅱ”装置获中科院大装置开放研究成果奖，工作成果在 *Nature Physics* 发表；参与研制的嫦娥二号卫星有效载荷“激光高度计”成功运行；研制成功空间冷原子钟原理样机；光学生物传感器为上海世界博览会安全运营提供科技保障。“强场超快极端非线性光学的前沿研究”项目获2010年度上海市自然科学奖一等奖。全年申请专利110项，其中发明专利105项；获授权专利数90项，其中发明专利83项。发表论文665篇，其中SCI收录论文450篇。

2010年，上海光机所承担来自地方政府和企业的科技项目80余项；参加上海、江苏、武汉、浙江等地和中科院科技对接洽谈会8次；积极贯彻科学院“科技援疆”行动计划，与新疆当地企业合作成立紫晶光电股份公司，推动高新技术成果产业化；特殊型号配套产品已发展到5项，产品品种和数量逐年增加；上海大恒光学技能培训学校完成“高师带徒”光学玻璃熔炼工（高级）培训班考核鉴定，开设了光学系统实用工艺研究生班的培训班，完成培训学校的换证工作。

2010年，上海光机所举办多边国际会议1个，双边国际会议4个，新建中外联合单元1个，与国外人员合作发表论文48篇，新签国际合作项目3个，聘任国外客座教授5名。

上海光机所承办了《中国激光》、《光学学报》、《中国光学快报》（英文版）（*Chinese Optics Letters*）和《激光与光电子学进展》4种学术期刊。其中，*Chinese Optics Letters* 被SCIE收录。

（撰稿：屈　炜　审稿：祝如荣）

上海硅酸盐研究所

名誉所长：严东生

所　　长：罗宏杰

地　　址：上海市定西路1295号

邮政编码：200050

电　　话：021－52412990

传　　真：021－52413903

电子邮件：siccas@mail.sic.ac.cn

网　　址：http://www.sic.ac.cn

中国科学院上海硅酸盐研究所（以下简称“硅酸盐所”）前身为1928年成立的国立中央研究院工程研究所窑业组。1959年1月12日由中国科学院冶金陶瓷研究所分出独立建所。1984年改为现名。

硅酸盐所是一个以基础性研究为先导，以高技术创新和应用发展研究为主体的无机非金属材料综合性研究机构。学科方向是先进无机材料科学与工程，主要研究领域涵盖了人工晶体、高性能结构与功能陶瓷、特种玻璃、无机涂层、生物环境材料、能源材料、复合材料及先进无机材料性能检测与表征等，是国内该领域科研单位中门类最为齐全的研究所。

硅酸盐所设有高性能陶瓷与超微结构国家重点实验室、中国科学院能量转换材料与固体缺陷重点实验室（能源材料研究中心）、中国科学院透明光功能无机材料重点实验室（人工晶体研究中心）、中国科学院特种无机涂层重点实验室（特种无机涂层研究中心）、中国科学院无机功能材料与器件重点实验室（信息功能材料与器件研究中心）、上海无机能源材料与电源工程技术研究中心、古陶瓷与工业陶瓷工程研究中心（古陶瓷科学研究国家文物局重点科研基地）、结构陶瓷材料研究中心（复合材料研究中心）以及生物材料与组织工程研究中心等科研部门；设有通过国家认证的无机材料分析测试中心、以中试生产为主要任务的中试基地以及信息情报中心等技术支撑部门，还与索尼公司共建有上海硅酸盐所-索尼联合实验室。

截至2010年底，硅酸盐所有在职职工691人。其中科技人员515人、科技支撑人员146人，包括中国科学院院士2人、中国工程院院士3人（其中1人为两院院士）、第三世界科学院院士2人、研究员及正高级工程技术人员71人、副研究员及高级工程技术人员145人；进入创新岗位413人。中国科学院“百人计划”入选者26人、国家杰出青年科学基金获得者7人、“引进国外杰出人才”入选者23人、国家海外高层次人才培养计划（“千人计划”）1人。

硅酸盐所设有材料科学与工程一级学科博士和硕士研究生培养点；材料物理与化学、材料学和物理化学（含化学物理）3个博士研究生培养点和材料物理与化学、材料学、物理化学（含化学物理）以及材料工程四个硕士研究生培养点；设有材料科学与工程学科博士后流动站。在学研究生382人（硕士生206人、博士生176人），在站博士后20人。

2010年，硅酸盐所有在研项目268项（新增72项）。其中国家重点基础研究发展计划（“973”计划）项目（课题）12项，中国高技术研究发展计划（“863”计划）项目（课题）14项，国家科技支撑计划项目4项；国家自然科学基金重点项目11项（新增1项），国家杰出青年科学基金项目1项；中国科学院知识创新工程重大项目1项、重要方向项目18项（新增2项），国际合作项目11项（新增8项）；与地方政府合作项目99项（新增20项）。

2010年，硅酸盐所申请专利186件，其中发明专利175件，实用新型专利11件，获得批准专利53件，其中发明专利39件。共发表SCI收录的论文523篇，EI收录的论文数为558篇，影响因子大于3的论文126篇。据中国科学技术信息研究所发布的中国科技论文统计结果（2010），硅酸盐所SCI、EI科技论文排名居全国科研机构第4位。

2010年，硅酸盐所共取得科技成果57项，科研成果获得省部级科技奖励3项。

硅酸盐所投资6家公司：上海硅酸盐研究所中试基地、上海西卡思新技术总公司、浙江中科天一照明有限公司、宁波韵升光通信技术有限公司、上海纳米技术及应用国家工程研究中心、浙江达峰汽车技术有限公司。产品主要为各类晶体、陶瓷、复合材料与器件等。从事科技开发的人员有223人，2010年公司总产值为32亿元。

2010年，硅酸盐所科研人员赴国外参加国际会议、项目合作、技术培训、博士生联合培养等共计208人次；接待来访、学术交流、国外学生培养、洽谈项目合作等外国专家、学者和代表团491人次；举办和承办第29届国际热电材料会议、第一届陶瓷材料在能源和环境中的应用、中韩精细陶瓷产业技术发展研讨会、先进无机材料应用研究与展望、第一届无铅压电材料国籍研讨会、中法双边学术研讨会等6次国际会议。

硅酸盐所执行了15项政府间和院级重要合作项目。2010年在原有合作基础上，进一步加强与国际知名研究所、大学合作与交流，先后签订了新合作协议10项。

硅酸盐所是上海硅酸盐学会、上海硅酸盐工业协会和上海古陶瓷科学技术研究会的挂靠单位。据美国科学信息研究所公布的《期刊引用报告》（2010 JCR），在SCI陶瓷类材料分库收录的25种期刊中，上海硅酸盐所主办的《无机材料学报》总被引频次居第10位，影响因子居第15位。

（撰稿：徐　畅　吴　瑞　审稿：刘　岩）

上海有机化学研究所

所　　长：丁奎岭
地　　址：上海市徐汇区零陵路345号
邮政编码：200032
电　　话：021－54925000
传　　真：021－64166128
电子信箱：sioc@mail.sioc.ac.cn
网　　址：http://www.sioc.ac.cn

中国科学院上海有机化学研究所（以下简称“上海有机所”）于1950年5月在前中央研究院化学研究所（建于1928年）、前北平研究院化学研究所与药物研究所的基础上成立，名为中国科学院有机化学研究所。1970年，经中国科学院和上海市革委会批准改为现名。

上海有机所首批进入知识创新工程以来，形成了“三横三纵”（“三横”即化学生物学、化学转化方法学和有机新材料创制科学；“三纵”即基础研究、高技术研究和产业化研究）的中长期发展战略格局。如今，上海有机所按照“瞄准需求、聚焦重点、集成优势、发挥特色、鼓励交叉、突出创新”理念积极谋划“十二五”和“创新2020”，瞄准“人口健康与农业”、“资源能源与环境”以及“国家安全”3大领域国家战略及新兴产业发展需求，围绕化学生物学、化学转化方法学和有机新材料创制科学3大优势方向，进一步深化“三横三纵”的发展战略，加快提升研究所自主创新能力。努力将上海有机所办成中国有机化学的研究中心、中国有机化学家的摇篮、世界有机化学的重要研究基地，跨入国际一流研究所的行列。

上海有机所设有生命有机化学、金属有机化学2个国家重点实验室，有机氟化学、天然产物有机合成化学2个中国科学院重点实验室，上海有机所物理有机化学研究室、高分子材料研究室、计算机化学与化学信息学研究室、分析化学研究室与分析测试中心4个所级实验室。还设有与和国内外大学、地方政府和企业联合共建的包括沪港化学合成联合实验室、三维药物研究中心、中国科学院上海有机化学研究所湖州生物制造创新中心和SIOC－CAS联合情报中心等13个联合研究单元。

截至2010年底，上海有机所共有在职职工658人。其中科技人员520人、科技支撑人员88人，包括中国科学院院士9人、研究员及正高级工程技术人员56人、副研究员及高级工程技术人员117人；进入创新岗位434人。有中国科学院“百人计划”入选者30人（新增2人）、国家杰出青年科学基金获得者18人（新增1人）、“新世纪百千万人才工程”入选者4人。

上海有机所是1981年国务院学位委员会批准的博士、硕士学位授予单位之一。现设有化学一级学科博士研究生培养点；有机化学、分析化学、高分子化学与物理、计算机化学等四个二级学科研究生培养点；并设有化学1个专业一级学科博士后流动站。在学研究生450人（硕士生279人、博士生171人），在站博士后29人。

2010年，上海有机所有在研项目245项（新增70项）。其中，主持（或承担）国家重点基础研究发展计划（“973”计划）项目2项（新增2项）、承担（或参加）课题16项（新增6项），主持（或承担）中国高技术研究发展计划（“863”计划）项目2项；主持（或承担）国家自然科学基金重点项目11项、主任基金项目1项（新增1项）、面上项目58项（新增11项），承担国家自然科学基金重大研究计划重点项目2项（新增2项）；主持（或承担）中国科学院知识创新工程重要方向项目6项、承担国际合作项目6项（新增2项），承担院地合作项目50项（新增32项）。

2010年，上海有机所基础研究取得重要进展。在高度顺/反选择性合成单氟烯烃、多氟芳烃的直接烯烃化、氧化三氟甲基化反应、钯催化多氟芳烃和杂芳环的直接氧化交叉偶联反应、钯催化烯烃分子内的氟胺化反应、钯催化烯丙基取代反应动力学拆分、不对称催化合成手性膦化合物、手性烯烃配体、手性催化剂自负、金属铱催化的烯丙基取代反应、钯催化二芳基膦氢化合物对β-取代烯酮的不对称加成反应、通过布朗斯特酸催化不对称氧杂迈克尔反应实现环己二烯酮的去对称化、金属铱催化 Spiroindolenine 骨架的不对称构建、Pd（OAc)$_2$ 催化的多氟芳烃直接烯烃化反应、手性双环［3.3.0］双烯作为配体的铑催化的硼酸对硝基烯的不对称共轭加成反应、区域选择性可控的吩噻嗪类化合物的合成新方法、双金属协同催化合成手性氰醇衍生物、自由基环合反应、有机小分子催化的 Michael 加成反应等方面均取得了突破，部分反应方法简便、条件温和，具有良好的应用前景。另外，发现了一种可溶性n-型有机半导体材料，利用该材料制作的器件的迁移率和稳定性在已报道的可溶液加工的n-型有机小分子材料中是最好的，具有很好的应用前景。在硫肽研究中，发现了硫肽成员诺丝七肽生物合成途径中一个新型蛋白 NosA 的功能，即作用于一个末端为双脱水丙氨酸的硫肽中间产物（来源于前体肽 NosM）以催化酰胺的形成。上述研究成果均发表在国际上具有一定影响力的 *Journal of the American Chemical Society* 或 *Angewandte Chemie International Edition* 上。“具有重要生理活性的复杂糖缀合物的化学合成”获得2010年度国家自然科学奖二等奖。该项目首次全合成了一系列具有重要生理活性的复杂天然糖缀合物，开拓性地研究了对植物（特别是中草药）中的皂甙和黄酮苷类化合物的合成，发展了对糖缀合物的合成方法学。对于后续的理论和应用研究都具有重要意义，并使我国在该领域的研究跻身国际先进水平。

2010年，上海有机所通过多种形式的合作，实现了成果的转移转化。如基于有机小分子催化的 Michael 加成反应研究基础发展的达菲合成路线，由于所用试剂廉价，反应操作简单，收率高，具备潜在的商业价值，已成功转让给国内的制药企业，有望实现产业化；通过边臂策略发展了一种新型单中心聚乙烯催化剂，利用该催化剂技术可获得具有优越的加工性能的超高分子量聚乙烯，相关技术与九江鑫星化工有限责任公司开展合作，推进聚乙烯下游产品的开发。

2010年，上海有机所发表论文、专著及章节334篇，其中 SCI 收录论文301篇。高影响因子论文（影响因子大于或等于8.58）达到创纪录的31篇，占所有发表论文数的11%，论文质量进一步提高。申请发明专利72项，其中国际发明专利申请4项；授权专利31项，其中外国专利授权2项。软件著作权登记1项，目前维持有效专利为250项左右。

2010年，上海有机所举办或承办了第一届中国-意大利有机化学双边会议、第四届均相催化论坛暨第一届中国-加拿大催化双边会议、第一届中捷有机化学双边论坛。参加国际会议、进行合作研究、考察访问119人次，邀请和接待来访300多人次。截至2010年底，共有16位科学家在39个国际学术刊物和国际组织任职。

受中国化学会委托，上海有机所负责编辑出版《化学学报》、《中国化学》和《有机化学》。《化学学报》在2010年获得第二届中国出版政府奖期刊奖提名奖。

（撰稿：蔡正骏　顾嘉偎　审稿：郑静芳）

上海应用物理研究所

所　　长：赵振堂

地　　址：上海市嘉定区嘉罗公路2019号（嘉定园区）

上海市浦东新区张衡路239号（张江园区）

邮政编码：201800（嘉定园区）

201204（张江园区）

电　　话：021-59553998，021-33933998

传　　真：021-59553021，021-33933021

电子信箱：sinap00@sinap.ac.cn

网　　址：http://www. sinap. ac. cn

中国科学院上海应用物理研究所（以下简称“上海应用物理所”）的前身是成立于1959年的中国科学院上海原子核研究所，2003年6月经国家批准定为现名。

上海应用物理所是国立综合性核技术科学研究机构，在光子科学、加速器科学技术、核能技术、核科学技术与前沿交叉科学等领域，从事面向世界前沿和国家战略需求的国际一流水平的科学研究、大科学装置的研制与运行利用，以期不断作出基础性、战略性、前瞻性的重大创新贡献，成为我国独具特色、不可或缺与不可替代的国立研究机构。上海应用物理所是国家重大科技基础设施——上海光源（SSRF）的工程承建和运行单位，并建有“中国科学院核分析技术重点实验室”、“上海市低温超导高频腔技术重点实验室”；拥有两大园区，分别坐落于上海市科技卫星城嘉定区和浦东张江高科技园区，占地面积共700余亩。

截至2010年底，上海应用物理所有在职职工774人。其中科技人员424人、科技支撑人员98人，包括中国科学院院士1人、研究员及正高级工程技术人员66人、副研究员及高级工程技术人员131人；进入创新岗位611人。有中国科学院“百人计划”入选者16人、国家杰出青年科学基金获得者4人。

上海应用物理所是1964年国务院学位委员会批准的博士、硕士学位授予权单位之一。现设有粒子物理与原子核物理、核技术及应用、无机化学等3个二级学科博士研究生培养点；粒子物理与原子核物理、核技术及应用、无机化学、生物物理学、信号与信息处理、光学工程、电磁场与微波技术等7个二级学科硕士研究生培养点；设有物理学、核科学与技术2个一级学科博士后流动站。在学研究生332人（硕士生225人、博士生107人），在站博士后24人。

2010年，上海应用物理所在研项目224项（新增84项）。其中主持（或承担）国家重点基础研究发展计划（“973”计划）项目3项（新增1项）、承担（或参加）课题12项（新增4项），中国高技术研究发展计划（“863”计划）课题1项，国家科技重大研究专项（卫生部）1项；主持（或承担）国家自然科学基金重点项目3项（新增2项），国家杰出青年科学基金2项、主任基金项目2项（新增2项）、面上项目76项（新增26项）、重大研究计划/培育项目2项；主持（或承担）中国科学院知识创新工程重要方向项目11项（新增2项），大科学装置维修项目4项（新增2项），中国科学院仪器研制改造项目4项（新增2项），国际合作项目2项，院地合作项目3项；承担横向科研项目7项，与地方政府合作项目（上海市）27项。

2010年1月19日，上海光源（SSRF）国家重大科学工程通过国家验收。国家验收委员会认为，上海光源以世界同类装置最少的投资和最快的建设速度，实现了优异的性能，成为国际上性能指标领先的第三代同步辐射光源之一，是我国大科学装置建设的一个成功范例。2010年，上海光源首批7条光束线站提供用户机时28 204h，执行用户课题833个，用户单位154家，实验人员3213人次、1662人。上海光源用户的科学研究成果先后发表在 *Cell*、*Science*、*Nature* 等国际顶级刊物。

2010年，中国科学院战略性先导科技专项“未来先进核裂变能——钍基熔盐堆核能系统”（TMSR）方案先后通过了中科院组织的高层咨询评议、实施方案专家论证、预算评审，进入正式启动实施阶段。专项的目标是，经过20年左右，研发第四代的裂变反应堆核能系统——钍基熔盐堆核能系统，所有技术均达到中试水平并拥有全部的知识产权。

2010年，上海应用物理所的研究工作取得累累硕果。在相对论重离子碰撞国际合作研究中探测到第一个反超氚核，上海深紫外自由电子激光实验先后实现Echo调制、HGHG饱和出光，超导高频腔研制取得重大进展，工业辐照用1.5MeV高频高压加速器研制成功，发展了一种超疏水棉布技术，在物理生物学新兴领域取得一大批高水平研究成果。据不完全统计，发表论文269篇（不包括会议论文），其中SCI论文186篇、EI论文36篇，以第一作者单位发表影响因子3以上论文77篇、影响因子5以上论文30篇；申请专利27个，专利授权23个。

2010年，上海应用物理所与澳大利亚CSIRO、斯洛文尼亚COBIK、泰国SLRI、日本KEK、韩国PAL、美国SLAC、瑞士PSI签订或更新了科研合作协议；出访239人次、来访320人次；举办海峡两岸环境与能源研讨会、上海光源二期高压线站国际研讨会、国家蛋白质科学研究（上海设施）光束线站设计国际评审会以及3期东方科技论坛。

上海应用物理所是上海市核学会、中国核学会辐射研究与辐射工艺学分会的挂靠单位；主办《核技术》、《核科学与技术》（英文版）、《辐射研究与辐射工艺学报》等学术刊物。

（撰稿：贺战军　张晓斐　审稿：赵振堂）

上海天文台

台　　长：洪晓瑜
地　　址：上海市徐汇区南丹路80号
邮政编码：200030
电　　话：021-64386191
传　　真：021-64384618
电子信箱：office@shao.ac.cn
网　　址：http://www.shao.ac.cn

中国科学院上海天文台（以下简称“上海天文台”）成立于1962年，其前身是1872年建立的徐家汇天文台和1900年建立的佘山天文台。目前总部设在上海市徐家汇，天文观测台站位于上海松江佘山。

上海天文台以天文地球动力学、行星科学和星系宇宙学为主要学科方向，同时积极发展现代天文观测技术和时频技术，为天文研究和国家战略需求提供科学和技术支持。上海天文台坚持面向世界科学前沿和面向国家战略需求的新时期办院方针，积极承担国家和有关部委的重要科研和国家重大需求任务，如参加月球探测任务，主持“973”计划项目等。

上海天文台设有天文地球动力学研究中心、星系和宇宙学研究中心、VLBI研究室和光学天文技术研究室、时间频率技术研究室5个研究部门，下设8个创新研究团组、1个创新实验室和1个创新观测基地；拥有甚长基线干涉测量（VLBI）观测台站（25m口径射电望远镜）、VLBI数据处理中心、1.56m口径光学望远镜、60cm口径卫星激光测距望远镜（SLR）、全球定位系统（GPS）等多项现代空间天文观测技术和国际一流的观测基地和资料分析研究中心，是世界上同时拥有这些技术的7个台站之一。上海天文台是全国科普教育基地、全国青少年科技基地、上海市青少年教育基地和上海市科普教育基地。

截至2010年底，上海天文台有在职职工222人，流动人员234人，离退休人员266人。在职职工中，有科研人员160人、科技支撑、管理人员42人，包括中国科学院院士1人、中国工程院院士1人、正高级专业技术人员46人、副高级专业技术人员47人；进入创新岗位人员144人。中国科学院“百人计划”入选者14人（新增1人）、国家杰出青年科学基金获得者6人、项目聘用人员35人；流动人员中，有客座研究员42人、访问学者9人。

上海天文台是天文学一级学科博士学位培养点；设有天体测量与天体力学、天体物理和天文技术与方法3个二级学科博士、硕士培养点和博士后流动站。在学研究生133人（博士生59人、硕士生74人），联合培养20人，在站博士后15人。

2010年，上海天文台有在研项目98项。其中，国家重点基础研究发展计划（“973”计划）项目或课题2项，中国高技术研究发展计划（“863”计划）项目或课题11项；国家自然科学基金面上项目46项、重点项目3项，国家杰出青年科学基金项目3项，创新研究群体项目1项；主持中国科学院知识创新工程重要方向项目2项，院市合作重大项目1项，海外团队1项，装备研制1项，信息化专项1项，外籍人才专项8项，国际合作项目2项。

2010年新争取到各类项目78项。其中，国家自然科学基金委面上项目12项，国家杰出青年科学基金项目1项，重点项目2项，青年科学基金项目6项，外国青年学者研究基金3项、国际合作与交流项目3项，科学部主任基金4项；中国科学院装备研制项目1项，信息化专项1项，外籍人才专项8项，财政部修缮购置专项1项；上海市优秀学科带头人计划1项，自然科学基金项目4项，上海市地方匹配资金项目12项，4浦江人才计划2项，长三角科技联合攻关1项。

2010年，上海天文台积极推进科研工作，正在研制的口径为65m的大型射电望远镜将是一台国内领先、亚洲最大、国际先进的全天线可转动的大型射电望远镜。该项目被列入上海市重大工程，也是中国科学院和上海市政府合作项目。目前，该项目正按照计划顺利进行：天线设计方案并通过国际评审，转入生产阶段；完成了主动面系统招标，通过设计方案评审；正在进行8个波段接收机系统的方案设计，S/X双频接收机的设计方案已基本完成；其他各系统的研制工作按计划进行；站址的配套基础建设工作（天线的基础和观测室建设等）进展顺利，上海65m射电望远镜经理部被评为上海市重大项目立功竞赛优秀集体。上海65m射电望远镜的建成不仅可以很好地执行探月二期和三期工程的VLBI测定轨和定位以及今后我国各项深空探测任务，还可以在天文学研究中发挥非常重要的作用，进一步提升我国基础天文研究的实力，提高我国VLBI网的灵敏度和单口径大型射电望远镜在厘米和长毫米波的工作能力。

2010年，上海天文台发表学术论文158篇，其中被SCI杂志收录53篇，被SCI论文独立引用455篇次。被六部委联合授予“探月工程嫦娥二号任务突出贡献单位”称号，胡小工、李金玲、李斌、舒逢春、李惠华荣获六部委颁发的“探月工程嫦娥二号任务突出贡献者”称号。景益鹏被授予“全国优秀科技工作者”和“中科院人才工作先进个人”荣誉称号。沈志强研究员荣获上海市自然科学牡丹奖，艾伯特·伯纳教授分别获得国家国际科技合作奖和友谊奖。申请发明专利6项，实用新型专利申请1项；并有1项发明专利和4项实用新型专利获得授权。

2010年，上海天文台进一步加强院地合作与学术交流。与中国科技大学合作成立中国科学院星系宇宙学重点实验室；与上海师范大学共建上海市天体物理联合研究中心；与上海市科委共建上海市空间导航定位技术重点实验室和天文博物馆；作为中国科学院天文地球动力学联合研究中心的主持单位，上海天文台积极促进各单位、各学科间的合作与交流；作为中国VLBI网和中国卫星激光测距网的总体技术支撑和观测运行责任单位，上海天文台努力发挥学科和技术优势，起到了重要的支撑作用。

2010年，上海天文台进一步加强国际合作与交流。争取到国际合作项目3项，签订国际合作项目协议3个；聘用外籍名誉和客座研究员3人，接收外籍博士后5人；新增国际组织任职人员1人；出访119人次，来访132人次；举办第八届东亚天文学会议、APSG工作组2010年会议、GGOS地球自转国际研讨会3次国际会议；邀请美国得克萨斯大学的陈剑利博士访问中国科学院上海天文台，并成立“天文和空间技术的应用及全球变化实验室”。作为中德马普伙伴研究小组成员单位、国际合作项目“亚太地区空间地球动力学研究计划APSG”中央局所在地、欧洲VLBI网（EVN）和国际VLBI在测地学和天体测量服务（IVS）的成员，上海天文台积极开展学术研究和技术服务，在国际合作方面作出了重要贡献。

上海天文台是上海天文学会挂靠单位，负责主办《上海天文台年刊》、《天文学进展》以及《地球自转参数年报》、《地球自转参数公报》、《原子时公报》等期刊。

（撰稿：汪显坤　朱仁义　审稿：陆晓峰）

上海生命科学研究院

院　　长：陈晓亚
地　　址：上海市岳阳路320号
邮政编码：200031
电　　话：021-54920021
传　　真：021-54920078
电子信箱：sibs@sibs.ac.cn
网　　址：http://www.sibs.ac.cn

中国科学院上海生命科学研究院（以下简

称“上海生科院”）成立于1999年7月，是由原中国科学院上海生物化学研究所、上海细胞生物学研究所、上海生理研究所、上海脑研究所、上海药物研究所、上海植物生理研究所、上海昆虫研究所和上海生物工程研究中心等8个生物学研究所经结构调整、体制创新而组建成立。

根据战略目标定位，上海生科院以服务社会主义现代化建设为目标，以提升自主创新能力和可持续发展能力为主线，以解决关系国家全局和长远发展的基础性、战略性、前瞻性的重大科技问题为着力点，以人口与健康为核心，聚焦生命现象本质的前沿探索和基础研究，聚焦人口健康重大问题的转化型研究，着力突破保障改善民生的重大公益性科技问题。2010年，上海生科院全面完成创新三期各项任务的同时根据中国科学院的部署，着力开展和推进院所“创新2020”实施方案和“十二五”规划编制工作，积极建议承担“干细胞和再生医学研究与应用”等战略性先导科技专项任务，与上海高等研究院共同筹建中国科学院干细胞与再生医学研究中心，并在深入研讨的基础上，积极组织三类中心“系统健康与转化医学科学中心”筹建规划，形成初步中心建议方案。

上海生科院主要聚焦科技创新活动于以下重点研究领域：功能基因组、蛋白质组和生物信息学，生物大分子的结构、相互作用及功能，细胞活动的分子网络调控，脑发育与脑功能的分子与细胞机制研究，防治重要疾病的新药研究开发、中药现代化研究以及药物研究的理论和方法，植物分子生理和植物与环境的相互作用，生物技术的创新和应用，生物医学转化型研究，现代营养科学研究，病毒学与免疫学研究，计算生物学研究，以及生命科学与其他学科的交叉研究。

上海生科院现有8个研究机构，其中包括2个独立法人单位和6个非法人研究机构。

生物化学与细胞生物学研究所 该所成立于2000年，其前身是1950年成立的中国科学院生理生化研究所“生化大组”与1950年成立的中国科学院实验生物研究所“发生生理研究室”。该所致力于生命科学基础研究，其主要内容涵盖生物化学、分子生物学、细胞生物学等学科领域，聚焦基因调控、RNA与表观遗传学，蛋白质科学，信号转导，细胞与干细胞生物学，癌症和其他重大疾病等5大重点研究领域。研究所设有分子生物学国家重点实验室和中国科学院分子细胞生物学重点实验室，59个研究组分别以固定及客座研究组的形式加入重点实验室。

神经科学研究所 该所成立于1999年11月27日，其主要任务是开展神经科学前沿领域的基础研究，争取取得国际一流的研究成果和培养优秀人才。主要研究方向是：分子与细胞神经科学、发育神经科学、系统、计算与认知神经科学以及神经系统疾病等。研究所按研究方向设有4个研究部门，部门下共有27个研究组。

上海药物研究所 该所的前身是1932年创建的国立北平研究院药物研究所，1953年1月经中国科学院批准正式成立中国科学院药物研究所，1978年更名为中国科学院上海药物研究所。该所主要从事创新药物的基础研究、应用基础和应用开发研究，其重点研究领域包括天然活性物质的发现、化合物的合成和结构修饰、药物作用的细胞和分子机制、药效评价新动物模型、新靶标的确证、药物-靶标相互作用和构效关系、分子药物设计、高通量和高内涵药物筛选、药物的早期代谢特征和安全性评价、药物新型传递系统等。研究所设有3个国家级研究中心、6个新药研发技术平台和4个支撑服务机构。

植物生理生态研究所 该所由原中国科学院上海植物生理研究所与原中国科学院上海昆虫研究所于1999年5月19日整合而成。该所主要围绕国家对农业、资源和环境可持续发展的战略需求和国际生命科学与生物技术发展的前沿，在植物、昆虫、微生物等领域进行创新性研究和生物技术开发，深入开展植物、昆虫和微生物功能基因组学与分子生理学研究，加强植物基因工程和分子育种、工业生物技术（生物能源与生物基化学品开发）、分子生态、协同进化、昆虫与植物相互作用、害虫生物防治等的研究与开发。努力建设国际高水平的研究机构、人才培养基地和科学传播基地。研究所设有植物分子遗传国家重点实验室、中国科学院合成生物学重点实验室、昆虫发育与进化研究重点实验室、光合作用与生物质研究实验室、中国科学院国家基因中心、国家植物基因研究中心（上海）、上海生科院工业生物技术研究中心和中国科学院上海昆虫博物馆。

健康科学研究所　该所前身是1999年由上海生科院和上海交通大学医学院联合组建的健康科学中心。2002年4月开始实体化运作，2005年11月9日正式更名为健康科学研究所。该所瞄准生物医学领域的前沿课题和社会发展需求，围绕人类重大疾病，重点开展与临床结合的基础和应用性研究，其主要研究领域包括干细胞的医学应用、免疫机制和防治新策略研究、重大疾病机制和防治新策略研究3个方面。研究所现有25个课题组，分属于以生物学基础研究为重点的基础研究部和以疾病为研究对象的医学研究部；同时还拥有一个中国科学院干细胞生物学重点实验室和若干以直接推动创新诊断治疗方法为目的的临床实验基地。

营养科学研究所　该所于2003年12月15日在上海正式成立。该所以所的发展方向与国家需求相结合，关键科学问题与学科带头人优势相结合，国际新营养科学热点与传统营养学相结合、基础研究与人群研究相结合为总体发展思路，重点开展营养与代谢相关疾病研究、食品安全研究以及营养资源开发和公众营养教育等工作。设有人体测量系统、临床生化检测、营养基因组学、质谱分析检测、分子细胞研究、小鼠模型研究、斑马鱼模型研究等7个技术平台。

上海巴斯德研究所　该所是根据中国科学院、上海市和法国巴斯德研究所2004年8月30日签署的合作总协议建立的研究机构，于2004年10月11日揭牌，2005年7月开始运行。该所的宗旨是根据国家公众健康需求，通过面向应用的基础研究和教育活动，为传染性疾病的预防和治疗作出贡献。研究生教育包括硕士和博士研究生培养、专业人员培训，结合中国科学院和巴斯德研究所国际网络的资源优势，努力创造国际化的教育和培训环境，为生物医学界培养高质量的创新型人才。其主要任务是：传染病（特别是病毒性传染病，包括艾滋病、呼吸道疾病如SARS和禽流感、肝炎、脑炎等）的致病机理研究；基于基础研究，发展公众健康事业所需的应用技术，建立生物医学技术平台；开发新的诊断技术、预防疫苗和治疗药物；开展传染病及其防控知识的教育与培训活动；建立企业孵化器，把研究成果推向实际应用。

计算生物学伙伴研究所　该所成立于2005年10月，是中国科学院和德国马普学会合作共建、联合资助、共同管理的一个国际化研究机构。该所主要开展与实验科学紧密结合的计算和理论生物学研究，补充完善上海生科院和马普研究所的科研系统，传播科学知识，培养造就人才，以简洁优美的语言解读生命玄机，为推动生命科学发展作出积极贡献。研究所设有分子系统生物学、计算调控基因组学、生物物理学3个实验室和比较生物学、植物系统生物学、功能基因组学3个青年科学家小组，共拥有14个研究小组，在计算生物学领域中具有了一定的研究规模和竞争力。

上海生科院（不含药物所，以下同）设有分子生物学、植物分子遗传、神经科学3个国家重点实验室；分子细胞生物学、干细胞生物学、系统生物学、营养与代谢、合成生物学、计算生物学、昆虫发育与进化生物学、分子病毒与免疫（2010年获准成立）8个中国科学院重点实验室和生命科学信息中心、伍佰豪生物工程研究发展有限公司和实验动物中心3个支撑机构。

截至2010年底，上海生科院有在职职工1837人。其中科技人员1605人、科技支撑人员315人，包括中国科学院院士21人、中国工程院院士2人、美国国家科学院院士1人、第三世界科学院院士8人、研究员及正高级工程技术人员256人、副研究员及高级工程技术人员232人；进入创新岗位1467人。

上海生科院是国务院学位委员会批准的博士、硕士学位授予权单位之一。现设有生物学1个专业一级学科博士研究生培养点；植物学、动物学、生理学、微生物学、神经生物学、遗传学、发育生物学、细胞生物学、生物化学与分子生物学、生物技术与医药、生物信息学、计算生物学、生物情报学等13个专业二级学科博士研究生培养点；生物工程专业硕士研究生培养点，设有生物学专业一级学科博士后流动站。在学研究生1552人（硕士生574人、博士生978人），在站博士后152人。

作为首批入选“海外高层次人才创新创业基地”单位之一，上海生科院有中国科学院“百人计划”入选者129人（新增12人）；国家杰出青年科学基金获得者54人（新增1人）；国家海外高层次人才引进计划（“千人计划”）入选者7人（新增1人）；国家重点基础研究发展计划（973）首席科学家29人（新增8人）；国家自然科学基金委创新研究群体负责人8人（新增1人）；引进21位年轻学科带头人，其中12人获得中国科学院“百人计划”入选资格，1人获得“引进杰出技术人才”入选资格及择优支持；国家外国专家局－中国科学院海外创新团队3支（海外知名学者15位）。

2010年，上海生科院共有在研项目840余项（新增260项）。其中，主持（或承担）国家重点基础研究发展计划（“973”计划）项目24项（新增8项）、承担（或参加）课题54项（新增14项），主持（或承担）中国高技术研究发展计划（“863”计划）项目25项，重大专项22项（新增1项）；主持（或承担）国家自然科学基金重点项目39项（新增10项）、面上项目130项（新增45项）、重大研究计划重点项目11项（新增2项）；承担中国科学院战略性先导科技专项项目2项、主持（或承担）知识创新工程重大项目2项、重要方向项目91项（新增21项，其中生命科学领域基础前沿专项7项），承担国际合作项目38项（新增17项），承担院地合作项目17项。新增的各类项目计有260余项，合同经费达7.02亿元。

2010年，上海生科院科研工作取得重要进展。神经科学研究所的“胶质细胞新功能的研究”项目获国家自然科学奖二等奖，该研究工作改变了人们对胶质细胞的一些认识，为人们认识突触抑制提供了新机理，在神经科学领域产生了重要影响。全院获2010年度上海市技术发明奖三等奖1项、上海市国际科技合作奖1项。发表SCI论文708篇，其中影响因子大于10的39篇，在*Cell*、*Nature*、*Science*及其系列期刊上发表论文20篇。申请专利114项，专利授权30项，其中发明专利30项。通过与企业合作和成果转化，签订合同金额45 031万元，到账金额3696万元，其中技术转让和专利许可金额1526万元。

2010年，上海生科院大力推进院地合作与成果转移转化。上海生科院参与建设的上海辰山植物园作为2010年上海世博会的配套工程，经过三年多的建设，于2010年4月26日正式开放，中国科学院辰山植物科学研究中心揭牌运行；继续推进与湖州市政府的合作共建工作，其中，湖州工业生物技术中心2010年与企业成立联合研发实验室2家，签订技术合作合同8项，合同金额805万元，试生产和正式投产项目5项；与临床医院合作取得实质性进展，研究型医院筹建工作取得阶段性进展，营养科学研究所“临床研究中心”开展12个合作课题，生物化学与细胞生物学研究所与上海市徐汇区中心医院共建“癌症研究中心”，健康科学研究所与常州市第一人民医院/苏州大学附属第三医院共建“生物医学转化研究基地”；参与世博、服务世博，上海巴斯德研究所建立的病原诊断中心作为上海CDC的外部技术支撑，在上海世博会期间，应对随时可能的输入性和突发性传染病；营养科学研究所食品安全检测公共服务平台为2010年上海世博会提供了食品安全检测服务。2010年上海生科院还成功转化一批科研成果，其中蛋白抗肿瘤药物的专利与技术以6100万美元授权赛诺菲－安万特公司实施；与浙江海正药业（杭州）有限公司共同申报的“基因组工程改良多拉菌素高技术产业化项目”于2010年也已实现规模化生产。

2010年，上海生科院国际合作工作扎实推进。新增或获准延长资助的国际人才交流项目共计16个；出访团组344批484人次，涉及35个国家和地区；接待来访980人次，涉及47个国家和地区，其中，计算生物学伙伴研究所接待了德国联邦教育与研究部代表团，德国马普学会主席彼得·格鲁斯Peter Gruss代表团，德国图宾根校长代表团，德国科技德国科技记者团的来访，并召开“计算所所长遴选研讨会”及“核心委员会会议”；巩固和拓展与国外著名研究机构及跨国公司的战略合作伙伴关系，包括上海生科院健康科学研究所与加拿大魁北克省蒙特利尔大学附属圣心医院骨关节中心共建“中加分子治疗联合研究实验室”、上海生科院或所属研究所

（中心）与德国图宾根大学、澳大利亚格里菲斯大学 Glycomics 研究所、强生公司、意大利罗马大学、日本筑波大学、日本系统生物学研究所等大学、研究所和企业签署了 12 份合作协议；院所举办多边和双边国际会议 23 次；新担任国际组织、国际期刊任职 17 人，其中，1 人当选为联合国教科文组织世界科技伦理委员会（COMEST）委员。

上海生科院现有 4 个全国性挂靠学会、6 个地方性挂靠学会和 11 种学术期刊。《细胞研究》（*Cell Research*）2010 年度影响因子为 8.151，在 SCI 收录的国际细胞生物学领域发表原创论文的 147 种核心期刊中排名第 14 位，首次进入前 10%，并连续 5 年在 JCR 公布的中国科技期刊中排名第一；《分子植物》（*Molecular Plant*）首个影响因子为 2.784，在我国入选 SCI 科技期刊中排名第 4，在植物科学领域的国内期刊中位列第一，在 SCI 收录的国际植物科学领域 172 种核心期刊中排名第 26 位，进入了前 15%，在创刊阶段即赢得了较高的起点；《生物化学与生物物理学报》（*Acta Biochimica et Biophysica Sinica*）影响因子 1.482；新创办的期刊《分子细胞生物学报》（*Journal of molecular cell biology*）已经进入 SCIE。出版的 5 种英文期刊已全部与《自然》（*Nature*）出版集团（NPG）、牛津大学出版社（OUP）、施普林格（Springer）等国际知名出版商进行了国际出版合作。

（撰稿：林滨霞　李　翌　审稿：张建新）

上海药物研究所

所　　长：丁　健
地　　址：上海市浦东新区张江祖冲之路 555 号
邮政编码：201203
电　　话：021-50806600
传　　真：021-50807088
电子信箱：suoban@mail.shcnc.ac.cn
网　　址：http://www.simm.cas.cn

中国科学院上海药物研究所（以下简称“上海药物所”）前身是国立北平研究院药物研究所，1932 年由国立北平研究院和北平中法大学合作创建，1933 年迁至上海，1950 年 3 月并入中国科学院有机化学所，为药物化学研究室，1953 年从中国科学院有机化学研究所分出，成立中国科学院药物研究所。1970 年改名为上海药物研究所，1978 年更名为中国科学院上海药物研究所。

上海药物所是以创新药物的基础研究、应用基础和应用开发研究为主的综合性研究机构，通过生物学和化学密切合作，阐明生物活性物质的结构、活性及其相互关系；探索药物作用的新机理、新靶点；完成新药临床前综合评价及研究。重点研究治疗肿瘤、心脑血管、神经精神系统、代谢、自身免疫和感染性等六类疾病领域的新药，并加强现代中药的研发。1998 年成为中国科学院知识创新工程试点单位之一。2010 年，根据中国科学院党组的部署，制定了“十二五”规划及“创新 2020”组织实施规划，明确了发展目标，即经过两个五年的建设，集成、优化、整合全所（系统）创新药物研发的科技资源，以解决关系国家安全和促进全民健康的重要科学问题、研发原创重大新药为着力点，针对严重影响人类健康的重大疾病，显著增强药物研发和产业发展的创新能力，成为我国创新药物研究开发和应用基础研究的重要基地，成为药物研究新技术、新方法、新体系的重要源头，成为“四个一流”的国立药物研究院。

上海药物所设有 3 个国家级研究中心：新药研究国家重点实验室、国家新药筛选中心、中药标准化技术国家工程实验室；5 个研究室：药物化学研究室、天然药物化学研究室、药理学第一、二、三研究室；6 个技术平台研究中心：药物发现与设计中心、药效评价研究中心、上海药物代谢研究中心、药物安全评价研究中心、药物释放系统研究中心、中药现代化研究中心；4 个支撑服务机构：分析化学研究室、图书情报室、实验动物室、期刊联合编辑部。

截至 2010 年底，上海药物所有在职职工 613 人。其中科技人员 382 人、科技支撑人员 116 人，包括中国科学院院士 3 人、中国工程院院士

3人、研究员及正高级工程技术人员86人、副研究员及高级工程技术人员86人；进入创新岗位243人。“千人计划”1人（新增1人）、中国科学院“百人计划”入选者28人（新增4人）、国家杰出青年科学基金获得者16人（新增2人）。

上海药物所是国务院学位委员会批准的首批博士、硕士学位授予单位之一。设有“药学”专业一级学科博士、硕士研究生培养点；其招生专业包括药物化学、药剂学、药物设计学、药理学、药物分析学等；设有化学、药学专业一级学科博士后流动站2个，在站博士后31人。截止2010年底，在学研究生419人（硕士生205人、博士生214人）。

2010年，上海药物所有在研项目531项。其中国家重点基础研究发展计划（“973”计划）项目17项（新增2项），中国高技术研究发展计划（“863”计划）项目25项，国家科技支撑计划项目5项；国家自然科学基金重大项目1项、重点项目6项（新增1项），国家杰出青年科学基金项目8项（新增4项）；中国科学院知识创新工程重大项目3项、重要方向项目17项，院地合作项目178项（新增112项），国际合作项目1项，与地方政府合作项目76项（新增20项）。到位各类经费6.44亿元。

2010年，上海药物所扎实推进新药研究。注射用丹参多酚酸盐正在申请中药品种保护，2010年销售额为3.7亿元；扎那米韦取得新药证书，即将投产；雷腾舒、丹七通脉片正在进行Ⅰ期临床研究；硫酸舒欣啶、抗糖尿病候选新药DC250188等正在国外开展临床前或临床研究；一类候选新药盐酸希明替康、异噻氟定、德立替尼完成新药临床前研究；10余个候选新药处于临床前研究阶段；还储备了一批候选化合物，形成了“转化一批、研发一批、储备一批、发现一批”的良好发展态势。申请专利129项，其中国内申请101项，PCT国际阶段申请9项，进入国家阶段的受理19项；获得专利授权54项，其中国内授权43项，国外授权11项。

2010年，上海药物所基础研究成果丰硕。发表论文395篇，其中SCI收录论文达368篇，影响因子5以上的论文55篇。离子通道化学生物学研究取得重要进展，阐明了酸敏感离子通道的非质子门控机理，研究论文发表在 *Neuron* 杂志上；首次发现了硝基烯的不对称硼酸加成反应的高立体选择性控制，论文发表在 *Angew. Chew. Int. Ed.* 上；详尽阐述了我国红树林植物木榄（*Bruguiera gymnorrihiza*）中双萘螺环类化合物的结构鉴定、生物活性、生物合成途径及其化学合成方法，论文发表在 *Natural Product Report* 上；岳建民领衔的“若干药用植物中结构新颖、多样化天然活性物质的研究”荣获2010年上海市自然科学奖一等奖。

2010年，上海药物所技术平台建设更上一层楼。建成2万余平方米“新药创制技术保障条件建设项目”实验大楼并入驻；模块化建设“化学创新药物研究开发综合性技术平台”，包括新药发现、新药开发、技术支撑和数据集成管理四大模块发挥优势；60余万化合物规模的亚洲最大化合物库初步建成；中药标准国家工程实验室20多个药材标准进入新版国家药典；在国内率先创建新药研发数据集成平台，GRP实验管理系统已经上线试运行。

国际合作方面，2010年新签国际合作项目协议5个，到位经费3000多万元。与瑞士爱泰隆公司的联合实验室开展抗肿瘤药物新靶点项目进展顺利；与阿斯利康公司共建的安全性评价研究中心完成实验设施建设，并举行揭牌仪式投入运行，双方正积极准备国际GLP认证；与法国施维雅公司共建联合实验中心在CNS新型靶点和功能确认、先导化合物发现等方面开展项目合作。组织和承办了中以双边国际会议：药物设计理念与实验方法研讨会、世界中医药学会联合会中药分析专业委员会成立大会、2010上海中药与天然药物国际大会等8次国际会议。

企业合作与产业化方面，以“重大新药创制”国家重大科技专项为纽带，与上药集团、石药集团/浙江医药股份公司、江苏恒瑞等大型民族企业建立产学研联盟；联合国内大型企业单位共同承担国家重大专项中企业孵化基地、产学研联盟项目6项，占国家总资助项目数60%。尝试通过项目和无形资产股权投资组建海和药业，加速研发速率和国际化进程。2010年，“四技”合同140多项，合同总金额达

1.04 亿元。

上海药物所主办了两本英文学术杂志 *Acta Pharmacologica Sinica*（《中国药理学报》）和 *Asian Journal of Andrology*（《亚洲男性学杂志》）。*Acta Pharmacologica Sinica* 是我国药理学及药学领域唯一被 SCI 收录的学术期刊，其影响因子为 1.783；*Asian Journal of Andrology* 是我国重要的洲际学会国际性会刊，影响因子为 1.688，在国际男科学领域期刊排名第三，在国内临床医学领域 SCI 期刊榜排名第一。研究所同时还主办了以非处方药物为主的科普杂志《家庭用药》，年发行量为 140 万册。

（撰稿：徐晓萍　石岩森　审稿：厉　骏）

宁波材料技术与工程研究所

所　　长：崔　平

地　　址：浙江省宁波市镇海区庄市大道 519 号

邮政编码：315201

电　　话：0574-86685115

传　　真：0574-87910728

电子信箱：nimte@nimte.ac.cn

网　　址：http://www.nimte.ac.cn

中国科学院宁波材料技术与工程研究所（以下简称“宁波材料所”）始建于 2004 年 4 月，2007 年 11 月通过中国科学院、浙江省、宁波市组织的验收，成为中国科学院在浙江省建立的首家直属研究机构。2009 年 3 月，中国科学院、浙江省和宁波市三方签署协议，启动了宁波材料所二期建设。2010 年 11 月，举行了宁波材料所二期开工典礼暨“宁波工业技术研究院”揭牌仪式。

宁波材料所的发展目标和定位是：立足浙江、服务中国、走向世界，成为独具区域特色，集技术创新、成果转化、科技服务、人才培育于一体的综合性工业技术研究机构；宁波材料所结合自身特点以及区域经济社会发展的需要，先后组建了高分子与复合材料、磁性材料、功能材料与纳米器件、表面工程、燃料电池技术、特种纤维 6 个事业部。宁波工业技术研究院下设 3 个研究所：材料技术与工程研究所、新能源技术研究所和先进制造技术研究所，并在温州设立温州生物材料与工程研究所。

宁波材料所目前已建有碳纤维国家工程实验室、省部共建国家先进材料制造与应用重点实验室培育基地、高强 T800 碳纤维试验平台、中国科学院磁性材料与装备实验室、浙江省磁性材料及其应用技术重点实验室和浙江省磁性材料创新平台，先后投资 1.9 亿元购买各种仪器设备，并搭建了 1 个公共研究测试平台与 5 个专业平台。

2010 年，宁波材料所完成并通过了《“十二五”暨中长期发展战略规划（2010—2020）》编制工作，正逐步推进落实“7 + 2”重大研究计划，持续完善管理体制机制，深化质量体系建设，组建了知识产权部。

截至 2010 年底，宁波材料所有在职职工 511 人。其中科技人员 369 人、科技支撑人员 97 人、管理岗位 46 人，包括研究员及正高级工程技术人员 92 人（27 人为客聘）、副研究员及高级工程技术人员 59 人；进入创新岗位 197 人。有中国科学院“百人计划”入选者 19 人（新增 7 人）、国家杰出青年科学基金获得者 1 人、国家海外高层次人才引进计划（“千人计划”）入选者 2 人（新增 1 人）、浙江省“千人计划”6 人。

宁波材料所 2008 年经中国科学院审核通过，成为具有博士、硕士学位学科专业的培养单位。现拥有材料物理与化学、高分子化学与物理、机械制造及机械自动化 3 个博士点；材料物理与化学、高分子化学与物理、化学工程、材料工程机械工程（专业学位）6 个硕士点；设有材料科学与工程一级学科；材料物理与化学专业博士后流动站。在学研究生 243 人（硕士生 179 人、博士生 64 人），在站博士后 43 人。

2010 年，宁波材料所有在研项目 330 项（新增 154 项）。其中，承担（或参加）国家重点基础研究发展计划（“973”计划）项目 3 项，主持（或承担）中国高技术研究发展计划（“863”计划）项目 10 项（新增 5 项）；主持（或承担）国家自然科学基金重点项目 1 项、主任基金项目1项、面上项目24项（新增15项），国家杰出青年科学基金1项；主持（或承担）中国科学院知识创新工程重大项目1项、重要方向项目11项，国际合作项目1项（新增1项），重大仪器研制项目2项（新增1项），承担院地合作项目12项（新增5项）。

2010年，宁波材料所共申请专利119项，其中申请国内发明专利112件、实用新型7件、国际PCT申请专利4件。获授权专利16项，其中授权发明专利12件、实用新型4件。发表学术论文182篇，其中期刊论文121篇、会议论文61篇，SCI/EI影响因子3.0以上论文25篇。

2010年，宁波材料所获得中国产学研合作促进会颁发的中国产学研合作创新奖，宁波材料所转移办获批成为浙江省首批重点科技服务中介机构。“生物基无醛木材胶黏剂技术”、“高强中模碳纤维项目”两项重大科技成果实现转移转化，以技术入股方式与企业共建两家公司，共占技术股份价值9300万元。另外，有4项专利得到转让或转化。截至2010年底，与企业合作共建30家工程中心（研究中心），合同总金额为6140万元。其中2010年新增12个工程中心（研究中心），总计合同金额为2445万元。宁波材料所积极主动地为企业服务，截至2010年底接受企业委托或合作开发的横向项目40个，合同总金额为2712万元；其中2010年新增横向项目21项，总经费1327万元。

2010年，宁波材料所出国（境）访问或交流62人次，来访130人次，引进国际人才8人（其中1人为国家“千人计划”入选者，7人为中国科学院“百人计划”入选者）；申请各类国际合作项目6项，其中，科学技术部国际合作专项1项，宁波市国际合作项目2项，与外方企业签署合作协议3个。

（撰稿：王雪珍　韦　玮　审稿：何晓南）

福建物质结构研究所

所　　长：洪茂椿
地　　址：福建省福州市杨桥西路155号
邮政编码：350002
电　　话：0591-83714517
传　　真：0591-83714946
电子信箱：fjirsm@fjirsm. ac. cn
网　　址：http://www. fjirsm. ac. cn

中国科学院福建物质结构研究所（以下简称“福建物构所”）创建于1960年，其前身是中国科学院福建分院1960年筹建的技术物理所、应用化学所、电子学所、数学力所、自动化所、稀有金属所和生物物理研究室。1961年，中国科学院将福建分院及筹建的7个研究所（研究室）调整合并为中国科学院理化研究所。1962年更名为华东物质结构研究所。1973年定名为中国科学院福建物质结构研究所。我国著名科学家、教育家卢嘉锡院士（已故）为该所创始人。经过几代人的努力，福建物构所逐渐发展成为在国际上有特色、有影响的结构化学和新晶体材料的重要综合性研究基地之一。

福建物构所作为基础类研究所，2001年成为中国科学院知识创新工程试点单位之一，紧紧围绕“基础研究和高技术创新为主，大力促进高技术产业化”的战略定位，以结构化学为基础，充分发挥结构化学、新技术晶体材料等学科领域的优势，重点开展结构敏感功能材料、纳米材料、催化材料、光电子功能材料的研究，使结构化学和材料科学连成一个有机的整体，构筑了“基础研究的源头创新——应用高技术研究－产业化”特色鲜明的知识和技术创新链，形成了基础研究和高技术创新相互促进的科技创新体系，成为在国际、国内具有影响力的研究机构。

2010年，福建物构所根据中国科学院党组的部署，制定了研究所“十二五”规划、“创新2020”组织实施，为贯彻落实国务院《关于支持福建省加快建设海峡西岸经济区的若干意见》的精神，加快发展海西战略性新兴产业，提升传统产业，推动海西经济的又好又快发展。2010年6月18日，《中国科学院、福建省人民政府、福州市人民政府共建中国科学院海西研究院协议书》，签约仪式在福州举行，同时举行了授牌和奠基仪式。为此，海西院建设正式起步，明确以福建物构所为基础和法人依托，新建海西材料工程研究所、海西先进制造技术集成研究所、海西动力工程研究所 3 个非法人研究所和海峡两岸科技合作交流中心，共同组建海西院。

福建物构所现有在职职工 392 人。其中，科技人员 272 人、科技支撑人员 38 人，中国科学院院士 2 人、第三世界科学院院士 1 人、研究员及正高级工程技术人员 54 人、副研究员及高级工程技术人员 45 人；进入创新岗位 220 人。有中国科学院“百人计划”入选者 23 人（新增 3 人）、国家杰出青年科学基金获得者 11 人（新增 2 人）。

福建物构所是 1978 年国务院学位委员会批准的博士、硕士学位授予权单位之一。现设有无机化学、物理化学、有机化学、凝聚态物理、材料物理与化学、生物化学与分子生物学等 6 个专业一级（或二级）学科硕士研究生培养点；设有化学学科专业一级学科博士后流动站。在学研究生 319 人（硕士生 187 人、博士生 132 人），在站博士后 10 人。

福建物构所设有结构化学国家重点实验室、国家光电子晶体材料工程技术研究中心、中科院光电材料化学与物理重点实验室、中科院煤制乙二醇及相关技术重点实验室、福建省纳米材料重点实验室、福建省纳米材料工程实验室、福建省激光技术集成与应用工程技术研究中心、福建省光电子晶体材料与器件行业技术开发基地等 8 个科技创新平台，以及结构化学基础研究室、纳米材料研究室、理论与计算化学研究室、化学生物学研究室、晶体材料研究室、材料化学与物理研究室、激光工程研究室、应用化学研究中心、水溶液晶体生长研发中心和先进材料研究中心等 10 个研究室（中心）。

2010 年，福建物构所有在研项目 495 项（新增 26 项）。其中，主持（或承担）国家重点基础研究发展计划（“973”计划）项目 1 项（新增）、承担（或参加）课题 14 项（新增 2 项），主持（或承担）中国高技术研究发展计划（“863”计划）项目 8 项（新增 2 项）；主持（或承担）国家自然科学基金重大项目 1 项、重点项目 8 项、面上项目 44 项（新增 15 项）、重大研究计划重点项目 2 项（新增）；主持（或承担）中国科学院知识创新工程重大项目 1 项、重要方向项目 19 项（新增 3 项），国际合作项目 5 项（新增 2 项），重大仪器研制项目 2 项。

2010 年，由洪茂椿院士任首席科学家，福建物构所牵头承担的重大科学研究计划项目“化石资源转化用新型高效纳米催化材料与结构研究”于 2010 年 9 月通过科技部组织的中期评估，并获得优秀。项目执行两年来，围绕国家战略需求的煤制乙二醇和石油化工选择性加氢中所涉及的高效纳米催化材料为中心开展研究，着重高效纳米催化材料的纳米效应和表面结构与催化性能内在联系，揭示其催化机理本质，研制出了 4 类（12 个）高分散纳米结构重要石油化工过程加氢催化材料，制备了负载型贵金属脱氢催化剂、羰基合成催化剂及无铬加氢纳米催化剂、富 H_2 气体中 CO 的选择氧化反应高性能纳米催化剂。研究结果加深了对纳米催化材料结构和性能本质联系的认识，使纳米催化材料和相关技术在化石资源转化利用方面有望取得实质性突破，为化石资源的高效利用奠定了坚实的基础。该项目已发表学术刊物论文 200 篇，SCI 收录 196 篇，其中影响因子大于或等于 3.0 的论文达 124 篇，申请了 75 件国家发明专利，其中 12 件国际发明专利。

2010 年，福建物构所卢灿忠研究员发表在 *Nature Chemistry* 上有关金属－有机框架化合物组装研究成果，入选《自然中国》杂志的研究热点和《中国科学院重大成果快报（2010）》；曹荣研究员 2001 年发表在 *Dalton T.* 上的文章成为该杂志 1993—2010 年被引次数最高的 40 篇文章之一，以总被引次数近 200 次列居第 18 位；杨国昱研究员在国家科学技术学术著作出版基金资助下主编的《氧基簇合物化学》，将由科学出版社于 2011 年出版。

2010 年，福建物构所新组建的中国科学院煤制乙二醇及相关技术重点实验室、国家光电子晶体材料工程技术研究中心荣获“十一五”国家科技计划执行优秀团队奖；洪茂椿院士荣获 2010 年何梁何利基金科学与技术进步奖和“十一五”国家科技计划执行突出贡献奖；吴新涛、洪茂椿院士双双获得“全国优秀科技工作者”荣誉称号。

2010 年，福建物构所杨国昱研究员主持完成的“氧基簇合物的设计合成及性能”科技成果，荣获福建省自然科学奖一等奖；福建福晶科技股份有限公司完成的企业技术创新工程项目“福晶激光晶体元器件技术创新平台”荣获福建省科技进步奖一等奖；吴茂祥副研究员主持完成的成果“新型高效锂离子电池电解液添加剂的研制与产业化”荣获福建省科技进步奖三等奖；兰国政研究员牵头起草的二项国家标准“硼酸盐非线性光学单晶元件通用技术条件（GB/T22452－2008）”和“硼酸盐非线性光学单晶元件质量测试方法（GB/T22453－2008）”荣获福建省标准贡献奖一等奖。

2010年，福建物构所发表（含合作）SCI论文312篇，SCI影响因子大于2.0的论文218篇、大于3.0的论文155篇、大于4.0的论文138篇，其中第一单位论文262篇。与2009年度相比，影响因子大于4.0的高端论文数量增加了80%。申请专利139件，比2009年增加30%，其中发明专利135件，实用新型专利4件，授权专利11件，其中发明专利9件，实用新型专利2件，基本覆盖无机化学、材料催化、晶体材料以及激光器件技术等主要学科领域，构筑了较为完整的知识产权体系。

2010年，福建物构所在所地合作方面，纳米材料重点实验室与福建创鑫科技开发有限公司密切合作，初步建成了锂离子动力电池制作和测试平台。福建创鑫科技开发有限公司利用福建物构所锂电池添加剂技术成功研发了新型锂电池，年收入14 000万元，促进锂电池技术的发展；福建三棵树涂料有限公司利用福建物构所纳米水性聚氨酯涂料研制技术成功研发了新型涂料，年收入22 970万元，促进了工业发展；福建万邦光电股份有限公司利用福建物构所的高效、低成本LED照明关键技术成功研制了LED照明产品，年收入34 562万元。并加强了太阳能级硅材料分析测试平台的建设，该平台已为省内企业开展400多次免费测试服务工作，“硅材料中痕量元素测定辉光放电质谱法”已列入福建省地方标准拟制修订计划，为通过CMA认证创造条件。

福建物构所注重开展对外学术交流活动，充分发挥跨学科的协作优势，努力提高对外学术交流质量和水平，形成了全方位、宽领域、多层次的合作局面，促进提升科技创新能力，提高了在国内外的影响力和知名度。2010年，主办和承办各类国际会议2次，包括第八届中日双边金属原子簇化合物研讨会、2010年海西物质科学研讨会。主办或参加各类国际学术活动13次；出访人员24人次；来访人员62人次。

中国化学会和福建物构所联合主办的刊物《结构化学》，影响因子0.544，已成为我国化学研究的重要学术刊物之一。

（撰稿：王雪萍　赵　榕　审稿：洪茂椿）

城市环境研究所

所　　长：朱永官

地　　址：福建省厦门市集美大道1799号

邮政编码：361021

电　　话：0592-6190978

传　　真：0592-6190977

电子信箱：iue@iue. ac. cn

网　　址：http://www. iue. cas. cn

中国科学院城市环境研究所（以下简称“城市环境所”）成立于2006年7月4日。城市环境所是中国科学院下属的事业法人单位，是中国科学院资源环境与高技术交叉领域的研究所，是目前国际上唯一的专门从事城市环境综合研究的国立研究机构，是“国家级对台科技合作与交流基地”，是“科学技术部国际科技合作基地”。

城市环境所的学科方向为环境化学与分析化学、环境经济与环境管理、生态学、环境生物与生物技术、环境工程与环境材料；重点研究领域为城市生态健康与环境安全、城市环境污染控制与资源化技术、城市环境工程与循环经济、城市生态环境规划与管理；研究单元设置为城市生态健康与环境安全研究中心、城市环境污染控制与资源化技术研究中心、城市环境工程与循环经济研究中心、城市生态环境规划与管理研究中心、仪器设备实验中心，以及两个科学观测研究站。

已成立中国科学院城市环境与健康重点实验室和厦门市水环境安全与水质保障工程技术研究中心，同时还配有透射电镜、扫描电镜、超高效液相飞行时间质谱仪等大型仪器。2010 年城市环境所新建研究型温室、人工湿地等科研场所，成立厦门市城市代谢重点实验室并开始筹建福建省环境系统生物学重点实验室。

“十二五”期间，研究所将依靠比较优势，集中有限资源，突出“城市特色和学科交叉优势”，积极打通院内创新价值链，实现科技创新的跨越发展战略、人才发展战略、可持续发展战略；紧紧围绕“城市生物地球化学过程与效应”、“城市代谢与污染控制”、“城市发展战略与规划管理”3 个主要研究领域，以实施“创新集群建设计划”、“国际伙伴小组计划”、“技术集成与转移计划”3 大战略保障措施为抓手，加强创新队伍建设，实现研究所队伍创新能力和核心竞争力的跨越式提升；结合国家和地方需求，争取形成“一所两站”的发展模式与格局；积极推行符合科技创新规律的现代化研究所管理制度，建立有利于知识转移与技术转化的管理机制。

到 2015 年，通过 5 年的努力，将研究所建成为我国城市环境研究领域不可替代的综合性研究机构；拥有一支结构合理、创新能力较强、能够活跃在国际学术舞台上的高水平研究队伍，培养一批得到社会广泛认可与欢迎的研究生；在城市生物地球化学、数字城市、环境材料、环境生物技术、城市化与全球变化等学科领域取得国际一流的研究成果，成为国内引领这些领域学科发展的重要力量；在城市规划与管理、城镇废弃物资源化无害化技术、城市污染控制和环境修复方面形成与地方政府和企业合作的典型案例，为解决城市化带来的环境问题提供解决方案；研发具有自主知识产权的关键设备或材料，通过产业化促进技术的转移转化，带动区域相关产业发展，培育新兴产业。通过 5—10 年的努力，将研究所建设成我国资源环境与高技术交叉领域的自主创新核心和国际知名的城市环境科学技术研究机构。

2010 年 9 月 6 日，中共中央政治局常委、中央书记处书记、国家副主席习近平视察了城市环境所。

截至 2010 年底，城市环境所共有在职职工 135 人。其中，科技人员 101 人、科技支撑人员 10 人，包括研究员 20 人、副研究员及高级实验师 24 人。中国科学院“百人计划”入选者 10 人、“国家杰出青年科学基金”获得者 2 人、福建省高层次创业创新人才入选者 1 人。流动人员 191 人中，有客座研究人员 36 人，在学研究生 151 人（硕士生 79 人、博士生 72 人），在站博士后 9 人。2010 年 3 月 27 日，经中国科学院研究生院学位评定委员会批准，城市环境所获得“环境科学”学科专业博士及硕士学位授予点。

2010 年，城市环境所有在研项目 166 项（新增 91 项）。其中，主持（或承担）国家自然科学基金项目 35 项（新增 19 项）；中国科学院“百人计划”项目 9 项，知识创新工程项目（课题）31 项（新增 13 项）；科学技术部项目 6 项（新增 3 项）；环保公益项目 4 项（新增 4 项）；教育部回国留学基金项目 3 项（新增 3 项）；福建省科技计划和自然科学基金项目 20 项（新增 10 项）；厦门市科技计划项目 17 项（新增 8 项）；国际合作项目 8 项（新增 6 项）；横向项目 28 项（新增 22 项）；其他项目 5 项（新增 3 项）。

2010 年，城市环境所申请发明专利 17 项，实用新型专利 1 项；获得发明专利授权 1 项，实用新型专利授权 1 项。发表科技论文 147 篇，其中 SCI 收录 75 篇，EI 收录 34 篇，中国科学引文数据库（CSCD）收录 38 篇。

2010 年，城市环境所借助中国科学院与厦门市政府共建的“中国科学院厦门产业技术创新与育成中心”为平台，积极推介中国科学院各研究所的可转移转化成果在厦门市企业的推广应用，正组织一批项目申报厦门市经费支持。以“城市小区雨/污水综合利用及优质供水专有技术”为无形资产作价出资入股创立“中科同创（厦门）环境科技有限公司”，现已开始运作。

2010 年，城市环境所共申请到“厨余垃圾可持续管理与资源化处理技术应用研究——以台北市为鉴”、“生态系统服务与扶贫国际合作伙伴关系”等6项国际合作项目。举办了第六届国际热带亚热带环境地球化学（城市环境）大会、薄膜扩散梯度技术（DGT）培训与研讨会和第二届厦门国际城市环境论坛等多次重要国际会议。接待来自美国、英国、德国、澳大利亚、法国、荷兰等18个国家和地区的著名科学家95人次，开展了各种不同形式的学术交流；同时，分别与美国、英国、德国、法国、澳大利亚、加拿大、韩国等11个国家以及中国香港和中国台湾开展了访问交流和合作研究35人次；中国科学院公派留学2人，引进海外归国研究员1名。

2010年，城市环境所在中欧城市景观研讨会期间，签署了德国罗斯托克大学、武汉市环境保护科学研究院、中国科学院城市环境研究所三方合作协议以及法国国家科学研究中心与中国科学院城市环境研究所双边合作协议；与香港浸会大学裘槎环科所签订了共建“都市农业环境联合研究中心”备忘录。

城市环境所主要挂靠的学会有国际城市环境学会。

（撰稿：赵艳燕　陈伟民　审稿：朱永官）

南京地质古生物研究所

所　　长：杨　群
地　　址：江苏省南京市北京东路39号
邮政编码：210008
电　　话：025-83282105
传　　真：025-83357026
电子信箱：ngb@nigpas.ac.cn
网　　址：http://www.nigpas.cas.cn

中国科学院南京地质古生物研究所（以下简称“南京古生物所”）成立于1951年5月7日，其前身为中央研究院地质研究所及前中央地质调查所等机构的古生物室（组）。著名地质古生物学家、中国科学院副院长李四光教授为首任所长。

南京古生物所是一个从事古生物学和地层学基础研究和应用基础研究的综合性研究所。主要研究领域包括地球早期生命的起源与演化，进化古生物学，古生物系统分类学，古生态、古地理、古气候研究，年代地层学，分子古生物学，地球生物学，生物与环境的协同演化，应用古生物学与地层学等，是首批获准进入中国科学院“知识创新工程”试点单位之一。

2010年，在总结三期创新所取得的成果和改革经验的基础上，南京古生物所制定了“十二五”规划和“创新2020”实施方案，明确了研究所今后10年的发展方向和目标，确定了研究所的重点学科领域，并应用路线图的方法明晰了具体路径和办法。在规划和实施方案中，研究所将以夯实基础研究，拓展学术领域，努力服务需求为指导思想，以关键地质历史时期生命与环境的协同演化和全球年代地层系统发展为重点，着重解决7个科学问题：地球早期生命的起源，新元古代和寒武纪生命大爆发及其环境背景，生物大灭绝、复苏、辐射与环境演变，陆生动、植物的诞生和陆地生态系统的形成及演化，全球年代系统及后层型，地球生物学——分子古生物、地微生物和生物地球化学以及应用地层学与古生物。

南京古生物所设有古植物与古孢粉学研究室、古动物学研究室、微体古生物学研究室和一个现代古生物学和地层学国家重点实验室。2010年还整合现有资源，成立了古生物鉴定与区域地层研究中心，以更好地承接国家和企业有关能源勘探和地质调查等任务，为国家国民经济发展作出更大的贡献。

南京古生物所图书馆建于1953年，经过50多年的藏书建设，目前收藏古生物学与地层学专业图书期刊约28万册（期），其中外文期刊近2000种，约20万册（期），是亚洲最大的古生物学专业图书馆。该所标本馆是在1928年中央研究院地质调查所标本室的基础上发展起来的，其馆藏标本约20万件，不仅是我国最重要的古生物标本馆，也是世界上古生物标本收藏的重要机构。该所拥有扫描电子显微镜、透射电子显微镜、软X射线显微镜、同位素质谱仪、气相色谱-质谱议，地质生物学实验室、分子古生物学实验室等众多大型先进仪器设备和实验装置。

经过近60年的发展和几代科学家的努力，

南京古生物所目前已成为分支学科齐全、科技力量雄厚、技术条件配套、学术成果丰硕、国际交流频繁的地层古生物综合研究中心。国外同行将她与英国自然历史博物馆和美国斯密逊博物研究院并称为世界古生物学研究的三大中心。

截至 2010 年底，南京古生物所有在职职工 150 人（内退人员 12 人），离退职工 215 人（离休 14 人）。其中，科技人员 89 人、科技支撑人员 36 人，包括中国科学院院士 4 人、研究员及正高级工程技术人员 43 人、副研究员及高级工程技术人员 33 人；进入创新岗位 109 人。有中国科学院“百人计划”入选者 8 人、国家杰出青年科学基金获得者 8 人（新增 1 人）、国家海外高层次人才引进计划（“千人计划”）入选者 2 人。

南京古生物所是国务院学位委员会首批批准的博士、硕士学位授予权单位之一。现设有古生物学与地层学和地球生物学 2 个专业二级学科博士研究生培养点；古生物学与地层学、地球生物学和地质工程 3 个专业二级学科硕士研究生培养点；并设有博士后流动站。在学研究生 58 人（硕士生 37 人、博士生 21 人），在站博士后 10 人。

2010 年，南京古生物所有在研项目 141 项（新增 49 项）。其中，主持国家重点基础研究发展计划（“973”计划）项目 1 项、承担课题 6 项；主持国家自然科学基金重点项目 2 项、面上项目 25 项（新增 5 项），国家杰出青年科学项目 4 项（新增 1 项），青年科学项目 13 项（新增 5 项）、创新研究群体项目 1 项、海外学者项目 1 项、人才培养项目 1 项、国际合作项目 2 项（新增 1 项）、科普项目 1 项（新增）；承担中国科学院战略性先导科技专项课题 2 项（新增），主持知识创新工程重要方向项目 7 项（新增 4 项），承担国际合作项目 9 项（新增 5 项）、“项目百人计划”项目 1 项；承担“千人计划”项目 2 项。

2010 年，南京古生物所出版专著专辑 10 部，发表论文约 230 篇，其中 SCI 论文 120 篇，CSCD 论文约 88 篇，科普文章 23 篇。

2010 年，南京古生物所“中国的乐平统和二叠纪末生物大灭绝”研究成果荣获国家自然科学奖二等奖。该项目利用中国独特的自然条件优势，立足于全新的国际二叠纪年代地层格架和中国乐平统的综合研究，对二叠纪末生物大灭绝的规模、时间、速度和环境背景开展多学科、高分辨率的综合交叉研究，提出两幕式灭绝模式，论证了二叠纪最末期的生物大灭绝是一次快速的灾难性生物事件，系统揭示了大灭绝的背景和过程，全面提升了对二叠纪末大灭绝的理论认识。2010 年该所还获得 2010 年度江苏省科学技术进步奖二等奖 1 项、江苏省十大青年科技之星荣誉称号 1 项、江苏省有突出贡献的中青年专家 1 项。

2010 年，南京古生物所开展多种形式的国际合作交流活动。出访 65 批 112 人次 23 个国家和地区参加国际会议或进行学术交流，接待来自 28 个国家的外宾 202 人次来访。承办和主办“第八届国际侏罗系大会”、“第一届定量地层学与古生物学国际讨论会”等 5 次国际会议，自 20 多个国家的近两百位外宾参会。先后出访参加“第六届国际腕足动物大会”、“第三届国际古生物学大会”等重要会议，并在大会上做口头报告或展板展示。在英国伦敦举办“第三届国际古生物学大会”期间，召集组织为期 2 天的“中国分会”，全面介绍中国古生物学研究最新进展。目前拥有中国科学院“外国专家特聘研究员计划”5 项（新增 2 项）、“外籍青年科学家计划”4 项（新增 3 项）。与英国自然历史博物馆等国外知名科研院所签订合作备忘录 2 项。40 余位专家在 60 余个国际学术组织中担任主席、副主席、选举委员等职。

中国古生物学会挂靠在南京古生物所。南京古生物所承办的科技期刊有《古生物学报》、《微体古生物学报》、《地层学杂志》、*Paleoworld*，科普期刊有《生物进化》。南京古生物所拥有科普场馆“南京古生物博物馆”和科普网站“化石网”。

（撰稿：陈孝政　周建平　审稿：王海峰）

南京土壤研究所

所　　长：沈仁芳

地　　址：江苏省南京市北京东路71号
邮政编码：210008
电　　话：025-86881114
传　　真：025-86881000
电子信箱：iss@ issas. ac. cn
网　　址：http://www. issas. ac. cn

中国科学院南京土壤研究所（以下简称“南京土壤所”）成立于1953年，其前身是1930年创立的中央地质调查所土壤研究室。

南京土壤所是我国目前唯一的专业从事土壤科学综合研究的机构。土壤资源与管理、土壤肥力与调控、土壤环境与健康、土壤生物与安全是该所的4大核心研究领域。设有土壤与农业可持续发展国家重点实验室、土壤环境与污染修复院重点实验室、土壤资源与遥感应用研究室、土壤-植物营养与肥料研究室、土壤化学与环境保护研究室、土壤物理与盐渍土研究室、土壤生物与生化研究室、土壤利用与环境变化研究中心、农业生态与区域发展研究中心等研究单元，其中农业生态与区域发展研究中心包括中科院生态系统研究网络土壤分中心、封丘农田生态系统国家野外科学观测研究站、鹰潭农田生态系统国家野外科学观测研究站、常熟农田生态系统国家野外科学观测研究站、三峡工程生态环境秭归实验站。

截至2010年底，现有职工285人，其中中国科学院院士2人、研究员48人、副研究员及高级工程师81人。设有农业资源利用一级学科及环境科学、生态学等6个博士学位授予点；土壤学、植物营养学等6个二级学科的硕士学位授予点；农业资源利用1个一级学科博士后流动站。在学博士研究生136人、硕士研究生134人。

2010年，南京土壤所重大科技项目争取继续保持良好势头。针对科学院“创新2020”战略先导科技专项“应对气候变化的碳收支认证及相关问题”，精心组织相关力量，制订了可行的实施方案，尤其是在农田碳收支评估方案的落实发挥了重要作用。承担了专项中的2个课题，总经费4000多万元；申请到了“973”计划项目“粮食主产区农田地力提升机理与定向培育对策”，总经费3000万元，这是该所主持的第4个“973”计划项目。此外，还申请到公益性行业（环保）科技专项“设施农业土壤环境质量变化规律、环境风险与关键控制技术”，总经费1400万元；国家支撑计划项目课题2个：“农田水土保持关键技术研究与示范”和“农田修复和土地整理关键技术研究与示范”，总经费约1200万元。

南京土壤所2010年获批国家自然科学基金项目36项。其中创新研究群体科学基金项目1项、国家杰出青年科学基金1项、重点基金2项、地区合作重点基金1项、重大基金课题1项、国际合作重点项目1项、面上基金11项、青年基金17项、主任基金1项，总经费达2600万元。

2010年，南京土壤所主持的“973”计划项目“我国农田生态系统重要过程与调控对策研究”顺利通过了科学技术部组织的结题验收。该项目针对我国农田生态系统所面临的水肥资源消耗大、环境问题日益突出、生产力难以进一步提高等问题，系统研究农田生态系统产量形成、物质循环及其在土壤中的转化等重要过程，揭示高同化效率的作物群体结构特征，明确水养无效损失控制途径，阐明土壤物质的生物转化机制，从而进一步挖掘作物生产潜力，降低高产对大水大肥的过度依赖，达到定向培育土壤质量的目的。该项工作不仅科学地回答了我国农田生态系统生产力能否持续的问题，而且还形成了“氮磷钾化肥施用的长期效应与矿质农业可持续性的认识”、“农田地力提升对产量和水肥利用效率的水涨船高效应”等新认识，为我国农田生态系统高产、资源高效和环境友好的多目标协同发展提供了理论指导。项目共发表学术论文678篇，其中SCI论文188篇（Top杂志SCI论文44篇），出版专著11部，已授权专利24项（含6项软件著作权，3项实用新型专利），向国家提交重要咨询报告1份。

2010年，南京土壤所还完成了“十一五”国家科技支撑计划项目10个课题、“863”计划7个课题的财务审计和验收工作。其中“863”计划课题“车载农田土壤信息快速采集关键技术与产品研发”取得多项重要成果，包括开发了土壤信息复合传感器，研制了车载土壤样品采集设备，实现了0—2m土样快速采集、GPS定位和信息存储。建立了土壤红外光声光谱测试和信息管理系统，研发了基于激光吸收光谱技术的氨挥发快速测定设备以及基于近红外光谱的便携式多波段土壤氮素测定仪等。2010年12月科学技术部内部通报了该项目的研究成果，2011年1月6日科学技术部网站也作了专门报道。

中国科学院重大交叉项目“耕地保育与持续高效现代农业试点工程”中封丘试区以粮食增产为目标的“高产高效现代农业示范工程”取得显著成效，社会影响持续扩大提高。该成功模式将在河南省加大推广力度，为加快河南粮食生产核心区建设，保障国家粮食安全作出更大的贡献。

2010年，南京土壤所在土壤科学基础研究领域取得显著进展。据不完全统计，全年发表SCI论文196篇，其中第一完成单位124篇，二区以上论文占50%以上，创历史最高水平，发表CSCD论文400篇；出版专著5部。申请专利45项（发明专利34项、实用新型专利11项），授权21项（发明专利9项、实用新型专利12项），均创历史新高。另外，周健民研究员等完成的研究成果“绿色高效肥料的创制及其应用”获得江苏省科技进步奖一等奖。

在科技平台建设方面，“土壤与农业可持续发展国家重点实验室”顺利通过科技部5年一次的地学领域国家重点实验室评估。“中国科学院土壤环境与污染修复重点实验室”正式挂牌。“土壤与养分资源高效利用国家工程实验室”通过现场评估，正式进入建设阶段。

2010年，南京土壤所继续扩大对外交往与合作。成功举办“第一届污染场地修复：政策、技术与融资机制”国际研讨会。组织代表团参加8月份在澳大利亚召开的第19届国际土壤学大会，沈仁芳所长代表中国土壤学会作了申办第22届世界土壤学大会的陈述。中国土壤学会组建了由沈仁芳常务副理事长为团长的30人代表团参加了12月在台北举行的第八届海峡两岸土壤肥料学术交流会。

2010年，南京土壤所继续加强人才队伍建设，提高研究生培养质量。沈仁芳研究员获得国家杰出青年科学基金项目支持；从英国和加拿大分别引进陈梦舫、褚海燕2位“百人计划”入选者；杨林章研究员获得“全国优秀科技工作者”称号。全年招收硕士研究生48名、博士研究生40名，完成学位论文答辩61人；王玉军博士获全国百篇优秀博士学位论文奖，这是该所获得的第3篇全国百篇优博论文；另有多名研究生和导师获得奖励，获奖层次和人数再创新高。

南京土壤所主办*Pedosphere*、《土壤学报》和《土壤》3种学术期刊，其中*Pedosphere*是我国土壤科学唯一的一份英文学术期刊且被收录为SCI源刊。拥有联合国粮农组织的特约图书馆和规模较大的土壤标本馆。土壤与环境分析测试中心已获国家实验室认可和国家计量认证。该所还是中国土壤学会、江苏省土壤学会和全国土壤质量标准化技术委员会的挂靠单位。

（撰稿：王慎强　顾菲菲　审稿：蔡　立）

南京地理与湖泊研究所

所　　长：杨桂山
地　　址：江苏省南京市北京东路73号
邮政编码：210008
电　　话：025-86882010，025-86882020
传　　真：025-57714759
电子信箱：niglas@niglas.ac.cn
网　　址：http://www.niglas.ac.cn

中国科学院南京地理与湖泊研究所（以下简称“南京地理所”）的前身系1940年8月在重庆北碚成立的中国地理研究所，1947年夏迁往南京。1950年移交中国科学院并成立中国科学院地理研究所筹备处，1953年正式成立中国科学院地理研究所，1958年更名为中国科学院南京地理研究所，1988年改为现名。

南京地理所是全国唯一以湖泊－流域系统为主要研究对象的综合研究机构，其战略定位是：以探索自然和人文要素驱动下湖泊（含人工湖泊水库）－流域系统过程、格局及其相互作用规律为基础，开展湖泊资源、环境及区域可持续发展研究，努力建成学科综合优势显著、地域特色鲜明、国家知识创新体系中不可替代的国际著名湖泊科学综合研究和高层次人才培养基地，国家湖泊资源利用与环境治理工程技术研究中心，经济发达地区可持续发展科学研究与决策咨询中心。

南京地理所的科技创新发展总体布局为长期聚焦“湖泊环境关键过程与多要素相互作用机理、湖泊－流域系统演变及对人类活动的响应与综合管理”两大基础科学问题研究；重点发展“湖泊沉积与环境演化、湖泊水文与水动力、湖泊生物与生态、湖泊环境与工程、湖泊－流域过程与调控、流域资源环境与区域发展以及湖泊－流域监测与数字流域”7大学科方向；支撑“湖泊环境保护与资源利用、湖泊－流域系统演变与调控以及区域可持续发展”3大战略研究领域；创新发展“环境湖泊学和流域管理学”两个新兴学科，奠定了南京地理所在国家知识创新体系中引领湖泊－流域科学创新发展的地位。

2010年，南京地理所根据中国科学院党组的统一部署，制订了研究所实施“创新2020”和“十二五”规划，明确了未来发展重点实现由湖泊与流域割裂研究向湖泊流域系统整体研究转变、由仅注重基础与应用基础研究向基础研究与工程技术研发结合转变、由重点关注湖泊富营养化研究向关注不同湖区湖泊重大资源环境问题研究转变、由流域地表自然与人文分散研究向发挥自然与人文交叉综合研究优势方向转变，突出流域污染控制与湖泊水质目标管理、湖泊流域水量平衡与调控、湖泊生态灾害控制与水质安全保障、都市密集区可持续发展监测与模拟、湖泊生态系统演变与气候变化影响以及湖泊动力过程与物质循环等创新重点。

南京地理所现设有湖泊与环境国家重点实验室、湖泊生态与环境工程研究中心、区域发展与规划研究中心、湖泊野外观测与数据中心（含太湖湖泊生态系统国家野外观测研究站、鄱阳湖湖泊湿地观测研究站、抚仙湖高原深水湖泊研究站和湖泊流域数据集成与模拟中心）；现有40万元以上的大型仪器设备50余台/套；图书馆馆藏图书期刊12万多册，各种地形图63 000多幅，航卫片77 000多张。此外，还馆藏地方志4262种44 000多册，其中善本近百种，孤本十余种。

截至2010年底，南京地理所有在职职工222人。其中科技人员158人、科技支撑人员31人，包括中国科学院院士1人、研究员及正高级工程技术人员38人、副研究员及高级工程技术人员78人；进入创新岗位135人。有中国科学院“百人计划”入选者8人、国家杰出青年科学基金获得者2人。

南京地理所现设有自然地理学、人文地理学、地图学与地理信息系统和环境科学4个学科专业博士研究生培养点；自然地理学、人文地理学、地图学与地理信息系统、环境科学和环境工程5个学科专业硕士研究生培养点；设有地理学专业一级学科博士后流动站。在学研究生160人（硕士生75人、博士生85人），在站博士后20人。

2010年，南京地理所隆重举行建所70周年庆典暨纪念周立三院士百年诞辰铜像揭幕仪式。江苏省人民政府领导、10多位院士以及国家和江苏、安徽、江西3省有关部门负责人、有关高校和科研单位领导等百余位嘉宾与研究所老中青3代科学家同贺同庆。

2010年，南京地理所在建议和承担国家重大项目方面继续保持良好势头，有在研项目140项（新增37项）。其中，主持国家重点基础研究发展计划（“973”计划）项目1项、承担课题10项（新增4项），主持中国高技术研究发展计划（“863”计划）项目1项，国家基础工作专项1项，国家水污染治理专项项目1项、课题4项；主持国家自然科学基金项目87项（新增24项），其中国家杰出青年科学基金2项、重点项目4项（新增2项）、面上项目50项（新增14项），青年科学基金项目31项（新增8项）；承担知识创新工程重大项目2项、重要方向项目15项（新增4项），国际合作项目10项（新增5项），重大仪器研制项目1项，承担院地合作项目1项（新增1项）。

2010年，南京地理所在重大科研项目组织实施管理方面取得重要进展。大型浅水湖泊富营养化研究取得突破，相关科研人员在国际湖沼学顶级期刊 *Limnology and Oceanography* 连续发表论文4篇，关于中国湖泊近半个世纪变化的文章被 *Science News* 作为亮点报道；湖泊水污染治理和蓝藻水华控制应用研究取得重要进展，“大型仿生式水面蓝藻清除设备”通过中国科学院组织的技术性能测试，并在巢湖水源地水质安全保障方面发挥重要作用，受到当地政府的高度认可，具有良好的产业化情景。

2010年，南京地理所在科研支撑平台建设获新进展。湖泊与环境国家重点实验室圆满完成建设任务，顺利通过国家科技部组织的建设验收和评估，奠定了研究所引领湖泊科学发展的地位；湖泊－流域数据集成与模拟中心正式揭牌投入使用，是目前我国唯一以湖泊－流域系统为单元，为湖泊－流域科学研究和决策支持提供数据服务与专业分析的综合性大型数据中心。

2010年度，南京地理所发表论文356篇，其中SCI论文116篇、CSCD论文240篇，论文发表数量稳步增长，质量明显提高，尤其是TOP SCI数量增长明显；申请发明专利16项，获得授权专利19项；登记软件著作权12项。

2010年，南京地理所积极开展国际学术交流与合作，出访人员68人次，来访83人次。召开“第十一届全球湖泊观测网络会议”、“过去两千年气候变化模拟国际学术研讨会”、“气候与环境变化及其对生物界的影响——进展与问题研讨会”、“极化区发展模式及功能识别研讨会”四次国际会议；举办了湖泊监测与规划国际培训班（援非项目）；成功申报外国专家特聘研究员2人；新增国际合作项目3项，分别是科技部第二期中日韩联合研究计划“东北亚近千年来气候变化与水文波动”、国家自然科学基金委中韩合作研究项目“中国东部与韩国晚全新世以来自然与人类活动影响下的湖泊流域环境系统变化比较研究”和中德合作研究项目“植物和湖泊沉积物的环境磁学研究”。

南京地理所是江苏省海洋湖沼学会、江苏省地理学会、江苏省遥感与地理信息系统学会、中国地理学会长江分会、全国第四纪研究会全新世专业委员会挂靠单位。主办《湖泊科学》学术期刊，根据中国科学技术信息研究所2010年11月公布的2009年度中国科技论文统计与分析结果，该刊2009年影响因子位列海洋科学类第一位。

（撰稿：杨金华　胡笑琪　审稿：杨桂山）

紫金山天文台

常务副台长：杨　戟
地　　　址：江苏省南京市鼓楼区北京西路2号
邮 政 编 码：210008
电　　　话：025-83332000
传　　　真：025-83332091
电 子 信 箱：pmoo@pmo.ac.cn
网　　　址：http://www.pmo.cas.cn

中国科学院紫金山天文台（以下简称“紫台”）成立于1950年5月20日。前身是1928年2月成立的国立中央研究院天文研究所，该所于1934年9月在南京紫金山上建成天文观测台。1950年5月天文研究所改称中国科学院紫金山天文台。紫台是我国自己建立的第一个现代天文学研究机构，被誉为“中国现代天文学的摇篮”。

紫台以天体物理和天体力学为主要研究方向，1999年3月成为中国科学院知识创新工程试点单位之一。2010年，根据中国科学院党组的部署，制定了紫台“十二五”规划、“创新2020”组织实施方案。总体目标是：到2020年，紫台进入国际天文研究机构的先进行列，成为满足国家特定需求的核心机构之一。战略定位是“两个面向”：面向天文学的重大科学问题：暗物质、暗能量、黑洞致密天体、宇宙起源、天体起源、生命起源；面向国家“八大战略体系”，重点在空间安全、人类生存环境、深空探测领域组织天文学科的力量，满足国家重大需求。学科布局和重点方向是：南极天文和射电天文、高能天体物理和空间天文、应用天体力学和空间碎片、行星科学与深空探测。

紫台设4个研究部：南极天文和射电天文研究部、行星科学和深空探测研究部、暗物质和空间天文研究部、应用天体力学和空间目标与碎片研究部；4个实验室：毫米波和亚毫米波技术实验室、暗物质与空间天文实验室、天体化学和行星科学实验室、CCD相机研制实验室；7个观测台站：紫金山科研科普园区、青海观测站、盱眙天文观测站、赣榆太阳活动观测站、洪河天文观测站、姚安天文观测站和青岛观象台。其中青海观测站是我国最大的毫米波射电天文观测基地，盱眙观测站是我国唯一的天体力学实测基地。各野外台站拥有中大型望远镜11架（新增2架）。

紫台建设和运行中国科学院射电天文重点实验室、中国科学院空间目标与碎片观测重点实验室、中国科学院暗物质与空间天文重点实验室；是中国科学院空间目标与碎片观测研究中心、中国科学院南极天文中心的挂靠单位；图书馆拥有图书和期刊数十余万册，是东亚地区最大最全的天文图书馆。

截至2010年底，紫台共有在职职工293人。其中科技人员224人、科技支撑人员33人，包括中国科学院院士3人、研究员和正高级工程技术人员46人、副研究员及高级工程技术人员41人；进入创新岗位200人。有国家海外高层次人才引进计划（“千人计划”）入选者1人（新增）、中国科学院“百人计划”入选者15人（新增2人）、国家杰出青年科学基金获得者11人。

紫台是国务院学位委员会批准的首批博士、硕士学位授予单位之一。现设有天文学一级学科博士、硕士研究生培养点；控制工程（全日制学位工程）硕士培养点；天体物理、天体测量和天体力学、天文技术与方法3个二级学科硕士、博士研究生培养点；设有天文学博士后流动站。在学研究生108人（硕士生60人、博士生48人），在站博士后7人。

2010年，紫台有在研项目266项（新增44项）。其中，承担国家重点基础研究发展计划（“973”计划）项目子项4项（新增4项），主持（或承担）中国高技术研究发展计划（“863”计划）项目13项，主持（或承担）国家其他项目14项；主持（或承担）国家自然科学基金项目73项（新增27项），其中创新研究群体项目1项、重点项目7项（新增1项），国家杰出青年科学基金3项（新增1项）；主持（或承担）中国科学院知识创新工程重要方向项目5项，“百人计划”项目6项（新增1项），国际合作项目2项，重大仪器研制项目1项。

2010年，紫台共发表科技论文142篇，其中SCI论文107篇，影响因子3.0以上的28篇，被引用498篇次；申请专利14项，其中发明专利9项、实用新型专利1项、软件著作权登记2项、授权实用型新专利1项。共同完成项目“近地天体望远镜系统工程”获江苏省科学技术奖二等奖。

紫台主持研制的伽马射线谱仪作为探月工程嫦娥二号卫星的主要有效载荷之一，成功开机并保持运行正常。该谱仪在国际上首次采用溴化镧（$LaBr_3$）闪烁探测器技术，使能量分辨和探测器灵敏度都有了成倍的提高。紫台因此荣获探月工程嫦娥二号“突出贡献单位”称号。

紫台和东南大学联合研制的南极冰穹A天文科考支撑平台于2010年12月29日抵达南极中国昆仑站，并成功启动运行。这是我国首座独立设计、制造及运行管理的南极天文科考平台。它将在南极极端恶劣条件下为昆仑站各类天文科考仪器提供能源动力、技术支持，科研人员在我国国内就可对其进行数据接收和远程监控。

紫台（第一承担单位）与国内多个单位联合申报的“973”计划项目“日地空间天气预报的物理基础与模式研究”获批立项。该项目将着重研究太阳活动与地球环境空间天气事件的内在物理联系，强调空间天气预报中核心物理问题以及满足对重大灾害性空间天气预报的国家现实需求。

紫台承研的中国科学院科研装备研制项目“超导成像频谱仪”通过验收。验收委员会认为紫台研制的具有自主知识产权的超导成像频谱仪达到并部分超过了实施方案中预定的技术指标。该设备是国际上毫米波段的第一例基于边带分离技术原理的多波束接收机，也是我国研制的第一台多波束射电天文接收机。实测表明超导成像频谱仪使紫台13.7m毫米波望远镜的综合观测效能提高了20倍以上。

紫台和澳大利亚新南威尔士大学科学家提出

一种新的短周期系外行星形成机制：行星演化晚期的一次巨型碰撞可以使合并体被中心恒星捕获在短周期轨道。

由紫台、南京大学和上海天文台科学家作为主要策划者和参与者的“银河系结构和运动的探索”（BeSSeL）项目，获得美国国家射电天文台巨科学工程支持正式启动。该项目将在最近5—6年内获得美国甚长基线干涉阵（VLBA）20%以上的观测时间，通过对脉泽源位置、自行和视差的精确测定，建立银河系旋臂结构和运动的新模型。这是美国国家射电天文台历史上投入观测时间最多的项目，研究团队包括中国、美国、德国、意大利、韩国和日本等国家的天文学家。

2010年，紫台出访人员87人次，来访人员59人次；与美国、德国、荷兰、芬兰、日本、俄罗斯、澳大利亚和中国台湾地区共有在签协议13个（新增1个）。联合发表论文约100篇。主办或协办各类国际会议5个，包括南极的天文学和天体物理学研讨会、在ALMA/JWST时代的高红移星系/黑洞演化的重要议题研讨会、伽马射线暴及相关高能天文现象讨论会等，参会国外学者近70人次；聘请外国青年科学家2人，外国专家特聘研究员1人，主要从事伽马射线暴的观测、望远镜自动控制设计和太阳物理研究等工作；与德国、法国、美国、英国等科研所联合培养博士生9人；有国际天文联合会（IAU）正式会员52人（新增7人）。

紫台是中国天文学会的挂靠单位，《天文学报》（季刊）和英文刊 *Chinese Astronomy and Astrophysics* 的承办单位。

（撰稿：朱爱仲　张　虹　审稿：鲁春林）

苏州纳米技术与纳米仿生研究所

所　　长：杨　辉

地　　址：江苏省苏州市苏州工业园区若水路398号

邮政编码：215123

电　　话：0512-62872509

传　　真：0512-62603079

电子信箱：office@sinano.ac.cn

网　　址：http://www.sinano.cas.cn

中国科学院苏州纳米技术与纳米仿生研究所（以下简称“苏州纳米所”）由中国科学院、江苏省人民政府和苏州市人民政府于2006年共同出资筹建，于2009年7月22日获中央编制委员会办公室批复正式成立，2009年12月9日通过中国科学院、江苏省人民政府、苏州市人民政府组织的筹建工作验收。

苏州纳米所定位于纳米科技的应用基础研究和产业化，加强科学与技术的交叉与融合，以及技术的高度集成，以实现国家创新体系与地方区域创新体系有机结合、技术创新体系与知识创新工程有机结合、科技创新与引领产业有机结合；在学科布局上坚持“应用需求牵引学科建设，学科建设支撑应用发展”的原则，主要围绕能源、环境、信息、生命与医学等领域开展研发工作；学科方向主要包括纳米器件及相关材料、纳米生物技术与纳米医学、纳米仿生技术和纳米安全技术。

2010年，根据中国科学院“创新2020”战略部署，苏州纳米所制定了“十二五”暨二期建设发展规划，二期基建工程于2010年11月15日顺利奠基开工；依据“ISO 9001—2008”标准，苏州纳米所加强质量体系建设，于2010年10月通过了质量管理体系认证。

苏州纳米所设有6个研究部、5个中心和3个公共服务平台。6个研究部分别是纳米器件及相关材料研究部、纳米生物医学与安全研究部、纳米仿生研究部、系统集成与IC设计研究部、国际实验室、学科交叉综合研究部；5个中心分别是信息与战略研究中心、技术转移中心、工程化中心、技术培训中心和太阳能电池检测分析中心；3个公共服务平台分别是纳米加工平台、测试分析平台、计算平台。

2010年，苏州纳米所重点实验室建设取得突破，获科学技术部批准成立“省部共建国家重点实验室培育基地——江苏省纳米器件重点实验室”，获中国科学院批准成立“纳米器件与应用重点实验室”。还建有“中国科学院苏州纳米所——索尼联合实验室”、“中国科学院苏州纳米所——苏州出入境检验检疫局联合实验室”和“环境传感联合实验室”。

苏州纳米所的纳米加工、测试分析和计算平台是围绕纳米器件及其相关材料、纳米生物技术与纳米医学、纳米仿生学和纳米安全等研究领域组建的多学科交叉技术研究平台，面向社会全方位开放，实现设备共享共用，在完成苏州纳米所科技工作的同时，积极配合区域经济发展，解决相关企业的技术难题，为企业的科技研发提供支撑，培养培训相关技术人才，开展技术咨询等。2010年，3个平台除完成苏州纳米所的科研任务外，累计为国内高校、科研机构和企业培训人员3052人次、提供服务45 828机时。

截至2010年底，苏州纳米所共有在职职工384人。其中科技人员294人、科技支撑人员55人，包括中国科学院院士1人、研究员及正高级工程技术人员66人、副研究员及高级工程技术人员50人；进入创新岗位250人。有国家海外高层次人才引进计划（“千人计划”）入选者1人、国家杰出青年科学基金获得者2人（新增1人）、国家“新世纪百千万人才工程”入选者1人、中国科学院“百人计划”入选者18人（新增4人），“江苏省高层次创业创新人才引进计划”入选者5人（新增2人）、江苏省“333”高层次人才入选者2人、“姑苏创新创业领军人才计划”入选者3人、苏州工业园区“科技领军人才计划”入选者7人（新增3人）、苏州工业园区“海外高层次领军人才”入选者1人（新增1人）、苏州工业园区“科教领军人才”入选者5人（新增5人）。

2010年，苏州纳米所获批设立微电子学与固体电子学二级学科博士研究生培养点；微电子学与固体电子学、物理化学等2个二级学科硕士研究生培养点；生物工程、电子与通信工程、集成电路工程等3个二级学科专业学位硕士研究生培养点；并设有博士后工作站。在学研究生261人（硕士生196人、博士生65人），在站博士后44人。

2010年，苏州纳米所有在研项目272项（新增155项）。其中，主持国家重点基础研究发展计划（“973”计划）项目1项、承担（或参加）课题7项（新增4项），参加中国高技术研究发展计划（“863”计划）项目2项，承担科学技术部国际合作项目4项（新增1项），参与国家重大专项项目1项（新增1项）；主持（或承担）国家自然科学基金重大项目1项（另参与1项），主任基金项目2项（新增1项）、面上项目24项（新增8项）、重点项目1项，青年科学基金33项（新增12项）；承担中国科学院知识创新工程重要方向项目17项（新增11项），重大仪器研制项目2项，院地合作项目5项（新增2项）。

2010年，苏州纳米所发表学术论文57篇，其中SCI论文40篇。申请专利96项，其中发明专利92项；获授权专利10项，其中发明专利9项。

2010年，苏州纳米所接受企业委托研发项目共34项；与苏州捷泰科信息技术有限公司共建信息存储联合实验室，与苏州苏大维格光电股份有限公司共建江苏省智能化纳米制造高技术研究重点实验室；中国科学院苏州产业技术创新与育成中心成功孵化大功率激光器和高透过率LCD彩色滤光片2个商业项目，获得风险投资700万元；牵头筹建了江苏省纳米产业技术创新联盟，现有成员单位达146家，并根据纳米产业的特征，重点组织了4个专业联盟。

2010年，苏州纳米所与日本索尼公司、美国BAMC公司、俄罗斯南乌拉尔州立大学和德国Paul-Drude固体电子学研究所签订协议，分别在化合物半导体材料与器件、65—22nm相变存储技术（PCM）相变材料领域、大尺寸极低缺陷氮化镓晶体生长技术和一维纳米结构氮化物半导体材料的制备及其器件应用研究等方面开展合作研究；与苏州工业园区共同主办了第五届中美华人纳米论坛，吸引中美两国纳米界的专家100余人参会；全年共有72人次前往美国、德国、加拿大、日本等国进行交流访问，接待123人次国外专家、学者来访交流。

（撰稿：曾光强　张明杰　审稿：刘佩华）

合肥物质科学研究院

院　　长：王英俭

地　　址：安徽省合肥市蜀山湖路350号
邮政编码：230031
电　　话：0551-5591234
传　　真：0551-5591270
电子信箱：office@hfcas.ac.cn
网　　址：http://www.hf.cas.cn

中国科学院合肥物质科学研究院（以下简称“合肥研究院”）是由原合肥分院及4个研究所于2003年5月重组而成的多学科、综合性科教基地。主要研究机构有由安徽光学精密机械研究所、等离子体物理研究所、固体物理研究所、合肥智能机械研究所、强磁场科学技术中心。为加快科技成果转移转化，促进学科交叉，先后成立了安徽循环经济研究院、常州先进制造技术研究所、技术生物与农业工程研究所和医学物理技术中心。

安徽光学精密机械研究所　成立于1970年12月，拥有激光大气传输和大气探测、激光光谱学、环境光学与监测技术、遥感和辐射定标与校正、新型激光器和晶体材料、医学光电子学和激光医疗仪器、光纤与光电子学、光电工程等优势学科。建有亚洲雷达观测网、亚太经合组织环境监测技术中心等合作项目和组织，主办编辑出版有《量子电子学报》和《大气与环境光学学报》学术刊物。

等离子体物理研究所　成立于1978年9月，主要从事高温等离子体物理、磁约束核聚变工程技术及相关高技术研究和开发，是我国热核聚变研究的重要基地，也是我国参与国际受控热核聚变计划（ITER）中国工作组的牵头单位。其自主建造的世界上第一个非圆截面全超导托卡马克EAST装置被誉为全世界聚变能开发的杰出成就和重要里程碑。该所编辑出版的 *Plasma Science and Technology* 是国内等离子体专业唯一的英文版学术期刊。

固体物理研究所　成立于1982年3月，主要开展纳米材料与纳米结构、计算材料物理、新型功能材料与固体内耗等方面的研究。拥有国内一流的纳米材料合成、评价、功能材料结构表征、内耗及物性测试实验平台和固体微结构分析的大型仪器设备以及大规模高性能计算平台。每年发表的SCI论文数以及论文被引用次数和平均每篇引用率在全国科研机构中均名列前茅。

合肥智能机械研究所　成立于1979年10月，前身为1962年建立的华东自动化元件及仪表研究所，主要研究领域涵盖仿生感知、信息获取、智能农业信息系统、智能检测与控制、微纳米技术、先进制造、安全系统等；智能所是高新技术成果转化与产业发展的重要辐射源，现有控股或参股的高新技术企业6家，该所承办有《模式识别与人工智能》和英文期刊 *International Journal of Information Acquisition*（《国际信息获取学报》）。

强磁场科学中心　成立于2008年4月，目前主要承担国家“十一五”大科学工程“稳态强磁场实验装置”项目的建设任务。项目建设总目标是：建立40T级稳态混合磁体实验装置和系列不同用途的高功率水冷磁体、超导磁体实验装置，为开展凝聚态物理、化学、材料科学、生命科学和微重力等学科的前沿研究提供强磁场平台，项目建设期为五年。

截至2010年底，合肥研究院有在职职工1864人。其中科技人员1344人、科技支撑人员322人，中国工程院院士2人、研究员及正高级工程技术人员207人、副研究员及高级工程师323人。有中国科学院“百人计划”入选者52人、国家杰出青年科学基金获得者6人（新增1人）、国家海外高层次人才引进计划（“千人计划”）入选者1人（新增）、在国际学术机构任职专家41人。

等离子体物理所、安徽光机所、固体物理所是1981年、1984年国务院学位委员会批准的博士、硕士学位授予权单位之一。设有等离子体物理、凝聚态物理、光学、大气物理学与大气环境等7个二级学科博士研究生培养点和16个二级学科硕士研究生培养点；仪器仪表工程、材料工程、动力工程、电气工程、控制工程、计算机技术、核能与核技术工程、环境工程、生物工程等9个学科工程硕士培养点；以及物理学、大气科学、核科学与技术等3个一级学科博士后流动站。在学研究生1234人，在站博士后56人。

2010年，合肥研究院根据中国科学院党组的部署，制定了“十二五”规划和“创新2020”

方案，明确了下一步的发展目标：面向国家洁净能源与环境安全需求，面向极端与复杂条件下物质操控科学前沿，建设并依托全超导托卡马克、强磁场、大型超导、大气环境立体探测研究网等大科学装置群，形成等离子体物理、大气环境物理化学、极端和复杂环境下材料与生物物理等优势学科集群，发展磁约束聚变堆、大气环境探测、强磁场及能源环境健康等需求的功能材料与智能系统等战略高技术，建设国际著名的物质科学研究基地、战略高技术发展基地、科技创新人才培养基地和国家物质科学研究中心。

2010年度，合肥研究院在研项目581项（新增118项）。其中，主持（承担）国家重点基础研究发展计划（“973”计划）项目11项（新增7项）、承担课题39项（新增23项），主持（承担）中国高技术研究发展计划（“863”计划）项目9项（新增2项）；主持（承担）国家自然科学基金重大项目1项、重点项目5项，主任基金项目1项（新增1项）、面上项目100项（新增35项），重大研究计划重点项目3项（新增1项）；主持（承担）中国科学院战略性先导科技专项课题2项，知识创新工程重大项目1项、重要方向项目26项（新增6项），国际合作项目2项（新增1项），财政部重大仪器修购专项目6项；承担安徽省合肥市各类科技攻关项目10多项。

2010年，合肥研究院发表论文955篇，其中被SCI，EI收录论文658篇。专利授权131项，其中发明91项，软件著作权登记37项。制定企业标准4项，杂交水稻新品种中优1671获得植物新品种审定。

2010年，合肥研究院等离子体所EAST装置实验获得了1MA等离子体电流、100s1500万kW·h偏滤器长脉冲等离子体、大于30倍能量约束时间高约束模式等离子体、3MW离子回旋加热功率等多项重要突破；研制了中性束注入加热系统中的兆瓦级大功率强流离子源；研发了首套具有自主知识产权的核电站概率安全分析软件系统。安徽光学精密机械研究所研制出国内首台探测大气温室气体二氧化碳时空分布的激光雷达系统；二氧化碳空间外差光谱仪校飞成功；完成了上海世博会和广州亚运会空气质量检测、预警和保障工作。固体物理研究所成功制备了有机物敏感的系列纳米结构材料、创新研制了高效吸能合金材料并应用于航天系统中；强磁场大科学工程进展顺利，多部磁体系统已投入科研运行；先进制造技术研究所研制的无人驾驶汽车在“中国智能车未来挑战赛”中夺冠。

2010年，合肥研究院张立德研究员荣获安徽省重大科技成就奖；“大气环境综合立体监测技术应用及设备产业化”获得安徽省科技进步奖一等奖；“神经网络与统计学习的理论与应用”获得安徽省自然科学奖一等奖；“中子学软件与次临界堆概念研究”获得中国核能行业协会科学技术奖一等奖。

合肥研究院现有各类实验室及工程中心18个。其中，院重点实验室6个，省重点实验室5个，部级重点实验室1个，联合重点实验室1个，省级工程中心5个，部级工程中心1个。由合肥研究院与中国科学技术大学共建的合肥战略能源和物质科学大型仪器区域中心拥有总价值达2亿多元的分析测试，物理性能、大气探测、工艺实验类等仪器设备152台套，其中100万元以上的大型设备69台套，已成为面向全社会开放、服务地方企业的重要科技公共基础设施平台。

2010年，合肥研究院通过技术对接，转移转化科技成果90项，技术合同额5072万；协助中国科学院相关研究所在安徽转移转化的科技成果286项，合作企业226家，其中131项成果已产生经济效益，给企业新增销售收入54.5亿，利税7.2亿，与安徽省地方政府、企业合作，新增合肥家电技术工程院、奇瑞联合实验室、安徽纳米材料及应用产业技术创新战略联盟等10家共建机构；安徽循环经济技术工程院培育项目50项、育成8家企业。

2010年，合肥研究院在江苏省常州市与地方企业合作成立了先进制造技术研究所；牵头组建了河南省中国科学院科技成果转移转化中心，其中绿色化工、新材料、现代农业、生态环境、光机电和矿产资源探测装备研制与应用6个分中心建设已陆续启动。

2010年，合肥研究院出访310人次，接待来访220人次；聘请聘任国外客座研究员8人，其中获得中国科学院外国专家特聘研究员荣誉2人，爱因斯坦讲习教授1人；召开国际会议9

个，新任国际组织成员1人，新签订国际合作协议3项，与国外科学家共同发表学术论文99篇。

（撰稿：吴四发　张凤萍　审稿：王英俭）

武汉岩土力学研究所

所　　长：李海波
地　　址：湖北省武汉市武昌小洪山
邮政编码：430071
电　　话：027-87199251
传　　真：027-87197386
电子信箱：irsm@whrsm.ac.cn
网　　址：http://www.whrsm.ac.cn

中国科学院武汉岩土力学研究所（以下简称“武汉岩土所”）创建于1958年，是专门从事岩土力学基础与应用研究、以工程应用背景为特征的综合性研究机构，已故国际著名岩土力学专家陈宗基院士为研究所的创始人，2002年3月进入中国科学院知识创新工程试点序列。

武汉岩土所下设岩土力学与工程国家重点实验室、湖北省环境岩土工程重点实验室、能源与废弃物地下储存研究中心、湖北省节能环保产业环境岩土工程技术创新基地、岩土力学与工程实验测试中心、中国岩土工程研究中心、岩土工程检测中心等研究与开发单元。2010年，武汉岩土所平台建设成果显著，岩土力学与工程实验测试中心被评为院“所级公共技术服务中心”，申请建设“湖北省节能环保产业环境岩土工程技术创新基地”获得批准。

创新三期以来，武汉岩土所以重大岩土工程基础设施建设与环境协调、能源及废弃物地下储存与环境安全2个重大战略性研究主题为重点，实施复杂环境下岩土介质力学性状及其在工程作用下演化机制研究的长期科学计划，为解决国家重大工程建设中的关键科技难题提供强有力的理论和技术支撑，引领岩土力学与工程的理论发展与工程实践，把研究所建设成为国际上有影响力的研究机构。

截至2010年底，武汉岩土所有在职职工469人，离退休人员320人。其中科技人员277人、科技支撑人员68人，包括中国工程院院士1人、研究员及正高级工程技术人员34人、副研究员及高级工程技术人员67人；有中国科学院“百人计划”入选者11人（新增7人）、国家杰出青年科学基金获得者4人（新增1人）。

“深部岩体力学与工程安全研究”创新团队中，3人荣获中国科学院“海外知名学者”称号；1人被中国科学院聘为“外国专家特聘研究员”。1人获得第八届光华工程科技奖“工程奖”；2人入选“新世纪百千万人才工程”第一层次人选；1人获得国务院政府特殊津贴；1人获得湖北省十大突出贡献专家称号；1人入选全国新闻出版行业第二批领军人才；1人获得武汉市青年科技奖；1人获得武汉市政府津贴；1人获得武汉市创新人才基金；1人获得卢嘉锡青年人才奖；4人获中国科学院公派留学计划；1人获得中国科学院王宽诚科研奖金项目；接收“西部之光”入选者1人；引进24位具有博士学位的科技人员、支撑人员1人；增选博士生导师5人。

2010年，武汉岩土所大力加强人才引进和培养力度，积极推进研究生教育。武汉岩土所是国务院学位委员会批准的首批博士、硕士学位授予单位之一。现设有工程力学和岩土工程二级学科博士研究生、硕士研究生培养点；防灾减灾工程及防护工程、检测技术与自动化装置二级学科硕士研究生培养点；建筑与土木工程、控制工程专业硕士研究生培养点；并设有土木工程一级学科博士后流动站。在学研究生203人（硕士生112人、博士生91人），在站博士后13人。

2010年，武汉岩土所在研项目489项（新增273项）。其中，主持国家重点基础研究发展计划（“973”计划）项目2项、课题7项（新增1项）；国家杰出青年科学基金项目2项（新增1项）、重点项目1项、重大国际合作与交流项目2项、科学仪器基础研究专项基金项目2项（新增1项）、面上项目32项（新增13项），青年科学基金项目29项（新增12项），重点学术期刊专项基金2项（新增1项）；中国科学院知识创新工程重要方向项目11项（新增2项）、重大科研装备研制项目3项，院地合作项目1项；

国防科工委高放废物地质处置研究项目1项（新增1项）；三峡工程后续工作专题研究项目1项（新增1项）；湖北省自然科学基金面上项目8项（新增4项）；新增500万级重大工程项目1项，100万—500万级重大工程应用及研发项目25项，50万—100万工程应用项目39项，涉及水利、矿山、交通、能源、建筑等领域。科研经费到位12 398万元，与2009年度相比增长了31%；其中横向课题进款8404万元。

2010年，武汉岩土所科研工作取得重要进展。2010年获科技奖励成果12项，作为第一完成单位获国家科技进步奖二等奖3项。所获科技奖励分别是："岩石力学智能反馈分析方法及其工程应用"（第一完成单位）获国家科技进步奖二等奖；"煤矿千米深部岩巷稳定控制关键技术及应用"（第一完成单位）获国家科技进步奖二等奖；"岩体爆破振动效应定量评价理论与精细化控制技术及工程应用"（第一完成单位）获国家科技进步奖二等奖；"层状盐岩油气地下储存岩石力学理论、评估体系及造腔关键技术"（第一完成单位）获湖北省科技进步奖一等奖；"铁路客运专线沉降变形评估技术及其工程应用"（第一完成单位）获湖北省科技进步奖一等奖；"白鹤梁题刻原址水下保护工程研究与实践"（参加单位）获国家文物保护科学和技术创新奖一等奖，为研究所首次获得文保领域奖项；另作为参加单位的项目，1项获广西壮族自治区自然科学奖一等奖；3项获湖北省科技进步奖一等奖；1项获湖北省科技进步奖二等奖；1项获教育部科技进步奖二等奖。全年共有223篇论文被SCI、EI、ISTP 3大检索收录；申报专利66项，其中发明专利43项；获得专利授权57项，其中发明专利30项；软件著作权授权18项。

2010年，武汉岩土所承担的国际合作项目进展顺利。接待来访23人次，其中2/3以上人员来所开展实质性合作研究，派出人员22人次，其中出国参加本学科领域国际学术会议10人次，9人次在有关研究机构开展合作研究；承办第十一次全国岩石力学与工程学术大会；与印度尼西亚岩土工程学会及万隆天主教大学（Parahyangan Catholic University）签订合作备忘录；承办国际岩石力学学会岩石动力学工作会议、"2010中澳合作二氧化碳捕集与咸水层封存研讨会"、"2010中澳合作捕集与封存夏季培训班"、国际合作项目DECOVALEX-2011第六次研讨会。举办"岩土力学与工程学术论坛"18场；开展以"增强环境保护意识，促进两型社会发展"主题的科普活动，接待200人次。

武汉岩土所是中国岩石力学与工程学会挂靠单位之一，也是其下属的地下工程分会、地面岩石工程专业委员会、岩石动力学专业委员会和中国力学学会岩土力学专业委员会的挂靠单位。承办的EI收录期刊《岩石力学与工程学报》，总被引频次与影响因子在42种土木建筑工程专业期刊中排名均为第一。主办的EI收录期刊《岩土力学》，在力学类专业期刊中，总被引频次排名第一，影响因子排名第二，学科总排名第二。《岩土力学》网站正式开通，实现了网上投稿、审稿、信息发布等工作。《岩石力学与工程学报》与《岩土力学》被评为"百种中国杰出学术期刊"。

（撰稿：曾妍焱　安骏勇　审稿：汪大国）

武汉物理与数学研究所

所　　长： 刘买利
地　　址： 湖北省武汉市武昌区小洪山西30号
邮政编码： 430071
电　　话： 027-87199543
传　　真： 027-87198238
电子信箱： wipm@wipm.ac.cn
网　　址： http://www.wipm.ac.cn

中国科学院武汉物理与数学研究所（以下简称"武汉物数所"）成立于1996年，由原武汉物理所（始建于1958年）和武汉数学物理与计算技术研究所（始建于1957年）合并而成，是中国科学院在武汉的一所集基础研究、应用研究和高新科技开发为一体的科学研究机构。

武汉物数所以核磁共振波谱学、原子分子与光物理、数学物理、原子频标基础和相关高技术为主要研究领域，涵盖了核磁共振方法、核磁共振成像、冷原子物理、量子计算、非线性偏微分方程、原子频标、激光雷达和精密测量物理等主要研究方向。加强各学科之间的综合交叉，衍生新的学科生长点。

武汉物数所于1999年成为中国科学院知识创新工程试点单位之一，现是波谱与原子分子物理国家重点实验室、武汉磁共振中心、中科院原子频标重点实验室、中国科学院冷原子物理中心（武汉）、中科院数学物理联合实验室的依托单位，是武汉光电国家实验室的组建单位之一。现有波谱研究室、原子分子物理研究室、数学物理研究室和原子频标研究室，同时拥有由波谱光谱技术、高技术工程中心和网络中心组成的支撑系统以及实现成果转化的控股高技术公司，具有优越的科研条件和大量现代化科研仪器装备。

截至2010年底，武汉物数所共有各类在册人员695人，其中在职人员363人。在职人员中，具有高级专业技术职务人员123人，包括中国科学院院士1人、国家杰出青年科学基金获得者5人。“新世纪百千万人才工程”国家级人选4人、中国科学院“百人计划”入选者19人；国家和院、省有突出贡献的专家5人。另有国家创新研究群体1个，中国科学院－国家外专局国际创新团队2个。

武汉物数所是1986年国务院学位委员会批准的博士、硕士学位授予权单位之一。现设有无线电物理、原子与分子物理、分析化学、应用数学等4个二级学科博士研究生培养点；无线电物理、原子与分子物理、光学、分析化学、应用数学、基础数学等6个二级学科硕士研究生培养点和电子与通信工程专业硕士研究生培养点；并设有物理、数学等2个专业一级学科博士后流动站。在学研究生269人（硕士生126人、博士生143人），在站博士后13人。

2010年，武汉物数所共有在研项目255项（新增91项）。其中，主持国家重点基础研究发展计划（“973”计划）项目3项、承担课题18项（新增4项），中国高技术研究发展计划（“863”计划）项目1项，主持或承担国防重大项目6项，科技部创新研究平台项目3项（新增2项）；国家自然科学基金重点项目5项（新增3项）、国家创新研究群体项目1项，国家科学仪器研究专款项目2项（新增1项），国家杰出青年基金项目3项（新增1项）、国际合作研究项目1项、重大研究计划培育项目1项、面上项目41项（新增17项）、主任基金项目4项（新增2项）、国际会议资助项目2项；承担农业部重大专项项目1项，卫生部重大专项课题1项，国家大科学工程项目1项，国家发改委重大专项项目1项；中国科学院知识创新工程重大项目课题1项、重要方向项目10项（新增2项），承担国际合作项目1项（新增1项），重大仪器研制项目2项（新增1项），中国科学院国防创新项目1项，中国科学院“百人计划”项目9项，中国科学院海外创新团队项目2项；院地合作项目3项（新增2项），省、市基金项目5项（新增1项），企业委托项目5项。

2010年，武汉物数所科研工作成果突出。在国内首次自主研制成功2台500兆核磁共振谱仪；在国内首次实现离子微波频标原理验证，实现我国第一台光频原子钟；建成国际上最高的喷泉式原子干涉仪。发表学术论文201篇，其中SCI论文162篇，影响因子3以上的论文48篇；出版学术著作1部；申请国家专利14件，其中发明专利11件、实用新型3件，授权专利16件，其中发明专利6件；软件著作权登记6项。

2010年，武汉物数所“固件DSP集成技术在超声检测设备领域中的应用”项目获湖北省技术发明奖二等奖（排名第一）；“基于体素形态学分析和功能磁共振成像系统研究盲人脑结构和脑功能的可塑性”项目获湖北省科技进步奖二等奖（第二完成单位）；专利“双波长高空探测激光雷达”获湖北省优秀专利奖。

2010年，武汉物数所高技术产业化开创新局面。通过引资新成立中科和新光源技术有限公司、中科金山核磁共振科技有限公司和武汉光机电一体化产业技术有限公司，目前研究所开物集团拥有的控股、参股子公司达到了7家。所属公司资产总额达到30 532万元，全年实现销售收入11 576万元（比2009年增长8%），实现税后净利润3098万元（比2009年增长37%）。开物公司在东湖开发区生物产业园获得100多亩出让地支持，已于2010年11月开工，拉开了新产业园区的建设序幕。

2010年，武汉物数所国际合作往来频繁。与19个国家和地区开展合作与交流，来访54人次，出访53人次，组织各类专题学术报告40余场。与法国里昂一大化学系博士生院达成合作意向；成功举办数学物理方程新进展国际研讨会、第二届中法固体核磁共振研讨会；成功申报第四届亚太核磁共振研讨会。与中国台湾中央研究院原分所续签了全面科技合作协议。

2010年，武汉物数所继续推进精神文明创建工作，深化创新文化建设，第5次（连续10年）荣获湖北省“最佳文明单位”。武汉物数所党委被湖北省直机关工委授予“基层党组织建设红旗单位”称号。

武汉物数所是中国物理学会的常务理事单位，全国波谱学专业委员会的挂靠单位，湖北省暨武汉市物理学会理事长单位。主办的《数学物理学报》（中、英文版）和《波谱学杂志》均为我国自然科学的核心刊物，《数学物理学报》英文版为SCIE收录期刊。

（撰稿：喻 明 罗 芳 审稿：刘买利）

武汉病毒研究所

所　　长：陈新文
地　　址：湖北省武汉市武昌区小洪山中区44号
邮政编码：430071
电　　话：027-87198117
传　　真：027-87199162
电子信箱：bgs@wh.iov.cn
网　　址：http://www.whiov.ac.cn

中国科学院武汉病毒研究所（以下简称“武汉病毒所”）始建于1956年，是新中国成立后较早筹建的国家级研究所之一，是专业从事病毒学研究的综合性研究机构。

武汉病毒所的科技目标是面向国家人口健康、农业可持续发展及国家安全，面向病毒学研究领域国际前沿，重点开展医学病毒和农业病毒（农业微生物）研究，力争在科学前沿做出原始创新，通过关键技术创新与集成，发展重要病毒性疾病的检测及预防技术，为我国人类健康、农业可持续发展及国家安全作出基础性、战略性、前瞻性贡献。使武汉病毒所成为我国一流、具有中等体量、在国际上有重要影响的专门从事病毒学研究的科研机构。

武汉病毒所积极开展“十二五”规划和面向“创新2020”的编制工作，2010年底形成学科、人力资源和基本建设整体规划并上报，得到中国科学院领导的重要批示。围绕“十二五”规划和“创新2020”组织实施方案，在学科布局调整、平台建设、人才队伍建设、基本建设等方面，面向国家需求，围绕研究所现有学科优势，积极开展调研及战略研讨，通过健全研究所决策咨询机构、海外科学家评审机制、完善制度建设和执行力度，引入对科研人员的绩效评价等措施，优化管理机制，为研究所今后的发展创造了良好条件。

武汉病毒所设有分子病毒学研究室、分析生物技术研究室、应用与环境微生物研究中心、中国病毒资源与信息中心；建有病毒学国家重点实验室（与武汉大学共建）、中－荷－法无脊椎动物病毒学联合开放实验室、HIV初筛实验室、湖北省病毒疾病工程技术研究中心和中国病毒资源科学数据库等研究技术平台；科技支撑中心由分析测试中心、单抗实验室、实验动物中心、《中国病毒学》编辑部、网络信息中心组成；“中国病毒资源与信息中心”拥有亚洲最大的病毒保藏库，保藏有各类病毒1000余株。创建了具有现代化展示手段的我国唯一的“中国病毒标本馆”，集学科性、特色性和科普性于一体，是第一批“全国青少年走进科学世界科技活动示范基地”。

截至2010年底，武汉病毒所共有在职职工198人。其中科技人员93人、科技支撑人员51人，研究员及正高级工程技术人员30人、副研究员及高级工程技术人员34人；进入创新岗位164人。有中国科学院“百人计划”入选者11人、国家杰出青年科学基金获得者2人、国家重点基础研究发展计划（“973”计划）项目和重大专项首席科学家7人。

武汉病毒所现设有微生物学、生物化学与分子生物学2个专业二级学科博士培养点；微生物学、生物化学与分子生物学2个专业二级学科硕士培养点；设有生物学专业博士后流动站。在学研究生234人（硕士生128人、博士生106人），在站博士后5人。

2010年，武汉病毒所有在研项目271项（新增70项）。其中，主持国家重点基础研究发展计划（"973"计划）项目1项、承担（或参加）课题16项（新增6项），主持中国高技术研究发展计划（"863"计划）课题8项；主持国家自然科学基金重点项目3项（新增1项）、面上项目47项（新增18项）；主持（或承担）中国科学院知识创新工程项目（课题）53项（新增15项），承担国际合作项目14项（新增2项），院地合作项目49项（新增12项）。

2010年，武汉病毒所科研工作取得重要进展。在新生疾病和重大传染病研究方面，利用蝙蝠原代细胞分离了一株蝙蝠腺病毒（BtAdV-TJM），研究结果证实，蝙蝠体内腺联病毒呈现遗传多样性，证明蝙蝠作为一类独特的哺乳动物，是多种病毒的自然宿主。在农业与环境微生物研究方面，首次揭示了杆状病毒可以通过低pH诱导的直接膜融合途径高效入侵昆虫和哺乳动物细胞；证明了group I NPV GP64可以部分替代group I NPV F蛋白的功能；综合运用多种质谱技术，首次揭示了杆状病毒BV的蛋白质组成；揭示了C42诱导Actin聚合的分子机制。在纳米生物学和分析病原微生物学研究方面，建立了pH敏感荧光蛋白质和甲基对硫磷水解酶的蛋白质纳米线荧光分子传感器，其荧光分子检测灵敏度提高了近一万倍；通过模拟体内生物素化，建立了一种新的制备双功能纳米纤维方法，揭示了SV40病毒衣壳包装纳米粒子具有很好的通用性，可望发展成为良好的纳米生物载体。在微生物学研究方面，发现了大肠杆菌CobB蛋白可通过调节CheY蛋白的乙酰化水平，进一步揭示了CheY蛋白的乙酰化与磷酸化存在相互干扰。

2010年，武汉病毒所发表学术论文133篇，其中SCI论文110篇，发表在本领域TOP30% 57篇（含TOP15% 30篇），出版学术专著1部。申请专利14项，获授权专利9项。获湖北省自然科学奖二等奖和科学技术成果推广奖三等奖各1项。

2010年，武汉病毒所院地合作及科技成果转移转化工作稳步推进。通过完善激励机制，鼓励各学科组科技成果转化和争取横向课题，同时抓住湖北省建设生物产业园的机会，搭建科技转化平台，并根据武汉生物产业基地和未来科技城的科技和产业规划，部署病毒疾病工程研究中心和生物农药研发中心，加强技术转移转化体系的建设。研制的"松质．赤眼蜂"产品已获得农药临时登记证，"松毛虫质型多角体病毒"和"球形芽孢杆菌"产品获得农药正式登记证。

2010年，武汉病毒所积极开展国际合作与交流。法国健康研究中心里昂P4实验室合作项目、荷兰农业大学中荷战略联盟项目、英国伦敦大学圣侨治医学院英国约瑟夫基金项目、日本国立感染症研究所合作项目取得系列进展；先后举办了第四届新生病毒性疾病控制学术研讨会、第一届病毒结构与抗病毒药物联合学术研讨会及第三届中日科学论坛。2010年接待国外来访74人次，作学术报告38人次，63人次出国交流。

武汉病毒所是湖北省暨武汉市微生物学会的挂靠单位，该学会连续10余年被省、市科协评为先进学会。研究所负责编辑出版国内核心刊物《中国病毒学》（*Virologica Sinica*），向国外公开发行。

（撰稿：刘　铮　胡　谦　审稿：余平凡）

测量与地球物理研究所

所　　长：孙和平

地　　址：湖北省武汉市武昌区徐东大街340号

邮政编码：430077

电　　话：027-68881355

传　　真：027-68881355

电子信箱：bgs@ whigg. ac. cn
网　　址：http://www. whigg. cas. cn

中国科学院测量与地球物理研究所（以下简称“测地所”）的前身为中国科学院地理研究所（南京）大地测量室，1957 年成立中国科学院测量制图研究室，1958 年迁至武汉，1959 年改为测量制图研究所，1961 年调整为测量与地球物理研究所，1970 年划归地震局领导，1978 年由中国科学院批准恢复重建。

测地所是一个从事大地测量学、地球物理学与环境科学等相关基础理论与应用研究的综合性科研机构。主要围绕地球物理和内部动力学、重力技术及其应用、全球卫星导航定位定轨及应用、地震和地球动力学、壳幔负荷动力学过程的监测、地震波传播与地球内部结构、卫星大地测量与全球变化、海空重力与数据分析、动力大地测量观测与技术、大地测量新技术应用及研发、湿地演化与环境效应、环境灾害监测与评估、遥感技术在资源与农情监测中的应用等地学前沿领域中的问题开展基础性、战略性、前瞻性的创新研究。

测地所设有中国科学院动力大地测量学重点实验室，湖北省环境与灾害监测评估重点实验室，大地测量与地球物理观测技术实验室（筹建），武汉大地测量国家野外科学观测研究站，中国科学院江汉平原小港湿地生态站（三峡监测重点站），国家卫星定位系统工程技术研究中心（简称 GPS 工程中心，合建，国家级），中国科学院天文地球动力学联合研究中心（合建）和湖北省 21 世纪议程管理中心等研究机构。拥有 FG5 型绝对重力仪、GWR 型超导重力仪、第三代人卫激光测距仪、全球定位系统接收机、拉柯斯特重力仪、原子频标系统、遥感图像处理与地理信息系统、海洋重力仪等国际先进设备。

测地所努力打造国家级研究平台，组织申建大地测量与地球动力学国家重点实验室。推进学科交叉，培育学科生长点；组建大地测量与地球物理观测技术实验室，强化技术创新与集成，推动现代大地测量关键技术与仪器设备研发工作。加强战略研究，启动研究所“创新 2020”和“十二五”规划制订工作。规范管理，通过 ISO9001—2008 质量管理体系认证。坚持创新为民，提交青海玉树地震趋势分析报告，派野外观测专家小组赴地震灾区现场监测余震发生和震后形变，联合青海省地震局向青海省科技厅提交《玉树重建地震学建议书》。

截至 2010 年底，测地所共有在职职工 130 人。其中，科技人员 88 人、含科技支撑人员 12 人，包括中国科学院院士 1 人，研究员 27 人、副研究员及高级工程师 28 人。中国科学院“百人计划”入选者 6 人、国家杰出青年科学基金获得者 4 人、“新世纪百千万人才工程”国家级人选 4 人。

2010 年，测地所积极推进人才队伍建设。调整组建 13 个创新研究团队，引进学术带头人 1 人、优秀博士毕业生 4 人、硕士毕业生 3 人；3 人入选中国科学院“百人计划”，2 人获政府特殊津贴，1 人获“湖北青年五四奖章”金奖。设有大地测量学与测量工程、固体地球物理学、自然地理学硕士、博士研究生培养点和测绘工程硕士研究生（全日制专业学位）培养点，设有测绘科学与技术博士后流动站。在学研究生 115 人（硕士生 64 人、博士生 51 人），在站博士后 2 人。2010 年，录取硕士生 25 人、博士生 13 人；毕业硕士生 13 人、博士生 8 人。培养的研究生中，有 1 人获湖北省优秀博士学位论文奖，1 人获中国科学院朱李月华奖学金，1 人获中国科学院优秀博士学位论文提名奖，1 人被评为中国科学院研究生院三好学生标兵，3 人被评为中国科学院研究生院优秀学生干部，16 人被评为中国科学院研究生院三好学生，1 人被评为中国科学院研究生院优秀毕业生，2 人被评为中国科学院武汉教育基地优秀毕业生。

2010 年，测地所不断开拓创新、奋发进取，项目争取有新突破。全年共有在研项目 140 余项（新增 46 项）。其中，国家重大科技基础设施建设项目 1 项，国家重大科学工程项目 1 项，中国高技术研究发展计划（“863”计划）课题 9 项，国家科技支撑计划项目 2 项，国家科技行业专项 3 项（新增）；国家自然科学基金项目 41 项（新增 11 项，包括创新研究群体项目 1 项、重点项目 2 项、重大研究计划重点支持项目 1 项、国家杰出青年科学基金项目2项、面上项目29项、青年科学基金项目6项）；中国科学院知识创新工程重要方向项目13项（新增2项），湖北省自然科学基金项目5项（新增2项，其中重点项目1项）；另有国家相关部委、地方、企业项目等多项。协办中国天文学会2010学术年会、中国天文学会第十二次全国会员代表大会。

2010年，测地所承担的各项科研任务进展顺利。出版专著2部，发表论文100余篇，其中SCI论文39篇、CSCD 50余篇。专利授权5项、受理5项，软件著作权登记5项。主持承担项目成果获中国测绘科技进步奖一等奖1项。

2010年，测地所努力开展院地合作工作。1人挂职任河南省科学院副院长，1人被聘为湖北省人民政府咨询委员。加入中国光谷地球空间信息产业技术创新战略联盟，参与武汉生物产业基地、武汉生物研究院、武汉未来城相关工作。

2010年，测地所积极开展国际交流与合作。出访37人次，接待来访40余人次，派遣3名青年科技骨干到国外留学，1名青年科技人员赴南极开展重力固体潮观测研究；有6名科研人员在12个不同的国际组织担任职务，其中1人为亚太空间地球动力学（APSG）国际合作计划主席；协办亚太空间地球动力学（APSG）2010年会。

测地所是国家首批甲级测绘资格单位、全国青少年走进科学世界科技活动示范基地、湖北省科普教育基地、湖北省文明单位之一，是湖北省地球物理学会、湖北省天文学会、湖北省自然资源研究会的挂靠单位。联合主办学术刊物《大地测量与地球动力学》，协办学术刊物《地理空间信息》。

（撰稿：张小青　程方升　审稿：冯　灿）

水生生物研究所

名誉所长：刘建康
所　　长：赵进东
地　　址：湖北省武汉市武昌区东湖南路7号
邮政编码：430072
电　　话：027-68780789
传　　真：027-68780123
电子邮件：qlwu@ihb.ac.cn
网　　址：http://www.ihb.ac.cn

中国科学院水生生物研究所（以下简称“水生所”）是从事内陆水体生命过程、生态环境保护与生物资源利用研究的综合性学术研究机构，其前身是1930年1月在南京成立的国立中央研究院自然历史博物馆，1934年7月更名为中央研究院动植物研究所，1944年5月又分建成动物研究所和植物研究所。中国科学院成立后，于1950年2月将原中央研究院动物所的主体、植物研究所和山东大学的藻类学研究部分以及北平研究院的部分研究人员合并组成了中国科学院水生生物研究所（上海），1954年9月由上海迁至武汉。2001年水生所进入中国科学院知识创新工程试点序列。

水生所是社会公益性研究所，其战略定位与发展目标是，紧密结合国家重大需求和世界科学前沿，针对水环境不断恶化和水质性缺水日益严重的问题，发展淡水生态学、水生生物多样性与资源保护、渔业生物技术、水环境工程和水环境与人类健康的关系研究，并通过这些研究在基础、应用基础与应用3个研究层次上的有机结合，为我国的水环境保护、渔业模式优化、水生生物资源可持续利用和人类健康作出基础性、战略性和前瞻性贡献，全面增强研究所的科技创新跨越能力，攀登生物学研究的科学高峰，在现代农业、生态与环境和资源与海洋等创新基地建设中发挥不可替代的作用，将水生所建成“产一流成果、创一流效益、建一流管理、出一流人才”的水生生物学知识自主创新基地。

2010年，水生所根据中国科学院党组的部署，制订了研究所“十二五”规划、“创新2020”组织实施方案，对研究所的工作做出了进一步调整，重点发展3个技术平台，即水水生物资源与生态学研究平台、分子生物学与蛋白质组学研究平台和现代生态渔业技术研发与示范平台，解决3个关键而又相互关联的科学问题，即水生生物资源及其可持续利用问题、水环境保护问题和渔业模式优化和产业升级问题，重点发展四个研究方向，即水生态与水环境保护、淡水渔业与渔业生物技术、水生生物多样性与资源保护、藻类生物能源研究，为维护和改善内陆水环境、保护淡水资源、发展淡水渔业提供理论依据和技术支撑。

水生所设有水生生物多样性与资源保护研究中心、淡水生态学研究中心、鱼类生物学及渔业生物技术研究中心、水环境工程研究中心、水环境与人类健康研究中心和藻类生物学及应用研究中心，2010年新增分析测试中心和淮安研究中心；共有43个学科组（新增6个）；拥有淡水生态与生物技术国家重点实验室、国家淡水渔业工程技术研究中心（武汉）、东湖湖泊生态系统开放试验站、中国科学院水生生物多样性与保护重点实验室、湖北省水体生态工程技术研究中心、武汉市水环境工程研究中心；拥有亚洲最大的淡水鱼类博物馆、白鳍豚馆以及中国最大的淡水藻种库。其中淡水生态与生物技术国家重点实验室连续3次被评为优秀，东湖生态站被纳入国家野外科学观测研究站系列。有20万以上大型仪器90台（套），总价值约6483万元，其中未入库的11台大型仪器价值1778万元。

截至2010年底，水生所有在职职工289人。其中科技人员133人、科技支撑人员77人，包括中国科学院院士5人、第三世界科学院院士2人、研究员及正高级工程技术人员47人、副研究员及高级工程技术人员66人；进入创新岗位164人。有中国科学院“百人计划”入选者15人（新增2人）、国家杰出青年科学基金获得者8人。

水生所是国务院学位委员会批准的首批博士、硕士学位授予权单位之一。现设有水生生物学、遗传学、环境科学、海洋生物学等4个专业二级学科博士研究生培养点；动物学、水生生物学、遗传学、环境科学、环境工程学、水产养殖等6个专业二级学科硕士研究生培养点；并设有生物学一级学科博士后流动站。在学研究生475人（硕士生245人、博士生230人），在站博士后24人。2010年毕业研究生108人，其中博士73人，硕士35人。

2010年，水生所有在研项目377项（新增72项）。其中，主持国家重点基础研究发展计划（“973”计划）项目2项、承担课题12项，承担中国高技术研究发展计划（“863”计划）项目8项（新增2项）；主持国家自然科学基金重大项目1项、重点项目9项，国家杰出青年科学基金2项、面上项目81项（新增23项），承担国家自然科学基金重大研究计划重点项目2项（新增1项）；承担中国科学院知识创新工程重大项目1项、重要方向项目8项（新增3项），国际合作项目3项（新增1项），院地合作项目20项（新增3项）；承担横向项目67项（新增25项）。

2010年，水生所发表学术论文296篇，其中SCI论文189篇，被引用199篇次，影响因子4.0以上的18篇；出版学术著作2部。申请专利12项，均为发明专利；授权专利6项，其中发明专利4项，实用新型2项。

2010年，水生所与湖北省水产局签署了《湖北省水产局、中国科学院水生生物研究所科技合作协议》。协议的签署将为充分发挥湖北省水产区位优势，推进科技成果转化应用，转变水产发展方式，促进湖北省的水产事业持续、快速、健康发展起巨大推动作用；成功转让专利技术4项，获得专利转让收入共计29万元。

2010年，水生所共承担6项国际项目，与中国香港新签署国际科技合作协议1项。主办各类国际会议2次，包括第二届中韩生物资源保藏和利用双边研讨会和第三届海峡两岸人工湿地研讨会。全年出访人员95人次，来访人员177人次。

中国海洋湖沼（动物）学会鱼类学分会、中国动物学会原生动物学会、中国水产学会鱼病研究会、湖北省海洋湖沼学会、湖北省动物学会、武汉动物学会、中国环境科学学会环境生物学专业委员会7个学会和武汉白鳍豚保护基金会挂靠水生所。水生所负责出版科技期刊《水生生物学报》。

（撰稿：孙　慧　吴青丽　审稿：徐旭东）

武汉植物园

主　　任：李绍华

地　　址：湖北省武汉市磨山
邮政编码：430074
电　　话：027-87510126
传　　真：027-87510251
电子信箱：wbgoffice@wbgcas.cn
网　　址：http://www.wbgcas.cn

中国科学院武汉植物园（以下简称“武汉植物园”）筹建于1956年，成立于1958年11月，1972年划归湖北省后改名为湖北省植物研究所，1978年回归中国科学院后更名为中国科学院武汉植物研究所，2003年更名为中国科学院武汉植物园。

2010年，武汉植物园按照中国科学院党组的部署，制定了植物园“十二五”发展规划、“创新2020”组织实施，进一步明确了战略定位：立足华中，面向全球，收集保护亚热带战略植物资源，拓展资源保护与可持续利用、湿地恢复与大型工程生态安全两大优势领域，引领我国特色农业种质创新与产业发展和大型工程区生态修复技术研究，进一步提升科普开放能力，服务国家生物产业、生态安全及全民素质教育的战略需求，建成世界一流植物园。同时，提出了“植物资源研究中心”、“生态研究中心”及“水生植物研究中心”的科技创新布局调整。

武汉植物园现有中国科学院水生植物与流域生态重点实验室、中国科学院植物种质创新与特色农业重点实验室、湿地演化与生态恢复湖北省重点实验室3个省部级重点实验室；2010年成功获批“国家猕猴桃种质资源圃”，成为中国科学院唯一的国家级种质资源圃；成功获批“植物逆境生理生化分析平台”和“植物应对全球变化响应野外工作平台”2个平台项目建设；与水生所、武汉病毒所联合组建的“武汉水环境基因组学与蛋白组学实验系统”正在按计划建设。

截至2010年底，武汉植物园有在职职工272人。其中科技人员130人、科技支撑人员68人，包括研究员及正高级工程技术人员27人、副研究员及高级工程技术人员42人；中国科学院“百人计划”入选者12人（新增2人）。

武汉植物园设有植物学、生态学2个二级学科博士培养点；植物学、生态学、园林植物与观赏园艺3个二级学科硕士培养点；生物工程、环境工程2个专业学位硕士培养点；设有生物学一级学科博士后流动站。在学研究生141人（硕士生84人、博士生57人），在站博士后4人。

2010年，武汉植物园有在研项目220项（新增99项）。其中，承担国家重点基础研究发展计划（“973”计划）课题2项，中国高技术研究发展计划（“863”计划）课题1项（新增1项），国家科技支撑计划8项（新增1项），国家科技基础条件平台课题2项（新增1项），主持和承担国家科技基础性专项4项（新增1项），承担国家公益行业专项3项（新增2项）、国家水专项课题7项（新增1项）、国家转基因专项2项（新增2项）；主持国家自然科学基金重点项目1项（新增1项）、面上项目40项（新增18项）；主持国家农业科技成果转化基金项目1项；主持国务院三建委项目3项（新增1项）；承担国家气象局、交流部、教育部项目各1项（新增1项）；承担中国科学院知识创新工程重大项目1项（新增1项）、重要方向项目17项（新增5项），主持中国科学院战略生物资源科技支撑运行专项2项（新增1项），承担中国科学院台网建设项目2项、信息化专项1项，主持院长基金1项、院地合作项目1项，承担大科学装置开放研究项目2项，主持中国科学院“百人计划”项目6项，承担中国科学院创新团队计划1项，主持院外籍特聘研究员计划3项（新增2项）；承担国际合作项目12项（新增6项）；主持地方攻关、地方基金、地方晨光计划及地方其他委托等项目43项（新增18项）；承担企业委托项目29项（新增14项），所自选项目22项（新增7项）。

2010年，武汉植物园发表论文148篇（其中SCI 86篇、CSCD 41篇、EI 2篇、其他17篇），译著2部。申请发明专利12件，专利授权5件。猕猴桃新品种满天红申报了植物新品种保护，黄连种苗和黄连种子获批湖北省地方标准。

2010年，武汉植物园接待了来自美国、意大利、法国等11个国家的外宾团组40批次，共50人次；先后派出科技人员26批次，38人次分别到14个国家进行项目合作、考察和访问；举办国际学术研讨会2个；新增国际合作项目7项，与国外科研人员合作发表论文14篇；聘任国外名誉和客座研究员12人；举办第三届全国植物蛋白质组学学术研讨会、中国园艺学会猕猴桃分会第四届研讨会暨国际猕猴桃产业高峰论坛；与乔莫·肯尼亚塔农业与技术大学签署合作协议，启动了与非洲的生物多样性保护与合作。另外，继续开展与美国林物局、美国农部等在生物入侵等领域的合作。

2010年，武汉植物园共引进植物2400余号（不含合作引种），其中已鉴定出名称的共有426个物种，新增物种300余个，另有约1000个引种号正在鉴定之中。入园游客持续增长，全年达65万余人次，门票收入达957万元，园林开发签订合同金额超过1658万元。武汉植物园刘宏涛被授予“全国科普工作先进工作者”称号。

武汉植物园是湖北省暨武汉市植物学会、中国园艺学会猕猴桃分会的挂靠单位；主办的学术期刊《武汉植物学研究》是中国自然科学核心期刊。

（撰稿：宋志春　刘洁鸣　审稿：李绍华）

南海海洋研究所

所　　长：张　偲
地　　址：广东省广州市海珠区新港西路164号
邮政编码：510301
电　　话：020-84452227
传　　真：020-84451672
电子信箱：webmaster@scsio.ac.cn
网　　址：http://www.scsio.cas.cn

中国科学院南海海洋研究所（以下简称“南海海洋所”）成立于1959年1月，是我国规模最大的综合性海洋研究机构之一，2002年2月进入中国科学院知识创新工程试点序列。

南海海洋所以南海及其邻近海域大洋为研究重点，围绕热带海洋环境与资源两个重大研究方向，致力于海洋动力环境与观测技术、边缘海地质演化与油气资源、海洋生态与生物资源优先学科领域的发展，着力优先领域中的前沿科学问题和关键核心技术的突破，建成热带海洋科学研究、人才培养、成果转移转化的三个高地，为发展我国海洋经济和维护海洋权益做出贡献。

“十二五”期间南海海洋所将坚持科学发展观统领全局，立足南海，跨越深蓝；以“凝练学科布局，明确重点任务、加强平台建设，提升创新能力、促进项目集成，注重成果产出、强化制度建设，创新管理体制、营造人才环境，优化队伍结构、联合协作集成，凝聚创新资源”为发展规划思路，针对研究所定位和发展目标，部署和发展地质微生物、工程地质、生物地球化学等新兴和交叉学科研究方向；进一步加强海洋观测和探测技术平台建设；重点培育印度洋海盆尺度环境动力学、中尺度海洋观测技术和海洋微生物化学生态学3个新的学科生长点；开展大科学工程项目“南海海底长期科学观测系统”的规划，深化南海深海研究；加大将帅人才引进力度，提高队伍创新能力；加强服务海洋观测支撑队伍建设，加强高素质管理人才培养；深入推进创新文化建设；提升宏观决策能力和宏观调控能力。并建立创新队伍动态调整、资源绩优配置、鼓励竞争发展的新机制；加强党的建设、制度建设和创新文化建设，构建具有南海所特色、职工认同并自觉实践的创新文化体系；建立开放共享机制。

南海海洋所有中国科学院热带海洋环境动力学重点实验室、中国科学院边缘海地质重点实验室（与广州地球化学研究所共建）、中国科学院海洋生物资源可持续利用重点实验室；中国科学院海洋微生物研究中心；广东省海洋药物重点实验室、广东省应用海洋生物学重点实验室；深海过程联合实验室；物理海洋与海洋环境生态研究室、海洋生物研究室、海洋地质研究室、中尺度海洋观测研究室；海南热带海洋生物实验站（国家野外试验站和中国生态系统研究网络“CERN”站）、大亚湾海洋生物综合实验站（国家野外试验站、中科院开放站和中国生态系统研究网络“CERN”重点站）；西/南沙深海海洋环境观测研究站、湛江海洋经济动物实验站、汕头海洋植物实验站；海洋环境工程中心和产品开发中心；海洋信息服务中心和热带海洋生物标本馆。此外，还拥有“实验1”号（中国科学院声学所、南海海洋所、沈阳自动化所共建）、“实验2”号和“实验3”号3艘大型海洋科学考察船，有ISO9002质量认证证书、全国建设项目环境影响评价资格证书（甲级）、海域使用可行性论证资格证书（甲级）、海洋专项工程勘察甲级证书、国家计量认证资质证书等。

截至2010年底，南海海洋所有在职职工530人。其中专业技术人员353人，包括正高级专业技术人员72人、副高级专业技术人员92人；进入创新岗位268人。有中国科学院“百人计划”入选者20人、国家杰出青年科学基金获得者5人、国家重点基础发展计划（“973”计划）首席科学家2人、中国科学院/国家外专局“国际合作伙伴计划创新团队”1个；在专业技术人员中，具有硕士研究生学历的230人、博士研究生学历的184人。

南海海洋所设有物理海洋学、海洋生物学、海洋地质学、海洋化学和环境科学5个专业博士研究生培养点；物理海洋学、海洋生物学、海洋地质学、海洋化学、环境科学和水产养殖学6个学术型专业硕士研究生培养点；3个专业型硕士研究生培养点；设有海洋科学博士后流动站。在学研究生282人（硕士生151人、博士生131人），在站博士后19人。

2010年，南海海洋所共有在研项目661项（新增263项）。其中，新增国家重点基础研究发展计划（“973”计划）项目1项，新增国家“973”计划课题4项；新增农业科技成果转化资金项目1项；新增国家自然科学基金项目50项，其中青年科学基金25项、面上项目16项，国家杰出青年科学基金2项、重大研究计划项目1项、专项基金2项、NSFC-广东联合基金重点项目2项，国际合作与交流项目2项；新增院省合作项目1项，广东省科技项目5项，中国科学院项目及课题等19项。

2010年，南海海洋所取得科研成果17项；“三亚湾及其邻近海域生态环境与生物资源研究”通过海南省科技厅组织的专家鉴定，并获得海南省2010年度科学技术奖一等奖。该项目属于海洋生物、生态与海洋环境等多学科交叉综合性研究成果。首次系统阐释了三亚湾及其邻近海区生态环境与生物资源状况，报道各类海洋生物1500多种；进行了近海环境质量、资源潜力及其利用价值分析评估，并提出开发对策，为海洋管理与资源利用提供了重要指导；发现上升流驱动有利于三亚湾氮、磷的生物地球化学循环和生物性利用，提高生产力转化效率，有利于渔业资源形成；揭示了浮游生物功能群和微食物网的特殊生态作用；阐明了珊瑚礁生物多样性长期变化与生态功能，全面更新三亚地区海洋生物多样性基线信息，并建立了数据库和GIS系统；发明珊瑚粘液高效采集和虫黄藻DNA提取等新方法，开拓了珊瑚繁殖、分子生态及恢复保护机制研究；摸清了三亚湾红树林资源及其生态环境状况，分离发现5株固氮菌新种和一批新活性物质，开辟了新资源利用前景；率先查明海南沿岸海草种类和地理分布特征，深入研究了海草生产力变化、种群生态与繁殖生物学，建立了海草生态系统管理体系，为海南以至于东南亚地区加强海草生态系统保护和管理提供了行动指南。

2010年，南海海洋所积极开展院地合作与成果转移转化。在海洋工程技术咨询、技术服务等方面有在研项目248项，总合同金额达1.33亿元，其中2008年、2009年、2010年签订协议仍在执行的项目112项，合同总金额约6756.2万元；2010年与地方企业新签订合作项目136项，获得地方政府或企业的合作经费6553.9万元。

2010年，南海海洋所积极推进国际交流与合作。国际合作交流人数达356人次；出访参加国际会议、培训、合作研究、航次等226人次；赴各国参加国际会议94人次，作报告64人次；4位科学家在6个国际组织中担任要职；召开了“第三届印度洋与南海国际学术大会；新增国际合作项目5项。

南海海洋所是中国海洋学会海洋物理分会、广东海洋湖沼学会、广东海洋学会等的依托单位，编辑出版《热带海洋学报》（核心期刊）。

（撰稿：徐晓璐　徐　海　审稿：张　偲）

华南植物园

主　　任：黄宏文
地　　址：广东省广州市天河区兴科路723号
邮政编码：510650
电　　话：020-37252711
传　　真：020-37252831
电子信箱：bgs@scib.ac.cn
网　　址：http://www.scib.cas.cn

中国科学院华南植物园（以下简称“华南植物园”）前身是由著名植物学家陈焕镛院士于1929创建的中山大学农林植物研究所，1954年改属中国科学院后更名为华南植物研究所，2003年更名为中国科学院华南植物园。

华南植物园自2010年12月起研究制定“十二五”规划，完成了62 000余字的《华南植物园“十二五”发展战略规划》。规划全面回顾了华南植物园80多年的发展历程与辉煌成就，特别是实施知识创新工程以来所取得的重要成果，指出了目前存在的问题与不足，深刻分析了国内外的竞争态势，并对科学研究等8个方面制定了详细的发展规划。华南植物园还按照中国科学院的要求启动了“创新2020”，向中国科学院申报了“华南战略资源植物研发和转化体系建设及其体制机制创新”的重大改革举措，并准备实施。

华南植物园的发展方向是：在创建国际一流科学植物园的同时，面向国家重大需求和学科发展前沿，围绕退化生态系统的恢复与重建、环境与生态安全、物种的演化形成与维持、生物多样性保育、植物资源储备与可持续利用等领域，进行基础性、前瞻性和战略性研究，建设成为我国科技创新、人才培养与科学知识传播的重要基地，并在恢复生态学、系统演化植物学与保育植物学领域发展为高水平的研究单位。华南植物园设有6大研究领域，即全球变化与生态系统服务功能、环境退化与生态系统恢复、植物系统与进化生物学、生物多样性保护及持续利用、农业及食品质量安全与植物化学资源、种质资源创新与发掘利用。6大领域下设30个研究团队。

华南植物园是世界上面积最大的植物园之一，由3部分组成：一是保育和展示区（植物迁地保护区），占地面积4237亩，建有木兰园、姜园等30余个专类园，以及建筑面积达10 840m^{2}的展览温室群；二是科研和生活区，占地面积552亩，拥有馆藏标本达100余万份的植物标本馆、专业书刊达20余万册的图书馆、功能强大的公共实验室和计算机信息网络中心等支撑系统；三是建于1956年的鼎湖山国家级自然保护区，占地面积17 300余亩，是我国第一个也是中国科学院唯一的自然保护区，就地保育植物2400多种。此外，华南植物园还拥有鼎湖山森林生态系统国家野外科学观测研究站、广东鹤山森林生态系统国家野外科学观测研究站和小良热带海岸带退化生态系统恢复与重建定位研究站等一批野外生态观测研究站点，中国科学院植物资源保护与可持续利用重点实验室、中国科学院退化生态系统植被恢复与管理重点实验室、广东省数字植物园重点实验室、华南植物鉴定中心等多个科研平台。

截至2010年底，华南植物园有在职职工406人。其中科技人员172人、科技支撑人员134人，包括研究员46人、副研究员等副高级人员60人。其中国家海外高层次人才引进计划（“千人计划”）引进人才1人、国家杰出青年科学基金获得者3人、中国科学院“百人计划”入选者9人。2010年引进各类人才22人，其中外籍人员2人、留学回国人员3人（包括1名“百人计划”人才）、出站博士后人员2人、应届博士毕业生9人、硕士毕业生2人、本科毕业生4人。

华南植物园是国务院学位委员会批准的首批硕士学位授予单位之一。现有3个博士研究生培养点、5个硕士研究生培养点和1个博士后流动站。在学研究生318人，其中博士生119人（含4名外籍学生）、硕士生199人，在站博士后20人。

2010年，华南植物园新签订科研项目合同经费8274万元，到位科研经费6436万元。在研项目257项（新增89项）。其中，国家自然科学基金102项（新增27项），包括国家自然科学基金重点项目3项（新增1项），国家杰出青年科学基金2项，广东联合基金3项；国家项目27项，其中科技基础性工作专项主持2项参加2项；国家重点基础研究发展计划（“973”计划）课题及子课题9项（新增3项），中国高技术研究发展计划（“863”计划）项目、重大专项及科技支撑计划子课题18项（新增1项）；农业部转基因生物新品种培育重大专项课题主持1项参加1项（新增2项）；参与科学技术部其他项目及林业局、海洋局项目4项（新增2项）；中国科学院项目52项（新增29项）；广东省自然科学基金24项（新增6项）；其他项目合计42项（新增19项）。

2010年，华南植物园作为第二单位完成的成果“鱼藤酮生物农药产业体系的构建及关键技术集成”和作为第六单位完成的成果“中国陆地碳收支评估的生态系统碳通量联网观测与模型模拟系统”分获国家科技进步奖二等奖；主持完成的成果“乡土植物在珠三角城镇生态绿地构建中的研究与应用”获国家环境保护科学技术奖三等奖与广东省环境保护科学技术奖二等奖；获得广东省环境保护科学技术奖一等奖和二等奖各1项。发表SCI收录论文183篇，其中各领域TOP30%论文90篇，出版专著7部。申请专利15项，其中2项申请了国际专利，授权专利10项。5个兰花新品种和1个荷花新品种实现国际登陆，3个新品通过广东省种子管理总站鉴定，水稻不育系“植A”进行了国家品种权的申请。

2010年，华南植物园的国际学术交流与合作继续保持活跃态势。出访近70人次，来访270人次左右。重点推进“跨国界植物多样性保护与全球生物资源发掘利用计划”，组队前往生物多样性丰富的南美亚马逊流域和物种特有性最高的马达加斯加实施战略植物资源收集与引种；分别与秘鲁国立San Marcos大学自然历史博物馆、马达加斯加塔那那利佛大学和美国Fairchild植物园签署合作备忘录；2010年12月在广州协办了亚洲通量国际会议；BGCI中国项目办公室和世界木兰中心挂靠华南植物园。

2010年，华南植物园共引进植物5000号，其中新引进物种3500多种，使全园迁地保育植物达13 000余种（含种下分类群），成为全球保育植物种类数前6位的植物园之一。全年入园游客达90万人次，门票总收入超过1100万元，创历史新高。

华南植物园控股的广东中科琪林园林股份有限公司依托植物园的科研力量与资源储备，积极开展生态工程技术开发与技术服务，并提供城市园林绿化所需要的种苗以及设计、施工与环境治理服务。2010年公司实现主营业务收入1.62亿元，比去年增长31.4%；利润总额1503万元，增长53.9%；净利润762万元，上交税金741万元，利税总额1423万元。

华南植物园是广东省植物学会及其两个分会（南方棕榈协会、木兰协会）和广东省植物生理学会的挂靠单位，负责编辑出版中文核心期刊《热带亚热带植物学报》。

（撰稿：夏汉平　谭如冰　审稿：魏　平）

广州能源研究所

所　　长：吴创之

地　　址：广东省广州市天河区五山能源路2号

邮政编码：510640

电　　话：020-87057620

传　　真：020-87057677

电子信箱：nys@ms.giec.ac.cn

网　　址：http://www.giec.cas.cn

中国科学院广州能源研究所（以下简称“广州能源所”）成立于1978年，其前身为1973年成立的广东省地热研究室。1998年4月原中国科学院广州人造卫星观测站并入广州能源所。

广州能源所是科研性质的研究所，2001年成为中国科学院知识创新工程试点单位之一。其战略定位为中国科学院高新技术研究与发展基地型研究所，主要从事清洁能源工程科学领域的高技术研究，并以后续能源中的新能源与可再生能源为主要研究方向，兼顾发展节能与能源环境技术，发挥能源战略的重要支撑作用，形成一主两翼一支撑的格局。2010年制定研究所“十二五”

规划，规划科研布局与发展目标、科研活动的组织实施、资源条件保障方案，提出实施思路与重大举措。开展科研团队调整、薪酬改革、推进成果转化等方面工作，落实“创新2020”。

广州能源所的科研机构包括：生物质能研究中心；非碳能源研究中心；天然气水合物研究中心；应用基础研究中心；集成技术研发中心；能源战略研究中心。广州能源所建有中国科学院可再生能源与天然气水合物重点实验室、广东省新能源和可再生能源研究开发与应用重点实验室、广东省生物质能工程技术研究开发中心、广东低碳经济技术研究中心、作为依托单位与其他单位共建的中国科学院广州天然气水合物研究中心、国家可再生能源综合技术国际研发中心、广东省新能源生产力促进中心、广东省清洁发展机制（CDM）技术研究服务中心、广东省可再生能源综合技术国际科技合作示范基地、广州市新能源工程技术研究中心等。组织成立了“生物能源与生物基产品产业技术创新战略联盟”、“生物燃气产业技术创新战略联盟”。建有为研究所提供文献情报服务的图书馆。拥有大型仪器设备十几台套。

截至2010年底，广州能源所有在职职工345人。其中科技人员233人、科技支撑人员77人，包括研究员及正高级工程技术人员28人、副研究员及高级工程技术人员62人；进入创新岗位128人。有中国科学院“百人计划”入选者10人（新增2人）、国家杰出青年科学基金获得者1人。

广州能源所是1978年国务院学位委员会批准的硕士学位授予单位之一，2004年获得博士学位授予权。现设有热能工程专业二级学科博士研究生培养点；工程热物理、热能工程、流体机械及工程、环境工程、化学工程、材料物理与化学和海洋地质等7个专业二级学科硕士研究生培养点；设有动力工程及工程热物理专业一级学科博士后流动站。在学研究生146人（硕士生99人、博士生47人），在站博士后4人。

2010年，广州能源所有在研项目411项（包括新增项98项）。其中，国家重点基础研究发展计划（“973”计划）课题4项（新增1项），中国高技术研究发展计划（“863”计划）项目15项（新增1项）；国家自然科学基金重点项目2项，杰出青年科学基金项目1项；国家科技支撑计划项目1项，国家海洋能专项2项（新增2项）；中国科学院知识创新工程重要方向项目12项（新增2项），国际合作项目21项（新增14项），院地合作项目15项（新增3项）。

2010年，广州能源所科研工作取得重要进展。取得科技成果11项，获科技奖励1项，其中“气体水合物及其前躯体溶液体系的热力学和动力学研究”获广东省科学技术奖二等奖。发表论文288篇（期刊论文199篇、会议论文89篇），其中92篇论文被SCI收录，52篇论文被EI收录，37篇论文被SCI和EI同时收录；出版专著3部。申请专利133件（发明专利91件，软件申请3件，PCT国际专利申请4件），43件专利授权（18项发明专利）。

2010年，广州能源所通过“知识产权试点单位”验收，同时被授予全国企事业知识产权试点单位和全省知识产权示范事业单位。

2010年，广州能源所大力推进成果转移转化和院地合作。通过成果转化争取横向开发项目37项，经费1533万元。与佛山市三水区政府共建中国科学院能源环境技术创新育成中心，合作成效显著，争取地方支持经费375万元，建设8套试验装置，35亩建设用地用于中心建设，中心获批承担院省合作重点项目。

截至2010年底，广州能源所共有投资公司15个，其中以研究所科研成果为基础新组建了江苏中科宇泰光能科技有限公司，注册资本6000万元，参股5%；2010年按股比计算营业额3592万元。生物质气化替代化石能源技术、乙醇项目、生物质合成燃料技术，太阳能光热光电、固废环保及节能技术带来了良好的社会效益和经济效益。

承担的中国－丹麦高效MW级波能发电装置研究国际项目通过验收，中瑞生物质气化合成燃料中试实验室在Midsweden university建成。特聘日本小林敬幸博士，从事吸附式热泵技术、固体废弃物资源化、能源化利用技术等方面研究工作。新签或续签了6项对外合作协议，签约对象分别是与韩国能源所、越南环境技术研究院科学技术研究所、日本名古屋大学、日本日托米尔国立大学、日本名古屋工业大学、英国诺丁汉大学。与韩国能源研究所联合举办第五届中韩可再生能源技术研讨会。出访38批65人次，来访49批244人次。其中邀请国外著名学者来所做学术报告12次，举办多边和双边学术会议1次，公派留学人员3人。

广州能源所是中国可再生能源学会生物质能专业委员会、天然气水合物专业委员会以及广东省太阳能学会的挂靠单位。主办期刊《中国新能源》，编辑出版了《中国新能源与可再生能源年鉴（2010）》，内部发行《能量转换利用研究动态》、《能量转换剪报资料》、《科技信息》、《发明专利信息》和《实用新型专利信息》5种期刊。

（撰稿：苏秋成　徐　超　审稿：赵黛青）

广州地球化学研究所

所　　长：徐义刚

地　　址：广东省广州市天河区科华街511号

邮政编码：510640

电　　话：020-85290702

传　　真：020-85290130

电子信箱：xuwenxin@gig.ac.cn

网　　址：http://www.gig.ac.cn

中国科学院广州地球化学研究所（以下简称“广州地化所”）成立于1993年7月。其前身是1987年4月由中国科学院地球化学研究所整建制搬迁部分学科、研究室和学术带头人与中国科学院广州地质新技术研究所合并成立的中国科学院地球化学研究所广州分部。1994年9月经国家编制委员会批准恢复现名。

广州地化所是公益性质的研究所，2002年整体进入中国科学院知识创新工程二期试点序列。战略定位与发展目标是：依托研究所有机地球化学、同位素年代学和地球化学、大地构造与成矿学、矿物学等学科优势，以国家和中国科学院重点实验室为技术支撑，通过实施自主创新战略、人才强所战略和制度创新战略，全面推进高素质创新人才的培养、高水平的科学研究和技术推广，以及高层次的国际交流，在资源与固体地球科学和环境科学与工程两大领域作出基础性、战略性、前瞻性的重大创新贡献，为解决我国和地方经济社会可持续发展所面临的资源和环境等重大科学问题提供知识基础与技术支撑；用5—10年时间，将研究所建设成为国内一流、国际知名，具有鲜明特色的综合型研究机构，成为我国南方地球科学和环境科学研究的中心。学科方向是资源与固体科学、环境科学与工程两大领域的大陆动力学与岩石圈演化、深部地质过程与地球系统变化、成矿规律与油气成藏动力学、海洋地质与边缘海演化、环境污染与控制、环境管理与可持续发展、环保技术与工程7个方向。

2010年，广州地化所根据中国科学院党组的部署，制定了研究所“十二五”规划、“创新2020”组织实施方案，对研究所的工作从总体战略、科技布局与战略重点、科研活动的组织实施、发展的人才与条件基础、管理体制的改革创新、规划组织实施等六大方面进行了调整。

广州地化所拥有有机地球化学国家重点实验室，同位素年代学与地球化学、边缘海地质和矿物学与成矿学3个中国科学院重点实验室；资源环境利用与保护、矿物物理与矿物材料研究开发2个广东省重点实验室；中国科学院珠江三角洲环境污染与控制研究中心、国家大型科学仪器中心广州质谱中心、可持续发展研究中心、地学与资源科普教育基地；主办地学核心刊物《地球化学》和《大地构造与成矿学》。

截至2010年底，广州地化所有在职职工299人。其中科技人员218人、科技支撑人员47人，包括中国科学院院士1人、俄罗斯科学院外籍院士1人、研究员及正高级工程技术人员55人、副研究员及高级工程技术人员86人；进入创新岗位199人。有中国科学院“百人计划”入选者19人（新增2人）、国家杰出青年科学基金获得者15人（新增2人）。

广州地化所现设有地球化学、矿物学岩石学矿床学、构造地质学、环境科学和环境工程5个专业二级博士培养点；地球化学、矿物学岩石学矿床学、第四纪地质学、构造地质学、海洋地质、环境科学、环境工程、地图学与地理信息系统和人文地理学9个专业二级学术型硕士培养点；环境工程1个专业二级全日制工程硕士培养点；设有地质学专业一级学科博士后流动站。在学研究生524名（博士研究生336名、硕士研究生188名），在站博士后26人。

2010年，广州地化所有在研项目337项（新增71项）。其中，主持国家重点基础研究发展计划（“973”计划）项目1项（新增1项）、承担课题28项（新增1项），承担中国高技术研究发展计划（“863”计划）项目5项；主持国家自然科学基金重点项目6项、群体2项、面上项目84项（新增32项）、重大研究计划重点项目3项，广东省联合基金项目3项；主持中国科学院知识创新工程重大项目1项、重要方向项目16项（新增2项）、青年人才项目5项（新增2项），承担国际合作项目5项（新增2项），重大仪器研制项目5项（新增1项），承担院地合作项目1项（新增1项）。

王新明研究小组与广州市环境监测中心站等单位共同承担的广州市亚运专项“广佛地区空气颗粒物污染化学模式及灰霾削减控制对策研究”在2010年广州亚运会空气质量保障工作中发挥了重要作用；傅家谟院士和王新明研究员被广州市聘为2010年第16届亚运会空气质量保障专家；许德如研究小组的全国危机矿山接替资源找矿专项《海南省昌江县石碌铁矿接替资源勘查》，为石碌铁矿的深部及近外围找矿勘查提供了重要科学依据，经钻探验证，新增铁矿资源量逾1亿吨、铜钴金属量约2万吨，潜在经济价值约700亿元以上，该成果被评为全国第二批危机矿山接替资源找矿专项优秀成果；王核研究小组承担的国家“十一五”科技支撑计划项目课题《西昆仑恰尔隆－大同一带斑岩型铜钼矿成矿条件研究和大型矿床靶区评价技术与应用研究》，划分出西昆仑两个斑岩铜（金）钼矿床成矿带，优选出8个找矿靶区，提交了1个评价基地，新发现了喀拉果如木铜铅锌多金属矿、喀依孜钼矿、阿克希腊克铅锌矿。

2010年，广州地化所发表学术论文645篇，其中SCI论文301篇，被引用120篇次，影响因子4以上的76篇。申请专利16项，其中发明专利12项、实用新型专利2项，外观设计专利1项，国际PCT专利1项，授权发明专利6项，实用新型专利2项。许继峰研究小组完成的《埃达克质岩浆的成因及其Cu-Mo-Au成矿作用》获广东省科学技术奖一等奖。

广州地化所与佛山市人民政府共建中国科学院佛山市环保技术与装备研发中心，共同组织公益性的环保技术与装备领域高技术集成、研发、育成、转移转化和产业化工作；江苏省泰州市旺灵绝缘材料厂利用广州地化所矿物材料技术，开发高频微波材料产品，获得产值2亿多元。

2010年，广州地化所在在研的5项国际合作项目在两方面取得重要进展，一是与英国Lancaster大学的战略合作，由单一学科拓展到多学科，由科研合作拓展到包括教育、培训和研究生教育的多方位合作，依托国际合作战略伙伴计划项目“构造－岩浆作用及成矿体系”，与澳大利亚Curtin科技大学、香港大学的科研合作继续深化；二是与印度、巴基斯坦和英国合作的中科院重要方向性项目“南亚大气持久性有机污染（POP）的跨境迁移趋向与人体健康影响”正式启动，并与缅甸和越南签署了合作协议。执行中国科学院爱因斯坦讲席教授计划1项，外国专家特聘研究员计划3项；接纳外藉博士后2人、博士研究生2人；主办了2个国际会议和3个双边学术研讨会；出访69批109人次，来访63批347人次；7人担任11个国际学术期刊的副主编或编委，5人在7个国际学术组织担任副主席或委员。

（撰稿：徐文新　审稿：夏　萍）

广州生物医药与健康研究院

院　　长： 裴端卿
地　　址： 广东省广州市科学城开源大道190号
邮政编码： 510530
电　　话： 020-32015300
传　　真： 020-32015299
电子信箱： wang_jiongkun@gibh.ac.cn

网　　址：http://www.gibh.cas.cn

中国科学院广州生物医药与健康研究院（以下简称“广州生物院”）由中国科学院、广东省人民政府和广州市人民政府三方共建，2004年4月启动筹建，2006年3月获中央机构编制委员会办公室批准成立，是隶属中国科学院的具有独立法人资格的科学研究机构。

广州生物院的定位是以国家健康和生物医药需求为主导，以国际前沿致病机理研究、高水平核心技术创新与集成为核心，致力于构筑我国医药、疫苗及诊断的创新研究实体，提高生物医药研发和产业化水平，成为国家健康安全体系中的重要组成部分。其建设目标是建成在健康和生物医药领域具有自主创新和国际竞争能力的研究机构，成为吸引、培养和造就具有国际先进水平的中国生物医药业领军人才的平台，成为疾病的发生和致病机理的研究及生物医药核心技术的研发平台，成为面向国内外生物医药业的社会化服务并带动地区相关产业发展的平台。研究院以源头创新→产品技术开发→产业化为价值链，主要研究领域包括干细胞与再生医学、化学与合成生物学和感染与免疫学，“十二五”期间将在目前学科布局的基础上新增公共健康和系统生物学与装备两个学科。

2010年，广州生物院成立了以院长为组长，党委书记、副院长、相关职能部门负责人和部分研究员为成员的“十二五”规划和“创新2020”编制小组，完成了研究院“十二五”规划的初稿。研究院制定规划的指导思想是：围绕定位、面向未来、重点跨越和服务地方。研究院形成既保持基础性、战略性、前瞻性的源头创新，又加强面向国家战略需求、面向经济建设，同时服务地方经济和社会发展的研发布局。“十二五”规划中，研究院建设的整体布局为3个层次：①优先发展领域，②重点发展领域，③区域创新集群。优先发展领域以中国科学院“干细胞与再生医学”战略先导专项中广州生物院承担的主要任务为引领，结合广州生物院的实际情况展开。重点发展领域以广州生物院现有优势和基础，结合新兴学科发展和地方经济和社会发展的需要，布局化学与合成生物学、感染与免疫领域、公共健康、装备研制等领域，并力争在药物开发和产业化方面实现重大突破。区域创新集群，主要重点建设中国科学院华南生命科学研究中心，中国科学院佛山南海区生物科技产业中心，中国科学院广州生物医药产业技术创新与育成中心。研究院将坚持“依法办院、以德兴院”的办院理念，加强自主建设，在各个方面做到有法可依、有章可循，并按照“职责明确、评价科学、开放有序、管理规范”的现代研究所制度进行管理。

广州生物院建立了华南干细胞与再生医学研究所、感染与免疫研究中心和化学生物学研究所3个非法人研究单元，并建有呼吸疾病国家重点实验室（共建）、中国科学院再生生物学重点实验室、公用仪器中心、实验动物中心和信息情报中心，建成了临床前研究平台、非人灵长类动物疾病模型平台、RNA干扰技术平台、抗体技术平台、药物化学技术平台、药物分子设计及结构优化技术平台、疫苗载体技术平台、分子诊断平台、药物毒理技术平台和天然药物发现技术平台等十大技术平台。

截至2010年底，广州生物院有在职职工301人。其中科技人员246人、科技支撑人员55人，包括研究员25人、副研究员及高级工程技术人员9人；进入创新岗位223人。有中国科学院“百人计划”入选者12人（新增2人）、国家杰出青年科学基金获得者2人、“新世纪百千万人才工程”国家级人选1人、“863”计划领域专家1人、“973”计划首席科学家2人（新增2人）、国家海外高层次人才引进计划（“千人计划”）入选者1人（新增1人）。

广州生物院设有生物化学与分子生物学、药物化学2个二级学科硕士、博士研究生培养点；以及生物工程、化学工程2个领域2工程硕士专业学位培养点。在学研究生199人（硕士生102人、博士生97人）。

2010年，广州生物院有在研项目211项（新增70项）。其中国家重点基础研究发展计划（“973”计划）项目（课题）29项（新增10项），中国高技术研究发展计划（“863”计划）项目（课题）6项，国家重大专项项目7项（新增4项）；国家自然科学基金重大项目1项、重点项目 1 项，国家杰出青年科学基金项目 2 项、面上项目 43 项（新增 16 项）；中国科学院知识创新工程重大项目 2 项（含参与 1 项，新增 1 项）、重要方向项目 19 项，院地合作项目 45 项（新增 22 项），国际合作项目 2 项；与地方政府合作项目 19 项（新增 11 项）。

2010 年，广州生物院发表论文 92 篇，其中 SCI 论文 78 篇，影响因子 10 以上的论文 3 篇。申请发明专利 25 项，其中国际发明专利 3 项。

2010 年，广州生物院涌现了一批重要的研究成果。首次揭示了体细胞重编程为诱导多能干细胞的起始机理，该成果被誉为诱导多能干细胞机理研究突破性里程碑，也为继续改进诱导多能干细胞技术提供了理论依据，被科技日报评为 2010 年中国 10 大科技新闻；首次在国际上证明了单一因子 Oct4 便足够使小鼠成纤维细胞重编程到多能干细胞状态；首获成功克隆亨廷顿舞蹈症转基因猪模型，该成果对于亨廷顿舞蹈症病理发生机制的研究以及治疗药物开发具有重要的意义；STAT3 小分子抑制剂研究取得新进展，该成果为进一步开发氯硝柳胺及其衍生物作为新型抗肿瘤药物奠定了基础；利用 C—H 键活化反应合成了用常规方法难以合成的吡啶［1，2-a］苯并咪唑类杂环化合物，并通过铜催化的偶联或串联反应构建了一些结构多样性的小分子化合物，该成果为快速、高效合成吡啶［1，2-a］苯并咪唑类有机小分子化合物库提供了可能。

广州生物院把院地合作和科研成果转移转化与产业化作为研究院发展的两大“引擎”之一，取得了显著成效。其中包括与佛山市南海区人民政府共建“生物医药科技产业中心”，第一批 27 个产业化项目已开始入园育成；与广州市开发区联合共建“中国科学院广州生物医药产业技术创新与企业育成中心”，并签约落户“广州中新知识城”；与广州复大医院共建广州生物院附属医院；建有 PIPELINE 药物研发体系，已成功建立了多个技术支撑平台，其中治疗白血病和治疗老年痴呆的两个药物将在 2011 年进入临床试验阶段；与 20 余家企业联合开展产学研合作项目 40 余项，其中 19 项获得政府部门立项资助，拉动企业投资创新经费近 5000 万元；发起成立国内第一家干细胞领域的技术联盟“广州干细胞与再生医学技术联盟”，牵头成立“干细胞与再生医学产业技术创新战略联盟”；联合有关大学和企业开展了多次科技项目推介会、技术交流会，累计为企业解决技术问题或提供技术服务百余次。

2010 年，广州生物院继续广泛开展国际合作。获批科学技术部 2010 年度国际科技合作计划专题项目“诱导多能干细胞机理与应用合作研究”；与韩国干细胞研究所（KSCRC）签署了干细胞研究谅解合作备忘录；举办了第二届中美双边国际研讨会：癌症预防与治疗和第三届广州国际干细胞与再生医学论坛；出访人员 41 人次，来访人员 85 人次，出国培训人员 1 次。裴端卿博士作为亚太地区干细胞网络联盟执行委员会 7 名成员之一（中国地区仅 1 位）及国际 iPS 应用研究委员会 17 名委员之一（中国地区仅 1 位），在促进干细胞领域的合作与交流方面发挥了积极作用。

（撰稿：韩青海　王炯坤　审稿：朱咏峰）

深圳先进技术研究院

院　　长：樊建平

地　　址：广东省深圳市南山区西丽深圳大学城学苑大道 1068 号

邮政编码：518055

电　　话：0755-86392288

传　　真：0755-86392299

电子信箱：info@siat.ac.cn

网　　址：http://www.siat.ac.cn

中国科学院深圳先进技术研究院（以下简称“先进院”）于 2006 年 2 月由中国科学院、深圳市共同建立，2009 年 7 月 22 日获中央编制委员会办公室批准正式设立，2009 年 12 月 17 日通过正式验收。

先进院的使命和愿景是提升粤港地区及我国先进制造业和现代服务业的自主创新能力，推动我国自主知识产权新工业的建立，成为国际一流的工业研究院。

先进院现已成立了面向智能系统与制造装备的“中国科学院香港中文大学深圳先进集成技术研究所”（由中国科学院、深圳市、香港中文大学三方共建）、面向低成本健康的“生物医学与健康工程研究所”、面向快速城市化和工业信息化的“先进计算与数字工程研究所”，并牵头成立“中国科学院电动汽车研发中心”和“中国科学院深圳产业技术创新和育成中心”，与工程中心、技术平台一起构建成“三所四中心”的组织框架，形成多学科交叉、集成创新的特色与优势，主要发展“集成工程学”、“健康工程学”、“数字工程学”3大新兴学科。并力求在夯实3个研究所的基础上，在“十二五”期间继续扩大科研布局，在生物医药与生物技术、精密加工与新材料、新能源等领域新建3个研究所，逐步形成“六所多中心”的创新组织格局。

截至2010年底，先进院人员规模已达1199人，员工640人，中高级人才327名，其中有博士学位者258位，182位拥有海外经历。中国工程院院士1人、国家“千人计划”入选者4人、中国科学院“百人计划”入选者10人（新增3人）、广东省领军人才1人，累计48人（新增10人）被认定为深圳“国家级/地方级/后备级领军人才”。“低成本健康”团队入选广东省创新科研团队，国家杰出青年科学基金获得者1人。吸引40多名国外和香港教授非全时到院工作，美国电气和电子工程师协会（IEEE Fellow）会士10名，2010年新增香港中文大学客座教授6名，国际著名大学、科研机构12人受聘客座教授。

2010年，先进院实现自主招生。获批2个博士点（计算机应用技术、模式识别与智能系统），8个硕士点（信号与信息处理、物理化学、生物化学与分子生物学、材料工程、控制工程、生物工程、计算机技术、电子与通信工程）。现有研究生导师130人，其中博士生导师72人；目前在学研究生559名（含博士后29人），正式研究生206人、客座研究生324人；累计培养研究生1318人（含客座学生）。

2010年，先进院在研项目共511项，累计争取各类科研项目经费逾4.54亿元。其中，新增项目264项，获批科研经费2.52亿元，纵向项目经费2.26亿元；国家级54项，中国科学院22项，广东省37项，深圳市103项，其他项目6项；横向项目经费0.26亿。国家自然科学基金项目申请通过率达33%。电动汽车、机器人、低成本健康、高性能计算等领域均获单项超过2000万的重大项目支持。荣获“十一五”国家科技计划执行优秀团队奖。

2010年，先进院申请专利160项（累计达391项），其中发明专利占77%，转化过程中的专利占30%。学术建设取得新成绩，发表论文560篇，同比增长45%，SCI/EI检索405篇（150篇SCI论文）；在可视计算领域发表*Siggraph*文章2篇。主办国际国内大型学术会议6次，举办各类学术讲座117次，吸引各领域知名学者数百人，编辑学术期刊12期。

2010年，先进院争取国际合作项目9个，经费333万元。加入中法联合研究机构并申请FP7项目，获批中瑞科技合作项目1项，获批深圳市国际合作项目110万元，与香港应用科技研究院签订“深港科技云”合作备忘录；吸引6位非华裔外籍学者到院工作，分别入选中国科学院国际合作外籍特聘研究员和外籍青年科学家项目。

2010年，先进院加强院地合作，加大与企业合作的力度。派出企业特派员32人，新增省院合作和院地合作项目17项；横向合同签订42个，与企业合作的各类项目获批45项。在中国科学院的指导下成立“中国科学院深圳现代产业技术创新和育成中心”，入驻蛇口沿山路创新产业园区，共孵化“中科强华”、“中科鸥鹏”、“中科智酷”等36家企业（新孵化企业14家），注册资本14亿元，总市值逾50亿元。布局上海嘉定工业区，与上海市嘉定区政府合作，共建上海育成中心，提升科技服务区域的能力。

加强开放技术平台建设，增强服务企业的能力。2010年，新增深圳市公共技术平台和重点实验室8个；获年度中国产学研合作创新奖，获科学技术部“十一五”支撑计划优秀团队奖。目前建设各种平台16个，经费6438万；年度购置设备1236台（套），总金额5346万元；新扩建实验场地652m^2，新建实验室4个，提升改造实验室10个，经过几年的持续建设，大大提升和增强了为科研服务、为企业服务的能力和水平。

（撰稿：卓小携 王 冬 审稿：白建原）

亚热带农业生态研究所

所　　长：王克林
地　　址：湖南省长沙市芙蓉区马坡岭
邮政编码：410125
电　　话：0731-84615204
传　　真：0731-84612685
电子信箱：csiam@isa.ac.cn
网　　址：http://www.isa.ac.cn

中国科学院亚热带农业生态研究所（以下简称“亚热带所”）创建于1978年6月，其前身为中国科学院长沙农业现代化研究所，2003年10月改为现名。

亚热带所的战略定位：围绕亚热带区域农业发展和生态建设国家战略需求，对区域农业格局和生态过程及其调控技术开展系统研究，为亚热带区域农业发展与生态建设提供科技支撑。研究方向为亚热带复合农业生态系统生态学，重点开展农业生态系统格局与过程调控、畜禽健康养殖与农牧系统调控技术和作物耐逆境分子生态学机理及其品种选育等方面研究，提升我所在亚热带区域农业科技创新体系中的地位和作用。

亚热带所目前设有区域农业生态研究中心、畜牧健康养殖研究中心、作物耐逆境分子生态学研究中心等3个研究部门，以及桃源农业生态系统试验站、广西环江喀斯特生态系统试验站、洞庭湖湿地生态系统试验站、中国科学院亚热带农业生态过程重点实验室、期刊文献信息中心等5个支撑部门。

2010年，亚热带所学科目标得到进一步凝练与优化，基本形成了涵盖区域农业生态格局、系统过程和分子生态学等3个基本尺度的学科体系；“一室三站”的研究平台建设取得重大进展；科技核心竞争力，特别是承担国家重大科研任务及参与国际合作研究的能力显著提升；与国际和地方区域科技合作进一步扩大，对区域农业的科技贡献明显增强，为做好“创新2020”工作奠定了良好的基础和条件。

根据中国科学院“创新2020”总体部署，亚热带所围绕“创新跨越、布局合理、四个一流、和谐有序、开放合作、持续发展”目标，瞄准国家对亚热带区域农业发展与生态建设的战略需求，以凝练学科目标、优化科技布局、提升研究所自主创新能力为主题，以打造一支高水平的亚热带区域复合农业生态系统生态学研究队伍及到2020年将研究所建设成为有国际影响的亚热带农业生态研究机构为目标，制定了本所“十二五暨创新2020”中长期发展战略规划。将创新三期的3个研究方向拓展为区域农业格局与系统过程、畜禽健康养殖与农牧系统调控技术、作物耐逆境分子生态学机理及品种选育、流域环境健康控制原理与技术、农业功能微生物作用机理与调控技术5个研究方向，新组建流域环境健康研究中心和农业功能微生物研究中心等2个研究中心。造就一批德才兼备的科技领军人才，支持一批具有发展潜质的青年科技人才，培养一批技艺高超的技术支撑人才。力争引进“百人计划”学者7—8人，“千人计划”学者2—3人，新产杰青2—3人，引进和培育青年优秀人才80人。

截至2010年底，亚热带所有在职职工215人，流动人员187人，离退休人员78人。在职职工中，有科研人员124人、科技支撑人员45人，研究员28人、副研究员及高级工程师35人；进创新岗位90人。“百人计划”项目首席科学家4人、中国科学院“百人计划”入选者4人、“国家杰出青年科学基金”获得者1人、项目聘用人员48人。流动人员中，有客座研究员19人、访问学者8人、在学研究生125人（硕士生75人、博士生50人）。设有生态学博士培养点、生态学和动物营养与饲料科学硕士培养点，有研究生导师31人。

2010年，亚热带所新增科研项目47项。其中，国家基金重点课题1项、其他基金17项，国家重大专项课题1项、子专题1项，支撑计划课题1项、子专题2项，“973”计划项目子专题1项。

“973”计划课题“喀斯特生态系统的服务功能优化和综合调控”对西南典型喀斯特区进行了野外考察，建立了长期定位监测样地。针对喀斯特生态系统表征信息遥感提取的不确定性，通过喀斯特典型地物光谱和空间邻域分析，建立了区域生态系统评价关键指标的遥感反演模型；从景观格局变化分析入手，对生态服务功能进行了定量评估，初步揭示了生态服务功能与环境因子及人为活动的相互关系，并对生态服务功能价值的空间尺度特征进行了分析，揭示了人类活动对生态系统生态服务功能的影响机制。

国家重大专项专题“转基因抗除草剂三系杂交稻研究”利用三系保持系丰源B与转基因抗除草剂水稻Bar68－1杂交，通过多代除草剂筛选与连续自交稳定、选择，获得稳定的抗除草剂保持系Bar227B。

国家支撑计划课题“湘江流域重金属面源污染控制技术”重点开展了重金属污染土壤综合治理等的关键技术攻关，包括轻微污染土壤的农艺调控、中度污染土壤的化学钝化和重度污染土壤的生物修复技术，初步建立了重金属污染土壤的“农艺－钝化－改制”综合治理技术体系。

国家支撑计划项目“城郊区环保型特色农业支撑技术研究与示范”通过科技攻关与集成示范，研发出新技术和产品60件，申请发明专利56件，提交国家和省部级技术标准方案10项，构建出18套适合于我国5大城市群郊区的环保农业模式。示范区肥料用量得到控制，农业氮磷排放显著减少，农产品健康质量明显提高，取得了显著的经济、环境和社会效益。

“仔猪肠道健康调控关键技术及其在饲料产业化中的应用”成果荣获2010年度国家科技进步奖二等奖。以印遇龙研究员领衔的研究团队通过努力探索，取得了该领域的重要突破。采用基因组学、蛋白质组学和代谢组学技术手段，建立了仔猪肠道基因表达变化图谱、肠道黏膜上皮组织2D凝胶蛋白质图谱和血液产物代谢图谱；克隆了猪肠道氨基酸转运载体，从分子水平上揭示了仔猪肠道氨基酸转运和吸收机制；研制出了调控仔猪肠道健康关键技术及相应产品，为养猪业提供了有力的技术支撑。研发了一系列调控仔猪肠道健康的新型饲料添加剂和饲料产品，获得国家或省级新产品6个。该系列产品已在全国16省市49家企业直接应用。

2010年，亚热带所国际合作取得长足发展。举办了“亚洲食品和生物质生产未来可持续生态设计学术研讨会”和“第二届亚热带区域可持续农业国际学术研讨会”等4次国际学术会议。与澳大利亚联邦科工组织（CSIRO）共同承担的国家科技部国际合作项目“哺乳动物机体抗氧化及脂质过氧化调控机理研究”从体内和体外两个方面研究了对植物天然提取物儿茶素对山羊的抗氧化作用及其机理，结果表明山羊日粮添加2000mg/kg或3000mg/kg的儿茶素（TC），有助于维持机体抗氧化系统稳衡。血液谷胱甘肽（GSH）含量和添加硒的互作对美利奴羔羊肉色稳定性、骨骼肌氧化还原状态及脂质过氧化影响的研究工作表明，血液GSH水平和肉色稳定性之间的关联存在着复杂的机制。

亚热带所是湖南省生态学会、湖南省农业系统工程学会、湖南省微量元素与食物链研究会挂靠单位，主办《农业现代化研究》期刊。

（撰稿人：杨　芝　审稿人：王克林）

成都生物研究所

所　　长： 吴　宁
地　　址： 四川省成都市人民南路四段9号
邮政编码： 610041
电　　话： 028-85210501
传　　真： 028-85222753
电子信箱： swsb@cib.ac.cn
网　　址： http://www.cib.cas.cn/

中国科学院成都生物研究所（以下简称“成都生物所”）成立于1958年，当时定名为“中国科学院四川分院农业生物研究所”，1962年9月更名为“中国科学院西南生物研究所”，1971年1月更名为“四川省生物研究所”，1978

年启用现名。

成都生物所的目标是建成一所特色鲜明，具有持续创新能力、国内一流的研究机构。自进入中国科学院知识创新工程三期以来，将主要研究领域集中于人口健康与天然药物，生态建设与环境治理，工业生物技术及现代农业食品安全等方面。2010年成都生物所制定了“十二五”规划，将研究力量聚焦于“生态环境保育与治理”和“生物资源发掘与利用”两大战略重点领域，重点围绕生物多样性保育、生态恢复与全球变化、环境治理与清洁生产、天然药物与生物制剂、生物质能源与循环利用、作物育种与生物农药等方面开展研发工作。

成都生物所设有天然产物研究中心、生态研究中心、两栖爬行动物研究室、应用与环境微生物研究中心和农业生物技术研究中心5个研究机构，是国家天然药物工程技术研究中心、中国科学院山地生态恢复与生物资源利用重点实验室、生态恢复与生物多样性保育四川省重点实验室的依托单位。2010年，中国科学院环境与工业微生物重点实验室和环境微生物四川省重点实验室获准成立。

成都生物所两栖爬行动物、植物标本馆是全国青少年科技教育基地、全国青少年走进科学世界科技活动示范基地、四川省科普教育基地，馆藏两栖爬行动物标本10万余号，标本的种类和数量居同领域全国第一位、亚洲第二位，馆藏植物标本25万号。公共实验技术中心拥有价值约6000万元各种先进科研仪器设备，并对社会开放。在青藏高原东缘地区建立了覆盖高山草甸、高寒湿地、亚高山针叶林、山地人工林、干旱河谷、亚热带常绿阔叶林等7个生态系统类型的野外生态定位研究站（点）。

截至2010年底，成都生物所有在职职工348人。其中科技人员263人，科技支撑人员85人，包括中国科学院院士1人、研究员及正高级工程技术人员42人、副高级及高级工程技术人员75人；进入创新岗位140人。有中国科学院“百人计划”入选者9人、“西部之光”人才入选者55人（新增5人）、国家杰出青年科学基金获得者1人、国家“新世纪百千万人才工程”入选者3人，四川省学术技术带头人9人（新增1人）、四川省“百人计划”入选者2人（新增1人）。

成都生物所现有植物学、动物学、环境科学和药物化学4个博士学位授权点；有植物学、动物学、微生物学、生态学、环境科学、环境工程和药物化学7个学术型硕士学位授权点；生物工程、环境工程、制药工程和药学硕士4个硕士专业学位授权点；设有生物学博士后流动站。在学研究生269人（硕士生155人、博士生114人），在站博士后12人。

2010年，成都生物所有在研项目310项（新增86项）。其中参加国家重点基础研究发展计划（“973”计划）课题5项（新增1项），主持中国高技术研究发展计划（“863”计划）课题11项（新增2项），国家科技支撑计划项目课题或子课题17项；转基因重大专项课题或子课题6项，其中课题级1项；国家自然科学基金重点项目或课题4项，国家自然科学基金项目及课题27项（新增面上项目及国际合作项目26项、重大研究计划课题1项）；中国科学院知识创新工程重大项目或课题6项、参与重要方向项目或课题40项（新增22项），院地合作项目31项（新增7项），国际合作项目36项；地方项目37项（新增6项）。

2010年，成都生物所发表论文259篇；出版科技专著4部；申请专利44件，授权专利8件；四川省作物品种审定2个；申请作物品种权2个，授权1个；“西南亚高山人工云杉林的更新机制及其对全球气候变化的响应”、“中国两栖动物系统进化与保护”、“常用藏药药效成分、药品标准与药理毒理示范研究”3个项目获四川省科技进步奖二等奖，其中“西南亚高山人工云杉林的更新机制及其对全球气候变化的响应”项目通过对我国西南不同恢复阶段的亚高山林人工针叶林种子雨、土壤种子库、种子萌发、幼苗存活和生长等方面的长期定位观测研究，结合全球气候变化与环境异质性对更新过程影响的实验研究及促进人工林更新的调控技术体系研究与试验示范，揭示了现有亚高山人工针叶林的更新潜力，阐明了人工林“种子雨－种子库－萌发－幼苗”更新转化过程的关键因素及其作用机制，阐述了全球气候变化对该高海拔人工针叶林早期更新过程的潜在影响，该成果已在川西亚高山林区进行了示范。成果已在川西亚高山林区进行示范。“中国两栖动物系统进化与保护”项目系统地开展了中国两栖动物资源调查、编目及系统进化与保护研究，出版专著8部，发表论文150余篇，建成两栖动物基础信息库，部分研究成果达到国际领先水平。

2010年，成都生物所共投资3家公司，从事科技开发人员约60人，入股企业2010年总产值约5.7亿元人民币，利润约1.1亿元人民币。成都生物所在农业、白酒、天然药物等领域与企业合作，获得技术合同收益646万元。实现了专利技术成果“一种黄芪甲苷纯品的制备方法”的专利权转让；小麦新品种“川育20”生产经营权独家转让；为中国石油化工股份有限公司洛阳分公司提供“化纤污泥钴锰回收及性能改善生物技术”；为山东新华制药股份有限公司提供了“氢化可的松新月弯孢霉菌氧化新工艺”技术。

2010年，成都生物所首次申请并获准了“中国科学院外国专家特聘研究员计划”项目，引进国际知名神经生物学专家1名；申请获得中国科学院2010年度第二批“外籍青年科学家”计划项目；聘任美国、加拿大、新西兰、法国4名专家分别从事两栖爬行动物、植物系统学及物种进化、植物年龄生态学等方面的研究工作；招收了1名来自乌兹别克斯坦的“中国科学院与发展中国家科学院（CAS-TWAS）奖学金计划”学者来所工作；申请中科院、国家基金委等部门的各类国际合作项目14项；与美国、瑞士、日本等有关国家及国际组织签署国际合作项目及协议14项；邀请、接待外宾来访52批92人次，派出34批45人次。

成都生物所是四川省动物学会的挂靠单位。主办的《应用与环境生物学报》是中国精品科技期刊、RCCSE中国核心学术期刊，被CA、BA、CSA、РЖ及CSCD、CSTPCD、CJFD、CBA等众多国内外数据库收录所主办《亚洲两栖爬行动物研究》（英文版）获国家新闻出版总署批准，并于2010年9月正式出版。

（撰稿：舒　服　刘刚君　审稿：叶　彦）

成都山地灾害与环境研究所

所　　长：邓　伟

地　　址：四川省成都市人民南路四段9号

邮政编码：610041

电　　话：028-85228816

传　　真：028-85222258

电子信箱：sdb@imde.ac.cn

网　　址：http://www.imde.ac.cn

中国科学院·水利部成都山地灾害与环境研究所（以下简称“成都山地所”）由1965年成立的中国科学院地理研究所西南地理研究室发展而来，1966年2月改为中国科学院地理研究所西南分所，1978年更名为中国科学院成都地理研究所，1989年实现中国科学院和水利部双重领导并采用现名，2002年4月进入中国科学院知识创新工程（试点序列）。

成都山地所以山地灾害、山地环境和山区可持续发展为主要研究领域，致力于为“增强我国防御山地灾害能力、保障山区生态安全和促进经济社会发展”提供科学依据和技术支撑。2010年所领导带队，先后赴科技部、水利部、环境保护部、国家林业局和川渝藏滇等行业主管部门开展调研，了解科技需求，并按照中科院部署，完成了研究所“十二五”规划；组建了由近20名优秀青年博士组成的“青年创新团队”5个，为研究所未来发展培育将帅人才。

设有中国科学院山地灾害与地表过程重点实验室、山地表生过程与生态调控重点实验室、山区发展研究中心和数字山地与遥感应用中心四大研究学科单元，设有四川省山区减灾工程技术研究中心和综合测试与模拟技术中心两大关键支撑平台；建有东川泥石流观测研究站、贡嘎山高山生态系统观测试验站、盐亭紫色土农业生态试验站3个国家重点野外台站和其他3个所级野外观测台站；与西藏自治区环境保护厅、国土资源厅合作，新建申扎高寒草原与湿地生态系统观测试验站和波密地质灾害综合观测研究站。

截至2010年底，共有在职职工259人。其中科技人员124人、科技支撑人员34人，研究员及正高级工程技术人员39人、副研究员及高级工程技术人员45人；进入创新岗位155人。有中国科学院“百人计划”入选者5人（新增3人）、其中1人获得国家自然科学杰出青年基金项目资助并进入“新世纪百千万人才工程”国家级人选，“西部之光”人才入选者16人（新增5人），国家杰出青年科学基金获得者2人。

成都山地所是1981年国务院学位委员会批准的博士、硕士学位授予权单位之一。现设有土木工程专业1个一级学科博士研究生培养点；自然地理学、人文地理学、岩土工程、土壤学4个二级学科博士培养点；自然地理学、人文地理学、地图学与地理信息系统、环境工程、岩土工程、防灾减灾工程及防护工程、土壤学7个二级学术型学位硕士研究生培养点和建筑与土木工程、环境工程2个二级专业型硕士学位培养点；设有地理学博士后科研流动站。在学研究生165人（硕士生83人、博士生82人），在站博士后9人。

2010年，成都山地所在研项目249项（新增108项）。其中，主持国家重点基础研究发展计划（“973”计划）项目2项（新增1项）、承担课题5项，主持科学技术部支撑计划项目1项、承担课题5项（新增1项）；主持国家自然科学基金重点项目2项（新增1项）、面上项目10余项（新增7项）；承担中国科学院知识创新工程重要方向项目9项（新增2项），国际合作项目6项；承担水利部公益性行业专项以及技术标准项目各1项，承担中国气象局公益性专项课题1项，承担国家水专项专题1项。

2010年，成都山地所发表论文295篇，其中SCI检索论文37篇，出版专著5部，科普著作1部，专业教材4部；获得国家发明专利5项、实用新型专利2项。

“8.7舟曲特大山洪泥石流”发生后，成都山地所及时派数批专家赴灾区考察并提交了3份咨询报告，其中《关于舟曲特大山洪泥石流灾后重建与全国泥石流减灾认识与建议》的报告，由崔鹏研究员直接呈交温家宝总理；针对2010年夏春两季我国洪涝与泥石流滑坡灾害频发的现象，成都山地所的专家联合中国科学院地理科学与资源研究所等单位专家共同撰写了有关成因分析及应对建议的报告，得到了国家领导人的批示。

2010年赴巴基斯坦开展科技援助，为堰塞湖处置提供方案设计，得到了巴方和中国外交部、中国路桥有限责任公司的认可；与古巴科技与环境部国际合作司在“山地灾害评估、灾害预报、灾害预警”等领域签署了“IMHE-CITMA国际科技合作协议”；举办了国际山地综合发展中心第40届理事会会议、东南亚灾害性泥石流监测预警技术与示范交流会议和2010年国际泥石流学术会议，加强了山地灾害减灾防灾的国际交流与合作，推动了该所与国际山地综合发展中心各成员国、东南亚国家间的合作与交流并就组建“亚洲泥石流协会”进行了研讨。

挂靠的学会有：四川省地理学会、中国地理学会山地分会、中国水土保持学会泥石流滑坡专业委员会、中国第四纪研究会应用第四纪专业委员会、中国自然资源学会山地资源研究专业委员会。负责编辑出版中国自然科学核心期刊《山地学报》和英文季刊 *Journal of Mountain Science*（SCIE 扩展版）。

崔鹏研究员被世界水土保持协会（WASWC）授予“2010年度杰出研究奖”（the Distinguished Researcher Award for 2010）。

（撰稿：罗晓梅　马雅阁　审稿：程根伟）

光电技术研究所

所　　长：张雨东
地　　址：四川省成都市人民南路四段9号
邮政编码：610041
电　　话：028-85100168，028-85100099，028-85100112
传　　真：028-85100268
电子信箱：tdc@ioe.ac.cn
网　　址：http://www.ioe.ac.cn

中国科学院光电技术研究所（以下简称

“光电所”）创建于1970年，是中国科学院在西南地区规模最大的研究所。1997年首批通过中国科学院科研基地型研究所定位评估；1999年微细加工光学技术国家重点实验室、中国科学院光束控制重点实验室、中国科学院自适应光学重点实验室等3个重点实验室率先进入中国科学院知识创新工程试点一期；2001年全所整体进入创新二期；2006年在创新二期总结及考核评议工作中被评为“优秀”研究所，进入创新三期；2008年顺利通过创新三期“2+3”考核评估。

光电所的定位与目标：在光电工程应用基础研究、高技术研究与系统集成创新研究方面达到国内领先和世界先进水平。主要研究领域及学科方向包括：光电跟踪测量、光束控制、自适应光学、天文目标光电观测与识别、先进光学制造、航空航天光电设备、微纳光学及微电子光学、生物医学光学等。光电所在“十二五”规划的制定、“创新2020”组织实施、机制体制创新等方面，从研究所长远发展出发，加强战略前瞻性工作的部署和研究，将基础性研究工作与高技术研究工作紧密结合，明确地把重大项目完成、发展规划研究、人才队伍培养、关键技术突破和技术平台建设放在更加突出位置，增强了可持续发展的能力；坚持科研、产业两大块分类管理和运行的模式，建立了行之有效的质量保障体系与绩效考核管理体系，有力保障了全所发展战略规划的组织和实施。

光电所在科研机构设置方面，以科研一部、科研二部、所机关为科研创新主体，建有微细加工光学技术国家重点实验室、中国科学院光束控制重点实验室、中国科学院自适应光学重点实验室、9个创新研究室，以及挂靠光电所的非法人单元中国科学院成都几何量及光电精密机械测试实验室；还建有精密机械制造、先进光学研制、轻量化镜坯研制、光学工程总体集成、质量检测等5个研制中心，以及制造保障中心、科技信息中心等2个技术保障中心；并投资创建了以产品与服务市场化、科技成果转移转化与产业化为宗旨的四川科奥达（集团）有限公司。

截至2010年底，光电所有在职职工1195人。其中科技人员590人、科技支撑人员298人，包括中国工程院院士2人、研究员及正高级工程技术人员64人、副研究员及高级工程技术人员193人。有中国科学院“百人计划”入选者6人、“西部之光”人才入选者9人（新增9人）、国家杰出青年科学基金获得者1人、国家海外高层次人才引进计划（“千人计划”）入选者1人（新增1人）、四川省学术技术带头人14人、客座研究员和访问学者25人。

光电所现设有光学工程、信号与信息处理、测试计量技术与仪器3个专业一级（或二级）学科博士研究生培养点；光学、光学工程、机械制造及其自动化、精密仪器及机械、测试计量技术及仪器、物理电子学、信号与信息处理、检测技术与自动化装置、计算机应用技术及工程硕士专业等14个专业一级（或二级）学科硕士研究生培养点；设有光学工程专业一级学科博士后流动站。在学研究生305人（硕士生167人、博士生138人），在站博士后4人。

2010年，光电所有在研项目222项（新增151项）。其中，主持国家重点基础研究发展计划（“973”计划）项目1项，承担中国高技术研究发展计划项目48项（新增25项）；承担国家自然科学基金面上项目19项（新增7项）；承担中国科学院知识创新工程重大项目2项、重要方向性项目3项（新增2项），国际合作项目1项（新增），重大仪器研制项目3项（新增1项）。

2010年，中国科学院“百人计划”入选者罗先刚博士牵头主持承担的国家“973”计划项目“表面等离子体亚波长光学（SPSO）应用基础研究”再次取得了“微纳结构对电磁波的调制特性研究”阶段性成果，获四川省科技进步奖一等奖。该成果通过微纳结构与电磁波相互作用产生的一系列新现象，揭示了其内在物理机理，具有潜在的应用前景。中国科学院“百人计划”入选者李斌成博士，在光学镀膜与测试研究领域，取得多项发明专利，在国外期刊发表论文多篇，担任国际标准化组织（ISO）光子光学系统委员会专家，代表中国参加了ISO光学元件性能测试方法相关国际标准的制定和修订工作。在人眼波前工程领域，完成了视细胞级高分辨率成像仪生产质量体系认证相关文件，申报产品注册证，同时，还获得了中国科学院支持的

“小型化视网膜自适应光学连续成像仪样机”科研装备研制项目。“863”计划项目“眼节前光学相干层析成像仪研制”，已完成200病例的图像收集和整理分析，发现了巩膜静脉窦的面积统计呈现较大的差异性。

2010年，光电所“微纳结构对电磁波的调制特性研究”、“亚波长人工电磁材料及其应用技术研究”2项科研成果获省部级科技进步奖一等奖。发表学术论文309篇，其中在国外期刊上发表论文171篇。申请受理的专利107件（发明专利106件、实用新型专利1件），获授权的专利114件（发明专利107件、实用新型专利6件、国外专利1件）。

2010年，光电所参加“光刻设备产业技术创新战略联盟”，成为我国从事光刻设备技术研究、整机产品研发、零部件制造以及光刻设备应用等相关的产学研用几十家单位之一；还与中国科学院广州工业研究院合作，成立了“广州数航信息技术有限公司”，以促进数字航测相机的研发和产业化。加强与国内外和院内其他研究所机构的合作交流，引进高端人才，拓展研究开发领域。加强与社会资源结合，革新体制机制，通过与地方联合建设技术转移中心等形式，拓展服务面，促进成果转化与规模产业化。建立了四川科奥达（集团）有限公司及其控股公司共6个，从事科技开发人员400余人，产值超过1.3亿元，利税500万元，实现产品出口创汇，共有7台套手术显微镜出口到埃及、秘鲁、土耳其、比利时等国家。与五粮液集团合作的中科倍特尔公司已建成中国唯一一家贯通反光材料产业链的企业，年产玻璃微珠原料4000t，玻璃微珠2000t，反光膜600万m^2，反光布400万m^2，产能规模国内排名第一。

2010年，光电所出访28人次，来访46人次；聘任2名国外客座研究员；举办第五届国际先进光学制造与检测学术会议（AOMATT2010），会议收到文摘1200余篇、收录全文700余篇，并经SPIE出版发行；举办了第二届生物医学光学成像技术研讨会，深入研讨了医学发展对生物医学光学成像技术的应用需求。在国际合作研究方面，以自适应光学研究领域为合作的突破口，成功进入美国30米望远镜（TMT）研究团队，参与下一代巨型天文望远镜的研究；与芬兰坦佩雷科技大学光电研究中心签订了欧盟第七框架协议学术合作项目“激光纳米制造技术”，在激光干涉光刻领域开展合作研究。

光电所主要挂靠的学会有：四川省光学学会、中国光学学会光学制造技术专业委员会；承办的科技期刊《光电工程》正式成为中国光学学会主办刊物，这标志着《光电工程》从二级学会刊物提升为一级学会刊物，被收录为中国科学引文数据库来源期刊。

（撰稿：邓　明　谭多财　审稿：陈胜利）

昆明动物研究所

所　　长：张亚平
地　　址：云南省昆明市教场东路32号
邮政编码：650223
电　　话：0871-5130513
传　　真：0871-5130513
电子信箱：zhanggq@mail.kiz.ac.cn
网　　址：http://www.kiz.cas.cn

中国科学院昆明动物研究所（以下简称“昆明动物所”）成立于1959年4月，其前身为昆虫研究所紫胶站，1963年改名为中国科学院西南动物研究所，1970年划归云南省后改名为云南省动物研究所，1978年重归中国科学院，恢复原所名。

昆明动物所紧紧围绕国家战略需求，立足中国西南和东南亚丰富的生物资源，以“遗传、发育与进化”、“生物遗传资源保护、发掘与利用”、“动物模型与疾病机理、新药研究”为重点发展领域，相互交叉合作，开展基础性、战略性和前瞻性科技创新活动，为国家生物资源安全、人口健康和社会进步，提供先进的知识、理论和技术支撑。

2010年制定了研究所“十二五”规划、“创新2020”组织实施方案，并对中心工作进行了调整，拟围绕基础性、战略性、前瞻性进行设计，加快从“跟着走”向“想着走”、“领着走”转变，积极参与战略性先导科技专项、三类中心和区域创新集群的建设；创新科研组织模式，弱化简单PI模式，由分散向跨所跨学科网格状新模式转变。

昆明动物所现有26个学科研究团组；有遗传资源与进化国家重点实验室、中国科学院动物模型与人类疾病机理重点实验室、中国科学院与云南省共建的“动物生殖生物学重点实验室”和“畜禽分子生物学重点实验室”；2个中国科学院－德国马普青年科学家小组；以及中国科学院－英国东安格里亚大学生态学与环境保护中心、与香港中文大学联合共建“生物资源与疾病分子机理联合实验室”、非法人研究单元“中国科学院昆明灵长类研究中心”；中国科学院－云南省人民政府“西南生物多样性实验室”，昆明国家生物产业基地实验动物中心、中国科学院昆明生物多样性大型仪器区域中心等联合共建的研究平台。中国科学院与云南省合作共建的“昆明动物博物馆”，馆藏各类动物标本65万余号，是我国热带、亚热带动物种类、数量收藏最多的标本馆；图书馆有中、外文科技藏书3.6万册，中外文科技期刊15.57万册；价值100万元以上大型仪器装备总值3400多万元。

截至2010年底，共有在职职工298人。其中科技人员164人、科技支撑人员95人，包括中国科学院院士1人、第三世界科学院院士1人、研究员及正高级工程技术人员35人、副研究员及高级工程技术人员42人；进入创新岗位180人。中国科学院“百人计划”入选者14人（新增2人）、“西部之光”人才入选者55人（新增7人）、国家杰出青年科学基金获得者7人（新增1人）、国家海外高层次人才引进计划（“千人计划”）短期项目入选者1人、云南省高端科技人才4人（新增2人）。

昆明动物所是1980年国务院学位委员会批准的博士、硕士学位授予权单位之一。设有动物学、遗传学、细胞生物学、神经生物学4个专业二级学科博士研究生培养点；动物学、遗传学、细胞生物学、神经生物学、生物化学与分子生物学5个专业二级学科硕士研究生培养点；生物学专业一级学科博士后流动站。在学研究生249人（硕士生134人、博士生115人），在站博士后20人。

2010年，在研项目378项（新增72项）。其中，主持国家重点基础研究发展计划（“973”计划）项目2项、国家重大研究计划1项、承担课题14项（新增2项），主持中国高技术研究发展计划（“863”计划）课题1项，主持国家科技支撑计划课题3项（新增1项），主持科学技术部“新药创制重大专项”4项（新增1项），主持农业部“转基因重大专项”3项；主持国家自然科学基金重大项目1项（新增1项），国家杰出青年科学基金2项（新增1项）、重点项目8项（新增3项）、重大研究计划重点项目1项（新增1项），云南省－NSFC联合基金3项（新增1项）、面上项目42项（新增19项）、国际合作项目3项（新增1项）；主持中国科学院重要方向项目23项（新增7项，其中，“创新2020”重要方向项目3项），院地合作项目6项（新增5项）；主持云南省高端人才计划4项（新增2项），匹配支持国家项目7项（新增3项），面上项目24项（新增4项），中青年学术技术带头人后备人才7项（新增3项）。

2010年，昆明动物所创新成果显著。5月，*Nature Biotechnology* 发表了王文研究组家蚕基因组甲基化谱，这是我国科学家在家蚕基因组研究领域取得的一项重要成果，不但对理解昆虫表观遗传学调控的提供了重要的参考资料，也为进一步发掘家蚕人工驯化过程中潜在的表观遗传学贡献奠定了坚实的研究基础；8月，*PNAS* 杂志作为封面文章发表了张亚平院士组棘蛙族类群揭示喜马拉雅和东南亚地区重要地质历史事件，《中国自然》（*Nature China*）作为最新研究亮点对该成果进行了评论；9月，*PNAS* 作为封面文章发表了Douglas W. Yu研究组利用经济学契约理论检测共生系统，该文从一个崭新的角度解释了生物界的共生关系；10月，*PNAS* 报道了季维智研究组非人灵长类转基因动物的研究成果。该成果是我国首例获得成功的转基因猕猴研究，标志着昆明动物所在非人灵长类转基因动物研究方面达到了世界领先水平；赖仞研究组在2009年提出“第三套”抗氧化系统工作的基础上，在肽类抗氧化系统研究中又取得新进展，抗氧化作用机制研究表明抗氧化多肽序列中的还原性半胱氨酸对快速地清除自由基起着关键作用。该研究发表在

Free Radical Biology & Medicine 上。

2010 年，昆明动物所共发表论文 249 篇，其中 SCI 论文 180 篇（*Nature* 及其系列 6 篇，*Science* 2 篇，影响因子大于 10 的论文 12 篇，大于 9 的论文 24 篇），CSCD 论文 51 篇，其他论文 18 篇。申请专利 18 项，受理 18 项，授权专利 6 项。完成科技成果登记 5 项，获得云南省科技成果自然科学奖一等奖 2 项、二等奖 1 项、三等奖 1 项。

2010 年，昆明动物所加大成果转移转化力度，成立生物产业化中心，与北京迈康斯德医药技术有限公司、苏州光华实业（集团）有限公司、玉龙县雪山藏獒育种有限公司签订了合作协议，筹备成立“云南中科藏獒种质资源技术开发有限公司”。

2010 年，昆明动物所有重大国际合作项目 10 项，其中新立项 3 项，在研 3 项，结题 4 项，与国外合作发表论文 43 篇；派出科研人员 42 人次，接待来访学者 150 余人次；主办、承办国际会议 3 次；与越南科学技术学院生态和生物资源研究所签署“合作备忘录”。

昆明动物所是云南省动物学会、云南省昆虫学会、云南省细胞与生物学会、云南省免疫学会的挂靠单位，负责编辑出版动物学核心刊物《动物学研究》。

（撰稿：廖雷青　张刚强　审稿：郗建勋）

昆明植物研究所

名誉所长：吴征镒
所　　长：李德铢
地　　址：云南省昆明市盘龙区蓝黑路 132 号
邮政编码：650201
电　　话：0871－5223080
传　　真：0871－5223094
电子信箱：qianjie@mail.kib.ac.cn
网　　址：http://www.kib.cas.cn

中国科学院昆明植物研究所（以下简称“昆明植物所”）的前身是 1938 年成立的云南农林植物研究所，1950 年 4 月隶属中国科学院并更名为中国科学院植物分类研究所昆明工作站，1959 年 4 月由国家科学技术委员会批准成为中国科学院昆明植物研究所。

昆明植物所以“原本山川 极命草木”为所训，旨在认识植物、利用植物、造福于民。研究所的使命定位是：立足云南和我国西南，面向东南亚和喜马拉雅，以植物多样性和植物资源为研究对象，通过多学科的创新和集成，为我国植物科学的发展、生物多样性保护、生物资源的持续利用和生物产业的发展作出重大贡献。发展目标是：建设成为具有当代植物科学研究体系，具有较强自主创新能力和持续发展能力、区域特色鲜明、贡献突出、具有国际竞争力的国立研究所，成为我国重要战略生物资源的储备基地、天然药物和资源植物产业化成果孵化基地，成为我国植物多样性研究、保护和可持续利用研究领域高级人才培养和知识传播基地。

昆明植物所认真贯彻落实“创新 2020”组织实施方案，客观、全面地分析和总结了研究所创新以来的工作，对研究所“十二五”规划进行了充分研讨，确定了研究所“十二五”期间的总体发展思路：紧紧围绕中国科学院“创新 2020”总体战略和科技布局，面向国家战略需求和世界科技前沿，立足重点跨越，加强前瞻部署，结合研究所的特色和优势，通过加强原有优势学科和部署新兴学科开展基础和应用基础研究，形成集植物资源调查、收集与保存，评价、发掘与利用，产业化开发关键技术研究及示范为一体的“三室一库两园”的科研体系布局，即：植物化学与西部植物资源持续利用国家重点实验室、中国科学院生物多样性与生物地理学重点实验室、昆明植物研究所资源植物与生物技术重点实验室、中国西南野生生物种质资源库、昆明植物园和丽江高山植物园。着力在战略生物资源保护利用与生物多样性、创新药物研发、生态环境修复等领域取得重大创新突破，为国家和区域生物资源可持续利用和生物产业持续发展作出重要创新贡献，支撑和引领区域经济社会的持续协调发展。

截至2010年底，昆明植物所有在职职工413人。其中科技人员301人、科技支撑人员68人，包括中国科学院院士3人、研究员及正高级工程技术人员45人、副研究员及高级工程技术人员116人。昆明植物所积极推进人才队伍建设，截至2010年底，共有中国科学院“百人计划”入选者19人（新增5人）、“西部之光”人才培养计划入选者43人（新增8人）、国家杰出青年科学基金获得者7人（新增1人）、“百千万人才工程”一、二层次和“新世纪百千万人才工程”国家级入选者6人；1人遴选为中国科学院“现有关键技术人才”，5人获得“云南省引进高端科技人才”资助（新增2人），33人入选云南省中青年学术和技术带头人后备人才或云南省技术创新人才培养对象（新增3人），1人获得“云南省技术创新人才”带头人称号，2个团队入选云南省创新团队。

昆明植物所现设有植物学和药物化学2个专业二级学科博士研究生培养点；植物学、微生物学、药物化学、生物化学与分子生物学、生物工程，制药工程和药学硕士等7个专业二级学科硕士研究生培养点（其中生物工程、制药工程和药学硕士3个培养点为专业学位型培养点，其余4个培养点为学术型学位培养点）；并设有生物学1个一级学科博士后流动站。在学研究生315人（硕士生172人、博士生143人），在站博士后16人。

2010年，昆明植物所争取合同经费9849.95万元，到位项目经费11 122.77万元。国家自然科学基金项目获得28项资助，总经费1538.5万元，其中包括国家杰出青年科学基金项目1项、联合基金重点2项、重点1项、重大研究计划1项、面上项目14项；主持云南省高层次科技人才培引工程项目5项（新增2项），云南省高端人才项目2项、横向合作项目27项、成果转化16项、国际合作项目13项。

2010年，昆明植物所发表SCI论文313篇，其中本领域前15%的有65篇，领域前30%的有100篇；出版专著、译著8卷册。申请专利36项，授权专利21项，其中美国专利授权专利1项，德国专利授权专利1项；4项国家商标获商标注册证书；申请国家植物新品种保护5项。

在奖励和成果方面，“《云南植物志》的编研”获云南省科学技术奖自然科学类特等奖；“灯台树等资源植物中新颖结构、生物活性及新药临床前研究”获云南省科学技术奖自然科学类二等奖；“滇产芸香科植物化学及其生物活性研究”和“中国三种野生稻的群体遗传学和保护遗传学”获云南省科学技术奖自然科学类三等奖；斯蒂芬·布莱克莫尔（Stephen Blackmore）获云南省科学技术奖国际合作奖；“多彩的植物世界”获云南省科学技术奖科技进步类三等奖。胡虹荣获“西部大开发突出贡献个人”奖，陈纪军和朱华结获得中国科学院“王宽诚西部学者突出贡献奖”，许刚获得中国科学院“卢嘉锡青年人才奖”。

2010年，昆明植物所进一步深化企业合作和推进成果转化，接待国内外企业来访人员65人次，合作洽谈15次；与12家企业建立了新的合作关系；组织研究所的科研成果参加技术推介会8次；企业合作在研项目21项，新增企业及地方合作项目22项，新增合同经费919万元，涉及新药开发、新品种选育、生物多样性评估和生物农药等领域。

在国内外合作交流方面，昆明植物所2010年出访英、日、美、德等16个国家43人次，出访我国台湾地区16人次；接待来访外籍学者258人次；聘任外国专家8人；联合培养博士生2名；举办国际会议4次；与老挝国立农林研究所和柬埔寨国家林业局林业与野生生物研究所签署了科技合作备忘录；已与泰国、越南、老挝、柬埔寨、尼泊尔等7个东南亚、南亚国家的14个科研机构或企业签署正式的合作备忘录或合作协议。

昆明植物所是云南省植物学会的挂靠单位。主办的学术期刊有《云南植物研究》。

（撰稿：钱　洁　谢雪丹　审稿：甘烦远）

西双版纳热带植物园

主　　任：陈　进

地　　址：云南省西双版纳傣族自治州勐腊县勐仑镇
邮政编码：666303
电　　话：0691－8715071
传　　真：0691－8715070
电子信箱：office@xtbg.org.cn
网　　址：http://www.xtbg.ac.cn

中国科学院西双版纳热带植物园（以下简称"版纳植物园"）成立于1959年1月1日。1970年7月经国务院批准更名为"云南省热带植物研究所"。1978年3月经国务院批准更名为"中国科学院云南热带植物研究所"。1987年1月恢复现名。1996年9月经中央机构编制委员会办公室批准，版纳植物园与原昆明生态研究所整合为中国科学院的独立研究机构，沿用现名。1998年底首批成为中国科学院知识创新工程试点单位之一。

版纳植物园占地面积约1125hm^2，收集活植物12 000多种，建立植物专类区38个（新建成野生蔬菜园、能源植物园），保存一片面积约250hm^{2}的原始热带雨林，是我国面积最大、收集物种最丰富、植物专类园区最多的植物园，同时也是世界上户外保存植物种数和向公众展示的植物类群数最多的植物园。版纳植物园是集科学研究、物种保存、科普教育和科技开发为一体的综合性研究机构和国内外知名的旅游景区。版纳植物园与50多个国家（地区、国际组织）有着广泛的交流与合作，其国际影响不断扩大。现已成为"国家知识创新基地"、"全国科学普及教育基地"、"全国青少年科技教育基地"、全国"AAAA级旅游景区（点）"、"全国文明风景旅游区示范点"。

版纳植物园主要发展目标和任务是：立足我国云南，面向我国西南（主要是热区）和东南亚，以热带、亚热带过渡区生物群落和生态系统为基础，探讨人类活动和环境变化对生态系统结构与功能的影响及物种濒危机制，为知识创新和知识传播以及社会经济发展作贡献。其学科方向是：保护生物学、森林生态系统生态学和资源植物学。2010年，制定了"十二五"规划、"创新2020"组织实施方案，对版纳植物园的工作做出学科布局、队伍结构与人才培养以及评价体系等方面的调整。

版纳植物园设有"中国科学院热带森林生态学重点实验室"、资源植物研究中心，共20个研究组，建有热带植物种质资源库、中国科学院西双版纳热带雨林生态系统研究站、中国科学院哀牢山森林生态系统研究站、GIS实验室、热带植物标本馆、公共技术服务中心等科学实验支撑系统。公共技术服务中心拥有电感耦合等离子体原子发射光谱仪、原子吸收光谱仪、全自动连续流动分析仪、气质联用仪、同位素质谱仪、碳氮分析系统等大型仪器。标本馆现有植物标本135 206份。种质资源库现保存有种子数1070种，6980份。

截至2010年底，版纳植物园共有在职职工307人。其中科技人员122人、科技支撑人员40人，包括研究员及正高级工程技术人员26人、副研究员及高级工程技术人员50人。有中国科学院"百人计划"入选者8人（新增2人），"西部之光"人才入选者38人（新增4人）；国家杰出青年科学基金获得者1人，"新世纪百千万人才工程"国家级人选入选者2人。陈进研究员荣获全国"十佳先进科技工作者"称号和"全国科普工作先进个人"。

版纳植物园是1986年、2000年、2001年、2006年国务院学位委员会分别批准的生态学硕士学位、植物学硕士学位、生态学博士学位、植物学博士学位等授予权单位之一。现设有植物学、生态学和生物工程3个专业二级学科硕士研究生培养点；生态学、植物学2个专业二级学科博士研究生培养点；设有生物学专业一级学科博士后流动站。在学研究生180人（硕士生121人、博士生59人），在站博士后6人。

2010年，版纳植物园有在研项目195项（新增52项）。其中，承担（或参加）国家重点基础研究发展计划（"973"计划）课题7项（新增2项）；主持（或承担）国家自然科学基金重点项目1项、主任基金项目1项（新增）、面上项目26项（新增6项）；主持（或承担）中国科学院知识创新工程重要方向项目4项（新增2项），承担国际合作项目6项（新增2项），院地合作项目34项（新增12项）。2010年新增项目55项，累计到位科研经费3120万元，院外争取经费2320万元。

2010年，版纳植物园发表学术论文181篇，其中SCI论文88篇，当年被引用41篇次，总的影响因子229.101，在本领域Top 30%的文章41篇。申请专利17项，其中发明专利14项，国际发明专利（PCT）3项；授权发明专利7项，其中发明专利4项。申请云南省林木良种1项，出版专著1部。张一平研究小组参加完成的中国陆地碳收支评估的生态系统碳通量联网观测与模型模拟系统项目，获得国家科学技术进步奖二等奖。

面向国家需求的研究工作取得重要进展。能源植物小桐子高产关键技术研究相关成果在国际刊物上发表论文，申请专利，并在贵州山区推广应用；重要油料植物星油藤引种成功并通过由中科院昆明分院组织的成果鉴定；刘文耀研究员作为首席科学家的国家科技支撑计划“贵州毕节地区石漠化治理”顺利通过项目的结题验收，取得较好的生态和经济效益。

2010年，版纳植物园院地合作与成果转移转化工作获新进展。思茅绿洲咖啡有限公司利用版纳植物园咖啡优质高产综合利用配套技术开发的咖啡产品，2010年年度销售收入350万元，社会效益500万元；云南龙生茶业股份有限公司利用植物园思茅茶园建设与茶园小绿叶蝉防治技术开发的生态茶叶产品，2010年度销售收入5443万元，有效地促进思茅茶业的发展。据西双版纳州旅游局资料显示，通过版纳植物园“万种植物园及国家级科普旅游基地”平台，获得35 970万元销售收入，社会效益达115 500万元，有力地推动云南省旅游第二次创业的发展。版纳植物园投资建立的西双版纳雨林制药有限责任公司，有在职员工54人，2010年产值达659万元。

2010年，版纳植物园承担的科学技术部国际合作重点项目“中德合作研究西南山区农业景观保护与生态系统资源利用的策略和技术项目”和中国科学院国际合作重点项目“大湄公河次区域国家生物资源考察”，取得很好的进展。特聘美国Vermont大学Nicholas J. Gotelli教授作为版纳植物园的海外咨询专家。2010年，主办和承办7次国际会议和培训班，包括“中德合作项目研讨会”和“森林生态系统退化、恢复和可持续管理研讨会”、“第四届整合动物学国际研讨会暨全球变化生物学国际学术研讨会”等。全年出访48人次，来访206人次。3人任国际学术组织职务。

版纳植物园围绕创建5A景区，完善园区标识系统和旅游服务设施。申报国家5A级旅游景区景观价值评价通过由国家旅游局组织的国家级旅游景区质量等级评定委员会专家的审核评定。2010年，版纳植物园完成植物引种1293种次，其中国内1074种次，国外219种次。

开展丰富多样的科普活动，在中国植物园的科普工作中发挥引领和示范作用。2010年接待来宾485 440人次。单位荣获“云南省价格诚信单位”荣誉称号。

2010年，版纳植物园顺利完成科研中心建设任务并投入使用。较好完成5A基础设施、园内职工住房改造与装修、野外台站等基建任务。单位荣获2010年中国科学院知识创新工程科教基础设施建设先进集体。

版纳植物园是云南生态学会挂靠单位。2010年出版电子期刊《雨林故事》4期，《雨林故事》荣获“2010年度中科院优秀网络科普栏目”奖。

（撰稿：黄加元　刘华清　审稿：李宏伟）

地球化学研究所

所　　长：胡瑞忠
地　　址：贵州省贵阳市南明区观水路46号
邮政编码：550002
电　　话：0851－5891962
传　　真：0851－5891721
电子邮件：huruizhong@vip.gyig.ac.cn
网　　址：http://www.gyig.ac.cn

中国科学院地球化学研究所（以下简称“地化所”）成立于1966年2月，其前身由中国科学院地质研究所地球化学研究室、昆明地质工作站和中国科学院贵阳化学所等单位合并组成。

地化所瞄准国际学科前沿和国家战略需求，以矿床地球化学、环境地球化学、地球深部物质与流体作用地球化学、月球与行星科学为主攻方向，开展地球物质循环的地球化学过程及其与矿产资源形成分布规律与模式和人类生存环境变化的内在联系以及与空间探测有关的基础性、战略性和前瞻性研究，建立和进一步完善地球化学的研究方法和理论体系。

2010 年，地化所根据中国科学院党组的部署，制定了《中国科学院地球化学研究所“十二五”发展规划初步方案》；“创新 2020”的组织实施，打破了以往实验室和课题组的束缚，努力实现科研组织形式、成果产出形式及科技评价形式的三个转变。

地化所设有矿床地球化学国家重点实验室、环境地球化学国家重点实验室、地球物质与流体作用地球化学研究室和月球与行星科学研究中心等研究机构。2010 年矿床地球化学国家重点实验室新建了超低含量铂族元素分析前处理实验室，改建了表生地球化学实验室、岩矿鉴定实验室、流体包裹体实验室和成岩成矿实验室；环境地球化学重点实验室的大型仪器甲基汞测定仪、连续流质谱仪、气体同位素质谱仪（MAT-252）和多道等离子体质谱仪使用也已达饱和，一流的实验设备为地化所的长远发展构建了坚实的技术支撑平台。

截至 2010 年底，地化所共有在册正式职工 312 人。其中科技人员 124 人、技术支撑人员 38 人，包括中国科学院院士 1 人、研究员及正高级工程技术人员 47 人、副研究员及高级工程技术人员 65 人；进入创新岗位 180 人。有中国科学院“百人计划”入选者 19 人（新增 2 人，其中 7 名为“引进国外杰出人才”）、“西部之光”人才入选者 45 人（新增 7 人）、国家重点基础研究发展计划（“973”计划）项目首席科学家 2 人、国家杰出青年科学基金获得者 4 人、中国青年科技奖获得者 3 人、“新世纪百千万人才工程”2 人、何梁何利奖 1 人、申报国家海外高层次人才引进计划（“千人计划”）者 2 人。

地化所是 1981 年国务院学位委员会批准的首批博士、硕士学位授予权单位之一。现设有矿物学岩石学矿床学、地球化学、环境科学等 3 个专业博士研究生培养点；矿物学岩石学矿床学、地球化学、环境科学等 5 个专业二级学科硕士研究生培养点；设有地质学专业一级学科博士后流动站。在学研究生 266 人（硕士生 129 人、博士生 137 人），在站博士后 29 人。

2010 年，地化所有在研项目 282 项（新增 102 项）。其中，主持国家重点基础研究发展计划（“973”计划）项目 1 项、参加课题 7 项、国家重点基础研究发展计划（“973”计划）前期课题 1 项，主持中国高技术研究发展计划（“863”计划）项目 3 项（新增 1 项），科技支撑计划 5 项，国防工委项目 1 项，科学技术部其他课题 10 项；主持国家自然科学基金创新研究群体项目 1 项、重点项目 4 项（新增 1 项）、面上项目 65 项（新增 22 项）、重大研究计划重点项目 1 项，青年科学基金 18 项（新增 10 项）；承担中国科学院知识创新工程重要方向项目 19 项（新增 5 项），国际合作项目 1 项，重大仪器研制项目 1 项，院长基金项目 1 项，院地合作项目 5 项，人才项目 17 项，其他项目数项。发表论文 341 篇，其中 SCI 文章 134 篇，CSCD 论文 207 篇，专著 2 部。申请专利 2 项。获得中国有色金属工业科学技术奖一等奖 2 项。

2010 年，地化所在产学研结合方面成效显著。新增资源综合开发与利用、生态环境保护、节能减排、农业推广项目数 2 项：支黔项目“超纯细硅微粉的产业化开发”和院地合作项目“云南哀牢山南段与富碱侵入岩有关的铜、金矿产资源综合评价和成矿预测研究”。与地方政府、企业、高校和其他科研机构共建 3 家单位：贵州省普定县喀斯特生态综合试验站、天津市水资源与水环境重点实验室、云南省矿产资源开发工程技术研究中心。已转移转化项目“黔西南卡林型金矿成矿模式及成矿预测示范研究”，中国科学院十五科技扶贫项目“贵州省水城县生态农业示范研究”、“超高强瓷绝缘子矿物学特征研究及试制”等取得了较好的社会效益和经济效益。

2010 年，地化所国际科技合作十分活跃，出访15个国家和地区60人次，邀请接待来访13个国家56人次。承办“中国科学院2010年度国际科技合作工作研讨会”，并积极参加各类国际学术活动，冯新斌担任国际SCI学术期刊*Science of the Total Environment*编委、亚太地区环境地球化学与健康执行委员会委员，刘丛强担任国际SCI学术期刊*Chemical Geology*编委。胡瑞忠担任国际矿床成因协会中国国家委员会副主席及美国经济地质学会会士，刘再华研究员担任国际水文地质学家协会（IAH-International Association of Hydrogeologists）地下水与气候变化委员会（CGCC-Commission on Groundwater and Climate Change）共同主席。

地化所主办有3种学术刊物：《中国地球化学学报》（*Chinese Journal of Geochemistry*）、《矿物学报》和《地球与环境》；是中国矿物岩石地球化学学会及《科学时报》贵州记者站的挂靠单位。

（撰稿：吴惠明　陈娟弘　审稿：胡瑞忠）

西安光学精密机械研究所

所　　长：赵　卫

地　　址：陕西省西安市高新区新型工业园信息大道17号

邮政编码：710119

电　　话：029-88887711，029-88887717

传　　真：029-88887711

电子信箱：office@opt.ac.cn

网　　址：http://www.opt.ac.cn

中国科学院西安光学精密机械研究所（以下简称“西安光机所”）于1962年3月由中国科学院所属原子能研究所大部、陕西分院光学研究所、机械研究所、自动化研究所合并组建而成。

西安光机所是一个以高技术创新与应用基础研究为主的综合性科研基地型研究所，2001年成为中国科学院知识创新工程试点单位之一。重要研究领域包括空间光学、光电工程、基础光学，主要研究方向包括高分辨可见光空间信息获取和光学遥感技术研究、干涉光谱成像理论与技术研究、高速光电信息获取与处理技术研究、瞬态光学与光子学理论与技术研究。设有瞬态光学与光子技术国家重点实验室、中国科学院超快诊断技术重点实验室、中国科学院光谱成像技术重点实验室、空间光学技术研究室、光电跟踪与测量技术研究室、光学定向与瞄准技术研究室、先进光学仪器研究室、飞行器光学成像与测量技术研究室等研究单元。建有“中/意超快光子网络与通讯联合实验室”、与西安市高新区联建了“先进光电与生物材料研发中心”。

2010年，西安光机所根据中国科学院党组的部署，在总结创新三期的基础上，组织实施了“十二五”规划及“创新2020”战略规划工作，形成了未来发展战略规划的共识，确定了各学科发展路线图，“创新2020”战略规划实施方案已基本完成。

西安光机所坚持以高层次人才引进与培养统领人才队伍建设工作，依托国家和院（省）人才引进政策，凝聚了一批海内外杰出人才。截至2010年底，有在职职工803人。其中科技人员498人、科技支撑人员80人，包括中国科学院院士1人、研究员及正高级技术人员66人、副研究员及高级技术人员124人；进入创新岗位501人。有国家“千人计划”入选者2名、中国科学院“百人计划”入选者11人（新增3人）、陕西省“百人计划”5名、“西部之光”入选者44人（新增9人）；瞬态光学与光子技术国家重点实验室获2010年中国科学院“人才工作先进集体”。

西安光机所是国务院学位委员会批准的首批博士、硕士学位授予权单位之一。现有光学、光学工程、物理电子学、信号与信息处理等4个专业博士研究生培养点和光学、光学工程、物理电子学、信号与信息处理、通信与信息系统、控制理论与控制工程等6个专业硕士研究生培养点；设有物理学（光学）、光学工程专业2个博士后流动站。2010年在学研究生393人（硕士生223人、博士生170人），在站博士后12人。增加投入100万元，提高了在学研究生的助学金及奖学金标准；新建研究生教育中心投入使用，彻底改善研究生教育及生活环境。

2010年，西安光机所在研项目228项（新增179项）。其中，参加国家重点基础研究发展计划（“973”计划）课题3项，主持中国高技术研究发展计划（“863”计划）项目28项（新增20项）；主持国家自然科学基金重点项目3项、主任基金项目1项（新增）、面上项目11项（新增4项）、青年科学基金10项；主持中国科学院知识创新工程重要方向项目5项（新增），承担国际合作项目2项（新增1项），仪器研制项目1项，承担院地合作项目5项（新增3项），地方政府项目5项（新增3项）。

2010年，西安光机所科研经费及合同额又创历史新高，国家重大科研项目进展顺利并取得一批重大科研成果。研制的“嫦娥一号”载荷“光学成像探测系统”与总体单位同获2009年度国家科学技术进步奖特等奖，主任设计师赵葆常研究员获特等奖个人奖。研制的嫦娥二号CCD立体相机成功获取了月球1.3米分辨率月面虹湾局部影像图，还获取了世界上迄今最高分辨率（7米分辨率）全月影像，获“探月工程嫦娥二号任务突出贡献单位”，赵葆常、薛彬荣获“探月工程嫦娥二号任务突出贡献者”。获国防科学技术奖一等奖1项，陕西省科技进步奖一等奖1项、二等奖2项。继龚祖同院士之后，时隔29年，赵卫所长获得国际高速成像和光子学领域的最高奖“高速成像金奖”（High-Speed Imaging Gold Award）。

2010年，西安光机所发表论文443篇，其中在国外期刊上发表137篇，被SCI收录158篇，被EI收录250篇；1篇论文获中国百篇最具影响国际学术论文，1篇论文获中国百篇最具影响国内学术论文。申请专利137项，授权71项，其中发明专利15项，实用专利56项；软件著作权登记2项；商标2项。

为推进科研工作面向经济发展和民生服务延伸，西安光机所以“人才+学科+产业”的科研新模式，有效促进了科研工作和科技成果转移转化，并在多个学科呈现展开趋势。“超快光阀微显示芯片项目”获中国科学院重大知识创新项目支持；复合材料项目与镇江市合作建立江苏航科复合材料有限公司，预计2011年正式投产；“智能电网用全光纤电流互感器”完成工程样机，获2010年陕西省13115产业化项目电子信息领域评审第一名，已与西电集团合作，将于2011年正式挂网运行，启动产业化；国内首个工业级400W光纤激光器已研制成功，获陕西省政府高度重视，已进入产业化准备阶段，2011年将正式启动产业化进程；荧光光纤温度传感器项目完成中试和各类检测认证，开始小批量供货，将于2011年启动产业化进程。

截至2010年底，西安光机所共有控股企业4家、参股企业7家；吸引社会投资近2亿元，研究所在公司中占有资产总额超过1.35亿元；从事科技开发工作人员近200人，向社会提供就业岗位超过500个。还牵头与陕西省相关企业建立了陕西省高功率激光器及应用产业联盟，并集合了陕西省在该领域中的近20家企业、大专院校和科研单位入盟。

2010年，中共中央政治局常委、国务院副总理李克强在中共陕西省委书记赵乐际和中共陕西省委副书记、代省长赵正永等领导的陪同下来所视察，对研究所在科研成果转移转化中取得的成绩表示肯定。

2010年，西安光机所接待来访18批32人次，出访14批34人次，联合发表论文9篇，聘请2名国际知名学者为客座研究员；主办第五届超快现象与太赫兹波国际研讨会（ISUPTW 2010）；中国科学院创新团队国际合作伙伴计划“物质光子特征信息获取与处理”创新团队正式启动。

西安光机所是中国光学学会所属高速摄影光子学专业委员会、纤维光学和集成光学专业委员会、陕西省光学学会的挂靠单位，是陕西省青年科技工作者协会会员单位；编辑出版国家一级学术期刊《光子学报》。

（撰稿：张岗峰　陈桂萍　审稿：武文斌）

国家授时中心

主　　任：郭　际

地　　址：陕西省西安市临潼区书院东路3号

邮政编码：710600
电　　话：029－83890326
传　　真：029－83890196
电子信箱：office@ntsc.ac.cn
网　　址：http://www.ntsc.ac.cn

中国科学院国家授时中心成立于1966年，当时命名为中国科学院陕西天文台。2001年3月27日，经中央机构编制委员会批准改为现名。

国家授时中心承担着我国标准时间标准频率的产生、保持和授时发播任务，2000年成为中国科学院知识创新工程试点单位。其科研工作定位是以时间服务为本，开展与授时相关的研究，保证和满足国家日益发展对不同精度特别是高精度授时的需求，为国民经济持续发展、国防建设、国家安全等提供全方位、多层次、多手段、先进方便的授时服务；从国家战略需求出发，瞄准本学科前沿，开展先进原子钟、高精度时间频率测量与控制、高精度时间传递与同步、授时新技术与新手段、时间尺度和守时理论与方法、导航与通信、时间用户系统设计和开发等方面的研究工作，使我国在授时服务、时间频率研究领域整体跻身于世界先进行列，使国家授时中心成为我国时间频率研究和服务中心。

2010年，根据中国科学院党组的部署，研究制定了国家授时中心"十二五"科技发展规划，按照"创新2020"实施方案，确定了"十二五"和今后十年的战略定位和发展目标：立足于时间频率和卫星导航领域，面向国家时频战略需求和世界时频科技前沿，着力在量子频标、时间尺度和时间基准保持、高精度时间频率传递、测量与控制、导航定位方法与技术、卫星精密测定轨方法与技术、时间用户应用系统等研究方向，开展前沿和战略性基础研究、关键技术攻关和系统集成，不断提升和发展时间频率服务系统和卫星导航系统平台建设，通过5—10年的努力，使国家授时中心整体科技创心能力和研究水平得到跨越式发展，成为我国时间频率服务保障体系重要组成部分；到2020年，成为在时间频率和卫星导航领域具有较强竞争力和影响力的一流研究所。

国家授时中心主要研究单元包括量子频标研究室、守时理论与方法研究室、高精度时间传递与精密测定轨研究室、时间频率测量与控制研究室、授时方法与技术研究室、时间用户系统研究室、导航与通信研究室、时间频率基准实验室和授时部，拥有时间频率基准、精密导航定位与定时技术两个中国科学院重点实验室。

国家授时中心建有比较完整的我国陆基授时服务系统，包括：BPM短波授时系统、BPL长波授时系统、BPC低频时码授时系统、电话及网络时间服务系统等。时间基准实验室所保持的我国地方原子时TA（NTSC）和地方协调世界时UTC（NTSC）达到国际先进水平，同时参加国际原子时合作，并在国际原子时计算中占较大权重。

截至2010年底，国家授时中心有在职职工444人。其中科研人员119人、科技支撑人员139人，研究员及正高级工程技术人员21人、副研究员及高级工程技术人员35人；进入创新岗位127人。有中国科学院"百人计划"入选者2人，"西部之光"人才入选者17人，国家杰出青年科学基金获得者1人。

国家授时中心是1982年国务院学位委员会批准的博士、硕士学位授予权单位之一。现有天体测量与天体力学、测试计量技术及仪器等2个专业二级学科博士研究生培养点；天体测量与天体力学、测试计量技术及仪器、通信与信息系统、仪器仪表工程、电子与通信工程等5个专业二级学科硕士研究生培养点；设有1个天文学专业一级学科博士后流动站。在学研究生127人（硕士生90人、博士生37人）。

2010年，国家授时中心有在研项目100余项（新增26项）。其中，承担国家重点基础研究发展计划（"973"计划）课题3项，中国高技术研究发展计划（"863"计划）项目2项；承担国家自然科学基金重点项目2项、面上项目7项（新增2项），国家杰出青年科学基金1项（新增1项），国际合作基金1项（新增1项），青年科学家基金3项（新增1项）；承担中国科学院知识创新工程重要方向项目3项，国际合作项目1项（新增1项），院地合作项目2项。

2010年，国家授时中心科研工作取得重要进展。除完成国家正常授时发播工作外，完成国家火箭、卫星发射等授时保障任务 15 次；根据国际权度局（Bureau International des Poids et Measures，BIPM）公布的数据，国家授时中心所保持的独立原子时中长期稳定度指标综合评定排名在全球第三（共 69 个实验室），所保持的地方协调世界时 UTC（NTSC）与国际协调世界时 UTC 的偏差小于 20ns；对国际原子时 TAI 计算的权重为 5.5%，全球排名第三。

2010 年，国家授时中心共发表学术论文 67 篇，出版学术著作 1 部。申请专利 16 项，其中发明专利 10 项、实用新型专利 6 项，授权发明专利 3 项。“转发式卫星测定轨方法与技术”项目获国防技术发明奖三等奖、卫星导航定位科技进步奖二等奖；“中国古代日食记录的全面整理与研究”获陕西省科学院科技进步奖一等奖。在量子频标、高精度时频信号测量、光纤时频信号传输、远程高精度时间频率传输比对、卫星导航等研究方面取得具有较高水平研究成果。

2010 年，国家授时中心积极推动科研成果转化和产业化。由企业投资在河南商丘合作建立的 BPC 低频时码发播台，进行了附加扩频研究试验并取得圆满成功；与企业合作，正在研制建设电子政务西安时间戳服务系统；为电力、通信、国防等部门研制了大量时间用户终端时统设备。

2010 年，国家授时中心和国际权度局（BIPM）、法国巴黎天文台（Observatoire de Paris，OP）、德国波茨坦地学中心（Geo Forschungs Zentrum Potsdam，GFZ）、美国麻省理工学院（Massachusetts Institute of Technology，MIT）、日本信息与通信技术研究所（National Institute of Information and Communications Technology，NICT）、澳大利亚计量研究所、德国物理技术研究院（Physikalisch Technische Bundesanstalt，PTB）等单位开展了多方面合作。与澳大利亚新南威尔士大学签署了技术合作协议，与德国大地测量专家合作开展卫星轨道研究工作，与澳大利亚脉冲星天文学家合作开展脉冲星计时研究工作。参加各类国际学术活动 10 次，全年出访 17 人次，国外专家来访 11 人次。

国家授时中心是国际电信联盟（ITU）科学业务组 ITU-R7A 国内对口组组长单位、中国天文学会时间专业委员会负责单位、中国 GPS 技术应用协会授时与时间专业委员会负责单位、陕西省天文学会的挂靠单位；编辑出版的刊物有《时间频率学报》、《时间频率公报》。

（撰稿：曹玉玻　邬维国　审稿：张首刚）

地球环境研究所

所　　长：刘晓东

地　　址：陕西省西安市高新区沣惠南路 10 号

邮政编码：710075

电　　话：029－88320990

传　　真：029－88320456

电子信箱：sunban@ieecas.cn

网　　址：http://www.ieexa.cas.cn

中国科学院地球环境研究所（以下简称“地环所”）成立于 1999 年，是在 1985 年建立的中国科学院黄土与第四纪地质研究室基础上升格而成，并于 1999 年进入中国科学院知识创新工程试点序列。

地环所是从事基础研究的研究机构，战略定位是致力于区域和全球不同时间尺度气候和环境变化过程、规律、发展趋势与对策研究，在国际地球科学前沿和面向国家需求方面取得了一系列高水平的成果，向中央和地方提出有实际意义的建议，为我国西部经济社会可持续发展和生态环境修复服务。具体科学目标是围绕地球环境科学基础理论研究和国家需求，立足于国际前沿基础理论的创新及国家对地球环境研究的紧迫需求，进行过去与现代相结合、区域与全球相结合的环境变化以及自然与人类相互作用过程等研究，发展独具特色的亚洲季风－干旱环境变化理论，建成国际一流全方位开放的我国西部地球环境研究平台，出成果，出人才，将地环所建设成为第四纪科学与全球变化科学相融合的亚洲大陆环境科学研究基地。

地环所目前研究方向 5 个，分别是古环境、现代环境、粉尘与环境、加速器质谱、生态环境（新增）。

2010 年，地环所根据中国科学院党组的部署，在对国家中长期科技发展规划和院“创新 2020 ”战略规划进行详细分析和调研的基础上成立了“战略规划”小组，开展了以研究室为单位及全所性的系列研讨，制定了《研究所“十二五”发展规划报告》、组织实施“创新 2020”，其中对研究所的科学目标、拟解决的主要科学问题、学科布局与调整、科技平台建设、人才队伍整体布局、基本建设、研究生教育和规章制度建设等方面作了调整。

在体制机制建设方面，地环所继续探索轮值所长制管理模式（马普学会模式：即由 4 个研究单元主任轮流担任轮值所长，每人任期两年）。2010 年 8 月顺利完成了第三任轮值所长的换届工作。

地环所拥有 1 个黄土与第四纪地质国家重点实验室和 1 个陕西省加速器质谱技术及应用重点实验室（2010 年通过验收）；有古环境、现代环境、粉尘与环境、生态环境研究室和加速器质谱中心 5 个研究单元；有中瑞树轮研究中心、中美加速器质谱中心、中美气溶胶实验室 3 个共建联合研究中心。

地环所拥有先进的高精度实验设施及装置。大型仪器设备 3MV 加速器质谱仪（AMS）是长寿命放射性核素高灵敏度分析测量的一个重要工具，在地球科学、考古学、生命科学、材料科学等基础研究和应用研究中得到广泛应用，并为经济社会发展和国防安全提供科学服务。

截至 2010 年底，地环所有在职职工 92 人。其中科技人员 64 人、科技支撑人员 23 人，包括中国科学院院士 2 人、第三世界科学院院士 1 人、研究员及正高级工程技术人员 25 人、副研究员及高级工程技术人员 10 人；进入创新岗位 92 人。有中国科学院“百人计划”入选者 8 人（新增 2 人）、“西部之光”人才入选者 8 人（新增 2 人）、国家杰出青年科学基金获得者 4 人、国家海外高层次人才引进计划（“千人计划”）入选者 1 人。

地环所是 1990 年国务院学位委员会批准硕士学位授权单位，1994 年国务院学位委员会批准博士学位授权单位。现设有第四纪地质学二级学科博、硕士研究生培养点以及环境科学二级学科博士、硕士研究生培养点；设有地质学专业一级学科博士后流动站。在学研究生 87 人（硕士生 49 人、博士生 38 人），在站博士后 5 人。

2010 年，地环所共有在研项目 89 项（新增 31 项）。其中，主持国家重点基础研究发展计划（“973” 计划）项目 1 项、承担课题 3 项；主持国家“十一五”科技支撑计划课题 2 项；主持国家自然科学基金重大项目课题 1 项、重大国际合作项目 1 项，国家杰出青年科学基金 2 项、优秀重点实验室专项 1 项（新增）、主任基金项目 1 项（新增）、面上项目 30 项（新增 12 项）；主持中国科学院知识创新工程重要方向项目 9 项（新增 3 项），承担院地合作项目 2 项（新增 1 项）。

2010 年，地环所“亚洲内陆干旱化起源追溯到 2500 万年以前”成果发表在《中国科学》杂志上；“洞穴石笋揭示末次间冰期青藏高原季风气候变化”成果发表在国际刊物 *Geology* 上；“树轮水文学研究”研究成果发表在国际刊物 *Water Research* 上；“发现史前最高的人类化石”初步研究结果发表在国际刊物 *Radiocarbon* 上，国内很多媒体进行了报导；“碳收支的合作研究”成果，发表在 *Science* 上，并作为亮点论文推荐。研究所积极为国家和地方政府提供各类咨询报告及建议。提出的亚洲季风 - 干旱环境概念已被广泛接受；中国科学院地学部发布的《21 世纪中国地球科学发展战略报告》中将“全球变化与亚洲季风 - 干旱环境的演化”列为重要方向之一，并且列入科学技术部、基金委项目申请指南；周卫健院士应邀向陕西省委中心组做“全球变化和低碳经济”专题报告，为陕西省可持续发展提出 12 条建议，得到省委书记赵乐际的高度评价。

2010 年，地环所发表论文 186 篇，其中 SCI 论文 102 篇（署名第一作者的有 47 篇），合作发表 *Science*、*PNAS* 文章 3 篇。获国家自然科学奖二等奖 1 项（单位排名第三），陕西省科技进步奖二等奖 1 项，中国科学院“国际合作奖”1 项。

2010 年，地环所承担的中美重大国际合作项目“亚洲季风 - 干旱环境演化与青藏高原北部的生长”取得实质性进展，中美科学家对青藏高原北部进行联合科考，安芷生院士、周卫健院士等赴美参加该项目年度交流讨论会。1 人当选发展中国家科学院院士，1 人当选为国际气溶胶学会（IARA）执委；主办各类国际会议 3 次；多人在国际学术组织中任职（表 1）。

表 1 中国科学院地球环境研究所科学家国际学术组织/期刊任职情况

姓名	任职机构或期刊	担任职务	任职时间
安芷生	*Quaternary Science Reviews*	编委	1994 年至今
周卫健	*Radiocarbon*	副编辑、编委	1997 年至今
曹军骥	*Aerosol and Air Quality Research*	编委	2004 年至今
周卫健	国际 PAGES/CLIVAR 工作委员会	执行委员	2004—2009 年
刘　禹	亚洲树轮协会	委员	2007—2009 年
曹军骥	亚洲气溶胶研究联合会	执行委员	2007—2011 年
曹军骥	国际 A&WMA 学会环境监测技术委员会	主席	2009—2012 年
曹军骥	亚洲气溶胶研究联合会	副主席	2009—2011 年
曹军骥	*Particuology*	编委	2008 年至今
曹军骥	*Journal of the Air & Waste Management Association*	副主编	2010—2013 年
陈怡平	*Internation Journal of Plant Physiblogy and Biochemistry*	编委	2010—2013 年

地环所创办的《地球环境学报》获批，2010 年 8 月正式出刊。办刊宗旨为：刊发地球环境科学研究领域研究的新成就、新技术、新方法，涵盖环境地学、环境生物学、环境化学、环境水文学、环境监测与评价等相关学科，探讨地球环境科学理论与实践问题，促进地球环境科学发展，为解决人类面临的环境问题提供科学依据。

（撰稿：汶玲娟　康贸易　审稿：刘晓东）

近代物理研究所

所　　长：肖国青
地　　址：甘肃省兰州市南昌路 509 号
邮政编码：730000
电　　话：0931－4969205
传　　真：0931－4969205
电子信箱：yinjm@impcas.ac.cn
网　　址：http://www.impcas.ac.cn

中国科学院近代物理研究所（以下简称“近代物理所”）1956 年成立于北京，1957 年迁至兰州，是一个依托大科学装置，开展重离子物理、先进离子加速器技术和重离子应用研究的基地型研究所。

近代物理所的中长期目标是依托重离子加速器研究装置，充分发挥重离子不可替代的优势，解决核物理前沿和重离子应用领域的重大科技问题，形成在国际上有重大影响的重离子科学研究中心。主要研究方向有：放射性束物理、重离子核物理、强子物理、核天体物理、高离化态原子分子和团簇物理、高能量密度物理、重离子惯性约束核聚变能源前期研究、重离子治癌研究、重离子辐照材料研究、辐照生物效应研究、核辐射探测器研制、先进加速器技术研究等。

近代物理所高度重视“十二五”规划制定和“创新 2020”实施工作。组织了多次研讨会，对近代物理所的目标定位、未来 5 到 10 年的工作重点及体制机制创新等做了深入的探讨，确保“十二五”规划和“创新 2020”的顺利启动。

近代物理所建立了兰州重离子加速器国家实验室、甘肃省重离子束治疗肿瘤临床研究基地、甘肃省重离子束辐射医学应用基础重点实验室和 31 个研究室（组）。此外，拥有 HIRFL-CSR、HIRFL、RIBLL、重离子束治癌平台、高电荷态 ECR 源原子物理实验平台、320kV 的 ECR 高压平台、大功率电子加速器等重要科研设施及装置。

截至2010年底，近代物理所有在职职工701人。其中科技人员473人、科技支撑人员153人，包括中国科学院院士2人、研究员及正高级工程技术人员71人、副研究员及高级工程技术人员124人。有中国科学院“百人计划”入选者19人（新增4人）、入选国家“新世纪百千万人才工程”4人、国家杰出青年科学基金获得者7人、“西部之光”人才入选者54人（新增9人）。

近代物理所是国务院首批批准招收硕士、博士研究生和设立博士后流动站的单位之一。现设有粒子物理与原子核物理、核技术及应用、生物物理学等3个二级学科博士研究生培养点；11个二级学科硕士研究生培养点；设有物理学一级学科博士后流动站。在学研究生244人（硕士生123人、博士生121人），在站博士后6人。

2010年，近代物理所有在研项目262项（新增44项）。其中，主持国家重点基础研究发展计划（“973”计划）项目2项、承担课题11项；主持国家自然科学基金重大研究计划3项、重点项目6项（新增1项）、创新研究群体1项，国家杰出青年科学项目2项、重大国际合作交流项目1项、面上项目26项（新增6项），青年科学基金40项（新增12项），联合基金重点项目2项、面上6项（新增4项），主任基金项目4项（新增2项）；承担中国科学院知识创新工程重大项目1项、重要方向项目22项（新增8项），国际合作项目1项，维修改造项目1项，开放研究项目1项，其他协作项目11项，“西部行动计划”课题2项，院地合作项目2项（新增1项）。

2010年，近代物理所完成超重元素Db气相化学性质研究，确定了第5组元素溴化物的挥发性顺序为$NbBr_5 > TaBr_5 > DbBr_5$，与相对论量子化学计算预言的挥发性顺序一致；利用重离子径迹模板和电化学沉积技术，实现了铜纳米线晶体学特征的调控进而获得所需的物理化学性质，得到国际同行的高度评价；基于自主发展的同位旋相关的量子分子动力学模型，研究了高能重离子碰撞中π介子产生提取核物质对称能的高密性质；首次发现了中低能电子与原子碰撞反应中存在明显的大动量反冲离子的分布；基于自主研发的氦喷嘴耦合快速带传输系统，建立了$^{145,147}Er$ β延发质子衰变纲图；首次精确测量了近质子滴线短寿命核素Ge-63、As-65、Se-67和Kr-71的质量，实验数据的相对精度达到了10^{-6}，标志着近代物理所在原子核质量精确测量研究方面走到了国际前列；进行了2批15例深部肿瘤患者（肝癌、脑瘤、脊索瘤、头颈部肿瘤、骨及软组织肉瘤等）重离子临床治疗试验，治疗后1个月的随访发现，病人肿瘤有所缩小，临床症状明显改善；自主研制的“兰州重离子加速器充气反冲谱仪清洁、大流量真空差分系统”，经科技成果鉴定达到国际领先水平；申请专利16项，授权专利10项，发表科技论文376篇。

2010年，近代物理所科技成果转化与产业化取得良好进展。与盛达集团签署了协议和合同，正式启动我国第一台具有自主知识产权的重离子治疗专用装置的建设；甜高粱产业化项目取得了阶段性成果，打通了甜高粱产业相关的技术环节，建立了一条完整的甜高粱示范产业链；为东莞金锐股份有限公司研发的DG-2.5型电子加速器正式交付使用，运行状态良好；积极进行电子加速器的产业化推广，与深圳琦富瑞股份有限公司签订了DG-1.5电子加速制造合同。还与兰州派奥尼生物有限公司签署了科技成果转化协议，与珠海斗门人民政府合作建设重离子辐照育种扩繁基地，推广农作物辐照诱变育种成果。

截至2010年底，投资公司共3家，人员118人，签订合同额3736.3万元，销售收入为1163.05万元，上缴国家税金25.3万元，解决社会人员就业193人。

2010年，近代物理所积极推进国际交流与合作。出国交流124人次，接待来访230人次；与国际著名科研机构和大学在国外联合培养博士6人；执行国家科学技术部国际科技合作重点项目3项；执行中国科学院外国专家特聘研究员项目6项，引进国外技术和智力项目1项；举办第十九届国际回旋加速器及其应用会议，兰州重离子加速器国家实验室2010年度国际顾问委员会会议，FAIR-physics、FAIR-SPARC和国家战略科技先导项目ADS研讨会；与美国劳伦兹伯克利国家实验室签订了2010—2011年度关于发展加速器物理和技术研究领域开展合作备忘录；与德国Juelich科研中心签署科技合作备忘录。

中国参与的“国际反质子与离子研究装置（FAIR）”建设国际合作相关工作按计划进行，近代物理所作为主要参加合作和科技协调单位发挥了积极作用，参加了在德国维斯巴登举行的FAIR公司成立大会，承担研制的FAIR超导磁铁样机通过了德方验收。

近代物理所是甘肃省物理学会、甘肃省核学会的挂靠单位。编辑并在国内外公开发行《原子核物理评论》、《高能物理与核物理》的核物理部分、《中国科学院近代物理研究所和兰州重离子加速器国家实验室年报》（英文版）。

（撰稿：尹经敏　岳海奎　审稿：肖国青）

兰州化学物理研究所

所　　长：刘维民
地　　址：甘肃省兰州市天水中路18号
邮政编码：730000
联系电话：0931－4968009，0931－4968026
传　　真：0931－8277088
电子信箱：licp@licp.cas.cn
网　　址：http://www.licp.cas.cn

中国科学院兰州化学物理研究所（以下简称“兰州化物所”）始建于1958年6月，其前身是中国科学院石油研究所兰州分所，1962年6月启用现名。

2001年，兰州化物所成为中国科学院知识创新工程试点单位之一。研究所战略定位是“资源与能源化学和新材料高技术创新研究基地”，主要开展资源与能源、新材料、生态与健康等领域的基础研究、应用研究和战略高技术研究工作，努力建设“一流成果、一流管理、一流环境、一流人才”、特色鲜明、国内不可替代并具有可持续发展能力的“资源能源和新材料”研究所。

2010年2月，兰州化物所成立了新一届战略规划委员会，根据中国科学院党组部署，结合新时期国家战略需求，制定了研究所“十二五”发展规划和“创新2020”组织实施方案，进一步调整了科研方向，加强前瞻部署，确定发展重点。“十二五”期间，研究所新部署了清洁能源和环境污染物治理技术两个新研究方向，重点围绕“八大方面战略体系”开展资源与能源、先进材料与绿色制造、人口健康与保健、生态与环境方面的科学研究工作，着力构建研究所科技创新体系。兰州化物所制定了“十二五”人力资源发展规划，加强科研平台、人才队伍、资产财务、公共事务和质量、计量与科研生产保障体系建设，积极推进信息化建设，贯彻落实安全保卫保密工作方针制度，被评为中国科学院安全保卫保密工作先进单位，体制机制改革与创新取得实质性进展。

兰州化物所有2个国家重点实验室、1个院重点实验室、1个国家工程中心、2个省部级研究单元和2个所级实验室，分别是：羰基合成与选择氧化国家重点实验室、固体润滑国家重点实验室，中国科学院西北特色植物资源化学重点实验室，精细石油化工中间体国家工程中心，甘肃省天然药物重点实验室、先进润滑与防护材料国防创新工程中心，兰州化物所绿色化学研究发展中心、环境材料与生态化学研究发展中心。此外，还与青岛市人民政府、崂山区人民政府联合共建了“兰州化物所青岛研发基地”。

截至2010年底，兰州化物所共有在职职工490人。其中，科技人员439人，包括中国工程院院士1人、研究员及正高级工程技术人员65人、副研究员及高级工程技术人员150人；进入创新岗位245人。有中国科学院“百人计划”入选者22人（新增2人）、“西部之光”人才入选者28人（新增4人）、国家杰出青年科学基金获得者5人（新增1人）。

兰州化物所是国务院学位委员会批准的首批博士、硕士学位授予权单位之一。设有物理化学、分析化学和材料学等3个专业博士研究生培养点；物理化学、分析化学、材料学、工业催化、有机化学、材料工程、化学工程等7个专业硕士研究生培养点；并设有化学专业博士后流动站。在学研究生360人（博士生205人、硕士生

155人），在站博士后16人。

2010年，兰州化物所有在研项目226项（新增40项）。其中，国家重点基础研究发展计划（“973”计划）项目（课题）4项，中国高技术研究发展计划（“863”计划）项目（课题）5项，国家科技支撑计划项目3项；国家自然科学基金重点项目1项、面上项目31项，国家杰出青年科学基金项目2项、创新研究群体项目1项；中国科学院知识创新工程重大项目5项、重要方向项目12项、“西部行动计划”1项，国际合作项目2项，院地合作项目14项，与地方政府合作项目16项。

2010年，兰州化物所科研工作取得重要进展。开展了新型清洁柴油组分聚甲氧基二甲醚合成技术实验室模式工艺研究，达到单釜式反应结果，正在进行工业试验工艺包编制；研究开发的催化新材料羰基钴中试转化率大于92%，收率大于96.5%，正在推进工业放大；发展了基于sp3 C－H键活化的新反应，为合成具有重要生理活性的含氮杂环胺提供了全新的高原子经济性合成新方法；研发出无机染料敏化制氢新催化剂，600nm获得大于17%的量子效率；开发了高性能陶瓷润滑与密封材料、高极限固体润滑涂层、高性能碳基薄膜材料、可修复超疏水疏油表面材料；发展了轻质合金表面激光强化技术，显著提高Ti、Al合金的耐磨性能；研发了新型水泥助磨剂，工业应用中平均节能20%；成功研制了环境污染废弃物处理设备、淀粉加工废水蛋白质提取装置。

2010年，兰州化物所发表论文498篇，影响因子大于3的论文102篇、大于5的论文16篇；根据中国科学技术信息研究所发布的2009年度中国科技论文统计结果，兰州化物所SCIE、EI核心科技论文在国内研究机构分别排名11和13。科研人员作为主要作者单位出版中文专著2部、英文专著3部。全年申请国内发明专利81件；授权中国发明专利29件，欧洲发明专利1件。全年共获得科技奖励6项。其中，王爱勤研究员合作完成的“农业化学节水调控关键技术与系列新产品产业化开发及应用”项目获国家科学技术进步奖二等奖（第二完成单位）；刘维民、翁立军研究员主持的“航天系列润滑材料和技术及其应用”项目获甘肃省技术发明奖一等奖；另外获甘肃省自然科学奖二等奖、三等奖各1项，甘肃省科技进步奖三等奖2项。

2010年，兰州化物所积极推进“兰州化物所青岛研发基地”建设，初步具备开工条件。与地方政府、中石油、中海油、吉林吉恩镍业等合作进行科技开发与合作取得较好成绩：提供关键技术，协助白银阳民银光化工有限公司建成年产500t镍基生物油脂加氢催化剂生产线并投料试车一次成功；非光气法氨基甲酸酯合成技术实现百吨级中试生产，正在进行2000t中试设计；发展了115#、P201聚烯烃取代环戊烷两类新型空间用润滑油，建成了500t/年润滑脂中试生产线，50t/年摩擦改进剂和1000t/年合成酯类润滑油生产线；开发的“番茄红素软胶囊制备技术”和“黄芪党参植物口服液”转让企业；有机无机复合保水剂在山东实现产业化生产。全年知识产权转让和实施许可收入500多万元。

2010年，兰州化物所积极开展国际合作。联合主办了“第二届英－中摩擦学与表面工程研讨会暨暑期讲习班”，承办了“中国科学院植物资源化学与利用学术研讨会”。与美国、德国、荷兰、日本、俄罗斯、英国等国家的研究机构开展了润滑材料、离子液体、催化新材料等方面的合作研究与交流；与美国GTC、德国拜耳、联合利华等公司开展了实质性的合作研究；所内30多位科技骨干赴国外参加国际学术会议、进行学术访问和交流，70多位国内外专家应邀来所作学术报告。

兰州化物所是甘肃省化学会、中国科学院兰州分院分析测试中心的挂靠单位。负责编辑出版《摩擦学学报》、《分子催化》、《分析测试技术与仪器》3种国内核心学术期刊。

（撰稿：张长春　景　色　审稿：刘维民）

寒区旱区环境与工程研究所

所　　长：王　涛

地　　址：甘肃省兰州市东岗西路320号

邮政编码：730000

电　　话：0931－8275129，0931－4967549
传　　真：0931－8273894
电子信箱：wangjd@lzb.ac.cn
网　　址：http://www.careeri.cas.cn

中国科学院寒区旱区环境与工程研究所（以下简称“寒旱所”）是1999年6月在中国科学院知识创新工程试点工作中，由1958年成立的原兰州冰川冻土研究所、兰州沙漠研究所和1959年成立的原兰州高原大气物理研究所整合而成，2007年进入中国科学院综合配套改革试点的单位。

寒旱所是我国专门从事干旱沙漠、高寒、极地环境与工程研究的国家级研究机构，是“西北资源环境与可持续发展研究基地”的核心组成部分。寒旱所瞄准21世纪国家发展的战略目标和学科发展的国际前沿，针对国家加快西部地区发展的重大决策和西北地区生态环境建设面临的重大科学问题开展西北地区特殊自然条件下环境与工程的基础性、战略性和前瞻性研究，为国家解决西北地区在资源、环境、重大工程和社会经济等领域的重大问题提供科学依据，为西部地区可持续发展提供技术支撑。

针对国家“十二五”规划和中国科学院“创新2020”的整体部署，寒旱所将围绕西部和谐社会建设中的生态环境问题和西部国民经济发展的基础设施建设、国防建设等重大工程面临的工程技术问题，以7大优势学科（冰冻圈与全球变化、冻土与寒区工程 、沙漠与沙漠化 、高原大气、寒旱区水土资源与利用、生态与农业、遥感与信息科学）为基础，形成“青藏高原综合研究、北方干旱区重点研究、内陆河流域集成研究和特殊领域与前沿探索研究、基础性和综合性主干研究”的“3+2”科技战略布局。

寒旱所重组与建设了7个研究室，包括冰冻圈与全球变化研究室、沙漠与沙漠化研究室、高原大气物理研究室、冻土与寒区工程研究室、水土资源研究室、生态与农业研究室、遥感与地理信息研究室；技术支撑系统包括野外实验研究站、分析测试室、计算机网络室和图书情报室；设有2个国家重点实验室、3个院重点实验室和2个所级重点实验室，包括冻土工程国家重点实验室（国家开放）、冰冻圈科学国家重点实验室（国家开放）、中国科学院沙漠与沙漠化重点实验室、中国科学院内陆河流域生态与水文重点实验室、中国科学院寒旱区陆面过程与气候变化实验室、极端环境生物抗逆机理与生物技术实验室、寒旱区遥感与信息资源实验室；拥有野外站16个，其中5个国家野外台站（天山冰川观测试验站、沙坡头沙漠研究站、临泽内陆河流域综合观测研究站、奈曼沙漠化研究试验站和冰冻圈特殊环境与灾害国家野外科学观测研究站），3个中国科学院生态网络站（沙坡头沙漠研究站、奈曼沙漠化试验研究站、临泽水土与生态综合试验研究站），3个院地共建研究站（皋兰生态与农业试验研究站、阿拉善荒漠生态试验研究站、玉龙雪山冰川与环境观测研究站）。

截至2010年底，寒旱所有在职职工597人。其中科技人员469人、科技支撑人员143人，包括中国科学院院士3人、第三世界科学院院士1人、研究员及正高级工程技术人员83人、副研究员及高级工程技术人员128人；进入创新岗位391人。有中国科学院“百人计划”入选者24人、“西部之光”人才入选者67人（新增7人）、国家杰出青年科学基金获得者10人。

寒旱所是1984年国务院学位委员会批准的博士学位授予权单位之一，1979年国务院学位委员会批准的硕士学位授予权单位之一。现设有自然地理学、人文地理学、地图与地理信息系统、大气物理学与大气环境、生态学和岩土工程等6个专业一级学科博士研究生培养点；自然地理学、人文地理学、地图与地理信息系统、气象学、大气物理学与大气环境、生态学、岩土工程、环境工程、生物工程、环境工程等10个专业一级（或二级）学科硕士研究生培养点；设有自然地理学1个专业一级学科博士后流动站。在学研究生411人（硕士生167人、博士生244人），在站博士后38人。

2010年，寒旱所有在研项目399项（新增129项）。其中，主持国家重点基础研究发展计划（“973”计划）项目4项（新增2项）、承担（或参加）课题13项（新增5项），主持科学技术部科技支撑计划项目5项；主持国家自然科学基金重点项目4项、基金项目185项（新增47

项）、面上项目 141 项（新增 42 项），重大研究计划重点项目 4 项（新增 3 项）；主持中国科学院知识创新工程重大项目 2 项、重要方向项目 18 项，承担国际合作项目 4 项（新增 2 项），院地合作项目 24 项。

2010 年，寒旱所获得各类奖励 4 项。由俞祁浩研究员主持的“冻土路基地温调控及冻融灾害防治新技术”获得国家技术发明奖二等奖。申报甘肃省自然科学奖 1 项、科技进步奖 3 项。其中，胡隐樵研究员完成的“干旱区绿洲气候效应及维持机理研究”获得甘肃省自然科学奖三等奖；苏培玺研究员完成的“绿洲农林复合系统水分高效利用研究与示范”获得甘肃省科技进步奖二等奖；由甘肃省水利科学研究院、清华大学和寒旱所共同完成的“石羊河流域水环境改善及生态修复研究”，以及兰州大学和寒旱所共同完成的“青藏高原冻土积雪对天气气候预测的研究和应用”分别获得甘肃省科技进步奖三等奖。

2010 年度，寒旱所获授权专利 12 项，其中发明专利 6 项，实用新型专利 6 项。授权计算机软件著作权 3 项。

2010 年，寒旱所举办 2 次大型国际学术研讨会，分别为第四届流域尺度水文建模与数据同化国际研讨会、冰冻圈变化及其影响——区域可持续发展中的冰冻圈问题。研究人员出访 107 人次，接待来访 130 多人次。

寒旱所是中国科学院减灾中心西北分中心、中国气象学会大气物理专业委员会雷电物理监测与防护分会、中国地理学会冰川冻土分会、中国地理学会沙漠分会、联合国环境规划署（UNEP）“国际沙漠化治理研究与培训中心”的挂靠单位；负责编辑出版《寒旱区科学》、《冰川冻土》、《高原气象》、《中国沙漠》、《生态经济学报》等学术期刊。

（撰稿：王进东　陈治理　审稿：王　涛）

青海盐湖研究所

所　　长：马海州

地　　址：青海省西宁市新宁路 18 号

邮政编码：810008

电　　话：0971－6303490

传　　真：0971－6306002

电子信箱：wangyy@isl.ac.cn

网　　址：http://www.isl.ac.cn

中国科学院青海盐湖研究所（以下简称“青海盐湖所”）建立于 1965 年，是以中国科学院西北化学研究所为基础，与北京化学研究所、兰州地质研究所等单位的盐湖专业组合并搬迁组建而成。1966 年 6 月，经国家科委批准，与在西宁毗邻组建的化工部盐湖化工综合利用研究所合并，隶属中国科学院。

青海盐湖所是资源环境类的公益性研究所，2002 年成为中国科学院知识创新工程试点单位之一，是我国唯一专门从事盐湖资源环境科学应用基础研究、盐湖资源综合开发利用、培养盐湖科研高级人才的国家级科研机构，致力于攻克制约我国盐湖资源综合开发利用的关键技术，为盐湖资源的可持续发展提供科学基础，使我国盐湖科技走在世界前列。

2010 年，青海盐湖所根据中国科学院党组的部署，组织人员贯彻落实研究所“十二五”发展规划和“创新 2020”组织实施等方面的工作。

青海盐湖所设有中国科学院盐湖资源与化学重点实验室、盐湖资源综合利用工程研究中心、盐湖野外科学工作站等研究机构和盐湖化学分析测试部、盐湖资源环境信息中心等科技支撑机构。

截至 2010 年底，青海盐湖所有在职职工 208 人。其中科技人员 136 人、科技支撑人员 18 人，包括中国科学院院士 1 人、研究员及正高级工程技术人员 27 人、副研究员及高级工程技术人员 34 人；进入创新岗位 120 人。

青海盐湖所有无机化学、分析化学、地球化学和化学工艺 4 个学术专业硕士培养点；化学工程、材料工程和地质工程 3 个全日制专业学位工程硕士培养点；无机化学、地球化学 2 个专业博士培养点，设有地质学、化学 2 个一级学科博士后流动站。有博士生导师 16 人，硕士生导师 48 人；在学博士研究生 34 人、硕士研究生 90 人，在站博士后4人。

2010年，青海盐湖所有在研项目115项。其中，国家重点基础研究发展计划（“973”计划）课题1项（新增1项）；主持（或承担）国家自然科学基金重点项目1项、面上项目18项（新增7项）；主持（或承担）中国科学院知识创新工程重要方向项目5项，承担国际合作项目1项，院地合作项目4项（新增2项）。

2010年，青海盐湖所成立了专门从事知识产权转移转化的专属部门“科技产业处”，并配备了专门的知识产权工作人员，明确了机构、人员和职责。与深圳中国科学院知识产权投资有限公司签订长期战略合作协议，有计划、有步骤地开展了多种形式的知识产权培训工作，仅2010年邀请了国家知识产权局、中国科学院科技政策与管理科学研究所、深圳中国科学院知识产权投资有限公司等单位的国内知名知识产权专家对科研人员进行了20多课时的知识产权培训。

2010年，青海盐湖所“东台吉乃尔盐湖年产3000t碳酸锂及其资源综合利用工程技术研究”已经达产，知识产权工作有了新的进展。2010年11月19日，青海盐湖所与云南中寮矿业开发投资有限公司在老挝开发5万吨/年氯化钾工业性试验装置建成并投产试车。

2010年，青海盐湖所发表论130文篇，其中SCI论文55篇；出版专著1部。申请国家发明专利18项，申请实用新型专利4项，获授权发明专利17项。

2010年，青海盐湖所加强国际合作与交流方面。与云南云天化集团合作开发的老挝钾盐矿开发项目完成5万吨/年氯化钾生产装置建成并投产试车成功；10月份马海州所长率科研人员考察智利和阿根廷盐湖，11月份马海州所长率相关科研和管理人员赴老挝，参加云天化集团控股的中寮钾盐开发有限公司5万吨/年氯化钾生产装置的投产试车仪式。

2010年，青海盐湖所参加各类国际学术活动9次，出访7批22人次，主要去向为老挝、阿根廷和智利等国家，来访24人次，国际交流层次得到提升。新签署国际合作协议1项，共同发表学术论文6篇，本单位用于国际合作的经费投入达到70万元人民币。

青海盐湖所是青海化学会的挂靠单位。负责编辑出版科技期刊《盐湖研究》。

（撰稿：白　花　何荣昌　审稿：贾优良）

西北高原生物研究所

所　　长：张怀刚
地　　址：青海省西宁市新宁路23号
邮政编码：810008
电　　话：0971－6143530
传　　真：0971－6143282
电子信箱：web@nwipb.cas.cn
网　　址：http://www.nwipb.cas.cn

中国科学院西北高原生物研究所（以下简称“西北高原所”）成立于1962年，是以从事青藏高原生物科学研究（包括基础理论、应用基础和应用开发研究）为主的公益性综合研究所，其前身是中国科学院青海分院生物研究所。

西北高原所的战略定位是针对青藏高原日趋恶化的生态环境和区域经济持续发展面临的重要问题，开展生态环境保护与建设、生物资源持续高效利用研究，为青藏高原生态安全和区域经济持续发展提供科学依据和技术支撑，推动区域社会经济持续发展。根据国家和地方中长期科技发展规划，围绕国际前沿科学问题和青藏高原生物资源与生态环境重大战略需求，本着全面规划、分步实施的原则，深入开展高原生态学、特色生物资源学、高原生态农业三个重点领域方向基础性和前瞻性的战略研究以及应用研究。

2010年，西北高原所完成了知识创新工程自评估工作、编制了财政部修购专项规划；为更准确地把握研究所的战略定位和各种机遇，召开各种层面的座谈会、研讨会认真谋划和制定研究所“十二五”战略规划和人力资源规划，全面推进“创新2020”方案及西北高原所发展规划的落实工作，努力推动研究所科研体系优化调整进程。制订实施《西北高原所组织申报重大项目管理暂行办法》，修订完善《西北高原所科研绩效奖励办法》，制订实施《西北高原所实验办公用房收费管理办法》、《西北高原所人员招聘办法》等规章制度，不断完善机制体制。

西北高原所现有3个研究中心、3个野外台站、1个院重点实验室、3个省级重点实验室和3个支撑机构，分别为高原生态学研究中心、特色生物资源研究中心、高原生态农业研究中心；中国科学院海北高寒草甸生态系统实验站、三江源草地生态系统观测研究站和平安生态农业实验站；中国科学院高原生物适应与进化重点实验室；寒区区域恢复生态学省级重点实验室、青藏高原特色生物资源研究省级重点实验室、青海省藏药药理学和安全性评价研究重点实验室；青藏高原生物标本馆、分析测试中心、信息与学报编辑室。2010年，与地方合作建立的“青藏高原特色生物资源工程研究中心”通过了青海省科技厅的验收，“三江源草地生态系统观测研究站”进行了前期土地及房屋产权手续的办理，完成了地形图和宗地图的测绘以及原旧楼改造施工图的设计。

2010年，西北高原所新增加事业编制和创新岗位的90%用于布局重要科研方向人员和招聘青年优秀人才。2010年招聘11名博士充实到科技创新队伍中，聘请客座研究人员15人，高访学者8人，6个团组获中国科学院“西部之光”人才培养计划资助，引进项目“百人计划”1人，获批国家、中国科学院王宽诚、中国科学院出国留学项目6项，王宽诚人才奖1人，派出访问（留学）人员7人，招收博士生15人，硕士生29人。

截至2010年底，西北高原所有在职职工171人。其中专业技术人员136人，包括中国科学院院士1人、研究员及正高级工程技术人员27人、副研究员及高级工程技术人员43人；进入创新岗位101人。有中国科学院“百人计划”入选者6人、“外国专家特聘研究员”1人、“西部之光”人才入选者26人。

西北高原所是1991年、1981年国务院学位委员会批准的博士、硕士学位授予权单位之一。现设有生态学1个专业博士研究生培养点；生态学、植物学、动物学3个专业二级学科硕士研究生培养点；设有生物学一级学科博士后流动站。在学研究生125人（硕士生83人、博士生42人），在站博士后5人。

2010年，西北高原所有在研项目153项（新增46项）。其中参加国家重点基础研究发展计划（“973”计划）课题6项（新增1项），参加中国高技术研究发展计划（“863”计划）课题1项（新增1项）；主持国家自然科学基金面上项目17项（新增8项）；承担中国科学院知识创新工程重大项目1项、重要方向项目16项（新增13项），国际合作项目1项（新增1项），承担院地合作项目6项（新增4项）。

2010年度，西北高原所登记科研成果20项，其中主持11项。参与完成的“中国陆地碳收支评估的生态系统碳通量联网观测与模型模拟系统”获2010年度国家科技进步奖二等奖；主持完成的“中国虫草（冬虫夏草）生物学与现代药学研究”获2010年度青海省科技进步奖二等奖；完成的“三江源区退化草地生态系统恢复治理与生态畜牧业发展技术”达到了国际领先水平；“藏羚羊种间克隆胚胎的构建”、“藏药诃子制草乌和制铁屑的炮制工艺研究”、“藏药寒水石区域炮制工艺研究”达到国际先进水平；春小麦新品种“高原412”通过国家审定，是青海第三个通过国家审定的品种。

2010年度，西北高原所制定地方标准7个，发表研究论文260篇，其中SCIE论文88篇，CSCD论文161篇；出版专著5部。申请专利27项，授权5项。

2010年，西北高原所与地方和企业进行合作的项目40项，其中当年立项15项。与企业共同实施“青藏高原野生优质植物新油源－微孔草籽油的提取技术研究及示范”、“柴达木黑果枸杞抗氧化活性果粉成果转化”、“珍稀药材羌活的规范化种植技术示范与推广珍稀药材羌活的规范化种植技术示范与推广”、“柴达木枸杞利用——‘柴杞维康软胶囊’成果转化”、“高纯度沙棘5－羟色胺研究及成果转化”、“牦犀胶制备工艺关键技术优化研究”和“黄绿蜜环菌多糖提取工艺及产业化”等科技人员服务企业行动项目。

西北高原所参股企业1个，即青海唐古拉药业有限公司；从事科技开发工作的人员数为24人，主要从事高原生态学、生态农业和青藏高原特色生物资源持续利用研究。在三江源草场植被恢复和利用及生态畜牧业、农作物育种和高原特色生物资源持续利用技术和新产品研发方面有着明显优势；据不完全统计，2010 年与地方和企业合作实现销售收入 45 929 万元。

2010 年，西北高原所国际合作产出 SCI 文章 18 篇，执行中国科学院院级协议来访项目 1 项、青海省国际科技合作项目 1 项，获准青海省国际科技合作项目 2 项；获准中国科学院外籍青年科学家计划项目 1 项；主办国际会议 1 次，派出短期出国及赴港澳台交流人员 9 批 14 人次，接待来访人员 11 批 27 人次；签订国际合作协议或备忘录 4 项。与美国、日本、德国、英国、新西兰、以色列、西班牙等国的科学家、学者及企业人士合作进行全球变化、高原生态学、草原管理、植物生理学、高原特色资源开发等多方面的合作。

西北高原所主办的《兽类学报》被列为中国科技核心期刊。

（撰稿：杨勇刚　王春艳　审稿：陈世龙）

新疆理化技术研究所

所　　长：李　晓

地　　址：新疆维吾尔自治区乌鲁木齐市北京南路 40 号附 1 号

邮政编码：830011

电　　话：0991 - 3835823

传　　真：0991 - 3838957

电子信箱：lhszhb@ms. xjb. ac. cn

网　　址：http://www. xjb. ac. cn

中国科学院新疆理化技术研究所（以下简称“新疆理化所”），于 2002 年 3 月在原中国科学院新疆物理研究所和新疆化学研究所的基础上整合成立。原中国科学院新疆物理研究所和新疆化学研究所，是在原新疆分院物理研究室和化学研究室的基础上，经中国科学院批准于 1961 年 11 月成立。2002 年 5 月，新疆理化所进入中国科学院知识创新工程序列。

新疆理化所的战略定位是：紧紧围绕着国家、新疆战略需求，坚持以科技创新为中心，以提高关键技术创新和系统集成能力为主线，以对新疆社会和经济发展作出有显示度的贡献为目标。战略发展目标：围绕新疆特色资源的深度开发，结合新疆的地域优势和多语言文化特色，注重科技创新性与新疆经济发展的战略需求相结合，开展干旱区植物资源化学、多语种信息技术、清洁能源与环境治理、新型材料研发、油田化学与矿产资源综合利用等领域战略性、前瞻性高技术研究，新布局环境科学与工程、能源与化工两大领域，在涉及国家安全领域，开展辐射物理和特种敏感材料的研究，将研究所建设成为中国科学院服务新疆的“桥头堡”和技术创新、集成、转移的基地，建设成为中国西部乃至中亚一流的高技术研究所。

2010 年，中央召开了新疆工作座谈会，提出实现新疆跨越式发展和长治久安战略决策，19 个省市全面拉开了“对口援疆”的序幕，6 个部委实施了“科技援疆”，自治区党委提出了“抓住战略机遇期，把握发展主动权，推进新疆科学跨越后发赶超”的奋斗目标，新疆面临历史性的跨越式发展的大机遇。新疆理化所面向新疆优势资源转换、新型工业化发展、战略性新兴产业发展、民生和社会发展的战略需求，邀请院士和新疆维吾尔自治区内外相关领域专家进行调研咨询。为制定好“创新 2020”规划，开展了有针对性的战略研讨，与中国科学院北京、上海等地的 21 个研究所开展了科技合作对接，前往新疆南疆 4 地、州进行科技需求调研。明确了以攻克经济社会建设中的发展瓶颈和关键技术问题为核心任务；采取开放合作的方式，建立实现共赢的体制机制，确立了后发型和外援型结合的发展模式。

新疆理化所设有资源化学、材料物理与化学、多语种信息技术 3 个研究室。在可食植物资源、敏感材料与元器件、多语种信息技术、辐射物理以及维吾尔药现代化等领域，形成了独具特色的优势，发挥着骨干引领的作用；建立“中国科学院干旱区植物资源化学重点实验室”，“新疆植物资源化学”和“新疆电子信息材料与器件”2 个省级重点实验室，以及新疆精细化工工程技术中心（省级工程中心），省部共建新疆特有药用资源利用实验室；与中亚地区及我国东部有关研究机构共建了“中亚地区可食植物功能成分联合实验室”。建设了特种热、压敏研发平台、维吾尔药活性筛选技术平台、辐射效应评估技术平台、多语种软件测试平台、光电功能材料研发平台、药用植物组培与生物育种等科技平台，以及大型仪器分析测试中心、辐照中心、信息情报中心3个技术支撑平台。

截至2010年底，新疆理化所有在职职工278人。其中科技人员214人、科技支撑人员43人，研究员及正研级高级工程人员25人、副研究员及高级工程师等83人、有国外名誉和客座研究员5人；进入创新岗位123人。有中国科学院“百人计划”入选者8人（新增3人）、共有国内“百人计划”4人（新增1人）、“国外杰出人才”4人（新增2人）、“西部之光”入选者56人（新增13人）、国家杰出青年科学基金获得者1人、国家级“新世纪百千万人才工程”入选者1人。

新疆理化所自1987年起成为国务院学位委员会批准的博士、硕士学位授予权单位之一。现设有微电子学与固体电子学、材料物理与化学、有机化学和计算机应用技术4个博士培养点；材料物理与化学、计算机应用技术、计算机技术、有机化学、微电子学与固体电子学、药物化学、材料工程等7个硕士培养点；化学、电子科学与技术2个博士后流动站及精细化工工程中心企业博士后工作站。在学研究生188人（硕士生115人、博士生52人），在站博士后3人。

2010年，新疆理化所科研、开发工作与区域经济的发展结合更加紧密，对外争取经费比2009年增长了38%。在研项目42类326项（新增26类77项，其中国防航天领域项目17项）。其中承担国家重点基础研究发展计划（“973”计划）项目课题1项；承担国家自然科学基金面上项目6项（新增2项）；主持或承担中国科学院知识创新工程重要方向项目4项（新增1项），承担国际合作项目5项（新增4项），承担重大仪器研制项目2项，承担院地合作项目9项（新增6项）。结题项目62项，成果登记13项。“新型硼酸盐非线性光学晶体材料的研究”获2010年度新疆科技进步奖一等奖，企业合作项目“阜康市电子政务应用研究与建设”获新疆科技进步奖三等奖。申请发明专利44项，授权发明专利25项。获准软件著作权6项，发表各类科技论文103篇，其中SCI、EI收录论文45篇；知识产权转移、转化当年到位效益经费总额774万元。

2010年，新疆理化所出访14人次，聘任国外名誉和客座研究员5人，接受1名国外留学生。与国外人员合作发表论文8篇，签署合作协议（备忘录）2项。国内外专家学者来所进行学术报告11场次。执行国际合作项目18项，举办了“第二届可食植物资源及活性成分国际研讨会”、“中亚药用资源可持续利用学术研讨会”、“香港科技大学、香港中文大学、新疆理化所科技合作座谈会”等国际学术会议。承办了中国科学院2010年“百人学者论坛”年会。

新疆理化所是新疆物理学会、新疆化学学会、新疆自动化学会、新疆生物化学学会、新疆核学会的理事长挂靠单位。

（撰稿：冯　涛　崔　平　审稿：崔旺诚）

新疆生态与地理研究所

所　　长：陈　曦

地　　址：新疆维吾尔自治区乌鲁木齐市北京南路818号

邮　　编：830011

联系电话：0991－7885307，0991－7885507

传　　真：0991－7885300

电子信箱：goff@ms. xjb. ac. cn

xjgi@ms. xjb. ac. cn

网　　址：www. egi. ac. cn

中国科学院新疆生态与地理研究所（以下简称“新疆生地所”）成立于1998年7月7日。其前身是中国科学院新疆生物土壤沙漠研究所（1961年成立）和中国科学院新疆地理研究所（1965年成立）。

新疆生地所围绕国家西部大开发战略，面向干旱区资源开发利用和生态安全与可持续发展，在“绿洲系统演化与绿洲生态农业”、“脆弱与受损生态系统恢复与荒漠化防治”、“资源开发利用与区域可持续发展”、“特殊生物资源多样性保护与利用”、“干旱区资源与环境监测与决策”等领域开展前瞻性、战略性、基础性研究。

2010年，新疆生地所根据中国科学院党组的部署制定了“十二五”发展规划，对研究所的工作做出如下调整：在“十二五”期间，将瞄准国家新一轮西部开发的战略需求和世界干旱区科技前沿领域，面向新疆跨越式发展的科技需求，紧扣中国科学院“创新2020”的战略部署以及中国科学院援疆的战略构思，调整和部署研究所的3大研究领域，扩展和延伸研究所的8个研究方向，构筑面向绿洲生态与荒漠环境、矿产资源与生物资源、区域发展与周边安全的科技创新体系。

新疆生地所下设5个研究室。现有国家荒漠－绿洲生态环境建设工程中心、中国科学院绿洲生态与荒漠环境重点实验室、中国科学院干旱区生物地理与生物资源重点实验室。与美国加州大学河滨分校联合共建有“国际干旱区生态研究中心”、与日本静冈大学联合组建有中日干旱区联合研究中心。2010年10月，中国科学院成立新疆矿产资源研究中心，新疆生地所为依托单位。

新疆生地所现有9个野外台站（其中3个国家级野外台站）、文献信息中心、标本馆等科研支撑平台。

截至2010年底，新疆生地所有在职职工338人。其中科技人员290人、含科技支撑62人，包括正高级人员44人、副高级人员72人。有中国科学院“百人计划”入选者12人（新增2人）、“西部之光”入选者44人（新增13人）、国家杰出青年科学基金获得者1人。

新疆生地所是1982年国务院学位委员会批准的博士、硕士学位授予权单位。现有自然地理学、人文地理学、地图学与地理信息系统、植物学、生态学5个专业二级学科博士研究生培养点；有自然地理学、人文地理学、环境科学、植物学、生态学、水土保持与荒漠化防治学、地图学与地理信息系统等7个专业二级学科学术型硕士研究生培养点和环境工程、生物工程2个专业二级学科专业学位硕士研究生培养点；设有生物学、地理学2个专业一级学科博士后流动站。在学研究生342人（硕士生200人、博士生142人），在站博士后18人。

2010年，新疆生地所有在研项目288项（新增103项）。其中，主持国家重点基础研究发展计划（“973”计划）项目2项（新增1项）、主持“973”计划课题8项（新增2项）；主持国家科技支撑计划项目2项（新增1项）、主持国家支撑计划课题10项（新增4项）；主持科技部国际科技合作项目3项；主持国家自然科学基金重点项目2项（新增1项）、面上项目47项（新增27项），承担国家自然科学基金重大研究计划重点项目1项；主持中国科学院知识创新工程重大项目1项、重要方向项目6项（新增2项），承担国际合作项目6项（新增1项），院地合作项目98项（新增42项）。

2010年，新疆生地所陈曦研究员荣获何梁何利基金奖。4项成果通过鉴定。其中，“新疆棉花重大害虫数字化监测预警关键技术研发与应用”，建立了新疆棉花主要害虫监测预警的数字化技术体系，提高了对棉铃虫、棉蚜测报的准确率和时效性，该成果已在南北疆50多个植棉县和团场推广应用，有效的抑制了棉花虫害的大面积发生；“沙漠环境高矿化度水灌溉条件下人工防护林稳定性研究”，综合评判了塔里木沙漠公路防护林体系稳定性，提出了塔里木沙漠公路防护林生态工程的优化方案，为开发利用塔克拉玛干沙漠地下水资源提供了理论依据；“典型温带荒漠生物多样性保育研究”，对准噶尔荒漠重要物种的濒危状况和生存现状进行了评价，并提出了切实可行的保护策略；“新疆人口地域系统理论与方法体系研究”历时十年完成，在国内首次提出了新疆人口地域系统的理论框架、创建了新疆人口发展功能区划分的方法体系和基于GIS支撑下的新疆人口地域系统数据库，为制定全面与建设小康社会相适应的新疆人口发展战略提供了有价值的参考依据。

2010年，新疆生地所发表论文394篇，其中SCI论文104篇；出版学术专著10部，其中《中国干旱区自然地理》全面集成中国干旱区近50年来综合性区域地理研究成果，系统论述中国干旱区自然地理形成、演变、自然环境特征、自然资源及其利用。申请专利27项，其中发明专利20项、实用新型专利7项；授权专利13项，其中授权发明专利9项。

新疆生地所与新疆维吾尔自治区科技厅、新疆维吾尔自治区人民政府外事办公室、新疆维吾尔自治区外经贸厅共建中亚区域研究中心；新疆聚安环境工程技术有限公司利用研究所油田作业废水无害化关键技术，获得经济效益480万元。

2010年，新疆生地所承担的科技部重点国际科技合作项目“中亚沙拐枣属植物研究及种质资源保护平台建设”，建立了“沙拐枣属植物科技信息平台”网页，巩固了中国－乌兹别克斯坦双边合作关系；中科院重点国际科技合作项目“中非荒漠化防治技术合作研究与示范”，对利比亚的环境状况、荒漠植被进行了考察，完成了利比亚公路防沙危害示范区生物防护体系建设的初步设计；UNDP水资源管理项目新疆子项目“干旱、半干旱地区流域水资源管理与生态恢复示范区建设”，提出了水资源最优配置方案和更适合示范区特点的水资源利用的综合决策方案。

2010年，新疆生地所特聘加拿大滑铁卢大学Geoffery Wall教授从事旅游影响与旅游规划工作，特聘澳大利亚墨尔本大学森林与生态系统科学学院Stefan Arndt教授从事干旱区植物生态生理学研究，特聘以色列生物多样性专家Blank David Alexandrovich副教授从事动物生态学方面的研究，特聘俄罗斯托木斯克国立大学Olonova Marina Vladimirovna教授从事植物鉴定与分类工作。

2010年，新疆生地所与哈萨克斯坦农业部土壤科学与农业化学研究中心签署《中亚生态样带合作观测协议书》和《亚洲中部干旱区气候变化对生态系统影响与适应中－哈联合生态样带研究合同书》。与乌兹别克斯坦基因、植物和实验生物学研究所、葡萄牙Porto大学生物多样性和基因资源研究中心、日本国立环境研究所等签署科技合作协议。

2010年，新疆生地所主办和承办各类国际会议及培训班6次，包括第三届干旱区生态水文过程与环境协调发展学术研讨会、第二届干旱区内陆河流域水循环与气候变化学术研讨会等。全年国际科技交流与合作93批282人次，其中出访46批86人次，接待来访47批196人次。

新疆生地所是新疆土壤肥料学会、新疆地理学会、新疆植物学会、新疆科学探险协会、新疆自然资源学会的挂靠单位；承办的英文刊物有《干旱区科学》（*Journal of Arid Land*），中文刊物有《干旱区研究》和《干旱区地理》，以及同名在国内发行的维文版刊物；拥有国家甲级水文水资源调查评价资质证书、国家乙级环评资格证书、国家乙级测绘资质证书、国家乙级旅游规划设计资质证书、乙级土地定级估价证书、农林行业（营造林）乙级工程设计证书。

（撰稿：张向军　蒋慧萍　审稿：陈　曦）

学校及公共支撑单位

中国科学院研究生院

院　　长：白春礼（兼）
地　　址：北京市石景山区玉泉路19号甲
邮政编码：100049
电　　话：010－88256030
传　　真：010－88256006
电子信箱：po@gucas.ac.cn
网　　址：http://www.gucas.ac.cn

中国科学院研究生院（以下简称“研究生院”）成立于1978年，是经国务院批准由中国科学院创办的我国第一所研究生院。

研究生院由设在北京的4个教学及生活园区（玉泉路、中关村、奥运村、雁栖湖）、5个教育基地（上海、武汉、广州、成都、兰州）及分布在全国各地的117个研究生培养单位（中国科学院各研究所、台、中心、园等）构成，在“统一招生、统一教育管理、统一学位授予”和“院所结合的领导体制，院所结合的师资队伍，院所结合的管理制度，院所结合的培养体系”的办学方针指导下，全面负责中国科学院研究生的教育培养工作。

2010年，研究生院全面落实党的教育方针，以科学发展观统领工作全局，认真学习贯彻“创新2020”，研讨制定“十二五”战略发展规划，以“深化院所结合、提升教育质量”为主题，进一步推动教育教学改革，进一步明晰学校战略定位、发展目标和工作思路，各项工作取得良好进展。

研究生院设有数学科学学院、物理科学学院、化学与化学工程学院、材料科学与光电技术学院、地球科学学院、资源与环境学院、生命科学学院、信息科学与工程学院、管理学院、人文学院（社会科学系、科技史与科技考古系）、外语系、计算与通信工程学院、工程教育学院、继续教育学院等直属教学机构；设有中国科学院数据与通信保护研究教育中心（信息安全国家重点实验室、国家计算机网络入侵防范中心）、中国科学院虚拟经济与数据科学研究中心和科技资源管理研究中心等研究机构。

截至2010年底，研究生院共有在职职工683人。其中教学科研人员317人，包括中国科学院院士2人、教授120人、副教授143人；管理支撑人员316人。有中国科学院“百人计划”入选者27人（新增2人）、“西部之光”人才入选者2人（新增）、国家杰出青年科学基金获得者3人（新增1人）、国家“千人计划”（国家海外高层次人才引进计划）入选者2人（新增）。

2010年，研究生院共录取研究生13 046人，其中博士研究生5300人、硕士研究生7746人；在学研究生37 393人，其中博士研究生18 221、硕士研究生19 172人；毕业研究生8057人，其中博士毕业4733人；硕士毕业3324人，授予4767人博士学位、3949人硕士学位；在学留学生119人，其中博士研究生100人；在学港澳台学生48人。在2010年全国百篇优秀博士论文评选中，共有11篇论文入选。

2010年，研究生院作为首批获得学科点和专业学位自行审核权的单位，获国务院学位委员会自行审核博士学位授权一级学科点和硕士学位授权一级学科点，以及自行审核新增硕士专业学位授权点，取得了质和量的双重突破。自审后，共有博士学位授权一级学科点36个，硕士学位授权一级学科点14个，博士学位授权学科专业点134个，硕士学位授权学科专业点210个，以及8个硕士专业学位授权点。

2010年，研究生院积极促进招生指标动态调节机制的形成和完善，首次采用按学科群进行招生指标协调的试点。新增8个专业学位招生领域，招收全日制专业学位硕士研究生的培养单位从26个增加到79个，同时院级统一命题和阅卷质量稳步提升。

2009—2010 学年，研究生院共开设课程 1451（1979）门（班），其中秋季学期 588（850）门（班），春季学期 603（847）门（班），夏季学期 260（262）门（班）。对 74 门课程进行了教学督察，对 1686 门（次）课程进行了教学巡查；评选出 2008—2010 学年优秀课程 29 门，院系优秀课程 50 门。改进教学评估办法，完善教学评估指标，把学生的创新能力和综合素质作为评价教学水平的核心指标。建立健全优秀课程评选体系，评选出 43 门校级优秀课程、5 个夏季学期优秀教学组织单位和 6 门夏季学期课程特别奖。制定精品课程建设实施办法，启动精品课程建设工作。

2010 年，研究生院首次开展全校范围的民主评议党员和党支部考评工作，3309 名师生党员和 126 个师生党支部参加。编写了《学生党员必读》、《党务工作手册——制度篇》、《学年度学生党建工作计划》，进一步推进学生党建工作的规范化、制度化建设。创办学生党员干部“笃志讲习班”，重点加强对学生党员干部的思想认识、理论素养和党务工作能力的培养和锻炼。加强对全院学生工作的规范指导，制定奖助学金管理指导意见，规范全院研究生奖助体系；不断完善心理健康教育和危机应急处理，建立健全学生心理健康教育、学生心理危机工作方案，进一步提升了学生工作管理水平。

2010 年，研究生院在研项目 785 项（新增 324 项）。其中国家自然科学基金项目 151 项（新增 61 项）；中国高技术研究发展计划（“863”计划）项目重点课题 2 项（新增 1 项）、专题课题 13 项，国家重点基础研究发展计划（“973”计划）项目课题 8 项（新增 2 项）、专题 23 项（新增 8 项）；科技支撑计划项目课题 2 项（新增 1 项）、专题 9 项（新增 1 项）；中国科学院创新方向性项目 6 项、课题 22 项（新增 12 项）；科学技术部软科学项目 4 项；国家社会科学基金项目 9 项（新增 3 项）；教育部留学回国人员基金 11 项（新增 3 项）；地方委托项目 25 项（新增 11 项）；企业委托项目 74 项（新增 29 项）；国外委托项目 9 项（新增 4 项）；研究生院院长基金 A 类 49 项（新增 16 项），研究生院院长基金 B 类 45 项（新增 16 项）；新增国家科技重大专项课题 4 项，专题 5 项。

2010 年，研究生院获国家专利授权 2 项，计算机软件著作权登记 4 项。发表学术论文 429 篇；其中 CSCD 论文 75 篇，CSSCI 论文 54 篇，EI 论文 41 篇，SCI 论文 208 篇，SSCI 论文 6 篇，ISTP 论文 45 篇；国际会议报告、论文 45 篇；专著、编著、译著 8 部。研究生院郭田德教授获 2010 中国运筹学应用奖一等奖（排名第一），侯泉林教授河北省国土资源厅颁发的创新成果奖一等奖（排名第一），马晓丰获中国科学院卢嘉锡青年人才奖，崔晓勇教授获青海省科学技术进步奖一等奖（排名第七，第二完成单位），黄庆明教授获教育部颁发的科技进步奖一等奖（排名第四，第二完成单位），罗明芳获中国石油和化学工业科学技术进步奖二等奖（排名第六，第二完成单位）。

2010 年，继续实施中丹（丹麦）科教中心项目，启动中丹中心大楼的建设工作。继续举办国际学生论坛、开展境外学生奖学金申报、开展中外联合培养博士生项目、参加中日研究生论坛，申报爱因斯坦讲席教授计划 1 项、“外国专家特聘研究员”计划 10 项、“外籍青年科学家”计划 2 项、合作办学 2 项；举办国际会议 10 项。

2010 年，举办党校培训 6 个班次，面向社会的培训班 64 个班次，培训学员约 6365 人；组建培训研发团队，设计了由 9 大模块和 58 个创新培训项目构成的培训产品目录，引领创新科技培训模式。

完成中国科学院“十一五”教育业务管理平台、继续教育培训平台和协同工作平台及 16 个应用系统的自主研发。启动了院系网站群整体规划和建设，教育业务管理平台、协同学习服务平台、继续教育管理平台初步建成。

2010 年，研究生院雁栖湖新校区建设取得阶段性实质进展，西区建设全面开工，东区设计基本完成。

研究生院主办有《中国科学院研究生院学报》、《自然辩证法》、《管理评论》和《工程研究》4 个公开发行的学术期刊以及内部刊物《研究生院》。

（撰稿：赵宝奇　尚　颖　审稿：苗建明）

中国科学技术大学

名誉校长：周光召
校　　长：侯建国
地　　址：安徽省合肥市金寨路96号
邮政编码：230026
联系电话：0551－3602184
传　　真：0551－3631760
电子信箱：gzr@ustc.edu.cn
网　　址：http://www.ustc.edu.cn

中国科学技术大学（以下简称“中国科大”）1958年成立于北京，是中国科学院所属的一所以前沿科学和高新技术为主、兼有以科技为背景的管理和人文学科的综合性全国重点大学。

截至2010年年底，中国科大有教职工3036人。其中专业技术人员2355人、中国科学院院士和中国工程院院士32人、第三世界科学院院士9人、教授（含研究员、教授级高级工程师）462人、副教授（含副研究员、高级工程师、高级实验师）693人、博士生导师394人。

中国科大设有12个学院、26个系，以及研究生院、软件学院、公共事务学院、网络教育学院等，在上海、苏州分别设有研究院。有数学、物理学、力学、天文学、生物科学、化学共6个国家理科基础科学研究和教学人才培养基地和1个国家生命科学与技术人才培养基地，8个一级学科国家重点学科，4个二级学科国家重点学科，2个国家重点培育学科。建有国家同步辐射实验室、合肥微尺度物质科学国家实验室（筹）、火灾科学国家重点实验室、国家高性能计算中心（合肥）、蒙城地球物理国家野外科学观测研究站等39个国家和院省部级重点科研机构。

中国科大现有博士研究生2454人，全日制硕士研究生7973人，非全日制专业学位硕士研究生2098人（EMBA 162人，MBA167人，MPA182人，工程硕士1587人），另有中国科学院代培研究生1065人；本科生7319人。

中国科大校园总面积约145万m^2，建筑面积92万m^2，拥有资产总值8.9亿元的先进教学科研仪器设备，图书馆藏书近200万册。

2010年，中国科大明确了“改革、创新、发展”战略主题和“育人、引人、用人”办学主线，围绕“135”创新发展工作思路，积极做好“十二五”规划、实施新一轮“985”工程建设，参与中国科学院“创新2020”和区域创新体系建设，各项工作取得了一些新的进展和成绩。

2010年，安徽省明确从2011年开始，连续四年给予中国科大财政专项经费支持。2010年中国科大各类办学经费有较大增长，特别是计划外国家财政性收入有明显提高，与2009年相比，办学经费增长33%，首次突破20亿元。获批参与国家教育体制改革试点7项改革任务。

2010年，中国科大与中国科学院相关院所新创办了4个科技英才班。目前中国科大11个科技英才班中7个为基础科学类，4个为高技术类，基本覆盖了本科教育主要学科，现已招生435人，并在人才选拔、课程设置、教学安排、培养模式等方面进行了探索和实践。开始试行“夏季小学期”，开设了41门课程，参加选课学生1781人次，1322人次参与各类实践活动。对《本科生培养方案》进行了修订。

2010年，中国科大新增6个专业学位授权点和1个工程硕士授权领域。推免生比例已达到科学学位招生人数的52%。4篇论文入选全国百篇优秀博士论文，9篇论文入选中国科学院优秀博士论文，22篇论文入选安徽省优秀博士论文。授予586人博士学位，1941人硕士学位、1929人本科学位。毕业生一次就业率达到92%。

中国科大2009年发表SCI论文1568篇，其中“表现不俗”论文（即被引用次数高于学科均线的论文）345篇，占论文总数22%，2000—2009年发表的SCI论文篇均引用率达9.32次，再列全国高校第一。2010年获得2项国家自然科学奖二等奖和1项国家科技进步奖一等奖（第二单位），1项成果入选2010年国内十大科技进展。到账科研经费超过6亿元，首次牵头承担国家重大科学研究计划亿元以上项目；国家自然科学基金面上项目批准率达到46.27%，青年科学基金项目批准率达42.04%；横向技术合同经费达1.2亿元。

2010年，中国科大引进各类人才104人，其中教授/研究员14名，特任教授/特任研究员9名，副教授/副研究员34名。新增国家杰出青年科学基金获得者5人，新增中国科学院“百人计划”教授（含“项目百人”）20位。聘请“大师讲席”2名，“大师讲席（Ⅱ）”5名。自2008年入选国家首批“海外高层次人才创新创业基地”以来，共入选“千人计划”22人。

2010年，中国科大国际化工作取得新进展，聘请了520多位境外专家，获得境外专家/项目经费首次超过1000万元。实施本科生海外交流项目共计26项，其中新增21项，派出境外交流本科生首次超过100人，通过国家建设高水平大学公派研究生项目派出95名研究生，设立专项资金资助230名博士生参加国际学术会议。与国外大学、研究机构和政府部门签署了16项涉外协议，主办承办13场国际学术会议、双边会议和两岸会议。

2010年，中国科大有参股控股企业25家，提供就业岗位约5300个，年度预计参控股企业总销售收入27.8亿元，利税总额5.56亿元，其中缴纳各类税金1.8亿元。

中国科大是中国物理学会同步辐射专业委员会、中国自动化学会自动仿真专业委员会等23个学会的挂靠单位。主办的学术刊物有《中国科学技术大学学报》、《火灾科学》、《低温物理学报》、《化学物理学报》、《实验力学》等。

（撰稿：黄超群　郑红群　审稿：陈晓剑）

计算机网络信息中心

主　　任：黄向阳
地　　址：北京市中关村南四街4号
邮政编码：100190
电　　话：010－58812280
传　　真：010－58812290
电子信箱：webmaster@cnic.cn
网　　址：http://www.cnic.ac.cn

中国科学院计算机网络信息中心（以下简称“网络中心”）成立于1995年4月，是中国科学院信息化持续建设、运行与服务的支撑单位，国家互联网基础资源的运行管理机构，先进网络与高端应用技术的研发基地，国内外先进科技网络的重要组成部分。

网络中心以中国科技网的发展、e-Science的环境建设与应用示范、ARP的运行维护和应用支持、中国互联网基础资源的管理等为支撑服务的主要方向，结合中国科学院信息化应用的需要，组织其他重点项目的建设。主要围绕着先进网络基础设施建设、高效能超级计算机基础设施建设、海量数据应用环境、管理信息化应用支撑环境、国家互联网基础资源服务环境推动信息化支撑环境的发展；围绕着创新信息化增值服务、创新知识服务推动信息化服务的发展；围绕着互联网技术研究与创新、先进计算技术的研究创新推动技术创新和引领领域发展。

网络中心现有7个业务中心和3个支撑部门，7个业务中心包括中国科技网网络中心（CSTNET）、科学数据中心、超级计算中心、ARP运行支持中心、协同工作环境研究中心、网络科普教育中心和中国互联网信息中心（CNNIC）。3个支撑部门包括：e-Science应用推进总体组、e-Science呼叫服务中心和期刊编辑部。同时，面向中心成立了对外投资管理的资产经营公司北京中科北龙科技有限责任公司，负责科技成果转移转化，下设北京中科三方网络技术有限公司和北龙中网（北京）科技有限责任公司。

截至2010年底，网络中心共有在职职工556名。其中，研究和工程技术人员273名、科技支撑人员235名，包括研究员及正高级专业技术人员14名、副研究员及高级工程技术人员83名；进入创新岗位71名。有“西部之光”访问学者1名。

网络中心设有计算机技术一级学科下的二级学科计算机软件与理论硕士、博士点和计算机应用技术硕士研究生培养点，设有计算机软件与理论二级学科博士后工作站。在学研究生154名（硕士生129名、博士生25名）。

2010年，网络中心共有在研项目135项（新增67项）。其中国家重点基础研究发展计划（“973”计划）项目（课题）2 项，国家高技术研究发展计划（“863”计划）项目（课题）9 项（新增 3 项），国家科学技术支撑计划项目 1 项，科学技术部平台项目 4 项；国家自然科学基金重点项目 1 项；国家发展和改革委员会高技术产业化项目 2 项；其他项目 12 项（新增 11 项）；中国科学院知识创新重大项目 4 项、重要方向项目 5 项（新增 3 项），国际合作项目 1 项，与地方和单位合作项目 21 项（新增 12 项）。

网络中心紧密围绕国家重大需求开展科研工作，并取得可喜成效。网络中心荣获第十二届中国国际高新技术成果交易会最佳展示奖；承担的中国下一代互联网项目被授予“国家高技术产业化示范工程”。中国科技网圆满完成了总中心设备升级工作，实现向野外台站延伸，国内国际出口得到大幅提升，全网监控效果显著，安全服务面向全院推广。超级计算中心完成合肥、兰州、青岛等 7 家分中心项目验收工作，完成所级中心接入 16 家；深腾 7000 超级计算机现有用户 259 个，其中院内 197 个，院外 62 个，提供计算机时 490 万 CPU 小时。截至 2010 年底，科学数据中心的科学数据库整合了共计 528 个数据库，涉及数据量 127TB，累计数据下载量 112TB，访问人次达 678 万。协同工作环境研究中心自主研发支持 e-Science 的协同工作环境套件（Duckling）3 月开放源代码；至 2010 年底，Duckling 用户 136 个，其中新增会议服务平台用户 60 个。ARP 运行支持中心完成 ARP 二期工程建设任务，完成 1000 台套设备升级改造、4 个新建研究所上线、院机关专网建设；完成软件开发平台和应用系统升级改造；建设企业级系统运维监测平台；形成 ARP 系统标准规范 100 万字。中国科学院网络化信息发布平台再次荣获中国政府优秀网站，截至 2010 年底，中国科学院网站日均访问量约 120 万次，日均访问 11 万人次；网站群总体日均访问量大于 7 万次。网络科普教育中心建成网络化科学传播平台，平台日均访问 22 万人次，日均页面浏览量 120 万次；中国科普博览日均访问量达 5.5 万人次，网站开通科学新语林、青少频道（科学家园）等栏目，其中科技透视 12 期、科普专题 12 期、科普纵览 45 期、电子杂志 10 期、科学竞猜 12 期。CNNIC 与网络不良与垃圾信息举报受理中心（12321）、公安部十一局、全国“扫黄打非”工作小组办公室、中国互联网违法和不良信息举报中心、三大运营商建立联动机制，2010 年底受理涉黄域名 2821 个，认定处理 497 个。

积极推进院地合作工作，网络中心参与首都科技条件平台服务工作；被推举为“中关村地区互联网产业联盟”第一届理事长单位；积极开展与北京、上海等地方单位对接交流工作。

网络中心面向国际前沿，积极开展国际科研合作。承担的国际热核聚变实验堆（ITER）计划专项《ITER 国际高速专用数据网的设计、测试和构建》项目已顺利完成国际专用数据网的建立和开通，整体完成率达到 90%；网络测试双向传输速率达标，网络性能领先于美国、日本、韩国等其他参与国。网络中心参与推动“中国”国家中文顶级域申请，6 月互联网名称与数字地址分配机构（ICANN）批准简繁体“中国”，并写入互联网根区；8 月 CNNIC 正式启动全球运营。网络中心参与建设的中美俄环球科教网络（GLORIAD）项目，持续派出 6 名技术人员赴美交流。中美科研信息化研讨会高性能计算会议（ACCESS）由网络中心和美国国家超级计算应用中心（NCSA）于 2009 年共同发起，2010 年 8 月网络中心牵头上海生命科学研究院、地理科学与资源研究所多家单位的 16 名专家学者赴美参加 ACCESS10 会议。

网络中心是国际科学数据委员会（CODATA）中国委员会秘书处、中国科学院科学数据库办公室的挂靠单位；编辑和出版《中国科学院信息化工作动态》、《科研信息化技术与应用》。

（撰稿：王直立　李超杰　审稿：陈　浩）

国家科学图书馆（筹）

馆　　长：张晓林

地　　址：北京市中关村北四环西路 33 号

邮政编码：100190

电　　话：010－82626684

传　　真：010－82626600
电子信箱：office@mail. las. ac. cn
网　　址：http：//www. las. ac. cn

中国科学院国家科学图书馆（以下简称“国科图”）于2006年3月18日正式挂牌，由中国科学院所属的文献情报中心、资源环境科学信息中心、成都文献情报中心、武汉文献情报中心4个机构整合而成。总馆设在北京，下设兰州、成都、武汉3个二级法人分馆，并依托若干研究所（校）建立特色分馆。

国科图立足科学院、面向全国，主要为自然科学、边缘交叉科学和高技术领域的科技自主创新提供文献信息保障、战略情报研究服务、公共信息服务平台支撑和科学交流与传播服务，同时通过国家科技文献平台和开展共建共享为国家创新体系其他领域的科研机构提供信息服务。

2010年，国科图在梳理60年发展历史、总结“十一五”发展同时，深入开展业务发展调研，主动组织前瞻研讨，完成了“十二五”规划编制，明确提出在“十二五”期间将按照“需求牵引、重点跨越、整体转型、持续发展”的发展思路，有效建立全院集成化知识化的数字科技综合知识资源体系，重点形成基于数据挖掘和知识计算的科技发展态势监测与集成分析研究服务能力，全面实现全院研究所一线的知识化、个性化信息服务模式，可靠建立面向国家及重点区域的战略性信息服务和事业发展推动机制，初步实现从数字图书馆向数字化知识服务体系的转变，显著提升对科研决策和科技创新两个一线的支撑服务能力，有效提升对国家科技信息服务发展的推动作用，整体服务能力达到国际一流水平，为科技自主创新作出更大贡献。

截至2010年底，国科图共有职工612人。其中专业技术人员536人，包括正高级研究（馆）员53人、副高级研究（馆）员102人。设有图书馆学、科技情报学硕士、博士研究生培养点，在读硕士研究生94人，博士研究生52人。

2010年，国科图继续夯实面向研究所的普遍服务，拓展以学科情报为主的深层次服务，强力拉动所级图书馆的服务转型。继续坚持“常下所、长下所”，与研究所协同开展用户培训，尤其是加强与研究生教育机构的协同，将服务培训有机纳入到研究所新生入所教育之中。全年本地下所1099次，外地下所354次；全年到所服务培训1198场次，培训28 057人次，比2009年培训人次增加1万余人；通过各种方式为用户解答咨询29 736个。与此同时，针对一线科研需求，提供嵌入国家科技重大专项的情报跟踪服务，积极参与研究所“十二五”发展规划，为研究所提供学科领域的态势分析、机构竞争力调研，为研究所、重点实验室、课题组提供专题信息调研和信息推送服务。院所协同实施的创新到所项目已完成41项，内容涉及研究所战略发展情报咨询、重大研究领域或技术发展情报咨询、研究所或国家重点实验室科研产出分析、研究所竞争力分析、所级文献情报创新服务发展等内容。组织2次共107位研究所图书馆员参加的学科信息服务培训，拉动所级图书馆服务能力提升。继续加强机构知识库（IR）建设推广的各类培训与交流工作，截至2010年底，全院共有64家参与IR建设工作。生物能源与过程所、生物物理所、力学所、深圳先进技术研究院首批三类4个特色分馆通过了中期评审。

2010年，国科图一方面紧密结合国家与院党组的战略需求，以专报、快报和特别调研报告等形式及时报道世界各主要科技国家和国际组织在科技创新方面的新思想、新趋势、新战略和新举措，其中《各国新兴产业战略与政策分析》获国务委员刘延东的批示，《站在五级风暴之上》、《六国科技战略对美国的影响》、《主要国家争夺人才的政策与举措》、《日本的创新集群》等多份报告受到路甬祥院长等的批示，并报送中央国务院相关部门和领导。同时与中国科学院职能局、专业局和重点创新基地夯实建制性支撑机制，提供科技决策支撑服务。另一方面，情报研究产品的成熟度和影响力不断提升，正式出版《国际科学技术前沿报告2010》、《科学结构地图2009》、《韩国科技创新态势分析报告》，面向决策一线和全院的知识产权信息服务团队已经形成，针对中国科学院“创新2020”先导项目完成“未来先进核裂变能”、“煤炭低碳排放高效综合利用”和“干细胞”的知识产权态势分析报告，针对有关基地重大需求完成转基因猪、纳米传感器技术、石油地球物理探测技术、固体氧化物燃料电池技术等主题提供了专利深度分析报告。

截至2010年底，国科图累计为中国科学院开通数据库160个（新增8个），全院研究所可共享的外文期刊达12 870种，外文电子图书30 275卷/册，外文电子工具书2066卷/册，外文电子会议录25 250卷/册，外文电子学位论文25.8万篇，中文电子图书32万余种，中文电子期刊10 434种，中文学位论文约129万篇，全院科研人员文献全文下载量达到2756万次。全院原文传递服务超过13万余篇，整体满足率95%。继续优化完善服务系统，“NSTL外文回溯期刊全文数据库”服务系统在全国范围内得到应用，“跨库检索系统”中嵌入了可视化交互功能，研发“集成融汇服务平台”和“网络科技信息监测系统”进入应用测试阶段，建立了中科院机构知识库网格集成服务门户，面向全院开通专利在线分析系统二期。调整馆藏空间，新开辟建设的学习共享空间投入使用，正式建立总分馆协同的查新检索联合服务模式。圆满完成第三批珍贵古籍申报工作，馆藏《春秋胡传》、《珰溪金氏族谱》等9种古籍入选《国家珍贵古籍名录》。

2010年，国科图继续推动国家科技文献平台工作。牵头承担“国家科技文献平台‘十二五’发展规划研究”，主动策划申报“国家‘十二五’科技支撑计划重大项目”的立项申报工作，并牵头承担“面向外文科技文献信息的知识组织体系建设与应用示范”项目和“科技知识组织体系共享服务平台建设”项目；“国际科学引文数据库”项目通过科学技术部验收，改版上线提供全新服务。获国家科技图书文献中心“特别贡献奖”、“综合贡献奖”，成都分馆被授予“服务贡献奖”，依托武汉分馆建设的“NSTL武汉东湖高新区服务站”正式成立。

国科图以承办第八次开放获取柏林会议为契机，推动中国科学院发布开放获取战略；在巩固与施普林格公司的数字资源长期保存协议的基础上，又与英国皇家物理学会出版社、生物医学中心（BioMed Central）签订长期保存协议，为构建我国对重点国外数字科技文献的可靠长期保存体系做了积极探索、实践和示范；正式建立与新疆兵团科技局建立合作协议，开展援疆服务；武汉分馆与“中科院湖北产业技术创新与育成中心”合作成立了“产业技术分析中心”；兰州分馆为依托的“中科院白银产业园信息工作站”，在“中科院白银高技术产业园区”升级为“国家高新技术产业开发区”的工作中发挥了重要决策咨询作用；成都分馆继续完成“四川省科技文献信息资源共享服务平台”的建设，开展面向成德绵高新技术产业带的科技信息服务。

2010年，国科图加强开放联合、积聚资源，组织完成各类科学文化传播活动285场。与中关村科技园区管委会建立稳定合作关系，联合打造中关村创业讲坛；积极推动将国科图科学文化传播工作纳入中国科学院科普工作体系，并将作为“中关村地区科普中心”重点支持；承担各级各类科技期刊出版课题11项，参与新闻出版总署“国家重点学术期刊建设工程可行性研究报告”，完成《中国科协科技期刊发展报告》2010版出版；承担中国科协科技期刊“十二五”发展规划与研究，以及中国科学院“十二五”科技期刊发展规划等；完成2个全宗档案验收工作，6个全宗1867卷、照片档案934张和各种资料59册的接收进馆工作，一期进馆顺利结束。

国科图是中国科学院现代化研究中心、全国科学技术名词审定委员会事务中心、中国图书馆学会专业图书馆分会、中国科学院自然科学期刊编辑研究会、中国科学院科学传播研究中心的挂靠单位。总馆和分馆主办的科技期刊有《图书情报工作》、《现代图书情报工作》、《化学进展》、《电子政务》、《中国生物工程杂志》、《高科技与产业化》、《科学观察》、《中国文献情报》（英文刊）、《黄金科学技术》、《世界科技研究与发展》、《天然气地球科学》、《地球科学进展》、《天然产物研究与开发》、《遥感技术与应用》、《长江流域资源与环境》和《中国数学文摘》共16种。

（撰稿：吕秋培　刘峻明　审稿：张晓林）

新闻出版单位

科学时报社

社　　长：刘洪海

地　　址：北京市海淀区中关村南一条乙3号

邮政编码：100190

电　　话：010 -82614607

传　　真：010 -82614609

电子信箱：office@stimes. cn

网　　址：http://www. stimes. cas. cn

科学时报社成立于1959年1月。作为中国科学院所属唯一经国家新闻出版总署批准的新闻出版单位，具有主编报纸和社科类期刊的特许权、报社主办的报刊出版权、记者和记者站的管理权、主办报刊的广告经营权和发行权及新闻类网站的主办权等。52年来，科学时报社一贯秉承“科学眼光看世界，世界眼光看科学”的办报宗旨，恪守“求真、求实、求精、求是”的办报原则，坚持“科学性、权威性、思想性”的办报特色，在中国科技界和教育界享有较高的声誉。

科学时报社目前的媒体产品有“两报”（《科学时报》、《网络报》）、“两网”（主办科学网，同时承担中国科学院网站内容的编采工作）、“两刊”（《科学新闻》、《科学新生活》）。其中，《科学时报》的前身是1959年创办的《科学报》，1989年更名为《中国科学报》，1999年更名为《科学时报》并确立由中国科学院主管，中国科学院、中国工程院和国家自然科学基金委员会主办，是我国最早的专业类报纸之一。目前，《科学时报》出版周期为周6刊，每日8版，彩色印刷，是面向全国发行的主流科技媒体。

截至2010年底，科学时报社共有在职职工164人。其中，研究生及以上学历人员50人、采编人员132人、具有高级职称31人、中级及以下职称101人。

2010年，科学时报社按照“十一五”规划，继续向着“打造中国第一科学传媒”目标迈进，坚持党管新闻、党管干部的原则，坚持“三审三校”制度和全员岗位聘任制度；继续落实新闻采编业务改革，贯彻《〈科学时报〉采编条例》，提高新闻作品质量；积极探索报业发展新规律，研究文化体制改革提出的新课题，着手制定报社“十二五”规划。

《科学时报》注重加强选题的策划和实施，不断提升报纸的影响力和品牌认知度。先后吸引了韩启德、徐光宪、李国杰、潘家铮、张杰、郭雷、何祚庥、倪维斗等数十位院士和学术领军人物在报纸上发表真知灼见，体现了站位的高端和思考的深入；推出了新科院士访谈、年度学科进展述评、“两会三人谈”、科学记者在世博、诺奖专题、学林正气、“促进发展方式转变院士在行动”、“科学基金创新群体”等专栏，扩大了在科研高端人群中的影响力；围绕舟曲泥石流、伊春空难、新楼兰生态、云计算等选题发表了一系列文章，积极尝试在科学与社会、技术与经济两个战略方向上开展有效报道，强化了在社会公众中的权威度；同时，注重发挥各周刊优势，大胆革新，策划了大学校长访谈、中国大学评论、年度科普佳作评选、国家创新战略研究综合报道、名医堂、中关村激情燃烧的岁月等栏目，凝聚了各自领域的专家资源和读者群体。2010年，《科学时报》共出版版面超2000块，采编文字超1500万字，众多报道被国内外重要媒体转载、收录，其中，“促进发展方式转变院士在行动”报道受到中共中央宣部新闻阅评组的赞扬；结集出版了《大学校长访谈》一书。

科学网以“构建全球华人科学社区”为目标，在内容建设上加速成长，技术架构上革新变化，流量、影响力实现跳跃式上升。全年累计发布新闻9965条，论文2108篇，制作了纪念2010

年逝去的科学家、方舟子遇袭事件追踪、2010人才聚焦等新闻专题16个，完成了7次网络直播；博客频道在申请博客用户的学历层次、注册博主人数和社区活跃度等方面再创历史新高；博客频道影响力进一步扩大，多篇科学网博主主导的问题讨论成为科技界乃至全社会的关注热点，其中，博主陈永江等六位老教授实名举报“李连生造假”博文吸引央视《焦点访谈》的跟踪报道，博主沈阳“买卖论文”博文引发《自然》杂志发表社论《中国科研，发表还是灭亡》予以回应，博主饶毅、施一公等有关“华人科学家的‘海归’”观点吸引《纽约时报》的关注报道，博主张月红在博客中发表关于“31%的投稿存在剽窃”的声明引发众多海内外主流媒体的关注，等等。网站技术取得突破性进展，通过对引进的SNS开源互动社区产品进行二次开发，将网站各频道整合升级为互动平台；上线会议频道、实验室频道、手机版、招生频道。截至2010年底，科学网在全球网站中排名稳定在10 000名左右，在中国网站中排名稳定在2000名左右，全年页面流量超过1.78亿次。

科学时报社承担了中国科学院网站中、英文内容建设任务，在院有关部门的领导下，确立了“全面、立体、及时、准确”的建设方针，以新思路推动建设，以新举措完善机制，有力地支撑了院网站群近700个独立站点的内容建设与运维目标。全年中文发稿量达19 032篇，英文发稿量达1330篇，完成了对中国科学院工作会议、院士大会、TWOS会议等重大活动的全方位报道；重新设计了710余位中国科学院院士个人信息页面，完善了院士信息频道；开展了“把服务送到家门口”活动，对十二个分院及部分新建研究所进行了现场培训和技术支持。截至2010年底，中国科学院网站在国务院80多个部委网站评估中再次荣获“中国政府网站优秀奖”，排名从23位上升到第5位。

《科学新闻》秉承“服务职业科学家”的办刊理念，密切关注科学圈的人和事，抓住科教界关心的公共话题和公众关心并可以从科学角度解读的社会话题，迈出了影响力建设的坚实步伐。相继推出了《蒲慕明：中国科学病在何处?》、《撬动中国科技潜规则》、《千人酝酿集体影响力》、《垃圾焚烧争论》、《水电开发受阻》、《海归“院长”调查》、《有机食品调查》等一系列重要文章。全年共出版24期。

《科学新生活》以关注百姓，关注生活为办刊宗旨，以准确地反映市民生活和市场动态，及时报道大众需求的生活方式为基本目标，以科学的生活和生活的科学等实用服务类新闻为主要内容，对社会生活中的热点、难点和焦点问题做背景性、纵深性报道，推出了一系列深受北京市民欢迎的深度报道；加强了信息化建设力度，实现了官网的改版上线，开通了官方博客、微博，加深了与新浪、搜狐等门户网站的合作，多种渠道推动杂志信息化建设；保持了在首都报刊零售市场较高的销售份额。全年共出版48期。

2010年，科学时报社依托媒体平台，抓住中国科学院知识创新工程深入实施和“创新2020”正式启动的时机，多方筹措，实现了经营发行双突破。实施了知识创新工程巡礼系列报道；举办了首届创新中国论坛、第二届中国大学生书评大赛、现代农业发展与国家粮食安全论坛；发起了中国首届低碳能源创业大赛；组织了第二届青年科学博客大赛、奥林巴斯图像大赛、“千人计划”研讨会、“发明梦工场”比赛和美新杯微纳传感器应用大赛等活动，取得了很好的经济效益和品牌效益。

在中国科学院党组的统一部署下，科学时报社党委积极推动“创先争优”活动，通过党课教育、学习报告、干部培训等方式加强党员党性教育，科学发展观教育和院情、院史、社情教育；开展了党员赴延安纪念建党八十九周年系列学习教育活动；召开了民主生活会、党委中心组（扩大）学习会、党委届中考评大会、向沈浩同志学习专项活动等一系列活动。

在国际合作方面，科学时报社强化了与爱思唯尔、盖茨基金会、汤森路透、理文编辑、施普林格等的战略合作；支持并推动员工出国进修、参会；邀请牛津大学、世界科学记者联盟等机构学者来报社进行采编业务培训。

（撰稿：刘洪胜　徐雁龙　审稿：林　珺）

其他机构

行政管理局

局　　长：吴建国

地　　址：北京市海淀区中关村南三街15号

邮政编码：100086

电　　话：010－62571850

传　　真：010－62560929

电子信箱：office@caseab.com

网　　址：http://www.caseab.com

中国科学院行政管理局（以下简称“行管局”）始建于1955年，是中国科学院机关职能部门，1991年机构改革成为院直属事业单位。

行管局主要负责院京区的科研后勤支撑保障和公共事务管理工作，已形成置业物业产业、学前教育产业和科学文化传播产业三大主业方向，并深入推进高新技术产业服务平台建设。

作为中国科学院对内管理服务和对外合作交流的窗口单位之一，行管局不断细化管理职能、提升管理水平、深化服务意识、创新服务载体，大力发展多元化、精品化业务，努力提供标准化、人性化服务，为保障中国科学院“创新2020”后勤支撑和维护辖区和谐稳定不断作出新的贡献。同时，行管局锐意进取，开拓创新，积极搭建知识创新服务平台，努力打造行政后勤管理旗舰。

行管局现设有6个职能管理部门、1个下属单位和8个全资企业单位。截至2010年底，共有在职员工1267人，其中管理人员55人，服务和支撑保障人员1212人。

2010年，行管局顺利实现了党政领导班子换届。新一届领导班子继续秉承“一心为人民，全力谋发展”的指导思想，以提升“创新2020”科研后勤工作水平为目标，狠抓自身思想建设、作风建设、能力建设和反腐倡廉建设。认真学习贯彻党的十七届五中全会精神，主动加强政治理论修养，积极开展党委中心组学习、民主生活会学习活动，深入推进学习型领导班子建设，强化领导班子的宗旨意识和服务意识。认真学习贯彻《中国共产党党员领导干部廉洁从政若干准则》，积极推进《党风廉政建设责任制实施细则》的具体落实，并与全局中层管理干部签订党风廉政建设责任书，把党风廉政建设纳入班子任期工作重点和考核目标。

2010年，行管局提出了“人才、人气、人心”三大战略，深入推进“领军、骨干、储备”三大人才系统工程。一是认定各类人才105人，投入人才队伍建设经费169万元；二是加大专业技术岗位评聘工作力度，共评聘中、高级技术职务职称16人；三是加大人才吸引力度和新员工培训力度，招聘新员工189人，其中本科以上学历49人，新员工入职培训历时一个月，专题培训达10余次；四是改革试用期薪酬制度。对于有工作经验且素质优秀的新进员工，试用期期间薪酬按实际聘任岗位薪酬标准计发。

2010年，行管局物业置业产业和学前教育产业继续保持着稳定较快的发展势头，并充分挖掘自身优势和资源，积极为院京区科研后勤支撑保障作出应有的贡献。

物业置业方面，北京科住物业管理有限公司（以下简称“科住物业公司”）营业收入同比增长16%，利润同比增长18%。新增物业管理项目12个，新增服务面积50万 m^2。新增院内的项目有院士局科学会堂、政策所、微电子所、半导体所、心理所、光电研究院、对地观测与数字中心、天津生物研究所等。截至2010年底，科住物业公司在管物业项目35个，服务院内24家科研单位，服务面积330万 m^2。2010年10月，科住物业公司成功举办了院内科研院所后勤保障和服务研讨会，对进一步提升院内科研后勤支撑保障水平起到了积极的推动作用。为解决局内长期无房困难职工的住房问题，2007年行管局克服种种困难启动建设北郊苇子坑职工经济适用住宅楼。2010年，70多户职工搬入新家。同时，为解决廊坊工厂历史遗留问题，行管局启动了工厂拆迁重置工作，积极为工厂职工谋福利。另外，还开展了北郊科学园南里三、七区拆迁改造前期调研工作，为改善区域环境、解决中国科学院人才房问题做了有益尝试和探索。

学前教育产业方面，中科启元教育科技投资有限公司全年营业收入同比增长19%，利润同比增长20%。在发展中一是加大产业结构和业务部门调整力度，初步搭建了产业链，形成6大业务主体；二是凝练核心竞争力，创新幼儿园开办模式，在申请项目课题、研制教材教具、专业亲子教育、培训咨询业务方面均取得成效；三是与中国科学院心理研究所联合成立了儿童学习与发展指导中心，独立成立了科科虎专业亲子园，致力于打造学前教育行业的国际水平。2011年中国科学院幼儿园共接收京区院内系统310名职工的孩子入园，为广大科研人员解决了后顾之忧。

行管局进一步加强基本建设与局地合作。基本建设方面，一是完成投资3300多万元用于中关村科研工作区用电升级改造，中关村新建2号总配电室两路10kV电源并入电网顺利发电，替代了20世纪60年代的老式高压柜，不但满足了中关村科研区的用电需求，同时还杜绝了用电安全隐患；二是完成投资2700多万元建成了中关村文化体育中心，解决了中关村地区多年来没有一个符合标准、种类齐全、规模适宜的体育健身和文化休闲场所的难题，进一步提升了广大科技人员和社区居民的生活品质；三是完成投资450多万元用于大中修工程，对中国科学院辖区内的科研区和生活区进行了多达56项的维修改造。

局地合作方面，一是与中关村、奥运村、亚运村街道建立了“一局三村”定期工作交流联动机制，共同维护中国科学院三个辖区的和谐稳定发展，解决了辖区内各科研院所与地方政府衔接的问题；二是着重与海淀区政府部门和中关村街道联合开展中关村地区综合整治工作，以治理无照经营、占道经营、户外广告、车辆乱停等现象为重点，进一步营造了环境优美、生态良好、社会和谐的新气象；三是与内蒙古自治区贫困县——卓资县县委、县政府签署“五个一”扶贫协议，帮助当地农民脱贫致富，建设社会主义新农村。2010年已投入53万元，主要用于救助贫困大学生和该县狮子沟村建设。

2010年，行管局党委以创先争优活动为主线，扎实推进基层党组织建设和党员队伍建设。以“围绕中心，保障服务”为主题、以“提升服务质量、展示服务形象、改进工作作风、争创一流佳绩”为目标，以“五比五创”为载体，以宣传学习、岗位建功、党群共建为抓手，以基层党支部为单元，将创先争优活动与产业发展相结合、与文化建设相结合、与改进作风相结合、与长效机制相结合。通过建立例会制度，召开专题会议，举办专题讲座，设立网络专栏，开展读书学习、知识答卷和经验交流等一系列活动，进一步提高了广大党员理论素养和服务意识、进一步营造了齐争共创文明和谐的氛围，进一步开创了基层党建工作的新局面。同时，大力加强党员干部反腐倡廉宣传教育，组织开展《中国共产党党员领导干部廉洁从政若干准则》知识答卷活动，制定了《中国科学院行政管理局党风廉政建设责任制实施细则》。

2010年，行管局进一步加强文化建设，重点梳理了创新文化理念，凝练、确立了行管局创新文化体系，规范了单位文化用语，开展了丰富多彩的文化活动：成立“星光艺术团”，举办了“红五月”职工文艺汇演，组织职工文体比赛，举办“五四”青年职工演讲比赛，开展参观玉树抗震救灾展览活动，慰问抗日老战士等。

（撰稿：翟秋翌　蒙　俊　审稿：侯瑞虹）

青岛疗养院

院　　长： 万述鉴
地　　址： 山东省青岛市南区珠海路1号
邮政编码： 266071
电　　话： 0532－85967888
传　　真： 0532－85968780
电子信箱： swan@public.qd.sd.cn
网　　址： http://www.zylhotel.com

中国科学院青岛疗养院（以下简称“青岛疗养院”）始建于1956年，原址为青岛栖霞路12号、15号两处院落，时称中国科学院青岛休养所，隶属中国科学院海洋研究所代管。“文化大革命”前后，海洋研究所将栖霞路12号改为海洋所同位素实验室及职工宿舍，休养所停办。1978年5月18日，邓小平同志亲自圈阅了中国科学院《关于恢复中国科学院青岛疗养所和建立庐山疗养所的请示》（〔78〕科发计字0713号文），遂改为中国科学院直属事业单位。1983年改称中国科学院青岛疗养院。继之，中国科学院批准在青岛选址（辛家庄）征地扩建新院，但几经波折，功亏一篑，1988年，在国家压缩基建项目形势下，终以“缓建”告结。

1992年，青岛市政府土地管理局以青土管字（1992）第49号文《关于收回科学院青岛疗养院征而未用土地的通知》“收回”新址土地。面对危局，时任副院长万述鉴抓住机遇，锐意进取，在中国科学院没有任何资金投入的情况下，果断提出“自行集资扩建新的疗养院”意见。1993年，中国科学院正式批复了《关于集资扩建中国科学院青岛疗养院协议书》。嗣后，历尽七年坎坷、磨难、曲折之路，1999年5月，疗养院新址竣工并投入使用。同年，根据中国科学院指示，将栖霞路15号旧址全部移交中国科学院海洋研究所管理使用。

青岛疗养院（致远楼宾馆）现位于青岛市东部政治、经济、文化、商贸中心地带，园区占地100亩，康复中心楼高15层，建筑面积15 000m^2,绿化面积达19 000m^2；拥有海景山景标准间、商务间、普通套房、豪华套房等277套，客房硬件设施在青岛三星级酒店中名列首位，有会议室、餐厅、无柱多功能厅、商务中心等服务设施，还有能停放百余辆机动车的大型停车场和中心花园及灯光网球场，是一座闹中取静的田园式三星级涉外宾馆，是我国广大科技工作者温馨的家园，也是中国科学院后勤单位对外服务的窗口。

青岛疗养院与致远楼宾馆为一个单位两块牌子，设八部一室（总经理办公室、人事部、前厅部、客房部、餐饮部、财务部、保安部、工程部、营销部）。截至2010年底，现有事业编制在职职工9人，合同制员工200余人，其中中级技术职称6人、高级技术工人8人、中级技术工人20人。

青岛疗养院（致远楼宾馆）的经营方针是自力更生、艰苦奋斗、创新创业，经营方式是既为中国科学院服务，又面向社会赢利。为迎接2008年青岛奥帆赛，疗养院自筹资金1000万元停业装修，2007年6月全部投入使用。2007年12月获得山东省卫生厅颁发的“餐饮业卫生信誉度A级单位”称号，2009年底获得青岛市卫生局卫生监管局颁发的“公共场所卫生信誉度A级单位”称号，2008年底竞标取得“财政部2009—2010年党政机关事业单位出差和会议定点饭店”资质后，2010年再次竞得“财政部2011—2012年党政机关事业单位出差和会议定点饭店”资质。

2010年在受到周围拆迁及其他干扰正常经营的不利因素影响下，青岛疗养院继续发挥为中国科学院各院所提供会议及疗休养的后勤保障作用，成功接待了中国科学院档案馆工作会议、妇工委青年女科技骨干培训会议、院属单位知识产权培训会议、科技骨干疗养及国科控股会议，为参会、疗养的各位领导提供了全方位的优质、热情、周到的服务，获得了主办单位的好评。同时积极开拓社会市场，广揽客源、联系各地旅行社及会议公司等700多家，截至2010年底，共与47家网络订房公司签定了网络合作协议；发动全体员工集思广益，采取各种措施开源节流，发扬“节约每一分钱”精神！使内部管理、市场营销和接待服务工作取得了较好的成绩。2010年青岛疗养院（致远楼宾馆）尽量减少拆迁等各种干扰因素造成的损失，共实现营业收入947万元（2010年预算收入900万元，完成率105.22%）；经营净利润为21.38万元，上交税金91万元。

（撰稿：张建华　李　霞　审稿：万述鉴）

庐山疗养院

院　　长：张纪文

地　　址：江西省庐山芦林 52 号
邮政编码：332900
电　　话：0792－8282529，0792－8281940
传　　真：0792－8281412
电子信箱：hanpokoubinguan@sina. com
网　　址：http://www. hpkbg. com

中国科学院庐山疗养院（以下简称“庐山疗养院”）组建于 1978 年 6 月 6 日，其前身是著名的地质学家李四光先生的工作站。1970 年修庐山山南公路时，民工烧火做饭不慎失火，将工作站烧毁。1978 年 6 月经邓小平、李先念、汪东兴、纪登奎、王震、谷牧等中央领导批示同意，在原址重建。1985 年 5 月 9 日经中国科学院批准，更名为中国科学院庐山疗养院。

截至 2010 年底，庐山疗养院共有在职职工 31 人，其中管理岗位 10 人，技术岗位 2 人，工人 19 人；设有办公室、营销部、客房部、餐饮部、后勤部等管理机构。

庐山疗养院坐落在环境优美的芦林湖畔，与著名的含鄱口景区相邻，是游览五老峰、三叠泉、三宝树、毛主席旧居景点的好住处，并且是到含鄱口观日出、观鄱阳湖的最佳住处。疗养院内布局独特，为花园式庭院格局，环境典雅、舒适、宁静、空气清新。院内有天然矿泉水，经国家有关部门鉴定，该矿泉水含有 10 多种对人体有益的微量元素，尤其对心脑血管病人有显著疗效。

庐山疗养院园区面积有 20 000m^2，有四栋别墅疗养楼，拥有观景套房、豪华标间、豪华单间、普通标间等 130 套，设有宴会厅、小餐厅、贵宾厅、各式包厢，还配有大、小会议室数间等其他配套设施。

2010 年，庐山疗养院围绕科学发展、促进社会和谐这个主题，以保增长、保民生、保稳定为目标，深入贯彻十七大五中全会及“学习实践科学发展观活动”精神，按照中国科学院党组、中国科学院企业党组及庐山管理局党委的要求，开展“争先创优”活动。克服国际金融危机等多种因素带来的不利影响，继续开拓创新，提升素质，转变观念，扎实工作。2010 年除了拓展客源、打造精品企业、创建特色品牌外，在保民生方面，为职工解决了一些实际问题。从 2009 年 3 月份开始在九江地区选址组建“中国科学院鄱阳湖生态经济区科技成果转移转化与科技交流中心”，目前该项工作正在推进中。2010 年 10 月下旬陪同江西旭阳雷迪高科技股份有限公司的主要领导前往中国科学院福建物质结构研究所下属的福晶公司寻求科技支持，该公司正致力于发展成为中国新能源领域最具影响的光伏企业，经过商谈目前已达成初步合作意向。

2010 年，庐山疗养院共接待客人 5344 人次，其中中国科学院客人占总人次的 58.93%，各网站客人占总人次的 37.43%，其他客人占总人次的 3.64%，每批疗养团对庐山疗养院周到、细致的服务感到十分的满意，在离开疗养院时纷纷留下热情洋溢的感言。

2010 年，庐山疗养院预算收入 140 万元，实现经营收入 160 万元，预算完成率为 114%，比 2009 年增长 15 万元。

（撰稿：曹俊升　刘　莉　审稿：梅庐溪）

院直接投资的控股企业

中国科学院国有资产经营有限责任公司

董 事 长： 施尔畏
总 经 理： 王　津
地　　址： 北京市海淀区北四环西路 9 号银谷大厦 702
邮政编码： 100190
电　　话： 010－62800118
传　　真： 010－62800120
电子信箱： casholdings@rose.cashq.ac.cn
网　　址： http://www.casholdings.com.cn

经国务院批准，中国科学院国有资产经营有限责任公司（以下简称"国科控股"）于 2002 年 4 月 12 日在北京市工商行政管理局注册成立，中国科学院是唯一出资人。国科控股代表中国科学院统一管理院、所两级的经营性国有资产，统一负责对院属全资、控股、参股企业有关经营性国有资产依法行使出资人权利，承担相应的保值增值责任；根据《中国科学院章程》对中国科学院所属事业单位占用的经营性国有资产的营运行使监管权。受中国科学院委托代管中国科学院青岛疗养院、庐山疗养院和科技促进经济基金委员会；负责中国科学院联想学院日常组织管理工作。

国科控股主体业务划分为持股企业运营管理、基金投资与战略性直接投资、院属事业单位经营性国有资产监管三大板块，致力于成为国内优秀、国际知名、有鲜明科技特色的国有资产控股经营公司。

公司第三届董事会由 7 人组成，施尔畏任董事长，王津任执行董事；第三届监事会由 5 人组成，王庭大任监事会主席；经营班子由 4 人组成，王津任总经理；中国科学院企业党组由 7 人组成，王津任书记。截至 2010 年底，国科控股共有在册员工 28 人，兼职及返聘 4 人，设有综合管理部、财务与稽核部、股权管理部、资产营运部、资产监管部及中共中国科学院企业党组办公室 6 个部门。

截至 2010 年底，国科控股注册资本 41 亿元，资产总额为 99.99 亿元，净资产 98.44 亿元。国科控股持股企业共 34 家，比上年减少 3 家，34 家企业中全资和控股企业 21 家（表 1）。

表 1　国科控股持股企业及股权比例情况

序号		公司名称	成立日期	股权比例/%
全资及控股企业	1	联想控股有限公司	1984.11.09	36
	2	中科实业集团（控股）有限公司	1993.06.08	35
	3	东方科学仪器进出口集团有限公司	1983.10.22	48.01
	4	中国科学出版集团有限责任公司	2005.06.21	100
	5	中国科技产业投资管理有限公司	1987.10.17	75.20
	6	北京中科科仪技术发展有限责任公司	2000.12.28	65
	7	北京中科院软件中心有限公司	2001.09.17	65.25
	8	中科院建筑设计研究院有限公司	2001.10.24	51
	9	北京中科资源有限公司	2001.12.07	45.92
	10	中国科学院沈阳计算技术研究所有限公司	2001.06.25	60
	11	中国科学院沈阳科学仪器研制中心有限公司	2001.04.18	65

续表

序号		公司名称	成立日期	股权比例/%
全资及控股企业	12	南京中科天文仪器有限公司	2001.11.28	60
全资及控股企业	13	中科院广州化学有限公司	2001.12.21	65
全资及控股企业	14	中科院广州电子技术有限公司	2001.12.30	87.92
全资及控股企业	15	中国科学院成都有机化学有限公司	2001.06.08	65
全资及控股企业	16	中科院成都信息技术有限公司	2001.06.26	62.61
全资及控股企业	17	成都中科唯实仪器有限责任公司	2001.10.16	81.20
全资及控股企业	18	中科院科技服务有限公司	2002.12.25	65
全资及控股企业	19	北京中科印刷有限公司	1957.10.23	92.59
全资及控股企业	20	上海碧科清洁能源技术有限公司	2009.01.21	51
全资及控股企业	21	深圳中科院知识产权投资有限公司	2009.02.03	85.70
参股企业	22	北京中科普惠科技发展有限公司	2002.12.02	25
参股企业	23	北京东方阳光科学教育服务有限公司	2002.01.28	30
参股企业	24	北京中科创嘉人力资源咨询有限公司	2002.07.03	30
参股企业	25	北京中科院国际学术交流中心有限公司	2001.12.18	20
参股企业	26	北京中科国金工程管理咨询有限公司	2002.06.25	5.99
参股企业	27	北京中生可利检验医学技术有限责任公司	2006.10.13	33.30
参股企业	28	江苏中科金龙化工股份有限公司	2003.08.05	8.57
参股企业	29	沈阳高精数控技术有限公司	2005.01.28	25.86
参股企业	30	长春国科彩晶光电有限公司	2004.11.01	35
参股企业	31	上海振发机电设备有限公司	2006.10.27	17.20
参股企业	32	华建电子有限责任公司	1997.06.03	6
参股企业	33	中国技术交易所有限公司	2009.08.08	10.71
参股企业	34	科学出版社有限责任公司	1999.04.15	1

2010年，全院纳入统计范围的443家院所投资企业营业收入2232.52亿元，同比增长28.5%；利润总额100.04亿元，同比增长54.4%；净资产469.31亿元，同比增长33.69%；院经营性国有资产权益为167.90亿元，同比增长24.9%；营业收入超过1亿元的企业有64家。国科控股持股企业实现营业收入2004.46亿元，利润总额75.45亿元，净资产达到193.39亿元，国科控股权益98.92亿元。截至2010年底，院所投资企业中共有18家上市公司。

2010年，国科控股各持股企业（不含联想控股）申报国家和地方科技项目获批91项，项目总经费为2.77亿元，其中国家和地方配套资金为9700万元。

作为中国科学院“十二五”规划和“创新2020”规划的重要内容，国科控股制定完成了五年（2011—2015）发展规划纲要；全面实施控股企业动态监管，首批试点单位均已进入战略实施阶段，第二批7家动态监管单位基本完成战略规划制定及支撑体系设计；推进实施控股企业“分类管理”，陆续启动6家持股企业股改和上市筹备工作，实施4家企业整合与重组；积极促进科技成果转移转化和规模产业化，探索资本运营、部署基金投资，截至2010年底，国科控股参与投资的基金共9支，基金总规模达155.5亿元，其中为配合院地合作整体布局，国科控股作为主要发起人在江苏、上海、广东三个院地合作重点区域设立了3支创业投资基金；采取多项措施，全力推动研究所加快清理不良企业和推进企业社会化改革，截至2010年底，全院清理不良企业工作完成70%，企业社会化改革完成80%；完成8家上市公司规范行使股东权利专项巡查；完成院所投资的国有及国有控股企业“小金库”专项治理工作；解决转制企业离退休待遇差和京外8家转制企业住房补贴等一系列历史遗留问题，确保了控股企业尤其是研究所转制企业的稳定，为企业改革发展解除了后顾之忧。

2010年中国科学院联想学院培训规模迅速扩大，以联想之星班为带动，衔接实训班、研修班、高级班、公司治理班等共举办培训班11期，培训学员546人；举办联想之星创业大讲堂2次，培训人数3000人。探索出人才、项目、资本、市场“四位一体”和培育人才、考察项目、投资孵化“三结合”的创新办学模式；联想之星班一期学员徐科荣获2010年科协求是杰出青年成果转化奖，二期共有31名学员结业，有8个学员项目（包括5个中国科学院直属单位项目）获得联想之星天使投资，总金额6520万元。联想学院为中国科学院和社会培养了一批高技术创新和创业人才，产生了积极的社会影响，初步树立了良好的品牌形象。

（撰稿：刘尚贤　来豫蓉　审稿：索继栓）

联想控股有限公司

董 事 长：柳传志

总　　裁：柳传志

地　　址：北京市海淀区科学院南路2号融科资讯中心A座10层

邮政编码：100190

电　　话：010－62509999

传　　真：010－62561056

网　　址：http://www.legendholdings.com.cn

联想控股有限公司（以下简称“联想控股”）1984年由中国科学院计算技术研究所投资20万元人民币，11名科研人员创立。2010年，联想控股综合营业额1470亿元，总资产1149亿元，员工近4万余人。

联想控股采用母子公司结构，目前涉及IT、投资、地产等三大行业，下属联想集团、神州数码、联想投资、融科智地、弘毅投资五家子公司。联想控股有限公司股份结构为：中国科学院国有资产经营有限责任公司持股36%，联想控股有限公司职工持股会持股35%，中国泛海控股集团有限公司持股29%。

作为联想系企业的旗舰，联想控股现已全面开展战略投资业务，希望以资本为平台，在多个行业内打造出一批领先企业，贡献于中国经济。此外，联想控股还承担着公司总体资金管理，以及子公司战略方向统一协调与指导等战略功能。

联想控股的投资业务包括为核心运营资产投资、资产管理、孵化器投资三大板块，未来将重点构建核心运营资产中领先的企业以实现跨越式成长，联想控股计划在2014—2016年实现整体上市。目前，联想控股的核心资产除了原有的联想集团和融科智地外，还开拓了现代服务业、煤化工产业和农业三大行业，并与资产管理板块（含联想投资、弘毅投资）、孵化器投资形成良好的互动。资产管理板块将持续创造现金流，以支撑核心资产的投资，而后者创造出的业绩再支撑联想控股整体战略；同时，资产管理和孵化器业务还扮演了核心运营资产项目储备库的角色。

联想结合自身27年的企业发展实践以及在中国本土开展风险投资业务近10年积累的经验，也在积极进行高科技成果产业化的推动和早期科研成果的孵化，在科技成果转化的问题上寻求实质性突破，解决人才瓶颈。在孵化器投资板块中，“联想之星”即是由联想控股主办，专门针对科技创业领军人才培育且不收取任何费用的培训班，柳传志等联想高管团队亲自传授创业经验，使联想之星品牌影响力进一步扩大，截至2010年，联想之星已培训了近200名科技创业者。

孵化器投资将通过“创业培训＋天使投资”的方式，共有4亿元的天使投资基金，全方位扶持科技创业。2010 年孵化器投资共投出了 8 个项目，其中，一半的项目来自于中国科学院，占当年投资额的 64%，目前，联想之星天使投资共有 12 个在管项目，投资额近 1 亿人民币。

联想集团有限公司（简称联想集团）　联想集团成立于 1984 年，是全球领先的 PC 企业，由原联想集团和原 IBM 个人电脑事业部组合而成。1994 年在香港上市，并从 1997 年以来蝉联中国国内市场销量第一，连年在亚太市场名列前茅。

在 2009 年柳传志重新出任联想集团董事长，杨元庆担任 CEO 后，成功进行战略调整后，联想集团保持了非常好的发展态势。凭借集团持续专注在各市场、客户群及产品细分的均衡发展，联想连续第五个季度成为全球前五大电脑厂商中增长最快的厂商。季内，联想在中国的市场份额达 32.2%，创历史新高，增长速度是整体市场的三倍。同时，联想在全球的市场份额继续保持双位数，为 10.2%。集团连续多个季度的增长速度快于整体市场。

联想集团全球总部位于中国北京和美国罗利。在全球拥有两大市场集团，分别是覆盖澳大利亚、新西兰、加拿大、以色列、日本、美国、西欧等地的成熟市场集团，覆盖中国大陆、中国香港、中国澳门、中国台湾、韩国、东盟、印度、土耳其、东欧、中东、巴基斯坦、埃及、非洲（包括南非）、俄罗斯及中亚的新兴市场集团。

联想集团拥有近 2000 名包括世界级技术专家在内的一流研发人才，他们赢得了数百项技术和设计奖项、2000 多项专利，而且开创了诸多业界第一。联想集团在日本大和、中国北京、上海、深圳及美国北卡罗来纳州罗利均设有重点研发中心。联想集团在 2009 年和 2010 年连续两年入选彭博社《商业周刊》（*Business Week*）全球创新 50 强。

2010 年，力图抢占行业发展的下一步制高点，联想集团发布了移动互联网战略，面向中国市场推出了全新一代移动互联网旗舰手机乐 Phone，乐 Phone 融合了推送服务、通信整合、丰富应用和前瞻设计，集中体现了联想集团在 PC 和手机领域多年积累的技术优势。此外，联想集团还拥有针对中国市场的丰富产品线，包括移动手持设备、服务器、外设和数码产品等。

神州数码控股有限公司（简称神州数码）
神州数码成立于 2000 年，是中国领先的整合 IT 服务提供商。公司由原联想集团分拆而来，并于 2001 年 6 月 1 日在香港联合交易所有限公司主板独立上市。神州数码致力于为中国用户提供先进、适用的信息技术应用，以科技驱动工作与生活的创新，推进数字化中国进程。为此，集团努力将自身打造成为中国最广大用户提供最为全面 IT 服务的首选供货商。

公司业务主要包括 IT 规划、流程外包、应用开发、系统集成、硬件基础设施服务、维保、硬件安装、分销及零售等八类业务，面向中国市场，为行业客户、企业级客户、中小企业与个人消费者提供全方位的 IT 服务。

公司在全国 19 个主要城市设有区域中心。与超过 100 家全球顶尖 IT 品牌拥有良好的战略合作伙伴关系，覆盖全国超过 1 万家代理合作伙伴，为中国用户提供最优质便捷的 IT 服务。集团依靠多年经验积累的行业应用服务能力，在金融、电信、政府等行业的 IT 服务领域建立了领先优势。同时，神州数码亦在 IT 产品分销领域保持了多年市场第一的地位。

联想投资有限公司（简称联想投资）　联想投资成立于 2001 年，是联想控股旗下专业从事风险投资的公司。2003 年设立上海办事处，2011 年设立武汉办事处。目前，联想投资共管理五期美元基金、一期人民币基金，资金规模合计逾 120 亿元人民币，重点投资于运作主体在中国及市场与中国相关的、具有高成长潜力的中小创业企业。联想投资对于在中国环境下如何把企业做成功，以及对企业发展过程中重要环节的关键要素有深刻的认识，可以帮助优秀的中小企业少走弯路。这些经验是联想投资为被投企业提供增值服务的基础。

联想投资关注早期风险投资机会（VC）和成长型投资机会（GC）。重点投资 IT 应用与服务、外包和专业服务、基础架构（系统、部件及材料），消费产品及服务、健康服务、清洁技术、先进制造，以领投和联合领投为主。

联想投资目前投资的企业超过 100 家，其中，15家分别在纽交所、纳斯达克、香港联交所、深交所中小板和创业板上市，另有11家公司通过并购方式实现退出。

作为积极主动的投资者，联想投资通过帮助被投企业提高运营和管理等能力使其实现并保持高速、持久的发展，从而打造成功企业并获得投资收益。

融科智地房地产开发有限公司（简称融科智地）　融科智地房地产股份有限公司成立于2001年，是联想控股旗下投资于房地产行业的子公司。公司专注于住宅开发和物业持有与经营两大业务领域，经过近十年的发展，已成长为拥有12家地区公司，600多名员工，土地储备达400万 m^2，同时持有40多万 m^2 优质物业资产的房地产企业，目前总资产过百亿。

融科智地始终坚持以敬畏之心建百年基业的经营理念和"跑长跑"的心态来构建、培育公司长期竞争优势，打造持续健康、规范发展的高素质企业，其定位于做盈利能力最强的公司，不断追求提升股东的投资回报率。

融科智地已进入的城市有北京、天津、武汉、重庆、长沙、合肥、无锡、宜兴、江阴、江西、杭州、烟台、大连等地，开发产品包括写字楼、公寓、花园洋房、别墅等多种类型，深受客户好评，获得多项荣誉。在物业持有与经营领域以北京融科资讯中心、深圳研发中心、联想上地总部大厦、神州数码软件开发中心等为代表，吸引了包括Intel、AMD、日本电信研究院NTT DoCoMo在内的一批世界500强企业入驻。

弘毅投资顾问有限公司（简称弘毅投资）　弘毅投资成立于2003年，是联想控股旗下从事股权投资及管理业务的专业公司。弘毅投资管理着美元和人民币两类基金，截至2010年底，总资金规模超过300亿元人民币。弘毅人民币基金的投资人由中国领先的金融机构和著名民营企业家构成，联想控股为基金发起人，全国社保基金为主要投资人；弘毅美元基金的投资人来自北美、欧洲、亚洲、大洋洲等全球著名的投资机构。

弘毅投资专注中国市场，以"增值服务，价值创造"为核心投资理念，业务涵盖并购投资与成长型投资，投资的企业包括国有企业和民营企业，已先后在建材、医药、装备制造、消费品、新能源、新材料、商业连锁、文化传媒、金融服务等多个行业进行了投资，打造了多个领先企业。2010年被投企业资产总额约为5300亿元，整体销售额约为1220亿元，利税总额约为180亿元，这些企业为社会提供了超过160 000个就业岗位。随着投资业务的推进，弘毅投资将涉足更多的行业。

除为企业注入资金外，为被投企业提供做大做强的增值服务是弘毅投资的核心能力。弘毅投资在本土同类投资公司中率先组建了内部咨询团队——弘毅咨询，为弘毅投资的被投企业提供增值服务，帮助企业实现行业领先地位。

弘毅投资致力于成为一家以人为本、值得信赖和受人尊重的投资管理公司。

（撰稿：丁飞洋　审稿：邹　博）

中科实业集团（控股）有限公司

董 事 长：周小宁
总　　裁：张国宏
地　　址：北京市海淀区苏州街3号大恒科技大厦南座15层
邮政编码：100080
电　　话：010－82569888
传　　真：010－82569875
电子邮箱：yinx@csh.com.cn
网　　址：http://www.csh.com.cn

中科实业集团（控股）有限公司（以下简称"中科集团"）是中国科学院所属的大型高科技企业集团，成立于1993年，原名中科实业集团公司。1997年底，中科实业集团公司更名为中科实业集团（控股）公司。2008年6月6日，中科实业集团（控股）公司完成整体改制，名称变更为中科实业集团（控股）有限公司，成立了首届股东会、董事会、监事会。中科集团的宗旨是通过智慧和劳动服务社会，回报股东，报效祖国。

中科集团本着"做强做大三大主导产业，建好管好环保投资项目"的经营方针，大力发展环保产业，调整结构，同时开辟新领域，投资新项目。现已发展成为以钕铁硼稀土永磁新材料、能源环保、房地产开发与管理为三大主业，光机电一体化及IT领域、生物制药及智能化产品等高技术产业共同发展的企业集团。

2010年中科集团顺利完成环保资产结构调整，成功转让水务资产，集中发展固废处理产业。至此，围绕新材料、房地产开发与管理、能源环保三大领域拥有4个重点投资企业。

北京中科三环高技术股份有限公司（简称三环公司） 该公司成立于1987年5月30日，是国内稀土永磁材料产业的龙头企业，全球第二大烧结钕铁硼永磁材料供应商，其产品60%以上出口到美、欧、东南亚等发达国家和地区，应用领域主要为计算机、汽车电机、核磁共振成像仪、消费类电子、信息通讯等。公司于2000年在中国深交所上市。2010年，三环公司继续巩固在稀土永磁领域的国内龙头地位和全球第二大烧结钕铁硼永磁材料供应商地位，公司产品继续向国际高端市场发展。目前公司产品在全球VCM领域占据15%左右的市场份额，在计算机硬盘主轴驱动电机领域占有50%的市场份额，曾多次被SONY等国际知名企业评选为“最佳供应商”；拥有日立金属公司和美国麦格昆磁公司专利许，60%以上产品出口到美、欧、东南亚等发达国家和地区的稀土永磁主流市场；公司重视研发创新，把“产品研发和技术创新”作为培育核心竞争力的重要环节；注重知识产权保护和创新，建立了完善的知识产权管理体系和规范的知识产权管理制度，截至2010年底，三环公司共申请专利27项；同时，公司注重质量管理，通过多项质量和环境体系认证。

北京中关村科学城建设股份有限公司（简称中关村科学城） 该公司成立于2001年11月8日，主要从事土地开发、基础设施建设、房地产投资与开发等业务。2010年初，面对房地产市场严峻的形势，中关村科学城认真分析国家出台的各项房地产新政，踏实地练好企业内功，倡导团队精神。2010年，紫金长安、紫金长河、紫金数码、紫金新干线、石门营保障性住房等项目销售状况良好；同时公司代建的中国科学院学术会堂项目正式交付并投入使用。

宁波中科绿色电力有限公司（简称宁波中科） 该公司成立于2005年8月16日，主要业务集中于生活垃圾处理。2010年宁波中科保持良好运行状况，共处理生活垃圾26.83万t，发电1.67亿度，上网电量1.40亿度。近年来，国内外煤炭价格的波动起伏给该公司循环流化床垃圾焚烧发电厂经济效益带来较多不利影响，为稳定效益，宁波中科对锅炉进行技术改造。截至2010年底，宁波中科已完成了技术考察和调研，完成了锅炉技改的项目立项、可研报告编制、环评报告编制等工作，预计2011年8月前实现技改锅炉正式投产运行。

慈溪中科众茂环保热电有限公司（简称慈溪中科） 该公司成立于2007年3月20日，主要从事生活垃圾焚烧发电业务。慈溪中科2010年共处理生活垃圾37.51万t，发电1.67亿kW·h，上网电量1.34亿kW·h。慈溪中科通过艰苦努力，垃圾处置补贴价格提高获得慈溪市政府批准，垃圾处置补贴价格的提高将增强了慈溪中科的盈利能力。2010年，慈溪中科一期集中供热工程正式投产，实现了8t/h的对外供热，每年将实现对外供热约7万t。慈溪中科计划于2011年进行二期扩建，截至2010年底，二期扩建的立项、可研、环评等前期工作已经基本完成，2011年将完成二期扩建工程，力争于2011年底实现二期锅炉投产运行。

2010年中科集团持股的上海中科股份有限公司、北京中科工程管理总公司、中国大恒（集团）有限公司、北京中科天伦物业管理有限责任公司等经营稳定，盈利情况良好；成都地奥等其他参股企业经营业绩良好。2011年中科集团将继续秉承“安全、发展、富裕”的经营理念，坚持“效率、效益优先”的原则，努力实现公司价值的最大化。

（撰稿：尹　潇　审稿：张国宏）

东方科学仪器进出口集团有限公司

董 事 长：王　津

总　　裁：王　戈

地　　址：北京市海淀区阜成路67号银都

大厦 14 层
邮政编码：100142
电　　话：010－68725599
传　　真：010－68726610
电子信箱：osic@osic. com. cn
网　　址：http://www. osic. com. cn

东方科学仪器进出口集团有限公司（以下简称“东方科仪”）成立于1980年，是由中国科学院控股的大型专业外贸企业。经过30年的经营发展，公司由单纯的代理进出口贸易发展成为集进出口代理和招标业务、高科技产品出口和项目承包业务、科技租赁业务、国内代理分销和运营业务、投资理财和资本运营业务五大板块为一体的大型技工贸集团公司。截至2010年底，公司所属控股、参股企业17家，共有员工502人，其中大专以上学历者约占94%。

东方科仪的定位是：“以人为本，科学管理。以客户需求为导向，立足中国科学院，面向全国以“政、产、学、研”为核心的广泛客户，提供以进出口服务为核心，辅以招标、代理销售、成套出口、科技租赁、物流配送、实业运营、咨询等综合多元化服务，将实业经营和资本运营手段相结合，把公司建设成为“一业为主，相关多元”发展的企业集团，并成为中国科技进出口及综合服务领域的领导者”。

2010年，东方科仪遵循“巩固基础，推动创新”的管理理念，着重防控风险、强化执行力和开源节流，倡导“敬业、勤业、专业”的职业精神，积极抓住全球经济复苏，国家对科技教育领域的投入持续保持稳定增长的大好机遇，使企业经营工作取得了较好成绩。2010年集团完成进出口总额6亿美元，比上年增长3.11%；实现销售总额42.7亿元人民币，比上年增长7%；毛利总额实现1.98亿元，同比增长26%，资本保值增值率为109%。

2010年，东方科仪在对国际、国内经济发展形势以及公司所在的科教行业发展趋势进行较为科学的预判、对公司所具备的优势、存在的劣势进行客观分析的基础上，制定了新的2010—2012年三年战略规划，结合公司战略定位、目前所处的发展阶段，以及未来三年的外部市场环境，确定了稳定核心业务，积极发展创新业务，实业和资本手段并举的工作方针。新的三年战略规划明确了公司未来的发展方向和目标，并提供了实现战略发展目标的具体路径，成为今后公司发展的指导性文件。

2010年，东方科仪以搭建新的员工持股平台为契机，引入与公司战略发展方向相符合的战略投资者作为新的股东，完成了公司股权社会化工作。此项工作的完成使公司的股权结构更加合理，法人治理结构更加完善，员工持股平台更加规范，为公司的长远、健康发展提供了更加有力的保障。

2010年，东方科仪高科技成套设备出口项目取得了较大的进展，完成了泰国政府采购项目——泰国消费厅年产3—5万t食用酒精设备的监制、发货和大部分安装工作。预计在2011年5月份完成整套设备的调试和验收工作。

2010年东方科仪重新修订了业务人员岗位任职条件以及与之配套薪酬政策。新的规定和配套措施更加科学、完善，更有利于业务部门形成良好的竞争机制，有利于充分发挥业务人员的工作积极性，为公司业务发展及市场开拓工作提供了更为有效的制度保障。

2010年，东方科仪重点加强了对一线业务人员的培训。通过事先发放调查问卷了解需求，确定以内部实际工作案例的分析、研讨为主要培训方式，并在课后及时开展满意度调查。由于课程安排合理并具有较强地针对性，授课人员准备认真充分，所有课程培训满意度均达到了80%以上，对有效提升业务人员实际工作能力和专业化水平起到了积极地促进作用。

2010年东方科仪还按照《公司法》的要求，对所属企业的管理、经营进行严格审计监督。通过完善内部管理、调整组织机构，提升服务水平等措施，所属企业取得了较好的经营业绩，实现进出口总额2.37亿美元，利润比上年增长29.06%。

（撰稿：马　洁　金长琳　审稿：闫海燕）

中国科学出版集团有限责任公司

董 事 长：柳建尧

总 经 理：林　鹏
地　　址：北京市东城区东黄城根北街 16 号
邮政编码：100717
电　　话：010 - 64002238
传　　真：010 - 64002238
网　　址：http://www. cspg. cn

中国科学出版集团于 2000 年 2 月正式成立。2003 年 6 月，中国科学出版集团成为中央文化体制改革试点单位，作为国内唯一一家试点科技出版集团进行转制。2005 年 6 月中国科学出版集团转制，成立中国科学出版集团有限责任公司（以下简称“中国科学出版集团”）。2009 年 6 月，中央机构编制委员会办公室正式下文，批准撤销科学出版社事业单位和编制。中国科学出版集团改革试点任务顺利完成。

中国科学出版集团主要出版发行图书、期刊、电子出版物、音像制品，并从事版权贸易。兼营图书报刊、文献资料、光盘、电子产品、版权贸易、教学设备等进出口业务。

中国科学出版集团下属成员单位包括：科学出版社有限责任公司、北京中科希望软件股份有限公司，其中科学出版社有限责任公司是中国科学出版集团的核心企业。截至 2010 年底，中国科学出版集团共有在职职工 1439 人，其中正编审 34 人，副编审 77 人，编辑等中级专业技术人员 328 人。

2010 年，中国科学出版集团正式启动实施《中国科学出版集团五年发展规划纲要》。该《规划纲要》根据 2009 年 7 月 13 日原中国科学院院长路甬祥对中国科学出版集团发展的批示精神进行深入研究和分析而制定，明确了中国科学出版集团未来五年的发展目标和发展思路，提出了全面实现发展目标的发展战略和主要措施。

2010 年，中国科学出版集团大力推进股份制改造上市工作，经中国科学出版集团党组织和董事会研究决定，将中国科学出版集团旗下的核心企业科学出版社有限责任公司作为上市主体，优化配置资源、整合优质资产，尽快实现上市。围绕上市工作，已经完成了全部资产和部分业务的清理规范工作，上市募集资金投向论证和股份制公司设立等工作进展顺利。以 2010 年 9 月 30 日为股份制改造基准日，制定了股份制改造上市方案和时间表，股份制改造上市方案已报上级部门审批。

2010 年 2 月，中国科学出版集团启动动态监管工作。围绕“完善公司治理结构，规划公司发展战略，优化组织管控体系，强化人力资源管理”四大主题，形成了包括《外部环境与内部资源能力分析报告》和《整体发展战略方案》等报告，动态监管的重点工作——岗位薪酬体系改革实施完成，动态监管的阶段性工作按计划基本完成。2010 年 6 月，科学出版社有限责任公司启动内部控制体系建设工作，规范公司资产与业务运营，经过梳理形成《内部控制诊断书》及《风险数据库》等制度与流程初稿，共同形成内控建设阶段性成果。

2010 年，中国科学出版集团深化期刊体制改革，在中宣部、新闻出版总署和财政部的支持下，“国家科技期刊出版基地”作为国家文化体制改革重大支持项目在新闻出版总署获准立项。在科学出版社有限责任公司期刊中心的基础上，北京中科期刊出版有限公司成立并完成了工商注册。

2010 年，中国科学出版集团出版业务保持稳健较快增长，年出版图书 9334 种，其中新书 3536 种；总产值 17.03 亿元，营业收入 10.32 亿元，净利润 1.51 亿元，同比分别增长 17.1%、16.92%、6.57%。作为中国科学出版集团的核心企业，科学出版社有限责任公司 2010 年出版图书 9200 种，其中新书 3402 种，期刊 235 种；书刊产值 15.82 亿元，营业收入 10.13 亿元，净利润 1.58 亿元，同比分别增长 14.4%、14.69%、10.80%。

2010 年，中国科学出版集团品牌建设得到有力提升。在第二届中国出版政府奖评比中，中国科学出版集团共获得 7 项正式奖和 3 项提名奖：科学出版社有限责任公司第二次获得先进出版单位奖，3 种图书获得图书奖，数字出版产品《科学文库》首次获得出版政府奖，《科学通报》获得期刊奖，《中国科学》杂志社副总编辑任胜利获得优秀出版人物奖，《中国科学：数学》（英文版）获得期刊奖提名奖，《图形图像处理（Photoshop 平台）中文版 Photoshop CS3 职业技能培训教程：图像制作员级》获得音像电子网络奖提名奖，《中华人民共和国地貌图集》获得印刷复制奖提名奖。《数学小丛书》获国家科技进步奖二等奖，《“天”生与“人”生：生殖与克隆》获吴大猷科普著作佳作奖。科学出版社有限责任公司获得“首都文明单位”称号，科学出版社有限责任公司科学出版中心获得中国科学院和人力资源社会保障部联合评选的“中国科学院先进集体”称号。截至2010年底，列入“十一五”国家重点图书出版规划53项，位居科技出版社之首；列入普通高等教育“十一五”国家级规划教材789项，总量位居全国出版社第三；23种选题入选“十二五”国家重点出版规划。《沈浩日记》的出版得到了中央组织部、中宣部和中央创先争优活动领导小组和新闻出版总署的高度关注和赞扬，中共中央政治局常委、中央书记处书记、国家副主席习近平于2010年7月1日参加了新书首发式。

2010年，中国科学出版集团积极实施国际化战略，共输出版权190项，位居全国科技社之首。数字出版推出《科学文库》和《科学e书房》等数字出版产品，其中《科学文库》首次获得中国出版政府奖。2010年11月2日，《中国科学》和《科学通报》创刊60周年纪念大会在北京举行，全国人大常委会副委员长、原中国科学院院长、“两刊”理事会理事长路甬祥，原中国科学院常务副院长白春礼，国家新闻出版总署副署长邬书林，国家自然科学基金委员会副主任王杰等众多领导和出版界人士出席了纪念大会。

2010年，中国科学出版集团为满足业务快速发展需求，购置了皇城国际大厦6000m^{2}写字楼作为新的办公区域。中国科学出版集团为玉树地震捐款200万元。

（撰稿：王凤雷　汪　铭　审稿：柳建尧）

中国科技产业投资管理有限公司

董 事 长：王　津

总 经 理：孙　华

地　　址：北京市海淀区北四环西路58号理想国际大厦1606室

邮政编码：100080

电　　话：010－82607629

传　　真：010－62137930转802

电子信箱：casim@casim.cn

网　　址：http://www.casim.cn

中国科技产业投资管理有限公司（以下简称“国科投资”）的前身是1987年设立的国家经济贸易委员会、中国科学院科技促进经济发展基金会，1993年名称变更为中国科技促进经济投资公司，2006年1月改制为有限责任公司，并更名为中国科技产业投资管理有限公司。中国科学院国有资产经营有限责任公司是国科投资控股股东，国务院国有资产监督管理委员会和北京国科才俊咨询有限公司为参股股东。公司设置投资分析部、证券投资部、投资银行部、投后管理部、投资者关系管理部5个业务部门及财务部、综合部2个支持部门。

截至2010年底，国科投资在册员工31人，其中博士学位1人、硕士学位16人；高级专业技术职称6人；员工平均年龄35岁。

国科投资主要从事私募股权基金管理和投资银行业务。公司目前管理了国科瑞华和国科瑞祺两支私募股权投资基金，并受托管理了中国科学技术大学教育基金会和中国科学院研究生教育基金会部分资产。

2010年，国科投资完成了董事会和经营班子的换届，并成立了董事会下设的战略委员会、薪酬与考核委员会和审计委员会等三个专门委员会。公司参加了国科控股动态监管试点工作，《2011年至2020年发展战略规划》、《2011年至2012年滚动发展计划》和《激励约束制度改革方案》等一系列动态监管工作成果通过董事会、股东会审议，为公司的后期发展奠定了坚实基础。通过参与动态监管工作，国科投资进一步明确了“以高新技术产业为核心投资领域的专业化、系列化私募股权投资基金管理机构”的定位，确立了“为具有领先优势的企业提供资金支持和增值服务，帮助其成为优秀的企业”的使命，树立了“成为国内一流的私募股权投资基金管理人”的愿景。

2010年，由国科投资担任基金管理人的、规模为3亿元人民币的国科瑞祺物联网创业投资有限公司在江苏无锡成立，这标志着国科投资向打造基金产业链，推动基金管理向专业化方向发展又迈出重要一步。

2010年，国科投资完成了所持沈阳新松机器人自动化科技股份有限公司股票的退出，实现了良好投资回报。

（撰稿：王红姝 审稿：孙 华）

北京中科科仪技术发展有限责任公司

董 事 长：张永明
总 裁：张 勇
地 址：北京市海淀区中关村北二条13号
邮政编码：100190
电 话：010－62568182
传 真：010－62564613
电子信箱：bangongshi@kyky.com.cn
网 址：http://www.kyky.com.cn

北京中科科仪技术发展有限责任公司（以下简称“中科科仪”）始建于1958年，其前身是主要服务于中国科学院和国家重大工程的中国科学院北京科学仪器研制中心（原中国科学院科学仪器厂），曾在“两弹一星”、“正负电子对撞机”的研制和核工业的发展中作出了卓著贡献，并成功研制出我国第一台扫描电子显微镜、第一台商品化氦质谱检漏仪、第一台涡轮分子泵和第一台通过国家级鉴定的射频心脏消融仪。2000年12月28日，原北京科学仪器研制中心实现整体转改制，成立北京中科科仪技术发展有限责任公司，成为一家集科学仪器研制、开发、生产和经营为一体的综合性高新技术企业，并逐步形成了以提供真空获得、检测等真空产品和科学仪器产品为核心的主营业务结构。截至2010年底，中科科仪在职员工426人。

2010年，时逢中科科仪转改制十周年，公司以“巩固提高，加大加快”作为整体运营的基本指导方针，团结一心、奋发向上、努力工作、超额完成了公司2010年各项经营任务。公司实现销售收入2.13亿元，同比2009年增长15.1%，净利润3136万元，同比增长22.7%。

2010年，中科科仪以2009—2020年中长期战略发展规划为指导，细化战略落实，形成了各业务三年滚动战略方案。公司注册资本从5600多万元增至9200万元，解决了历史遗留的国有独享资本公积等问题，股份制改造筹备工作取得了阶段成果。

2010年，中科科仪进一步强化以市场销售为龙头的经营思路，加大市场投入，围绕重点区域、行业梳理产品价格体系，制定了新的营销激励制度，加强了系统集成市场拓展，在参与国家大科学工程项目上取得了突破性进展。改进售后服务工作、强化了办事处的本地化建设，培育国内外新的经销商，以渠道的充实来促进销售增长，公司主要产品销售均创历年之最。2010年，北京科仪作为主赞助商参加了第十八届国际真空大会，有力地推广了KYKY品牌，提升了公司国际知名度。

2010年，中科科仪按照“布局生产基地，实现工业管理”的战略措施，购买了昌平国际信息园综合楼并顺利完成搬迁，生产条件得到大幅改善，为全面提升生产管理水平，以及下一步全面实施现代化工厂管理奠定了坚实基础。面对搬迁带来的不利影响，中科科仪生产系统不断进行管理创新和技术创新，合理库存，满足市场需求。一方面，规范外协管理，拓展外协资源，完善考核机制，提高零部件的备产效率。另一方面，改进关键部件加工的技术工艺，提升加工效率和零件质量。主营业务产品的入库量同比2009年有较大增加，其中，分子泵增长25%，检漏仪增长11%，电刀增长200%，均创历史新高。

2010年，中科科仪以“加大研发投入，打造核心能力”为研发工作指导思想，在提高自身研发资源利用效率的同时，积极争取外部经费资源，研发投入为历年之最。公司加强对研发项目经费和进度的持续跟踪和动态管理，共完成新品研发、技术改进项目9项，专利申请15项，软件著作权申请6项，以“磁浮分子泵系列产品开发与产业化”为代表的国家科技重大专项攻关项目取得显著进展。

2010年，中科科仪内控管理持续加强，不仅启动了内控管理咨询项目，编制了规范的管理程序，还设立了专门的内审岗位，起草了内部审计制度。公司开展了“小金库“专项治理工作，通过自查自纠，确保了公司资产安全。

2010年，中科科仪全力推进人才战略，引进了专家级的技术领军人才，出台了《后备管理骨干选拔、培养和管理办法》，开办了后备管理骨干培训班，并组织了针对中层经理的专项调研，取得了良好的效果。公司在加大培训投入、创新培训模式、增加培训力度的基础之上，不断推动培训工作向纵深发展。

2010年，中科科仪党委坚持围绕中心，服务大局，多次开展中心组学习，建立党支部月度汇报制度，以组织建设推动经营工作；进一步修订完善了合理化建议奖励条例，提高员工参与积极性，发现并解决了许多生产经营工作中存在的问题；全面开展“控制成本、减支增收”活动，取得显著经济效益。

（撰稿：郭晓玲　路　静　审稿：张　勇）

北京中科院软件中心有限公司

董 事 长：徐　镭
地　　址：北京海淀区中关村南四街4号
通讯地址：北京2717信箱
邮政编码：100190
电　　话：010－62649242
传　　真：010－62629962
电子信箱：market@sec.ac.cn
网　　址：http://www.sec.ac.cn

北京中科院软件中心有限公司（以下简称“中科院软件中心”），1986年9月成立，原名中国科学院北京软件试验室，由北京大学与美国联合培养的100名软件工程专业研究生组成。1991年10月，更名为中国科学院北京软件工程研制中心。2001年9月整体转制为企业，旗下拥有业界知名的北京凯思软件有限公司和南京百敖软件有限公司。

中科院软件中心始终致力于发展民族软件产业，逐步形成了信息应用集成、IT服务管理和基础软件研发三方并重的发展格局。主要发展领域有：IT服务管理、安全BIOS系统、嵌入式软件、电子政务软件、电子商务软件、系统集成以及国内外软件外包业务等。迄今为止已获得国家级、院部级科技进步奖及重大成果奖等奖项共计22项，并有一批可供转化的科技成果。2010年，通过了ISO9001质量管理体系、ISO20000 IT服务管理体系及ISO27001信息安全管理系统三个资质的认证，获得发明创造专利4项、10余项计算机软件著作权等多项自主知识产权。

截至2010年底，中科院软件中心有正式员工189人，其中从事科技开发人员占职工总数的80%，目前具有高级专业技术职称的有28人，中级技术人员38人。这支队伍平均年龄30岁，员工思想活跃，业务能力强，整体素质高，是中国科学院最为年轻的“软件国家队”之一。

在人才队伍的建设方面，中科院软件中心一方面制定了引进人才奖励制度，使科研队伍不断发展壮大，另一方面积极选拔德才兼备的年轻人进入中心管理层。

2010年，中科院软件中心在研课题项目包括多个横向项目。具体主要承担的软件开发项目有：

北京出入境检验检疫局应急指挥管理系统。该系统为满足北京出入境检验检疫局处理突发应急事件及日常检测的检验数据的统计和管理，目的在于使用信息化的管理工具，提高检疫局处理应急突发事件的工作效率，完善对应急事件预防和处理的手段，提高检疫局的政府职能形象。作为具有检疫系统特色的应急管理系统，在检疫局行业内极具推广价值。

模卡数字电视嵌入式操作系统。该系统研发数字电视嵌入式操作系统，以攻克数字电视嵌入式操作系统中的核心技术为主线，依托软件中心嵌入式操作系统，重点研发数字电视软件平台中具有自主知识产权的操作系统。该系统能够支持目前各类数字电视硬件平台和SoC，能够支持模卡电视中的各类模卡，与此同时，该操作系统为上层的中间件和应用提供灵活、可用的应用程序接口。

2010年，中科院软件中心在业务拓展、科研开发、内部经营管理等各方面都有了显著提高。展望未来，中科院软件中心将继续秉承其“同心、敬业、创新、共赢”的一贯宗旨，关注产业发展的最新动态，勇于承担一些前瞻性的基础研究工作，在推动中国软件产业发展的过程中，实现技术创新与市场创新并重，并继续积极拓展与国际国内知名企业的战略合作。

（撰稿：陈　鹏　审稿：张　静　张文卉）

中科院建筑设计研究院有限公司

董 事 长：王全新
总 经 理：刘　峰
地　　址：北京市海淀区中关村北一街4号
邮政编码：100190
电　　话：010－62565107
传　　真：010－62550658
电子信箱：jiangll@adcas.cn
网　　址：http://www.adcas.cn

中科院建筑设计研究院有限公司（以下简称“中科院设计院”）成立于1951年，其前身是中国科学院北京建筑设计研究院。2001年10月整体转制为公司，更名为中科建筑设计研究院有限责任公司，2008年2月启用现名。

中科院设计院现有员工共455人，其中工程技术人员382人，一级注册建筑师25人、一级注册结构工程师17人、水暖电热力注册工程师24人。中科院设计院设有建筑、结构、给排水、暖通、电气等专业设计所，还设有综合一所、综合二所、综合三所、环艺设计所、惠中设计所、环境工程所、热力工作室、照明工作室、景观工作室、公共艺术工作室、智能楼宇设计工作室、室内设计室等专业设计机构。除总部外，在广东东莞、浙江杭州、河南郑州、四川成都、辽宁沈阳、上海、陕西西安设有分公司。

中科院设计院拥有建筑行业建筑工程甲级、市政公用行业（热力）甲级资质、城市规划编制乙级。能够完成大型文化、办公、商业、医疗、体育类建筑设计，城市规划设计，居住区规划和各类住宅设计，历史街区保护规划及设计，环境景观及室内装修设计、结构改造加固等，尤其擅长科研教育类建筑规划及设计，包括科研基地规划、科研办公建筑设计、学校规划及设计等。同时能够进行项目策划、项目管理、工程造价咨询等工作，具有全专业综合设计总承包能力。

中科院设计院创作设计了一批具有社会影响力的建筑精品，如中国科学院文献情报中心、国家开发银行、中国人民银行重点库、上海世博会美洲馆室内设计、广州亚运村商业街、泰国中国文化中心、中国驻圣保罗总领馆、中国科学院研究生院怀柔新校区、中国科学院苏州纳米技术与纳米仿生研究所、中国科学院生态中心实验楼、中国科学院青岛生物能源与过程研究所、中国科学院烟台海岸带可持续发展研究所、中国科学院动物研究所、中国科学院电子研究所总装备楼、中国科学院计算技术研究所、北京正负电子对撞机工程、国家天文台、石油部物探局计算中心及亿次银河机机房工程、北京基督教丰台堂和朝阳堂工程、北京万科星园（二、三期）、天津万科假日风景、北京阜内大街历史文化保护区的保护规划等；曾获得国家级奖励10项，省部级奖励60余项。

2010年，中科院设计院负责设计的中国科学院LAMOST天文望远镜工程获首都第十七届城市规划建筑设计方案汇报展“优秀方案奖”；国家动物博物馆及中国科学院动物研究所科研实验楼、标本楼项目获北京市第十四届优秀工程设计公共建筑设计奖一等奖；中科院设计院参加北京市支援新疆和田地区建设工作，完成了和田市两个试点村的规划设计以及试点户示范工程设计，获得“北京工程勘察设计测绘行业援建工作贡献奖”（新疆和田）。

2010年，中科院设计院还承担了多项国家科研课题，如住宅与城乡建设保障部下达的修编《科研建筑设计规范》、《城市节水关键技术研究与示范》课题及国家6个制图标准的修编等。

中科院设计院先后与欧美、日本、澳大利亚

和中国香港、中国台湾等国家和地区的有关专家机构进行了广泛的学术交流或合作设计，具有丰富的国际合作经验，并赢得了良好的声誉，先后与法国安东尼贝叙建筑设计公司、美国 Perkins Eastman 建筑设计事务所等国外知名设计机构签订了合作伙伴协议书。2010 年，中科院设计院与英国 BDP 公司正式签署战略合作协议，双方并在建筑、结构、机电专业方面进行学术交流研讨，并将在开拓建筑设计市场方面将开展积极合作。

中科院设计院在及时由商品房市场成功转向由政府主导的保障性住房市场方面，承担了海淀区的经济适用房项目——海淀区苏家坨经济适用房项目。此外在“5.12”汶川大地震结束后，积极承担了北川抗震纪念园、四川灾区德阳民族小学、北川新县城央企办公楼群的设计工作，为四川灾区的恢复重建做出了努力。

（撰稿：谢　琨　姜丽丽　审稿：田新建）

北京中科资源有限公司

董 事 长：段燕生
总　　裁：赵红岩
地　　址：北京市海淀区北四环西路 10 号
邮政编码：100190
电　　话：010－82648258，010－82648282
传　　真：010－62545879
电子信箱：postmaster@zkzy.com.cn
网　　址：http://www.zkzy.com.cn

北京中科资源有限公司（以下简称“中科资源”）是由原中国科学院科技物资中心于 2001 年按国家政策规定和《公司法》整体转制设立的有限责任公司。转制后公司制定“十年三步走”的发展目标，力争成为年销售规模 6 亿元、有较强持续发展能力和一定影响的现代服务型企业。

中科资源下设 4 个管理部门和 7 个经营服务部门，并设有 4 个参股公司。主要经营黑色金属、有色金属、稀贵金属材料，家用电器，酒品，机电、信息产品，物业管理、金融等业务。

截至 2010 年底，中科资源有在职员工 102 人，其中各类专业技术人员 29 人，具有大专以上学历人员 62 人。

2010 年是中科资源落实“十年三步走”发展战略，全面完成第二阶段工作目标，启动第三阶段工作的转折年。年初，公司领导班子进一步理清公司持续发展思路，提出“用 5 年时间、分两个阶段，实现公司‘重塑主业，再创辉煌’的目标，成为年销售规模 6 亿元，有较强持续发展能力和影响的现代服务企业”的新阶段发展目标。

其中，2010 年和 2011 年是第一阶段，目标为全面实现公司“十年三步走”第二阶段如下发展目标：现有主营业务恢复到历史最好水平，年销售规模 4 亿元，经营利润不低于 500 万元；新址建成投入运营，形成支撑公司持续发展的经营平台；团队建设取得明显进展，形成满足公司持续发展需要的经营骨干团队；员工收入同步增长。在公司领导班子和全体员工的共同努力下，2010 年公司实现销售收入 4.28 亿元，较好地实现了年度工作目标。

按照国科控股加快股权社会化改革的部署，中科资源通过增资扩股实现了股权社会化，北京市海淀区裕龙农工商公司成为公司新股东。增资扩股后，公司的股权比例为国科控股占 46%，北京市海淀区裕龙农工商公司占 44%，自然人占 10%。

（撰稿：王　艺　审稿：段燕生）

中国科学院沈阳计算技术研究所有限公司

董 事 长：林　浒
地　　址：辽宁省沈阳市浑南新区南屏东路 16 号
邮政编码：110168
电　　话：024－24696180
传　　真：024－24696179
电子信箱：wangp@sict.ac.cn
网　　址：http://www.sict.ac.cn

中国科学院沈阳计算技术研究所有限公司（以下简称“沈阳计算公司”）创建于1958年8月30日。其前身是辽宁电子技术研究所。1960年7月在原计算机专业的基础上，成立中国科学院辽宁分院计算技术研究所，1962年12月与辽宁物理研究所、吉林大学计算数学研究所的主要部分合并为中国科学院东北计算中心，1967年10月划归国防科委第15研究院领导，1970年7月重归中国科学院，1972年8月更名为中国科学院沈阳计算技术研究所，2001年6月整体转制为高技术企业并改为目前名称。

沈阳计算公司设有计算机系统与软件、计算机网络与通信、数控与先进制造、工业自动控制、信息化工程技术等相应的研发机构。高档数控国家工程研究中心、辽宁省数控控制总线技术工程实验室依托在该所；与中国质量认证中心、辽宁出入境检验检疫局和辽宁省电子信息产品监督检验院联合成立中认北方实验室；与中国科技大学成立中国科学技术大学－中科院沈阳计算所联合通信实验室；公司投资企业有沈阳高精数控技术有限公司、沈阳新技术开发公司、科学出版社沈阳书店有限公司。公司拥有一批国际先进的仪器设备，如逻辑分析仪、集成电路测试仪、在线测试仪、快速瞬变噪声模拟仪、高性能数字示波器、电源测试仪、电压上升降落模拟仪、激光干涉仪、扭矩测试仪、快速瞬变脉冲群测试仪、静电放电测试仪、电压跌落中断测试仪、模拟雷击测试仪、浪涌模拟仪等。

截至2010年底，沈阳计算公司共有在职职工391人。其中科技人员332人、科技支撑人员51人。

2010年，沈阳计算公司共有在研项目30项。其中，国家科技重大专项项目2项；中国科学院知识创新工程重要方向项目1项；院地合作项目1项；国家发改委创新能力建设项目1项；国家产业技术成果转化项目1项；其他部委、省市政府科技攻关或产业化项目24项。

2010年，沈阳计算公司主持的“高档数控机床与基础制造装备”国家科技重大专项中的总线式全数字高档数控装置和基于国产“龙芯”CPU芯片的高档数控装置两个项目顺利通过中期检查并获得好评；承担的国家水体污染控制与治理科技重大专项——辽河流域水环境风险评估与预警平台建设及示范研究项目进展顺利；承担的辽宁省数控控制总线技术工程实验室建设项目通过验收并举行授牌仪式；沈阳IP通信程技术研究中心建设项目、智能化电能量数据终端的研发平台建设项目、实时控制系统开发平台建设项目通过验收；沈阳市企业技术创新计划项目“面向数控机床的运动控制总线及配套装置的研制”；沈阳市科技计划项目“面向全功能数控机床的普及型数控系统及产业化”和“一体化高性能数控系统关键技术攻关”顺利通过验收。通过承担实施各级科技项目，提高了科技创新能力，改善了研发环境，开发出具有高速、高精指标的“蓝天数控”新型产品，为公司的持续发展奠定了基础。

2010年，沈阳计算公司以市场需求为导向，积极开展产品技术研发和储备工作，产品获得省市多项奖励。将3D动漫、虚拟仿真技术应用于信息处理，在电网调度生产率先实现信息可视化应用集成，实现了OMS可视化系统，在智能电网的关键信息技术方面取得了突破，并获得了客户的高度认可。同时在智能电网与传感器技术、SOA研发平台的深入应用和物联网应用技术等方面也开展了研究和探索；完成了蓝天监管视频系统、安全生产应急救援系统、城市自来水营业管理信息系统、辽河流域水环境质量管理系统、辽河流域水环境污染源管理系统的开发工作；更注重向系统化、集成化方向发展，开展了汽车发动机变速器自动铆接机，汽车发动机活塞销压装机、数控激光切割机伺服驱动、电子束焊伺服驱动的研发等工作；完成了动车组检修作业评价管理系统、货车列检作业手持机系统、铁路道口安全报警系统开发、动车故障影像诊断系统、健康监控系统等的研发；在DDL系统基础上，推出了SDDL数字导播系统，以满足不同广播电台的需求；完善了矿井通信调度系统并进一步开展了矿井可视化通信及控制系统的研发及IP视频交换服务器的研究；在国家科技重大专项的支持下，重点开展了完善自主总线协议及协议芯片，总线主从站板卡、数控装置的误差补偿技术、RTCP、空间刀补、样条插补等高速高精运动控制算法的设计、实现与验证工作。

蓝天 NC-310 数控系统荣获 2010 年辽宁省科技进步奖二等奖；“基于包交换的广播电视热线电话系统”荣获 2010 年沈阳市科学技术进步奖三等奖；LT-GJ401 数控系统荣获辽宁省级科技成果鉴定；沈阳计算公司荣获中科院“院地合作一等奖”、“中国产学研合作促进奖”、“中国标准创新贡献奖”；沈阳市污染源动态管理“环保智能卡”系统荣获沈阳市科技进步奖三等奖。

2010 年，沈阳计算公司申请专利 37 件，其中发明专利 33 件；实用 4 件，获授权专利 12 件，其中发明专利 4 件；实用 10 件、外观 15 件；主持制定国家标准 2 项，其中 1 项为强制标准。同时针对数控系统开放、安全的发展趋势，通过承担国家标准体系建设项目，建立了开放式数控系统国家标准体系，以及工业机械电气安全控制系统国家标准体系。

2010 年，沈阳计算公司开展了公司战略管理和激励约束机制和内部控制体系的深入研究，特别是进一步加强中长期战略规划和管理，修订明确发展战略规划，建立完善的市场营销体系和技术服务体系，确立科学的发展模式。借助专业管理咨询机构，对公司的中长期发展做系统、全面、科学的规划，使公司的经营管理更加规范和有效，做到又好又快发展。

沈阳计算公司现设有计算机应用技术专业博士培养点，计算机系统结构、计算机软件与理论和计算机应用技术专业硕士培养点，并设有一个计算机应用技术博士后工作站；在学研究生 290 人，在站博士后 6 人。

沈阳计算公司出版的《小型微型计算机系统》月刊，是中国计算机学会的学术专业刊物之一，是国内自然科学的核心期刊。该公司是辽宁省计算机学会依托单位。

（撰稿：王　萍　审稿：林　浒）

中国科学院沈阳科学仪器研制中心有限公司

董 事 长：雷震霖

总 经 理：李昌龙

地　　址：辽宁省沈阳市浑南新区新源街 1 号

邮政编码：110179

电　　话：024－23826801

传　　真：024－23826800

电子信箱：sales@ sky. ac. cn

网　　址：http://www. sky. ac. cn

中国科学院沈阳科学仪器研制中心有限公司（以下简称“沈阳科仪”）创建于 1958 年，其前身为中国科学院沈阳科学仪器研制中心，2001 年 4 月 18 日整体转制为沈阳中科仪技术发展有限责任公司，2002 年 12 月 12 日更为现名。

沈阳科仪以引领真空技术、支撑科技创新、促进产业发展为使命，以成为客户首选的真空设备解决方案提供商为愿景，以真空应用产品、高端真空获得设备、太阳能光伏制备设备为主，面向工业领域与科研领域，生产 PVD（物理气相沉积）、CVD（化学气相沉积）薄膜制备设备、晶体生长炉、太阳能光伏 PECVD（等离子体增强化学气相沉积）设备、干式真空泵、超高真空阀门等产品，是我国集成电路装备和高档科学仪器的重要研制、生产基地。

依托沈阳科仪组建有真空技术装备国家工程实验室、国家真空仪器装置工程技术研究中心、辽宁省精密仪器工程技术研究中心等，共获得国家、中国科学院、省部级科技进步奖等 50 余项，34 项产品获得国家级新产品证书，拥有已授权专利 60 项。

截至 2010 年底，沈阳科仪共有员工 299 人，其中科技人员 189 人，研究员 19 人，高级工程师（实验师）46 人。逐步建设了一支综合素质高、相关学科齐全的科技队伍和一支具有较高水平的技术工人队伍。

2010 年是沈阳科仪新战略规划实施的开局之年，进行了多项机构和职能调整：增加产品研发部的销售职能，实现产销一条龙；设立了经营市场部，强化战略管理、KPI 考核、市场分析与宣传职能；将原机械、自控、装调三部门整合为真空应用事业部，减少了条块分割，便于协调和安排生产。

2010 年，沈阳科仪各项经营指标均取得历史性突破，其中总收入比上年增长 36.56%；实现主营业务收入比上年增长 17.67%；新签合同额比上年增长 15.82%；实现利润比上年增长 55.51%；现金流入量比上年增长 44.17%。共申请专利 47 项，其中发明专利 19 项；“涡旋干式真空泵”项目荣获中国机械工业科学技术奖二等奖。

2010 年，沈阳科仪产品结构调整初见成效，标准化产品比重显著提高。SD30 大型平板太阳能光伏 PECVD 氮化硅覆膜系统研制成功，实现了氮化硅（SiNx）薄膜生长，整体性能已达到国外同类产品水平，并实现首台套销售。“涡旋干式真空泵”和“罗茨干泵”是沈阳科仪重点研发的真空获得类批量产品，均实现了批量生产销售。

承担的国家科技重大专项项目方面，沈阳科仪 2010 年根据“90—65nm 等离子体增强化学气相沉积设备研发与应用”项目需求，成立了控股子公司——沈阳拓荆科技有限公司，完成了 $640m^2$ 洁净生产厂房及全套附属设施（通过美国国家环境平衡局 NEBB 认证）；通过了 ISO9001 质量管理体系、环境管理体系、职业健康安全管理体系认证；仅用 13 个月完成了 12 英寸 PECVD 样机 1 的开发；“干泵与系列真空阀门产品开发与产业化”项目，各泵种均基本按期、按质完成了项目计划任务要求，相关平台正在按计划分批建设中。

2010 年，沈阳科仪作为项目法人单位，组织召开了“真空技术装备国家工程实验室”年会；主持制定了《真空技术多级罗茨干式真空泵》行业标准；各项目组工作均取得可喜进展。

市场宣传与合作方面，沈阳科仪 2010 年进行了公司网站改版，增强产品宣传与服务功能；积极参加各类展会，加强市场推广；作为首届理事长单位与辽宁地区 19 家单位共同组织成立“辽宁半导体装备产业技术创新战略联盟”，推进创新成果共享与产业化。

内部管理方面，沈阳科仪 2010 年贯彻执行全面预算管理制度，对产品成本实施动态监管，紧跟项目，严控预算；与专业的知识产权咨询公司签订知识产权服务合同，用于建立专业的专利数据库并开展专题的检索分析；强化内部培训，不断提升员工的学习和工作能力；不断完善质量管理体系，完成了 1 次质量外审和 2 次质量内审工作；狠抓安全生产，通过进行安全检查、消防演习、安全知识培训等系列活动，确保全年无安全事故；持续推进 5S 管理工作，提升现场管理水平。

党工团工作方面，沈阳科仪党委、工会、团委配合公司战略实施，2010 年 7—9 月联合组织在全公司范围内开展了岗位“创先争优”系列活动，表彰了一批先进集体和优秀个人，员工士气大受鼓舞；持续推进党风廉政和反腐倡廉工作，组织党员参观辽宁省反腐倡廉警示教育基地，努力营造健康稳定的内部环境。

离退休人员管理工作方面，沈阳科仪 2010 年定期召开离退休座谈会、走访慰问，了解其生活和思想情况，倾听其意见和建议；高度重视老同志提出的“住房补贴”等问题并给予解决；确保老同志医疗费、特需费、活动费的按时发放；组织健康体检、春游等活动，从生活上关心老同志。

（撰稿：孙艳玲　寇　洋　审稿：张丽杰）

南京中科天文仪器有限公司

董 事 长：王　永
总 经 理：严庆伟
地　　址：江苏省南京市玄武区花园路 6－10 号
邮政编码：210042
电　　话：025－85482007
传　　真：025－85411830
电子信箱：office@nairc.ac.cn
网　　址：http://www.nairc.com

南京中科天文仪器有限公司（以下简称“南京天仪”）是中国科学院直属的科技型企业，成立于 2001 年 11 月 27 日。其前身为 1958 年 12 月成立的中国科学院南京天文仪器厂，1991 年 10 月更名为中国科学院南京天文仪器研制中心，

2000年10月根据国家和中国科学院科技体制改革政策整体转制为企业，启用现名。

公司注册资本3856万元，法人资产1.92亿元，占地面积240.5亩，总建筑面积8.9万m^2。下设耐尔思、天富、盛业、物业公司等4个全资或控股子公司和9个研发、销售、生产、管理等部门。

南京天仪是国内唯一的以研制大中型天文仪器为主，兼研制和生产其他光机电、计算机一体化仪器、设备的技术研发基地，主要研制生产三大类产品：①大精专仪器设备：大型天文专业仪器、空间观测仪器、大气环境监测仪器、大中型系列平行光管、军用光电仪器、光学制品、轻量化主镜、高精度大口径光学冷加工、离轴非球面光学加工、大中型转台等；②天文科普仪器设备：天文科普望远镜、天文圆顶、光学天象仪系列产品、数字天象仪、天幕、球幕影院、古典天文仪器模型及产品等；③专用电子产品：系列圆光栅编码器、系列燃气灶具电子脉冲点火控制装置等。

截至2010年底，南京天仪共有在职职工232人，其中科技人员80人，包括中国工程院士1人，副高级以上专业技术人员39人。南京天仪是国务院学位委员会批准的我国博士、硕士学位培养单位之一，现设有天体物理学科博士、硕士学位培养点；在读研究生6人。

2010年是南京天仪全面实施新的战略发展规划的开局之年，公司紧紧围绕新制订的发展战略规划，坚持“以市场需求为导向，以技术优势为核心，以用户要求为宗旨，以深化改革为动力，以提升效益为目标”的指导思想，积极调整产业布局和生产组织体系，对外强化营销、开拓市场，对内狠抓管理、提高效益，营业收入比去年有大幅度增长。

南京天仪加大产品研发力度，在大型光电检测仪器上不断开拓，使传统产品得到了有效的外延，以大口径光学制造为核心技术的相关仪器群正在形成。研制成功了1m级离轴平行光管、850mm口径20m焦距双焦点离轴RC平行光管、710mm口径碳化硅非球面、用于低温真空环境下的650mm平行光管等。

南京天仪注重知识产权保护，不断普及相关知识，提高专利申请意识，加大专利申请力度，专利工作取得较大进展，专利申请数较往年有大幅度增长。

南京天仪不断推进创新人才队伍建设，以申报科技基础设施建设计划项目“江苏省企业院士工作站”为契机，引进苏州大学院士团队和高新技术，迅速提升大口径非球面光学镜面的加工与检测技术等能力。“江苏省企业院士工作站”于12月中旬正式获批建设，这是继2009年获批建设“南京市企业院士工作站”后，南京天仪再次申请到高层次科技创新平台。

南京天仪不断加强品牌建设，2010年耐尔思商标再次被评为南京市著名商标。

南京天仪坚持构建和谐企业环境，2010年，南京天仪顺利完成董事会、监事会、经营层、党委和纪委换届工作；围绕经营生产目标，扎实开展创先争优活动，营造学先进当先进氛围；顺利召开七届四次职工代表大会；开展迎元旦健步走、全民运动会等各种活动，加强了企业文化建设，营造了和谐稳定的良好氛围，促进公司健康发展。

2010年，南京天仪及公司光学部分别被评为“江苏省厂务公开民主管理”先进集体、“江苏省工人先锋号”等称号。

（撰稿：唐　茜　朱　慧　审稿：乔原生）

中科院广州化学有限公司

董 事 长：廖　兵
地　　址：广东省广州市天河兴科路368号
邮政编码：510650
电　　话：020-85231230
传　　真：020-85231119
网　　址：http://www.gic.ac.cn

中科院广州化学有限公司（以下简称“广州化学公司”）的前身是成立于1958年10月的中国科学院广州化学研究所，是中国科学院在华南地区唯一的以应用研究和高技术创新为主的综合性化学研发机构。根据中国科学院知识创新工程的总体战略和布局调整，研究所于2001年12月21日整体转制，变更为由中国科学院直接控股的有限责任公司。

广州化学公司园区面积为27万 m^2（400亩地），设有财务部、销售部、采购部、生产技术部、物流部、研发部、科研教育部、企业发展部、综合办公室、人力资源部、物业管理部、分析测试中心、网络信息中心等经营管理机构。现有中国科学院纤维素化学重点实验室和广东省电子有机聚合物材料重点实验室2个省部级重点实验室，以及新材料新技术研发中心、分析测试中心、化学灌浆工程中心等研发机构。

截至2010年底，广州化学公司共有员工223人，其中研究员18人、副研究员及高级工程师26人。2010年新引进研发、营销及管理人员27人，其中具有研究生学历8人（博士3人）、本科及大专学历18人。作为国家化学学科重要的高级人才培养基地，广州化学公司设有3个专业（有机化学、高分子化学与物理、应用化学）的硕士培养点和1个专业（高分子化学与物理）的博士培养点；2010年在读研究生84人（硕士研究生55人、博士研究生29人），毕业研究生21人（硕士研究生14人、博士研究生7人）。

2010年度广州化学公司实现营业收入10 478万元，同比增长18.89%；利润总额866万元，归属于母公司所有者的净利润672万元，同比增长11.8%；现金流实现正增长。

2010年广州化学公司承担在研纵向项目60项，其中新增23项，新增纵向项目经费约1400万元；发表科技论文85篇，其中SCI收录43篇；申请中国发明专利49项，获得授权发明专利16项；签订各类横向技术合作合同51个，合同额977.94万元，到款597.94万元。广州化学公司在佛山建设成立了佛山功能高分子中心，在顺德建立了化学分析测试基地，在韶关建设成立技术创新与育成中心，为广州化学公司与地方及企业的科研合作，拓展了地域和空间。广州化学公司邹永研究员获2010年度产学研合作创新奖。

2010年，广州化学公司完成了中长期发展战略规划的咨询和制定工作，明确了公司的战略定位——保持与发扬公司在精细化工和新材料领域的技术研发优势，走规模产业化道路，成为有自主创新能力、技术和服务领先的高科技企业。2010年6月，广州化学公司全面启动公司的战略实施工作：完成了公司组织机构调整、关键流程制定等工作；在韶关南雄购置了生产基地，并已完成基地建设的前期准备工作；对子公司中科院广州化灌工程有限公司进行增资扩股，增加化灌公司的市场竞争力，同时实现化灌公司与广州化学公司本部发展战略的协同；注册成立了全资子公司广州中科技术检测服务有限公司（独立法人），充分发挥广州化学公司科研和化学分析检测优势，拓展广州化学公司科技服务及创收的能力。

2010年，广州化学公司加大对科研、教育、生产以及生活区的改造和景观整治，园区环境得到美化。

（撰稿：申智慧　审稿：廖　兵）

中科院广州电子技术有限公司

董 事 长：李耀棠
总 经 理：黄　劲
地　　址：广东省广州市先烈中路100号大院23栋
邮政编码：510070
电　　话：020－87682806
传　　真：020－87683247
电子信箱：keji@giet.ac.cn
网　　址：http://www.giet.ac.cn

中科院广州电子技术有限公司（以下简称“广州电子公司”）创建于1970年，前身为广东省701研究所，1978年划归中国科学院，更名为中国科学院广州电子技术研究所，2001年12月整体改制为有限责任公司，更名为中科院广州电子技术有限公司。

截至2010年底，广州电子公司有在职职工294人（含子公司），其中科技人员124人，包括研究员2人、副研究员1人，高级实验师1人，高级工程师18人。

广州电子公司经营范围涉及计算机系统与集

成、电子产品、智能化仪器仪表、工业自动化、光机电一体化、激光快速成型设备、金刚石工具等，主要产品有车载多媒体电脑核心板、快速成型机、LED恒流电源、激光防伪标签、金刚石锯片等，在机房设计施工、监理、展会多媒体互动系统集成项目上有较强的技术优势并积累了丰富的经验。

广州电子公司通过了ISO9001质量体系认证，并获得高新技术企业认定，现具有计算机信息系统集成三级资质证书、广东省安全技术防范设计施工维修资格证、软件企业认定证书、信用等级“AAA”证书、重合同守信用证书。

2010年，广州电子公司先后完成了白云机场航站楼监控系统建设、里耶古城秦简博物馆声光电系统、广东省职业技能鉴定中心南海基地工业设计实验室设备采购项目等的设计和施工。广东省职业技能鉴定中心南海基地，是广东省“九五”及2010年人才规划重点工程项目，也是广东省国民经济和社会发展第十一个五年规划重大项目，基地建设受到广东省领导的高度重视，有关领导多次到现场视察，项目工程质量得到有关领导的肯定。

2010年，广州电子公司启动了动态监管工作，制订了《发展规划（2011—2015年）》，确立了以“为社会创造财富，为客户创造价值，为股东带来回报，为员工带来福祉”为使命，致力“成为内外部关系和谐、资产优良、实力雄厚、竞争力强的卓越企业”。

2010年，广州电子公司完成营业业务收入9491万元，同比上年增长74%，利润总额407万元，同比上年增长58%。全年获得实用新型专利2项，发表科技论文3篇，其中国内刊物发表2篇。

广州电子公司现有投资企业2个，其中持股股企业1个、控股企业1个。

广州晶体科技有限公司（简称广晶科技） 成立于2001年7月，是广州电子公司持股企业，主要从事人造金刚石工具开发及生产，产品有锯片、磨轮、钻头、树脂砂轮四个系列，广泛用于石材、陶瓷、玻璃、宝玉石、硬质合金加工。2010年，广晶科技实现收入1547余万元，同比2009年增长33.4%，利润25万元。

智诚科技有限公司（简称智诚科技） 成立于1998年，是广州电子公司全资控股子公司，主要从事计算机网络信息系统工程监理、技术设计咨询、技术服务业务。2010年完成营业收入458万元，同比上年增长94.8%，利润25万元，同比2009年增长8.7%。2010年，广州智诚科技公司承接了广州第16届亚运会指挥调度中心（MOC）、广州亚运体育文化中心、亚运场馆打印复印设备总包、亚运场馆临时布线总包等四个建设项目的监理服务，以及亚运气象信息和发布系统的方案设计工作，为亚运会的成功举办作出了贡献，受到广州市政府和16届亚运会组委会表彰。

（撰稿：陈　晖　审稿：李耀棠）

中国科学院成都有机化学有限公司

董　事　长： 熊成东
常务副总经理： 倪宏志
地　　址： 四川省成都市一环路南二段16号
邮政编码： 610041
电　　话： 028－85222143
传　　真： 028－85223978
电子信箱： bgs@cioc.ac.cn
网　　址： http://www.cioc.ac.cn

中国科学院成都有机化学有限公司前身为成立于1958年的中国科学院成都有机化学研究所，于2001年6月8日整体转制为由中国科学院控股的有限公司。转制后的公司以中国科学院成都有机化学研究所40多年来积累的雄厚科技实力为基础，不断进取，在催化技术与绿色过程、手性技术与工程、功能高分子材料等领域形成了较高的创新水平和突出的应用特色，已成为以精细化工和新材料领域的技术创新和产业发展为重点的高新技术企业。公司生产的产品涉及手性药物中间体、精细化学品、催化剂、油田化学品、城市和工业污水处理化学品、皮革化工材料、新能源材料、功能高分子材料、纳米材料以及气体净化设备、能源环保工程等。

成都有机化学有限公司现有职工 337 人，科技及产业化人员占 80%，具有副高以上职称科技人员 100 余人，其中研究员 44 人，博士生导师 26 人，职工中具有博士学位和硕士学位科技人员达 120 名，获国务院政府特殊津贴的 40 余人，现有中国科学院“百人计划”入选者 1 人，“西部之光”人才 21 人，四川省学术技术带头人 5 人，四川省突出贡献优秀专家 4 人。

成都有机化学有限公司是国家科学技术部认定的国家高技术研究发展计划成果产业化（“863”计划）基地，拥有手性药物国家工程研究中心、中国科学院皮革化工材料工程技术研究中心、不对称合成与手性技术四川省重点实验室、四川省企业技术中心、四川省节能及清洁生产催化工程技术研究中心等国家和省部级技术研发平台、中国科学院成都分院分析测试中心。现设有催化与环境工程发展中心、手性技术工程研究发展中心、高分子材料研究发展中心、皮化中心，以及 3 家控股高新技术企业，具有较强的科技创新和科研成果产业化能力。

成都有机化学有限公司还是我国化学学科重要的高级人才培养基地，现设有有机化学、物理化学、分析化学、高分子化学与物理、应用化学等 5 个硕士点，有机化学、应用化学、高分子化学与物理 3 个博士点，1 个化学博士后科研流动站。2010 年招收研究生 54 名（博士 28 名，硕士 26 名），毕业研究生 40 名（博士 28 名，硕士 12 名）；在读研究生 150 名（博士生 83 名，硕士生 67 名），在站博士后 3 名。

成都有机化学有限公司编辑出版《合成化学》、《中国西部科技》2 种学术刊物，向国内外公开发行。《合成化学》进入中文核心期刊及中国科技核心期刊。

2010 年，成都有机化学有限公司以推动战略转型为切入点，以“建立主营业务，发展核心产业”作为公司当前发展的核心目标，积极推进技术创新体系和市场营销体系建设，以完善公司法人治理结构、提升公司经营业绩为中心，以市场需求为导向，进一步整合研发资源，培育公司主营业务和核心产业，公司生产经营得到明显改善，实现营业收入 7115 万元，营业收入同比增长 58 %。

2010 年，成都有机化学有限公司围绕国家“十二五”规划和国家产业导向，结合公司的技术创新优势领域，积极做好前期规划和筹备工作，在清洁化工与关键技术领域、资源环境友好材料、生物医药材料及能源材料、资环领域、工业示范项目及农药中间体与化工助剂等方面进行国家级重大和重点项目的建议和公司技术创新与公司产业发展的规划；获得批准国家自然科学基金项目 5 项，启动 8 项中国科学院院地合作储备项目；签订技术合同 49 个，合同总额 2926.5 万元；获四川省、成都市政府资助项目 6 项，共计 162 万元；申请专利 39 件，获得授权专利 13 件。有 2 项专利进行了实施、转让。“甲酚空（氧）气氧化法清洁生产（乙基）香兰素”技术成果通过了四川省科技厅的鉴定。

作为成都有机化学有限公司技术合作的重要平台，东部 3 个分中心（常州、嘉兴和台州分中心）建设取得了快速的发展和初步成效，3 个分中心立足常嘉台，辐射长三角，为科研成果产业化，服务地方科技，推动企业的技术进步，探索院地结合新模式下谱写了新篇章，2010 年获得各类经费 815.5 万元，并正在建设“江苏省常州精细化工清洁生产与工程技术服务平台”和“江苏省聚碳酸酯工程中心”2 个省级平台，并与一些企业共建了技术研发中心。

2010 年，成都有机化学有限公司进一步加强了控股企业与成都有机化学公司的战略和业务协同，通过推进控股企业的业务整合，强化对控股企业产业的技术支持和服务，促进控股企业的产业发展。控股企业中科高材以皮化产品为基础重点发展催化材料，催化环保技术及功能高分子材料；丽凯手性是医药中间体的开发、中试、生产和营销平台；中科普瑞致力于气体净化设备、能源环保工程。

成都有机化学有限公司于 2010 年 8 月 19 日正式开工建设大邑产业园区二期工程，该项目建设总投资 2000 万元，建筑面积 $9500m^2$，截至 2010 年 12 月 31 日，已经完成建设投资 59%，完成建设工程量 65%，预计整个二期项目将在 2011 年 6 月竣工。二期项目全面竣工后，整个大邑产业园区的总建筑面积将达到 $21\,500m^2$，将包括研发大楼、工程化验证平台、生产车间、仓储库房、综合办公及配套设施等，大邑产业园区将形成集工程化验证、中试放大、产品生产和仓储物流等为一体的综合化产业平台。

（撰稿：陈　勇　张元慧　审稿：熊成东）

中科院成都信息技术有限公司

董 事 长：王晓宇
总 经 理：付忠良
地　　址：四川省成都市人民南路四段9号
邮政编码：610041
电　　话：028－85217501
传　　真：028－85229357
电子信箱：bgs@casit.com.cn
网　　址：http://www.casit.com.cn

中科院成都信息技术有限公司（以下简称“中科信息公司”）是由创立于1958年的中国科学院成都计算机应用研究所于2001年6月整体转制而来，是由中国科学院控股的高科技企业。1958年成立时，命名为中国科学院四川分院数学所；1960年更名为中国科学院四川分院计算所；1962年更名为西南电子所计算站；1968年更名为总字821部队西南计算站；1971年更名为四川省计算站；1978年更名为中国科学院成都计算站；1981年更名为中国科学院成都计算机应用研究所；2001年6月，整体转制为四川中科院信息技术有限公司；2005年1月更名为中科院成都信息技术有限公司。

中科信息公司是中国软件行业协会理事单位、四川省计算机学会理事长单位。公司从事以计算机软件为重点的电子信息领域相关技术产品的开发、生产、销售，大中型信息系统工程设计与实施，信息技术培训教育与咨询服务，涉密计算机信息系统集成；建筑智能化工程设计、施工，安防工程设计、施工，在计算机软件工程、办公自动化、工业计算机应用等领域具有较高的创新水平和突出的应用特色。

中科信息公司现有员工334人，其中技术人员293人，包括中国科学院院士1人，高级专业技术人员24人，中级专业技术人员64人。公司下设工业计算机应用事业部、图像视觉事业部、办公自动化事业部、软件与通信事业部、油气信息化事业部、智能机房工程分公司、自动推理实验室和《计算机应用》编辑部，拥有深圳市中钞科信金融科技有限公司、成都中科石油工程技术股份有限公司两家合资子公司。公司还拥有计算机软件与理论博士学位授予点、计算机应用、计算机软件与理论、应用数学硕士学位授予点和计算机科学与技术博士后科研流动站。在读博士生45人，硕士生61人。

2010年是中科信息公司新的十年战略规划实施的第一年，公司大力推进改革，狠抓市场经营，重视内部管理，超额完成了董事会下达的年度主要经营指标，经营业绩持续攀升，整体发展态势良好。实现销售额2.70亿元，营业收入2.67亿元，利润总额4029万元，资产总额2.76亿元，净资产额为1.23亿元。

中科信息公司在电子政务和面向烟草、特种印刷、石油行业的信息化整体解决方案取得较好业绩，产品线不断丰富，曾为党的十二大至十七大成功服务的电子选举系统2010年又成功运用于国际博协会议；烟叶种植规划、收购、库管控制系统广泛应用于烟草种植区，数采系统广泛应用在烟草工业行业；基于机器视觉技术的质量检测设备在检测精度、检测稳定性、检测功能等各方面均超过国外同类产品，得到了特种印刷行业用户的充分认可；油田和油气信息化系统及设备开始在行业内逐步推广使用。

中科信息公司紧密结合行业应用，坚持以市场需求为导向，大力开展新产品开发和新技术应用研发工作，在GIS领域和医学可视化领域开展的关键技术研发项目获得四川省经济贸易委员会、中国科学院“西部之光”人才培养计划西部博士专项资助支持；“物联网关键技术及在典型行业的应用研究”项目获得四川省成都市科技局重大产业化项目资金支持；医学虚拟教学仿真系统获得国内外专家肯定。

2010年，中科信息公司致力于改进业务发展、员工考核与激励，优化业务流程，提升运营效率和信息化管理水平，推进公司财务管理由会计核算型向决策支持型转变，完成了组织架构优化、薪酬与绩效考核体系完善、协同管理信息平台建设和实施、财务风险控制专项咨询诊断等几项重点工作。颁布实施了一系列新的规章制度，不断改善员工福利。高度重视企业资质和知识产权管理工作，完成了相关资质的换证申报、年度审核，通过了ISO9001—2008质量管理体系换证审核。取得发明专利2项，实用新型专利2项，外观设计1项，软件著作权登记5项。

2010年，中科信息公司基础研究取得新进展。张景中院士的专著《直来直去的微积分》正式出版；公司承担的中国科学院知识创新工程三期项目研究取得创新性研究成果；参加国际、国内相关学术会议4次，发表学术论文68篇，其中SCI收录1篇、EI收录30篇、核心刊物发表30篇。积极争取国家重大项目，获得国家重点基础研究发展计划（“973”计划）1项、中国科学院国际合作交流局特聘研究员项目1项、四川省成都市科技攻关计划项目1项。

2010年，中科信息公司加强员工培训力度，全年参加各类专业技术和管理培训106人次；加强核心人才团队建设，全年向国家和省人才库推荐高级人才16人次。申报并获得2010年中国科学院“西部之光”人才培养计划1项、联合学者项目1项、博士资助项目1项、在职博士资助项目1项。

（撰稿：尹邦明　吴琳琳　审稿：付忠良）

成都中科唯实仪器有限责任公司

董 事 长：董成生
党委书记：葛丽佳
地　　址：四川省成都市高新区科园南一路7号
邮政编码：610041
电　　话：028－85121820
传　　真：028－85121830
电子信箱：zjlbgs@cdzkws.com
网　　址：http://www.cdzkws.com

成都中科唯实仪器有限责任公司（以下简称“成都中科唯实”）成立于2001年10月16日。其前身是中国科学院成都科学仪器研制中心，始创于1959年9月。

成都中科唯实位于成都市高新区科园南一路七号，占地五十亩。是一个以科研试制、技术开发、生产经营为一体的高新技术企业。成都中科唯实致力于提供优质的真空控制、检测仪器、光机电一体化设备，以卓越的产品和服务为客户创造价值。以技术创新为手段，以产品专业化、规模化生产为基础，努力发展成为国内仪器设备，特别是在真空领域具有竞争力的生产、服务型企业。

2010年，成都中科唯实对制造部门全面实行事业部管理，按产品类别分别成立了军品、电子产品、真空产品、智能器具、机加五个事业部。从产品的设计，原料采购，成本核算，产品制造，到产品销售，均由事业部负责，明确了事业部负责人的责、权、利。2010年5个事业部中有4个事业部超额完成经营目标，为公司全面完成年度经营目标作出了积极的贡献。特别是与北京中科科仪进行战略合作和协同而建立的真空事业部第一年就完成了520万的销售收入，为公司按照整体战略发展规划，进入真空领域奠定了基础。

2010年，成都中科唯实圆满完成了董事会下达的年度主要经营指标，经营业绩有较大突破，发展事态良好。营业收入较上年增长33%，归属母公司净利润较上年增长34%，财务状况良好。

2010年，成都中科唯实根据企业党组的要求加大了人才队伍建设的力度，将原总经理办公室中的人力资源管理职能分立出来组建了人力资源部；并启动已停止10年的技术岗位职称评定工作，打通工程技术人员的晋升通道；同时结合公司领导班子的换届工作，调整和充实了后备干部队伍；在近几年选派青年骨干和后备干部参加国科控股组织的青年干部培训班的基础上，选拔了青年干部5人任公司部门经理、副经理，经理助理等职。

截至2010年底，成都中科唯实设有公司办公室、人力资源部、财务管理部、质量管理部、技术开发中心、真空事业部、智能器具事业部、军品事业部、机加事业部共9个部门。现有在岗职工 211 人，其中公司中高层管理干部 15 人；研发人员 21 人；生产制造人员 56 人；工人 119 人。员工中具有专业技术职务的人员 56 人，其中：高、中级职称 42 人，初级职称 14 人。

为提升公司战略管理能力，完善激励约束机制和公司内部管理控制体系，提升公司市场竞争能力和管理能力，促进公司持续健康稳定地发展，公司加入中国科学院国有资产经营有限责任公司动态监管工作。2010 年公司通过认真开展动态监管工作，建立公司董事会下属的战略委员会及工作组，初步建立了公司战略管理工作机构，并明确了公司战略管理的工作重点。根据实际对公司的发展战略进行了适当调整，为发展战略的制定，战略的实施和推进，战略的评估（复盘）及根据客观环境和内部条件的变化等制定出了符合公司自身特点的十年发展战略规划和相应的支撑体系以及绩效考核体系。

作为现代高新技术企业，成都中科唯实以创新、诚信、高效为核心价值观，以“深入真空领域、做大气阀产品、做实军品业务”为指导思想，在稳固、发展现有产品的基础上，大力发展真空产品，逐步形成“以现有产品为基础，以真空产品为未来”的发展格局。

（撰稿：杨文晴　谢　刚　审稿：葛丽佳）

中科院科技服务有限公司

董 事 长：伊　兵
总 经 理：郭　强
地　　址：北京市西城区三里河路 52 号
邮政编码：100864
电　　话：010－68597121，010－68597166
传　　真：010－68510698
电子信箱：caskjfw@126.com

中科院科技服务有限公司（以下简称“中科服务公司”）是 2002 年 12 月 25 日由中国科学院机关服务中心（局）整体转制而成的现代服务企业。主要以为中国科学院机关后勤服务、餐饮经营、物业服务、宾馆接待等为主营业务。截至 2010 年底，公司共有职工 289 人。

2010 年是中科服务公司五年发展战略规划确定实施的第一年。公司紧紧围绕“战略导向，目标拉动，全员培训、考核激励”的总体工作思路，在公司董事会的正确指导下，在公司经营班子和全体职工的共同努力下，积极推进与落实公司年度经济与管理目标，努力拓展外部市场，净利润实现度 117.31%，上缴国家、地方税金 823.94 万元；机关服务业务在调整组织结构、健全管理制度、开展服务创新和质量巡检、加强员工考核培训等方面入手，加强服务保障能力，年度测评综合分数为 89.91，同比 2009 年有所增长；同时，公司在全面推进绩效体系建设、建立健全制度流程、认真落实动态监管工作、加强信息通报工作、清理不良分支机构、成功收购博思园客座公寓有限公司的国有股权、关注企务公开及职工利益诉求等方面取得了一定的成绩。

通过中科服务公司第四季度开展的战略复盘工作，公司上下进一步明晰了未来的发展目标及路径，结合公司实际，对公司总体战略和各业务单元的战略进行了调整，为公司的持续、健康发展奠定了基础。

（撰稿：邓　月　审稿：郭　强）

北京中科印刷有限公司

董 事 长：沈幸华
总 经 理：沈幸华
地　　址：北京市通州区宋庄工业区一号楼 101 号
邮政编码：101118
电　　话：010－69597200
传　　真：010－69597200
电子信箱：zhongke_print.@sohu.com
网　　址：http://www.zkprint.com

北京中科印刷有限公司（以下简称“中科印刷”）原为中国科学院印刷厂，于 1957 年 10 月 15 日经中国科学院批准在北京市通州区挂牌成立，原址位于北京市通州区北苑。2002 年 6

月，公司进行股份制改造，转制为企业，下设生产作业部、市场运营部、综合保障部三大部门。2003年6月，公司启动生产区土地置换，在通州宋庄工业区征地200亩，于2005年8月开始建设新厂区，2006年10月新厂竣工并正式投入生产。

中科印刷是以科技书刊印刷为主，一直立足于服务中国科学研究领域。其经营目标是按照中国科学院国有资产经营有限公司的要求，营业收入与利润每年按10%增长。经过50多年的发展与变革，公司固定资产已从建厂初期的335万元发展到现在的3亿元。生产能力从建厂初期的年生产几万纸令，发展到如今年生产黑白印刷48万纸令、彩色印刷103万对开色令、装订41万纸令。

中科印刷现拥有海德堡四、五色印刷机8台，单、双色轮转印刷机8台，单、双色平版印刷机38台，马天尼精平装联动线3条，沃伦贝格胶订线、精密达联动线等一大批具有世界和国内先进水平的设备，总设备数量达到300多台套，年加工产值超亿元。承担了大量的书刊印装任务，及画册、包装印刷等制作。公司现与70多家出版社及相关部门建立了友好合作关系。

截至2010年底，中科印刷有在职员工630人。其中“80后”年轻骨干共计27人，“70后”骨干共计9人，占公司管理岗位（班组长以上）总人数的34.65%。

2010年是中科印刷继续深化改革，加快股权社会化工作进程的一年。公司科学调整组织机构，加强人才队伍培养与建设，并通过实施动态监管工作，完善了企业战略化管理体系、薪酬管理体系、审计管理体系，推进了公司的经营管理工作。5S管理工作进一步得到落实，采用定期、不定期检查及对问题暴露点实施拍照，落实责任人，限时整改等手段使企业的生产管理更加规范。

公司于2010年1月顺利取得了GB/T 28001-2001职业健康安全管理体系认证，并于年底顺利通过GB/T 19001-2008/ISO 9001：2008质量管理体系认证、GB/T 24001-2004 idt ISO 14001：2004环境管理体系认证的内审工作；2010年公司被列入中央国家机关政府采购中心及中共中央直属机关、全国人大采购中心的政府采购定点单位；中国防伪技术协会会员资质；北京市邮政管理局核发的信封生产监制证；北京市保密局核发的国家秘密载体复制许可证等重要资质。以上成绩的取得，为业务人员对外接单、企业质量评优、政府采购等诸多方面起到了积极的促进与保证作用，将公司推上了现代化企业管理的新台阶。

2010年，中科印刷被中国科学院企业党组授予2010年度安全生产、保卫保密工作先进单位、并获得北京印刷协会“诚信企业”称号、北京印刷工业产品质量监督站授予的“十佳企业”称号、北京市通州区安监局“职业卫生示范企业”称号、北京市通州区“安全生产先进单位”称号、北京市通州区宋庄地区“税收突出贡献奖”称号、北京市通州区宋庄地区“纳税大户”称号、中国科学院工会“合格职工之家”荣誉称号、获北京印刷质量协会颁发的质量年终评比奖等。

（撰稿：崔晓虎　张　曼　审稿：王焕菊）

上海碧科清洁能源技术有限公司

董 事 长： 孙予罕
总 经 理： Michael Jones
地　　址： 上海市浦东新区浦建路76号由由国际广场22楼
邮政编码： 200127
电　　话： 021－61060100
传　　真： 021－61060086
电子信箱： contact@cecc-tech.com
网　　址： http://www.cecc-tech.com

上海碧科清洁能源技术有限公司（以下简称“上海碧科”）成立于2009年1月，是由中国科学院和英国石油公司共同出资设立的有限责任公司。公司的注册资本为1.62亿元，其中中国科学院出资8262万元，占注册资本的51%；英国石油公司出资7938万元，占注册资本的49%。

作为中国科学院加速中国本土清洁能源技术

商业化的优选平台，上海碧科以完善中国的能源安全保障体系、增强清洁能源技术自给的能力、加强环境保护为己任，致力于清洁能源技术，特别是洁净煤转化技术的集成和商业化。

上海碧科公司下设技术部、工程部、商务部、行政人事财务部四个部门，截至2010年底，共有员工25名。其中中国科学院派遣6名，英国石油公司派遣5名，社会招聘15名。

积极拓展业务。在对国内煤清洁转化技术市场需求调研的基础上，上海碧科选择了数项优先发展的技术，通过技术经济性评价、知识产权调研，筛选出具有合作潜力的单位作为的合作伙伴，进行了商业谈判，分别完成了合作框架协议或最终合作协议的签署。

加强能力建设。公司组建了由不同经验背景、专业配套的技术人员组成的工程团队，形成了满足项目需要的工程能力；建立健全了完整的工程管理标准体系以及相关的工艺标准；着手建设公司的工程实验室，从设施条件上保障技术发展的需要。完成了清洁能源领域热点技术的分析和跟踪研究，形成了7份技术分析报告，不仅为公司制定前瞻性项目提供了有力的支持，同时还在公司网站上成功地面向社会公开销售。建成了性价比优异的“反应器计算模拟平台”并积累了气固两相流模拟的初步经验。公司还独立承担并完成了一项工程服务项目，取得了公司成立以来的第一笔业务收入。2010年，公司还作为合作单位参与了两项科学技术部的技术研发项目、作为发起单位加入了科学技术部燃煤烟气脱硝技术创新战略联盟。

企业文化建设。2010年，公司通过组织召开员工大会、员工培训、户外拓展、体育运动、员工聚会等丰富多彩的活动，有力地促进了公司内部的沟通与协作，增强了企业凝聚力。

（撰稿：戴佳宁　审稿：韩怡卓）

深圳中科院知识产权投资有限公司

董 事 长：索继栓
总 经 理：李　K
地　　址：广东省深圳市南山区高新南环路29号留学生创业大厦2308
邮政编码：518057
电　　话：0755－86350111
传　　真：0755－86350180
电子信箱：info@caship.ac.cn
网　　址：http://www.caship.ac.cn

深圳中科院知识产权投资有限公司成立于2009年2月3日，由国科控股投资在深圳注册成立。公司依托中国科学院强大的研究开发和知识产权创造能力，通过对中国科学院院属研究所和重大研发项目的知识产权全流程服务，成为中国科学院知识产权创造、应用、保护和运营管理的服务平台；通过建立与社会有机结合的知识产权运营模式，促进科技创新成果的知识产权化和高效的转移转化，成为知识产权运营价值链的专业化、市场化的系统服务商和系统集成商。

深圳中科院知识产权投资有限公司目前设立5个部门：运营部；信息部；培训与咨询部；财务部与综合部。截至2011年2月，有员工17人，其中硕士及以上学历5人，本科10人，大专2人。具备理工、法律、专利代理、管理、知识产权等行业背景。2010年度2人通过中国科学院知识产权专员考试，1人通过国家专利代理人考试。

2010年，深圳中科院知识产权投资有限公司逐步确立自身的发展方向：以优质专利创造、专利二次开发、专利分析与规划和知识产权运营服务作为公司的主营业务，通过承接院所和企业委托的知识产权服务，从前端的专利调研入手，通过深入的专利分析与规划，优化专利质量，实现后续专利许可、转让、拍卖等专利交易。公司已形成了与研究所合作，与企业合作，与投资公司合作，与专利事务所合作等多元化的运营体系。

2010年，深圳中科院知识产权投资有限公司与青海盐湖所、天津工业技术研究所、长春光学精密机械与物理研究所、苏州生物医学工程技术研究所（筹）、苏州纳米技术与纳米仿生研究所建立与相关研究所的战略合作关系，为研究所提供知识产权全流程服务；与国科激光合作，承接重点项目的知识产权运营服务，开展专利二次开发；同时为理化所、沈阳科仪、拓荆和新松等国家重大专项与重大产业化项目提供知识产权全流程服务；依托中科院知识产权资源，为行业内领先企业开展知识产权运营服务。

2010 年，深圳中科院知识产权投资有限公司与牛津大学 Isis 技术转移中心合作，引进 Isis 先进的技术转移经验和知识产权管理方法，通过双方共同组织培训的方式，对各科研院所管理人员和科研人员进行系统的学习，通过 Isis 成熟的客户渠道和客户资源，开拓中国科学院专利的国际市场。在与台湾工研院的合作过程中，针对台湾客户群，将院所专利打包，实现中国科学院专利在台湾市场的批量交易。

2010 年，深圳中科院知识产权投资有限公司完成院所与企业许可、转让交易 16 项，为院所实现收入 100 万元之多，初步形成为院所提供专利运营交易的模式。

2010 年，深圳中科院知识产权投资有限公司在企业内部控制的基础上，针对已形成的制度，按内控体系要求完善相关表格建立及管理，并已完成行政、人力资源和财务内控体系建立，针对项目管理的体系建设也已初步展开。

深圳中科院知识产权投资有限公司以中国科学院知识产权运营网为依托，建立中国科学院专利交易、专利数据库、检索分析和知识产权专员交流等 4 个子平台，实现中国科学院专利检索、分析、交易等服务，同时促进院知识产权专员的行业交流，提供实时交流服务。

（撰稿：宋　妍　涂　毅　审稿：李　K）

(G—2102.0101)

ISBN 978-7-03-032044-5

9 787030 320445 >